天然香料主成分手册

李小兰 张峻松 主 编
范 忠 叶青峰 刘 鸿 副主编

TIANRAN XIANGLIAO
ZHUCHENGFEN
SHOUCE

化学工业出版社

·北京·

本书共收录171种天然香料，包括精油、提取物和浸膏三部分，每一种香料所涵盖资料内容主要有名称、管理状况、性状描述、感官特征、物理性质、制备提取方法、原料主要产地、作用描述等。同时，本书对这171种天然香料的主要特征成分和含量等内容进行了系统的分析和归纳，图文并茂，是广大天然香料使用和研究者的良师益友，为天然香料的开发研究、加工生产、理化检验、实验应用、商业贸易、教学科研等提供了参考。

　　本书主要适用于从事食品、饮料、日化、卷烟等行业相关产品加工及从事香精香料产品研究开发和生产的技术人员阅读，也可作为高等学校相关专业研究生和本科生的课外参考书籍使用。

图书在版编目（CIP）数据

天然香料主成分手册/李小兰，张峻松主编. —北京：化学工业出版社，2018.4（2023.9重印）
ISBN 978-7-122-31717-9

Ⅰ.①天…　Ⅱ.①李…②张…　Ⅲ.①天然香料-成分-手册　Ⅳ.①TQ654-62

中国版本图书馆 CIP 数据核字（2018）第 046410 号

责任编辑：廉　静　　　　　　　　　　文字编辑：张春娥
责任校对：吴　静　　　　　　　　　　装帧设计：王晓宇

出版发行：化学工业出版社（北京市东城区青年湖南街 13 号　邮政编码 100011）
印　　装：北京虎彩文化传播有限公司
787mm×1092mm　1/16　印张 32　字数 842 千字　2023 年 9 月北京第 1 版第 6 次印刷

购书咨询：010-64518888　　　　　　售后服务：010-64518899
网　　址：http://www.cip.com.cn
凡购买本书，如有缺损质量问题，本社销售中心负责调换。

定　　价：198.00 元　　　　　　　　　　　　　　版权所有　违者必究

编写人员名单

主　　编　　李小兰　　张峻松

副 主 编　　范　忠　　叶青峰　　刘　鸿

编写成员　　李小兰　　张峻松　　范　忠　　叶青峰
　　　　　　刘　鸿　　陈　峰　　李志华　　陈志燕
　　　　　　周　芸　　吴晶晶　　严　俊　　黄世杰
　　　　　　孟冬玲　　徐雪芹　　周　晓　　朱　静
　　　　　　刘绍华　　冯守爱　　陈义昌　　黄善松
　　　　　　宋凌勇　　周肇峰　　刘　政　　白　森
　　　　　　邓宾玲　　潘玉灵　　黄祥进　　王　月
　　　　　　王萍娟　　蒋光辉　　侯鹏娟　　胡中军
　　　　　　徐石磊　　胡志忠

我国自然条件优越，天然香料资源非常丰富，且品种繁多，分布较广，它们越来越受到人们的关注和重视。我国的香料工业也是从天然香料的加工和应用为起点发展起来的，即使目前合成香料快速发展，天然香料工业也是我国香料工业的主要组成部分，尤其是近年人们对自然香韵的美好追求，使得天然香料的应用更是得到了较快的发展。

天然香料在食品、日化、饮料、烟用等香精调配和提升其产品质量方面起到至关重要的作用，但目前人们对天然香料的认识和应用主要依靠香料的感官特征和调香人员的经验积累，而对各种香原料的内在成分和含量等相关知识了解较少，使得人们在实际中如何正确、高效地应用天然香料缺乏有效的应用工具，也难免出现一定局限性。在这种背景下，笔者根据多年来在天然香原料研究基础上，对天然香料主要特征成分和性质进行了系统分析和整理。

本书共收录171种天然香原料，包括精油、提取物和浸膏等三部分，每一种香料所涵盖资料内容主要有名称、管理状况、性状描述、感官特征、物理性质、制备提取方法、原料主要产地、作用描述等。同时根据广西中烟工业有限责任公司和郑州轻工业学院在天然香料方面多年科研成果的积累，对这171种的天然香料主要特征成分和含量等内容进行了系统分析和归纳，若该书能够给各位读者提供一些帮助，笔者将深感欣慰。

本书是广西烟草学会2017年学术活动项目，由广西中烟工业有限责任公司、郑州轻工业学院和广西烟草学会组织编写，由三十多名科技人员进行撰稿，并由主编李小兰负责全书统稿工作，不断完善。

本书主要适用于从事食品、饮料、日化、卷烟等行业相关产品加工和从事香精香料产品研究开发和生产的技术人员阅读，也可作为高等院校相关专业研究生和本科生的课外参考书籍。

由于编者水平有限，书中内容难免有不当之处，敬请读者批评指正。

编者

2018 年 1 月

目 录
CONTENTS

第 1 章

精油类天然香原料

1.1　桉树油

【基本信息】

⊙ 名称

中文名称：桉叶油，桉树油，尤加利油，蓝桉叶油，蓝桉油

英文名称：anis oil of eucalyptus，eucaly puts oil，eucalyptus oil

⊙ 管理状况

FEMA❶：2246

FDA❷：172.510

GB 2760—2014：N114

⊙ 性状描述

无色或微黄色液体。

⊙ 感官特征

有似樟脑和龙脑的气味。有尖刺的桉叶、樟脑气息，凉味掩清之气，带些药气，又具清爽之感，香气强烈而不留长。

⊙ 物理性质

相对密度 d_4^{20}：0.9000～0.9110

折射率 n_D^{20}：1.4540～1.4620

溶解性：几乎不溶于水，溶于乙醇、油和脂肪中。

⊙ 制备提取方法

用水蒸气蒸馏法从蓝桉、桉叶树、香樟树和樟树等的叶、枝中提取精油，再精制加工制

---

❶　FEMA 为美国香味料和萃取物制造者协会，全书同。

❷　FDA 为美国食品及药物管理局，全书同。

得，得率2%～3%。

▶ 原料主要产地

主产于西班牙、葡萄牙、刚果和南美等地。我国云南、广东、广西也有大量生产，为世界十大精油（产量）之一。

▶ 作用描述

主要用于卫生药剂制品，如牙膏、牙粉、药皂、口香糖、咳嗽糖浆、清凉油等。在调配某些日化产品香精中也可少量使用。

【桉树油主成分及含量】

取适量桉树油进行气相色谱-质谱分析，记录谱图，按内标法以峰面积计算其含量。桉树油中主要成分为：桉树脑（72.31%）、γ-松油烯（7.29%）、α-蒎烯（6.19%）、柠檬烯（5.79%）、β-月桂烯（2.07%）、对伞花烃（1.35%）、β-蒎烯（1.08%），所有化学成分及含量详见表1-1。

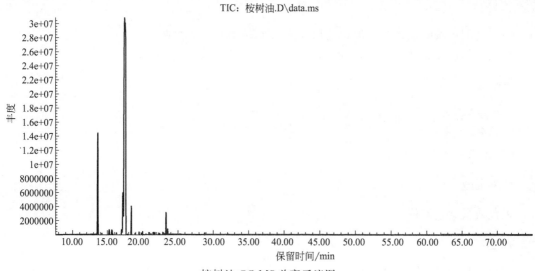

桉树油 GC-MS 总离子流图

表1-1　桉树油化学成分含量表

序号	英文名称	中文名称	含量/(μg/g)	相对含量/%
1	3-thujene	3-侧柏烯	212.29	0.04
2	α-pinene	α-蒎烯	36504.70	6.19
3	camphene	莰烯	260.65	0.04
4	β-pinene	β-蒎烯	6390.18	1.08
5	β-myrcene	β-月桂烯	12229.75	2.07
6	cyclooctene	环辛烯	408.42	0.07
7	α-phellandrene	α-水芹烯	11989.00	2.03

序号	英文名称	中文名称	含量/(μg/g)	相对含量/%
8	3-carene	3-蒈烯	325.96	0.06
9	α-terpinene	α-松油烯	2056.05	0.35
10	p-cymene	对伞花烃	7953.08	1.35
11	limonene	柠檬烯	34111.00	5.79
12	eucalyptol	桉树脑	426195.31	72.31
13	ocimene	罗勒烯	648.64	0.11
14	γ-terpinene	γ-松油烯	42973.81	7.29
15	4-carene	4-蒈烯	1976.73	0.34
16	linalool	芳樟醇	386.33	0.07
17	α-pinene oxide	α-蒎烯氧化物	435.85	0.07
18	fenchol	葑醇	95.33	0.02
19	alloocimene	别罗勒烯	1191.86	0.20
20	pinocarveol	松香芹醇	190.78	0.03
21	terpinen-4-ol	4-松油烯醇	1092.70	0.19
22	α-terpineol	α-松油醇	1585.62	0.27
23	3-ethylidene-1-methylcyclopentene	3-亚乙基-1-甲基环戊烯	192.94	0.03

1.2　白樟油

【基本信息】

名称

中文名称：白樟油，樟脑柏油
英文名称：white camphor oil

管理状况

FEMA：2231
FDA：172.510
GB 2760—2014：N165

性状描述

无色或微黄色的澄清油状液体。

感官特征

有樟脑气息，味辛、凉。

物理性质

相对密度 d_4^{20}：$0.8550 \sim 0.8750$
折射率 n_D^{20}：$1.4670 \sim 1.4720$
旋光度：$+16° \sim +28°$
沸点：171℃

制备提取方法

白樟油是从樟科植物樟树或同属其他植物经蒸馏和分馏所得的一种挥发油，为樟脑油经减压蒸馏而得的第一馏分精油。

原料主要产地

原产于我国东南及西南各地，主要分布在我国的台湾、福建、江西、广东、广西、湖南、湖北、浙江、四川、云南和贵州等省区的低山平原地区。在亚洲东、南部的日本、韩国、越南和印度等国也有种植。

作用描述

在香料工业中白樟油占有重要的地位，亦可应用于医药、农药、矿业等部门，是化工、医药、国防等方面的重要原料。

【白樟油主成分及含量】

取适量白樟油进行气相色谱-质谱分析，记录谱图，按内标法以峰面积计算其含量。白樟油中主要成分为：桉树脑（29.42%）、对伞花烃（12.77%）、β-蒎烯（11.28%）、4-蒈烯（9.69%）、γ-松油烯（10.17%）、邻伞花烃（4.12%）、β-月桂烯（3.80%）、β-侧柏烯

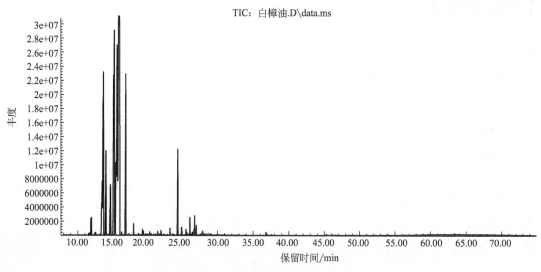

白樟油 GC-MS 总离子流图

（3.29％），所有化学成分及含量详见表 1-2。

表 1-2　白樟油化学成分含量表

序号	英文名称	中文名称	含量/(μg/g)	相对含量/%
1	α-thujene	α-侧柏烯	1111.16	0.13
2	α-pinene	α-蒎烯	11250.75	1.31
3	camphene	莰烯	1765.30	0.21
4	β-thujene	β-侧柏烯	28202.73	3.29
5	β-pinene	β-蒎烯	96678.52	11.28
6	1-methyl-4-(1-methylethylidene)-cyclohexane	1-甲基-4-(1-甲基亚乙基)-环己烷	302.37	0.04
7	β-myrcene	β-月桂烯	32611.34	3.80
8	α-phellandrene	α-水芹烯	22486.78	2.62
9	limonene	柠檬烯	66434.73	7.75
10	4-carene	4-蒈烯	83112.35	9.69
11	o-cymene	邻伞花烃	35329.34	4.12
12	p-cymene	对伞花烃	109512.39	12.77
13	eucalyptol	桉树脑	252281.83	29.42
14	β-ocimene	β-罗勒烯	597.44	0.07
15	γ-terpinene	γ-松油烯	87228.02	10.17
16	hexanoic acid 3-pentyl ester	己酸-3-戊酯	203.16	0.02
17	2-methylenebicyclo[2.1.1]hexane	2-亚甲基双环[2.1.1]己烷	297.04	0.03
18	1-(1, 4-dimethyl-3-cyclohexen-1-yl)-ethanone	1,4-二甲基-4-乙酰基-1-环己烯	359.08	0.04
19	2,6-dimethyl-1,3,5,7-octatetraene	2,6-二甲基-1,3,5,7-辛四烯	162.01	0.02
20	cyclooctanone	环辛酮	1473.67	0.17
21	alloocimene	别罗勒烯	810.91	0.09
22	1, 1-dimethyl-2-(2-methyl-1-propenyl)-cyclopropane	1，1-二甲基-2-(2-甲基-1-丙烯基)-环丙烷	858.91	0.10
23	3,3,5-trimethyl-cyclohexene	3,3,5-三甲基环己烯	325.10	0.04
24	1,2,4,4-tetramethyl-cyclopentene	1,2,4,4-四甲基环戊烯	349.16	0.04
25	4-terpinenol	4-萜品醇	1217.42	0.14
26	α-terpineol	α-松油醇	1012.35	0.12
27	11-heneicosanol	11-二十一烷醇	1506.19	0.18
28	4-methoxy-α-methylbenzyl alcohol	4-甲氧基-α-甲基苯甲醇	531.58	0.06
29	1,4-dihydroxy-p-menth-2-ene	1,4-二羟基-对-2-薄荷烯	3270.30	0.38
30	3-ethylidene-1-methyl-1-cyclopentene	3-亚乙基-1-甲基环戊烯	546.50	0.06
31	5-amino-5H-imidazole-4-carboxylic acid-ethyl ester	5-氨基-5H-咪唑-4-羧酸乙酯	4046.26	0.47

序号	英文名称	中文名称	含量/(μg/g)	相对含量/%
32	sorbic acid	山梨酸	1332.37	0.16
33	2-methoxy benzenethiol	2-甲氧基苯硫醇	4381.98	0.51
34	2,5-dimethyl-3-hexyne-2,5-diol	2,5-二甲基-3-己炔-2,5-二醇	2147.02	0.25
35	dipentene dioxide	二氧化萜二烯	2439.24	0.28
36	3,4-dimethoxy-phenol	3,4-二甲氧基苯酚	420.63	0.05
37	aromandendrene	香橙烯	173.27	0.02
38	2,6,11,15-tetramethyl-hexadeca-2,6,8,10,14-pentaene	2,6,11,15-四甲基-2,6,8,10,14-十六碳五烯	292.91	0.03
39	13-docosenamide	芥酸酰胺	390.92	0.05

1.3　柏木油

【基本信息】

▶ 名称

中文名称：柏木油，香柏油，雪松油

英文名称：cedarwood oil，cedar oil

▶ 管理状况

FDA：172.510

GB 2760—2014：N321

▶ 性状描述

淡黄色透明油状液体。

▶ 感官特征

具有木香龙涎香、甜香、东方香型，香型稳定，留香长。

▶ 物理性质

相对密度 d_4^{20}：0.9320～0.9390

折射率 n_D^{20}：1.4989～1.5021

沸点：262～263℃

旋光度：−35°～−25°

溶解性：能溶于乙醇中，极微溶于水。

▶ 制备提取方法

以柏木的树根、树干或其下脚料为原料，采用水蒸气蒸馏提得原油，得油率为 1‰～

6％。柏木原油再经分馏制得精制柏木油。

▶ 原料主要产地

中国特有树种，分布很广，产于浙江、福建、江西、湖南、湖北西部、四川北部及西部、贵州东部及中部、广东北部、广西北部、云南东南部及中部等省区，以四川、湖北西部、贵州栽培最多。

▶ 作用描述

柏木油广泛用于日用香精，是调配香皂、化妆品香精的重要香料，尤其在檀香型香精中用量较大。还可从中单独分离得到柏木脑、柏木烯，并可进一步合成乙酸柏木酯、甲基柏木醚、乙酰柏木烯等香料。烟用香精中常用作定香剂和协调剂，可给卷烟香气带来柏木香气和轻微的辛香。

【柏木油主成分及含量】

取适量柏木油进行气相色谱-质谱分析，记录谱图，按内标法以峰面积计算其含量。柏木油中主要成分为：异长叶烯（23.20％）、α-荜澄茄醇（7.05％）、柏木脑（6.94％）、α-柏木烯（3.98％）、β-马榄烯（3.79％）、苄醇（3.76％），所有化学成分及含量详见表 1-3。

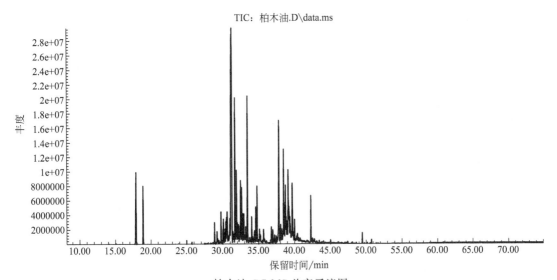

柏木油 GC-MS 总离子流图

表 1-3　柏木油化学成分含量表

序号	英文名称	中文名称	含量/(μg/g)	相对含量/%
1	benzyl alcohol	苄醇	46213.66	3.76
2	cycloisolongifolene	环状异长叶烯	8365.86	0.68
3	1,2,3,4,4a,5,6,8a-octahydro-4a,8-dimethyl-2-(1-methylethenyl)-(2α,4aα,8aβ)-naphthalene	1,2,3,4,4a,5,6,8a-八氢-4a,8-二甲基-2-(1-甲基乙烯基)-(2α,4aα,8aβ)-萘	4707.84	0.38
4	patchoulene	广藿香烯	11722.53	0.96
5	cloven	丁香三环烯	11498.25	0.94

续表

序号	英文名称	中文名称	含量/(μg/g)	相对含量/%
6	cyclosativene	环苜蓿烯	7814.58	0.64
7	10,11-himachala-3(12),4-diene	10,11-喜马偕烷-3(12),4-二烯	9478.31	0.77
8	longicyclen	环长叶烯	15349.02	1.24
9	α-grujunene	α-古芸烯	25511.63	2.07
10	2-isopropenyl-4a,8-dimethyl-1,2,3,4,4a,5,6,8a-octahydronaphthalene	2-异丙烯基-4a,8-二甲基-1,2,3,4,4a,5,6,8a-八氢萘	4210.68	0.34
11	isolongifolene	异长叶烯	284951.64	23.20
12	2,4a,5,6,9a-hexahydro-3,5,5,9-tetramethyl-(1H)-benzocycloheptene	2,4a,5,6,9a-六氢-3,5,5,9-四甲基-(1H)-苯并环庚三烯	3972.59	0.32
13	valencene	朱栾倍半萜	2814.66	0.23
14	2H-pyrido［3,2-b]-1,4-oxazin-3(4H)-one	2H-吡啶并[3,2-b]-1,4-杂氧嗪-3(4H)-酮	66041.22	5.37
15	isosativene	异洒剔烯	8566.34	0.70
16	α-cedrene	α-柏木烯	48945.42	3.98
17	α-ylangene	α-依兰烯	2362.55	0.19
18	β-cedrene	β-柏木烯	6603.81	0.54
19	2-isopropyl-5-methyl-9-methylene-bicyclo[4.4.0]dec-1-ene	2-异丙基-5-甲基-9-亚甲基二环[4.4.0]癸-1-烯	18915.85	1.54
20	thujopsene	罗汉柏烯	24102.86	1.96
21	4-(2,6,6-trimethyl-cyclohex-1-enyl)-butan-2-ol	4-(2,6,6-三甲基-环己-1-烯基)-2-丁醇	24292.46	1.97
22	1-(2-hydroxy-5-methylphenyl)-2-hexen-1-one	1-(2-羟基-5-甲基苯基)-2-己烯-1-酮	6167.57	0.50
23	6-ethenyl-6-methyl-1-(1-methylethyl)-3-(1-methylethylidene)-cyclohexene	6-乙烯基-6-甲基-1-(1-甲基乙基)-3-(1-甲基亚乙基)-环己烯	12697.64	1.04
24	α-humulene	α-葎草烯	3419.36	0.28
25	decahydro-1,1,3a-trimethyl-7-methylene-1H-cyclopropanaphthalene	十氢-1,1,3a-三甲基-7-亚甲基-1H-环丙萘	9251.31	0.76
26	7-(1,1-dimethylethyl)-3,4-dihydro-1(2H)-naphthalenone	7-(1,1-二甲基乙基)-3,4-二氢-1(2H)-萘酮	76185.58	6.19
27	α-curcumene	α-姜黄烯	7787.35	0.64
28	α-longipinene	α-长叶蒎烯	2716.30	0.22
29	α-muurolene	α-依兰油烯	6101.02	0.50
30	2,4a,5,6,7,8-hexahydro-3,5,5,9-tetramethyl-1H-benzocycloheptene	2,4a,5,6,7,8-六氢-3,5,5,9-四甲基-1H-苯并环丁烯	14524.61	1.19
31	3,4-dihydro-2,2-dimethyl-2H-1-benzopyran	3,4-二氢-2,2-二甲基-2H-1-苯并吡喃	23819.59	1.94
32	δ-cadinene	δ-杜松烯	5568.42	0.45
33	calamenene	去氢白菖烯	2747.86	0.22

序号	英文名称	中文名称	含量/(μg/g)	相对含量/%
34	isoledene	异喇叭烯	2848.94	0.23
35	2,3,4,5-tetrahydro-1-benzoxepin-3-ol	2,3,4,5-四氢-1-苯并噁嗪-3-醇	4704.97	0.38
36	caryophyllenyl alcohol	石竹烯醇	6746.97	0.55
37	3,5-diethyl-phenol	3,5-二乙基苯酚	4688.57	0.38
38	dihydro-neoclovene	二氢-新丁香三环烯	2227.88	0.18
39	1-ethylideneoctahydro-7a-methyl-(3aα,7aβ)-1H-indene	1-亚乙基八氢-7a-甲基-(3aα,7aβ)-1H-茚	3365.09	0.27
40	cedrol	柏木脑	85284.61	6.94
41	isolongifolone	异长叶烷酮	11419.91	0.93
42	cedrene epoxide	环氧柏木烷	7022.78	0.57
43	β-maaliene	β-马榄烯	46686.41	3.79
44	α-cadinol	α-荜澄茄醇	86571.27	7.05
45	α-copaene	α-可巴烯	12155.75	0.99
46	3,5,6,7,8,8a-hexahydro-4,8a-dimethyl-6-(1-methylethenyl)-2(1H)-naphthalenone	3,5,6,7,8,8a-六氢-4,8a-二甲基-6-(1-甲基乙烯基)-2(1H)-萘酮	13385.48	1.09
47	β-selinene	β-芹子烯	16358.08	1.32
48	1,7-dimethyl-4-(1-methylethyl)-spiro[4.5]dec-6-en-8-one	1,7-二甲基-4-(1-甲基乙基)-螺[4.5]癸-6-烯-8-酮	7809.87	0.64
49	β-bisabolol	β-没药醇	19720.39	1.60
50	1,6-dimethyl-4-(1-methylethyl)-naphthalene	1,6-二甲基-4-(1-甲基乙基)-萘	37639.31	3.06
51	isoshyobunone	异白菖酮	17820.45	1.45
52	2-allyl-1,4-dimethoxy-3-vinyloxy-methylbenzene	2-烯丙基-1,4-二甲氧基-3-乙烯氧基-甲基苯	3753.66	0.31
53	9-isopropyl-1-methyl-2-methylene-5-oxatricyclo[5.4.0.0(3,8)]undecane	9-异丙基-1-甲基-2-亚甲基-5-氧杂三环[5.4.0.0(3,8)]十一烷	6044.96	0.49
54	1,2,3,6,7,8,8a,8β-octahydro-4,5-dimethyl-biphenylene	1,2,3,6,7,8,8a,8β-八氢-4,5-二甲基-亚联苯基	1545.38	0.13
55	cedranyl acetate	乙酸柏木酯	17010.89	1.38
56	octadecane	十八烷	1624.76	0.13
57	8-ethenyl-3,4,4a,5,6,7,8,8a-octahydro-5-methylene-2-naphthalenecarboxylic acid	8-乙烯基-3,4,4a,5,6,7,8,8a-八氢-5-甲基-2-萘甲酸	344.47	0.03
58	manool	泪杉醇	4022.94	0.33
59	1,3,5,6-tetramethyladamantane	1,3,5,6-三甲基金刚烷	1353.53	0.11

1.4　柏叶油

【基本信息】

名称

中文名称：柏叶油，雪松叶油，扁柏叶油，丛柏叶油
英文名称：cedar leaf oil，oil of cedar leaf

管理状况

FEMA：2267
FDA：172.510
GB 2760—2014：N084

性状描述

无色至黄色挥发性精油。

感官特征

具有柏木特征香气，具有强烈似樟脑气息及鼠尾草香气。

物理性质

相对密度 d_4^{20}：0.9060～0.9200
折射率 n_D^{20}：1.4560～1.4600
旋光度：$-35°\sim-25°$
溶解性：溶于大多数非挥发性油、矿物油和丙二醇中，几乎不溶于甘油。

制备提取方法

由柏科植物金钟柏（习称美国侧柏）树龄在 15 年以上的新鲜叶子和嫩枝经水蒸气蒸馏而得。得率为 0.6%～1.0%。

原料主要产地

主要产于美国和加拿大。

作用描述

广泛用于日用香精，是调配香皂、化妆品香精的重要香料。应用于卷烟后可增加卷烟清香风格。

【柏叶油主成分及含量】

取适量柏叶油进行气相色谱-质谱分析，记录谱图，按内标法以峰面积计算其含量。柏叶油中主要成分为：β-侧柏酮（38.23%）、莳酮（15.64%）、α-侧柏酮（10.44%）、桧烯（3.95%）、乙酸龙脑酯（3.84%）、莰烯（3.32%）、樟脑（3.30%）、α-蒎烯（2.74%），所

有化学成分及含量详见表1-4。

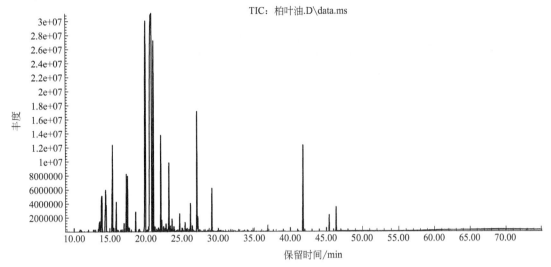

柏叶油 GC-MS 总离子流图

表 1-4 柏叶油化学成分含量表

序号	英文名称	中文名称	含量/(μg/g)	相对含量/%
1	2-methylbutanoic acid ethyl ester	2-甲基丁酸乙酯	892.83	0.12
2	ethyl isovalerate	异戊酸乙酯	395.36	0.05
3	bicyclo[2.2.2]oct-2-ene	二环[2.2.2]辛-2-烯	1015.52	0.14
4	ethylisobutenoate	千里酸乙酯	673.65	0.09
5	2-thujene	2-侧柏烯	5649.26	0.77
6	α-pinene	α-蒎烯	20011.35	2.74
7	camphene	莰烯	24264.86	3.32
8	sabenene	桧烯	28835.28	3.95
9	β-pinene	β-蒎烯	1237.62	0.17
10	β-myrcene	β-月桂烯	7128.72	0.98
11	2,3-dehydro-1,8-cineole	2,3-脱氢-1,8-桉树脑	213.90	0.03
12	ethylcapronate	正己酸乙酯	381.17	0.05
13	α-phellandrene	α-水芹烯	467.07	0.06
14	o-methylanisole	邻甲氧基甲苯	471.11	0.06
15	α-terpilene	α-松油烯	1962.83	0.27
16	p-cymene	对伞花烃	13483.86	1.85
17	limonene	柠檬烯	14251.93	1.95
18	1-methyl-2-(2-propenyl)-cyclopentane	1-甲基-2-(2-丙烯基)-环戊烷	948.29	0.13
19	γ-terpinene	γ-松油烯	4140.05	0.57
20	β-terpineol	β-松油醇	1206.58	0.17
21	fenchon	葑酮	114263.15	15.64

续表

序号	英文名称	中文名称	含量/(μg/g)	相对含量/%
22	perillene	紫苏烯	1042.86	0.14
23	linalool	芳樟醇	1103.29	0.15
24	β-thujone	β-侧柏酮	279292.92	38.23
25	α-thujone	α-侧柏酮	76247.28	10.44
26	3,7,7-trimethylbicyclo[4.1.0]heptan-3-ol	3,7,7-三甲基二环[4.1.0]庚-3-醇	1000.16	0.14
27	1-methyl-cyclodecene	1-甲基环癸烯	1562.20	0.21
28	camphor	樟脑	24142.62	3.30
29	2,3-epoxydecane	2,3-环氧癸烷	2180.66	0.30
30	5-(1-methylethyl)-bicyclo[3.1.0]hexan-2-one	5-(1-甲基乙基)-二环[3.1.0]己烷-2-酮	1112.66	0.15
31	thujanol	侧柏醇	981.91	0.13
32	borneol	龙脑	2162.66	0.30
33	4-methyl-2,7-octadiene	4-甲基-2,7-辛二烯	659.42	0.09
34	terpinen-4-ol	4-萜烯醇	16854.96	2.31
35	p-cymen-α-ol	对甲基苯异丙醇	1381.05	0.19
36	α-terpineol	α-松油醇	3313.90	0.45
37	1,3,3,4-tetramethyl-2-oxabicyclo[2.2.0]hexane	1,3,3,4-四甲基-2-氧杂二环[2.2.0]己烷	1434.71	0.20
38	3-methyl-6-(1-methylethyl)-2-cyclohexen-1-ol	3-甲基-6-(1-甲基乙基)-2-环己烯-1-醇	457.75	0.06
39	4,6,6-trimethyl-bicyclo[3.1.1]hept-3-en-2-one	4,6,6-三甲基二环[3.1.1]庚-3-烯-2-酮	289.94	0.04
40	fenchyl acetate	乙酸葑酯	3921.65	0.54
41	methylthymol	麝香草酚甲醚	642.32	0.09
42	2,6-dimethyl-3,5,7-octatriene-2-ol	2,6-二甲基-3,5,7-辛三烯-2-醇	372.85	0.05
43	2-isopropyl-4-methylanisole	2-异丙基-1-甲氧基-4-甲基苯	1812.81	0.25
44	carvone	香芹酮	451.71	0.06
45	2-methylene-5-(1-methylethyl)-cyclohexanone	2-亚甲基-5-(1-甲基乙基)-环己酮	623.88	0.09
46	3-methyl-6-(1-methylethyl)-2-cyclohexen-1-one	3-甲基-6-(1-甲基乙基)-2-环己烯-1-酮	508.44	0.07
47	cyclofenchene	环葑烯	5431.29	0.74
48	β-ocimene	β-罗勒烯	1510.41	0.21
49	isopulegol acetate	乙酸异胡薄荷酯	295.95	0.04
50	bornyl acetate	乙酸龙脑酯	28031.09	3.84
51	2,6-dimethyl-2,6-octadiene	2,6-二甲基-2,6-辛二烯	2208.46	0.30
52	1-methylene-4-(1-methylethenyl)-cyclohexane	1-亚甲基-4-(1-甲基乙烯基)-环己烷	3238.70	0.44
53	4-carene	4-蒈烯	622.17	0.09

序号	英文名称	中文名称	含量/(μg/g)	相对含量/%
54	sorbic acid	山梨酸	488.27	0.07
55	2-methyl-1-methylene-3-(1-methyle-thenyl)-cyclopentane	2-甲基-1-亚甲基-3-(1-甲基乙烯基)-环戊烷	278.83	0.04
56	7,7-dimethyl-2-methylene-bicyclo[2.2.1]heptane	7,7-二甲基-2-亚甲基双环[2.2.1]庚烷	564.44	0.08
57	acetic acid terpinyl ester	乙酸松油酯	8510.83	1.16
58	ethyl 4-decenoate	4-癸烯酸乙酯	156.50	0.02
59	neryl acetate	乙酸橙花酯	576.31	0.08
60	ethyl decanoat	癸酸乙酯	252.88	0.03
61	benzyl isopropyl acetate	乙酸苄异丙酯	329.75	0.05
62	caryophyllene	石竹烯	375.60	0.05
63	cinnamyl acetate	乙酸桂酯	221.96	0.03
64	α-humulene	α-葎草烯	656.31	0.09
65	2-tridecanone	2-十三烷酮	240.90	0.03
66	α-muurolene	α-依兰油烯	314.00	0.04
67	1,2,4a,5,6,8a-hexahydro-4,7-dime-thyl-1-(1-methylethyl)-naphthalene	1,2,4a,5,6,8a-六氢-4,7-二甲基-1-(1-甲基乙基)-萘	165.73	0.02
68	δ-cdinene	δ-杜松烯	702.43	0.10
69	caryophyllene oxide	氧化石竹烯	1215.76	0.17
70	humulene oxide Ⅱ	环氧蛇麻烯 Ⅱ	347.16	0.05

1.5　薄荷油

【基本信息】

▶ 名称

中文名称：薄荷油，亚洲薄荷油

英文名称：mentha arvensis oil，mint oil，cornmint oil

▶ 管理状况

FEMA：4219

GB 2760—2014：N150

▶ 性状描述

淡黄色或淡草绿色液体，稍遇冷即凝成固体。

▶ 感官特征

呈强烈薄荷香气和清凉的微苦味。

➡ **物理性质**

相对密度 d_4^{20}：0.8950～0.9100
折射率 n_D^{20}：1.4600～1.4710
酸值：<2
溶解性：与乙醇、氯仿或乙醚能任意混合。

➡ **制备提取方法**

唇形科植物薄荷的新鲜茎和叶经水蒸气蒸馏得油，一般得率为 0.3%～0.6%。薄荷油通常在分馏过程中去除头油和后油馏分，可得到不同风格的薄荷油。

➡ **原料主要产地**

主要产于我国江苏、安徽等地，在巴西、日本、印度、澳大利亚等国也有少量生产。

➡ **作用描述**

薄荷油具有医用和食用双重功能，在药用上，薄荷油除了能提神醒脑之外，还可用于风热感冒、头痛目赤、咽喉肿痛、肝郁气滞等症；在食用上，薄荷油既可作为调味剂，又可作香料，还可配酒、冲茶等。此外，薄荷油也可用于烟草香精中作矫味剂，改善口感，减弱烟草的辛辣刺激味，掩盖青杂气，大量用在凉味型卷烟中。

【薄荷油主成分及含量】

取适量薄荷油进行气相色谱-质谱分析，记录谱图，按内标法以峰面积计算其含量。薄荷油中主要成分为：薄荷醇（36.51%）、异薄荷酮（20.28%）、薄荷酮（13.75%）、乙酸薄荷酯（5.56%）、柠檬烯（4.24%）、桉树脑（3.46%）、异胡薄荷醇（2.02%）、长叶薄荷酮（1.92%），所有化学成分及含量详见表 1-5。

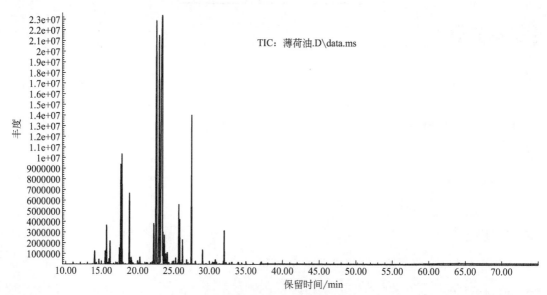

薄荷油 GC-MS 总离子流图

表 1-5　薄荷油化学成分含量表

序号	英文名称	中文名称	含量/(μg/g)	相对含量/%
1	α-pinene	α-蒎烯	6204.93	0.69
2	3-methylcyclohexanol	3-甲基环己醇	443.02	0.05
3	3-methylcyclohexanone	3-甲基环己酮	1361.46	0.15
4	β-phellandrene	β-水芹烯	4716.23	0.52
5	β-pinene	β-蒎烯	14835.78	1.65
6	4-methyl-1-（1-methylethyl）-cyclo-hexene	4-甲基-1-(1-甲基乙基)-环己烯	526.23	0.06
7	β-myrcene	β-月桂烯	1541.56	0.17
8	3-octanol	3-辛醇	5972.03	0.67
9	α-terpilene	α-松油烯	478.53	0.05
10	o-cymene	邻伞花烃	5273.53	0.59
11	limonene	柠檬烯	37926.21	4.24
12	eucalyptol	桉树脑	31038.81	3.46
13	1-octanol	1-辛醇	2184.20	0.25
14	1-methyl-4-（1-methylethenyl）-cyclo-hexanol	1-甲基-4-(1-甲基乙烯基)-环己醇	825.69	0.09
15	linalool	芳樟醇	1981.54	0.23
16	4-methyl-1-(1-methylethyl)-(1α,3α,5α)-bicyclo[3.1.0]hexan-3-ol	4-甲基-1-(1-甲基乙基)-(1α,3α,5α)-二环[3.1.0]己-3-醇	1288.68	0.14
17	isopregol	异胡薄荷醇	18140.64	2.02
18	isomenthone	异薄荷酮	181633.42	20.28
19	menthone	薄荷酮	123226.44	13.75
20	menthol	薄荷醇	327014.24	36.51
21	isopulegol	异蒲勒醇	11027.24	1.23
22	isomenthol	异薄荷醇	1314.36	0.14
23	α-terpineol	α-松油醇	2658.40	0.30
24	estragole	草蒿脑	2898.29	0.32
25	2-amino-1,5-dihydro-4H-imidazol-4-one	2-氨基-1,5-二氢-4H-咪唑-4-酮	790.12	0.09
26	3-hexenyl pentanoate	戊酸叶醇酯	1619.67	0.18
27	pulegon	长叶薄荷酮	17162.81	1.92
28	carvone	香芹酮	13106.50	1.46
29	2-isopropyl-5-methyl-3-cyclohexen-1-one	2-异丙基-5-甲基-3-环己烯-1-酮	6858.57	0.77
30	5-methyl-2-（1-methylethyl）-acetate-cy-clohexanol	乙酸-5-甲基-2-(1-甲基乙基)-环己酯	1057.00	0.11
31	menthyl acetate	乙酸薄荷酯	49822.19	5.56
32	diacetin	甘油二乙酸酯	4117.94	0.46
33	α-copaene	α-可巴烯	504.87	0.05

续表

序号	英文名称	中文名称	含量/(μg/g)	相对含量/%
34	1-phentyl-2-propyl-cyclopentane	1-苯基-2-丙基-环戊烷	650.12	0.07
35	1-(2-methyl-2-cyclopenten-1-yl)-ethanone	1-(2-甲基-2-环戊烯-1-基)-乙酮	474.10	0.05
36	β-bourbonene	β-波旁烯	1221.08	0.13
37	β-elemen	β-榄香烯	525.02	0.06
38	β-copaene	β-可巴烯	841.71	0.09
39	caryophyllene	石竹烯	9734.54	1.09
40	1,2-dimethyl-3-(1-methylethenyl)-cyclopentane	1,2-二甲基-3-(1-甲基乙烯基)-环戊烷	427.16	0.05
41	α-cubebene	α-荜澄茄油烯	577.55	0.06
42	1,5,9,9-tetramethyl-1,4,7-cycloundecatriene	1,5,9,9-四甲基-1,4,7-环十一碳三烯	646.63	0.07
43	germacrene D	大根香叶烯 D	486.04	0.05
44	caryophyllene oxide	氧化石竹烯	655.36	0.07

1.6 橙花油

【基本信息】

名称

中文名称：橙花油

英文名称：orange flower oil

管理状况

FEMA：2771

FDA：182.20

GB 2760—2014：N346

性状描述

淡黄色而有荧光的液体，暴露在日光中变棕红色。

感官特征

具有强烈的花香、柑橘香和青香，略有苦味。有橙花的芳香气味。

物理性质

相对密度 d_4^{20}：0.8660～0.8710

折射率 n_D^{20}：1.4690～1.4740

酸值：≤2.0

脂值：26～60

旋光度：＋2°～＋11°

溶解性：溶于乙醇。

⊙ 制备提取方法

　　以苦柑橘树上的白色的蜡质小花为原料，采用水蒸气蒸馏法提取，出油率在 0.8%～1.0%。

⊙ 原料主要产地

　　主要产于法国、突尼斯、意大利和阿尔及利亚等地，我国也有少量生产。

⊙ 作用描述

　　橙花油可用于化妆品和医药工业等行业，作为化妆品用香料可以刺激健康新细胞的再生，具有恢复青春的魔力；在药用上可镇定神经、治疗失眠，还可改善神经痛、头痛和眩晕。应用于卷烟加香中，可起到醇和烟香、增加甜润感、柔和细腻烟气的作用。

【橙花油主成分及含量】

　　取适量橙花油进行气相色谱-质谱分析，记录谱图，按内标法以峰面积计算其含量。橙花油中主要成分为：2-氨基苯甲酸-3,7-二甲基-1,6-辛二烯-3-醇（42.80%）、芳樟醇（19.91%）、乙酸香叶酯（6.16%）、柠檬烯（5.38%）、α-松油醇（4.81%）、β-罗勒烯（3.87%）、乙酸橙花酯（3.65%）、β-月桂烯（3.58%），所有化学成分及含量详见表1-6。

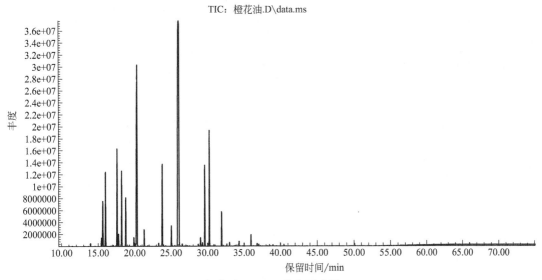

橙花油 GC-MS 总离子流图

表 1-6　橙花油化学成分含量表

序号	英文名称	中文名称	含量/(μg/g)	相对含量/%
1	α-pinene	α-蒎烯	2294.18	0.20
2	4-methyl-1-（1-methylethyl）-bicyclo[3.1.0]hex-2-ene	4-甲基-1-（1-甲基乙基）-二环[3.1.0]己-2-烯	5331.76	0.47

序号	英文名称	中文名称	含量/(μg/g)	相对含量/%
3	β-pinene	β-蒎烯	31513.60	2.79
4	β-myrcene	β-月桂烯	40481.61	3.58
5	3-carene	3-蒈烯	366.15	0.03
6	α-terpilene	α-松油烯	401.99	0.04
7	o-cymene	邻伞花烃	677.31	0.06
8	limonene	柠檬烯	60757.84	5.38
9	β-ocimene	β-罗勒烯	43656.06	3.87
10	2-(5-methyl-5-vinyltetrahydrofuran-2-yl) propan-2-yl-ethyl carbonate	2-(5-甲基-5-乙烯基四氢呋喃-2-基)丙-2-基碳酸二乙酯	488.03	0.04
11	4-carene	4-蒈烯	4041.54	0.36
12	linalool	芳樟醇	224878.54	19.91
13	2-methyl-6-methylene-1，7-octadien-3-one	2-甲基-6-亚甲基-1,7-辛二烯-3-酮	251.25	0.02
14	alloocimene	别罗勒烯	7078.49	0.63
15	6-methylene-bicyclo[3.1.0]hexane	6-亚甲基二环[3.1.0]己烷	392.90	0.03
16	4-terpineol	4-萜品醇	1472.01	0.13
17	2-(4-methylphenyl) propan-2-ol	2-(4-甲基苯基)丙-2-醇	166.93	0.01
18	α-terpineol	α-松油醇	54325.10	4.81
19	2,6-dimethyl-3,5,7-octatriene-2-ol	2,6-二甲基-3,5,7-辛三烯-2-醇	314.95	0.03
20	geraniol	橙花醇	11926.59	1.06
21	3,7-dimethyl-2,6-octadienal	3,7-二甲基-2,6-辛二烯醛	467.75	0.04
22	2-aminobenzoate-3,7-dimethyl-1,6-octadien-3-ol	2-氨基苯甲酸-3,7-二甲基-1,6-辛二烯-3-醇	483395.96	42.80
23	citral	柠檬醛	1012.21	0.09
24	o-hydroxyacetophenone	邻羟基苯乙酮	248.95	0.02
25	dihydroterpinyl acetate	二氢松香醇醋酸酯	410.07	0.04
26	camphene	莰烯	795.77	0.07
27	3-hexenylbutyrate	3-己烯基丁酯	344.39	0.03
28	artemisia triene	黏蒿三烯	3863.52	0.34
29	citronellylacetate	乙酸玫瑰酯	631.78	0.06
30	terpineol acetate	乙酸松油酯	1576.45	0.14
31	nerol acetate	乙酸橙花酯	41280.48	3.65
32	geranyl acetate	乙酸香叶酯	69578.76	6.16
33	β-elemene	β-榄香烯	601.99	0.05
34	caryophyllene	石竹烯	16648.57	1.47
35	alloaromadendrene	香树烯	377.88	0.03
36	β-farnesene	β-金合欢烯	830.97	0.07
37	humulene	葎草烯	1702.54	0.15

续表

序号	英文名称	中文名称	含量/(μg/g)	相对含量/%
38	β-copaene	β-可巴烯	322.62	0.03
39	α-farnesene	α-金合欢烯	586.27	0.05
40	bicyclogermacrene	双环大根香叶烯	2377.42	0.21
41	δ-cadinene	δ-杜松烯	757.34	0.07
42	nerolidol	橙花叔醇	4956.69	0.44
43	spathulenol	斯巴醇	1193.09	0.11
44	1-methylene-2-vinylcyclopentane	1-亚甲基-2-乙烯基环戊烷	935.68	0.08
45	varidiflorene	喇叭烯	202.08	0.02
46	spathalenol	斯巴醇	1165.03	0.10
47	α-cadinol	α-荜澄茄醇	349.99	0.03
48	farnesol	金合欢醇	1156.31	0.10
49	phytol	叶绿醇	852.05	0.08

1.7　春黄菊油

【基本信息】

名称

中文名称：春黄菊油，洋甘菊油
英文名称：chamomile oil

管理状况

FEMA：2275
FDA：182.20
GB 2760—2014：N195

性状描述

春黄菊油于常温下为黄色至绿黄色液体。

感官特征

口味温和，有草香、清香、青香、鲜果底韵，香气持久、扩散力强。

物理性质

相对密度 d_4^{20}：0.8960～0.9170
折射率 n_D^{20}：1.4380～1.4570
沸点：140℃
酸值：5～50

酯值：0～40

▶ 制备提取方法

用春黄菊的花、花梗采用水蒸气蒸馏法进行提取制备。干花得油率0.32%～1.05%，全枝提油得油率0.22%～0.35%。

▶ 原料主要产地

原产于欧洲中部，现国内外许多地区都有栽培。

▶ 作用描述

春黄菊油可应用于食品调味料、辛香料以及日化用品的加香中。在冰制品、罐头、包装食品、口香糖等中也有广泛应用。也可用于烟酒香精，应用于卷烟后能增强卷烟香味和劲头，改善余味，醇和、细腻烟气，掩盖杂气，减轻刺激性。

【春黄菊油主成分及含量】

取适量春黄菊油进行气相色谱-质谱分析，记录谱图，按内标法以峰面积计算其含量。春黄菊油中主要成分为：甜没药烯萜醇氧化物A（37.01%）、β-金合欢烯（19.42%）、p-薄荷-1-烯-9-醇（6.05%）、α-红没药醇氧化物B（5.88%）、α-红没药醇（2.18%）、α-金合欢烯（1.85%）、α-布藜烯（1.74%），所有化学成分及含量详见表1-7。

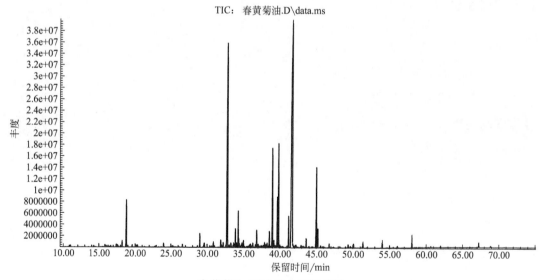

TIC：春黄菊油.D\data.ms

春黄菊油 GC-MS 总离子流图

表1-7   春黄菊油化学成分含量表

序号	英文名称	中文名称	含量/(μg/g)	相对含量/%
1	ethyl 2-methylbutyrate	2-甲基丁酸乙酯	748.08	0.08
2	butyric acid isobutyl ester	丁酸异丁酯	476.81	0.05
3	sulcatone	甲基庚烯酮	840.07	0.08
4	2-amylfuran	2-戊基呋喃	625.65	0.06

续表

序号	英文名称	中文名称	含量/(μg/g)	相对含量/%
5	3,3,6-trimethyl-1,4-heptadien-6-ol	3,3,6-三甲基-1,4-庚二烯-6-醇	509.36	0.05
6	α-phellandrene	α-水芹烯	647.46	0.07
7	m-cymene	间伞花烃	1144.64	0.12
8	limonene	柠檬烯	1070.87	0.11
9	β-ocimene	β-罗勒烯	2544.86	0.26
10	3,3,6-trimethyl-1,5-heptadien-4-ol	3,3,6-三甲基-1,5-庚二烯-4-醇	887.19	0.09
11	linalool	芳樟醇	755.87	0.08
12	nonanal	壬醛	792.28	0.08
13	borneol	龙脑	501.09	0.05
14	estragole	草蒿脑	1415.51	0.14
15	valeric acid 3-hexenyl ester	3-己烯戊酸酯	383.26	0.04
16	4,8-dimethyl-3,7-nonadien-2-one	4,8-二甲基-3,7-壬二烯-2-酮	363.77	0.04
17	4,8-dimethyl-3,8-nonadien-2-one	4,8-二甲基-3,8-壬二烯-2-酮	1071.60	0.11
18	1,5,5-trimethyl-6-methylene-cyclo-hexene	1,5,5-三甲基-6-亚甲基环己烯	6128.22	0.62
19	decanoic acid	癸酸	3846.20	0.39
20	α-copaene	α-可巴烯	503.70	0.05
21	2,3,8,8-tetramethyltricyclo[5.2.2.0(1,6)]undec-2-ene	2,3,8,8-四甲基-三环[5.2.2.0(1,6)]十一碳-2-烯	656.59	0.07
22	β-elemene	β-榄香烯	4117.67	0.42
23	β-ylangene	β-依兰烯	3016.79	0.30
24	caryophyllene	石竹烯	1119.45	0.11
25	germacrene D	大根香叶烯 D	2069.20	0.21
26	aromandendrene	香橙烯	3216.94	0.32
27	β-farnesene	β-金合欢烯	192476.79	19.42
28	α-bulnesene	α-布藜烯	17229.61	1.74
29	isocaryophyllene	异丁香烯	3969.56	0.40
30	α-santalene	α-檀香烯	9066.27	0.91
31	artemisia triene	黏蒿三烯	6246.49	0.63
32	α-cedrene	α-柏木烯	3587.14	0.36
33	α-muurolene	α-依兰油烯	7241.26	0.73
34	4-(2,6,6-trimethylcyclohexa-1,3-dienyl)but-3-en-2-one	4-(2,6,6-三甲基环己二烯-1,3-二烯基)-3-丁烯-2-酮	1452.84	0.15
35	cedrene	雪松烯	2460.09	0.25
36	β-cubebene	β-荜澄茄油烯	12900.90	1.30
37	α-zingiberene	α-姜烯	2887.41	0.29
38	β-selinene	β-芹子烯	4004.87	0.40
39	α-farnesene	α-金合欢烯	18314.95	1.85

序号	英文名称	中文名称	含量/(μg/g)	相对含量/%
40	bicyclogermacrene	双环大根香叶烯	4983.66	0.50
41	β-bisabolene	β-甜没药烯	3027.98	0.31
42	1,1,6-trimethyl-1,2-dihydro-naphthalene	1,1,6-三甲基-1,2-二氢萘	2889.11	0.29
43	δ-cadinene	δ-杜松烯	2687.21	0.27
44	1-formyl-2,2,6-trimethyl-3-(3-methyl-but-2-enyl)-5-cyclohexene	1-甲酰基-2,2,6-三甲基-3-(3-甲基-2-丁烯基)-5-环己烯	521.45	0.05
45	3,7,11-trimethyl-1,6,10-dodecatrien-3-ol	3,7,11-三甲基-1,6,10-十二烷三烯-3-醇	1519.65	0.15
46	7,10,13,16,19-docosa-tetraenoic acid methyl ester	7,10,13,16-二十二碳四烯酸甲酯	645.08	0.07
47	geranyl vinyl ether	香叶基乙烯醚	2140.52	0.22
48	1-(3-methylbutyl)-2,3,5,6-tetramethylbenzene	1-(3-甲基丁基)-2,3,5,6-四甲基苯	1396.65	0.14
49	spathulenol	斯巴醇	7448.56	0.75
50	α-patchoulene	α-绿叶烯	1528.14	0.15
51	globulol	蓝桉醇	1970.80	0.20
52	ledol	杜香醇	1122.45	0.11
53	geranyl linalool	香叶基芳樟醇	1007.08	0.10
54	durene	均四甲苯	2636.48	0.27
55	1,2,3b,6,7,8-hexahydro-6,6-dimethyl-cyclopenta[1,3]cyclopropa[1,2]cyclohepten-3(3aH)-one	1,2,3b,6,7,8-六氢-6,6-二甲基环戊二烯并[1,3]环丙基[1,2]环庚烯-3-(3aH)-酮	1706.39	0.17
56	methyl citrate	柠檬酸三甲酯	1937.87	0.20
57	bicyclosesquiphellandrene	双环倍半水芹烯	8566.68	0.86
58	α-bisabolol Oxide B	α-红没药醇氧化物 B	58278.53	5.88
59	dimethylmalonic acid ethyl 2-ethyl-hexyl ester	二甲基丙二酸-乙基-2-乙基己酯	3664.44	0.37
60	xanthoxylin	花椒素	863.38	0.09
61	alloaromadendrene	香树烯	801.53	0.08
62	α-bisabolol	α-红没药醇	21652.83	2.18
63	p-mentha-1-en-9-ol	p-薄荷-1-烯-9-醇	59980.87	6.05
64	4-methylene-2,8,8-trimethyl-2-vinyl-bicyclo[5.2.0]nonane	4-亚甲基-2,8,8-三甲基-2-乙烯基双环[5.2.0]壬烷	1494.83	0.15
65	methyl 12-methyltridecanoate	12-甲基十三烷酸甲酯	834.53	0.08
66	7-methoxycumarin	7-甲氧基香豆素	629.86	0.06
67	chamazulene	母菊薁	14073.61	1.42
68	bisabolol oxide A	甜没药烯萜醇氧化物 A	366863.96	37.01
69	benzyl benzoate	苯甲酸苄酯	727.03	0.07
70	4,4-dimethyl-5-thioxo-3-pyrrolidinone	4,4-二甲基-5-硫代-3-吡咯烷酮	964.24	0.10

序号	英文名称	中文名称	含量/(μg/g)	相对含量/%
71	2,3,6,7-tetrahydro-3a,6-methano-3aH-indene	2,3,6,7-四氢-3a,6-亚甲基四氢-3aH-茚	696.01	0.07
72	octahydro-1,4,9,9-tetramethyl-1H-3a,7-methanoazulene	十氢-1,4,9,9-四甲基-1H-3a,7-亚甲基薁	1058.24	0.11
73	phytone	植酮	3543.27	0.36
74	2-(acetylamino)-3-thiophenecarboxylic acid	2-(乙酰氨基)-3-噻吩羧酸	405.74	0.04
75	2-(2,4-hexadiynylidene)-1,6-dioxaspiro[4.4]non-3-ene	2-(2,4-己二烯)-1,6-二氧杂螺[4.4]-3-壬烯	62115.97	6.26
76	14-methyl-pentadecanoic acid methyl ester	14-甲基十五酸甲酯	697.41	0.07
77	2-hydroxy-3-(1-propenyl)-1,4-naphthoquinone	2-羟基-3-(1-丙烯基)-1,4-萘二酮	1666.27	0.17
78	farnesol acetate	金合欢醇乙酸酯	492.52	0.05
79	octadecene	十八烷烯	1521.81	0.15
80	heneicosane	二十一烷	592.47	0.06
81	phytol	叶绿醇	1844.08	0.19
82	linoleic acid	亚油酸	2810.57	0.28
83	tricosane	二十三烷	2995.55	0.30
84	tetracosane	二十四烷	569.63	0.06
85	eicosane	二十烷	6116.39	0.62
86	squalene	角鲨烯	3308.59	0.33
87	N-(2-Trifluoromethylphenyl)-pyridine-3-carboxamide oxime	N-(2-三氟甲基苯)-3-吡啶甲酰胺肟	922.99	0.09

1.8 刺柏果油

【基本信息】

名称

中文名称：刺柏果油，杜松果精油，刺柏子油，桧油，刺柏油
英文名称：*Juniperus* fruit oil

管理状况

FEMA：2604

FDA：182.20

GB 2760—2014：N046

⊙ 性状描述

无色至微带绿色或带黄色的挥发性精油。

⊙ 感官特征

具有特殊的针叶香气和芳香性苦辣味。

⊙ 物理性质

相对密度 d_4^{20}：$0.8590\sim0.8730$

折射率 n_D^{20}：$1.4740\sim1.4840$

溶解性：不溶于水、甘油和丙二醇，溶于乙醇、戊醇和矿物油。

⊙ 制备提取方法

用柏科植物杜松（也称欧洲刺柏）的干燥成熟果实经水蒸气蒸馏而得，得率$0.8\%\sim1.6\%$。

⊙ 原料主要产地

国外主要分布于意大利、澳大利亚、匈牙利等。我国广泛分布于广西、云南等多个省（区）。

⊙ 作用描述

刺柏果精油主要用于日用化学品的加香调香，还可用于饮料、肉类、调味汁、汤和调味品等食品的辛香配方中，在医药行业也有广泛应用。

【刺柏果油主成分及含量】

取适量刺柏果油进行气相色谱-质谱分析，记录谱图，按内标法以峰面积计算其含量。刺柏果油中主要成分为：α-蒎烯（29.46%）、β-月桂烯（8.80%）、柠檬烯（8.46%）、2-侧柏烯（7.25%）、β-蒎烯（5.96%）、石竹烯（3.83%）、大根香叶烯 B（3.22%）、4-萜烯醇（3.20%），所有化学成分及含量详见表 1-8。

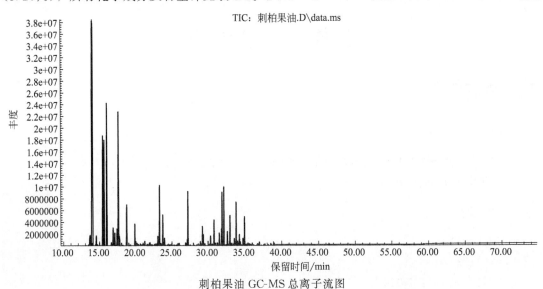

刺柏果油 GC-MS 总离子流图

表 1-8　刺柏果油化学成分含量表

序号	英文名称	中文名称	含量/(μg/g)	相对含量/%
1	3-thujene	3-侧柏烯	8306.48	1.09
2	α-pinene	α-蒎烯	224811.93	29.46
3	camphene	莰烯	4017.03	0.53
4	2-thujene	2-侧柏烯	55368.87	7.25
5	β-pinene	β-蒎烯	45499.14	5.96
6	β-myrcene	β-月桂烯	67136.75	8.80
7	α-phellandrene	α-水芹烯	931.84	0.12
8	3-carene	3-蒈烯	5908.22	0.77
9	2-carene	2-蒈烯	4207.36	0.55
10	m-cymene	间伞花烃	6323.81	0.83
11	limonene	柠檬烯	64542.00	8.46
12	eucalyptol	桉树脑	3992.38	0.52
13	γ-terpinene	γ-松油烯	6999.72	0.92
14	4-carene	4-蒈烯	7388.92	0.97
15	linalool	芳樟醇	896.60	0.12
16	3,6-nonadienal	3,6-壬二烯	484.74	0.06
17	2-octylcyclopropene-1-heptanol	2-辛基环丙烯基-1-庚醇	606.35	0.08
18	1-methyl-4-(1-methylethyl)-2-cyclo-hexen-1-ol	1-甲基-4-(1-甲基乙基)-2-环己烯-1-醇	626.92	0.08
19	alloocimene	别罗勒烯	897.45	0.12
20	1-terpineol	1-松油醇	542.83	0.07
21	pinocarveol	松香芹醇	932.57	0.12
22	β-terpineol	β-松油醇	2541.26	0.33
23	borneol	龙脑	1193.77	0.16
24	neomenthol	新薄荷醇	4050.60	0.53
25	terpinen-4-ol	4-萜烯醇	24398.30	3.20
26	α,α,4-trimethyl-benzenemethanol	α,α,4-三甲基苯甲醇	978.10	0.13
27	α-terpineol	α-松油醇	12232.66	1.60
28	γ-terpineol	γ-松油醇	3567.67	0.47
29	verbenone	马鞭草烯醇	607.58	0.08
30	citronellic acid methyl ester	香茅酸甲酯	398.73	0.05
31	bornyl acetate	乙酸龙脑酯	2349.35	0.31
32	isobornyl acetate	乙酸异龙脑酯	20887.49	2.74

续表

序号	英文名称	中文名称	含量/(μg/g)	相对含量/%
33	dihydrocarveol	二氢香芹醇	975.96	0.13
34	γ-pyronene	γ-焦烯	1912.19	0.25
35	2,6-dimethyl-2,6-octadiene	2,6-二甲基-2,6-辛二烯	304.50	0.04
36	terpenyl acetate	乙酸松油酯	7811.77	1.02
37	α-cubebene	α-荜澄茄油烯	6558.66	0.86
38	α-longipinene	α-长叶蒎烯	737.15	0.10
39	3-(1,5-dimethyl-4-hexenyl)-6-methylene-cyclohexene	3-(1,5-二甲基-4-己烯基)-6-亚甲基环己烯	629.87	0.08
40	α-copaene	α-可巴烯	3624.53	0.47
41	β-elemene	β-榄香烯	11211.24	1.47
42	isoledene	异喇叭烯	2169.53	0.28
43	longifolene	长叶烯	5213.42	0.68
44	caryophyllene	石竹烯	29207.67	3.83
45	germacrene B	大根香叶烯 B	24608.27	3.22
46	β-farnesene	β-金合欢烯	6201.66	0.81
47	α-humulene	α-葎草烯	13334.75	1.75
48	bicyclosesquiphellandrene	双环倍半水芹烯	924.74	0.12
49	γ-muurolene	γ-依兰油烯	3138.82	0.41
50	β-copaene	β-可巴烯	21207.27	2.78
51	β-selinene	β-芹子烯	1813.26	0.24
52	α-muurolene	α-依兰油烯	10596.28	1.39
53	δ-cadinene	δ-杜松烯	14193.24	1.86
54	1,2,3,4,4a,7-hexahydro-1,6-dimethyl-4-(1-methylethyl)-naphthalene	1,2,3,4,4a,7-六氢-1,6-二甲基-4-(1-甲基乙基)-萘	973.88	0.13
55	isolongifolene	异长叶烯	1304.03	0.17
56	3,7(11)-selinadiene	3,7(11)-芹子二烯	915.00	0.12
57	α-elemol	α-榄香烯	495.92	0.06
58	espatulenol	斯巴醇	820.66	0.11
59	caryophyllene oxide	氧化石竹烯	2358.13	0.31
60	cedrol	柏木脑	426.49	0.06
61	humulene oxide Ⅱ	环氧化蛇麻烯 Ⅱ	935.65	0.12
62	α-cadinol	α-荜澄茄醇	3696.68	0.49
63	2,6,11,15-tetramethyl-hexadeca-2,6,8,10,14-pentaene	2,6,11,15-四甲基-2,6,8,10,14-十六碳五烯	865.22	0.11
64	geranyl linalool	香叶基芳樟醇	434.65	0.06

1.9　大茴香油

【基本信息】

⬤ 名称

中文名称：大茴香油，八角茴香油，茴香油，茴油，茴芹油

英文名称：anise star oil

⬤ 管理状况

FEMA：2094

FDA：182.10

GB 2760—2014：N229

⬤ 性状描述

淡黄色或琥珀色液体，低温时为白色结晶。

⬤ 感官特征

清而辛香的大茴香香气，味甜。

⬤ 物理性质

相对密度 d_4^{20}：0.9780～0.9880

折射率 n_{D}^{20}：1.5530～1.5600

旋光度：$-2°\sim+1°$

溶解性：微溶于水，易溶于乙醇、乙醚和氯仿。

⬤ 制备提取方法

由木兰科植物八角茴香的新鲜枝叶或成熟果实粉碎后经水蒸气蒸馏而得。得率 8.5%～9%（干品）或 1.8%～5%（鲜品）。

⬤ 原料主要产地

主产于我国广西西部和南部；我国福建南部、广东西部、云南东南部，以及越南也有种植。

⬤ 作用描述

大茴香油是制造化妆品、甜香酒、啤酒和食品工业的重要原料，较多应用于焙烤食品、糖果、酒类、碳酸饮料及烟草等，亦为提制食用茴香脑和大茴香醛的原料。大茴香油用于烟草制品中能起到改进吃味、掩盖烟草的粗杂辛辣的刺激性、改善口腔余味等作用。

【大茴香油主成分及含量】

取适量大茴香油进行气相色谱-质谱分析，记录谱图，按内标法以峰面积计算其含量。

大茴香油中主要成分为：茴香脑（54.93%）、三醋精（23.96%）、苄醇（8.39%）、芳樟醇（2.03%）、大茴香醛（1.62%）、柠檬烯（1.60%）、草蒿脑（1.50%），所有化学成分及含量详见表1-9。

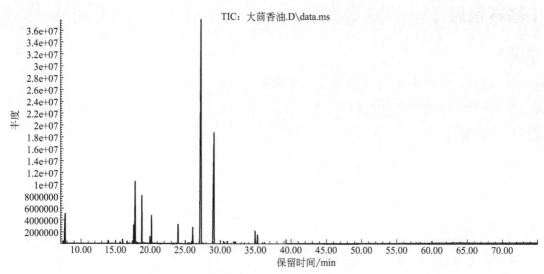

大茴香油 GC-MS 总离子流图

表 1-9　大茴香油化学成分含量表

序号	英文名称	中文名称	含量/(μg/g)	相对含量/%
1	α-pinene	α-蒎烯	2598.47	0.45
2	benzaldehyde	苯甲醛	286.59	0.05
3	β-pinene	β-蒎烯	1002.02	0.17
4	β-phellandrene	β-水芹烯	1999.60	0.34
5	α-phellandrene	α-水芹烯	1297.04	0.22
6	3-carene	3-蒈烯	292.58	0.05
7	p-cymene	对伞花烃	1182.64	0.20
8	limonene	柠檬烯	9336.02	1.60
9	benzyl alcohol	苄醇	48867.49	8.39
10	β-ocimene	β-罗勒烯	333.21	0.06
11	fenchon	葑酮	3157.43	0.54
12	linalool	芳樟醇	11812.57	2.03
13	alloocimene	别罗勒烯	133.10	0.02
14	2-(5-methyl-furan-2-yl)-propionaldehyde	2-(5-甲基呋喃-2-基)-丙醛	154.97	0.03
15	terpinen-4-ol	4-萜烯醇	335.87	0.06

续表

序号	英文名称	中文名称	含量/(μg/g)	相对含量/%
16	α-terpineol	α-松油醇	304.60	0.05
17	estragole	草蒿脑	8756.02	1.50
18	monacetine	甘油单乙酸酯	307.66	0.05
19	anisic aldehyde	大茴香醛	9414.77	1.62
20	3-benzyloxy-2-butanol	3-苄氧基-2-丁醇	190.33	0.03
21	anethole	茴香脑	319789.20	54.93
22	piperonal	胡椒醛	756.81	0.13
23	triacetin	三醋精	139494.57	23.96
24	α-cubebene	α-荜澄茄油烯	124.09	0.02
25	p-anisylactone	对甲氧苯基丙酮	1231.40	0.21
26	hydrocoumarin	二氢香豆素	603.71	0.10
27	vanillin	香兰素	1312.04	0.23
28	α-bergamotene	α-香柑油烯	219.63	0.04
29	β-caryophyllene	β-石竹烯	870.32	0.15
30	α-bergamotene	α-香柑油烯	800.96	0.14
31	ethyl vanillin	乙基香兰素	261.76	0.04
32	methyl o-anisate	邻茴香酸甲酯	42.91	0.01
33	2,4a,5,6,7,8,9,9a-octahydro-3,5,5-trimethyl-9-methylene-1H-benzocycloheptene	2,4a,5,6,7,8,9,9a-八氢-3,5,5-三甲基-9-亚甲基-1H-苯并环丁烯	178.37	0.03
34	1,6-dimethyl[1,2,4]triazolo[3,4-c][1,2,4]triazin-5(1H)-one	1,6-二甲基[1,2,4]三唑并[3,4-c][1,2,4]三唑-5(1H)-酮	5843.75	1.00
35	2-(4-methoxyphenyl)-4-methyl-1,3-dioxolane	2-(4-甲氧苯基)-4-甲基-1,3-二氧戊环	279.79	0.05
36	6-methyl-1,4-oxathiane[3,2-b]pyridine	6-甲基-1,4-氧硫杂环己并[3,2-b]吡啶	4991.01	0.86
37	4,4a,5,6-tetrahydro-2(3H)-naphthalenone	4,4a,5,6-四氢-2(3H)-萘酮	967.67	0.17
38	α-cadinol	α-荜澄茄醇	159.01	0.03
39	chavicol	胡椒酚	2069.51	0.36
40	4,4'-dimethoxychalcone	4,4'-二甲氧基查耳酮	393.49	0.07

1.10 当归油

【基本信息】

⊃ 名称

中文名称：当归油
英文名称：*Angelica* oil

⊃ 管理状况

FEMA：2090
FDA：182.20
GB 2760—2014：N243

⊃ 性状描述

淡黄至深琥珀色液体。

⊃ 感官特征

呈青香、药香、辛香、黄葵、蔬菜香气。

⊃ 物理性质

相对密度 d_4^{20}：0.9800～1.0300
折射率 n_D^{20}：1.5100～1.5400
酸值：≤20
溶解性：可溶于乙醇和大多数油脂中，微溶于矿物油，几乎不溶于甘油和丙二醇。

⊃ 制备提取方法

由伞形科植物圆当归的新鲜种子经水蒸气蒸馏而得，得率为 0.6%～1.8%；由伞形科植物圆当归的干燥细长支根经水蒸气蒸馏而得，得率为 0.35%～1.0%（鲜者得率 0.1%～0.3%）。

⊃ 原料主要产地

主要产于德国、匈牙利、捷克、斯洛伐克、荷兰、法国、美国等。国内有些省区也已引种栽培，主产甘肃东南部，其次为云南、四川、陕西、湖北等省。

⊃ 作用描述

主要用于调配金酒、甘草、药草、蔬菜香精。作为烟用香精应用于卷烟后能提调烟香，缓和吸味，抑制烟草的刺激性。

【当归油主成分及含量】

取适量当归油进行气相色谱-质谱分析，记录谱图，按内标法以峰面积计算其含量。当归油中主要成分为：龙脑（16.65％）、α-蒎烯（14.81％）、3-蒈烯（10.65％）、β-水芹烯（8.75％）、柠檬烯（8.37％）、α-水芹烯（6.42％）、间伞花烃（4.66％）、异龙脑（3.76％），所有化学成分及含量详见表 1-10。

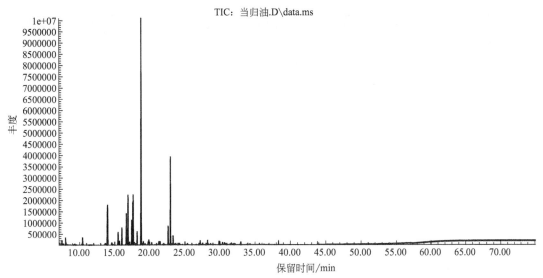

当归油 GC-MS 总离子流图

表 1-10　当归油化学成分含量表

序号	英文名称	中文名称	含量/(μg/g)	相对含量/%
1	pyridine	吡啶	689.32	1.37
2	furfural	糠醛	749.45	1.49
3	3-thujene	3-侧柏烯	252.84	0.50
4	α-pinene	α-蒎烯	7443.45	14.81
5	camphene	莰烯	329.50	0.66
6	sabenene	桧烯	1541.06	3.07
7	phenol	苯酚	131.60	0.26
8	β-pinene	β-蒎烯	524.95	1.04
9	β-myrcene	β-月桂烯	1697.15	3.38
10	α-phellandrene	α-水芹烯	3225.93	6.42
11	3-carene	3-蒈烯	5351.94	10.65
12	α-terpilene	α-松油烯	270.15	0.54
13	m-cymene	间伞花烃	2339.59	4.66
14	limonene	柠檬烯	4207.41	8.37
15	β-phellandrene	β-水芹烯	4397.49	8.75
16	β-ocimene	β-罗勒烯	1353.87	2.69
17	β-terpinol	β-松油醇	427.02	0.85
18	2-furaldehyde diethyl acetal	2-糠醛缩二乙醇	66.32	0.13
19	terpinolene	异松油烯	242.66	0.48

续表

序号	英文名称	中文名称	含量/(μg/g)	相对含量/%
20	2-carene	2-蒈烯	460.75	0.92
21	alloocimene	别罗勒烯	242.04	0.48
22	($1\alpha,2\beta,5\alpha$)-2-Methyl-5-(1-methylethyl)-bicyclo[3.1.0]hexan-2-ol	($1\alpha,2\beta,5\alpha$)-2-甲基-5-(1-甲基乙基)-二环[3.1.0]己烷-2-醇	243.63	0.48
23	isoborneol	异龙脑	1887.28	3.76
24	borneol	龙脑	8366.56	16.65
25	4-terpineneol	4-萜品醇	856.77	1.70
26	3-furaldehyde	3-糠醛	93.31	0.19
27	4-acetyl butyricacidethyl ester	4-乙酰基丁酸乙酯	109.87	0.22
28	($1\alpha,3\alpha,5\alpha$)-4-methylene-1-(1-methylethyl)-bicyclo[3.1.0]hexan-3-ol	($1\alpha,3\alpha,5\alpha$)-4-亚甲基-1-(1-甲基乙基)-二环[3.1.0]己-3-醇	121.85	0.24
29	bornyl acetate	乙酸龙脑酯	357.53	0.71
30	safranal	藏花醛	122.78	0.24
31	2-acetyl cyclopentanone	2-乙酰环戊酮	427.14	0.85
32	3,4-dimethoxy phenol	3,4-二甲氧基苯酚	339.51	0.68
33	α-copaene	α-可巴烯	195.93	0.39
34	α-humulene	α-葎草烯	293.53	0.58
35	$\alpha,\alpha,6,8$-tetramethyl-tricyclo[4.4.0.0(2,7)]dec-8-ene-3-methanol	$\alpha,\alpha,6,8$-四甲基-三环[4.4.0.0(2,7)]-8-癸烯-3-甲醇	133.83	0.27
36	cyclotridecanolide	环十三内酯	281.64	0.56
37	13-methyl-oxacyclotetradecane-2,11-dione	13-甲基-氧杂环十四碳烷-2,11-二酮	201.45	0.40
38	osthole	蛇床子素	278.95	0.56

1.11　丁香花蕾油

【基本信息】

⮞ 名称

中文名称：丁香花蕾油

英文名称：clove bud oil

⮞ 管理状况

FEMA：2323

FDA：184.1257

GB 2760—2014：N003

⮞ 性状描述

黄色至澄清的棕色流动性液体，有时稍带黏滞性。

➡ **感官特征**

具有药香、木香、辛香和丁香酚特征性香气。

➡ **物理性质**

相对密度 d_4^{20}：$1.0440 \sim 1.0570$

折射率 n_D^{20}：$1.5280 \sim 1.5380$

溶解性：能以任意比例溶解在苯甲酸苄酯、邻苯二甲酸二乙酯、丙二醇、植物油中，不溶于甘油和矿物油。

➡ **制备提取方法**

用水蒸气蒸馏法蒸馏丁香花蕾，可得丁香花蕾油，得油率为 $15\% \sim 18\%$。

➡ **原料主要产地**

主产于马达加斯加、印度尼西亚、坦桑尼亚、马来西亚、印度、越南及中国的海南、云南等地。

➡ **作用描述**

广泛用于调配日用、食用、酒用、烟用香精，也用于单独分离制得丁香酚，合成其他香料。在烟用香精中是用于调配辛香和甜香的重要香料，能增进愉快的烟草风味。

【丁香花蕾油主成分及含量】

取适量丁香花蕾油进行气相色谱-质谱分析，记录谱图，按内标法以峰面积计算其含量。丁香花蕾油中主要成分为：丁香酚（77.31%）、α-石竹烯（12.18%）、α-葎草烯（3.52%）、氧化石竹烯（1.68%），所有化学成分及含量详见表 1-11。

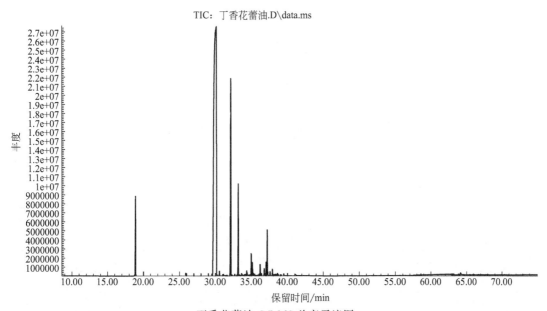

丁香花蕾油 GC-MS 总离子流图

表 1-11　丁香花蕾油化学成分含量表

序号	英文名称	中文名称	含量/(μg/g)	相对含量/%
1	chavicol	胡椒酚	668.39	0.09
2	α-cubebene	α-荜澄茄油烯	433.09	0.06
3	eugenol	丁香酚	561577.50	77.31
4	α-copaene	α-可巴烯	1087.70	0.15
5	methyleugenol	丁香酚甲醚	388.26	0.05
6	α-caryophyllene	α-石竹烯	88503.35	12.18
7	isoeugenol	异丁香酚	505.71	0.07
8	α-humulene	α-葎草烯	25591.15	3.52
9	alloaromadendrene	香树烯	208.05	0.03
10	bicyclosesquiphellandrene	双环倍半水芹烯	569.91	0.08
11	γ-muurolene	γ-依兰油烯	418.05	0.06
12	β-selinene	β-芹子烯	393.91	0.05
13	α-farnesene	α-金合欢烯	1274.68	0.18
14	γ-maaliene	γ-橄榄烯	769.53	0.11
15	α-bulnesene	α-布藜烯	241.89	0.03
16	1,4-dimethyl-3-(2-methyl-1-propene-1-yl)-4-vinyl-1-cycloheptene	1,4-二甲基-3-(2-甲基-1-丙烯-1-基)-4-乙烯基-1-环庚烯	242.00	0.03
17	eugenyl acetate	乙酸丁香酚酯	5583.57	0.77
18	δ-cadinene	δ-杜松烯	3487.45	0.48
19	4-isopropyl-1,6-dimethyl-1,2,3,4-tetrahydronaphthalene	4-异丙基-1,6-二甲基-1,2,3,4-四氢化萘	1489.57	0.21
20	6-ethenyl-6-methyl-1-(1-methylethyl)-3-(1-methylethylidene)-cyclohexene	6-乙烯基-6-甲基-1-(1-甲基乙基)-3-(1-甲基亚乙基)-环己烯	893.48	0.12
21	1,2,3,4,4a,7-hexahydro-1,6-dimethyl-4-(1-methylethyl)-naphthalene	1,2,3,4,4a,7-六氢-1,6-二甲基-4-(1-甲基乙基)-萘	825.74	0.11
22	α-calacorene	α-白菖考烯	156.54	0.02
23	2-nitrosotoluene	2-亚硝基甲苯	185.99	0.03
24	nerolidol	橙花叔醇	397.06	0.05
25	jasmone	茉莉酮	2929.63	0.40
26	2-ethylidene-1,7,7-trimethyl-bicyclo[2.2.1]heptane	2-亚乙基-1,7,7-三甲基-二环[2.2.1]庚烷	211.74	0.03
27	1-formyl-2,2,6-trimethyl-3-(3-methylbut-2-enyl)-5-cyclohexene	1-甲酰基-2,2,6-三甲基-3-(3-甲基丁-2-烯基)-5-己烯	564.96	0.08
28	caryophyllenyl alcohol	石竹烯醇	1996.40	0.27
29	2(3H)-benzothiazolone	2(3H)-苯并噻唑酮	312.47	0.04
30	1,5,7-dodecatriene	1,5,7-十二碳三烯	4062.29	0.56
31	caryophyllene oxide	氧化石竹烯	12220.13	1.68
32	α-bisabolene	α-甜没药烯	1198.08	0.16
33	humulene epoxide Ⅱ	环氧化蛇麻烯 Ⅱ	1782.79	0.25

序号	英文名称	中文名称	含量/(μg/g)	相对含量/%
34	3-dimethyl-2-formyl-2-cyclopentene-1-acetaldehyde	3-二甲基-2-甲酰基-2-环戊烯-1-乙醛	349.60	0.05
35	2,6-dimethylbicyclo[3.2.1]octane	2,6-二甲基二环[3.2.1]辛烷	459.22	0.06
36	10,10-dimethyl-2,6-dimethylenebicyclo[7.2.0]undecan-5β-ol	10,10-二甲基-2,6-二甲基双环[7.2.0]十一烷-5β-醇	795.83	0.11
37	patchouli alcohol	广藿香醇	542.00	0.07
38	4-(3-hydroxy-1-propenyl)-2-methoxy-phenol	4-(3-羟基-1-丙烯基)-2-甲氧基苯酚	758.71	0.10
39	13-docosenamide	芥酸酰胺	721.76	0.10
40	9-(1-methylethylidene)-bicyclo[6.1.0]nonane	9-(1-甲基亚乙基)-双环[6.1.0]壬烷	1570.12	0.22

1.12　丁香叶油

【基本信息】

名称

中文名称：丁香叶油
英文名称：clove leaf oil

管理状况

FEMA：2325
FDA：184.1257
GB 2760—2014：N001

性状描述

黄色至浅棕色液体，接触铁后变暗。

感官特征

具有辛香和丁香酚特征性香气。

物理性质

相对密度 d_4^{20}：1.0390～1.0510
折射率 n_D^{20}：1.5310～1.5350
溶解性：能以任意比例溶解在苯甲酸苄酯、邻苯二甲酸二乙酯、丙二醇、植物油中，不溶于甘油和矿物油。

制备提取方法

用水蒸气蒸馏法蒸丁香叶片，可得丁香叶油，得油率为2%左右。

⟩ 原料主要产地

丁香主产于马达加斯加、印度尼西亚、坦桑尼亚、马来西亚、印度、越南及中国的海南、云南等地。

⟩ 作用描述

丁香叶油广泛用于调配日用、食用、酒用、烟用香精。在烟用香精中是用于调配辛香和甜香的重要香料，能增进愉快的烟草风味。

【丁香叶油主成分及含量】

取适量丁香叶油进行气相色谱-质谱分析，记录谱图，按内标法以峰面积计算其含量。丁香叶油中主要成分为：丁香酚（87.12%）、β-石竹烯（4.78%）、石竹烯氧化物（4.69%），所有化学成分及含量详见表1-12。

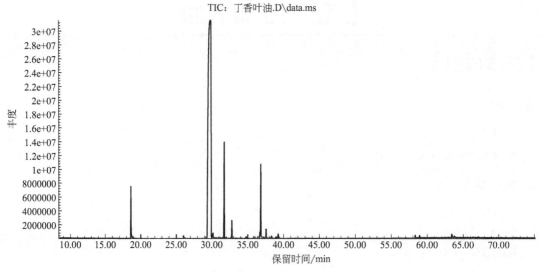

丁香叶油 GC-MS 总离子流图

表 1-12　丁香叶油化学成分含量表

序号	英文名称	中文名称	含量/(μg/g)	相对含量/%
1	chavicol	胡椒酚	2183.56	0.26
2	α-cubebene	α-荜澄茄油烯	444.14	0.05
3	eugenol	丁香酚	731464.29	87.12
4	α-copaene	α-蒎烯	1593.02	0.19
5	α-caryophyllene	α-石竹烯	210.66	0.03
6	isovanillin	异香兰醛	392.89	0.05
7	β-caryophyllene	β-石竹烯	40136.13	4.78
8	aromandendrene	香橙烯	250.78	0.03
9	isocaryophyllene	异丁香烯	172.15	0.02
10	α-humulene	α-葎草烯	6110.29	0.73

序号	英文名称	中文名称	含量/(μg/g)	相对含量/%
11	longifolene	长叶烯	205.62	0.02
12	δ-cadinene	δ-杜松烯	558.49	0.07
13	4-isopropyl-1,6-dimethyl-1,2,3,4-tetrahydro-naphthalene	4-异丙基-1,6-二甲基-1,2,3,4-四氢化萘	442.63	0.05
14	2-methyl-1,3,7,11-cyclotetradecatetraene	2-甲基-1,3,7,11-环十四碳四烯	94.82	0.01
15	caryophyllenyl alcohol	石竹烯醇	831.91	0.10
16	caryophyllene oxide	石竹烯氧化物	39440.36	4.69
17	β-ocimene	β-罗勒烯	1483.89	0.18
18	humulene epoxide Ⅱ	环氧化蛇麻烯 Ⅱ	4067.95	0.48
19	2,6-dimethyl-bicyclo[3.2.1]octane	2,6-二甲基二环[3.2.1]辛烷	247.67	0.03
20	α-bisabolene epoxide	α-甜没药烯环氧化物	302.92	0.04
21	isolimonene	异柠檬烯	1618.17	0.19
22	2-hydroperoxide-p-Mentha-[1(7),8]-diene	2-过氧化氢-p-薄荷-[1(7),8]-二烯	738.54	0.09
23	estragole	草蒿脑	1337.59	0.16
24	2,5,5-triphenyl-4-methoxyimidazole	2,5,5-三苯基-4-甲基咪唑	1039.39	0.12
25	tetramethyl-p-phenylenediamine	四甲基对苯二胺	2250.82	0.27
26	13-docosenamide	芥酸酰胺	966.37	0.12
27	3,5,6,8a-tetrahydro-2,5,5,8a-tetra-methyl-2H-1-benzopyran	3,5,6,8a-四氢-2,5,5,8a-四甲基-2H-1-苯并吡喃	368.83	0.04
28	3-(butylamino)-methyl ester benzoic acid	苯甲酸-3-(丁基氨基)-甲酯	385.37	0.05
29	vitamin E	维生素 E	339.65	0.04

1.13 防风根油

【基本信息】

名称

中文名称：防风根油，红没药油

英文名称：opoponax oil

管理状况

GB 2760—2014：N311

性状描述

黄色至绿黄色液体，暴露于空气中有树脂化趋向。

感官特征

呈强烈暖香脂香气，甜酸的重膏香，有似琥珀、龙涎香气息，抑或鸢尾酮的甜香；带芹菜子、白芷、独活、麝香、甘草、枫槭香气，温和、浓香而留长。

物理性质

相对密度 d_4^{20}：0.8670～0.9320
折射率 n_D^{20}：1.4880～1.5040
沸点：238℃
旋光度：$-32°～-9°$
酸值：≤4.0

制备提取方法

由防风根粗树脂经水蒸气蒸馏而得，得率为 3.5%～10%。

原料主要产地

主产于黑龙江、吉林、河北、内蒙古及辽宁等地。

作用描述

主要用于日用香精，也可用于含酒精饮料及食品加香。

【防风根油主成分及含量】

取适量防风根油进行气相色谱-质谱分析，记录谱图，按内标法以峰面积计算其含量。防风根油中主要成分为：α-甜没药烯（19.45%）、β-罗勒烯（19.44%）、α-檀香萜烯（18.88%）、α-香柑油烯（12.64%）、β-甜没药烯（3.63%）、α-松油烯（3.10%）、α-金合欢烯（2.27%），所有化学成分及含量详见表 1-13。

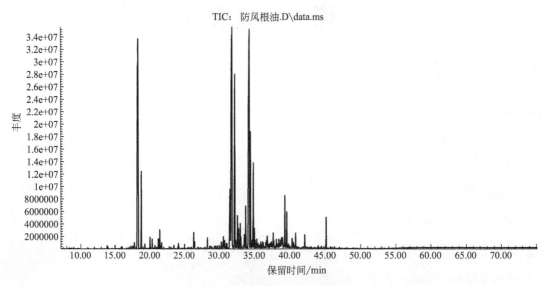

防风根油 GC-MS 总离子流图

表 1-13　防风根油化学成分含量表

序号	英文名称	中文名称	含量/(μg/g)	相对含量/%
1	2,7-dimethyl-oxepine	2,7-二甲基噁庚英	1726.34	0.15
2	sulcatone	甲基庚烯酮	328.04	0.03
3	β-myrcene	β-月桂烯	649.16	0.06
4	3,7-dimethyl-2,4-octadiene	3,7-二甲基-2,4-辛二烯	832.85	0.07
5	m-cymene	间伞花烃	525.38	0.05
6	limonene	柠檬烯	1806.72	0.16
7	β-ocimene	β-罗勒烯	223204.98	19.44
8	1,4-hexadiene	1,4-己二烯	1595.17	0.14
9	2-methyl-5-nitro-2-pentene	2-甲基-5-硝基-2-戊烯	3559.97	0.31
10	linalool	芳樟醇	268.94	0.02
11	6-methyl-3,5-heptadiene-2-one	6-甲基-3,5-戊二烯-2-酮	3522.70	0.31
12	alloocimene	别罗勒烯	2639.63	0.23
13	2,6-dimethyl-1,3,5,7-octatetraene	2,6-二甲基-1,3,5,7-辛四烯	589.12	0.05
14	4-acetyl-1-methylcyclohexene	4-乙酰基-1-甲基环己烯	5438.47	0.47
15	1-methyl-2-(1-methylethyl)-3-(1-methylethylidene)-cyclopropane	1-甲基-2-(1-甲基乙基)-3-(1-甲基亚乙基)-环丙烷	612.72	0.05
16	6-methylene-bicyclo[3.1.0]hexane	6-亚甲基二环[3.1.0]己烷	1819.72	0.16
17	3-methylene cyclohexene	3-亚甲基环己烯	562.18	0.05
18	p-tolyl methyl ketone	对甲基苯乙酮	1208.75	0.11
19	isopseudocumenol	异假茴香醇	743.19	0.06
20	2-ethyl butanal	2-乙基丁醛	539.96	0.05
21	verbenone	马鞭草烯醇	302.73	0.03
22	2-butenyl acetate	2-丁烯醋酸酯	448.07	0.04
23	4-hydroxy-3-methylacetophenone	4-羟基-3-甲基苯乙酮	489.64	0.04
24	3,5,5-trimethyl-2(5H)-furanone	3,5,5-三甲基-2(5H)-呋喃酮	270.28	0.02
25	decanol	癸醇	3110.06	0.27
26	δ-elemene	δ-榄香烯	418.01	0.04
27	α-cubebene	α-荜澄茄油烯	834.86	0.07
28	1-methyl-4-(methylsulfonyl)-bicyclo[2.2.2]octane	1-甲基-4-(甲基磺酰基)-双环[2.2.2]辛烷	904.18	0.08
29	α-copaene	α-可巴烯	2241.90	0.20
30	5-(1,5-dimethyl-4-hexenyl)-2-methyl-1,3-cyclohexadiene	5-(1,5-二甲基-4-己烯基)-2-甲基-1,3-环己二烯	5037.76	0.44
31	β-bourbonene	β-波旁烯	1210.31	0.11
32	β-elemene	β-榄香烯	2978.81	0.26
33	decyl ethanoate	乙酸癸酯	1414.03	0.12
34	α-santalene	α-檀香烯	216692.64	18.88
35	α-bergamotene	α-香柑油烯	139980.47	12.64

序号	英文名称	中文名称	含量/(μg/g)	相对含量/%
36	β-santalene	β-檀香烯	20204.46	1.76
37	β-sesquiphellandrene	β-倍半水芹烯	8676.34	0.75
38	cyclododecane	环十二烷	4416.26	0.38
39	α-longipinene	α-长叶蒎烯	2460.88	0.21
40	α-curcumene	α-姜黄烯	5971.23	0.52
41	β-farnesene	β-金合欢烯	16993.13	1.48
42	α-selinene	α-芹子烯	709.41	0.06
43	α-bisabolene	α-甜没药烯	223303.24	19.45
44	β-bisabolene	β-甜没药烯	41775.89	3.63
45	α-cedrene	α-雪松烯	3382.79	0.29
46	α-terpinene	α-松油烯	35532.89	3.10
47	3,4-dimethyl-3-cyclohexen-1-carbox-aldehyde	3,4-二甲基-3-环己烯-1-甲醛	1588.52	0.14
48	3,7-dimethyl-1,3,7-octatriene	3,7-二甲基-1,3,7-辛三烯	2664.73	0.23
49	(1α,4α,5β)-5-ethenyl-4,7,7-trime-thyl-2,3-diazabicyclo[2.2.1]hept-2-ene	(1α,4α,5β)-5-乙烯基-4,7,7-三甲基-2,3-二氮杂双环[2.2.1]庚-2-烯	2180.87	0.19
50	isolimonene	异柠檬烯	3323.90	0.29
51	α,α,6,8-tetramethyl-tricyclo[4.4.0.0(2,7)]dec-8-ene-3-methanol	α,α,6,8-四甲基-三环[4.4.0.0(2,7)]癸-8-烯-3-甲醇	1638.26	0.14
52	α-methyl-α-vinyl-2-furanacetaldehyde	α-甲基-α-乙烯基-2-呋喃乙醛	2601.95	0.23
53	2-(2-aminoethyl)pyridine	2-(2-氨乙基)吡啶	1731.49	0.15
54	β-santalol	β-檀香醇	2805.51	0.24
55	spathulenol	斯巴醇	2586.14	0.23
56	caryophyllene oxide	氧化石竹烯	1357.65	0.12
57	α-bisabolene epoxide	α-甜没药烯环氧化物	1828.30	0.16
58	7-methylene-2,4,4-trimethyl-2-vinyl-bicyclo[4.3.0]nonane	7-甲基-2,4,4-三甲基-2-乙烯基双环[4.3.0]壬烷	2317.79	0.20
59	andrographolide	穿心莲内酯	1164.28	0.10
60	(1α,3α,5α)-1,5-diethenyl-3-methyl-2-methylene-cyclohexane	(1α,3α,5α)-1,5-二乙烯基-3-甲基-2-亚甲基环己烷	2058.42	0.18
61	thujopsene	罗汉柏烯	4649.62	0.40
62	9-(1-methylethylidene)bicyclo[6.1.0]nonane	9-(1-甲基亚乙基)-双环[6.1.0]壬烷	5010.58	0.44
63	1-pentyl-1-cyclopentene	1-戊基环戊烯	2792.17	0.24
64	alloaromadendrene	香树烯	1302.25	0.11
65	4-benzyloxyaniline	4-苄氧基苯胺	3735.95	0.33
66	β-patchoulene	β-广藿香烯	4455.87	0.39

续表

序号	英文名称	中文名称	含量/（μg/g）	相对含量/%
67	2-（4α,8-dimethyl-1,2,3,4,4a,5, 6,7-octahydro-naphthalen-2-yl）-prop-2- en-1-ol	2-（4α-二甲基-1,2,3,4,4a,5, 6,7-八氢-萘-2-基）-丙-2-烯-1-醇	1425.98	0.12
68	isolongifolol	异长叶醇	4069.20	0.35
69	2,6-dimethyl-3,5,7-octatriene-2-ol	2,6-二甲基-3,5,7-辛三烯-2-醇	4958.71	0.43
70	4,5,6,7,8,8a-hexahydro-8a-methyl- 2（1H）-azulenone	4,5,6,7,8,8a-六氢-8a-甲基-2 （1H）-薁酮	4437.17	0.39
71	6-（1′-oxo-2′-propenyl）-1,3-cyclooc- tadiene	6-（1′-氧代-2′-丙烯基）-1,3-环辛 二烯	7656.21	0.66
72	β-bisabolol	β-没药醇	1011.12	0.09
73	2,2′-oxybis［octahydro-7,8,8-trime- thyl］-4,7-methanobenzofuran	2,2′-氧双［八氢-7,8,8-三甲基］- 4,7-亚甲基苯并呋喃	20475.81	1.78
74	α-farnesene	α-金合欢烯	26056.50	2.27
75	2,2,3-trimethyl-bicyclo［2.2.1］hep- tane	2,2,3-三甲基-双环［2.2.1］庚烷	1573.83	0.14
76	α-santalol	α-檀香醇	1752.81	0.16
77	camphene	莰烯	4233.77	0.37
78	α-bisabolol oxide B	α-没药醇氧化物 B	1869.65	0.16
79	5-（2,2-dimethylcyclopropyl）-2-meth- yl-4-methylene-1-pentene	5-（2,2-二甲基环丙基）-2-甲基-4- 亚甲基-1-戊烯	3099.89	0.27
80	β-farnesene	β-金合欢烯	730.18	0.06
81	isoaromadendrene epoxide	异香橙烯环氧化物	667.38	0.06
82	α-bisabolol	α-没药醇	14751.26	1.29
83	neral	橙花醛	406.12	0.04

1.14　弗吉尼亚柏木油

【基本信息】

▶ 名称

中文名称：弗吉尼亚柏木油

英文名称：cedar wood oil，Texan cedarwood oil texas，*Juniperus mexicana* oil，oil of Texan cedarwood，Texan cedarwood oil

▶ 性状描述

无色至淡黄色液体。

> 感官特征

干甜的木香，有些似于紫罗兰酮，并有来自柏木烯醇的膏香。气势浓而温和、留香持久。

> 物理性质

相对密度 d_4^{20}：0.9410～0.9700

折射率 n_D^{20}：1.5040～1.5080

沸点：279℃

旋光度：－38°～14°

溶解性：1:5溶于95%乙醇中呈澄清液体。

> 制备提取方法

通常用15年树龄的树枝、木头、树根碎杂、木屑经水蒸气蒸馏得到精油。

> 原料主要产地

主要产地为北美洲、摩洛哥。

> 作用描述

在檀香、檀香玫瑰香型中能起协调作用，皂用茉莉和薇香型中应用也起着很好的和合与定香作用，与檀香油、愈创木油、甲基紫罗兰酮等同用可成为很好的修饰剂。烟用香精中多见在雪茄烟中使用，可增加木香香韵。

【弗吉尼亚柏木油主成分及含量】

取适量弗吉尼亚柏木油进行气相色谱-质谱分析，记录谱图，按内标法以峰面积计算其含量。弗吉尼亚柏木油中主要成分为：α-柏木烯（32.14%）、柏木脑（21.58%）、罗汉柏烯（16.58%）、β-柏木烯（7.01%）、雪松烯（3.52%）、花侧柏烯（2.50%）、石竹烯（2.00%），所有化学成分及含量详见表1-14。

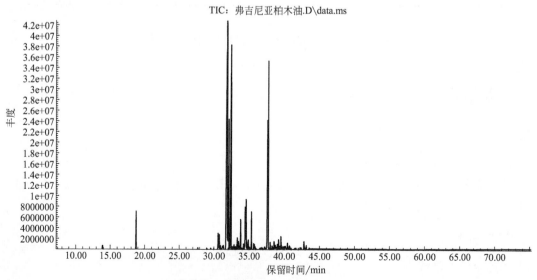

弗吉尼亚柏木油 GC-MS 总离子流图

表 1-14　弗吉尼亚柏木油化学成分含量表

序号	英文名称	中文名称	含量/(μg/g)	相对含量/%
1	α-pinene	α-蒎烯	3966.64	0.26
2	β-chamigren	β-花柏烯	1005.30	0.06
3	aristolene	马兜铃烯	312.34	0.02
4	zingiberene	姜烯	2957.60	0.19
5	eremophilene	雅榄蓝烯	906.50	0.06
6	isolongifolene	异长叶烯	2955.79	0.19
7	α-longipinene	α-长叶蒎烯	14406.98	0.92
8	3,4-dimethylbenzyl alcohol	3,4-二甲基苯甲醇	563.41	0.04
9	α-cedrene	α-柏木烯	500346.14	32.14
10	caryophyllene	石竹烯	30994.53	2.00
11	β-cedrene	β-柏木烯	109163.55	7.01
12	thujopsene	罗汉柏烯	258158.95	16.58
13	β-farnesene	β-金合欢烯	1853.14	0.12
14	α-farnesene	α-金合欢烯	4896.15	0.31
15	himachala-2,4-diene	喜马偕-2,4-二烯	4057.41	0.26
16	2,4a,5,6,9α-hexahydro-3,5,5,9-tetramethyl-(1H)-benzocycloheptene	2,4a,5,6,9α-六氢-3,5,5,9-三甲基-(1H)-苯并环丁烯	3712.70	0.24
17	valencene	巴伦西亚橘烯	2006.95	0.13
18	α-bergamotene	α-香柑油烯	3095.48	0.20
19	β-curcumene	β-姜黄烯	8170.07	0.53
20	α-curcumene	α-姜黄烯	2467.41	0.16
21	chamigren	花以柏烯	19925.36	1.28
22	2,4a,5,6,7,8,9,9α-octahydro-3,5,5-trimethyl-9-methylene-1H-benzocycloheptene	2,4a,5,6,7,8,9,9α-八氢-3,5,5-三甲基-9-亚甲基-1H-苯并环丁烯	810.41	0.05
23	β-selinene	β-芹子烯	1281.14	0.08
24	valencen	瓦伦亚烯	911.87	0.06
25	α-terpinene	α-松油烯	4825.75	0.31
26	cedrene	雪松烯	54893.70	3.52
27	2-isopropenyl-4a,8-dimethyl-1,2,3,4,4a,5,6,7-octahydronaphthalene	2-异丙烯基-4a,8-二甲基-1,2,3,4,4a,5,6,7-八氢萘	27470.50	1.77
28	cuparene	花侧柏烯	39051.49	2.50
29	alloocimene	别罗勒烯	6771.57	0.43
30	4-phenyl-5-p-tolyl-2-oxazolidinone	4-苯基-5-对甲苯基-2-噁唑烷酮	10012.62	0.64
31	3,6-diethyl-3,6-dimethyl-tricyclo[3.1.0.0(2,4)]hexane	3,6-二乙基-3,6-二甲基-三环[3.1.0.0(2,4)]己烷	2832.55	0.18
32	α-selinene	α-芹子烯	3797.25	0.24
33	1,1,3-trimethyl-3-(2-methyl-2-propenyl)-cyclopentane	1,1,3-三甲基-3-(2-甲基-2-丙烯基)-环戊烷	4088.85	0.26

续表

序号	英文名称	中文名称	含量/(μg/g)	相对含量/%
34	α-bisabolene epoxide	α-红没药烯氧化物	2460.35	0.16
35	1, 5, 5-trimethyl-6-methylene-cyclo-hexene	1,5,5-三甲基-6-亚甲基环己烯	651.81	0.04
36	2-isopropylidene-3-methylhexa-3, 5-dienal	2-异丙基-3-六甲基-3,5-庚二烯	1504.82	0.10
37	caryophyllene oxide	氧化石竹烯	988.71	0.06
38	cedrol	柏木脑	336131.35	21.58
39	γ-elemene	γ-榄香烯	3581.31	0.23
40	longifolene	长叶烯	1979.98	0.13
41	(1α,4β,5α)-1,8-dimethyl-4-(1-meth-ylethenyl)-spiro[4.5]dec-7-ene	(1α,4β,5α)-1,8-二甲基-4-(1-甲基乙烯基)-螺[4.5]癸-7-烯	4890.17	0.31
42	[(3α,3aβ,7β,8aα)]-2,3,4,7,8,8a-Hexahydro-3,8,8-trimethyl-1H-3a,7-methanoazulene-6-methanol	[(3α,3aβ,7β,8aα)]-2,3,4,7,8,8a-六氢-3,8,8-三甲基-1H-3a,7-亚甲基薁-6-甲醇	14898.48	0.96
43	alloaromadendrene	别香橙烯	4406.36	0.28
44	α-bisabolol	α-甜没药醇	8193.40	0.53
45	4a,5,6,7,8,8a-hexahydro-7α-isopro-pyl-4aβ,8aβ-dimethyl-2(1H)-naphtha-lenone	4a,5,6,7,8,8a-六氢-7α-异丙基-4aβ,8aβ-二甲基-2(1H)-萘酮	4005.86	0.26
46	[5,5-dimethyl-6-(3-methyl-buta-1,3-dienyl)-7-oxa-bicyclo[4.1.0]hept-1-yl]-methanol	[5,5-二甲基-6-(3-甲基丁-1,3-二烯基)-7-氧杂二环[4.1.0]庚烷-1-基]-甲醇	2355.90	0.15
47	alloaromadendrene oxide	香树烯氧化物	2183.22	0.14
48	1-methylene-2β-hydroxymethyl-3,3-dimethyl-4β-(3-methylbut-2-enyl)-cy-clohexane	1-亚甲基-2β-羟甲基-3,3-二甲基-4β-(3-甲基丁-2-烯基)-环己烷	3751.07	0.24
49	aromadendrene oxide	香橙烯氧化物	9359.81	0.60
50	4-isopropenyl-3-carene	4-异丙烯基-3-蒈烯	2894.15	0.19
51	bioallethrin	丙烯菊酯	2384.08	0.15
52	doconexent	二十二碳六烯酸	1168.55	0.08
53	4-methyl-4-(2-methyl-2-propenyl)-tricyclo[3.3.0.0(2,8)]octan-3-one	4-甲基-4-(2-甲基-2-丙烯基)-三环[3.3.0.0(2,8)]辛-3-酮	1461.74	0.09
54	4,4,6,6-tetramethyl-bicyclo[3.1.0]hex-2-ene	4,4,6,6-四甲基双环[3.1.0]己-2-烯	8730.37	0.56
55	6-isopropylidenebicyclo[3.1.0]hex-ane	6-异亚丙基-双环[3.1.0]己烷	1511.50	0.10
56	1,2,6,6-tetramethyl-1,3-cyclohexa-diene	1,2,6,6-四甲基-1,3-环己二烯	1021.97	0.07
57	nootkatone	诺卡酮	2758.45	0.18
58	(1α,2β,3β,5β)-1,5-diethenyl-2,3-dimethyl-cyclohexane	(1α,2β,3β,5β)-1,5-二乙基-2,3-二甲基-环己烷	387.67	0.02
59	3,3-dimethyl-2-(3-methyl-1,3-buta-dienyl)-cyclohexane-1-methanol	3,3-二甲基-2-(3-甲基-1,3-丁二烯)-环己烷-1-甲醇	1438.36	0.09

1.15　格蓬油

【基本信息】

名称

中文名称：格蓬油

英文名称：galbanum oil

管理状况

FEMA：2501

FDA：172.510

GB 2760—2014：N207

性状描述

为无色至淡黄色液体。

感官特征

具有强烈的青草气息，木香、膏香以及松树的香韵。

物理性质

相对密度 d_4^{20}：0.8663～0.8740

折射率 n_D^{20}：1.4780～1.4850

旋光度：$+7°～+15°$

制备提取方法

由伞形科草本植物格蓬（*Ferula galbaniflua* Boiss et Buhse）产生的树脂样渗出物经水蒸气蒸馏得到。

原料主要产地

原产地伊朗、土耳其。

作用描述

格蓬油在医疗、食品香精调配等领域有着广泛应用，也常用于高档化妆品的调配。作为烟用香精能够赋予卷烟自然烤烟香韵。

【格蓬油主成分及含量】

取适量格蓬油进行气相色谱-质谱分析，记录谱图，按内标法以峰面积计算其含量。格蓬油中主要成分为：β-蒎烯（34.88％）、3-蒈烯（16.48％）、α-蒎烯（12.18％）、2-侧柏烯（5.79％）、δ-杜松烯（3.35％）、β-月桂烯（3.24％）、α-依兰油烯（2.65％），所有化学成分及含量详见表 1-15。

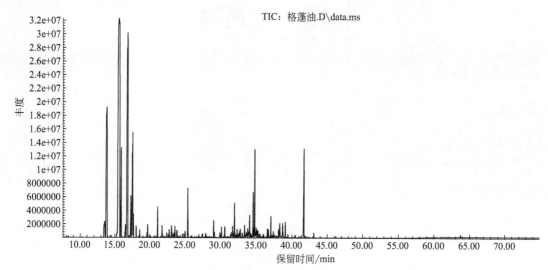

格蓬油 GC-MS 总离子流图

表 1-15　格蓬油化学成分含量表

序号	英文名称	中文名称	含量/(μg/g)	相对含量/%
1	3-thujene	3-侧柏烯	10438.20	1.43
2	α-pinene	α-蒎烯	88896.08	12.18
3	camphene	莰烯	1811.58	0.25
4	β-pinene	β-蒎烯	254526.06	34.88
5	β-myrcene	β-月桂烯	23628.58	3.24
6	α-phellandrene	α-水芹烯	4180.85	0.57
7	3-carene	3-蒈烯	120233.16	16.48
8	α-terpilene	α-松油烯	350.37	0.05
9	p-cymene	对伞花烃	10596.10	1.45
10	2-thujene	2-侧柏烯	42227.87	5.79
11	β-ocimene	β-罗勒烯	6691.76	0.92
12	γ-terpinene	γ-松油烯	1441.97	0.20
13	isoterpinene	异松油烯	930.87	0.13
14	linalool	芳樟醇	344.00	0.05
15	alloocimene	别罗勒烯	5600.42	0.77
16	pinocarveol	松香芹醇	2766.84	0.38
17	carbonic acid 2-methoxyethyl phenyl ester	2-甲氧基苯酚碳酸酯	826.68	0.11
18	pinocarvone	松油酮	743.97	0.10

续表

序号	英文名称	中文名称	含量/(μg/g)	相对含量/%
19	1,3,5-undecatriene	1,3,5-十一碳三烯	1481.63	0.20
20	terpinen-4-ol	4-萜烯醇	3674.47	0.50
21	2-(4-methylphenyl)propan-2-ol	2-(4-甲基苯基)-2-丙醇	614.01	0.08
22	4-(1-methylethyl)-2-cyclohexen-1-one	4-(1-甲基乙基)-2-环己烯-1-酮	1170.36	0.16
23	α-terpineol	α-松油醇	2266.08	0.31
24	benihinal	桃金娘烯醛	2321.39	0.32
25	2-butyl-phenol	2-丁基苯酚	652.54	0.09
26	fenchyl acetate	乙酸葑酯	704.09	0.10
27	2-methoxy-4-methyl-1-(1-methylethyl)-benzene	2-甲氧基-4-甲基-1-(1-甲基乙基)苯	2196.33	0.30
28	1-methoxy-4-methyl-2-(1-methylethyl)-benzene	1-甲氧基-4-甲基-2-(1-甲基乙基)苯	11615.75	1.59
29	berbenone	马苄烯酮	194.46	0.03
30	bornyl acetate	乙酸龙脑酯	497.52	0.07
31	fumaric acid isohexyl myrtenyl ester	富马酸异己桃金娘烯基酯	440.05	0.06
32	benzoic acid2-pentyl ester	苯甲酸-2-戊酯	678.02	0.09
33	verbenone	马鞭草烯酮	759.75	0.10
34	2-acetylcyclopentanone	2-乙酰基环戊酮	604.32	0.08
35	4-carene	4-蒈烯	5722.85	0.78
36	α-cubebene	α-荜澄茄油烯	2163.20	0.30
37	cyclosativene	环苜蓿烯	1859.98	0.25
38	α-copaene	α-可巴烯	2050.48	0.28
39	β-bourbonene	β-波旁烯	363.99	0.05
40	β-elemene	β-榄香烯	2343.82	0.32
41	2-t-butyl-1,4-dimethoxybenzene	2-叔丁基-1,4-二甲氧基苯	660.67	0.09
42	α-cedrene	α-柏木烯	1065.11	0.15
43	β-farnesene	β-金合欢烯	1586.67	0.22
44	caryophyllene	石竹烯	2214.11	0.30
45	β-cedrene	β-柏木烯	917.72	0.13
46	γ-elemene	γ-榄香烯	7205.13	0.99
47	α-guaiene	α-愈创木烯	1146.95	0.16

续表

序号	英文名称	中文名称	含量/(μg/g)	相对含量/%
48	2,4a,5,6,9a-hexahydro-3,5,5,9-tet-ramethyl(1*H*)benzocycloheptene	2,4a,5,6,9a-六氢-3,5,5,9-四甲基(1*H*)苯并环丁烯	1707.06	0.23
49	α-bulnesene	α-布藜烯	1189.33	0.16
50	1,2,2a,3,3,4,6,7,8,8a-decahydro-2a,7,8-trimethylacenaphthylene	1,2,2a,3,3,4,6,7,8,8a-十氢-2a,7,8-三甲基苊烯	1325.46	0.18
51	α-humulene	α-葎草烯	1927.74	0.26
52	γ-muurolene	γ-依兰油烯	3094.12	0.42
53	germacrene D	大根香叶烯 D	1193.63	0.16
54	longifolene	长叶烯	1049.19	0.14
55	α-selinene	α-芹子烯	2144.92	0.29
56	shyobunone	菖蒲酮	1233.68	0.17
57	β-bisabolene	β-甜没药烯	940.80	0.13
58	α-muurolene	α-依兰油烯	19301.21	2.65
59	δ-cadinene	δ-杜松烯	24437.88	3.35
60	neodihydrocarveol	新二氢香芹醇	1154.90	0.16
61	isoshyobunone	异水菖蒲酮	2020.89	0.28
62	1,1,5-trimethyl-1,2-dihydronaphtha-lene	1,1,5-三甲基-1,2-二氢萘	1046.39	0.14
63	citronellyl isobutyrate	异丁酸香茅酯	588.69	0.08
64	α-calacorene	α-二去氢菖蒲烯	627.35	0.09
65	spathulenol	斯巴醇	1724.00	0.24
66	4-methylpyridin-1-oxid	4-甲基吡啶氧化物	1657.86	0.23
67	7-propylidene-bicyclo[4.1.0]heptane	7-亚丙基双环[4.1.0]庚烷	438.79	0.06
68	guaiol	愈创木醇	4479.41	0.61
69	1,4-dimethyl-4-acetyl-1-cyclohexene	1,4-二甲基-4-乙酰基-1-环己烯	568.26	0.08
70	patchoulane	广藿香烷	1320.35	0.18
71	1,2,3,4,4a,7-hexahydro-1,6-dime-thyl-4-(1-methylethyl)-naphthalene	1,2,3,4,4a,7-六氢-1,6-二甲基-4-(1-甲基乙基)-萘	826.50	0.11
72	dehydroxy-isocalamendiol	去羟基异菖蒲烯二醇	1903.36	0.27
73	2-isopropyl-5-methyl-9-methylene-bi-cyclo[4.4.0]dec-1-ene	2-异丙基-5-甲基-9-亚甲基二环[4.4.0]癸-1-烯	4387.67	0.61
74	α-cadinol	α-荜澄茄醇	4349.50	0.60

序号	英文名称	中文名称	含量/(μg/g)	相对含量/%
75	bulnesol	布藜醇	3525.69	0.48
76	β-selinene	β-芹子烯	787.11	0.11
77	isoledene	异喇叭烯	452.18	0.06
78	adipic acid divinyl ester	己二酸二乙烯基酯	532.68	0.07
79	tridecanedial	十三烷基二醇	1387.50	0.19
80	2，6，11，15-tetramethyl-hexadeca-2，6，8，10，14-pentaene	2,6,11,15-四甲基-2,6,8,10,14-十六碳五烯	281.99	0.04
81	13-docosenamide	芥酸酰胺	689.81	0.09

1.16　广藿香油

【基本信息】

名称

中文名称：广藿香油，派超力油

英文名称：Patchouli oil，Cablin Patchouli oil

管理状况

FEMA：2838

FDA：172.510

GB 2760—2014：N007

性状描述

为红棕色至绿棕色稍黏稠的液体。

感官特征

具持久的木香和膏香并有些干草药香、辛香、壤香，带樟脑气味，香气浓而持久。头香、体香、尾香无多大变化。

物理性质

折射率 n_D^{20}：1.5050~1.5120

酸值：<4.0

旋光度：+7°~+15°

溶解性：不溶于甘油，部分溶于丙二醇，易溶于苯甲酸苄酯。

制备提取方法

由唇形科植物广藿香的叶子、枝干及根部经水蒸气蒸馏所得，得油率2%~3.5%。

原料主要产地

主产于印度尼西亚、印度、马来西亚、新加坡、菲律宾、俄罗斯和中国的广东、四川、台湾等地。

作用描述

主要用于调配辛香型食用香料及茶叶香精。用于卷烟中，与烟香协调且可增强其自然气息及醇厚感。

【广藿香油主成分及含量】

取适量广藿香油进行气相色谱-质谱分析，记录谱图，按内标法以峰面积计算其含量。广藿香油中主要成分为：广藿香醇（21.86%）、α-布藜烯（15.74%）、α-愈创木烯（12.77%）、西车烯（8.73%）、α-广藿香烯（7.93%）、β-广藿香烯（7.34%）、α-柏木烯（4.36%）、石竹烯（3.19%），所有化学成分及含量详见表 1-16。

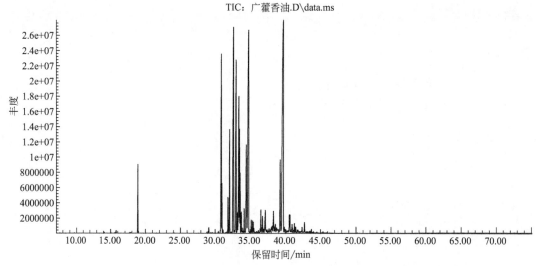

广藿香油 GC-MS 总离子流图

表 1-16　广藿香油化学成分含量表

序号	英文名称	中文名称	含量/(μg/g)	相对含量/%
1	β-pinene	β-蒎烯	1081.51	0.09
2	δ-elemene	δ-榄香烯	1605.86	0.13
3	dehydro-aromadendrene	脱氢香橙烯	456.11	0.04
4	β-patchoulene	β-广藿香烯	92542.92	7.34
5	β-elemene	β-榄香烯	16780.88	1.33
6	β-patchouline	β-绿叶烯	918.26	0.07
7	2-(1,4,4-trimethyl-cyclohex-2-enyl)-ethanol	2-(1,4,4-三甲基环己-2-烯基)-乙醇	11652.62	0.92
8	caryophyllene	石竹烯	40233.20	3.19
9	α-guaiene	α-愈创木烯	160849.93	12.77

序号	英文名称	中文名称	含量/(µg/g)	相对含量/%
10	curlone	姜黄	809.77	0.06
11	seychellene	西车烯	109988.56	8.73
12	α-humulene	α-葎草烯	8428.58	0.67
13	α-patchoulene	α-广藿香烯	99962.50	7.93
14	γ-elemene	γ-榄香烯	38885.99	3.08
15	pentadecane	十五烷	646.43	0.05
16	1aα,3aα,7aβ,7bα-decahydro-1,1,3a-trimethyl-7-methylene-1H-cyclopropa[a]naphthalene	1aα,3aα,7aβ,7bα-十氢-1,1,3a-三甲基-7-亚甲基-1H-环丙[a]萘	8922.66	0.71
17	eremophilene	雅榄蓝烯	549.98	0.04
18	α-cedrene	α-柏木烯	54935.97	4.36
19	α-bulnesene	α-布藜烯	198305.48	15.74
20	2-isopropyl-5-methyl-9-methylene-bicyclo[4.4.0]dec-1-ene	2-异丙基-5-甲基-9-亚甲基-双环[4.4.0]癸-1-烯	4083.57	0.32
21	8,9-dehydro-neoisolongifolene	8,9-脱氢新异长叶烯	4079.59	0.32
22	2,4-quinolinediol	2,4-二羟基喹啉	3200.56	0.25
23	7-ethylidenebicyclo[4.2.1]nona-2,4-diene	7-亚乙基二环[4.2.1]壬-2,4-二烯	1271.08	0.10
24	6,10-dimethyl-3-(1-methylethylidene)-1-cyclodecene	6,10-二甲基-3-(1-甲基亚乙基)-1-环癸烷	732.30	0.06
25	casmierone	开司米酮	7635.18	0.61
26	7-(1-methylethylidene)-bicyclo[4.1.0]heptane	7-(1-甲基亚乙基)-二环[4.1.0]庚烷	1835.18	0.15
27	2,6,6-trimethyl-2-cyclohexene-1-carboxaldehyde	2,6,6-三甲基-2-环己烯-1-甲醛	6443.02	0.51
28	thenoyl pivaloyl methane	噻吩甲酰二甲烷	1641.87	0.13
29	caryophyllene oxide	氧化石竹烯	14431.46	1.14
30	4-methyl-4-(2-methyl-2-propenyl)-tricyclo[3.3.0.0(2,8)]octan-3-one	4-甲基-4-(2-甲基-2-丙烯基)-三环[3.3.0.0(2,8)]辛-3-酮	1142.07	0.09
31	thujopsene-(I2)	罗汉柏烯-(I2)	1200.64	0.10
32	3,4-dimethyl-3-cyclohexen-1-carboxaldehyde	3,4-二甲基-3-环己烯-1-甲醛	1623.65	0.13
33	spathulenol	斯巴醇	4451.54	0.36
34	1,10-dimethyl-2-methylene-decalin	1,10-二甲基-2-亚甲基-十氢萘	3148.28	0.25
35	β-selinene	β-芹子烯	7437.29	0.59
36	alloaromadendrene	香树烯	2193.49	0.17
37	γ-gurjunene	γ-古芸烯	3298.83	0.26
38	selina-3,7(11)-diene	3,7(11)-芹子二烯	29497.78	2.34
39	(1α,3aα,7α,8aβ)-2,3,6,7,8,8a-hexahydro-1,4,9,9-tetramethyl-1H-3a,7-methanoazulene	(1α,3aα,7α,8aβ)-2,3,6,7,8,8a-六氢-1,4,9,9-四甲基-1H-3a,7-亚甲基薁	2664.76	0.21

续表

序号	英文名称	中文名称	含量/(μg/g)	相对含量/%
40	patchouli alcohol	广藿香醇	275478.79	21.86
41	aristolene epoxide	马兜铃烯环氧化物	2319.50	0.18
42	β-farnesene	β-金合欢烯	7592.32	0.60
43	dehydroaceticacid	脱氢乙酸	6190.28	0.49
44	oxalic acid 1-menthyl pentyl ester	1-甲基草酸戊酯	3848.90	0.31
45	dihydro-neoclovene-(Ⅰ)	二氢-新丁香三环烯-(Ⅰ)	1681.61	0.13
46	farnesal	金合欢醛	667.25	0.05
47	ledol	喇叭茶醇	2846.23	0.23
48	1,3,4,7-tetramethyltricyclo[5.3.1.0(4,11)]undec-2-en-8-one	1,3,4,7-四甲基双环[5.3.1.0(4,11)]十一碳-2-烯-8-酮	1606.70	0.13
49	4-(2,7,7-trimethylbicyclo[3.2.0]hept-2-en-1-yl)but-3-en-2-one	4-(2,7,7-三甲基双环[3.2.0]庚-2-烯-1-基)丁-3-烯-2-酮	1556.43	0.12
50	(1aα,7α,7aα,7bα)-1,1a,2,4,6,7,7a,7b-Octahydro-1,1,7,7a-tetramethyl-5H-cyclopropa[a]naphthalen-2-one	(1aα,7α,7aα,7bα)-1,1a,2,4,6,7,7a,7b-八氢-1,1,7,7a-四甲基-5H-环丙[a]萘-2-酮	804.58	0.06
51	7-methylene-2,4,4-trimethyl-2-vinyl-bicyclo[4.3.0]nonane	7-甲基-2,4,4-三甲基-2-乙烯基-二环[4.3.0]壬烷	1500.19	0.12
52	1,4-dimethyladamantane	1,4-二甲基金刚烷	3522.85	0.28
53	6,10,14-trimethyl-2-pentadecanone	6,10,14-三甲基-2-十五烷酮	972.28	0.08

1.17　桂皮油

【基本信息】

名称

中文名称：玉桂油，桂皮油，山扁豆油，中国肉桂油，锡兰桂皮油
英文名称：cinnamon oil，*Cassia* oil

管理状况

FEMA：2291
FDA：182.20
GB 2760—2014：N116

性状描述

黄色或黄棕色的澄清液体。

感官特征

具有肉桂的特征香气、辛辣香味。

物理性质

相对密度 d_4^{20}：$1.0373 \sim 1.0513$
折射率 n_D^{20}：$1.6020 \sim 1.6140$
沸点：$194 \sim 234℃$
酸值：$\leqslant 15.0$

制备提取方法

由唇形科植物肉桂的灌木干幼枝的内树皮经粉碎后再经水蒸气蒸馏而得，得率 $0.2\% \sim 0.3\%$。

原料主要产地

主要产于斯里兰卡、塞舌尔和马达加斯加。我国主产于云南、广西、广东、福建、湖南、江西、浙江等地。

作用描述

主要用于调配食用、酒用香精，也用于调配香石竹、风信子、薰衣草、檀香、玫瑰等日用香料，但由于肉桂皮油具有弱过敏性，在日用香精中的用量不超过 1%。在烟用香精中用作辛香料香韵的组分。

【桂皮油主成分及含量】

取适量桂皮油进行气相色谱-质谱分析，记录谱图，按内标法以峰面积计算其含量。桂皮油中主要成分为：桂醛（65.93%）、邻甲氧基肉桂醛（10.47%）、3-羟乙基-1,5-二烯基-苯（9.01%）、乙酸桂酯（5.64%）、香豆素（1.87%）、苯甲醛（1.20%），所有化学成分及含量详见表1-17。

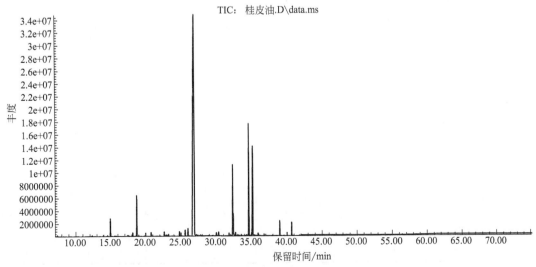

桂皮油 GC-MS 总离子流图

表 1-17 桂皮油化学成分含量表

序号	英文名称	中文名称	含量/(μg/g)	相对含量/%
1	styrene	苯乙烯	881.81	0.09
2	pinene	蒎烯	867.64	0.09
3	camphene	莰烯	782.69	0.08
4	benzaldehyde	苯甲醛	11504.66	1.20
5	*m*-cymene	间伞花烃	511.15	0.05
6	limonene	柠檬烯	629.30	0.07
7	salicylaldehyde	水杨醛	2426.76	0.25
8	acetophenone	苯乙酮	384.37	0.04
9	phenylethyl Alcohol	苯乙醇	2976.19	0.31
10	benzenepropanal	苯丙醛	3251.47	0.34
11	borneol	龙脑	757.45	0.08
12	*o*-anisaldehyde	邻茴香醛	5434.58	0.57
13	benzylcarbinyl acetate	乙酸苯乙酯	5177.28	0.54
14	styrone	桂醛	629864.82	65.93
15	styrylicalcohol	肉桂醇	960.49	0.10
16	cinnamyl formate	甲酸桂酯	344.43	0.04
17	eugenol	丁香酚	391.29	0.04
18	2-methoxyphenylacetone	2-甲氧基苯丙酮	1679.81	0.18
19	*α*-copaene	*α*-可巴烯	2172.33	0.23
20	2-*t*-butyl-4-hydroxyanisole	2-叔丁基-4-羟基茴香醚	1619.23	0.17
21	caryophyllene	石竹烯	437.50	0.05
22	6-amino-2*H*-1-benzopyran-2-one	6-氨基-2*H*-1-苯并吡喃-2-酮	445.71	0.05
23	acetic acid cinnamyl ester	乙酸桂酯	53930.80	5.64
24	coumarin	香豆素	17902.79	1.87
25	alloaromadendrene	香树烯	528.92	0.06
26	*α*-muurolene	*α*-依兰油烯	1652.32	0.17
27	*β*-bisabolene	*β*-红没药烯	409.54	0.04
28	3-ethoxy-1,5-dienyl-benzene	3-羟乙基-1,5-二烯基-苯	86048.32	9.01
29	1,2,4a,5,6,8a-hexahydro-4,7-dimethyl-1-(1-methylethyl)-naphthalene	1,2,4a,5,6,8a-六氢-4,7-二甲基-1-(1-甲基乙基)-萘	403.12	0.04
30	*δ*-cadinene	*δ*-杜松烯	736.21	0.08
31	*o*-methoxy-cinnamaldehyd	邻甲氧基肉桂醛	100050.61	10.47

续表

序号	英文名称	中文名称	含量/(μg/g)	相对含量/%
32	nerolidol	橙花叔醇	1247.38	0.13
33	spathulenol	斯巴醇	994.93	0.10
34	caryophyllene oxide	氧化石竹烯	884.58	0.09
35	1, 3-bis (cinnamoyloxymethyl) ada-mantane	1,3-双（肉桂酰基氧基甲基）金刚烷	8774.80	0.92
36	4-*t*-butylphenyl glycidyl ether	4-叔丁基苯基缩水甘油醚	7548.37	0.79
37	benzylbenzoate	苯甲酸苄酯	527.84	0.06
38	*α*-selinene	*α*-芹子烯	335.82	0.04

1.18 桂叶油

【基本信息】

名称

中文名称：桂叶油

英文名称：cinnamon leaf oil

管理状况

FEMA：2292

FDA：182.10，182.20

GB 2760—2014：N117

性状描述

黄色或黄棕色液体。露置空气中，颜色变深，质地变厚。

感官特征

有桂皮的特殊香气，辛而甜。

物理性质

相对密度 d_4^{20}：1.0500～1.0650

折射率 n_D^{20}：1.5850～1.6060

沸点：194～234℃

旋光度：$-6°\sim-1°$

制备提取方法

由樟科植物肉桂的干燥叶经水蒸气蒸馏得到的挥发油，得油率为 0.3%～0.4%。

原料主要产地

主要产于中国、斯里兰卡、越南、塞舌尔、马达加斯加和印度尼西亚等。

作用描述

在食品行业可用作饮料和食品的增香剂；在日化行业可用于配制化妆香精和皂用香精。同时桂叶油也具有较大的医药价值，可用于治疗感冒和风湿病，在消化系统方面也有作用。在烟用香精中常被用作定香剂和调香剂，与烟气谐调并能给卷烟增添清甜风味。

【桂叶油主成分及含量】

取适量桂叶油进行气相色谱-质谱分析，记录谱图，按内标法以峰面积计算其含量。桂叶油中主要成分为：丁香酚（65.81%）、乙酸丁香酚酯（5.97%）、石竹烯（4.20%）、苯甲酸苄酯（4.08%）、芳樟醇（3.05%）、乙酸桂酯（2.79%）、α-水芹烯（1.72%）、肉桂醛（1.52%），所有化学成分及含量详见表1-18。

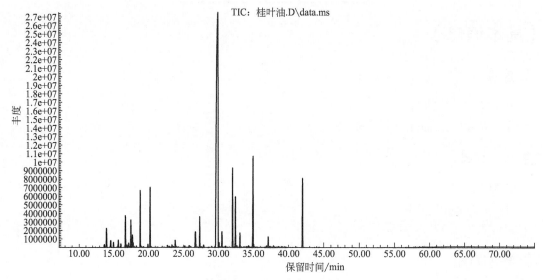

桂叶油 GC-MS 总离子流图

表 1-18　桂叶油化学成分含量表

序号	英文名称	中文名称	含量/(μg/g)	相对含量/%
1	β-thujene	β-侧柏烯	1755.13	0.22
2	α-pinene	α-蒎烯	11895.30	1.48
3	camphene	莰烯	3976.42	0.50
4	benzaldehyde	苯甲醛	1967.24	0.24
5	β-pinene	β-蒎烯	3578.25	0.45
6	β-myrcene	β-月桂烯	1323.97	0.16
7	α-phellandrene	α-水芹烯	13831.77	1.72
8	3-carene	3-蒈烯	967.28	0.12

序号	英文名称	中文名称	含量/(μg/g)	相对含量/%
9	α-terpilene	α-松油烯	1716.46	0.21
10	p-cymene	对伞花烃	11059.09	1.38
11	limonene	柠檬烯	4070.21	0.51
12	β-phellandrene	β-水芹烯	4856.97	0.60
13	eucalyptol	桉叶油醇	2030.36	0.25
14	β-ocimene	β-罗勒烯	483.25	0.06
15	2-carene	2-蒈烯	1483.73	0.18
16	linalool	芳樟醇	24511.55	3.05
17	mephaneine	苯乙酸甲酯	930.69	0.12
18	4-terpineol	4-萜品醇	976.09	0.12
19	α-terpineol	α-松油醇	2845.76	0.35
20	3-phenylpropanol	3-苯丙醇	792.40	0.10
21	4-(2-propenyl)-phenol	4-丙烯基苯酚	905.90	0.11
22	styrone	肉桂醛	12215.39	1.52
23	safrole	黄樟素	12044.81	1.50
24	styrylicalcohol	肉桂醇	1168.11	0.15
25	eugenol	丁香酚	528645.46	65.81
26	acetate 3-phenyl-1-propanol	3-苯基-1-丙基乙酸酯	1554.73	0.19
27	α-copaene	α-可巴烯	5944.33	0.74
28	methyleugenol	甲基丁香酚	385.85	0.05
29	caryophyllene	石竹烯	33725.23	4.20
30	acetic acid cinnamyl ester	乙酸桂酯	22391.11	2.79
31	isoeugenol	异丁香酚	765.02	0.10
32	ledene	喇叭烯	1144.39	0.14
33	eugenyl acetate	乙酸丁香酚酯	47930.05	5.97
34	δ-cadinene	δ-杜松烯	1111.21	0.14
35	spathulenol	斯巴醇	503.24	0.06
36	caryophyllene oxide	氧化石竹烯	4043.33	0.50
37	1,13-tetradecadiene	1,13-十四烷二烯	414.03	0.05
38	humulene epoxide Ⅱ	环氧化蛇麻烯 Ⅱ	596.80	0.07
39	benzyl benzoate	苯甲酸苄酯	32763.88	4.08

1.19　海索草油

【基本信息】

名称

中文名称：海索草油，海索草精油
英文名称：hyssop oil

管理状况

FEMA：2591
FDA：182.10，182.20
GB 2760—2014：N204

性状描述

淡黄色液体。

感官特征

具有药草香、薄荷、樟脑、类似松木以及轻微稻香香气。

物理性质

相对密度 d_4^{20}：0.9780～0.9880
折射率 n_D^{20}：1.5530～1.5600
溶解性：微溶于水，易溶于乙醇、乙醚和氯仿。

制备提取方法

由唇形科植物海索草（*Hyssopus officinalis* L.）的全草经水蒸气蒸馏所得，得油率为
0.15％～0.3％。

原料主要产地

主产于法国、意大利、俄罗斯等的干燥和岩石地区。

作用描述

主要用于调配漱口水、牙膏、调味品、清凉饮料、滋补品香精。也可用于卷烟加香，能
赋予卷烟甜香、樟脑、药草香和辛香，同时起到细腻柔和烟气的作用。

【海索草油主成分及含量】

取适量海索草油进行气相色谱-质谱分析，记录谱图，按内标法以峰面积计算其含量。
海索草油中主要成分为：松樟酮（49.78％）、β-蒎烯（16.26％）、β-水芹烯（5.40％）、α-
榄香醇（2.42％）、大根香叶烯 D（2.37％）、石竹烯（2.28％）、香树烯（2.23％），所有化
学成分及含量详见表1-19。

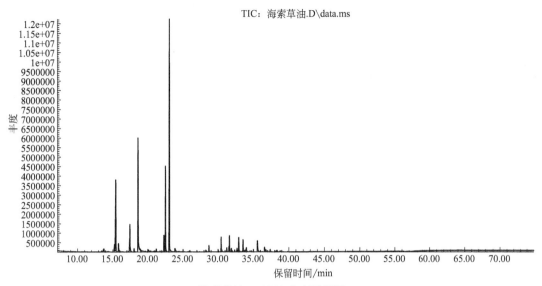

海索草油 GC-MS 总离子流图

表 1-19　海索草油化学成分含量表

序号	英文名称	中文名称	含量/(μg/g)	相对含量/%
1	β-thujene	β-侧柏烯	397.03	0.30
2	α-pinene	α-蒎烯	1148.12	0.88
3	ethanol	乙醇	195.53	0.16
4	sabenene	桧烯	1957.20	1.51
5	β-pinene	β-蒎烯	21221.64	16.26
6	β-myrcene	β-月桂烯	2127.62	1.62
7	o-cymene	邻伞花烃	46.07	0.04
8	β-phellandrene	β-水芹烯	7038.65	5.40
9	β-ocimene	β-罗勒烯	757.29	0.59
10	linalool	芳樟醇	815.25	0.62
11	α-thujene	α-侧柏烯	340.59	0.26
12	3-nitrophenetole	3-硝基苯乙醚	446.90	0.35
13	pinocarveol	松香芹醇	161.09	0.12
14	6,6-dimethyl-bicyclo［3.1.1］hept-2-en-2-yl-methyl ethyl carbonate	6,6-二甲基双环［3.1.1］庚-2-烯-2-基-碳酸甲乙酯	2596.33	1.99
15	α-terpinyl isobutyrate	异丁酸-α-松油酯	373.92	0.29
16	pinocamphone	松樟酮	64983.02	49.78
17	myrtenol	桃金娘烯醇	1216.67	0.93
18	2-ethyl butyric acid -4-nitrophenyl ester	2-乙基丁酸-4-硝基苯酯	255.12	0.19
19	myrtenyl acetate	乙酸桃金娘烯酯	373.17	0.29
20	2,5,6-trimethyl-1,3,6-heptatriene	2,5,6-三甲基-1,3,6-三庚烯	190.51	0.14
21	1,5,5-trimethyl-6-methylene-cyclo-hexene	1,5,5-三甲基-6-亚甲基环己烯	1090.62	0.84

序号	英文名称	中文名称	含量/(μg/g)	相对含量/%
22	α-copaene	α-可巴烯	152.27	0.12
23	β-bourbonene	β-波旁烯	2558.48	1.96
24	α-bourbonene	α-波旁烯	448.52	0.35
25	α-gurjunene	α-古芸烯	689.06	0.53
26	β-ylangene	β-依兰烯	749.27	0.57
27	caryophyllene	石竹烯	2983.52	2.28
28	α-cubebene	α-荜澄茄油烯	265.17	0.20
29	α-humulene	α-葎草烯	796.03	0.61
30	alloaromadendrene	香树烯	2914.54	2.23
31	β-copaene	β-可巴烯	154.99	0.12
32	germacrene D	大根香叶烯 D	3087.40	2.37
33	ledene	喇叭烯	278.22	0.22
34	bicyclogermacrene	双环大根香叶烯	772.53	0.60
35	α-muurolene	α-依兰油烯	206.44	0.16
36	δ-cadinene	δ-杜松烯	160.18	0.12
37	α-elemol	α-榄香醇	3164.65	2.42
38	spathulenol	斯巴醇	1169.07	0.90
39	caryophyllene oxide	氧化石竹烯	521.44	0.39
40	himbaccol	绿花白千层醇	227.06	0.18
41	γ-gurjunene	γ-古芸烯	441.03	0.33
42	γ-eudesmol	γ-桉叶醇	195.83	0.16
43	β-patchouline	β-绿叶烯	399.27	0.31
44	β-eudesmol	β-桉叶醇	184.65	0.14
45	α-eudesmol	α-桉叶醇	257.11	0.19

1.20　含羞草油

【基本信息】

名称

中文名称：含羞草油，感应草油，喝呼草油，知羞草油，怕丑草油

英文名称：*Mimosa* oil

管理状况

FEMA：2755

FDA：172.510

GB 2760—2014：N209

> **性状描述**

淡黄色具有浓郁香气挥发油。

> **感官特征**

具花香、木香、清香，似金合花气息而少辛香。

> **物理性质**

相对密度 d_4^{20}：1.0080～1.0220
折射率 n_D^{20}：1.5360～1.5470

> **制备提取方法**

通过水蒸气蒸馏法提取含羞草得到含羞草油，得率为 0.48%。

> **原料主要产地**

原产热带美洲，现已广泛分布于世界热带地区。我国的台湾、福建、广东、广西、云南等地均有种植。

> **作用描述**

广泛应用于食品、日用化工业、医药等行业。含羞草油作为药用可助消化、治疗高血压，同时具有抗抑郁的作用。应用于卷烟后可明显改善和修饰卷烟烟气，提升香气质，掩盖杂气，降低刺激性，改善余味。

【含羞草油主成分及含量】

取适量含羞草油进行气相色谱-质谱分析，记录谱图，按内标法以峰面积计算其含量。含羞草油中主要成分为：茴香醛（29.06%）、α-松油醇（23.02%）、苯乙醇（18.29%）、邻氨基苯甲酸芳樟酯（17.14%）、醋酸苄酯（6.13%）、大茴香醛二乙醇缩醛（2.80%），所有化学成分及含量详见表1-20。

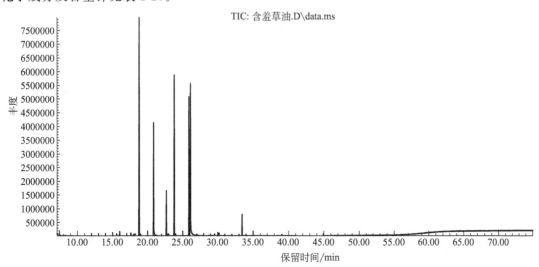

含羞草油 GC-MS 总离子流图

表 1-20　含羞草油化学成分含量表

序号	英文名称	中文名称	含量/(μg/g)	相对含量/%
1	phenol	苯酚	276.43	0.37
2	β-myrcene	β-月桂烯	411.60	0.56
3	limonene	柠檬烯	291.35	0.39
4	β-ocimene	β-罗勒烯	229.65	0.31
5	phenylethyl alcohol	苯乙醇	13498.13	18.29
6	acetic acid phenylmethyl ester	醋酸苄酯	4522.23	6.13
7	borneol	龙脑	315.31	0.43
8	α-terpineol	α-松油醇	16982.98	23.02
9	methyl salicylate	水杨酸甲酯	147.35	0.20
10	γ-terpineol	γ-松油醇	177.00	0.24
11	linalyl anthranilate	邻氨基苯甲酸芳樟酯	12645.42	17.14
12	anisic aldehyde	茴香醛	21442.77	29.06
13	3-hexenylbutyrate	3-己烯基丁酯	69.43	0.09
14	neryl acetate	乙酸橙花酯	178.80	0.24
15	acetic acid lavandulyl ester	乙酸薰衣草酯	247.94	0.34
16	diethanol anise aldehyde acetal	大茴香醛二乙醇缩醛	2067.30	2.80
17	8-heptadecene	8-十七碳烯	123.28	0.17
18	nonadecane	十九烷	156.14	0.22

1.21　黑醋栗油

【基本信息】

名称

中文名称：黑醋栗油，黑穗醋栗油，黑加仑油，黑豆果油，黑夏果油
英文名称：black currant oil

管理状况

FEMA：2346
FDA：172.510

性状描述

淡黄色油状液体。

感官特征

具有黑加仑特有的气味，滋味柔和。

🔵 **物理性质**

相对密度 d_4^{20}：0.9170～0.9370

折射率 n_D^{20}：1.4770～1.5790

🔵 **制备提取方法**

黑醋栗油是通过超临界 CO_2 萃取从黑醋栗果籽中提炼而成，出油率可达 90% 以上。

🔵 **原料主要产地**

主产于我国东北地区和新疆北部。

🔵 **作用描述**

黑醋栗油广泛用于医药、保健、食品、化妆品等行业，是富含不饱和脂肪酸的保健原料油，长期食用能增进血液循环、减少脂肪在血管内壁的滞留、预防和治疗动脉硬化、降低高血压。

【黑醋栗油主成分及含量】

取适量黑醋栗油进行气相色谱-质谱分析，记录谱图，按内标法以峰面积计算其含量。黑醋栗油中主要成分为：3-蒈烯（18.96%）、柠檬烯（10.87%）、1-石竹烯（6.66%）、亚油酸乙酯（6.53%）、异松油烯（6.13%）、亚麻酸乙酯（5.19%）、4-松油醇（3.89%）、α，α,4-三甲基苯甲醇（3.01%）、棕榈酸乙酯（3.01%），所有化学成分及含量详见表1-21。

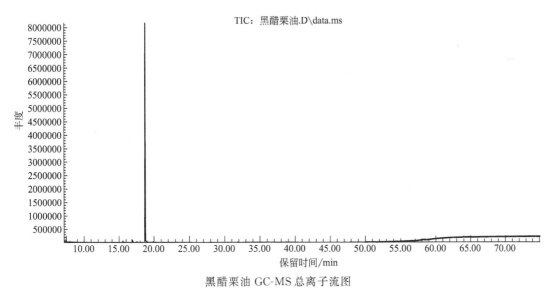

黑醋栗油 GC-MS 总离子流图

表 1-21　黑醋栗油化学成分含量表

序号	英文名称	中文名称	含量/(μg/g)	相对含量/%
1	ethyl butyrate	丁酸乙酯	4.21	0.54
2	ethyl isovalerate	异戊酸乙酯	1.47	0.19
3	3-thujene	3-侧柏烯	0.88	0.11

续表

序号	英文名称	中文名称	含量/(μg/g)	相对含量/%
4	α-pinene	α-蒎烯	10.56	1.36
5	fenchene	葑烯	0.68	0.09
6	camphene	莰烯	0.72	0.09
7	3,7,7-trimethyl-1,3,5-cyclohep-tatriene	3,7,7-三甲基-1,3,5-环庚三烯	1.07	0.14
8	β-pinene	β-蒎烯	5.33	0.68
9	β-myrcene	β-月桂烯	11.38	1.46
10	hexanoic acid ethyl ester	正己酸乙酯	2.06	0.26
11	4-carene	4-蒈烯	8.89	1.14
12	3-carene	3-蒈烯	148.20	18.96
13	m-cymene	间伞花烃	3.72	0.48
14	p-cymene	对伞花烃	14.54	1.86
15	limonene	柠檬烯	84.98	10.87
16	eucalyptol	桉树脑	0.63	0.08
17	β-ocimene	β-罗勒烯	7.93	1.01
18	isoamyl butyrate	丁酸异戊酯	3.64	0.46
19	γ-terpinene	γ-松油烯	9.89	1.27
20	3-methyl-6-(1-methylethylidene)-cy-clohexene	3-甲基-6-(1-甲基亚乙基)-环己烯	1.74	0.22
21	terpinolene	异松油烯	47.92	6.13
22	linalool	芳樟醇	1.70	0.22
23	1,3,8-p-menthatriene	1,3,8-p-孟三烯	2.52	0.32
24	phenylethanol	苯乙醇	1.15	0.15
25	p-menth-2-en-1-ol	对-薄荷-2-烯-1-醇	3.07	0.39
26	2,6-dimethyl-2,4,6-octatriene	2,6-二甲基-2,4,6-辛三烯	6.46	0.83
27	1,5,8-p-menthatriene	1,5,8-p-孟三烯	2.23	0.29
28	p-mentha-1,5-dien-8-ol	对-薄荷-1,5-二烯-8-醇	4.64	0.59
29	4-terpineol	4-松油醇	30.38	3.89
30	α,α,4-trimethylbenzylalcohol	α,α,4-三甲基苯甲醇	23.50	3.01
31	4-(1-methylethyl)-2-cyclohexen-1-one	4-(1-甲基乙基)-2-环己烯-1-酮	3.53	0.45
32	α-terpineol	α-松油醇	11.77	1.51
33	2,6-dimethylocta-3,5,7-trien-2-ol	2,6-二甲基辛-3,5,7-三烯-2-醇	1.23	0.16
34	piperitol	薄荷醇	1.63	0.21
35	citronellol	香茅醇	4.03	0.52
36	neryl alcohol	橙花醇	1.03	0.13
37	bornyl acetate	乙酸龙脑酯	3.34	0.43
38	ethyl nonanoate	壬酸乙酯	2.06	0.26

序号	英文名称	中文名称	含量/(μg/g)	相对含量/%
39	2,6-dimethyl-2,6-octadiene	2,6-二甲基-2,6-辛二烯	0.69	0.09
40	terpinyl acetate	乙酸松油酯	2.63	0.34
41	clovene	丁香三环烯	0.88	0.11
42	hexyl hexanoate	己酸己酯	3.09	0.40
43	1-ethenyl-1-methyl-2,4-bis(1-methylethenyl)-cyclohexane	1-乙烯基-1-甲基-2,4-双(1-甲基乙烯基)-环己烷	3.11	0.40
44	α-gurjunene	α-古芸烯	0.91	0.12
45	1-caryophyllene	1-石竹烯	52.01	6.66
46	γ-elemene	γ-榄香烯	7.23	0.93
47	aromadendrene	香橙烯	2.36	0.30
48	1,5,9,9-tetramethyl-1,4,7-cycloundecatriene	1,5,9,9-四甲基-1,4,7-环十一碳三烯	21.26	2.72
49	alloaromadendrene	别香橙烯	5.66	0.72
50	γ-muurolene	γ-依兰油烯	2.09	0.27
51	8-isopropyl-1-methyl-5-methylenecyclodeca-1,6-diene	8-异丙基-1-甲基-5-甲基环十二碳-1,6-二烯	0.78	0.10
52	β-selinene	β-芹子烯	7.70	0.99
53	ledene	喇叭烯	5.76	0.74
54	γ-cadinene	γ-杜松烯	1.90	0.24
55	δ-cadinene	δ-杜松烯	5.44	0.70
56	valerena-4,7(11)-diene	缬草-4,7(11)-二烯	0.56	0.07
57	peach aldehyde	桃醛	0.79	0.10
58	caryophyllenyl alcohol	石竹烯醇	3.98	0.51
59	caryophyllene oxide	氧化石竹烯	13.59	1.74
60	δ-viridiflorol	δ-绿花白千层醇	2.61	0.33
61	γ-gurjunene	γ-古芸烯	0.96	0.12
62	humulene epoxide Ⅱ	环氧化蛇麻烯Ⅱ	3.31	0.42
63	bulnesol	布藜醇	0.41	0.05
64	α-selinene	α-芹子烯	1.17	0.15
65	spathulenol	桉油烯醇	8.59	1.10
66	τ-muurolol	τ-依兰油醇	1.71	0.22
67	α-cadinol	α-荜澄茄醇	4.16	0.53
68	longifolene	长叶烯	0.82	0.10
69	α-bisabolene epoxide	α-赤藓烯环氧化物	3.68	0.47
70	15-copaenol	15-胡椒醇	2.07	0.26
71	ethyl myristate	肉豆蔻酸乙酯	0.74	0.09
72	phytone	植酮	1.82	0.23
73	ethyl palmitate	棕榈酸乙酯	23.51	3.01

序号	英文名称	中文名称	含量/(μg/g)	相对含量/%
74	ethyl heptadecanoate	十七酸乙酯	0.81	0.10
75	phytol	植醇	2.72	0.35
76	ethyl elaidate	油酸乙酯	1.02	0.13
77	8,11,14-eicosatrienoic acid	8,11,14-二十碳三烯酸	3.85	0.49
78	methyl stearidonate	十八碳四烯酸甲酯	2.97	0.38
79	ethyl linoleate	亚油酸乙酯	51.06	6.53
80	ethyl linolenate	亚麻酸乙酯	40.57	5.19
81	tributyl acetylcitrate	乙酰柠檬酸三丁酯	5.78	0.74

1.22 黑胡椒油

【基本信息】

名称

中文名称：黑胡椒油
英文名称：black pepper oil

管理状况

FEMA：2845
FDA：182.10，182.20
GB 2760—2014：N215

性状描述

无色或稍带黄绿色液体。

感官特征

胡椒、萜香、木杏香气，辛香、木香、药草味道。

物理性质

相对密度 d_4^{20}：0.8610～0.8850
折射率 n_D^{20}：1.4750～1.4930
沸点：166℃
旋光度：−6°～＋20°
溶解性：不溶于水，微溶于甘油，溶于丙二醇和矿物油。

制备提取方法

由胡椒科多年生藤本植物胡椒的未成熟浆果，经自然发酵并干燥后再经水蒸气蒸馏而得，得油率为 1.0%～2.6%。

▶ 原料主要产地

主要产于印度、印度尼西亚、马来西亚、越南、斯里兰卡、英国、法国、荷兰、葡萄牙、马达加斯加等。我国亦产，主要分布于广东、云南、广西、福建等省区。

▶ 作用描述

黑胡椒油用于调味香精配方和食品调味中。用于烤牛肉调味品、调味品协调剂、咸香及药草香香韵、龙舌兰酒等的香精配制。同时，黑胡椒油具有丰富烟香、掩盖烟气，在提高卷烟的吸食口感方面有较好的效果，是卷烟加香的香原料之一。

【黑胡椒油主成分及含量】

取适量黑胡椒油进行气相色谱-质谱分析，记录谱图，按内标法以峰面积计算其含量。黑胡椒油中主要成分为：石竹烯（20.65%）、α-蒎烯（16.52%）、柠檬烯（15.82%）、β-蒎烯（15.25%）、3-蒈烯（11.63%）、4-蒈烯（1.86%）、间伞花烃（1.74%）、α-松油醇（1.40%），所有化学成分及含量详见表 1-22。

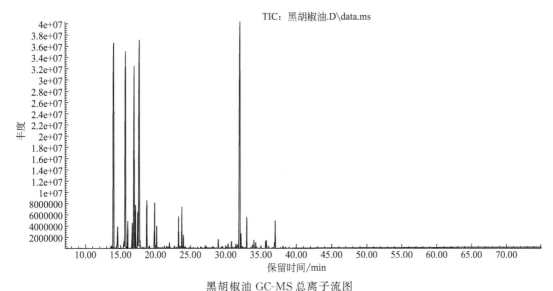

黑胡椒油 GC-MS 总离子流图

表 1-22　黑胡椒油化学成分含量表

序号	英文名称	中文名称	含量/(µg/g)	相对含量/%
1	2-thujene	2-侧柏烯	1667.61	0.18
2	α-pinene	α-蒎烯	154837.88	16.52
3	camphene	莰烯	11019.78	1.18
4	sabenene	桧烯	1638.42	0.17
5	β-pinene	β-蒎烯	142961.67	15.25
6	β-myrcene	β-月桂烯	8552.77	0.91

续表

序号	英文名称	中文名称	含量/(μg/g)	相对含量/%
7	α-phellandrene	α-水芹烯	10529.46	1.12
8	3-carene	3-蒈烯	109076.60	11.63
9	2-carene	2-蒈烯	12903.09	1.38
10	m-cymene	间伞花烃	16334.65	1.74
11	limonene	柠檬烯	148364.08	15.82
12	eucalyptol	桉树脑	1432.78	0.15
13	β-ocimene	β-罗勒烯	294.45	0.03
14	γ-terpinene	γ-松油烯	6896.61	0.74
15	4-methyl-1-(1-methylethenyl)-cyclo-hexene	4-甲基-1-(1-甲基乙烯基)-环己烯	846.22	0.09
16	4-carene	4-蒈烯	17395.05	1.86
17	linalool	芳樟醇	5898.19	0.63
18	alloocimene	别罗勒烯	372.31	0.04
19	fenchyl acetate	乙酸葑酯	657.03	0.07
20	α-pinene epoxide	α-环氧蒎烷	517.58	0.06
21	pinocarveol	松香芹醇	553.39	0.06
22	β-terpineol	β-松油醇	2932.59	0.30
23	terpinen-4-ol	4-萜烯醇	9567.82	1.02
24	α,α,4-trimethyl-benzenemethanol	α,α,4-三甲基苯甲醇	756.41	0.08
25	α-terpineol	α-松油醇	13136.41	1.40
26	γ-terpineol	γ-松油醇	4193.90	0.45
27	7-methylene-bicyclo [3.3.1] nonan-3-ol	7-亚甲基双环[3.3.1]壬-3-醇	435.64	0.05
28	3,4-heptadiene	3,4-庚二烯	665.04	0.07
29	2-isobutenyl-4-vinyl-tetrahydrofuran	2-异丁烯基-4-乙烯基四氢呋喃	526.88	0.06
30	citral	橙花醛	457.45	0.05
31	dimethyl hexynediol	二甲基己炔二醇	307.50	0.03
32	anethole	茴香脑	756.29	0.08
33	2-undecanone	2-癸酮	762.74	0.08
34	1,2-dimethyl-4-methylene-cyclopen-tene	1,2-二甲基-4-亚甲基环戊烯	437.96	0.05
35	2-(2-methyl-2-propenyl)-2-cyclohex-en-1-one	2-(2-甲基-2-丙烯基)-2-环己烯-1-酮	216.89	0.02

序号	英文名称	中文名称	含量/(μg/g)	相对含量/%
36	2-acetylcyclopentanone	2-乙酰基环戊酮	370.02	0.04
37	1-(1,1-dimethylethoxy)-2-methyl-cyclohexene	1-(1,1-二甲基乙氧基)-2-甲基环己烯	275.01	0.03
38	δ-elemene	δ-榄香烯	2587.44	0.28
39	eugenol	丁香酚	976.27	0.10
40	cyclosativene	环苜蓿烯	600.92	0.06
41	α-copaene	α-可巴烯	1289.09	0.14
42	β-elemene	β-榄香烯	2400.59	0.26
43	2,6,10,10-tetramethylbicyclo[7.2.0]undeca-2,6-diene	2,6,10,10-四甲基二环[7.2.0]-十一碳-2,6-二烯	634.06	0.07
44	1,4,4-trimethyltricyclo[6.3.1.0(2,5)]dodec-8(9)-ene	1,4,4-三甲基三环[6.3.1.0(2,5)]-十二碳-8(9)-烯	1679.64	0.18
45	caryophyllene	石竹烯	193535.90	20.65
46	α-farnesene	α-金合欢烯	4885.70	0.52
47	α-guaiene	α-愈创木烯	637.51	0.07
48	α-cedrene	α-雪松烯	447.78	0.05
49	2-methylene-4,8,8-trimethyl-4-vinyl-bicyclo[5.2.0]nonane	2-亚甲基-4,8,8-三甲基-4-乙烯基双环[5.2.0]壬烷	321.78	0.03
50	α-humulene	α-葎草烯	9800.67	1.05
51	γ-muurolene	γ-依兰油烯	581.25	0.06
52	α-cubebene	α-荜澄茄油烯	1736.12	0.18
53	β-selinene	β-芹子烯	5217.83	0.56
54	β-bisabolene	β-甜没药烯	427.65	0.05
55	δ-cadinene	δ-杜松烯	814.44	0.09
56	elemicin	榄香素	2434.89	0.26
57	α-elemol	α-榄香醇	2628.45	0.28
58	3-methylene-1,6-heptadiene	3-亚甲基-1,6-庚二烯	796.37	0.08
59	caryophyllenyl alcohol	石竹烯醇	417.62	0.04
60	caryophyllene oxide	氧化石竹烯	11580.51	1.23
61	humuleneepoxide Ⅱ	环氧化蛇麻烯 Ⅱ	461.26	0.05
62	spathulenol	斯巴醇	1222.46	0.13
63	3-methylene-bicyclo[3.2.1]oct-6-en-8-ol	3-亚甲基-双环[3.2.1]辛-6-烯-8-醇	573.89	0.06
64	farnesyl pyrophosphate	焦磷酸法尼酯	309.10	0.03

1.23 红百里香油

【基本信息】

名称

中文名称：红百里香油，百里香油，麝香草油
英文名称：thyme oil

管理状况

FEMA：3064
FDA：182.20
GB 2760—2014：N158

性状描述

无色挥发性精油，经光线照射后呈黄色至红褐色。

感官特征

主要表现为清凉带干焦的药草香，又兼有芳樟醇、松油烯等清香气息。香气强烈且粗糙，留香较长。

物理性质

相对密度 d_4^{20}：0.9150～0.9350
折射率 n_D^{20}：1.4950～1.5050
含酚量：$\geqslant 40\%$
旋光度：$\leqslant -3°$
溶解性：稍溶于水，能与乙醇、乙醚、氯仿等混溶。

制备提取方法

由唇形科植物麝香草的花和叶，经干燥后再经水蒸气蒸馏而得，得率约 2.0%。

原料主要产地

主要产于西班牙、摩洛哥、土耳其等。我国主要分布在黑龙江、吉林、辽宁、内蒙古、河北、山东、山西、陕西、甘肃、新疆、江苏、四川、贵州和广西等省区。

作用描述

主要用于软饮料、酒精饮料、糖果、焙烤食品、调味品、肉类制品等；也常用于牙膏、牙粉和爽身粉中。常与薄荷、桉叶油同用于止咳糖或止咳糖浆之中。红百里香油具有强杀菌力，故用于医药卫生制品，也可用于单离百里香酚。

【红百里香油主成分及含量】

取适量红百里香油进行气相色谱-质谱分析，记录谱图，按内标法以峰面积计算其含量。红百里香油中主要成分为：百里香酚（34.69%）、对伞花烃（34.07%）、4-异丙基-3-甲基苯酚（7.30%）、芳樟醇（6.86%）、α-蒎烯（4.02%）、柠檬烯（2.61%）、α-松油醇（1.33%）、龙脑（1.03%），所有化学成分及含量详见表1-23。

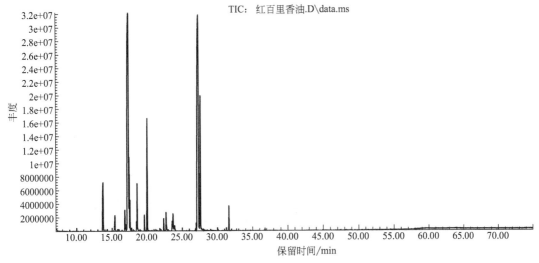

红百里香油 GC-MS 总离子流图

表 1-23　红百里香油化学成分含量表

序号	英文名称	中文名称	含量/(μg/g)	相对含量/%
1	α-pinene	α-蒎烯	52328.62	4.02
2	camphene	莰烯	1738.57	0.13
3	β-pinene	β-蒎烯	12260.82	0.94
4	β-myrcene	β-月桂烯	1018.66	0.08
5	p-menthane	对薄荷烷	922.03	0.07
6	1,4-cineole	1,4-桉叶素	12849.92	0.99
7	terpinolene	异松油烯	3358.98	0.26
8	p-cymene	对伞花烃	442722.63	34.07
9	limonene	柠檬烯	33919.54	2.61
10	eucalyptol	桉叶油醇	12999.96	1.00
11	m-cymene	间伞花烃	1632.68	0.13
12	γ-terpinene	γ-松油烯	5178.21	0.40
13	α,4-dimethyl-3-cyclohexene-1-acetaldehyde	α,4-二甲基-3-环己烯-1-乙醛	541.18	0.04
14	4-carene	4-蒈烯	7306.78	0.56
15	1,3,3-trimethyl-bicyclo[2.2.1]heptan-2-on	1,3,3-三甲基-二环[2.2.1]庚-2-酮	490.49	0.04
16	linalool	芳樟醇	89160.58	6.86

续表

序号	英文名称	中文名称	含量/(μg/g)	相对含量/%
17	fenchol	葑醇	288.70	0.02
18	2-(5-methyl-furan-2-yl)-propional dehyde	2-(5-甲基呋喃-2-基)-丙醛	750.74	0.06
19	1-terpineol	1-松油醇	242.93	0.02
20	β-terpineol	β-松油醇	2113.45	0.16
21	isoborneol	异龙脑	6458.60	0.50
22	borneol	龙脑	13340.14	1.03
23	terpinen-4-ol	4-萜烯醇	350.79	0.03
24	α,α,4-trimethyl-benzenemethanol	α,α,4-三甲基苯甲醇	287.39	0.02
25	α-terpineol	α-松油醇	17260.15	1.33
26	γ-terpineol	γ-松油醇	6221.23	0.48
27	cymophenol	香芹酚	1174.20	0.09
28	thymol	百里香酚	450736.26	34.69
29	isobornyl acetate	乙酸异龙脑酯	10810.09	0.84
30	4-methyl-3-isopropylphenol	4-异丙基-3-甲基苯酚	94874.29	7.30
31	α-copaene	α-可巴烯	518.97	0.04
32	longifolene	长叶烯	1337.10	0.10
33	caryophyllene	石竹烯	11118.18	0.86
34	caryophyllene oxide	石竹烯氧化物	1781.19	0.14
35	2-butylpyridine 1-oxide	2-丁基吡啶-1-氧化物	188.25	0.01
36	vitamin E	维生素 E	1159.44	0.09

1.24 红橘油

【基本信息】

名称

中文名称：红桔油，红橘油

英文名称：tangerine oil

管理状况

FEMA：3041

FDA：182.20

GB 2760—2014：N169

性状描述

橙红色液体。

> 感官特征

具有新鲜的柑橘香气。

> 物理性质

相对密度 d_4^{20}：0.8500～0.8510

折射率 n_D^{20}：1.4730～1.4740

> 制备提取方法

由红橘鲜果皮经压榨后的残渣或用水浸泡后的干果皮，经水蒸气蒸馏法抽取所得，得油率为 2.7%～3.5%。

> 原料主要产地

主产于巴西、美国、俄罗斯、西班牙、南非和中国的华南、华北地区。

> 作用描述

主要用于调配甜橙、柠檬、橘子等果香型食用香精或酒用香精，也可用于调配饰品、化妆品、牙膏等的香精。在烟用香精中用于提升果味头香，并作为调制辛香风味的修饰剂。

【红橘油主成分及含量】

取适量红橘油进行气相色谱-质谱分析，记录谱图，按内标法以峰面积计算其含量。红橘油中主要成分为：柠檬烯（79.99%）、γ-松油烯（7.19%）、β-月桂烯（3.52%）、芳樟醇（2.32%）、α-蒎烯（2.02%），所有化学成分及含量详见表 1-24。

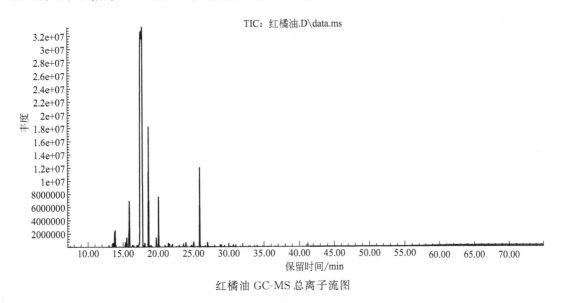

红橘油 GC-MS 总离子流图

表 1-24　红橘油化学成分含量表

序号	英文名称	中文名称	含量/(μg/g)	相对含量/%
1	2-thujene	2-侧柏烯	3862.53	0.72

续表

序号	英文名称	中文名称	含量/(μg/g)	相对含量/%
2	α-pinene	α-蒎烯	10880.31	2.02
3	β-pinene	β-蒎烯	4003.77	0.74
4	β-myrcene	β-月桂烯	18962.16	3.52
5	octanal	辛醛	476.39	0.09
6	α-phellandrene	α-水芹烯	419.62	0.08
7	α-terpinene	α-松油烯	750.85	0.14
8	limonene	柠檬烯	430945.67	79.99
9	β-ocimene	β-罗勒烯	733.96	0.14
10	γ-terpinene	γ-松油烯	38726.36	7.19
11	octanol	辛醇	162.62	0.03
12	4-carene	4-蒈烯	2166.61	0.40
13	linalool	芳樟醇	12499.36	2.32
14	nonanal	壬醛	310.76	0.06
15	limonene oxide	柠檬烯氧化物	1477.30	0.27
16	2-methylenebicyclo[2.1.1]hexane	2-亚甲基双环[2.1.1]己烷	127.92	0.02
17	citronellal	香茅醛	565.49	0.10
18	terpinen-4-ol	4-萜烯醇	132.95	0.02
19	α-terpineol	α-松油醇	672.49	0.12
20	isoterpinonene	异松油烯	121.35	0.02
21	decanal	癸醛	912.40	0.17
22	citronellol	香茅醇	698.83	0.13
23	methylthymol	甲基百里酚	1168.33	0.22
24	carvone	香芹酮	139.80	0.03
25	perillaaldehyde	紫苏醛	271.11	0.05
26	thymol	百里香酚	1160.63	0.22
27	dodecanal	月桂醛	395.67	0.07
28	δ-elemene	δ-榄香烯	477.06	0.09
29	2,6-dimethyl-2,6-octadiene	2,6-二甲基-2,6-辛二烯	139.22	0.03
30	lavandulyl acetate	乙酸薰衣草酯	237.43	0.04
31	neryl propionate	丙酸橙花酯	91.62	0.02
32	α-copaene	α-可巴烯	117.51	0.02
33	β-elemene	β-榄香烯	435.35	0.08
34	β-ylangene	β-依兰烯	46.48	0.01
35	γ-elemene	γ-榄香烯	718.11	0.13
36	α-humulene	α-葎草烯	136.19	0.03
37	β-copaene	β-可巴烯	293.97	0.05
38	α-farnesene	α-金合欢烯	229.51	0.04

续表

序号	英文名称	中文名称	含量/(μg/g)	相对含量/%
39	δ-cadinene	δ-杜松烯	168.08	0.03
40	1,7,7-trimethyl-2-vinylbicyclo[2.2.1]hept-2-ene	1,7,7-三甲基-2-乙烯基双环[2.2.1]庚-2-烯	271.14	0.05
41	2,6,10-trimethyl-2,6,9,11-dodeca tetraenal	2,6,10-三甲基-2,6,9,11-十二碳四烯醛	721.74	0.13
42	sinensetin	甜橙黄酮	1888.51	0.35

1.25　红枣净油

【基本信息】

名称

中文名称：红枣净油，红枣香油，大枣净油，枣子净油

英文名称：dates oil

管理状况

GB 2760—2014：N393

性状描述

红色液体。

感官特征

具有红枣的特征香气。温和甜香，类似烟叶高温发酵时产生的烟香。

制备提取方法

用超临界二氧化碳抽提得到。

原料主要产地

原产于我国，分布于河北、河南、山东、山西、安徽、浙江等。

作用描述

主要用于食品香精，也有用于某些饮料中。另外，红枣净油是烟草加香的重要香原料，与烟香谐和，具有增加卷烟香气浓度、增加甜润口感、柔和和丰富烟香、彰显卷烟特色风格的矫味添香的作用。

【红枣净油主成分及含量】

取适量红枣净油进行气相色谱-质谱分析，记录谱图，按内标法以峰面积计算其含量。红枣净油中主要成分为：糠醛（9.67%）、甲氧基乙醛二乙缩醛（7.97%）、甘油单乙酸酯（7.17%）、3-甲基-4-羧基噻唑烷（5.99%）、2-氨基-3-甲基-1-丁醇（4.50%），所有化学成

分及含量详见表 1-25。

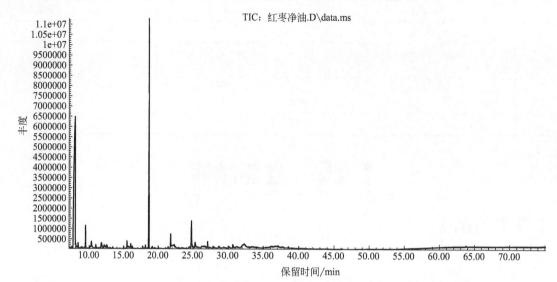

红枣净油 GC-MS 总离子流图

表 1-25 红枣净油化学成分含量表

序号	英文名称	中文名称	含量/(μg/g)	相对含量/%
1	5-methoxy-1-pentanol	5-甲氧基-1-戊醇	491.16	2.15
2	2-methoxy ethanamine	2-甲氧基乙胺	616.33	2.69
3	methoxyacetaldehyde diethyl acetal	甲氧基乙醛二乙缩醛	1823.24	7.97
4	furfural	糠醛	2213.08	9.67
5	furyl alcohol	糠醇	356.95	1.56
6	3-methyl-4-carboxytetrahydrothiazole	3-甲基-4-羧基噻唑烷	1369.58	5.99
7	2-amino-3-methyl-1-butanol	2-氨基-3-甲基-1-丁醇	1030.15	4.50
8	ethyl orthoformate	原甲酸三乙酯	270.00	1.18
9	2,4-dihydroxy-2,5-dimethyl-3(2H)-furan-3-one	2,4-二羟基-2,5-二甲基-3(2H)-呋喃-3-酮	940.58	4.11
10	4-heptanone	4-庚酮	298.74	1.31
11	2,4-dihydro-2,4,5-trimethyl-3H-pyrazol-3-one	2,4,5-三甲基-2,4-二氢-3H-吡唑-3-酮	237.33	1.04
12	2,3-dihydro-3,5-dihydroxy-6-methyl-4H-pyran-4-one	2,3-二氢-3,5 二羟基-6-甲基-4H-吡喃-4-酮	1695.24	7.41
13	threitol	苏糖醇	364.9	1.59
14	glycerose	甘油醛	711.38	3.11
15	erythritol	赤藓糖醇	513.24	2.24
16	5-hydroxymethylfurfural	5-羟甲基糠醛	4564.64	19.95
17	glyceryl acetate	甘油单乙酸酯	1640.1	7.17
18	malic acid	苹果酸	506.39	2.21
19	N-acetyl-galactosamine	N-乙酰半乳糖胺	429.47	1.88

续表

序号	英文名称	中文名称	含量/(μg/g)	相对含量/%
20	1-dimethylaminoprop-2-yne	1-二甲基氨基-2-丙炔	721.04	3.15
21	N,N-dimethylthioacetamide	N,N-二甲基硫代乙酰胺	429.52	1.88
22	5-methyl-1,2,3-thiadiazole-4-carboxylic acid	5-甲基-1,2,3-三唑-4-羧酸	464.42	2.03
23	5,6-epoxy-6-methyl-2-heptanone	5,6-环氧基-6-甲基-2-庚酮	623.19	2.72
24	2,4,5-trimethyl-1,3-dioxolane	2,4,5-三甲基-1,3-二氧戊环	453.19	1.98
25	2-amino-4-hydroxypyrrolo[2,3-d]pyrimidine	2-氨基-4-羟基吡咯并[2,3-d]嘧啶	116.66	0.51

1.26 胡萝卜籽油

【基本信息】

名称

中文名称：胡萝卜籽油，胡萝卜子油
英文名称：carrot seed oil，carrot oil

管理状况

FEMA：2244
FDA：182.20
GB 2760—2014：N194

性状描述

浅黄色至琥珀色挥发性精油。

感官特征

具有愉悦的辛香香气，温甜感。

物理性质

相对密度 d_4^{20}：0.9030～0.9180
折射率 n_D^{20}：1.4840～1.4920
溶解性：不溶于甘油和丙二醇，溶于矿物油，呈乳白色。

制备提取方法

由伞形科草本植物胡萝卜的种子先榨油除油，再经水蒸气蒸馏而得，得率 0.4%～0.8%。

原料主要产地

国外主要产自欧洲以及埃及、印度等地。我国主要分布于江苏、安徽、浙江、江西、湖北、四川、贵州、广西、湖南等地。

> ● 作用描述

　　胡萝卜籽油可用于日用香精、酱油、咸肉及其他食品的香味料配方中，是一种重要的食品辛味香料。添加在烟草制品中能使烟香柔和丰满，能缓和刺激性、减轻苦涩口感。

【胡萝卜籽油主成分及含量】

　　取适量胡萝卜籽油进行气相色谱-质谱分析，记录谱图，按内标法以峰面积计算其含量。胡萝卜籽油中主要成分为：胡萝卜醇（28.33%）、α-蒎烯（13.21%）、石竹烯（5.76%）、β-金合欢烯（5.41%）、氧化石竹烯（5.05%）、姜烯（4.57%）、β-甜没药烯（4.15%）、桧烯（3.69%），所有化学成分及含量详见表1-26。

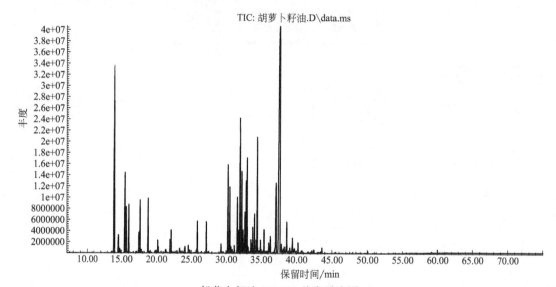

胡萝卜籽油 GC-MS 总离子流图

表 1-26　胡萝卜籽油化学成分含量表

序号	英文名称	中文名称	含量/(µg/g)	相对含量/%
1	2-thujene	2-侧柏烯	1275.35	0.10
2	α-pinene	α-蒎烯	166374.79	13.21
3	camphene	莰烯	10950.19	0.87
4	butylbenzene	丁基苯	2414.11	0.19
5	sabenene	桧烯	46450.32	3.69
6	β-pinene	β-蒎烯	24925.50	1.98
7	β-myrcene	月桂烯	20142.20	1.60
8	α-terpinen	α-松油烯	577.23	0.05
9	p-cymene	对伞花烃	7614.15	0.60
10	limonene	柠檬烯	22331.49	1.77
11	β-ocimene	β-罗勒烯	1661.99	0.13
12	1-methyl-4-(1-methylethenyl)-cyclo-hexanol	1-甲基-4-(1-甲基乙烯基)-环己醇	716.03	0.06

续表

序号	英文名称	中文名称	含量/(μg/g)	相对含量/%
13	*p*-cymenene	对聚伞花烯	1375.18	0.11
14	linalool	芳樟醇	4039.57	0.32
15	perillen	紫苏烯	2037.93	0.16
16	1-(methylenecyclopropyl)-cyclopen-tanol	1-(甲基环丙基)-环戊醇	523.34	0.04
17	alloocimene	别罗勒烯	839.11	0.07
18	*α*-campholenal	*α*-龙脑烯醛	1060.31	0.08
19	isopinocarveol	异松香芹醇	5243.42	0.42
20	citral	柠檬醛	8474.40	0.67
21	borneol	龙脑	1294.41	0.10
22	terpinen-4-ol	4-萜烯醇	1849.76	0.15
23	*α*,*α*,4-trimethyl-benzenemethanol	*α*,*α*,4-三甲基苯甲醇	769.13	0.06
24	*α*-terpineol	*α*-松油醇	838.36	0.07
25	myrtenal	桃金娘烯醛	4253.84	0.34
26	verbenone	马鞭草烯酮	2663.90	0.21
27	2-methyl-5-(1-methylethenyl)-2-cy-clohexen-1-ol	2-甲基-5-(1-甲基乙烯基)-2-环己烯-1-醇	998.04	0.08
28	carvone	香芹酮	837.07	0.07
29	geraniol	香叶醇	12534.97	1.00
30	neral	橙花醛	502.89	0.04
31	borneol acetate	乙酸龙脑酯	10936.25	0.87
32	4-carene	4-蒈烯	3230.51	0.26
33	geraniol formate	甲酸香叶酯	38035.12	3.02
34	*α*-copaene	*α*-可巴烯	1290.95	0.10
35	*γ*-cadinene	*γ*-杜松烯	26163.55	2.08
36	*α*-bergamotene	*α*-佛手柑油烯	3088.92	0.25
37	*β*-elemen	*β*-榄香烯	1641.35	0.13
38	*α*-santalene	*α*-檀香烯	8031.87	0.64
39	caryophyllene	石竹烯	72502.91	5.76
40	4,11,11-trimethyl-8-methylenebicy-clo[7.2.0]undec-3-ene	4,11,11-三甲基-8-亚甲基双环[7.2.0]-十一碳-3-烯	655.71	0.05
41	zingiberene	姜烯	57543.08	4.57
42	*α*-cedrene	*α*-雪松烯	3463.68	0.28
43	*β*-sesquiphellandrene	*β*-倍半水芹烯	44308.19	3.52
44	*β*-farnesene	*β*-金合欢烯	68090.25	5.41
45	6-thiabicyclo[3.2.1]octane	6-硫杂二环[3.2.1]辛烷	3408.16	0.27
46	germacrene D	大根香叶烯 D	715.78	0.06
47	*γ*-muurolene	*γ*-依兰油烯	5187.27	0.41

序号	英文名称	中文名称	含量/(μg/g)	相对含量/%
48	α-curcumene	α-姜黄烯	3896.35	0.31
49	β-selinene	β-芹子烯	20680.67	1.64
50	β-bisabolene	β-甜没药烯	52295.83	4.15
51	sesquicineole	倍半桉油脑	996.84	0.08
52	δ-cadinene	δ-杜松烯	2082.65	0.17
53	pentamethyl cyclopentadiene	五甲基环戊二烯	926.95	0.07
54	α-bisabolene	α-甜没药烯	10651.21	0.85
55	α-gurjunene	α-古云烯	939.29	0.07
56	isoshyobunone	异水菖蒲酮	7120.31	0.57
57	caryophyllene oxide	氧化石竹烯	63535.54	5.05
58	carotol	胡萝卜醇	356796.54	28.33
59	humulene epoxide Ⅱ	环氧化蛇麻烯 Ⅱ	4297.19	0.34
60	geranyl linalool	香叶基芳樟醇	3710.55	0.29
61	9-(1-methylethylidene)-bicyclo[6.1.0]nonane	9-(1-甲基亚乙基)-双环[6.1.0]壬烷	1063.96	0.08
62	alloisolongifolene	异长叶烯	1274.55	0.10
63	3,7,11-trimethyl-2,4,10-dodeca-triene	3,7,11-三甲基-2,4,10-十二碳三烯	2408.30	0.19
64	ledene	喇叭烯	8968.90	0.71
65	α-bisabolol	α-甜没药萜醇	1687.34	0.13
66	2-methyl-1-octen-3-yne	2-甲基-1-辛烯-3-炔	1903.45	0.15
67	juniper camphor	刺柏脑	3753.10	0.30
68	5-(2,2-dimethylcyclopropyl)-2-methyl-4-methylene-1-pentene	5-(2,2-二甲基环丙基)-2-甲基-4-亚甲基-1-戊烯	1050.64	0.08
69	solavetivone	螺岩兰草酮	835.41	0.07
70	dodeceny succinicanhydride	十二烯基丁二酸酐	1129.95	0.09
71	2,6-dimethyl-7-octen-1-ol	2,6-二甲基-7-辛烯-1-醇	532.97	0.04
72	phytone	植酮	2151.02	0.17
73	phytol	植醇	815.65	0.06

1.27 黄花草油

【基本信息】

▶ 名称

中文名称：黄花草油，黄花棉油，苦麻油，山黄麻油，赛路葵油，苦麻赛葵油
英文名称：yellow flowers oil

➡ 性状描述

浅棕黄色、澄清的油状液体。

➡ 感官特征

干草香、草香、烟草香、甜香。

➡ 制备提取方法

由黄花草的叶、花、茎用水蒸气蒸馏法制备而得。

➡ 原料主要产地

原产于美洲。我国主要分布于云南、福建、广东、湖南、安徽、江西、浙江、广西、海南等地。

➡ 作用描述

广泛应用于化妆品行业。应用于卷烟中能赋予卷烟干草香和香豆素样香气，改善醇和度。

【黄花草油主成分及含量】

取适量黄花草油进行气相色谱-质谱分析，记录谱图，按内标法以峰面积计算其含量。黄花草油中主要成分为：1,4-桉叶素（21.88%）、柠檬烯（15.34%）、桉树脑（10.60%）、异松油烯（8.21%）、间伞花烃（6.39%）、蒿酮（6.20%）、莰烯（5.43%）、4-蒈烯（4.59%），所有化学成分及含量详见表 1-27。

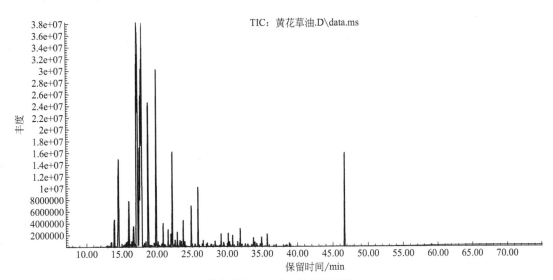

黄花草油 GC-MS 总离子流图

表 1-27　黄花草油化学成分含量表

序号	英文名称	中文名称	含量/(μg/g)	相对含量/%
1	2-carene	2-蒈烯	1406.08	0.17

序号	英文名称	中文名称	含量/(μg/g)	相对含量/%
2	1,3,5,5-tetramethyl-1,3-cyclohexadiene	1,3,5,5-四甲基-1,3-环己二烯	536.79	0.07
3	1,7,7-trimethyl-tricyclo[2.2.1.0(2,6)]heptane	1,7,7-三甲基三环[2.2.1.0(2,6)]庚烷	2132.96	0.26
4	α-pinene	α-蒎烯	11923.00	1.48
5	camphene	莰烯	43753.17	5.43
6	2-vinyltetrahydro-2,6,6-trimethyl-2H-pyran	2-乙烯基四氢-2,6,6-三甲基-2H-吡喃	480.21	0.06
7	sabenene	桧烯	564.27	0.07
8	β-pinene	β-蒎烯	1610.08	0.20
9	3,7,7-trimethyl-bicyclo[4.1.0]heptane	3,7,7-三甲基-双环[4.1.0]庚烷	1731.29	0.21
10	β-myrcene	β-月桂烯	16284.69	2.02
11	2-methyl-1-nonene-3-yne	2-甲基-1-壬烯-3-炔	617.08	0.08
12	1-methyl-4-(1-methylethylidene)-cyclohexane	1-甲基-4-(1-甲基亚乙基)环己烷	2218.94	0.28
13	α-phellandrene	α-水芹烯	8779.36	1.09
14	3-carene	3-蒈烯	1308.11	0.16
15	1,4-cineole	1,4-桉叶素	176431.33	21.88
16	4-carene	4-蒈烯	37036.16	4.59
17	m-cymene	间伞花烃	51568.29	6.39
18	limonene	柠檬烯	123739.65	15.34
19	eucalyptol	桉树脑	85466.89	10.60
20	2,2-dimethyl-5-(1-methyl-1-propenyl)tetrahydrofuran	2,2-二甲基-5-(1-甲基-1-丙烯基)四氢呋喃	532.27	0.07
21	1-methylene-4-(1-methylethenyl)-cyclohexane	1-亚甲基-4-(1-甲基乙烯基)-环己烷	982.69	0.12
22	artemisia ketone	蒿酮	50038.38	6.20
23	4-methyl-1-(1-methylethenyl)-cyclohexene	4-甲基-1-(1-甲基乙烯基)-环己烯	326.67	0.04
24	2-methylenebicyclo[2.1.1]hexane	2-亚甲基双环[2.1.1]己烷	235.72	0.03
25	3,3,6-trimethyl-1,5-heptadien-4-ol	3,3,6-三甲基-1,5-庚二烯-4-醇	696.28	0.09
26	terpinolene	异松油烯	66174.76	8.21
27	linalool	芳樟醇	1140.15	0.14
28	1,5,5-trimethyl-bicyclo[2.2.1]heptan-2-ol	1,5,5-三甲基-二环[2.2.1]庚-2-醇	875.17	0.11
29	fenchol	葑醇	4723.27	0.59
30	cyclooctanone	环辛酮	621.65	0.08
31	2,3-dimethyl-1-pentene	2,3-二甲基-1-戊烯	471.09	0.06
32	1-terpineol	1-松油醇	3387.06	0.42

续表

序号	英文名称	中文名称	含量/(μg/g)	相对含量/%
33	bis(1-methylethylidene)-cyclobutene	双(1-甲基亚乙基)-环丁烯	507.49	0.06
34	isopinocarveol	异松香芹醇	366.66	0.05
35	β-terpineol	β-松油醇	2733.95	0.34
36	citronellal	香茅醛	28486.16	3.53
37	isomenthone	异薄荷酮	354.42	0.04
38	isoborneol	异龙脑	2018.52	0.25
39	borneol	龙脑	3449.80	0.43
40	terpinen-4-ol	4-萜烯醇	1364.65	0.17
41	$\alpha,\alpha,4$-trimethyl-benzenemethanol	$\alpha,\alpha,4$-三甲基苯甲醇	1347.12	0.17
42	α-terpineol	α-松油醇	5401.57	0.67
43	3-methyl-6-(1-methylethylidene)-cyclohexene	3-甲基-6-(1-甲基亚乙基)-环己烯	1434.22	0.18
44	citronellol	香茅醇	9516.61	1.18
45	methoxy-α-methylbenzyl alcohol	甲氧基-α-甲基苄醇	846.50	0.10
46	nerol	橙花醇	15563.85	1.93
47	citral	柠檬醛	453.78	0.06
48	1,4-dihydroxy-p-menth-2-ene	1,4-二羟基-对-薄荷-2-烯	2309.57	0.29
49	5-amino-5H-imidazole-4-carboxylic acid ethyl ester	5-氨基-5H-咪唑-4-羧酸乙酯	1280.42	0.16
50	sorbicacid	山梨酸	1320.26	0.16
51	6,6-dimethylhepta-2,4-diene	6,6-二甲基庚-2,4-二烯	283.10	0.04
52	8-(1-methylethylidene)-bicyclo[5.1.0]octane	8-(1-甲基亚乙基)-二环[5.1.0]辛烷	361.95	0.04
53	2,6-dimethyl-2,6-octadiene	2,6-二甲基-2,6-辛二烯	2530.37	0.31
54	eugenol	丁香酚	1659.64	0.21
55	lavandulyl acetate	乙酸薰衣草酯	2804.26	0.35
56	α-copaene	α-可巴烯	977.87	0.12
57	benzyl-2-methylbutyrat	2-甲基丁酸苯甲酯	307.42	0.04
58	β-elemene	β-榄香烯	2435.88	0.30
59	longifolene	长叶烯	1198.32	0.15
60	caryophyllene	石竹烯	4304.78	0.53
61	β-copaene	β-可巴烯	440.61	0.05
62	β-farnesene	β-金合欢烯	594.29	0.07
63	α-humulene	α-葎草烯	641.96	0.08
64	α-muurolene	α-依兰油烯	1583.38	0.20
65	germacrene D	大根香叶烯 D	1962.00	0.24
66	β-selinene	β-芹子烯	871.05	0.11
67	δ-cadinene	δ-杜松烯	2022.54	0.25

序号	英文名称	中文名称	含量/(μg/g)	相对含量/%
68	α-elemol	α-榄香醇	2478.93	0.31
69	β-bourbonene	β-波旁烯	403.54	0.05
70	5-isopropenyl-1,2-dimethylcyclohex-2-enol	5-异丙烯基-1,2-二甲基环-2-烯醇	176.25	0.02
71	caryophyllene oxide	氧化石竹烯	426.85	0.05
72	bicyclosesquiphellandrene	双环倍半水芹烯	478.69	0.06
73	α-cadinol	α-荜澄茄醇	1001.28	0.12

1.28 黄葵籽油

【基本信息】

名称

中文名称：黄葵籽油，麝葵籽油，黄葵净油，黄葵子油
英文名称：ambrette seed oil

管理状况

FEMA：2051
FDA：182.20
GB 2760—2014：N213

性状描述

淡黄色至琥珀色澄清液体。

感官特征

呈强烈麝香状香气。

物理性质

相对密度 d_4^{20}：0.898～0.9200
折射率 n_D^{20}：1.4680～1.4851
旋光度：$-2°30'～+3°$
酸值：<3
溶解度：可以 1：2～1：5 的比例溶于 80% 乙醇中，几乎不溶于甘油和丙二醇。

制备提取方法

由锦葵科植物麝葵未完全干燥并压碎的种子，经水蒸气蒸馏而得初油，再用溶剂萃取法或者皂化法除去所含脂肪酸后得到，得率为 0.2%～0.6%。

⊙ 原料主要产地

原产于印度，现广泛分布安哥拉、印度尼西亚、厄瓜多尔、塞舌尔、马达加斯加等地。我国海南岛和云南南部也有生产。

⊙ 作用描述

常用于高档香水、香粉香精中。酒用、食用等香精也可用。除此之外，作为药用有兴奋、防腐、健胃、清凉、补肾、祛风等功效。

【黄葵籽油主成分及含量】

取适量黄葵籽油进行气相色谱-质谱分析，记录谱图，按内标法以峰面积计算其含量。黄葵籽油中主要成分为：金合欢醇乙酸酯（56.48%）、氧代环十七碳-8-烯-2-酮（13.60%）、乙酸月桂酯（5.03%）、金合欢醇（4.29%）、亚油酸（3.89%）、乙酸癸酯（3.73%）、5-十四碳烯-1-醇乙酸酯（2.57%）、橙花叔醇（2.33%），所有化学成分及含量详见表1-28。

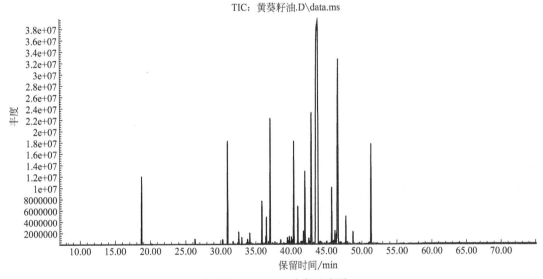

黄葵籽油 GC-MS 总离子流图

表 1-28　黄葵籽油化学成分含量表

序号	英文名称	中文名称	含量/(μg/g)	相对含量/%
1	limonene	柠檬烯	182.64	0.02
2	linalool	芳樟醇	198.87	0.02
3	acetic acid octyl ester	醋酸辛酯	242.41	0.02
4	ethyl 2-methylbutyrate	2-甲基丁酸乙酯	168.36	0.02
5	decanol	癸醇	1633.89	0.15
6	butanoic acid octyl ester	丁酸辛酯	1385.96	0.13
7	acetic acid decyl ester	乙酸癸酯	41103.27	3.73
8	octyl 2-methylbutyrate	2-甲基丁酸辛酯	842.85	0.08
9	neryl acetone	橙花基丙酮	578.54	0.05

续表

序号	英文名称	中文名称	含量/(μg/g)	相对含量/%
10	β-farnesene	β-金合欢烯	3926.69	0.36
11	decene	癸烯	2293.88	0.21
12	propanoic acid decyl ester	丙酸癸酯	3401.53	0.31
13	α-farnesene	α-金合欢烯	3689.46	0.33
14	β-bisabolene	β-没药烯	494.55	0.04
15	2-carene	2-蒈烯	464.97	0.04
16	α-bisabolene	α-没药烯	243.85	0.02
17	nerolidol	橙花叔醇	25624.28	2.33
18	hexanoic acid octyl ester	己酸辛酯	418.63	0.04
19	butanoic acid decyl ester	丁酸癸酯	2427.20	0.22
20	cyclodecene	环癸烯	8615.78	0.78
21	1, 3-bis (1-methylethyl)-1, 3-cyclo-pentadiene	1,3-双(1-甲基乙基)-1,3-环戊二烯	776.86	0.07
22	lauryl acetate	乙酸月桂酯	55406.46	5.03
23	2-butyl-bicyclo[2.2.1]heptane	2-丁基二环[2.2.1]庚烷	395.55	0.04
24	decyl 2-methylbutanoate	2-甲基丁酸癸酯	687.32	0.06
25	3-ethenyl-cyclooctene	3-乙烯基环辛烯	394.87	0.04
26	6-pentadecen-1-ol	6-十五碳烯-1-醇	2109.97	0.19
27	cyclotetradecane	环十四烷	372.03	0.03
28	cyclododecene	环十二烯	267.03	0.02
29	7-tetradecenol	7-十四烯醇	199.89	0.02
30	dihydromyrcene	二氢月桂烯	2371.80	0.22
31	β-myrcene	β-月桂烯	2200.90	0.20
32	farnesal	金合欢醛	1429.02	0.13
33	farnesyl alcohol	金合欢醇	47310.98	4.29
34	1,9-cyclohexadecadiene	1,9-环十六碳二烯	13373.39	1.21
35	1-pentyl-cyclopentene	1-戊基环戊烯	347.16	0.03
36	11,14-eicosadienoic acid methyl ester	11,14-二十碳二烯酸甲酯	958.63	0.09
37	7,11,15-trimethyl-3-methylene-hexa-deca-1,6,10,14-tetraene	7,11,15-三甲基-3-亚甲基-1,6,10,14-十六碳四烯	973.72	0.09
38	9,12-tetradecadien-1-ol acetate	9,12-十四烷二烯-1-醇乙酸酯	4895.49	0.44
39	5-tetradecen-1-ol acetate	5-十四碳烯-1-醇乙酸酯	28270.81	2.57
40	1-tetradecene	1-十四烯	4251.54	0.39
41	2, 6, 11, 15-tetramethyl-hexadeca-2, 6,8,10,14-pentaene	2,6,11,15-四甲基-2,6,8,10,14-十六碳五烯	1997.49	0.18
42	farnesyl acetate	金合欢醇乙酸酯	622305.26	56.48
43	11,13-tetradecadien-1-ol acetate	11,13-十四碳二烯-1-醇乙酸酯	992.62	0.09
44	geranylgeraniol	香叶基香叶醇	507.23	0.05

序号	英文名称	中文名称	含量/(μg/g)	相对含量/%
45	hexadecanoic acid methyl ester	棕榈酸甲酯	352.83	0.03
46	12-acetoxy-2,6,10-trimethyl-2,6,10-dodecatrien-1-ol	12-乙酰氧基-2,6,10-三甲基-2,6,10-十二碳三烯-1-醇	1303.09	0.12
47	10,11-dihydroxy-3,7,11-trimethyl-dodeca-2,6-acetic acid dienyl ester	3,7,11-三甲基-10,11-二羟基-2,6-十二碳二烯乙酸酯	3843.12	0.35
48	hexadecanolide	十六内酯	1746.03	0.16
49	2,6-dimethyl-4H-pyran-4-one	2,6-二甲基-4H-吡喃-4-酮	3136.47	0.28
50	oxacycloheptadec-8-en-2-one	氧代环十七碳-8-烯-2-酮	149905.36	13.60
51	bicyclo[10.1.0]tridec-1-ene	二环[10.1.0]十三碳-1-烯	291.60	0.03
52	1,13-tetradecadiene	1,13-十四碳二烯	1568.21	0.14
53	hexadecanoic acid ethyl ester	棕榈酸乙酯	332.63	0.03
54	1-methyl-2-(2,2-dimethyl-6-methylenecyclohexyl)-1-cyclobutanol	1-甲基-2-(2,2-二甲基-6-亚甲基环己基)-1-环丁醇	463.37	0.04
55	1,2-dimethyl cyclooctene	1,2-二甲基环辛烯	263.34	0.02
56	neryl acetate	乙酸橙花酯	3691.02	0.33
57	methyl linoleate	亚油酸甲酯	191.19	0.02
58	13-octadecenoic acid methyl ester	13-十八碳烯酸甲酯	312.56	0.03
59	petroselinic acid	岩芹酸	245.32	0.02
60	linoleic	亚油酸	42910.83	3.89
61	5,17-octadecadien-1-ol acetate	5,17-十八碳二烯-1-醇乙酸酯	569.33	0.05

1.29 小茴香油

【基本信息】

名称

中文名称：小茴香油

英文名称：fennel oil，*Foeniculum vulgare* oil，oil of fennel，bitter fenchel

管理状况

FEMA：2481

FDA：182.10

GB 2760—2014：N181

性状描述

无色或淡黄色液体。

感官特征

有茴香的特殊气味，味甜。

物理性质

相对密度 d_4^{20}：0.9610~0.9800
折射率 n_D^{20}：1.5280~1.5520
旋光度：+4°~+24°
溶解性：可以 1：3 的比例溶于 90% 乙醇中，澄清。

制备提取方法

由伞形科多年生草本植物小茴香或称怀香（*Foeniculum vulgare*）的成熟果实经干燥、磨碎后再经水蒸气蒸馏而得，得率约为 5.0%。

原料主要产地

国外主产于德国、西班牙、印度等地。我国主产于东北、内蒙古、山西、陕西、湖北、广西、四川等地。

作用描述

主要用于烈性酒、糖果等食品，也用于日用香精及药品。用于烟草制品中能起到改进吃味、掩盖烟草的粗杂辛辣的刺激性、改善口腔余味等作用。

【小茴香油主成分及含量】

取适量小茴香油进行气相色谱-质谱分析，记录谱图，按内标法以峰面积计算其含量。小茴香油中主要成分为：茴香脑（80.02%）、草蒿脑（6.96%）、芳樟醇（2.01%）、α-蒎烯（1.20%）、对茴香醛（0.89%）、α-水芹烯（0.70%）、柠檬烯（0.50%），所有化学成分及含量详见表 1-29。

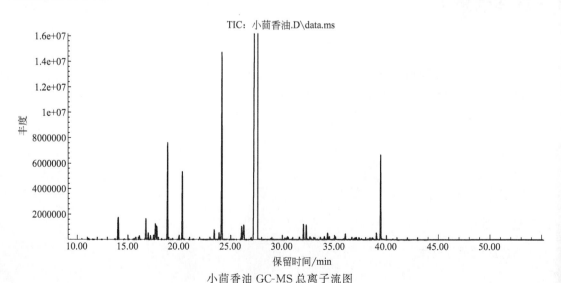

小茴香油 GC-MS 总离子流图

表 1-29　小茴香油化学成分含量表

序号	英文名称	中文名称	含量/(μg/g)	相对含量/%
1	furfural	2-糠醛	199.88	0.03
2	3-hexen-1-ol	3-己烯-1-醇	190.43	0.02
3	3-thujene	3-侧柏烯	236.72	0.03
4	α-pinene	α-蒎烯	9189.58	1.20
5	benzaldehyde	苯甲醛	142.52	0.02
6	phenol	苯酚	181.74	0.02
7	β-pinene	β-蒎烯	644.80	0.08
8	β-myrcene	β-月桂烯	791.85	0.10
9	α-phellandrene	α-水芹烯	5357.33	0.70
10	3-carene	3-蒈烯	1669.48	0.22
11	α-terpilene	α-松油烯	937.57	0.12
12	o-cymene	邻伞花烃	952.72	0.12
13	limonene	柠檬烯	3813.75	0.50
14	β-phellandrene	β-水芹烯	2937.57	0.38
15	eucalyptol	桉叶油醇	2783.62	0.36
16	β-ocimene	β-罗勒烯	173.99	0.02
17	4-carene	4-蒈烯	769.38	0.10
18	linalool	芳樟醇	15416.24	2.01
19	hotrienol	脱氢芳樟醇	127.79	0.02
20	allocymene	别罗勒烯	101.57	0.01
21	4-terpineneol	4-萜品醇	2188.05	0.28
22	α-terpineol	α-松油醇	1628.03	0.21
23	estragole	草蒿脑	53535.08	6.96
24	geraniol	香叶醇	203.79	0.03
25	p-anisaldehyde	对茴香醛	6813.12	0.89
26	α-methylcinnamaldehyde	α-甲基肉桂醛	544.80	0.07
27	anethole	茴香脑	615172.58	80.02
28	4-methoxy-benzoicacimethylester	4-甲氧基苯甲酸甲酯	357.97	0.05
29	N,N,N′,N′-tetramethyl-1,3-benzene-diamine	N，N，N′，N′-四甲-1，3-苯二胺	305.23	0.04
30	α-copaene	α-可巴烯	613.22	0.08
31	p-anisylactone	对甲氧基苯基丙酮	493.63	0.06
32	β-elemen	β-榄香烯	151.20	0.02
33	caryophyllene	石竹烯	3485.61	0.45
34	α-bergamotene	α-佛手柑油烯	3630.37	0.47
35	acetic acid cinnamyl ester	乙酸桂酯	110.03	0.01
36	aromandendrene	香橙烯	624.99	0.08

续表

序号	英文名称	中文名称	含量/(μg/g)	相对含量/%
37	β-farnesene	β-金合欢烯	717.28	0.09
38	α-humulene	α-葎草烯	390.47	0.05
39	isoeugenenyl methyl ether	异丁香酚甲醚	646.44	0.08
40	alloaromadendrene	香树烯	2165.92	0.28
41	β-bisabolene	β-没药烯	601.85	0.08
42	α-muurolene	α-依兰油烯	132.53	0.02
43	δ-cadinene	δ-杜松烯	742.81	0.10
44	α-elemol	α-榄香醇	149.68	0.02
45	nerolidol	橙花叔醇	1219.14	0.16
46	chavicol	胡椒酚	910.31	0.12
47	globulol	蓝桉醇	586.87	0.08
48	viridiflorol	绿花白千层醇	508.82	0.07
49	（3aα,7aβ）-1-Ethylideneoctahydro-7a-methyl-1H-indene	（3aα,7aβ）-1-亚乙基八氢-7a-甲基-1H-茚	124.60	0.02
50	1,2,3,4,4a,7-hexahydro-1,6-dimethyl-4-(1-methylethyl)-naphthalene	1,2,3,4,4a,7-六氢-1,6-二甲基-4-(1-甲基乙基)-萘	161.48	0.02
51	γ-eudesmol	γ-桉叶醇	442.07	0.06
52	α-cadinol	α-荜澄茄醇	2277.86	0.30
53	1-(3-methyl-2-but-enoxy)-4-(1-propenyl)benzene	1-(3-甲基-2-丁基-烯氧基)-4-(1-丙烯基)苯	20115.80	2.62
54	vitamin E	维生素 E	450.95	0.06

1.30　姜油

【基本信息】

➡ 名称

中文名称：姜油，生姜油
英文名称：ginger oil

➡ 管理状况

FEMA：2522
FDA：182.10
GB 2760—2014：N075

➡ 性状描述

淡黄至黄色液体。

> **感官特征**

有特殊的气味和辛辣的滋味，具生姜特征香气。

> **物理性质**

相对密度 d_4^{20}：$0.8770 \sim 0.8880$

折射率 n_D^{20}：$1.4880 \sim 1.4940$

旋光度：$-28° \sim 45°$

溶解性：几乎不溶于水，不溶于甘油和丙二醇，在乙醇中常有浑浊出现。

> **制备提取方法**

采用地下肉质茎粉碎，用水蒸气蒸馏的方法可得姜油，得油率为 0.3％左右。

> **原料主要产地**

国外主要产于印度、牙买加等地。我国的广东、广西、四川、贵州、湖南、湖北等地均有种植。

> **作用描述**

姜油可作为食品、肉类的调料，同时在饮料、糖果、烘烤食品中均被广泛应用。姜油具有去痰、止咳、止呕、消炎镇痛等医药功效。姜油应用于卷烟后对丰富烟香、掩盖杂气、突显卷烟的特色风格具有较好的效果。

【姜油主成分及含量】

取适量姜油进行气相色谱-质谱分析，记录谱图，按内标法以峰面积计算其含量。姜油中主要成分为：姜烯（22.47％）、α-姜黄烯（10.61％）、β-倍半水芹烯（10.41％）、β-红没药烯（9.53％）、莰烯（7.87％）、β-侧柏烯（7.72％）、α-金合欢烯（6.64％）、α-蒎烯（2.80％），所有化学成分及含量详见表 1-30。

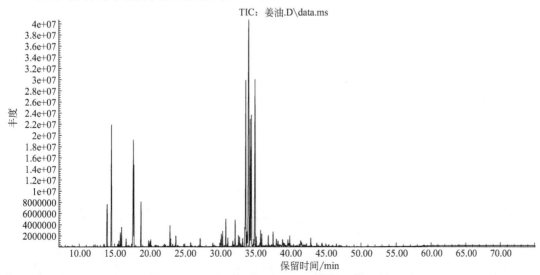

姜油 GC-MS 总离子流图

表 1-30　姜油化学成分含量表

序号	英文名称	中文名称	含量/(μg/g)	相对含量/%
1	2-heptanone	2-庚酮	1030.91	0.07
2	2-heptanol	2-庚醇	520.01	0.04
3	tricyclene	三环烯	2252.42	0.16
4	α-pinene	α-蒎烯	39409.14	2.80
5	camphene	莰烯	110855.89	7.87
6	β-pinene	β-蒎烯	4143.54	0.29
7	sulcatone	6-甲基-5-庚烯-2-酮	6649.17	0.47
8	β-myrcene	β-月桂烯	11413.84	0.81
9	α-phellandrene	α-水芹烯	4949.77	0.35
10	3-carene	3-蒈烯	626.52	0.04
11	m-cymene	间伞花烃	2708.85	0.19
12	β-thujene	β-侧柏烯	108788.38	7.72
13	eucalyptol	桉树脑	38735.21	2.75
14	4-carene	4-蒈烯	3699.06	0.26
15	cuminyl alcohol	枯醇	2496.77	0.18
16	linalool	芳樟醇	4310.47	0.31
17	perillen	紫苏烯	545.79	0.04
18	isobornyl methyl ether	异龙脑基甲醚	675.04	0.05
19	2-pinanol	2-蒎醇	617.91	0.04
20	camphor	樟脑	1632.82	0.12
21	2,3-epoxydecane	2,3-环氧癸烷	812.67	0.06
22	borneol	龙脑	11410.20	0.81
23	2-methyl-3-methylene-methyl ester cyclopentanecarboxylic acid	2-甲基-3-亚甲基环戊烷甲酸甲酯	4204.46	0.30
24	4-terpinenol	4-萜烯醇	1345.17	0.10
25	2-ethenyl-2-butenal	2-乙烯基-2-丁烯醛	652.33	0.05
26	α-terpineol	α-松油醇	5717.35	0.41
27	β-citronellol	β-香茅醇	1505.87	0.11
28	geraniol	香叶醇	2374.25	0.17
29	2-undecanone	2-十一酮	5260.73	0.37
30	δ-elemene	δ-榄香烯	1782.97	0.13
31	2-butyl-2-octenal	2-丁基-2-辛烯醛	1747.29	0.12
32	cyclosativene	环苜蓿烯	4040.73	0.29
33	geranyl acetate	乙酸香叶酯	6710.81	0.48
34	α-copaene	α-可巴烯	8011.54	0.57
35	β-elemene	β-榄香烯	15132.88	1.07
36	β-ylangene	β-依兰烯	3045.69	0.22

序号	英文名称	中文名称	含量/(μg/g)	相对含量/%
37	caryophyllene	石竹烯	1191.89	0.08
38	γ-elemene	γ-榄香烯	14851.59	1.05
39	β-farnesene	β-金合欢烯	14487.82	1.03
40	γ-cadinene	γ-杜松烯	1755.56	0.12
41	alloaromadendrene	香树烯	4633.82	0.33
42	β-curcumene	β-姜黄烯	14045.75	1.00
43	α-curcumene	α-姜黄烯	149511.95	10.61
44	α-cubebene	α-荜澄茄油烯	9224.80	0.65
45	zingiberene	姜烯	316631.97	22.47
46	α-farnesene	α-金合欢烯	93587.71	6.64
47	β-bisabolene	β-红没药烯	134286.16	9.53
48	bicyclosesquiphellandrene	双环倍半水芹烯	4284.95	0.30
49	β-sesquiphellandrene	β-倍半水芹烯	146739.13	10.41
50	4-hydroxymethyl-3(7)-carene	4-羟甲基-3(7)-蒈烯	5226.55	0.37
51	calamenene	菖蒲烯	2207.75	0.16
52	nerolidol	橙花叔醇	7004.19	0.50
53	7,10,13,16-docosa-tetraenoic acid methyl ester	7,10,13,16-二十二碳四烯酸甲酯	931.54	0.07
54	α-guaiene	α-愈创木烯	1638.65	0.12
55	farnesol	金合欢醇	8021.27	0.57
56	α-bisabolol	α-没药醇	5612.56	0.40
57	calarene	白菖烯	1505.08	0.11
58	α-patchoulene	α-绿叶烯	3999.85	0.28
59	β-eudesmol	β-桉叶醇	4286.28	0.30
60	1,3,3-trimethyl-2-hydroxymethyl-3,3-dimethyl-4-(3-methyl-but-2-enyl)-cyclohexene	1,3,3-三甲基-2-羟甲基-3,3-二甲基-4-(3-甲基-丁-2-烯基)-环己烯	2960.95	0.21
61	germacrene B	大根香叶烯 B	710.12	0.05
62	β-bisabolol	β-没药醇	2017.58	0.14
63	2-methyl-5-(1-methyl ethenyl)-2-cyclohexen-1-ol	2-甲基-5-(1-甲基乙烯基)-2-环己烯-1-醇	4484.85	0.32
64	4-(1,5-dimethylhex-4-enyl) cyclohex-2-enone	4-(1,5-二甲基己-4-烯基)环己-2-烯酮	2012.58	0.14
65	1-formyl-2,2,6-trimethyl-3-(3-methyl-but-2-enyl)-5-cyclohexene	1-甲酰基-2,2,6-三甲基-3-(3-甲基-丁-2-烯基)-5-环己烯	6717.35	0.48
66	3,5-dimethyl-4-allylpyrazole	3,5-二甲基-4-烯丙基吡唑	1478.70	0.10
67	2,4,6-trimethyl-1,3,5-triazine	2,4,6-三甲基-1,3,5-三嗪	3718.22	0.26

序号	英文名称	中文名称	含量/(μg/g)	相对含量/%
68	caryophyllene oxide	氧化石竹烯	1287.98	0.09
69	myrcenyl acetate	月桂烯乙酸酯	3012.22	0.21
70	dihydrocarveol	二氢香芹醇	1295.16	0.09
71	2,5,5-trimethyl-1,6-heptadiene	2,5,5-三甲基-1,6-庚二烯	1419.16	0.10
72	β-ionon	β-紫罗兰酮	1357.77	0.10
73	2,6-dimethyl-2,6-octadiene	2,6-二甲基-2,6-辛二烯	5573.16	0.40
74	dodeceny succinicanhydride	十二烯基丁二酸酐	2189.46	0.16
75	2-methyl-3-methylene cyclopentane carboxaldehyde	2-甲基-3-亚甲基环戊烷甲醛	1291.64	0.09
76	p-cymene	对伞花烃	1414.45	0.10
77	N-benzylformamide	N-苄基甲酰胺	505.87	0.04

1.31　椒样薄荷油

【基本信息】

➡ 名称

中文名称：椒样薄荷油，椒薄荷油

英文名称：peppermint oil，*Mentha piperita* oil

➡ 管理状况

FEMA：2848

FDA：182.10，182.20

GB 2760—2014：N137

➡ 性状描述

无色或苍黄色液体。

➡ 感官特征

有新鲜、强烈而微带青草气息的薄荷香气，底韵有膏香甜香，凉气能贯穿始终。

➡ 物理性质

相对密度 d_4^{20}：0.8960～0.9080

折射率 n_D^{20}：1.4590～1.4650

旋光度：$-32°～-18°$

含酯量：≥5.0%

总醇量：≥50%

溶解性：微溶于水，溶于乙醇、乙醚、氯仿和各种脂肪油中。

▶ 制备提取方法

椒样薄荷精油是从将要开花前收割的地上整株椒样薄荷中提取的。采用水蒸气蒸馏法提取，以新鲜或部分晒干的椒样薄荷作原料，得率在 0.1%～1.0%。

▶ 原料主要产地

主要产于美国、英国、法国、意大利和保加利亚等国，我国陕西、新疆、广西、安徽也有少量栽培。

▶ 作用描述

用于配置水溶性薄荷香精及油溶性薄荷香精。主要用于牙膏、口腔清洁剂、空气清新剂等日用香精中，也广泛用于食用、烟用、酒用香精中。作为烟用香精具有浓烈清凉气息，透发性好，穿透力强，凉爽宜人，具有柔和烟气、细腻口感、改善余味的作用。

【椒样薄荷油主成分及含量】

取适量椒样薄荷油进行气相色谱-质谱分析，记录谱图，按内标法以峰面积计算其含量。椒样薄荷油中主要成分为：薄荷醇（50.98%）、薄荷酮（19.13%）、桉树脑（7.95%）、乙酸薄荷酯（7.83%）、柠檬烯（2.64%）、异胡薄荷醇（1.74%），所有化学成分及含量详见表 1-31。

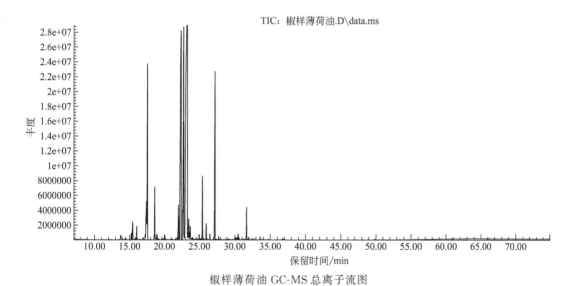

椒样薄荷油 GC-MS 总离子流图

表 1-31　椒样薄荷油化学成分含量表

序号	英文名称	中文名称	含量/(μg/g)	相对含量/%
1	α-pinene	α-蒎烯	3946.65	0.30
2	3-methyl cyclohexanone	3-甲基环己酮	1168.17	0.09
3	sabinen	桧烯	3712.45	0.28
4	β-pinene	β-蒎烯	11672.96	0.88

序号	英文名称	中文名称	含量/(μg/g)	相对含量/%
5	β-myrcene	β-月桂烯	1200.53	0.09
6	3-octanol	3-辛醇	5884.08	0.44
7	α-terpinene	α-萜品烯	838.58	0.06
8	p-cymene	对伞花烃	3013.83	0.23
9	limonene	柠檬烯	34995.60	2.64
10	eucalyptol	桉树脑	105254.74	7.95
11	γ-terpinene	γ-萜品烯	1316.68	0.10
12	1-octanol	1-辛醇	3778.94	0.29
13	linalool oxide(furanoid)	呋喃型芳樟醇氧化物	1069.78	0.08
14	2-carene	2-蒈烯	908.23	0.07
15	linalool	芳樟醇	2253.90	0.17
16	p-mentha-2,8-dienol	对薄荷-2,8-二烯醇	363.08	0.03
17	1-methyl-4-(1-methylethenyl)-2-cyclohexen-1-ol	1-甲基-4-(1-甲基乙烯基)-2-环己烯-1-醇	585.13	0.04
18	acetate-4-methylene-1-(1-methylethyl)-bicyclo[3.1.0]hexan-3-ol	4-亚甲基-1-(1-甲基乙基)乙酸-二环[3.1.0]己-3-酯	1076.63	0.08
19	isopulegol	异胡薄荷醇	23060.07	1.74
20	cyclopropanecarboxylic acid 2-(2-methyl-1-propenyl)-methyl ester	2-(2-甲基-1-丙烯基)环丙烷羧酸甲酯	564.20	0.04
21	menthone	薄荷酮	253101.54	19.13
22	menthofuran	薄荷呋喃	11348.61	0.86
23	menthol	薄荷醇	674635.60	50.98
24	isomenthol	异薄荷醇	2941.61	0.22
25	α-terpineol	α-松油醇	5142.34	0.39
26	N-acetyl-D-alloisoleucine	N-乙酰基-D-别异亮氨酸	863.47	0.07
27	valeric acid 3-hexenyl ester	3-己烯戊酸酯	2078.42	0.16
28	3,7,7-trimethyl-bicyclo[4.1.0]heptane	3,3,7-三甲基-二环[4.1.0]庚烷	406.13	0.03
29	5-methyl-2-(1-methylethylidene)-cyclohexanone	5-甲基-2-(1-甲基亚乙基)环己酮	28107.49	2.12
30	carvone	香芹酮	641.93	0.05
31	3-methyl-6-(1-methylethyl)-2-cyclohexen-1-one	3-甲基-6-(1-甲基乙基)-2-环己烯-1-酮	7204.45	0.54
32	5-methyl-2-(1-methylethyl)-cyclohexanol acetate	5-甲基-2-(1-甲基乙基)-乙酸-环己酯	1957.67	0.15
33	menthyl acetate	乙酸薄荷酯	103614.38	7.83
34	4-methyl-1-(1-methylethyl)-cyclohexene	4-甲基-1-(1-甲基乙基)-环己烯	1179.27	0.09

序号	英文名称	中文名称	含量/(μg/g)	相对含量/%
35	1, 5, 5-trimethyl-6-methylene-cyclo-hexene	1,5,5-三甲基-6-亚甲基环己烯	618.00	0.05
36	copaene	可巴烯	1564.38	0.12
37	1,2-dimethylbutyl-cyclohexane	1,2-二甲基丁基-环己烷	1052.97	0.08
38	2,4-octadienal	2,4-辛二烯醛	862.79	0.07
39	β-bourbonene	β-波旁烯	1878.78	0.14
40	β-elemene	β-榄香烯	699.10	0.05
41	β-ylangene	β-依兰烯	1064.49	0.08
42	caryophyllene	石竹烯	11359.33	0.86
43	3-dodecyne	3-十二炔	538.20	0.04
44	β-farnesene	β-金合欢烯	713.87	0.05
45	humulene	葎草烯	674.79	0.05
46	1-ethenyl-1-methyl-2-(1-methylethenyl)-4-(1-methylethylidene)-cyclohexane	1-乙烯基-1-甲基-2-(1-甲基乙烯基)-4-(1-甲基亚乙基)-环己烷	386.05	0.03
47	caryophyllene oxide	石竹烯氧化物	731.64	0.06
48	1-methyl-4-azafluorenone	1-甲基-4-氮代芴酮	359.68	0.03
49	vitamin E	维生素 E	899.70	0.07

1.32　卡藜油

【基本信息】

名称

中文名称：卡藜油，香苦木油

英文名称：cascarilla bark oil，cascarilla oil

管理状况

FEMA：1994

FDA：182.20

性状描述

常温下为黄色至绿黄色液体。

感官特征

具有舒适枯木辛香香气，有似肉豆蔻、小豆蔻、丁香、桂皮、胡椒的混合辛香以及海索草、百里香和桉叶油的气息。头香并不太愉快，但扩散力强，香味浓，口味有些苦焦，香味辛香。

物理性质

相对密度 d_4^{20}：0.8920~0.9140
折射率 n_D^{20}：1.4880~1.4940
旋光度：$-1°~+8°$
皂化值：8~20
酸值：3~10
溶解性：溶于大多数非挥发性油、矿物油、乙醇中，几乎不溶于甘油和丙二醇。

制备提取方法

由大戟科常绿灌木巴豆树（*Croton cascarilla*）的干树皮经水蒸气蒸馏而得，得率为
1%~3%。

原料主要产地

主要产于西印度群岛、美国和古巴等地。

作用描述

主要用于食品用香料，也广泛用于烟用、饮料香精中。作为烟用香精具有修饰烟香、增
浓香气、改善吸味等作用。

【卡藜油主成分及含量】

取适量卡藜油进行气相色谱-质谱分析，记录谱图，按内标法以峰面积计算其含量。卡
藜油中主要成分为：δ-芹子烯（8.76%）、对伞花烃（8.42%）、α-蒎烯（7.60%）、β-月桂
烯（4.49%）、石竹烯（4.22%）、α-可巴烯（3.73%）、3-侧柏烯（3.72%）、β-蒎烯
（3.21%），所有化学成分及含量详见表1-32。

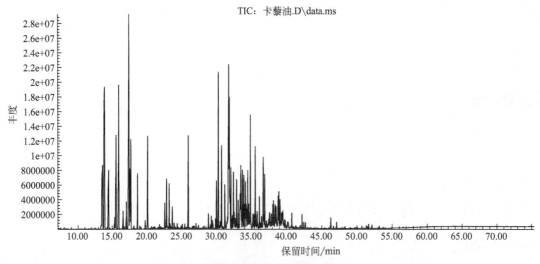

卡藜油 GC-MS 总离子流图

表 1-32 卡藜油化学成分含量表

序号	英文名称	中文名称	含量/(μg/g)	相对含量/%
1	3-thujene	3-侧柏烯	41844.40	3.72
2	α-pinene	α-蒎烯	85463.03	7.60
3	camphene	莰烯	27132.87	2.41
4	2-thujene	2-侧柏烯	3833.39	0.34
5	β-pinene	β-蒎烯	36050.27	3.21
6	β-myrcene	β-月桂烯	50475.22	4.49
7	α-phellandrene	α-水芹烯	4502.98	0.40
8	2-carene	2-蒈烯	7151.18	0.64
9	p-cymene	对伞花烃	94731.02	8.42
10	limonene	柠檬烯	22103.42	1.97
11	eucalyptol	桉树脑	17251.97	1.53
12	γ-terpinene	γ-松油烯	12032.25	1.07
13	terpinolene	异松油烯	2310.32	0.21
14	linalool	芳樟醇	26723.29	2.38
15	pinocarveol	松香芹醇	927.90	0.08
16	8,10-dodecadien-1-ol acetate	8,10-十二碳-1-醇乙酸酯	6293.79	0.56
17	borneol	龙脑	14355.51	1.28
18	terpinen-4-ol	4-萜烯醇	10153.07	0.90
19	2-ethenyl-6-methyl-5-hepten-1-ol	2-乙烯基-6-甲基-5-庚烯-1-醇	1783.44	0.16
20	α-terpineol	α-松油醇	5211.36	0.46
21	myrtenol	桃金娘烯醇	2013.61	0.18
22	1,4-dimethyl-4-acetyl-1-cyclohexene	1,4-二甲基-4-乙酰基-1-环己烯	1466.09	0.13
23	thymol methyl ether	麝香草酚甲醚	1081.37	0.10
24	1-methoxy-4-methyl-2-(1-methylethyl)-benzene	1-甲氧基-4-甲基-2-异丙基-苯	1033.78	0.09
25	thymol	百里香酚	1160.22	0.10
26	carvacrol	香芹酚	829.99	0.07
27	γ-pyronene	γ-吡喃酮烯	3429.18	0.30
28	4-carene	4-蒈烯	912.43	0.08
29	α-cubebene	α-荜澄茄油烯	2712.46	0.24
30	eugenol	丁香酚	1722.38	0.15
31	1,9-dodecadiene	1,9-十二碳二烯	2215.04	0.20
32	cyclosativene	环苜蓿烯	16134.82	1.43
33	α-copaene	α-可巴烯	41961.96	3.73
34	α-farnesene	α-金合欢烯	8700.71	0.78
35	β-elemene	β-榄香烯	20912.86	1.86
36	cyperene	莎草烯	11468.46	1.02

序号	英文名称	中文名称	含量/(μg/g)	相对含量/%
37	δ-selinene	δ-芹子烯	98474.70	8.76
38	caryophyllene	石竹烯	47484.04	4.22
39	germacrene D	大根香叶烯 D	13022.18	1.16
40	thujopsene	罗汉柏烯	2111.50	0.19
41	β-farnesene	β-金合欢烯	8103.38	0.72
42	nerylacetone	橙花基丙酮	13452.55	1.20
43	humulene	葎草烯	13472.18	1.20
44	alloaromadendrene	香树烯	6536.30	0.58
45	α-longipinene	α-长叶蒎烯	14863.97	1.32
46	γ-muurolene	γ-依兰油烯	28496.36	2.53
47	β-copaene	β-可巴烯	24665.55	2.20
48	eremophilene	雅榄蓝烯	7012.33	0.62
49	α-muurolene	α-依兰油烯	20358.14	1.81
50	β-bisabolene	β-甜没药烯	11833.22	1.05
51	cuparene	花侧柏烯	13646.07	1.21
52	δ-cadinene	δ-杜松烯	31477.01	2.80
53	calamenene	去氢白菖烯	4582.41	0.41
54	4a,5,6,7,8,8a-hexahydro-8a-methyl-2(1H)-naphthalenone	4a,5,6,7,8,8a-六氢基-8a-甲基-2(1H)-萘酮	3932.10	0.35
55	α-calacorene	α-二去氢菖蒲烯	19508.59	1.73
56	nerolidol	橙花叔醇	4095.89	0.36
57	1,1,5-trimethyl-1,2-dihydronaphthalene	1,1,5-三甲基-1,2-二羟基萘	7028.70	0.63
58	1,1,2,2,3,3-hexamethylindane	1,1,2,2,3,3-六甲基二氢化茚	1834.22	0.16
59	2,6-dimethyl-3,5,7-octatriene-2-ol	2,6-二甲基-3,5,7-辛三烯-2-醇	3816.99	0.34
60	espatulenol	斯巴醇	20229.69	1.80
61	(1,3-dimethyl-2-methylene-cyclopentyl)-methanol	(1,3-二甲基-2-亚甲基-环戊基)-甲醇	2911.45	0.26
62	caryophyllene oxide	氧化石竹烯	13142.72	1.17
63	γ-gurjunene	γ-古芸烯	3113.35	0.28
64	ledol	杜香醇	1143.68	0.10
65	aromadendrene	香橙烯	2979.28	0.26
66	3,4-dimethyl-3-cyclohexen-1-carboxaldehyde	3,4-二甲基-3-环己烯-1-甲醛	7619.25	0.68
67	selina-6-en-4-ol	6-芹子烯-4-醇	4725.12	0.42
68	isoaromadendrene epoxide	异香橙烯环氧化物	6230.94	0.55
69	longipinocarveol	长叶松香芹醇	8496.08	0.76
70	2-isopropyl-5-methyl-9-methylene-bicyclo[4.4.0]dec-1-ene	2-异丙基-5-甲基-9-亚甲基二环[4.4.0]癸-1-烯	11252.33	1.00

序号	英文名称	中文名称	含量/(μg/g)	相对含量/%
71	α-cadinol	α-荜澄茄醇	10568.95	0.94
72	globulol	蓝桉醇	9926.38	0.88
73	mayurone	麦由酮	9184.86	0.82
74	cadalene	卡达烯	3149.99	0.28
75	artemisia triene	黏蒿三烯	6655.34	0.59
76	α-bergamotene	α-佛手柑油烯	2698.69	0.24
77	5-(4-methylphenyl) cyclohexane-1,3-dione	5-(4-甲基苯基)-1,3-环己二酮	3486.50	0.31
78	2-methyl-5-(1,2,2-trimethylcyclopentyl)-phenol	2-甲基-5-(1,2,2-三甲基环戊基)-苯酚	3108.96	0.28
79	α-santalol	α-檀香醇	1352.76	0.12
80	2,6,11,15-tetramethyl-hexadeca-2,6,8,10,14-pentaene	2,6,11,15-四甲基-2,6,8,10,14-十六碳五烯	2959.14	0.26
81	7,11,15-trimethyl-3-methylene-hexadeca-1,6,10,14-tetraene	7,11,15-三甲基-3-亚甲基-1,6,10,14-十六碳四烯	1584.43	0.14

1.33　枯茗油

【基本信息】

名称

中文名称：枯茗油，姬茴香油，孜然油，枯茗籽油，孜然籽油

英文名称：cumin oil，cumin seed oil

管理状况

FEMA：2340

FDA：182.10，182.20

GB 2760—2014：N259

性状描述

无色或淡黄至褐色挥发性精油。

感官特征

具有强烈和几分不舒适的枯茗的特有辛香，味道辛辣，穿透力很强。

物理性质

相对密度 d_4^{20}：0.9050～0.9250

折射率 n_D^{20}：1.5000～1.5060

溶解性：几乎不溶于水，溶于矿物油，易溶于乙醇、乙醚，极易溶于甘油和丙二醇。

➡ 制备提取方法

由伞形科植物枯茗的成熟果实经干燥破碎后再经水蒸气蒸馏而得，得率为 2.4%～3.6%。

➡ 原料主要产地

主要产于中东和近东地区、中国、摩洛哥、马耳他等地。

➡ 作用描述

多用于肉类制品的调味，用于调配酒类、腌制品、果酱、干酪、汤类、蛋糕、面包等。可作为海鲜及沙拉的配料，增加口感。印度著名咖喱粉的主要原料。我国新疆著名的烤羊肉的香料。

【枯茗油主成分及含量】

取适量枯茗油进行气相色谱-质谱分析，记录谱图，按内标法以峰面积计算其含量。枯茗油中主要成分为：枯茗醛（35.93%）、γ-松油烯（19.37%）、β-蒎烯（17.60%）、对伞花烃（8.33%）、4-正丙基苯甲醛二乙酯（7.19%）、1,3,5-十一碳三烯（2.52%）、柠檬烯（2.09%），所有化学成分及含量详见表 1-33。

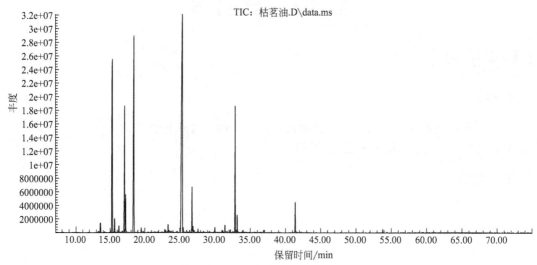

枯茗油 GC-MS 总离子流图

表 1-33　枯茗油化学成分含量表

序号	英文名称	中文名称	含量/(μg/g)	相对含量/%
1	3-thujene	3-侧柏烯	1690.77	0.11
2	α-pinene	α-蒎烯	13014.83	0.88
3	camphene	莰烯	884.84	0.06
4	β-phellandrene	β-水芹烯	1161.77	0.08
5	β-pinene	β-蒎烯	260841.12	17.60
6	β-myrcene	β-月桂烯	11357.07	0.77

续表

序号	英文名称	中文名称	含量/(μg/g)	相对含量/%
7	α-phellandrene	α-水芹烯	5638.89	0.38
8	α-terpinolene	α-异松油烯	1225.23	0.08
9	p-cymene	对伞花烃	123390.83	8.33
10	limonene	柠檬烯	31003.27	2.09
11	eucalyptol	桉树脑	615.88	0.04
12	γ-terpinene	γ-松油烯	287008.23	19.37
13	dihydro paracymene	二氢对伞花烃	4165.10	0.28
14	linalool	芳樟醇	887.54	0.06
15	fenchol	葑醇	362.91	0.02
16	cyclooctane	环辛烷	262.19	0.02
17	1,3,8-p-menthatriene	1,3,8-对-孟三烯	433.98	0.03
18	bicyclo[2.2.0]hexane-1-carboxaldehyde	二环[2.2.0]己烷-1-甲醛	513.02	0.03
19	1-(1,4-dimethyl-3-cyclohexen-1-yl)-ethanone	1-(1,4-二甲基-3-环己烯-1-基)乙酮	474.14	0.03
20	terpinen-4-ol	4-松油醇	2143.45	0.14
21	p-cymene-8-ol	对伞花烃-8-醇	1039.91	0.07
22	α-terpineol	α-松油醇	5822.38	0.39
23	5-methyl-2-(1-methylethenyl)-cyclohexanone	5-甲基-2-(1-甲基乙烯基)-环己酮	1560.22	0.11
24	2,6-dimethyl-2,4,6-octatriene	2,6-二甲基-2,4,6-辛三烯	1709.77	0.12
25	tricyclo[4.4.0.0(2,8)]dec-4-ene	三环[4.4.0.0(2,8)]癸-4-烯	1314.85	0.09
26	2-isopropylbenzaldehyde	2-异丙基苯甲醛	732.33	0.05
27	2-methyl-3-phenyl-propanal	2-甲基-3-苯基丙醛	442.75	0.03
28	4-isopropylphenol	4-异丙基苯酚	792.95	0.05
29	cuminaldehyde	枯茗醛	532444.20	35.93
30	2-methylene-5-(1-methylethyl)-cyclohexanone	2-亚甲基-5-(1-甲基乙基)-环己酮	3109.17	0.21
31	4-(1-methylethyl)-1-cyclohexene-1-carboxaldehyde	4-(1-甲基乙基)-1-环己烯-1-甲醛	1712.44	0.12
32	1,3,5-undecatriene	1,3,5-十一碳三烯	37304.88	2.52
33	2,2-dimethyl-1-phenyl-1-propanol	2,2-二甲基-1-苯基-1-丙醇	4559.74	0.31
34	4-hydroxy-3-methylacetophenone	3-甲基-4-羟基苯乙酮	1396.75	0.09
35	1-(1-hydroxyethyl)-4-isobutyl-benzene	1-(1-羟乙基)-4-异丁基苯	617.02	0.04
36	calarene	白菖烯	3240.17	0.22
37	cuminic acid	枯茗酸	2478.64	0.17
38	caryophyllene	石竹烯	4780.67	0.32
39	2-ethyl-1,4-dimethyl-benzene	2-乙基-1,4-二甲苯	513.96	0.03

续表

序号	英文名称	中文名称	含量/(μg/g)	相对含量/%
40	2，6-dimethyl-6-(4-methyl-3-pentenyl)-bicyclo[3.1.1]hept-2-ene	2，6-二甲基-6-(4-甲基-3-戊烯基)-双环[3.1.1]庚-2-烯	841.36	0.06
41	β-famesene	β-金合欢烯	2169.21	0.15
42	humulene	葎草烯	724.86	0.05
43	2-isopropyl-5-methyl-9-methylene-bicyclo[4.4.0]dec-1-ene	2-异丙基-5-甲基-9-亚甲基二环[4.4.0]癸-1-烯	297.22	0.02
44	4-propylbenzaldehyde diethyl acetal	4-正丙基苯甲醛二乙酯	106565.71	7.19
45	β-cedrene	β-柏木烯	564.21	0.04
46	1，4，4-trimethyltricyclo[6.3.1.0(2，5)]dodec-8(9)-ene	1，4，4-三甲基三环[6.3.1.0(2，5)]十二碳-8(9)-烯	12918.52	0.87
47	dehydro-aromadendrene	脱氢香橙烯	596.77	0.04
48	cedarene	雪松烯	1341.74	0.09
49	carotol	胡萝卜次醇	1384.96	0.09
50	2-(1-phenylethylidene)-hydrazinecarboxamide	2-(1-苯基亚乙基)-肼甲酰胺	1886.93	0.13

1.34　苦橙油

【基本信息】

▶ 名称

中文名称：苦橙油
英文名称：bitter orange oil

▶ 管理状况

FEMA：2823
FDA：182.20
GB 2760—2014：N255

▶ 性状描述

苍黄色至黄棕色液体，对强酸、强碱不稳定。

▶ 感官特征

气味似橘香，具有略苦的花香气味并略带甜、涩味。

▶ 物理性质

相对密度 d_4^{20}：0.8450～0.8510
折射率 n_D^{20}：1.4720～1.4760

旋光度：＋88°～＋98°

溶解性：易溶于水和乙醇，可溶于非挥发性油和矿物油，微溶于丙二醇，不溶于甘油。

制备提取方法

由芳香科植物苦橙（*Citrus aurantium* L. subspecies *amara* L.）的果皮经冷榨得到。

原料主要产地

主产于西印度群岛、意大利和巴西。

作用描述

主要用于配制杏、桃、梨、苹果、香蕉、菠萝、酒、酒花、姜和蜜糖等食用型香精，也用于配制香水、古龙水等高档日用品香精。作为烟用香精具有丰富烟香、改善余味的作用。

【苦橙油主成分及含量】

取适量苦橙油进行气相色谱-质谱分析，记录谱图，按内标法以峰面积计算其含量。苦橙油中主要成分为：柠檬烯（90.32%）、*β*-月桂烯（3.55%）、*α*-蒎烯（1.03%），所有化学成分及含量详见表 1-34。

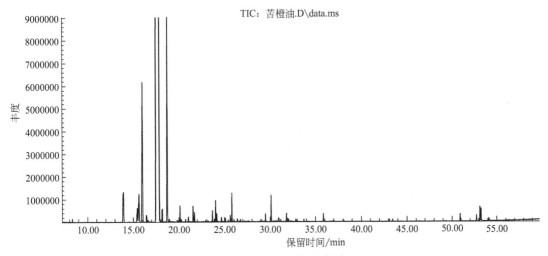

苦橙油 GC-MS 总离子流图

表 1-34　苦橙油化学成分含量表

序号	英文名称	中文名称	含量/(μg/g)	相对含量/%
1	*α*-pinene	*α*-蒎烯	7073.06	1.03
2	*β*-thujene	*β*-侧柏烯	2307.37	0.34
3	*β*-pinene	*β*-蒎烯	5391.78	0.79
4	*β*-myrcene	*β*-月桂烯	24339.19	3.55
5	octanal	辛醛	969.58	0.14
6	*α*-phellandrene	*α*-水芹烯	333.63	0.05
7	limonene	柠檬烯	618587.99	90.32

序号	英文名称	中文名称	含量/(μg/g)	相对含量/%
8	β-ocimene	β-罗勒烯	1145.88	0.17
9	octanol	辛醇	217.20	0.03
10	2-carene	2-蒈烯	305.09	0.04
11	linalool	芳樟醇	1405.29	0.21
12	nonanal	壬醛	272.42	0.04
13	β-famesene	β-金合欢烯	412.79	0.06
14	p-mentha-2,8-dienol	对薄荷基-2,8-二烯醇	454.50	0.07
15	limonene oxide	柠檬烯氧化物	2615.58	0.38
16	4-decen-6-yne	4-癸烯-6-炔	108.09	0.02
17	2,3-dihydro-3-methyl-furan	2,3-二氢-3-甲基呋喃	159.75	0.02
18	α-terpineol	α-松油醇	1038.56	0.15
19	5,5-dimethyl-1,3-cyclopentadiene	5,5-二甲基-1,3-环戊二烯	242.74	0.04
20	decanal	癸醛	1972.66	0.29
21	acetic acid octyl ester	乙酸辛酯	665.53	0.10
22	2-methyl-5-(1-methylethenyl)-2-cyclohexen-1-ol	2-甲基-5-(1-甲基乙烯基)-2-环己烯-1-醇	465.66	0.07
23	carveol	香芹醇	547.63	0.08
24	citral	柠檬醛	579.17	0.08
25	carvone	香芹酮	578.21	0.08
26	3,7-dimethylocta-1,6-dien-3-yl-2-amino benzoate	2-氨基苯甲酸-3,7-二甲基-1,6-辛二烯-3-醇酯	2515.06	0.37
27	2-decenal	2-癸烯醛	425.34	0.06
28	perillaldehyde	紫苏醛	242.71	0.04
29	neryl acetate	乙酸橙花酯	717.34	0.10
30	5-methyl-2-(1-methylethenyl)-4-hexen-1-ol acetate	5-甲基-2-(1-甲基乙烯基)-4-己烯-1-醇乙酸酯	2209.45	0.32
31	1-methylene-2-vinylcyclopentane	1-亚甲基-2-乙烯基环戊烷	104.74	0.02
32	lauryl acetate	乙酸月桂酯	559.37	0.08
33	caryophyllene	石竹烯	778.03	0.11
34	4-(1-methylvinyl) cyclohex-1-ene-1-methyl acetate)	4-(1-甲基乙烯基)-1-环己烯-1-甲醇乙酸酯	279.60	0.04
35	γ-muurolene	γ-依兰油烯	148.11	0.02
36	geranylgeraniol	香叶基香叶醇	106.88	0.02
37	β-copaene	β-可巴烯	208.45	0.03
38	nerolidol	橙花叔醇	776.43	0.11
39	spathulenol	斯巴醇	118.86	0.02
40	nootkatone	圆柚酮	195.18	0.03
41	farnesol acetate	金合欢醇乙酸酯	230.65	0.03

续表

序号	英文名称	中文名称	含量/(μg/g)	相对含量/%
42	osthole	蛇床子素	697.57	0.10
43	7-methoxy-6-(3-methyl-2-oxobutyl)-2H-1-benzopyran-2-one	7-甲氧基-6-(3-甲基-2-氧代丁基)-2H-1-苯并吡喃-2-酮	612.81	0.09
44	8,9-dehydro-neoisolongifolene	8,9-脱氢新异长叶烯	1372.51	0.20
45	3-(4-methoxyphenyl)-pyrazol-5(4H)-one	3-(4-甲氧基苯基)-吡唑-5(4H)-酮	390.18	0.06

1.35　苦配巴香脂油

【基本信息】

▶ 名称

中文名称：苦配巴香脂油
英文名称：copaiba oil

▶ 性状描述

黏稠状、透明、浅黄棕色油状液体。

▶ 感官特征

具有苦配巴所特有的芳香和辛辣、微苦味。

▶ 物理性质

相对密度 d_4^{20}：0.8800～0.9070
折射率 n_D^{20}：1.4930～1.5005
旋光度：$-33°～-7°$
溶解性：溶于乙醇、大多数非挥发性油和矿物油，不溶于甘油、丙二醇和水。

▶ 制备提取方法

采用可持续提取法，选取树干直径为 40cm 以上的苦配巴树，在树干上距离地面高度大约 60～70cm 处钻出小孔，用容器收集树脂。一棵苦配巴树每年可抽取树脂 2～3 次，年产量大约为 4～5L 苦配巴香脂油。

▶ 原料主要产地

主要产于巴西等亚马逊流域地区。

▶ 作用描述

用作保健用品、营养补充品，具有再生、愈合、消炎、止咳、保湿、排毒、滋养、润滑等功效。

【苦配巴香脂油主成分及含量】

取适量苦配巴香脂油进行气相色谱-质谱分析，记录谱图，按内标法以峰面积计算其含量。苦配巴香脂油中主要成分为：石竹烯（24.16%）、α-香柑油烯（11.08%）、α-可巴烯（10.44%）、β-红没药烯（9.40%）、δ-杜松烯（5.24%）、γ-依兰油烯（4.83%）、葎草烯（4.71%）、氧化石竹烯（4.36%），所有化学成分及含量详见表1-35。

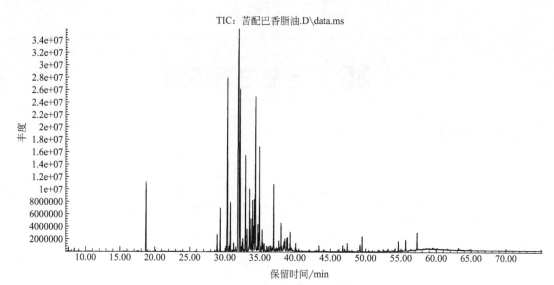

苦配巴香脂油 GC-MS 总离子流图

表 1-35　苦配巴香脂油化学成分含量表

序号	英文名称	中文名称	含量/(μg/g)	相对含量/%
1	δ-elemene	δ-榄香烯	5795.64	0.70
2	α-cubebene	α-荜澄茄油烯	13785.88	1.68
3	ylangene	依兰烯	2160.00	0.26
4	α-copaene	α-可巴烯	85916.00	10.44
5	α-farnesene	α-金合欢烯	2409.23	0.29
6	β-elemene	β-榄香烯	19052.02	2.32
7	cyperene	香附子烯	2666.61	0.32
8	β-chamigrene	β-花柏烯	724.21	0.09
9	caryophyllene	石竹烯	198814.31	24.16
10	α-bergamotene	α-香柑油烯	91216.76	11.08
11	β-farnesene	β-金合欢烯	6098.58	0.75
12	aromandendrene	香橙烯	3040.03	0.37
13	γ-cadiene	γ-杜松烯	1144.95	0.14
14	humulene	葎草烯	38775.30	4.71
15	alloaromadendrene	香树烯	7725.44	0.94
16	γ-muurolene	γ-依兰油烯	39680.82	4.83

序号	英文名称	中文名称	含量/(μg/g)	相对含量/%
17	β-selinene	β-芹子烯	18331.45	2.22
18	α-bisabolene	α-甜没药烯	10405.60	1.26
19	α-selinene	α-芹子烯	17373.28	2.11
20	β-bisabolene	β-红没药烯	77364.41	9.40
21	cedarene	雪松烯	1786.49	0.22
22	α-muurolene	α-依兰油烯	13540.62	1.65
23	δ-cadiene	δ-杜松烯	43118.46	5.24
24	6-ethenyl-6-methyl-1-(1-methylethyl)-3-(1-methylethylidene)-cyclohexene	6-乙烯基-6-甲基-1-(1-甲基乙基)-3-(1-甲基亚乙基)-环己烯	1727.38	0.21
25	1,2,3,4,4a,7-hexahydro-1,6-dimethyl-4-(1-methylethyl)-naphthalene	1,2,3,4,4a,7-六氢-1,6-二甲基-4-(1-甲基乙基)-萘	2794.26	0.34
26	α-ocimene	α-罗勒烯	6317.69	0.77
27	α-calacorene	α-二去氢菖蒲烯	3091.80	0.38
28	4-ethynyl-5-decene	4-乙炔基-5-癸烯	1519.65	0.18
29	1,2-dihydro-1,1,6-trimethyl-naphthalene	1,1,6-三甲基-1,2-二氢萘	1515.39	0.18
30	γ-gurjunene	γ-古芸烯	1876.22	0.23
31	caryophyllenyl alcohol	石竹烯醇	1668.84	0.20
32	spathulenol	斯巴醇	1185.33	0.14
33	α-bisabolene epoxide	α-甜没药烯环氧化物	1110.21	0.13
34	caryophyllene oxide	氧化石竹烯	35781.47	4.36
35	α-curcumene	α-姜黄烯	1352.54	0.16
36	ledol	杜香醇	853.52	0.10
37	humulene epoxide Ⅱ	环氧化蛇麻烯 Ⅱ	4043.51	0.49
38	3,7,11-trimethyl-2,4,10-dodecatriene	3,7,11-三甲基-2,4,10-十二碳三烯	1186.57	0.14
39	N-(4-hydroxyphenyl)-butanamide	N-(4-羟基苯基)丁酰苯胺	10228.55	1.24
40	2,4a,5,6,7,8,9,9a-octahydro-3,5,5-trimethyl-9-methylene-1H-benzocycloheptene	2,4a,5,6,7,8,9,9a-八氢-3,5,5-三甲基-9-亚甲基-1H-苯并环庚三烯	1998.80	0.24
41	δ-cadinol	δ-杜松醇	2444.27	0.30
42	α-cadinol	α-杜松醇	7640.88	0.93
43	1,2,3,4,4a,7,8,8a-octahydro-1,6-dimethyl-4-(1-methylethyl)-1-Naphthalenol	1,2,3,4,4a,7,8,8a-八氢-1,6-二甲基-4-(1-甲基乙基)-1-萘酚	4595.50	0.56
44	globulol	蓝桉醇	4224.89	0.51
45	β-bisabolol	β-甜没药醇	647.75	0.08
46	α-bisabolol	α-红没药醇	466.18	0.06

续表

序号	英文名称	中文名称	含量/(μg/g)	相对含量/%
47	decahydro-1,4a-dimethyl-7-(1-methylethylidene)-1-naphthalenol	十氢-1,4a-二甲基-7-(1-甲基亚乙基)-1-萘酚	2279.75	0.28
48	1,7,7-trimethyl-2-vinylbicyclo[2.2.1]hept-2-ene	1,7,7-三甲基-2-乙烯基双环[2.2.1]庚-2-烯	718.92	0.09
49	3-methylene-cyclopentanecarboxylic acid 1,7,7-trimethylbicyclo[2.2.1]hept-2-yl ester	3-亚甲基环戊烷甲酸-1,7,7-三甲基二环[2.2.1]庚-2-基酯	1657.05	0.20
50	4-methylene-1-methyl-2-(2-methyl-1-propen-1-yl)-1-vinyl-cycloheptane	4-亚甲基-1-甲基-2-(2-甲基-1-丙烯-1-基)-1-乙烯基环庚烷	5946.38	0.73
51	3,4,5,6-tetramethyl-2,5-octadiene	3,4,5,6-四甲基-2,5-辛二烯	2167.82	0.26
52	1,2-dimethyl-3,5-bis(1-methylethenyl)-cyclohexane	1,2-二甲基-3,5-双(1-甲基乙烯基)-环己烷	2302.42	0.28
53	manool	泪杉醇	2677.38	0.33
54	4-methylene-2,8,8-trimethyl-2-vinyl-bicyclo[5.2.0]nonane	4-亚甲基-2,8,8-三甲基-2-乙烯基双环[5.2.0]壬烷	418.84	0.05
55	5-hydroxymethyl-1,1,4a-trimethyl-6-methylenedecahydronaphthalen-2-ol	5-羟甲基-1,1,4a-三甲基-6-亚甲基十氢萘-2-醇	765.15	0.09
56	3,7,11,16-tetramethyl-hexadeca-2,6,10,14-tetraen-1-ol	3,7,11,16-四甲基-十六碳-2,6,10,14-三烯-1-醇	747.40	0.09
57	9-methyltetracyclo[7.3.1.0(2.7).1(7.11)]tetradecane	9-甲基四环[7.3.1.0(2.7).1(7.11)]十四烷	1386.26	0.17
58	5-(decahydro-5,5,8a-trimethyl-2-methylene-1-naphthalenyl)-3-methyl-2-pentenoic acid methyl ester	5-(十氢-5,5,8a-三甲基-2-亚甲基-1-萘基)-3-甲基-2-戊烯酸甲酯	2865.74	0.35
59	5-[2-(3-furanyl)ethyl]-3,4,4a,5,6,7,8,8a-octahydro-5,6,8a-trimethyl-1-naphthalenecarboxylic acid methyl ester	5-[2-(3-呋喃基)乙基]-3,4,4a,5,6,7,8,8a-八氢-5,6,8a-三甲基-1-萘甲酸甲酯	4923.58	0.60

1.36　蜡菊净油

【基本信息】

▶ 名称

中文名称：蜡菊净油，永久花净油
英文名称：*Helichrysum* absolute

▶ 管理状况

FDA：182.20
GB 2760—2014：N 275

▶ 性状描述

在常温下为暗黄色液体。

▶ 感官特征

具有强烈的花香和果香香气，强烈的木质香。

▶ 物理性质

相对密度 d_4^{20}：$0.9010 \sim 0.9110$

折射率 n_D^{20}：$1.4735 \sim 1.4759$

▶ 制备提取方法

用蜡菊干花或鲜花经水蒸气蒸馏而得蜡菊净油，得率在 $0.8\% \sim 1.2\%$。

▶ 原料主要产地

原产于北非、克里特岛和地中海沿岸地区，在法国、斯洛文尼亚、克罗地亚等欧洲许多地方有栽培。

▶ 作用描述

可用于调配果香型食用香精。医学上有非常好的抗炎、抗痉挛、抗病毒、收敛、杀菌、利胆、利尿、柔软皮肤、化痰、促进细胞再生、杀霉菌、利肝、镇静、利脾等功效。作为烟用香精给卷烟带来弱的药草香和干草香，增强烟香。

【蜡菊净油主成分及含量】

取适量蜡菊净油进行气相色谱-质谱分析，记录谱图，按内标法以峰面积计算其含量。蜡菊净油中主要成分为：柠檬酸三乙酯（59.57%）、2,3-二氢-1,1,3-三甲基-1H-茚（5.72%）、β-姜黄烯（2.47%）、香草酸乙酯（2.08%）、3,5-二甲氧基苯甲酰胺（1.83%）、α-姜黄烯（1.65%），所有化学成分及含量详见表1-36。

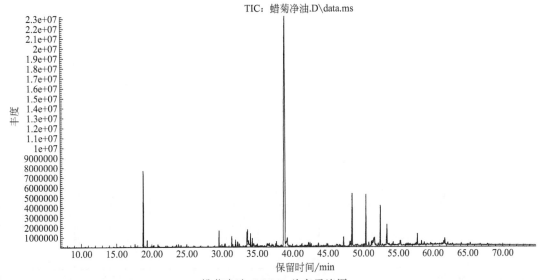

TIC：蜡菊净油.D\data.ms

蜡菊净油 GC-MS 总离子流图

表 1-36　蜡菊净油化学成分含量表

序号	英文名称	中文名称	含量/(μg/g)	相对含量/%
1	limonene	柠檬烯	593.96	0.14
2	2-methyl-3-oxopentanoic acid ethyl ester	2-甲基-3-氧代戊酸乙酯	1777.98	0.43
3	linalool	芳樟醇	372.89	0.09
4	N-(cyclobutylcarbonyl)-glycine undecyl ester	N-(环丁基羰基)-甘氨酸十一烷基酯	451.59	0.11
5	2-methyl-3-oxo-hexanoic acid ethyl ester	2-甲基-3-氧代己酸乙酯	802.58	0.19
6	ethylisobutylketon	乙基异丁酮	729.87	0.18
7	α-terpineol	α-松油醇	749.33	0.18
8	2-methyl-butanoic acid 1-methylpropyl ester	2-甲基丁酸仲丁酯	472.16	0.11
9	nerol	橙花醇	711.72	0.17
10	neryl acetate	乙酸橙花酯	5226.18	1.26
11	1,1-methylenebis-cyclohexane	1,1-亚甲基-环己烷	351.11	0.08
12	α-pinene	α-蒎烯	802.75	0.19
13	β-curcumene	β-姜黄烯	10254.89	2.47
14	2,6-dimethyl-6-(4-methyl-3-pentenyl)-bicyclo[3.1.1]hept-2-ene	2,6-二甲基-6-(4-甲基-3-戊烯基)-二环[3.1.1]庚-2-烯	710.27	0.17
15	caryophyllene	石竹烯	1953.52	0.47
16	cyclobutanecarboxylic acid 1-cyclopentylethyl ester	环丁酸-1-环戊基乙基酯	1054.94	0.25
17	α-curcumene	α-姜黄烯	6840.04	1.65
18	3-methyldec-3-ene	3-甲基-3-丁烯	2954.68	0.71
19	β-selinene	β-芹子烯	4339.13	1.05
20	octahydro-4,8-dimethyl-2-(1-methylethenyl)-naphthalene	八氢基-4,8-二甲基-2-(1-甲基乙烯基)-萘	2736.95	0.66
21	δ-cadinene	δ-杜松烯	798.82	0.19
22	3-t-butyl-2-pyrazolin-5-one	3-叔丁基-2-吡唑啉-5-酮	1776.10	0.43
23	3-amino-5-t-butylisoxazole	3-氨基-5-叔丁基异噁唑	843.24	0.20
24	3-ethoxy-4-methoxyphenol	3-乙氧基-4-甲氧基苯酚	798.58	0.19
25	ethyl laurate	月桂酸乙酯	1017.06	0.25
26	3,5-bis(1,1-dimethylethyl)-4-ethyl-1H-pyrazole	3,5-双(1,1-二甲基乙基)-4-乙基-1H-吡唑	695.85	0.17
27	sativene	苜蓿烯	770.82	0.19
28	1-butyl-4-methoxy-benzene	1-丁基-4-甲氧基苯	1562.20	0.38
29	triethyl citrate	柠檬酸三乙酯	247042.78	59.57
30	diisopentyl aminoacetonitrile	二异戊基氨基乙腈	2738.56	0.66
31	vanilic acid ethyl ester	香草酸乙酯	8631.09	2.08
32	tetradecanoic acid	肉豆蔻酸	311.78	0.08

序号	英文名称	中文名称	含量/(μg/g)	相对含量/%
33	cyclohexylphenylacetic acid	环己基苯乙酸	719.50	0.17
34	tetradecanoic acid ethyl ester	十四酸乙酯	1422.51	0.34
35	hexahydro-3a,7a-dimethyl-2（3H）-benzofuranone	六氢-3a,7a-二甲基-2(3H)-苯并呋喃酮	1254.60	0.30
36	2-methyl-5-（1-methylethyl）-2-cyclo-hexen-1-one	2-甲基-5-(1-甲基乙基)-2-环己烯-1-酮	753.14	0.18
37	2,3-dimethoxy-5-aminocinnamonitrile	2,3-二甲氧基-5-氨基肉桂腈	1093.56	0.26
38	4-acetyl-3-methyl-1-phenyl-2-pyrazo-lin-5-one	4-乙酰基-3-甲基-1-苯基-2-吡唑啉-5-酮	719.81	0.17
39	veratryl alcohol	藜芦醇	498.67	0.12
40	ethyl palmitate	棕榈酸乙酯	2694.09	0.65
41	2,2-dimethylnon-5-en-3-one	2,2-二甲基-5-壬烯-3-酮	4056.07	0.98
42	2,3-dihydro-1,1,3-trimethyl-1H-in-dene	2,3-二氢-1,1,3-三甲基-1H-茚	23725.46	5.72
43	2,6-bis（1,1-dimethylethyl）-4-ethyl-phenol	2,6-二(1,1-二甲基乙基)-4-乙基酚	831.67	0.20
44	3,5-dimethoxybenzamide	3,5-二甲氧基苯甲酰胺	7593.47	1.83
45	2-（2-methylpropylidene）-1H-indene-1,3(2H)-dione	2-(2-甲基亚丙基)-1H-茚-1,3(2H)-二酮	18308.08	4.41
46	1-（4,6-dihydroxy-2,3,5-trimethyl-7-benzofuranyl)-ethanone	1-(4,6-二羟基-2,3,5-三甲基-7-苯并呋喃基)-乙酮	1319.98	0.32
47	ethyl linoleate	亚油酸乙酯	1144.01	0.28
48	ethyloleate	油酸乙酯	1687.68	0.41
49	3,4,5-trimethyl-1H-pyrrole-2-car-boxylic acid ethyl ester	3,4,5-三甲基-1H-2-吡咯甲酸乙酯	1230.78	0.30
50	4-ethyl-2-methyl-4H-thiazolo［5,4-b]indole	4-乙基-2-甲基-4H-噻唑并[5,4-b]吲哚	1029.46	0.25
51	1-［（4-ethylphenyl）ethynyl]-4-propyl-benzene	1-[(4-乙基苯基）乙炔基]-4-丙基苯	442.75	0.11
52	2,3,4,9-tetrahydro-6-methoxy-1-methyl-1H-pyrido[3,4-b]indole	2,3,4,9-四氢-6-甲氧基-1-甲基-1H-吡啶并[3,4-b]吲哚	12250.19	2.95
53	4-nitroso-benzoic acid ethyl ester	4-亚硝基苯甲酸乙酯	687.70	0.17
54	farnesol acetate	乙酸法尼酯	540.64	0.13
55	1,3,5-trimethyl-2-（1-methylethe-nyl)-benzene	1,3,5-三甲基-2-(1-甲基乙烯基)-苯	1370.93	0.33
56	1,4-dihydro-1,1,4,4-tetramethyl-2,3-naphthalenedione	1,4-二氢-1,1,4,4-四甲基-2,3-萘二酮	1683.12	0.41
57	1-(2-butenyl)-2,3-dimethyl benzene	1-(2-丁烯基)-2,3-二甲基苯	664.81	0.16
58	2,2,7-trimethyl-3-octyne	2,2,7-三甲基-3-辛炔	340.10	0.08
59	oleic acid	油酸	521.12	0.13
60	5-ethyl-2,4-dimethyl-2-heptene	5-乙基-2,4-二甲基-2-庚烯	519.51	0.13

序号	英文名称	中文名称	含量/(μg/g)	相对含量/%
61	heptylcyclohexane	庚基环己烷	1365.24	0.33
62	pentylcyclohexane	戊基环己烷	6659.94	1.61
63	1,6-dicyclohexyl-hexane	1,6-二环己基己烷	627.54	0.15
64	propylcyclohexane	丙基环己烷	585.16	0.14
65	octylcyclohexane	辛基环己烷	427.88	0.10
66	cyclohexanecarboxylic acid 2-phenylethyl ester	环己酸-2-苯乙基酯	506.34	0.12
67	neryl -2-methylbutanoate	橙花基-2-甲基丁酸酯	926.44	0.22
68	1,1-(1,3-propanediyl) biscyclohexane	1,1-(1,3-丙二基)二环己烷	386.46	0.09
69	13-docosenamide	芥酸酰胺	841.18	0.20
70	squalene	角鲨烯	1035.35	0.25
71	2,6-t-butyl benzene-1,4-diol	2,6-二叔丁基对苯二酚	461.59	0.11
72	vitamin E	维生素 E	925.33	0.22

1.37 龙蒿油

【基本信息】

名称

中文名称：龙蒿油，茵陈蒿油，蒿油
英文名称：tarragon oil，estragon oil

管理状况

FEMA：2412
FDA：182.10，182.20
GB 2760—2014：N164

性状描述

淡黄色至琥珀色液体。

感官特征

具有特征辛香。有甘草和鲜罗勒似特殊草香，并带有茴香味，味甜，带有弱的芹样气息。

物理性质

相对密度 d_4^{20}：0.9140～0.9560
折射率 n_D^{20}：1.5040～1.5200

酸值：≤2.0

旋光度：＋1.5°～＋6.5°

沸点：204℃

溶解性：不溶于甘油，几乎不溶于丙二醇。溶于等量的矿物油。

制备提取方法

由菊科草本植物龙蒿（或称狭叶青蒿）（*Artemisia dracunculus*）的叶、茎和花经水蒸气蒸馏而得。得率 0.25%～0.8%（干燥）或 0.1%～0.4%（鲜品）。

原料主要产地

主产于欧洲。

作用描述

香辛料，用于食品和日用香精。广泛用于腌制肉类等的辛香配方以及葡萄酒用香精。片状或粉状多用于肉、禽、蛋类、鱼类、羹汤和番茄制品等，因香气浓，不宜多放。亦用于制醋，颇有名。

【龙蒿油主成分及含量】

取适量龙蒿油进行气相色谱-质谱分析，记录谱图，按内标法以峰面积计算其含量。龙蒿油中主要成分为：桉树脑（20.36%）、α-蒎烯（11.67%）、2-樟脑（7.48%）、草蒿脑（5.09%）、石竹烯（4.74%）、蒿酮（4.13%）、异松香芹醇（4.07%）β-月桂烯（3.48%），所有化学成分及含量详见表 1-37。

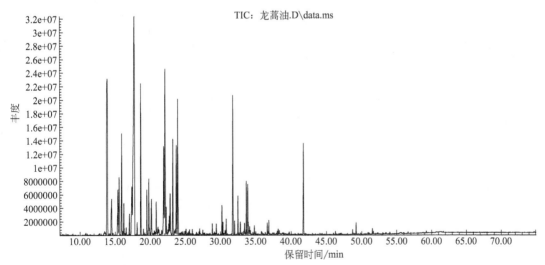

龙蒿油 GC-MS 总离子流图

表 1-37　龙蒿油化学成分含量表

序号	英文名称	中文名称	含量/(μg/g)	相对含量/%
1	γ-terpinene	γ-松油烯	305.01	0.04
2	α-pinene	α-蒎烯	98437.71	11.67

序号	英文名称	中文名称	含量/(μg/g)	相对含量/%
3	camphene	莰烯	15866.13	1.88
4	2-thujene	2-侧柏烯	15257.36	1.81
5	β-pinene	β-蒎烯	20733.06	2.46
6	β-myrcene	β-月桂烯	29354.75	3.48
7	2,3-dehydro-1,8-cineole	2,3-脱氢-1,8-桉叶素	979.44	0.12
8	3,3,6-trimethyl-1,4-heptadien-6-ol	3,3,6-三甲基-1,4-庚二烯-6-醇	7962.92	0.94
9	α-phellandrene	α-水芹烯	1985.99	0.24
10	2-carene	2-蒈烯	6527.36	0.77
11	m-cymene	间伞花烃	25597.79	3.04
12	eucalyptol	桉树脑	171714.17	20.36
13	β-ocimene	β-罗勒烯	2350.64	0.28
14	artemisia ketone	蒿酮	34854.08	4.13
15	β-terpineol	β-松油醇	1117.95	0.13
16	artemisia alcohol	蒿醇	9365.01	1.11
17	4-carene	4-蒈烯	14540.09	1.72
18	linalool	芳樟醇	5627.26	0.67
19	limonene oxide	柠檬烯氧化物	8172.40	0.97
20	1-methyl-4-methylene-cyclohexane	1-甲基-4-亚甲基环己烷	1268.22	0.15
21	fenchol	葑醇	8353.71	0.99
22	1-methyl-4-(1-methylethyl)-2-cyclohexen-1-ol	1-甲基-4-(1-甲基乙基)-2-环己烯-1-醇	2522.25	0.30
23	2,6-dimethyl-2,4,6-octatriene	2,6-二甲基-2,4,6-辛三烯	1019.45	0.12
24	α-campholenal	α-龙脑烯醛	955.49	0.11
25	3-ethyl-1,5-octadiene	3-乙基-1,5-辛二烯	992.36	0.12
26	isopinocarveol	异松香芹醇	34313.53	4.07
27	2-bornanone	2-樟脑	63051.15	7.48
28	2-methyl-6-methylene-octa-1,7-dien-3-ol	2-甲基-6-亚甲基-1,7-辛二烯-3-醇	7472.32	0.89
29	isoborneol	异龙脑	1432.22	0.17
30	2,6,6-trimethyl-bicyclo[3.1.1]heptan-3-one	2,6,6-三甲基二环[3.1.1]庚-3-酮	2808.70	0.33
31	pinocarvone	松香芹酮	5396.02	0.64
32	borneol	龙脑	13626.99	1.62
33	4-terpineol	4-松油醇	27111.78	3.21
34	2-(4-methylphenyl)propan-2-ol	2-(4-甲基苯基)丙-2-醇	1557.88	0.18
35	3-furaldehyde	3-糠醛	1317.71	0.16
36	α-terpineol	α-松油醇	28845.74	3.42
37	estragole	草蒿脑	42940.24	5.09

续表

序号	英文名称	中文名称	含量/(μg/g)	相对含量/%
38	carveol	香芹醇	986.57	0.12
39	3-hexenyl-2-methylbutanoate	2-甲基丁酸叶醇酯	994.97	0.12
40	thymol methyl ether	麝香草酚甲醚	1765.31	0.21
41	cumal	枯茗醛	715.38	0.08
42	carvone	香芹酮	950.94	0.11
43	piperitone	胡椒酮	1021.95	0.12
44	borneol acetate	乙酸龙脑酯	1289.73	0.15
45	myrtenyl acetate	乙酸桃金娘烯酯	1099.49	0.13
46	γ-pyronene	γ-焦烯	2252.09	0.27
47	terpinyl acetate	乙酸松油酯	695.11	0.08
48	eugenol	丁香酚	2633.94	0.31
49	α-copaene	α-可巴烯	5863.00	0.70
50	2-methyl-butanoic acid phenylmethyl ester	2-甲基丁酸苯甲酯	2500.26	0.30
51	β-elemene	β-榄香烯	1342.89	0.16
52	methyleugenol	甲基丁香酚	3131.48	0.37
53	caryophyllene	石竹烯	40002.08	4.74
54	β-copaene	β-可巴烯	14434.47	1.71
55	β-farnesene	β-金合欢烯	7547.34	0.89
56	humulene	葎草烯	3599.49	0.43
57	β-patchoulene	β-广藿香烯	3725.63	0.44
58	β-selinene	β-芹子烯	13190.24	1.56
59	α-farnesene	α-金合欢烯	830.48	0.10
60	bicyclogermacrene	双环大根香叶烯	1564.51	0.19
61	β-cubebene	β-荜澄茄油烯	634.65	0.08
62	δ-cadinene	δ-杜松烯	2132.13	0.25
63	nerolidol	橙花叔醇	491.02	0.06
64	alloaromadendrene	香树烯	2250.25	0.27
65	caryophyllene oxide	石竹烯氧化物	2969.63	0.35
66	patchoulane	广藿香烷	1942.68	0.23
67	10,10-dimethyl-2,6-dimethylenebicyclo[7.2.0]undecan-5β-ol	10,10-二甲基-2,6-二亚甲基双环[7.2.0]十一碳-5β-醇	939.31	0.11
68	geranylgeraniol	香叶基香叶醇	884.90	0.10
69	acetic acid 1,3,7-trimethylocta-2,6-dienyl ester	1,3,7-三甲基-2,6-辛二烯醇乙酸酯	2217.67	0.26
70	farnesol	金合欢醇	1070.64	0.13

1.38　罗勒油

【基本信息】

名称

中文名称：罗勒油，九层塔油，气香草油，矮糠油，零陵香油，光明子油
英文名称：basil oil

管理状况

FEMA：2119
FDA：182.10，182.20
GB 2760—2014：N004

性状描述

淡黄色至黄色液体。

感官特征

呈花香、辛辣芳香味，非常清甜，带有青草的香甜气味，同时具有一定的樟脑气息。

物理性质

相对密度 d_4^{20}：0.9520～0.9730
折射率 n_D^{20}：1.5120～1.5200
酸值：≤1.0
溶解性：不溶于水和甘油，溶于乙醇、乙醚。可溶于矿物油和丙二醇，但易出现浑浊。

制备提取方法

由生长在罗勒岛和科摩罗群岛的唇形科植物罗勒的花蕾或整株经水蒸气蒸馏而得。得率为 0.18%～0.32%。

原料主要产地

主产于罗勒岛和科摩罗群岛。

作用描述

主要用于高档酒、香水和昂贵的食品调料，如番茄酱、番茄沙司、甜酒、调味品、蔬菜和肉糜制品等食用香精。作为烟用香精具有增强烟香、改善吸味的作用。

【罗勒油主成分及含量】

取适量罗勒油进行气相色谱-质谱分析，记录谱图，按内标法以峰面积计算其含量。罗勒油中主要成分为：芳樟醇（49.36%）、桉叶油醇（10.09%）、丁香酚（6.66%）、3-己烯-1-醇（6.31%）、α-香柑油烯（4.80%）、β-榄香烯（2.68%）、γ-杜松烯（1.89%），所有化

学成分及含量详见表 1-38。

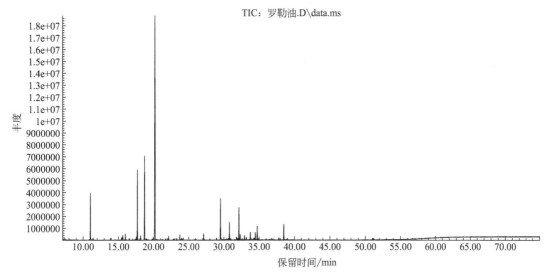

罗勒油 GC-MS 总离子流图

表 1-38　罗勒油化学成分含量表

序号	英文名称	中文名称	含量/(μg/g)	相对含量/%
1	N-(2,3-Dihydro-3-benzoyl-2-benzothiazolylene)-benzhydrazide	N -(2,3-二氢-3-苄基-2-苯并噻唑基烯)-苯甲酰肼	316.55	0.18
2	3-hexen-1-ol	3-己烯-1-醇	10981.95	6.31
3	(1-methylbutyl)-oxirane	(1-甲基丁基)-环氧乙烷	472.77	0.27
4	α-pinene	α-蒎烯	1069.12	0.61
5	β-phellandrene	β-水芹烯	670.85	0.39
6	1-octen-3-ol	1-辛烯-3-醇	292.24	0.17
7	β-pinene	β-蒎烯	1570.61	0.90
8	β-myrcene	β-月桂烯	1547.84	0.89
9	4-hexen-1-ol acetate	4-己烯-1-醇乙酸酯	326.39	0.19
10	p-cymene	对伞花烃	272.09	0.16
11	limonene	柠檬烯	955.35	0.55
12	eucalyptol	桉叶油醇	17560.68	10.09
13	β-ocimene	β-罗勒烯	1015.53	0.58
14	1-methyl-4-(1-methylethenyl)-cyclohexanol	1-甲基-4-(1-甲基乙烯基)-环己醇	195.50	0.11
15	cinene	双戊烯	327.01	0.19
16	linalool	芳樟醇	85881.84	49.36
17	6-methylene-bicyclo[3.1.0]hexane	6-亚甲基二环[3.1.0]己烷	264.03	0.15
18	camphor	樟脑	962.94	0.55

序号	英文名称	中文名称	含量/(μg/g)	相对含量/%
19	isoborneol	异龙脑	389.62	0.22
20	terpinen-4-ol	4-松油醇	353.52	0.20
21	α-terpineol	α-松油醇	1230.63	0.71
22	estragole	草蒿脑	343.24	0.20
23	acetic acid octyl ester	乙酸辛酯	461.59	0.27
24	bornyl acetate	乙酸龙脑酯	1546.18	0.89
25	1,5,5-trimethyl-6-methylene-cyclo-hexene	1,5,5-三甲基-6-亚甲基环己烯	533.43	0.31
26	eugenol	丁香酚	11582.86	6.66
27	β-elemene	β-榄香烯	4668.91	2.68
28	β-bourbonene	β-波旁烯	382.19	0.22
29	methyleugenol	甲基丁香酚	310.83	0.18
30	β-ylangene	β-依兰烯	683.16	0.39
31	caryophyllene	石竹烯	543.45	0.31
32	α-bergamotene	α-香柑油烯	8359.28	4.80
33	α-guaiene	α-愈创木烯	1547.52	0.89
34	germacrene D	大根香叶烯 D	486.82	0.28
35	humulene	葎草烯	1206.23	0.69
36	bicyclosesquiphellandrene	双环倍半水芹烯	519.34	0.30
37	α-cubebene	α-荜澄茄油烯	2296.60	1.32
38	dihydrocarveol	二氢香芹醇	566.67	0.33
39	β-bisabolene	β-红没药烯	359.49	0.21
40	α-bulnesene	α-布藜烯	1885.14	1.08
41	1,2,4a,5,6,8a-hexahydro-4,7-dime-thyl-1-(1-methylethyl)-naphthalene	1,2,4a,5,6,8a-六氢-4,7-二甲基-1-(1-甲基乙基)-萘	3446.14	1.98
42	β-sesquiphellandrene	β-倍半水芹烯	225.41	0.13
43	β-cadinene	β-杜松烯	185.17	0.11
44	calamenene	去氢白菖烯	314.33	0.18
45	cycloisolongifolene	环异长叶烯	159.57	0.09
46	alloaromadendrene	香树烯	324.19	0.19
47	1,2,3,4,4a,7-hexahydro-1,6-dime-thyl-4-(1-methylethyl)-naphthalene	1,2,3,4,4a,7-六氢-1,6-二甲基-4-(1-甲基乙基)-萘	586.29	0.34
48	γ-cadinene	γ-杜松烯	3290.64	1.89
49	ethyl linoleate	亚油酸乙酯	299.29	0.17
50	petroselinic acid	芹子酸	223.10	0.13

1.39　绿康酿克油

【基本信息】

名称

中文名称：绿康酿克油，天然康乃克油

英文名称：cognac oil

管理状况

FEMA：2331

GB 2760—2014：N07

性状描述

淡黄、淡绿至带蓝绿色挥发性精油。

感官特征

具有强烈的白兰地酒和水果、油脂、青草香气，有蜜甜香韵，似葡萄酒香。

物理性质

相对密度 d_4^{20}：0.8600～0.8800

折射率 n_D^{20}：1.4230～1.4330

沸点：100℃

旋光度：$-3°～3°$

溶解性：溶于大多数非挥发性油和矿物油，极难溶于丙二醇，不溶于甘油。

制备提取方法

由葡萄酒蒸馏时的副产品或由葡萄发酵液中的葡萄组织和微生物残渣（俗称酒泥）经水蒸气蒸馏而得。

原料主要产地

主要产于德国等欧洲国家。

作用描述

主要供配制甜酒和各种水果香精。用于调配酒类香精，可赋予天然酒香风味，也常用于果香古龙型、香薇型以及男用化妆品调香中。

【绿康酿克油主成分及含量】

取适量绿康酿克油进行气相色谱-质谱分析，记录谱图，按内标法以峰面积计算其含量。绿康酿克油中主要成分为：癸酸乙酯（27.93%）、月桂酸乙酯（20.30%）、辛酸乙酯（13.78%）、棕榈酸乙酯（11.28%）、肉豆蔻酸乙酯（7.09%）、癸酸（3.63%）、癸酸异戊酯（2.99%）、辛酸（1.35%），所有化学成分及含量详见表1-39。

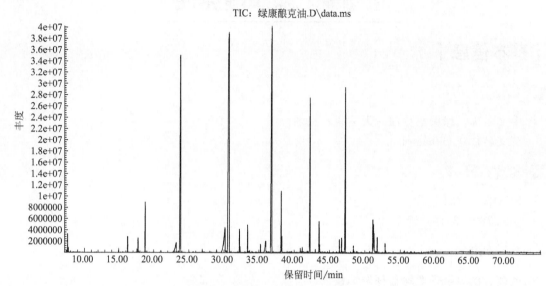

绿康酿克油 GC-MS 总离子流图

表 1-39　绿康酿克油化学成分含量表

序号	英文名称	中文名称	含量/(μg/g)	相对含量/%
1	alcool amilico	异戊醇	6034.70	0.44
2	2-methyl-1-butanol	2-甲基-1-丁醇	1687.21	0.12
3	benzaldehyde	苯甲醛	515.45	0.04
4	hexanoic acid ethyl ester	己酸乙酯	6192.96	0.45
5	limonene	柠檬烯	1608.33	0.12
6	benzyl alcohol	苄醇	6940.08	0.51
7	octanoic acid methyl ester	辛酸甲酯	644.76	0.05
8	octanoic acid	辛酸	18459.38	1.35
9	hexanoic acid butyl ester	己酸丁酯	618.06	0.05
10	octanoic acid ethyl ester	辛酸乙酯	187865.88	13.78
11	isopentyl hexanoate	己酸异戊酯	260.61	0.02
12	hexanoic acid pentyl ester	己酸戊酯	1297.42	0.10
13	nonanoic acid ethyl ester	壬酸乙酯	275.65	0.02
14	decanoic acid methyl ester	癸酸甲酯	254.81	0.02
15	caprylic acid isobutyl ester	辛酸异丁酯	1099.84	0.08
16	decanoic acid	癸酸	49519.48	3.63
17	ethyl 9-decenoate	9-十碳烯酸乙酯	1769.07	0.13
18	decanoic acid ethyl ester	癸酸乙酯	380855.13	27.93
19	heptanoic acid isoamyl ester	庚酸-3-甲丁酯	9648.19	0.71

序号	英文名称	中文名称	含量/(μg/g)	相对含量/%
20	octanoic acid 2-methylbutyl ester	辛酸-2-甲基丁基酯	2335.05	0.17
21	pentyl octanoate	辛酸戊酯	11248.15	0.82
22	decanoic acid propyl ester	癸酸丙酯	469.78	0.03
23	undecanoic acid ethyl ester	十一酸乙酯	616.48	0.05
24	capric acid isobutyl ester	癸酸异丁酯	3322.43	0.24
25	lauric acid	月桂酸	15526.97	1.14
26	ethyl laurate	月桂酸乙酯	276771.40	20.30
27	isoamyl caprate	癸酸异戊酯	40793.76	2.99
28	octadecane	十八烷	525.27	0.04
29	isobutyl laurate	月桂酸异丁酯	1688.91	0.12
30	octanoic acid benzyl ester	辛酸苯基甲基酯	2188.01	0.16
31	myristic acid	肉豆蔻酸	556.75	0.04
32	decanoic acid hexyl ester	癸酸己酯	264.68	0.02
33	tetradecanoic acid ethyl ester	肉豆蔻酸乙酯	96719.13	7.09
34	isopropyl myristate	肉豆蔻酸异丙酯	1386.43	0.10
35	isoamyl laurate	月桂酸异戊酯	13490.36	0.99
36	lauric acid 2-methylbutyl ester	十二酸-2-甲基丁酯	3996.36	0.29
37	phenylethyl isovalerate	异戊酸苯乙酯	314.80	0.02
38	palmitic acid	棕榈酸	269.52	0.02
39	ethyl 13-methyl-tetradecanoate	13-甲基-十四碳烯酸乙酯	387.23	0.03
40	methyl hexadecanoate	棕榈酸甲酯	366.81	0.03
41	butyl myristate	肉豆蔻酸丁酯	338.81	0.02
42	benzyl decanoate	癸酸苄酯	5503.15	0.40
43	ethyl palmitate	棕榈酸乙酯	153835.90	11.28
44	lauric acid	月桂酸	6700.39	0.49
45	oxalic acid decyl 2-phenylethyl ester	草酸癸基-2-苯基乙基酯	497.31	0.04
46	hexadecanoic acid 1,1-dimethylethyl ester	棕榈酸-1,1-二甲乙酯	500.50	0.04
47	ethyl linoleate	亚油酸乙酯	14220.85	1.04
48	ethyl elaidate	反油酸乙酯	15433.52	1.13
49	ethyl linolenate	亚麻酸乙酯	9137.80	0.67
50	ethyl stearate	硬脂酸乙酯	6554.02	0.48
51	eicosanoic acid phenylmethyl ester	二十一酸苄酯	616.85	0.05
52	nonanoic acid phenylmethyl ester	壬酸苄酯	542.99	0.04

1. 40　没药油

【基本信息】

名称

中文名称：没药油，薰香精油

英文名称：myrrh oil

管理状况

FEMA：2766

FDA：172.51

GB 2760—2014：N178

性状描述

淡褐色或绿色挥发性精油，可受空气和光线的影响而使颜色加深并变稠。

感官特征

具有树胶所特有的焦甜膏香香气。

物理性质

相对密度 d_4^{20}：1.0030～1.0150

折射率 n_D^{20}：1.5200～1.6200

沸点：220℃

溶解性：1∶10 溶于 90％乙醇。溶于大多数非挥发性油，不溶于甘油和丙二醇，微溶于矿物油。

制备提取方法

可从橄榄科植物没药树所得的树脂经水蒸气蒸馏获得。得率 3％～8％。

原料主要产地

主产于埃塞俄比亚、索马里和美国等。

作用描述

用于葡萄酒、利口酒、苦啤酒的加香，偶尔也用于汤料和糖块的加香。没药油的温暖芳香和刺激味与薄荷香味（椒样薄荷和冬青）和辛香料（丁香、肉桂等）配伍性很好，可用于漱口剂和口香糖。

【没药油主成分及含量】

取适量没药油进行气相色谱-质谱分析，记录谱图，按内标法以峰面积计算其含量。所有化学成分及含量详见表 1-40。

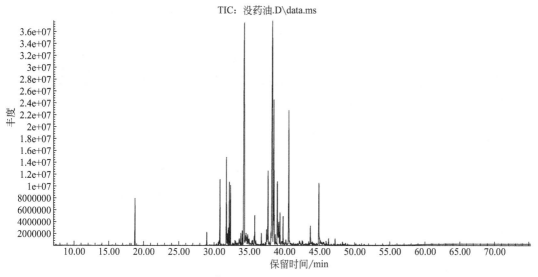

没药油 GC-MS 总离子流图

表 1-40　没药油化学成分含量表

序号	英文名称	中文名称	含量/(μg/g)	相对含量/%
1	β-ocimene	β-罗勒油	852.37	0.06
2	δ-elemene	δ-榄香烯	6458.61	0.48
3	copaene	可巴烯	758.51	0.06
4	α-cedrene	α-柏木烯	53720.38	4.01
5	β-bourbonene	β-波旁烯	2421.46	0.18
6	β-elemene	β-榄香烯	35282.92	2.64
7	α-gurjunene	α-古云烯	4428.90	0.33
8	β-ylangene	β-依兰烯	1990.79	0.15
9	β-cedrene	β-柏木烯	9347.38	0.70
10	γ-elemene	γ-榄香烯	31575.80	2.36
11	thujopsene	罗汉柏烯	31958.25	2.39
12	γ-muurolene	γ-依兰油烯	1344.09	0.10
13	humulene	葎草烯	3626.95	0.27
14	acoradien	菖蒲二烯	2122.22	0.16
15	alloaromadendrene	香树烯	1462.74	0.11
16	β-curcumene	β-姜黄烯	1285.39	0.10
17	α-curcumene	α-姜黄烯	8900.40	0.67
18	germacrene D	大根香叶烯 D	6975.62	0.52
19	β-selinene	β-芹子烯	14708.73	1.10
20	curzerene	莪术烯	263135.30	19.67
21	β-bisabolene	β-甜没药烯	2396.65	0.18
22	γ-selinene	γ-芹子烯	7003.36	0.52

续表

序号	英文名称	中文名称	含量/(μg/g)	相对含量/%
23	cuparene	花侧柏烯	4837.73	0.36
24	α-muurolene	α-依兰油烯	6862.03	0.51
25	β-sesquiphellandrene	β-倍半水芹烯	2988.48	0.22
26	δ-cadinene	δ-杜松烯	4540.21	0.34
27	cedrene	雪松烯	2329.01	0.17
28	selina-3,7(11)-diene	3,7(11)-芹子二烯	3999.59	0.30
29	α-elemol	α-榄香醇	14883.84	1.11
30	3,7,11-trimethyl-2,4,10-dodeca-triene	3,7,11-三甲基-2,4,10-十二碳三烯	2575.02	0.19
31	o-cresol	邻甲酚	5981.17	0.45
32	α-bulnesene	α-布藜烯	561.85	0.04
33	caryophyllene oxide	石竹烯氧化物	758.40	0.06
34	1,5-diethenyl-2,3-dimethyl-cyclo-hexane	1,5-二乙烯基-2,3-二甲基环己烷	1605.82	0.12
35	β-elemenone	β-榄烯酮	9927.50	0.74
36	widdrol	韦得醇	5700.41	0.43
37	cedrol	柏木脑	45623.39	3.41
38	1,2,3,4,4a,7-hexahydro-1,6-dime-thyl-4-(1-methylethyl)-naphthalene	1,2,3,4,4a,7-六氢-1,6-二甲基-4-(1-甲基乙基)-萘	3065.53	0.23
39	8-epi-γ-eudesmol	8-表-γ-桉叶醇	8178.53	0.61
40	—①	—	283519.65	21.18
41	—	—	121677.60	9.09
42	1,2,4-triethyl-benzene	1,2,4-三乙苯	1205.53	0.09
43	1,2,3,4,5,6,7,8-octahydro-3,8,α,α-tetramethylazulene-5-methanol	1,2,3,4,5,6,7,8-八氢-3,8,α,α-四甲基薁-5-甲醇	55539.57	4.15
44	7-epi-α-eudesmol	7-表-α-桉叶醇	21321.50	1.59
45	caryophyllene	石竹烯	23256.67	1.73
46	9,10-dehydro-isolongifolene	9,10-脱氢异长叶烯	5297.90	0.40
47	—	—	114159.28	8.53
48	patchoulane	广霍香烷	1858.22	0.14
49	1-ethyl-4-methyl-2(1H)-pyridone	1-乙基-4-甲基-2(1H)-吡啶酮	1458.60	0.11
50	α-farnesene	α-金合欢烯	1209.40	0.09
51	calarene	白菖烯	1111.18	0.08
52	1,4,4a,5,6,7,8,8a-octahydro-2,5,5,8a-tetramethyl-1-naphthaleneme-thanol	1,4,4a,5,6,7,8,8a-八氢-2,5,5,8a-四甲基-1-萘甲醇	4688.26	0.35
53	β-cadinene	β-杜松烯	1125.33	0.08
54	epiglobulol	表蓝桉醇	2175.74	0.16

序号	英文名称	中文名称	含量/(μg/g)	相对含量/%
55	1aβ,2,3,3a,4,5,6,7bβ-octahydro-1,1,3aβ,7-tetramethyl-1H-cyclopropa[a]naphthalene	1aβ,2,3,3a,4,5,6,7bβ-八氢-1,1,3aβ,7-四甲基-1H-环丙[a]萘	1992.63	0.15
56	5-methyl-3-(1-methylethylidene)-1,4-hexadiene	5-甲基-3-(1-甲基亚乙基)-1,4-己二烯	1153.98	0.09
57	α-campholenal	α-龙脑烯醛	633.12	0.05
58	(1-cyclohexylethyl)-benzene	(1-环己基乙基)-苯	2015.91	0.15
59	2,3,5-trimethyl-1H-pyrrole	2,3,5-三甲基-1H-吡咯	13543.89	1.01
60	—	—	47395.65	3.54
61	4-benzyloxyaniline	4-苄氧基苯胺	3942.89	0.29
62	4,5-bis(hydroxymethyl)-3,6-dimethylcyclohexene	4,5-二(羟甲基)-3,6-二甲基环己烯	3316.52	0.25
63	4,5-dihydro-3-phenyl-1H-pyrazole	4,5-二氢-3-苯基-1H-吡唑	3818.58	0.29
64	2,6-diisopropylnaphthalene	2,6-二异丙基萘	3048.75	0.23
65	3-(4-cyanomethyl-1H-pyrrol-3-yl)-propionitrile	3-(4-氰甲基-1H-吡咯-3-基)-丙腈	1716.09	0.13

①表示未鉴定。

1.41　玫瑰油

【基本信息】

名称

中文名称：玫瑰油

英文名称：rose oil

管理状况

FEMA：2989

FDA：182.20

GB 2760—2014：N054

性状描述

浅黄色至黄色浓稠状挥发性液体。在25℃时为黏稠液体，如进一步冷却，逐步变为半透明结晶体，加温后仍可液化。

感官特征

具有甜韵玫瑰所特有的花香香气和滋味，香气浓郁。

物理性质

相对密度 d_4^{20}：0.8490～0.8570

折射率 n_D^{20}：1.4520～1.4660

旋光度：$-5°$～$-2°$

酸值：3.0

酯值：27.0

溶解性：微溶于水，溶于乙醇和大多数非挥发油。

➡ 制备提取方法

取蔷薇科新鲜玫瑰花朵经水蒸气蒸馏而得，得率 0.03%～0.05%；或者将蔷薇科灌木玫瑰（*Rosa damascerla* 等）的鲜花用 1∶2 的石油醚经冷法浸提，过滤后的油水混合物先经过常压浓缩，再用 $(1.33～1.6)×10^4 Pa(100～120mmHg)$ 真空浓缩（温度不超过 50℃）而得，得率约 0.2%；亦有将玫瑰花朵先在食盐溶液中发酵，再经蒸汽蒸馏，用活性炭吸附溶解在馏出液中的组分，最后用乙醚解吸而得，得率可达 0.07%～0.10%。

➡ 原料主要产地

国外主产于保加利亚、法国、埃及、土耳其、伊拉克、摩洛哥、俄罗斯等，以及我国的甘肃、山东、北京、四川、新疆等地也有出产。

➡ 作用描述

广泛用于食品、药品、化妆品等行业，用于配置杏、桃、苹果、桑葚、草莓和梅等食用香精，调配各种高档化妆品香精，调配甜酒、烟草（尤其是嚼烟）、糖果等。也可用于窨茶、浸酒以及制成玫瑰酱糕点等。医学上具有抗菌、抗痉挛、杀菌、净化、镇静、补身等功效。作为烟用香料具有增进卷烟甜香、花香，柔和烟气等作用。

【玫瑰油主成分及含量】

取适量玫瑰油进行气相色谱-质谱分析，记录谱图，按内标法以峰面积计算其含量。玫瑰油中主要成分为：香茅醇（37.42%）、苯乙醇（23.14%）、香叶醇（22.49%）、芳樟醇（4.11%）、玫瑰醚（3.11%），所有化学成分及含量详见表 1-41。

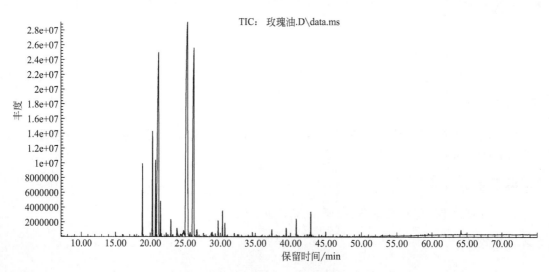

玫瑰油 GC-MS 总离子流图

表 1-41　玫瑰油化学成分含量表

序号	英文名称	中文名称	含量/(μg/g)	相对含量/%
1	β-myrcene	β-月桂烯	354.78	0.03
2	limonene	柠檬烯	359.68	0.03
3	linalool	芳樟醇	43392.72	4.11
4	rose oxide	玫瑰醚	32913.84	3.11
5	phenylethylalcohol	苯乙醇	244575.88	23.14
6	4,5,6,7-tetrahydro-2H-pyrazolo[3,4-c]pyridin-3-amine	4,5,6,7-四氢-2H-吡唑并[3,4-c]吡啶-3-胺	877.50	0.08
7	citronellal	香茅醛	1162.90	0.11
8	menthone	薄荷酮	5474.06	0.52
9	benzenepropanoic acid methyl ester	3-苯丙酸甲酯	1297.37	0.12
10	3,7-dimethyl-1-octanol	3,7-二甲基-1-辛醇	5106.05	0.48
11	3,3,5-trimethyl-decane	3,3,5-三甲基癸烷	1361.28	0.13
12	amyl ether	二戊醚	1469.70	0.14
13	rhodinol	老姆醚	1296.46	0.12
14	2,5-dimethyl-1,6-octadiene	2,5-二甲基-1,6-辛二烯	6017.34	0.57
15	citronellol	香茅醇	395518.95	37.42
16	isogeraniol	异香叶醇	1355.45	0.13
17	geraniol	香叶醇	237742.21	22.49
18	citral	柠檬醛	1718.50	0.16
19	citronellyl formate	甲酸玫瑰酯	1776.43	0.17
20	geranyl formate	甲酸香叶酯	821.27	0.08
21	citronellic acid	香茅酸	323.46	0.03
22	linalool oxide	氧化芳樟醇	558.48	0.05
23	2-ethylene-2,6,6-trimethyl-tetrahydro-2H-pyran	2-乙烯基-2,6,6-三甲基四氢-2H-吡喃	1143.94	0.11
24	1-(isopropylidenecyclopropyl)-hexane	1-(异亚丙基)-己烷	1420.63	0.13
25	2,6-dimethyl-2,6-octadiene	2,6-二甲基-2,6-辛二烯	771.35	0.07
26	2-methoxy-3-(2-propenyl)-phenol	2-甲氧基-3-(2-丙烯基)-苯酚	5258.98	0.50
27	geranyl acetate	乙酸香叶酯	7057.70	0.67
28	β-damascenone	β-大马士酮	3958.14	0.37
29	caryophyllene	石竹烯	938.49	0.09
30	α-guaiene	α-愈创烯	589.16	0.06
31	α-ylangene	α-依兰烯	556.85	0.05
32	α-bulnesene	α-布黎烯	1211.34	0.11
33	guaiol	愈创木醇	4709.26	0.45
34	8-γ-eudesmol	8-γ-桉叶醇	264.57	0.03
35	β-eudesmol	β-桉叶醇	141.33	0.01
36	isoledene	异喇叭烯	5128.00	0.49

序号	英文名称	中文名称	含量/(μg/g)	相对含量/%
37	6-ethenyl-6-methyl-1-(1-methylethyl)-3-(1-methylethylidene)-cyclohexene	6-乙烯基-6-甲基-1-(1-甲基乙基)-3-(1-甲基亚乙基)-环己烯	246.14	0.02
38	4,5,6,7,8,9-hexahydro-1,2,2,3-tetramethyl-2H-cyclopentacyclooctene	4,5,6,7,8,9-六氢-1,2,2,3-四甲基-2H-环戊环辛烯	311.37	0.03
39	decahydro-1,1,3a-trimethyl-7-methylene-1H-cyclopropa[a]naphthalene	十氢-1,1,3a-三甲基-7-亚甲基-1H-环丙[a]萘	1080.49	0.10
40	decahydro-4a-methyl-1-methylene-7-(1-methylethylidene)-naphthalene	十氢-4a-甲基-1-甲基-7-(1-甲基亚乙基)-萘	1028.82	0.09
41	ledene	喇叭烯	6839.62	0.65
42	5-nonadecene	5-十九碳烯	307.09	0.03
43	nonadecane	十九烷	1077.55	0.10
44	eicosane	二十烷	382.74	0.04
45	9,10-dihydro-9,9,10-trimethyl-anthracene	9,10-二氢-9,9,10-三甲基蒽	256.19	0.02

1.42　玫瑰净油

【基本信息】

名称

中文名称：玫瑰净油
英文名称：rose absolute

管理状况

FEMA：2988
FDA：182.20
GB 2760—2014：N055

性状描述

暗黄色或红褐色浓稠液体。

感官特征

呈浓郁玫瑰花香气。

物理性质

相对密度 d_4^{20}：0.9500～0.9920
折射率 n_D^{20}：1.4920～1.5156
酸值：10～20
酯值：25～40

溶解性：微溶于水，溶于乙醇和油脂。

制备提取方法

用玫瑰浸膏为原料，加 10 倍量的乙醇，在 20℃下浸渍 8～10h，滤去不溶解的原蜡（玫瑰蜡），将乙醇液冷却至−18℃，并在−18℃下过滤以分出二次蜡，然后先用常压，最后在 5.3～6.6kPa 条件下（温度不超过 50℃）真空蒸去乙醇而得。

原料主要产地

主产于保加利亚、土耳其、摩洛哥、俄罗斯等，以及我国的甘肃、山东、北京、四川、新疆等。

作用描述

广泛用于化妆品香精、香水香精和日化品香精，赋予花香作用，有愉快的底香和自然感。可用于调配高档卷烟香精，以增强烟用香精的丰富性和天然韵味。

【玫瑰净油主成分及含量】

取适量玫瑰净油进行气相色谱-质谱分析，记录谱图，按内标法以峰面积计算其含量。玫瑰净油中主要成分为：苯乙醇（45.68%）、β-香茅醇（23.83%）、香叶醇（7.12%）、薄荷酮（3.26%）、甲酸香草酯（2.93%）、芳樟醇（2.38%）、8-γ-桉叶醇（1.69%）、玫瑰醚（1.53%），所有化学成分及含量详见表 1-42。

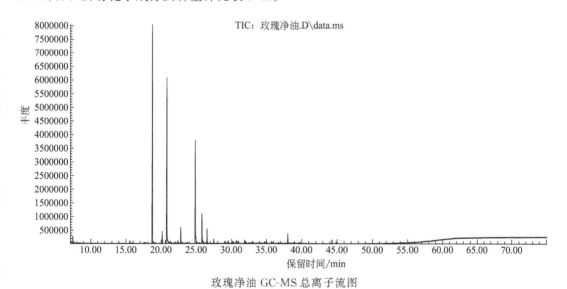

玫瑰净油 GC-MS 总离子流图

表 1-42　玫瑰净油化学成分含量表

序号	英文名称	中文名称	含量/(μg/g)	相对含量/%
1	α-pinene	α-蒎烯	146.39	0.31
2	phenol	苯酚	347.78	0.73
3	β-myrcene	β-月桂烯	98.23	0.21

序号	英文名称	中文名称	含量/(μg/g)	相对含量/%
4	limonene	柠檬烯	121.72	0.25
5	benzyl alcohol	苄醇	164.10	0.34
6	linalool	芳樟醇	1136.23	2.38
7	phenylethyl Alcohol	苯乙醇	21844.39	45.68
8	rose oxide	玫瑰醚	731.74	1.53
9	isomenthone	异薄荷酮	213.18	0.45
10	menthone	薄荷酮	1561.11	3.26
11	α-terpineol	α-松油醇	103.83	0.22
12	β-citronellol	β-香茅醇	11396.97	23.83
13	geraniol	香叶醇	3406.25	7.12
14	4-pyridinenitrile	4-氰基吡啶	227.48	0.48
15	citral	柠檬醛	76.30	0.16
16	citronellyl formate	甲酸香草酯	1400.34	2.93
17	linalyl formate	甲酸芳樟酯	361.99	0.76
18	2,6-dimethyl-2,6-octadiene	2,6-二甲基-2,6-辛二烯	319.15	0.67
19	eugenol	丁香酚	352.95	0.74
20	geranyl acetate	乙酸香叶酯	197.47	0.41
21	copaene	可巴烯	143.13	0.30
22	1-butyl-1H-pyrrole	1-丁基-1H-吡咯	253.31	0.53
23	methyleugenol	丁香酚甲醚	246.32	0.52
24	caryophyllene	石竹烯	350.22	0.73
25	1-aminomethyl-cyclododecanol	1-氨基甲基环十二醇	139.88	0.29
26	humulene	葎草烯	113.26	0.24
27	geranyl isobutyrate	异丁酸香叶酯	327.42	0.69
28	germacrene D	大根香叶烯 D	211.86	0.44
29	δ-cadinene	δ-杜松烯	282.67	0.59
30	8-γ-eudesmol	8-γ-桉叶醇	810.04	1.69
31	undecane	十一烷	83.65	0.17
32	neryl acetate	乙酸橙花酯	139.45	0.29
33	9-nonadecene	9-十九碳烯	365.94	0.77
34	eicosane	二十烷	146.51	0.31

1.43　玫瑰草油

【基本信息】

名称

中文名称：玫瑰草油

英文名称：paimarrsa oil

管理状况

FEMA：2831

FDA：182.20

GB 2760—2014：N189

性状描述

淡黄色至黄色液体，常浑浊和带褐色。

感官特征

有香叶醇甜香和陈草气息，有些像香叶又稍带淡的膏香，并带点药草底韵。

物理性质

相对密度 d_4^{20}：1.8790～1.8920

折射率 n_D^{20}：1.4700～1.4750

旋光度：$-2°～30°$

总醇量：≥88

制备提取方法

由禾本科植物玫瑰草的全草经水蒸气蒸馏得到。

原料主要产地

主产于印度、巴基斯坦等。

作用描述

用于高档香水等化妆品，少量用作食品香料。主要利用玫瑰草油的玫瑰香叶醇样的香韵，另外它还可以作为天然香叶醇的来源。它的甜玫瑰样的特征香可用于桃、杏、茶、苹果、玫瑰和柑橘香精中，也可作为樱桃、覆盆子和草莓香精的修饰剂。也可用于烟用香精。

【玫瑰草油主成分及含量】

取适量玫瑰草油进行气相色谱-质谱分析，记录谱图，按内标法以峰面积计算其含量。玫瑰草油中主要成分为：香叶醇（69.54%）、乙酸香叶酯（11.93%）、芳樟醇（3.83%）、石竹烯（3.35%）、β-罗勒烯（2.33%）、丁酸香叶酯（1.60%）、金合欢醇（1.37%），所有化学成分及含量详见表 1-43。

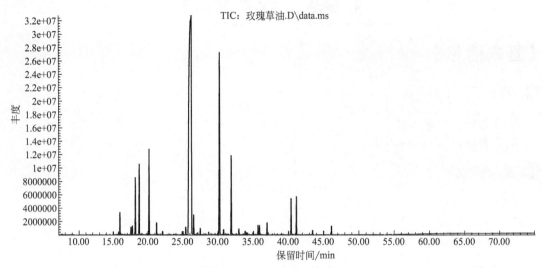

玫瑰草油 GC-MS 总离子流图

表 1-43　玫瑰草油化学成分含量表

序号	英文名称	中文名称	含量/(μg/g)	相对含量/%
1	alcoolamilico	异戊醇	137.68	0.02
2	phenol	苯酚	367.36	0.04
3	6-methyl-5-hepten-2-one	6-甲基-5-庚烯-2-酮	749.24	0.08
4	β-myrcene	β-月桂烯	7289.65	0.82
5	2,6-dimethyl-1,6-octadiene	2,6-二甲基-1,6-辛二烯	503.85	0.06
6	α-pinene	α-蒎烯	168.47	0.02
7	limonene	柠檬烯	2819.24	0.31
8	p-cymene	对伞花烃	257.89	0.03
9	β-ocimene	β-罗勒烯	20623.90	2.33
10	octanol	辛醇	124.10	0.01
11	2-carene	2-蒈烯	477.90	0.05
12	linalool	芳樟醇	33911.34	3.83
13	2,6-dimethyl-2,4,6-octatriene	2,6-二甲基-2,4,6-辛三烯	3839.46	0.43
14	camphor	樟脑	1056.34	0.12
15	α-terpineol	α-松油醇	310.53	0.04
16	nerol	橙花醇	2852.12	0.32
17	3,7-dimethyl-2,6-octadienal	3,7-二甲基-2,6-辛二烯醛	2402.57	0.27
18	geraniol	香叶醇	615925.70	69.54
19	citral	香叶醛	7845.92	0.89

序号	英文名称	中文名称	含量/(μg/g)	相对含量/%
20	geranyl formate	甲酸香叶酯	200.81	0.02
21	2,6-dimethyl-6-(4-methyl-3-pentenyl)-bicyclo[3.1.1]hept-2-ene	2,6-二甲基-6-(4-甲基-3-戊烯基)-双环[3.1.1]庚-2-烯	693.16	0.08
22	methylgeranate	香叶酸甲酯	228.90	0.03
23	3,3,5-trimethyl-cyclohexene	3,3,5-三甲基环己烯	727.40	0.08
24	squalene	角鲨烯	179.17	0.02
25	cyclopropanecarboxylic acid 3-methyl-but-2-enyl ester	环丙烷甲酸-3-甲基丁-2-烯基酯	138.02	0.02
26	oleamide	油酸酰胺	414.07	0.05
27	9-methyl-bicyclo[3.3.1]non-2-en-9-ol	9-甲基二环[3.3.1]壬-2-烯-9-醇	346.87	0.04
28	geranyl acetate	乙酸香叶酯	105636.79	11.93
29	β-elemene	β-榄香烯	1515.99	0.17
30	cyperene	香附子烯	179.46	0.02
31	caryophyllene	石竹烯	29722.32	3.35
32	7,11-dimethyl-3-methylene-1,6,10-dodecatriene	7,11-二甲基-3-亚甲基-1,6,10-十二碳三烯	316.25	0.04
33	humulene	葎草烯	1834.43	0.21
34	2-isopropenyl-4a,8-dimethyl-1,2,3,4,4a,5,6,7-octahydronaphthalene	2-异丙烯基-4a,8-二甲基-1,2,3,4,4a,5,6,7-八氢萘	1107.99	0.13
35	β-selinene	β-芹子烯	1083.25	0.12
36	eremophilene	雅榄蓝烯	606.55	0.07
37	selina-3,7(11)-diene	芹子烷-3,7(11)-二烯	642.57	0.07
38	geranyl butyrate	丁酸香叶酯	14195.83	1.60
39	nerolidol	橙花叔醇	2597.88	0.29
40	caryophyllene oxide	石竹烯氧化物	4145.90	0.47
41	pentanoic acid 3,7-dimethyl-2,6-octadienyl ester	3,7-二甲基-2,6-辛二烯戊酸酯	571.10	0.06
42	3,4-dimethyl-3-cyclohexen-1-carboxaldehyde	3,4-二甲基-3-环己烯-1-甲醛	235.67	0.03
43	10,10-dimethyl-2,6-dimethylenebicyclo[7.2.0]undecan-5β-ol	10,10-二甲基-2,6-二甲基双环[7.2.0]十一烷-5β-醇	291.22	0.03
44	longifolene	长叶烯	130.10	0.01
45	farnesol	金合欢醇	12112.92	1.37
46	pinane	蒎烷	142.51	0.02
47	farnesol acetate	金合欢醇乙酸酯	1048.48	0.12
48	fitone	植酮	218.36	0.02
49	geranyl isobutyrate	异丁酸香叶酯	2347.94	0.27

1.44　玫瑰木油

【基本信息】

名称

中文名称：玫瑰木油
英文名称：bois de rose oil

管理状况

FEMA：2156
FDA：182.20
GB 2760—2014：N188

性状描述

无色至浅黄色液体。

感官特征

清甜新鲜的木香香气，似芳樟醇，但带有木质气息，更有些微似肉豆蔻的辛香和似玫瑰、橙花及木犀草样花香，香气较飘而不够留长。常有樟脑样、胡椒样及桉叶素气息。

物理性质

相对密度 d_4^{20}：0.8740～0.8840
折射率 n_D^{20}：1.4260～1.4685

制备提取方法

由唇形科植物巴西玫瑰木的木质部分经粉碎、浸泡再经水蒸气蒸馏而得，得率为 0.7%～1.2%。

原料主要产地

主产于巴西、圭亚那和秘鲁等。

作用描述

用于调配橙、白柠檬、柠檬、柑橘、茶、玫瑰、桃和其他水果香精。在饮料中，使用玫瑰木油可以增加丰满度、口感和甜度。

玫瑰木油为单离芳樟醇的好原料，并用以制备乙酸芳樟酯。从玫瑰木油单离的芳樟醇质量较好而名贵，可用于配制高档香精，原油也可直接用于各种香精，特别是皂用香精可大量使用，如紫丁香、铃兰、依兰、橙花、甜豆花及玫瑰等。国外也有直接用于洗衣皂加香的。

【玫瑰木油主成分及含量】

取适量玫瑰木油进行气相色谱-质谱分析，记录谱图，按内标法以峰面积计算其含量。

玫瑰木油中主要成分为：芳樟醇（57.43%）、α-松油醇（6.21%）、2,6-二甲基-3,7-辛二烯-2,6-二醇（4.13%）、β-芹子烯（1.98%）、2,6-二甲基-1,7-辛二烯-3,6-二醇（1.29%）、香叶醇（1.02%），所有化学成分及含量详见表1-44。

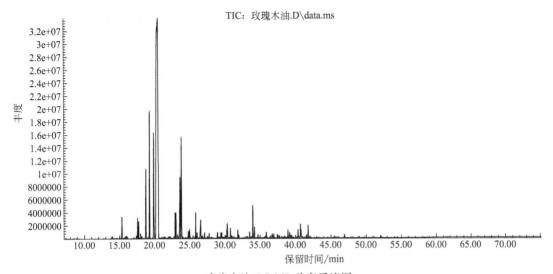

玫瑰木油 GC-MS 总离子流图

表 1-44　玫瑰木油化学成分含量表

序号	英文名称	中文名称	含量/(μg/g)	相对含量/%
1	α-pinene	α-蒎烯	7618.32	0.92
2	2-ethylene-2,6,6-trimethyl-tetra-hydro-2H-pyran	2-乙烯基-2,6,6-三甲基四氢-2H-吡喃	7722.11	0.94
3	6-methyl-5-hepten-2-one	6-甲基-5-庚烯-2-酮	692.17	0.08
4	β-myrcene	β-月桂烯	2051.47	0.25
5	2,3-dimethyl-1,3-heptadiene	2,3-二甲基-1,3-庚二烯	767.54	0.09
6	p-cymene	对伞花烃	1054.06	0.13
7	limonene	柠檬烯	7315.13	0.89
8	eucalyptol	桉叶油醇	5098.38	0.62
9	5-ethenyldihydro-5-methyl-2（3H）-furanone	5-乙烯基二氢-5-甲基-2(3H)-呋喃酮	1782.63	0.22
10	ocimene mixture of isomers	罗勒烯异构体混合物	612.21	0.07
11	ethyl2-(5-methyl-5-vinyltetrahydro-furan-2-yl)propan-2-yl carbonate	2-(5-甲基-5-乙烯基四氢呋喃-2-基)丙-2-基乙酯	110988.80	13.45
12	linalool	芳樟醇	474112.09	57.43
13	hotrienol	脱氢芳樟醇	724.54	0.09
14	plinol	鸢醇	521.28	0.06
15	β-terpineol	β-松油醇	263.57	0.03
16	3-t-pentylcyclopentanone	3-叔戊基环戊酮	861.23	0.10
17	2,2,6-trimethyl-6-ethenyltetrahydro-2H-pyran-3-ol	2,2,6-三甲基-6-乙烯基四氢-2H-呋喃-3-醇	16657.36	2.01

续表

序号	英文名称	中文名称	含量/(μg/g)	相对含量/%
18	terpinen-4-ol	4-松油醇	1186.69	0.14
19	2,6-dimethyl-3,7-octadiene-2,6-diol	2,6-二甲基-3,7-辛二烯-2,6-二醇	34081.76	4.13
20	α-terpineol	α-松油醇	51291.42	6.21
21	tetrahydrofurfuryl acetate	四氢糠醇乙酸酯	2376.76	0.29
22	2-hydroxycineole	2-羟基桉树脑	1477.92	0.18
23	nerol	橙花醇	3657.65	0.44
24	3,7-dimethyl-2,6-octadienal	3,7-二甲基-2,6-辛二烯醛	864.60	0.10
25	geraniol	香叶醇	8435.68	1.02
26	2,6-dimethyl-1,7-octadiene-3,6-diol	2,6-二甲基-1,7-辛二烯-3,6-二醇	10688.09	1.29
27	2,3-dimethyl-bicyclo[2.2.1]hept-2-ene	2,3-二甲基-双环[2.2.1]庚-2-烯	1911.53	0.23
28	p-mentha-1(7),2-dien-8-ol	对薄荷基-1(7),2-二烯-8-醇	1694.48	0.21
29	phytol	叶绿醇	2734.80	0.33
30	3,7-dimethyl-1,5,7-octatrien-3-ol	3,7-二甲基-1,5,7-辛三烯-3-醇	1839.37	0.22
31	2,6-dimethyl-2,7-octadiene-1,6-diol	2,6-二甲基-2,7-辛二烯-1,6-二醇	1597.21	0.19
32	4-methyl-5-methoxy-1-(1-hydroxy-1-isopropyl)cyclohex-3-ene	4-甲基-5-甲氧基-1-(1-羟基-1-异丙基)环己-3-烯	2987.47	0.36
33	β-elemene	β-榄香烯	2927.36	0.35
34	verbenol	马鞭烯醇	726.01	0.09
35	2-butenoic acid propyl ester	2-丁烯酸丙酯	633.86	0.08
36	carvone hydrate	香芹酮水合物	2784.94	0.34
37	1-dodecyn-4-ol	1-十二炔-4-醇	1045.54	0.13
38	cycloisolongifolene	环异长叶烯	2240.61	0.27
39	β-selinene	β-芹子烯	16284.54	1.98
40	α-muurolene	α-依兰油烯	1145.67	0.14
41	propylcyclohexane	丙基环己烷	567.83	0.07
42	nerolidol	橙花叔醇	1850.69	0.22
43	alloaromadendrene	香树烯	2056.31	0.25
44	caryophyllene oxide	石竹烯氧化物	1220.12	0.15
45	7-(1,3-dimethylbuta-1,3-dienyl)-1,6,6-trimethyl-3,8-dioxatricyclo[5.1.0.0(2,4)]octane	7-(1,3-二甲基丁-1,3-二烯基)-1,6,6-三甲基-3,8-二氧杂三环[5.1.0.0(2,4)]辛烷	1143.84	0.14
46	ledol	喇叭茶醇	1093.40	0.13
47	humulene epoxide Ⅱ	环氧化蛇麻烯 Ⅱ	547.54	0.07
48	himbaccol	绿花白千层醇	757.03	0.09
49	2-isopropyl-5-methyl-9-methylene-bicyclo[4.4.0]dec-1-ene	2-异丙基-5-甲基-9-亚甲基二环[4.4.0]癸-1-烯	1052.07	0.13
50	α-cadinol	α-荜澄茄醇	303.41	0.04
51	globulol	蓝桉醇	2409.67	0.29

序号	英文名称	中文名称	含量/(μg/g)	相对含量/%
52	2,6,10-trimethyl-2,6,9,11-dodeca-tetraenal	2,6,10-三甲基-2,6,9,11-十二碳四烯醛	1631.73	0.20
53	1,6-dimethyl-4-(1-methylethyl)-Naphthalene	1,6-二甲基-4-(1-甲基乙基)-萘	901.33	0.11
54	3-(2-isopropyl-5-methylphenyl)-2-methylpropionic acid	3-(2-异丙基-5-甲基苯基)-2-甲基丙酸	2675.67	0.32
55	octahydro-1,4,9,9-tetramethyl-1H-3a,7-methanoazulene	八氢-1,4,9,9-四甲基-1H-3a,7-亚甲基薁	4619.70	0.56
56	3-methyl-2-penten-4-yn-1-ol	3-甲基-2-戊烯-4-炔-1-醇	2493.62	0.30
57	α-cyperone	α-香附酮	1050.91	0.13
58	benzyl Benzoate	苯甲酸苄酯	4261.00	0.52
59	2,3-dihydro-7-hydroxy-3-methyl-1H-inden-1-one	2,3-二氢-7-羟基-3-甲基-1H-茚-1-酮	1458.79	0.18

1.45　迷迭香油

【基本信息】

名称

中文名称：迷迭香油，迷迭香精油

英文名称：rosemary oil，rosemarie oil

管理状况

FEMA：2992

FDA：182.20

GB 2760—2014：N191

性状描述

无色或淡黄色挥发性精油。

感官特征

具有迷迭香所特有的青草似清凉气味和天然樟脑气息。强的清凉，尖鲜的药草香带橙子果香，尖刺、辛辣味，香气强烈，透发性好，给人以清爽之感。

物理性质

相对密度 d_4^{20}：0.8980～0.9180

折射率 n_D^{20}：1.4670～1.4730

酸值：<1.0

由唇形科多年生灌木迷迭香的新鲜幼枝和正在开花的一年生幼芽和花，经水蒸气蒸馏制得。得率为 2％（叶子）～1.4％（花）。

原料主要产地

主产于西班牙、意大利、突尼斯和土耳其等。

作用描述

迷迭香油是空气清新剂的一种通用成分。用于食用香精中可以修饰肉（尤其是羊羔肉和羊肉）、禽肉和鱼的香气。同时，也是重要的烟用香原料之一，具有丰富烟香、掩盖杂气、增加烟气清凉感的效果。

【迷迭香油主成分及含量】

取适量迷迭香油进行气相色谱-质谱分析，记录谱图，按内标法以峰面积计算其含量。迷迭香油中主要成分为：α-蒎烯（28.82％）、柠檬烯（18.34％）、苄醇（16.82％）、樟脑（11.06％）、邻伞花烃（6.21％）、乙酸异龙脑酯（5.46％）、苯甲酸苄酯（2.94％）、乙酸松油酯（1.45％），所有化学成分及含量详见表1-45。

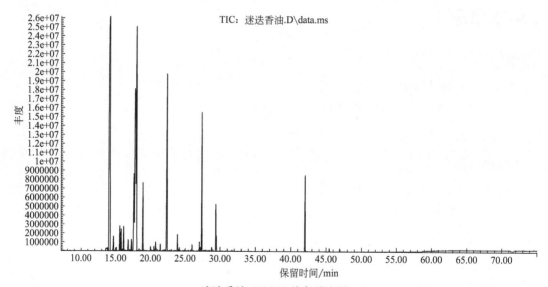

迷迭香油 GC-MS 总离子流图

表 1-45 迷迭香油化学成分含量表

序号	英文名称	中文名称	含量/(μg/g)	相对含量/%
1	tricyclene	三环烯	2057.37	0.24
2	2-thujene	2-侧柏烯	1894.10	0.23
3	α-pinene	α-蒎烯	242340.17	28.82
4	camphene	莰烯	6160.53	0.73
5	benzaldehyde	苯甲醛	885.83	0.11

序号	英文名称	中文名称	含量/(µg/g)	相对含量/%
6	β-phellandrene	β-水芹烯	9351.01	1.11
7	β-pinene	β-蒎烯	8517.97	1.01
8	6-methyl-5-hepten-2-one	6-甲基-5-庚烯-2-酮	378.03	0.04
9	β-myrcene	β-月桂烯	8202.06	0.98
10	1,3-dimethyl-2-methylene-cyclohex-ane	1,3-二甲基-2-亚甲基环己烷	219.48	0.03
11	α-phellandrene	α-水芹烯	4091.61	0.49
12	3-carene	3-蒈烯	645.63	0.08
13	α-terpinene	α-松油烯	4556.91	0.54
14	o-cymene	邻伞花烃	52213.55	6.21
15	limonene	柠檬烯	154166.44	18.34
16	benzyl alcohol	苄醇	141414.33	16.82
17	β-ocimene	β-罗勒烯	410.56	0.05
18	7,7-dimethyl-2-methylene-bicyclo[2.2.1]heptane	7,7-二甲基-2-亚甲基双环[2.2.1]庚烷	154.01	0.02
19	cinene	双戊烯	1181.60	0.14
20	fenchone	葑酮	293.63	0.03
21	linalool	芳樟醇	134.41	0.02
22	α-pinene oxide	α-环氧蒎烷	1151.87	0.14
23	(3,3-dimethylcyclohexylidene)-acet-aldehyde	(3,3-二甲基环己基)-乙醛	2506.54	0.30
24	1-methylamino-bicyclo[2.2.2]oct-2-ene	1-甲基氨基二环[2.2.2]辛-2-烯	232.68	0.03
25	2,6-dimethyl-2,4,6-octatriene	2,6-二甲基-2,4,6-辛三烯	1662.34	0.20
26	limonene oxide	柠檬烯氧化物	161.19	0.02
27	pinocarveol	松香芹醇	321.03	0.04
28	2-bornanone	樟脑	93005.10	11.06
29	isoborneol	异龙脑	240.67	0.03
30	borneol	龙脑	293.72	0.03
31	terpinen-4-ol	4-松油醇	210.72	0.03
32	p-cymene-8-ol	对伞花烃-8-醇	267.50	0.03
33	α-terpineol	α-松油醇	4213.01	0.50
34	sabinol	香桧醇	153.58	0.02
35	verbenone	马鞭草烯酮	163.41	0.02
36	2-methyl-5-(1-methylethenyl)-2-cyclohexen-1-ol	2-甲基-5-(1-甲基乙烯基)-2-环己烯-1-醇	135.18	0.02
37	1,3,3-trimethyl-bicyclo[2.2.1]heptan-2-ol acetate	1,3,3-三甲基-二环[2.2.1]庚-2-醇乙酯	269.17	0.03
38	fenchyl acetate	乙酸葑酯	170.19	0.02

续表

序号	英文名称	中文名称	含量/(μg/g)	相对含量/%
39	carvone	香芹酮	288.51	0.03
40	2-methyl-1-methylene-3-(1-methyle-thenyl)-cyclopentane	2-甲基-1-亚甲基-3-(1-甲基乙烯基)-环戊烷	1571.66	0.19
41	4-ethenyl-1,4-dimethyl-cyclohexene	4-乙烯基-1,4-二甲基环己烯	2489.88	0.30
42	4-carene	4-蒈烯	892.55	0.11
43	isobornyl acetate	乙酸异龙脑酯	45916.68	5.46
44	5-amino-5H-imidazole-4-carboxylic acid ethyl ester	5-氨基-5H-咪唑-4-羧酸乙酯	291.25	0.03
45	1-methylene-4-(1-methylethenyl)-cyclo-hexane	1-亚甲基-4-(1-甲基乙烯基)-环己烷	195.18	0.02
46	5-methyl-3-(1-methylethenyl)-cyclo-hexene	5-甲基-3-(1-甲基乙烯基)-环己烯	1209.19	0.14
47	terpinyl acetate	乙酸松油酯	12227.75	1.45
48	2-norbornylene	2-莰烯	3605.13	0.43
49	4-(1-methylethyl)-1,5-cyclohexa-diene-1-methanol	4-(1-甲基乙基)-1,5-环己二烯-1-甲醇	171.63	0.02
50	longifolene	长叶烯	179.75	0.02
51	benzyl benzoate	苯甲酸苄酯	24739.56	2.94
52	2-allylpent-4-enoic acid benzyl ester	2-甲基戊-4-烯酸苄酯	463.71	0.06
53	vitamin E	维生素 E	1503.93	0.18

1.46   秘鲁油

【基本信息】

名称

中文名称：秘鲁油
英文名称：balsam peru oil

管理状况

FEMA：2116
FDA：182.20
GB 2760—2014：N206

性状描述

红棕色略为黏稠的液体。

感官特征

甜的、肉桂、香草、辛香香气。

▶ 物理性质

相对密度 d_4^{20}：1.1020～1.1220
折射率 n_D^{20}：1.5700～1.5800

▶ 制备提取方法

用挥发性溶剂从秘鲁香脂中提取精油，得油率为 43%～55%。

▶ 原料主要产地

主产于萨尔瓦多，邻近的危地马拉也有少量生产。

▶ 作用描述

用于调配香草、肉桂、果脯香精。

【秘鲁油主成分及含量】

取适量秘鲁油进行气相色谱-质谱分析，记录谱图，按内标法以峰面积计算其含量。秘鲁油中主要成分为：苯甲酸苄酯（82.80%）、肉桂酸苄酯（11.18%）、肉桂酸（2.07%）、橙花叔醇（1.47%）、苯甲酸（1.29%），所有化学成分及含量详见表 1-46。

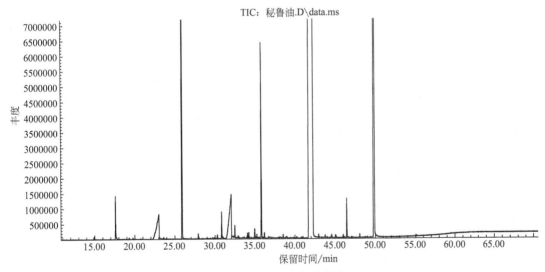

秘鲁油 GC-MS 总离子流图

表 1-46　秘鲁油化学成分含量表

序号	英文名称	中文名称	含量/(μg/g)	相对含量/%
1	benzaldehyde	苯甲醛	97.13	0.01
2	benzyl alcohol	苄醇	2517.89	0.36
3	benzoic acid	苯甲酸	9105.54	1.29
4	*p*-vinylguaiacol	对乙烯基愈疮木酚	267.06	0.04
5	methyl cinnamate	肉桂酸甲酯	315.58	0.05

续表

序号	英文名称	中文名称	含量/(μg/g)	相对含量/%
6	vanillin	香兰素	1539.42	0.22
7	cinnamic acid	肉桂酸	14679.94	2.07
8	coumarin	香豆素	318.39	0.04
9	β-farnesene	β-金合欢烯	659.43	0.09
10	α-farnesene	α-金合欢烯	307.56	0.04
11	β-bisabolene	β-甜没药烯	264.05	0.04
12	homovanillyl alcohol	高香草醇	761.93	0.11
13	α-bisabolene	α-甜没药烯	165.59	0.02
14	nerolidol	橙花叔醇	10376.67	1.47
15	dihydro-3-(2-methyl-2-propenyl)-2,5-furandione	二氢-3-(2-甲基-2-丙烯)-呋喃二酮	280.50	0.04
16	benzyl ether	苄醚	202.73	0.03
17	benzyl benzoate	苯甲酸苄酯	586311.00	82.80
18	benzyl benzeneacetate	苯乙酸苄酯	191.20	0.03
19	N-benzyl-1H-benzimidazole	N-苄基-1H-苯并咪唑	114.13	0.02
20	p-toluic acid benzyl ester	对甲基苯甲酸苄酯	283.69	0.04
21	3-(2-methoxyphenyl)propionic acid	3-(2-甲氧基苯基)丙酸	149.41	0.02
22	benzyl cinnamate	肉桂酸苄酯	79190.66	11.18

1.47　茉莉净油

【基本信息】

名称

中文名称：茉莉净油，小花茉莉浸膏，素馨净油

英文名称：jasmine oil

管理状况

FDA：182.20

GB 2760—2014：N070

性状描述

暗黄色或红褐色黏稠液体。

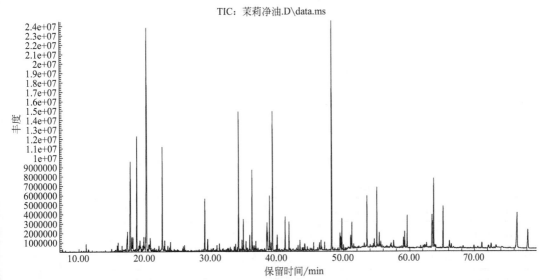 感官特征

具有浓郁花香，温和醇厚，香气扩散力很强，带草、果、茶叶样底香。

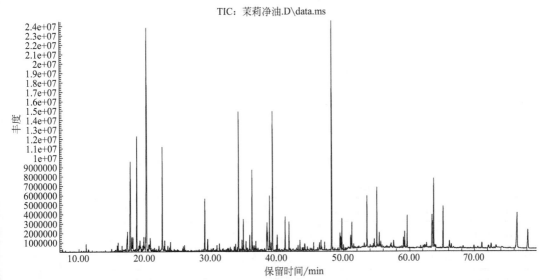 物理性质

相对密度 d_4^{20}：0.9252～0.9920

折射率 n_D^{20}：1.4817～1.5250

旋光度：$-2°～30°$

酸值：$\leqslant 22$

酯值：$\geqslant 80$

溶解性：能溶于 90％乙醇中。

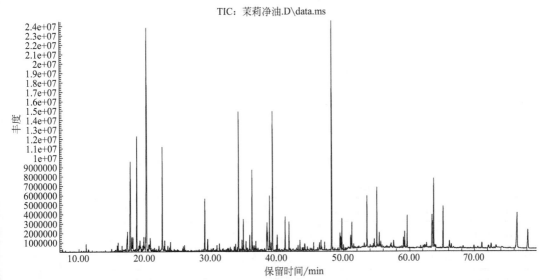 制备提取方法

茉莉浸膏在 50℃下用 10 倍乙醇溶解，冷却至 20℃，过滤以分出原蜡再冷却至 -18℃，并在此温度下再过滤以分出二次蜡，然后在 5333～6599Pa 和低于 50℃下浓缩蒸去乙醇可制得茉莉净油。

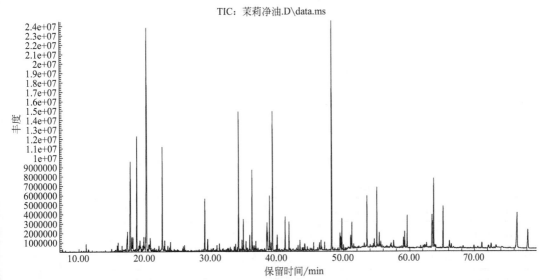 原料主要产地

主要产于中国、印度、伊朗、埃及、土耳其、摩洛哥、阿尔及利亚等。

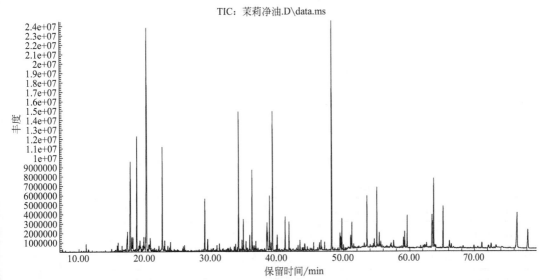 作用描述

用于配制杏、桃、蜜糖、茶叶、覆盆子等香精。也用于调配高级香水、香皂、卷烟、化妆品香精。在烟用香精中微量使用，可增进香气清新自然感，增强花香香韵。

【茉莉净油主成分及含量】

取适量茉莉净油进行气相色谱-质谱分析，记录谱图，按内标法以峰面积计算其含量。茉莉净油中主要成分为：芳樟醇（14.04％）、橙化叔醇（10.51％）、水杨酸己酯（5.73％）、

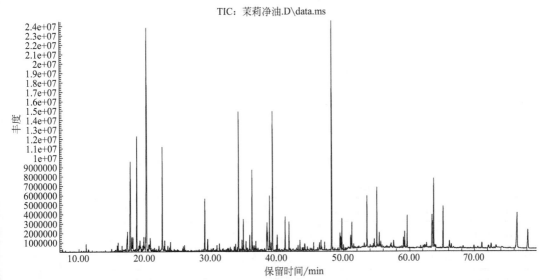

茉莉净油 GC-MS 总离子流图

苄醇（5.53%）、α-金合欢烯（5.29%）、苯乙酸甲酯（4.24%）、2,3-环氧角鲨烯（3.62%）、α-荜澄茄醇（3.34%），所有化学成分及含量详见表 1-47。

表 1-47　茉莉净油化学成分含量表

序号	英文名称	中文名称	含量/(μg/g)	相对含量/%
1	3-hexen-1-ol	3-己烯醇	1160.32	0.20
2	benzaldehyde	苯甲醛	446.43	0.08
3	6-methyl-5-hepten-2-one	6-甲基-5-庚烯-2-酮	934.02	0.16
4	6-methyl-2-heptanol methyl ether	6-甲基-2-庚醇甲基醚	1207.14	0.21
5	leaf acetate	乙酸叶醇酯	951.34	0.16
6	1,1-oxydi-2-propanol	一缩二丙二醇	7790.93	1.35
7	benzyl alcohol	苄醇	32024.41	5.53
8	2-(2-hydroxypropoxy)-1-propanol	2-(2-羟基丙氧基)-1-丙醇	8493.11	1.47
9	dimyrcetol	二氢月桂烯醇	1497.77	0.26
10	linaloloxide	芳樟醇氧化物	3237.23	0.56
11	2,4-dimethyl-undecane	2,4-二甲基十一烷	1444.56	0.25
12	4,6-dimethyl-dodecane	4,6-二甲基十二烷	1597.60	0.28
13	ethyl 2-(5-methyl-5-vinyltetrahydro-furan-2-yl)propan-2-yl carbonate	2-(5-甲基-5-乙烯基四氢呋喃-2-基)丙-2-基碳酸乙酯	2936.27	0.51
14	3,5-dimethyl-undecane	3,5-二甲基十一烷	779.05	0.13
15	dodecane	十二烷	1048.03	0.18
16	methyl benzoate	苯甲酸甲酯	2619.82	0.45
17	linalool	芳樟醇	81303.97	14.04
18	3,7-dimethyl-nonane	3,7-二甲基壬烷	823.05	0.14
19	7,9-dimethyl-hexadecane	7,9-二甲基十六烷	1384.94	0.24
20	2,6,11-trimethyl-dodecane	2,6,11-三甲基十二烷	1469.06	0.25
21	phenylethyl alcohol	苯乙醇	2384.78	0.41
22	triacontyl acetate	三十烷基乙酸酯	827.56	0.14
23	camphor	樟脑	1033.86	0.18
24	methyl phenylacetate	苯乙酸甲酯	24538.59	4.24
25	ethyl benzoate	苯甲酸乙酯	1063.05	0.18
26	2,2,6-trimethyl-6-ethenyltetrahydro-2H-pyran-3-ol	2,2,6-三甲基-6-乙烯基四氢-2H-吡喃-3-醇	1819.97	0.31
27	2,6-dimethyl-3,7-octadiene-2,6-diol	2,6-二甲基-3,7-辛二烯-2,6-二醇	986.46	0.17
28	α-terpineol	α-松油醇	602.09	0.10
29	methyl salicylate	水杨酸甲酯	1650.40	0.28
30	nerol	橙花醇	1013.86	0.18

序号	英文名称	中文名称	含量/(μg/g)	相对含量/%
31	phenethyl acetate	乙酸苯乙酯	1145.27	0.20
32	methyl anthranilate	氨茴酸甲酯	10970.61	1.89
33	2,6-dimethyl-2,7-octadiene-1,6-diol	2,6-二甲基-2,7-辛二烯-1,6-二醇	3458.85	0.60
34	α-pinene	α-蒎烯	493.54	0.09
35	methyl cinnamate	肉桂酸甲酯	609.44	0.11
36	jasmone	茉莉酮	1243.20	0.21
37	methyl 2-(methylamino)benzoate	2-(甲氨基)苯甲酸甲酯	1267.55	0.22
38	2-methylene-4,8,8-trimethyl-4-vinyl-bicyclo[5.2.0]nonane	2-亚甲基-4,8,8-三甲基-4-乙烯基双环[5.2.0]壬烷	383.87	0.07
39	β-famesene	β-金合欢烯	814.24	0.14
40	3,3,5,6,8,8-hexamethyl-tricyclo[5.1.0.0(2,4)]oct-5-ene	3,3,5,6,8,8-六甲基-三环[5.1.0.0(2,4)]辛-5-烯	371.46	0.06
41	humulene	葎草烯	648.96	0.11
42	methyl 2-(3-cyclopropyl-7-norcaranyl)acetate	2-(3-环丙基-7-降冰片基)乙酸甲酯	1329.44	0.23
43	benzyl tiglate	惕各酸苄酯	772.90	0.13
44	α-farnesene	α-金合欢烯	30624.91	5.29
45	α-muurolene	α-依兰油烯	1555.40	0.27
46	δ-cadinene	δ-杜松烯	5872.47	1.01
47	α-bisabolene	α-没药烯	1349.67	0.23
48	3-hexenyl benzoate	3-己烯醇苯甲酸酯	16513.61	2.85
49	hexyl benzoate	苯甲酸己酯	905.08	0.16
50	phenacyl acetate	乙酸苯甲酰甲酯	1104.96	0.19
51	spathulenol	斯巴醇	427.27	0.07
52	1,3-bis(1-methylethyl)-1,3-cyclo-pentadiene	1,3-双(1-甲基乙基)-1,3-环戊二烯	1578.35	0.27
53	methyl 2-acetamidobenzoate	2-乙酰苯甲酸甲酯	610.55	0.11
54	1,2,3,4,4a,7-hexahydro-1,6-dimethyl-4-(1-methylethyl)-naphthalene	1,2,3,4,4a,7-六氢-1,6-二甲基-4-(1-甲基乙基)-萘	503.35	0.09
55	methyl dihydrojasmonate	二氢茉莉酮酸甲酯	3878.66	0.67
56	α-cadinol	α-荜澄茄醇	19322.04	3.34
57	3-hexenyl salicylate	水杨酸-3-己烯酯	1259.59	0.22
58	hexyl salicylate	水杨酸己酯	33199.74	5.73
59	4,8,12-trimethyl-trideca-1,7,11-triene-1,1-dicarbonitrile	4,8,12-三甲基-十三碳-1,7,11-三烯-1,1-二腈	858.18	0.15

续表

序号	英文名称	中文名称	含量/(μg/g)	相对含量/%
60	2-amino-1, 5-dihydro-4*H*-imidazol-4-one	2-氨基-1,5-二氢-4*H*-咪唑-4-酮	3134.53	0.54
61	benzyl benzoate	苯甲酸苄酯	5204.99	0.90
62	isoaromadendrene epoxide	异香橙烯环氧化物	473.45	0.08
63	4-(2, 6, 6-trimethyl-2-cyclohexen-1-ylidene)-2-butanone	4-(2,6,6-三甲基-2-环己烯-1-亚基)-2-丁酮	1023.24	0.18
64	9β-acetoxy-3β-hydroxy-3,5α,8-trimethyltricyclo[6.3.1.0(1,5)]dodecane	9β-乙酰氧基-3β-羟基-3,5α,8-三甲基三环[6.3.1.0(1,5)]十二烷	2105.69	0.36
65	2-(3-methylbutyl) amino-benzoic acid methyl ester	2-(3-甲基丁基)氨基苯甲酸甲酯	574.67	0.10
66	caffeine	咖啡因	783.98	0.14
67	7-acetyl-6-ethyl-1, 1, 4, 4-tetramethyltetralin	7-乙酰基-6-乙基-1,1,4,4-四甲基四氢化萘	2000.18	0.35
68	benzyl salicylate	柳酸苄酯	509.25	0.09
69	farnesol	金合欢醇	1228.88	0.21
70	methyl hexadecanoate	棕榈酸甲酯	1677.85	0.29
71	isophytol	异植物醇	401.24	0.07
72	hexadecanoic acid	棕榈酸	2953.55	0.51
73	neryl acetate	乙酸橙花酯	671.85	0.12
74	ethyl palmitate	棕榈酸乙酯	1283.67	0.22
75	nerolidol	橙花叔醇	60848.85	10.51
76	diphenyl-propanetrione	二苯丙三酮	3229.26	0.56
77	methyl linoleate	亚油酸甲酯	3084.72	0.53
78	methyl linolenate	亚麻酸甲酯	7188.12	1.24
79	phytol	叶绿醇	1120.05	0.19
80	3-ethenyl-cyclooctene	3-乙烯基-环辛烯	975.73	0.17
81	ethyl linoleate	亚油酸乙酯	2119.18	0.37
82	ethyl oleate	油酸乙酯	1237.62	0.21
83	ethyl linolenate	亚麻酸乙酯	4311.72	0.74
84	bemegride methyl derivative	贝美格甲基衍生物	621.13	0.11
85	linoleic acid	亚油酸	3693.12	0.64
86	9-tricosene	9-二十三烯	9140.99	1.58
87	1,2,3,4,4a,5,6,7,8,9,10,10a-dodecahydro-1, 4a-dimethyl-7-(1-methylethyl)-1-phenanthrenecarboxylic acid methyl ester	1,2,3,4,4a,5,6,7,8,9,10,10a-十二氢-1,4a-二甲基-7-(1-甲基乙基)-1-菲羧酸甲酯	15201.78	2.63

续表

序号	英文名称	中文名称	含量/(μg/g)	相对含量/%
88	10-methyl-endo-tricyclo [5.2.1.0 (2.6)]decane	10-甲基桥-三环[5.2.1.0(2.6)]癸烷	552.64	0.10
89	stevioside	甜叶菊苷元	719.42	0.12
90	methyl dehydroabietate	脱氢枞酸甲酯	3476.82	0.60
91	dodecanoic acid 5-hexen-1-yl ester	十二烷酸-5-己烯-1-基酯	1288.97	0.22
92	2-octadecen-1-ol	2-十八碳烯-1-醇	2280.20	0.39
93	1-methyl-3-(1-methylethyl)-cyclopentane	1-甲基-3-(1-甲基乙基)-环戊烷	1209.90	0.21
94	linolenic acid	亚麻酸	3773.19	0.65
95	benzyl laurat	月桂酸苄酯	5894.31	1.02
96	myrcenol	月桂烯醇	781.58	0.13
97	3-(2-methyl-2-hydroxy-propyl)-menthane	3-(2-甲基-2-羟基-丙基)-薄荷烷	608.50	0.11
98	2-methyl-5-(2, 6, 6-trimethyl-cyclohex-1-enyl)-pentane-2,3-diol	2-甲基-5-(2,6,6-三甲基-环己-1-烯基)-戊烷-2,3-二醇	883.43	0.15
99	α,α-dimethyl-cyclopentanemethanol	α,α-二甲基环戊烷甲醇	1209.06	0.21
100	9, 12-octadecadienoic acid phenylmethyl ester	9,12-十八碳二烯酸苄酯	9154.40	1.58
101	9-hexadecenoic acid phenylmethyl ester	9-十六碳烯酸苄酯	6094.35	1.05
102	13-docosenamide	芥酸酰胺	735.94	0.13
103	squalene	角鲨烯	11327.10	1.96
104	1,4-cyclohexanedimethanamine	1,4-环己烷二甲胺	2728.30	0.47
105	2, 4, 4-trimethyl-3-hydroxymethyl-5a-(3-methyl-but-2-enyl)-cyclohexene	2,4,4-三甲基-3-羟基甲基-5a-(3-甲基-丁-2-烯基)-环己烷	902.05	0.16
106	2,3-epoxy squalene	2,3-环氧角鲨烯	20935.78	3.62
107	8-pentadecen-1-ol acetate	乙酸-8-十五碳烯-1-酯	1544.44	0.27
108	14-methyl-8-hexadecyn-1-ol	14-甲基-8-十六炔-1-醇	2707.96	0.47
109	2, 2-dimethyl-3-(3, 7, 16, 20-tetramethyl-heneicosa-3, 7, 11, 15, 19-pentaenyl)-oxirane	2,2-二甲基-3-(3,7,16,20-四甲基-二十一烷基-3,7,11,15,19 -戊基)-环氧乙烷	1156.21	0.20
110	ethoxycitronellal	乙氧基香茅醛	9451.54	1.63

1.48　白柠檬（酸橙）油

【基本信息】

名称

中文名称：白柠檬（酸橙）油，莱姆油，梨莓油

英文名称：lime oil

管理状况

FEMA：2631
FDA：182.20
GB 2760—2014：N034

性状描述

蒸馏法：无色至浅黄色液体。
冷榨法：黄色至绿黄色液体。

感官特征

冷榨法制得的白柠檬油具有强烈的柠檬特征香气，新鲜和甜清的果皮样香气，稍有药香。

蒸馏法制得的白柠檬油具有白柠檬干果的特征香气，类似于柑橘的香气。

物理性质

蒸馏法
相对密度 d_4^{20}：0.8560～0.8650
折射率 n_D^{20}：1.4740～1.4780
旋光度：+35°～47°
冷榨法
相对密度 d_4^{20}：0.8740～0.8820
折射率 n_D^{20}：1.4820～1.4860
旋光度：+35°～+41°

制备提取方法

由芳香科植物白柠檬（*Citrus auran-fifolia* Swingle）的果皮或果实经水蒸气蒸馏或冷榨得到。蒸馏法得油率为 0.3%～0.4%，冷榨法得油率为 0.1%～0.35%。

原料主要产地

国外主要产于墨西哥、巴西、美国、秘鲁、古巴、牙买加、多米尼亚、海地、危地马拉等。我国主要产于南方地区。

作用描述

主要用于调配柠檬、柑橘等果香型饮料用香精。用于调配白柠檬型、可乐型等食用香精以及烟草及酒用香精等，在香水、化妆品、香皂等日用香精中也有应用。作为烟用香精具有减少杂气、柔和烟气等作用。

【白柠檬油主成分及含量】

取适量白柠檬油进行气相色谱-质谱分析，记录谱图，按内标法以峰面积计算其含量。白柠檬油中主要成分为：柠檬烯（40.88%）、γ-松油烯（12.74%）、α-松油醇（9.09%）、双戊烯（8.53％）、1,4-桉树脑（5.24％）、β-蒎烯（2.50％）、β-甜没药烯（2.30％）、α-香柑油烯（1.46％），所有化学成分及含量详见表 1-48。

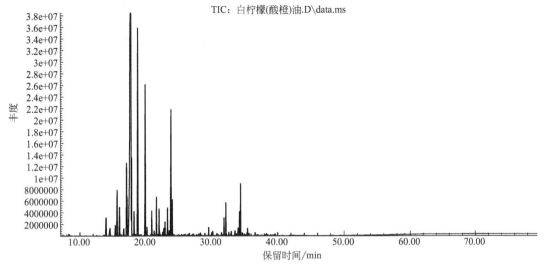

白柠檬油 GC-MS 总离子流图

表 1-48　白柠檬油化学成分含量表

序号	英文名称	中文名称	含量/(μg/g)	相对含量/%
1	α-pinene	α-蒎烯	9384.99	1.12
2	camphene	莰烯	5178.00	0.62
3	2-ethylene-2，6，6-trimethyl-tetra-hydro-2H-pyran	2-乙烯基-2,6,6-三甲基四氢-2H-吡喃	3728.79	0.44
4	β-pinene	β-蒎烯	21027.57	2.50
5	β-myrcene	β-月桂烯	11471.96	1.37
6	α-phellandrene	α-水芹烯	3142.05	0.37
7	1,4-cineole	1,4-桉树脑	43967.10	5.24
8	limonene	柠檬烯	343178.88	40.88
9	β-ocimene	β-罗勒烯	6881.58	0.82
10	γ-terpinene	γ-松油烯	106982.57	12.74
11	cinene	双戊烯	71600.69	8.53
12	linalool	芳樟醇	2541.62	0.30
13	fenchol	葑醇	7518.29	0.90
14	2,6-dimethyl-2,4,6-octatriene	2,6-二甲基-2,4,6-辛三烯	1065.06	0.13
15	1-methyl-4-(1-methylethyl)-3-cyclo-hexen-1-ol	1-甲基-4-(1-甲基乙基)-3-环己烯-1-醇	12279.43	1.46

续表

序号	英文名称	中文名称	含量/(μg/g)	相对含量/%
16	β-terpineol	β-松油醇	11281.25	1.34
17	2,6-dimethyl-5,7-octadien-2-ol	2,6-二甲基-5,7-辛二烯-2-醇	1191.33	0.14
18	neoisothujyl alcohol	新异侧柏醇	1354.74	0.16
19	borneol	龙脑	5696.82	0.68
20	terpinen-4-ol	4-松油醇	9433.92	1.12
21	p-cymene-8-ol	对伞花烃-8-醇	2562.63	0.31
22	α-terpineol	α-松油醇	76314.78	9.09
23	γ-terpineol	γ-松油醇	11998.74	1.43
24	1,4-dihydroxy-p-menth-2-ene	1,4-二羟基-对-薄荷-2-烯	776.61	0.09
25	sorbic acid	山梨酸	871.84	0.10
26	δ-elemene	δ-榄香烯	909.76	0.11
27	neryl-2-methylbutanoate	2-甲基丁酸橙花酯	3044.66	0.36
28	neryl acetate	乙酸橙花酯	1267.16	0.15
29	β-elemene	β-榄香烯	1014.40	0.12
30	caryophyllene	石竹烯	5939.38	0.71
31	α-bergamotene	α-香柑油烯	12241.84	1.46
32	β-farnesene	β-金合欢烯	1038.92	0.12
33	humulene	葎草烯	1951.70	0.23
34	γ-selinene	γ-芹子烯	1965.64	0.23
35	δ-selinene	δ-芹子烯	3053.33	0.36
36	α-farnesene	α-金合欢烯	10101.45	1.20
37	β-bisabolene	β-甜没药烯	19347.16	2.30
38	α-cedrene	α-柏木烯	985.75	0.12
39	α-bisabolene	α-甜没药烯	844.66	0.10
40	α-gurjunene	α-古芸烯	2537.51	0.30
41	selina-3,7(11)-diene	3,7(11)-芹子二烯	829.28	0.10
42	caryophyllenyl alcohol	石竹烯醇	1074.71	0.13

1.49　柠檬油

【基本信息】

名称

中文名称：柠檬油，香橼皮油

英文名称：*Citrus* oil

管理状况

FEMA：2625

FDA：182.20

GB 2760—2014：N086

性状描述

冷磨法：绿黄色或黄色澄清液体。

蒸馏法：无色至苍黄色液体。

感官特征

浓郁的柠檬香气。具有轻快、新鲜的清甜果香，有成熟柠檬果皮的香气。

物理性质

相对密度 d_4^{20}：0.8420～0.8580

折射率 n_D^{20}：1.4700～1.4750

旋光度：+57°～+65°

沸点：222℃

溶解性：可溶于大多数挥发性油、矿物油和乙醇（可出现浑浊），不溶于甘油和丙二醇。

制备提取方法

采用冷磨柠檬新鲜整果或以水蒸气蒸馏果皮制得。冷磨法得油率为 0.2%～0.5%，蒸馏法得油率为 0.6%。

原料主要产地

主要产于阿根廷、美国、意大利、西班牙、印度和澳大利亚等。我国四川产柠檬油质量较好，云南、广西也有少量生产。

作用描述

柠檬油是一种应用广泛的重要果香香料，用于调配柠檬、可乐、香蕉、菠萝、樱桃、甜瓜等食用香精。也常用于香水、花露水、香皂、化妆品和烟草香精中。作为烟用香精具有增进卷烟果香、降低刺激、提高卷烟吸食品质的作用。

【柠檬油主成分及含量】

取适量柠檬油进行气相色谱-质谱分析，记录谱图，按内标法以峰面积计算其含量。柠檬油中主要成分为：柠檬烯（83.70%）、柠檬醛（4.56%）、β-蒎烯（1.83%）、芳樟醇（1.80%）、β-月桂烯（1.48%），所有化学成分及含量详见表1-49。

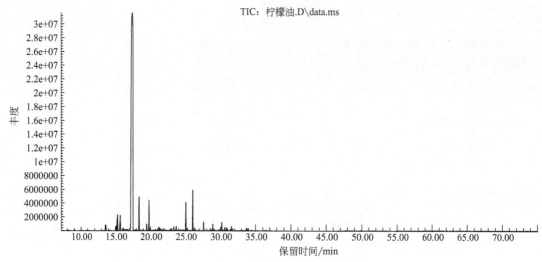

柠檬油 GC-MS 总离子流图

表 1-49　柠檬油化学成分含量表

序号	英文名称	中文名称	含量/(μg/g)	相对含量/%
1	ethyl butyrate	丁酸乙酯	303.00	0.04
2	3-thujene	3-侧柏烯	210.78	0.03
3	α-pinene	α-蒎烯	6035.82	0.75
4	β-phellandrene	β-水芹烯	4217.19	0.52
5	β-pinene	β-蒎烯	14695.86	1.83
6	β-myrcene	β-月桂烯	11876.29	1.48
7	octanal	辛醛	1369.82	0.17
8	2,4,5,6,7,7a-hexahydro-4,7-methano-1H-indene	2,4,5,6,7,7a-六氢-4,7-亚甲基-1H-茚	695.58	0.09
9	3-carene	3-蒈烯	1070.81	0.13
10	1,4-cineole	1,4-桉树脑	1107.89	0.14
11	limonene	柠檬烯	672607.40	83.70
12	β-ocimene	β-罗勒烯	387.01	0.05
13	pentyl-cyclopropane	戊基环丙烷	146.52	0.02
14	linalool	芳樟醇	14444.67	1.80
15	nonanal	壬醛	385.30	0.05
16	3-methyl-4-methylene-bicyclo[3.2.1]oct-2-ene	3-甲基-4-亚甲基双环[3.2.1]辛-2-烯	382.78	0.05
17	p-mentha-2,8-dien-1-ol	对薄荷-2,8-二烯-1-醇	536.22	0.07

序号	英文名称	中文名称	含量/(μg/g)	相对含量/%
18	limonene oxide	柠檬烯氧化物	2809.13	0.35
19	allylcyclopentane	丙烯基环戊烷	374.87	0.05
20	citronellal	香茅醛	756.13	0.09
21	4-methyl-1,4-heptadiene	4-甲基-1,4-庚二烯	406.14	0.05
22	2,2-dimethyl-5-methylene-bicyclo[2.2.1]heptane	2,2-二甲基-5-亚甲基双环[2.2.1]庚烷	186.78	0.02
23	1-(1-cyclohexen-1-yl)-ethanone	1-(1-环己烯-1-基)-乙酮	1083.79	0.13
24	p-cymene-8-ol	对伞花烃-8-醇	320.66	0.04
25	α-terpineol	α-松油醇	1752.55	0.22
26	bicyclo[5.2.0]non-1-ene	二环[5.2.0]壬-1-烯	379.80	0.05
27	decanal	癸醛	1919.25	0.24
28	2-methyl-5-(1-methylethenyl)-2-cyclohexen-1-ol	2-甲基-5-(1-甲基乙烯基)-2-环己烯-1-醇	839.03	0.10
29	β-citronellol	β-香茅醇	379.17	0.05
30	verbenol	马鞭草烯醇	4757.32	0.59
31	citral	柠檬醛	36690.54	4.56
32	carvone	香芹酮	1180.13	0.15
33	1,1-diethoxy-pentane	1,1-二乙氧基戊烷	276.53	0.03
34	3,3,6-trimethyl-4,5-heptadien-2-one	3,3,6-三甲基-4,5-庚二烯-2-酮	4286.62	0.53
35	2,6-dimethyl-2,6-octadiene	2,6-二甲基-2,6-辛二烯	422.28	0.05
36	α-bisabolene epoxide	α-甜没药烯环氧化物	3047.26	0.38
37	neryl acetate	乙酸橙花酯	788.76	0.10
38	geranyl acetate	乙酸香叶酯	348.06	0.04
39	copaene	可巴烯	358.99	0.04
40	α-selinene	α-芹子烯	610.58	0.08
41	methylenecyclooctane	亚甲基环辛烷	1471.19	0.18
42	butyl methacrylate	甲基丙烯酸丁酯	1308.75	0.16
43	caryophyllene	石竹烯	507.35	0.06
44	citral diethyl acetal	柠檬醛二乙醇缩醛	1734.02	0.22
45	2,6-dimethyl-6-(4-methyl-3-pentenyl)-bicyclo[3.1.1]hept-2-ene	2,6-二甲基-6-(4-甲基-3-戊烯基)-双环[3.1.1]庚-2-烯	929.21	0.12
46	valencene	巴伦西亚橘烯	1124.50	0.14
47	α-farnesene	α-金合欢烯	453.19	0.06
48	β-bisabolene	β-没药烯	941.56	0.12
49	δ-cadinene	δ-杜松烯	370.02	0.05
50	2-methyl-2-(4-methyl-3-pentenyl)-cyclopropanemethanol	2-甲基-2-(4-甲基-3-戊烯基)环丙甲醇	318.67	0.04

1.50 牛至油

【基本信息】

名称

中文名称：牛至油，皮萨草油，牛至香酚，香芹酚
英文名称：*Origanum* oil

管理状况

FEMA：2828
FDA：182.20
GB 2760—2014：N154

性状描述

黄红色至棕红色油状液体。

感官特征

具有中草药牛至特有气味，似百里香的辛辣芳香气味。只有在高度稀释时才有令人愉快的香味。

物理性质

相对密度 d_4^{20}：0.9336～0.9356
折射率 n_D^{20}：1.5024～1.5048
沸点：236～237℃
旋光度：$-2°$～$+3°$
溶解性：不溶于甘油，溶于乙醇，溶于大多数非挥发性油和丙二醇。

制备提取方法

由产于地中海地区的芳香植物牛至及其牛至属植物开花时的全草经水蒸气蒸馏而得，得率约 0.9%。

原料主要产地

主要产于西班牙、摩洛哥、法国、葡萄牙和意大利等，我国新疆、甘肃、陕西、河南、云南、贵州、广西、江西等地也有种植。

作用描述

用于辛香香精、烟用香精、肉类香精、咖啡和巧克力香精等。医学上具有很强的杀菌抑菌及抗氧化作用，具有清热、化湿、祛暑、解表、理气功效。作为烟用香精具有提升烟气口感的作用。

【牛至油主成分及含量】

取适量牛至油进行气相色谱-质谱分析，记录谱图，按内标法以峰面积计算其含量。牛至油中主要成分为：香芹酚（50.72%）、对伞花烃（16.12%）、γ-松油烯（9.64%）、百里香酚（5.82%）、芳樟醇（3.91%）、α-蒎烯（2.38%）、β-月桂烯（1.89%）、石竹烯（1.73%），所有化学成分及含量详见表 1-50。

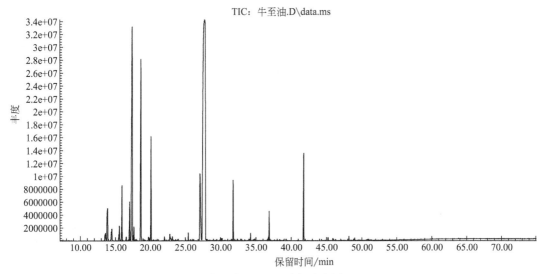

牛至油 GC-MS 总离子流图

表 1-50 牛至油化学成分含量表

序号	英文名称	中文名称	含量/(μg/g)	相对含量/%
1	2-thujene	2-侧柏烯	3945.92	0.53
2	α-pinene	α-蒎烯	17816.04	2.38
3	camphene	莰烯	5634.83	0.76
4	β-pinene	β-蒎烯	6261.00	0.84
5	β-myrcene	β-月桂烯	14147.04	1.89
6	3-carene	3-蒈烯	194.73	0.03
7	2-carene	2-蒈烯	11027.31	1.47
8	p-cymene	对伞花烃	120603.28	16.12
9	limonene	柠檬烯	1268.28	0.17
10	eucalyptol	桉叶油醇	2567.63	0.34
11	γ-terpinene	γ-松油烯	72142.45	9.64
12	1-methyl-4-(1-methylethenyl)-cyclo-hexanol	1-甲基-4-(1-甲基乙烯基)-环己醇	382.32	0.05
13	4-carene	4-蒈烯	870.03	0.12
14	fenchone	葑酮	518.20	0.07
15	linalool	芳樟醇	29280.40	3.91
16	thujone	侧柏酮	230.50	0.03

序号	英文名称	中文名称	含量/(μg/g)	相对含量/%
17	2,6-dimethyl-2,4,6-octatriene	2,6-二甲基-2,4,6-辛三烯	192.41	0.03
18	camphor	樟脑	708.60	0.09
19	2,6-dimethyl-3,5,7-octatriene-2-ol	2,6-二甲基-3,5,7-辛三烯-2-醇	219.05	0.03
20	borneol	龙脑	3419.90	0.46
21	4-terpinenol	4-松油烯醇	1277.32	0.17
22	α-terpineol	α-松油醇	847.88	0.11
23	2-isopropyl-1-methoxy-4-methylben-zene	2-异丙基-1-甲氧基-4-甲基苯	1496.01	0.20
24	linalyl anthranilate	邻氨基苯甲酸芳樟醇酯	297.88	0.04
25	geraniol	香叶醇	377.83	0.05
26	thymol	百里香酚	43560.83	5.82
27	carvacrol	香芹酚	379436.46	50.72
28	thymol acetate	乙酸百里酚酯	362.56	0.05
29	2-methyl-3-(3-methyl-but-2-enyl)-2-(4-methyl-pent-3-enyl)-oxetane	2-甲基-3-(3-甲基-丁-2-烯基)-2-(4-甲基-戊-3-烯基)-氧杂环丁烷	488.95	0.07
30	neryl acetate	乙酸橙花酯	487.18	0.07
31	copaene	可巴烯	392.35	0.05
32	2-(3-buten-1-yl)-cycloheptanone	2-(3-丁烯-1-基)-环庚酮	299.86	0.04
33	caryophyllene	石竹烯	12946.43	1.73
34	alloaromadendrene	香树烯	704.70	0.10
35	humulene	葎草烯	338.20	0.05
36	γ-muurolene	γ-依兰油烯	211.43	0.03
37	β-bisabolene	β-甜没药烯	1367.39	0.18
38	α-muurolene	α-依兰油烯	222.51	0.03
39	δ-cadinene	δ-杜松烯	423.61	0.06
40	spathulenol	斯巴醇	286.14	0.04
41	caryophyllene oxide	石竹烯氧化物	7272.38	0.98
42	humulene epoxide Ⅱ	环氧化蛇麻烯 Ⅱ	214.50	0.03
43	2-isopropyl-5-methyl-9-methylene-bi-cyclo[4.4.0]dec-1-ene	2-异丙基-5-甲基-9-亚甲基二环[4.4.0]癸-1-烯	270.49	0.04
44	2-hydroxy-3-methylbenzaldehyde	2-羟基-3-甲基苯甲醛	213.54	0.03
45	fenchyl acetate	乙酸葑酯	572.83	0.08
46	adamantane	金刚烷	427.12	0.06
47	7,11,15-trimethyl-3-methylene-hexa-deca-1,6,10,14-tetraene	7,11,15-三甲基-3-亚甲基-1,6,10,14-十六碳四烯	210.96	0.03
48	1,4,5,6,7,7a-hexahydro-7a-methyl-2H-inden-2-one	1,4,5,6,7,7a-六氢-7a-甲基-2H-茚-2-酮	248.62	0.03
49	2,3,5,6-tetramethyl-phenol	2,3,5,6-四甲基苯酚	510.46	0.07

1.51　欧芹油

【基本信息】

名称

中文名称：欧芹油，欧芹籽油，欧芹茎油

英文名称：parsley seed oil

管理状况

FEMA：2837

FDA：182.20

GB 2760—2014：N251

性状描述

黄色至浅褐色黏稠状挥发性精油。

感官特征

具有欧芹茎所特有的香气，略带苦味。

物理性质

相对密度 d_4^{20}：1.0500～1.0520

折射率 n_D^{20}：1.5150～1.5174

沸点：290℃

熔点：0.5～1℃

溶解性：溶于大多数非挥发性油、矿物油、乙醇及乙醚中，微溶于水和丙二醇，不溶于甘油。

制备提取方法

由伞形科植物欧芹的成熟种子经水蒸气蒸馏而得，得率约3.0%。或由伞形科植物欧芹地上部分的全株（包括未成熟的种子）经水蒸气蒸馏而得。

原料主要产地

主要产于法国、德国等。

作用描述

主要用于肉类罐头香料及调味料。还用于调配泡菜、汤类、肉糜、香肠和罐头食品等。

【欧芹油主成分及含量】

取适量欧芹油进行气相色谱-质谱分析，记录谱图，按内标法以峰面积计算其含量。欧芹油中主要成分为：肉豆蔻醚（33.51%）、洋芹醚（19.59%）、α-蒎烯（12.77%）、β-蒎烯

（9.28%）、榄香素（4.69%）、2-侧柏烯（4.58%），所有化学成分及含量详见表1-51。

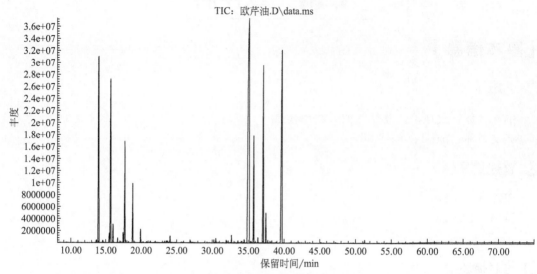

欧芹油 GC-MS 总离子流图

表 1-51　欧芹油化学成分含量表

序号	英文名称	中文名称	含量/(μg/g)	相对含量/%
1	2-methyl-5-（1-methylethyl）-bicyclo[3.1.0]hex-2-ene	2-甲基-5-（1-甲基乙基）-双环[3.1.0]己-2-烯	1318.09	0.16
2	α-pinene	α-蒎烯	104203.96	12.77
3	camphene	莰烯	767.83	0.09
4	β-pinene	β-蒎烯	75727.67	9.28
5	β-myrcene	β-月桂烯	4201.81	0.51
6	α-phellandrene	α-水芹烯	1117.76	0.14
7	α-terpinene	α-松油烯	214.41	0.03
8	m-cymene	间伞花烃	2398.58	0.29
9	2-thujene	2-侧柏烯	37386.92	4.58
10	β-ocimene	β-罗勒烯	737.02	0.09
11	γ-terpinene	γ-松油烯	1777.00	0.22
12	p-isopropenylstyrene	对异丙烯基苯乙烯	3168.32	0.39
13	1-methyl-4-（1-methylethenyl）-1,3-cyclohexadiene	1-甲基-4-(1-甲基乙烯基)-1,3-环己二烯	204.52	0.03
14	2,6-dimethyl-2,4,6-octatriene	2,6-二甲基-2,4,6-辛三烯	312.89	0.04
15	terpinen-4-ol	4-松油醇	451.86	0.06
16	4-methylacetophenone	4-甲基苯乙酮	551.64	0.07
17	2-ethenyl-2-butenal	2-乙烯基-2-丁烯醛	393.56	0.05
18	α-terpineol	α-松油醇	251.54	0.03
19	myrtenal	桃金娘烯醛	1470.23	0.18
20	phellandral	水芹醛	632.45	0.08

序号	英文名称	中文名称	含量/(μg/g)	相对含量/%
21	neryl acetate	乙酸橙花酯	716.85	0.09
22	calarene	白菖烯	932.91	0.11
23	caryophyllene	石竹烯	624.93	0.08
24	2,6-dimethyl-6-(4-methyl-3-pentenyl)-bicyclo[3.1.1]hept-2-ene	2,6-二甲基-6-(4-甲基-3-戊烯基)-双环[3.1.1]庚-2-烯	481.78	0.06
25	β-farnesene	β-金合欢烯	1506.30	0.18
26	β-ylangene	β-依兰烯	410.28	0.05
27	α-selinene	α-芹子烯	286.34	0.04
28	2,4a,5,6,7,8,9,9a-octahydro-3,5,5-trimethyl-9-methylene-1H-benzocycloheptene	2,4a,5,6,7,8,9,9a-八氢-3,5,5-三甲基-9-亚甲基-1H-苯并环庚烯	958.54	0.12
29	myristicin	肉豆蔻醚	273468.60	33.51
30	4-methyl-imidazole-5-carboxylic acid	4-甲基咪唑-5-羧酸	295.15	0.04
31	elemicin	榄香素	38288.43	4.69
32	2,2,5,5-tetramethyl-bicyclo[6.3.0]undec-1(8)-en-3-one	2,2,5,5-四甲基双环[6.3.0]十一-1(8)-烯-3-酮	1133.74	0.14
33	1,2,3,4-tetramethoxy-5-(2-propenyl)-benzene	1,2,3,4-四甲氧基-5-(2-丙烯基)-苯	92188.99	11.30
34	carotol	胡萝卜醇	6688.43	0.82
35	4-hydroxy-1H-indole-3-carboxylic acid	4-羟基-1H-吲哚-3-羧酸	476.20	0.06
36	apiol	洋芹醚	159850.98	19.59
37	ethyl oleate	油酸乙酯	457.99	0.06

1.52　葡萄柚油

【基本信息】

名称

中文名称：葡萄柚油，圆柚油
英文名称：grapefruit oil

管理状况

FEMA：2530
FDA：182.20
GB 2760—2014：N051

性状描述

黄色至黄绿、有时带红色的挥发性精油，在贮存中可有蜡状物析出。

感官特征

有清新的水果气味，呈新鲜、甘甜、柔和的柑橘香气，略带草药的气味。

物理性质

相对密度 d_4^{20}：0.8400～0.8600

折射率 n_D^{20}：1.4740～1.4790

旋光度：+86°～+96°

沸点：171℃

溶解性：溶于大多数非挥发性油和矿物油，并常呈乳白色或絮状，微溶于丙二醇、不溶于甘油。

制备提取方法

由芸香科植物葡萄柚（*Citrus paradisi*）的新鲜果皮采用冷榨方法压榨制得，出油率在0.5%～1%之间。

原料主要产地

主要产于美国、西印度群岛和法国，以色列等也有少量生产。

作用描述

主要用来配制人造香柠檬油、柠檬油，也用于调配食用香精和日用香精，如调配清凉饮料、果酱、果冻、糖果等，增强柠檬、橘子等水果香味。作为烟用香精具有增进卷烟果香、减少杂气等作用。

【葡萄柚油主成分及含量】

取适量葡萄柚油进行气相色谱-质谱分析，记录谱图，按内标法以峰面积计算其含量。葡萄柚油中主要成分为：柠檬烯（85.82%）、β-月桂烯（4.36%）、α-蒎烯（1.39%）、芳樟

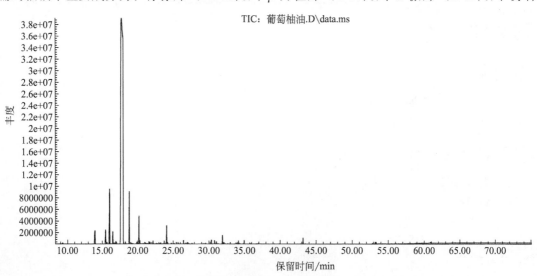

葡萄柚油 GC-MS 总离子流图

醇（1.28%）、2-侧柏烯（1.06%），所有化学成分及含量详见表 1-52。

表 1-52　葡萄柚油化学成分含量表

序号	英文名称	中文名称	含量/(μg/g)	相对含量/%
1	butanoic acid ethyl ester	丁酸乙酯	806.68	0.10
2	α-pinene	α-蒎烯	11192.81	1.39
3	2-thujene	2-侧柏烯	8552.90	1.06
4	β-pinene	β-蒎烯	1302.42	0.16
5	β-myrcene	β-月桂烯	35032.67	4.36
6	octanal	辛醛	5852.56	0.73
7	α-phellandrene	α-水芹烯	850.91	0.11
8	3-carene	3-蒈烯	2027.57	0.25
9	limonene	柠檬烯	689889.62	85.82
10	β-ocimene	β-罗勒烯	928.52	0.11
11	octanol	辛醇	423.64	0.05
12	1-methyl-4-(1-methylethenyl)-cyclo-hexanol	1-甲基-4-(1-甲基乙烯基)-环己醇	204.82	0.03
13	cinene	双戊烯	920.43	0.11
14	heptanoic acid ethyl ester	庚酸乙酯	140.21	0.02
15	linalool	芳樟醇	10328.29	1.28
16	nonanal	壬醛	1178.32	0.15
17	β-famesene	β-金合欢烯	210.06	0.03
18	p-mentha-2,8-dienol	对薄荷基-2,8-二烯醇	388.21	0.05
19	limonene oxide	顺-柠檬烯氧化物	1759.98	0.22
20	citronellal	香茅醛	1032.88	0.13
21	1,4-dimethoxybenzene	1,4-二甲氧苯	283.02	0.04
22	2-methoxy-3-isobutyl pyrazine	2-甲氧基-3-异丁基吡嗪	600.83	0.07
23	α-terpineol	α-松油醇	1370.64	0.17
24	decanal	癸醛	6636.43	0.83
25	acetic acid octyl ester	乙酸辛酯	541.08	0.07
26	2-methyl-5-(1-methylethenyl)-2-cyclohexen-1-ol	2-甲基-5-(1-甲基乙烯基)-2-环己烯-1-醇	418.78	0.05
27	carveol	香芹醇	239.45	0.03
28	carvone	香芹酮	537.85	0.07
29	citral	橙花醛	2028.52	0.25
30	perillaldehyde	紫苏醛	419.00	0.05
31	anethole	茴香脑	544.36	0.07
32	1,1-dodecanediol diacetate	1,1-十二烷二醇二乙酸酯	273.60	0.03
33	elemene	榄香烯	200.27	0.02
34	eugenol	丁香酚	398.77	0.05

续表

序号	英文名称	中文名称	含量/(μg/g)	相对含量/%
35	acetic acid lavandulyl ester	乙酸薰衣草酯	615.67	0.08
36	copaene	可巴烯	1435.43	0.18
37	cubebene	荜澄茄油烯	1568.03	0.20
38	dodecanal	十二醛	964.97	0.12
39	caryophyllene	石竹烯	3441.85	0.43
40	2-isopropyl-5-methyl-9-methylene-bi-cyclo[4.4.0]dec-1-ene	2-异丙基-5-甲基-9-亚甲基二环[4.4.0]癸-1-烯	471.92	0.06
41	1,5,9,9-tetramethyl-1,4,7-cycloun-decatriene	1,5,9,9-四甲基-1,4,7-环十一碳三烯	470.50	0.06
42	germacrene D	大根香叶烯 D	431.90	0.05
43	eremophilene	雅榄蓝烯	1165.30	0.14
44	α-muurolene	α-依兰油烯	305.42	0.04
45	δ-cadinene	δ-杜松烯	1319.84	0.16
46	α-elemol	α-榄香醇	420.79	0.05
47	caryophyllene oxide	石竹烯氧化物	326.85	0.04
48	nootkatone	圆柚酮	1895.27	0.24
49	osthole	欧芹酚甲醚	190.84	0.02
50	—①	—	230.88	0.03
51	—	—	524.76	0.07
52	8,9-dehydro-neoisolongifolene	8,9-脱氢新异长叶烯	546.55	0.07

①表示未鉴定。

1.53　芹菜籽油

【基本信息】

名称

中文名称：芹菜籽油，芹菜子油

英文名称：celery seed oil

管理状况

FEMA：2271

FDA：182.10，182.20

GB 2760—2014：N049

性状描述

淡黄色至橙黄色液体。

感官特征

有强烈持久辛香、药草香气。

物理性质

相对密度 d_4^{20}：$0.8950 \sim 0.9930$

折射率 n_D^{20}：$1.4780 \sim 1.4980$

酸值：$\leqslant 4.5$

沸点：183℃

溶解性：微溶于水和丙二醇，易溶于乙醇、乙醚和氯仿，不溶于甘油，溶于矿物油中时呈浑浊状态。

制备提取方法

由伞形科一年生草本旱芹（*Apium graueolens*）成熟果实或种子经水蒸气蒸馏而得。得率为 $1.9\% \sim 2.5\%$。全草亦可蒸馏，得率约 0.1%。

原料主要产地

主要产于法国、荷兰和匈牙利、印度、埃及、英国、美国等，我国各地也有种植。

作用描述

用于调配香水、化妆品、香皂香精，亦用于调配晚香玉、薰衣草、东方型等日用香精。食品香精中有时也少量使用，用于调配辛香配方、芹菜精、汤、肉类、蛋类、色拉、馅料、番茄酱、调味汁、腌制品和蔬菜汁等。也可用于烟草香精，其特殊价值在于它的香气浓郁和留香持久。

【芹菜籽油主成分及含量】

取适量芹菜籽油进行气相色谱-质谱分析，记录谱图，按内标法以峰面积计算其含量。芹菜籽油中主要成分为：3-丁基酞内酯（45.99%）、柠檬烯（16.11%）、4-甲基吲哚啉

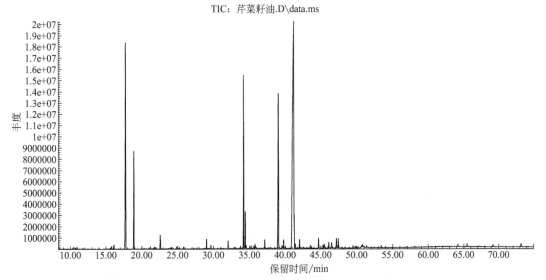

芹菜籽油 GC-MS 总离子流图

(13.72%)、β-芹子烯（9.99%）、α-芹子烯（1.71%）、醋酸间甲酚酯（1.06%），所有化学成分及含量详见表 1-53。

表 1-53　芹菜籽油化学成分含量表

序号	英文名称	中文名称	含量/(μg/g)	相对含量/%
1	isovaleric acid	异戊酸	862.98	0.18
2	2-methylbutyric acid	2-甲基丁酸	560.08	0.12
3	phenol	苯酚	129.30	0.03
4	β-pinene	β-蒎烯	736.44	0.16
5	β-myrcene	β-月桂烯	915.29	0.19
6	limonene	柠檬烯	76218.81	16.11
7	linalool	芳樟醇	147.89	0.03
8	p-mentha-2,8-dienol	对薄荷-2,8-二烯醇	769.69	0.16
9	limonene oxide	柠檬烯氧化物	217.45	0.05
10	phenylpentane	正戊苯	2829.71	0.60
11	1,3-cycloheptadiene	1,3-环庚二烯	1688.14	0.36
12	dihydrocarvone	二氢香芹酮	314.52	0.07
13	2-methyl-5-(1-methylethenyl)-2-cyclohexen-1-ol	2-甲基-5-(1-甲基乙烯基)-2-环己烯-1-醇	443.58	0.09
14	isocarveol	异香芹醇	248.79	0.05
15	carvone	香芹酮	322.06	0.07
16	myrtenyl acetate	乙酸桃金娘烯酯	278.41	0.06
17	1-methyl-4-(1-methylethenyl)-1,2-cyclohexanediol	1-甲基-4-(1-甲基乙烯基)-1,2-环己二醇	1932.82	0.41
18	valerophenone	苯戊酮	804.28	0.17
19	β-elemene	β-榄香烯	155.79	0.03
20	caryophyllene	石竹烯	1624.84	0.34
21	4-methylbenzyl alcohol	4-甲基苄醇	304.87	0.06
22	humulene	葎草烯	256.25	0.05
23	α-curcumene	α-姜黄烯	548.37	0.12
24	β-selinene	β-芹子烯	47293.92	9.99
25	α-selinene	α-芹子烯	8093.83	1.71
26	2-methyl-5-(1-methylethyl)-cyclohexanol	2-甲基-5-(1-甲基乙基)-环己醇	874.93	0.18
27	1-isopropyl-3-methyl-2-pyrazoline	1-异丙基-3-甲基-2-吡唑啉	668.67	0.14
28	procyclidine	环苯咯丙醇	505.92	0.11
29	isophorone	异佛尔酮	184.99	0.04
30	N-cyclohexyl-N-(N-cyclohexylamino)-3-(1-pyrrolidyl)propionic acid amide	N-环己基-N-(N-环己基氨基)-3-(1-吡咯烷基)丙酸酰胺	1096.01	0.23
31	elemol	榄香醇	252.23	0.05

序号	英文名称	中文名称	含量/(μg/g)	相对含量/%
32	caryophyllene oxide	石竹烯氧化物	1892.58	0.40
33	2-aminobenzimidazole	2-氨基苯并咪唑	173.55	0.04
34	3,4-dimethyl-3-cyclohexen-1-carboxaldehyde	3,4-二甲基-3-环己烯-1-甲醛	250.69	0.05
35	7-methyl-3,4-octadiene	7-甲基-3,4-辛二烯	180.69	0.04
36	4-methylindoline	4-甲基吲哚啉	64909.83	13.72
37	N,N'-diacetyl-1,4-phenylenediamine	N,N'-二乙酰-1,4-苯二胺	1705.13	0.36
38	3-butylphthalide	3-丁基酞内酯	217637.51	45.99
39	m-cresyl acetate	醋酸间甲酚酯	5000.90	1.06
40	ligustilide	川芎内酯	1025.12	0.22
41	1,2,3,5,6,7-hexahydro-inden-4-one	1,2,3,5,6,7-六氢茚-4-酮	204.12	0.04
42	acetovanillone	香草酮	2274.03	0.48
43	4,6-dimethyl-2-pyrimidone	4,6-二甲基-2-嘧啶酮	330.20	0.07
44	2-methyl-3-methylene-cyclopentane carboxaldehyde	2-甲基-3-亚甲基-环戊烷甲醛	187.09	0.04
45	pinane	蒎烷	672.73	0.14
46	7-methyl-6-oxo-1,2,3,4-tetrahydro-6H-pyrimido[1,2-a]pyrimidine	7-甲基-6-氧代-1,2,3,4-四氢-6H-嘧啶并[1,2-a]嘧啶	375.34	0.08
47	N-(4-hydroxy-2-methylphenyl)-acetamide	N-(4-羟基-2-甲基苯基)-乙酰胺	2886.14	0.61
48	1,3,4-trimethyl-3-cyclohexene-1-carboxaldehyde	1,3,4-三甲基-3-环己烯-1-甲醛	2355.64	0.50
49	methyl hexadecanoate	棕榈酸甲酯	193.58	0.04
50	1,2,4,5,6,7-hexahydro-3H-indazol-3-one	1,2,4,5,6,7-六氢-3H-吲唑-3-酮	1484.19	0.31
51	hexadecanoic acid	棕榈酸	1662.71	0.35
52	harmane	牛角花碱	2680.03	0.57
53	methoxsalen	花椒毒素	118.66	0.03
54	bergapten	佛手内酯	595.73	0.13
55	methyl linoleate	亚油酸甲酯	392.84	0.08
56	petroselinic acid methyl ester	岩芹酸甲酯	344.88	0.07
57	phytol	叶绿醇	208.20	0.04
58	linoleic acid	亚油酸	573.82	0.12
59	petroselinic acid	岩芹酸	1322.22	0.28
60	octahydro-4a-methyl-7-(1-methylethyl)-2(1H)-naphthalenone	八氢-4a-甲基-7-(1-甲基乙基)-2(1H)-萘酮	346.44	0.07
61	2-acetylamino-5,6-dicyano-4-methoxy-phenol	2-乙酰氨基-5,6-二氰基-4-甲氧基苯酚	207.13	0.04
62	isopimpinellin	异茴芹灵	474.99	0.10
63	13-docosenamide	芥酸酰胺	731.01	0.15

序号	英文名称	中文名称	含量/(μg/g)	相对含量/%
64	squalene	角鲨烯	1029.48	0.22
65	δ-tocopherol	δ-生育酚	746.19	0.16
66	γ-tocopherol	γ-生育酚	1598.50	0.34
67	vitamin E	维生素E	388.30	0.08

1.54　肉豆蔻油

【基本信息】

名称

中文名称：肉豆蔻油
英文名称：*Myristica* oil

管理状况

FEMA：2793
FDA：182.10，182.20
GB 2760—2014：N037

性状描述

无色至淡黄色挥发性精油。

感官特征

具有肉豆蔻特殊浓烈香气，浓郁清甜，带辛香、木香，似樟脑、萜烯的香味，略带苦味。

物理性质

相对密度 d_4^{20}：0.8830～0.9170
折射率 n_D^{20}：1.4740～1.4880
旋光度：+8°～+45°
沸点：165℃
溶解性：不溶于甘油和丙二醇，难溶于乙醇、氯仿、乙醚和矿物油。

制备提取方法

由肉豆蔻科常绿乔木肉豆蔻成熟果实的干燥果仁榨去油脂后经水蒸气蒸馏而得。得率为6%～16%。由于产地不同，可分为东印度型和西印度型两种。

原料主要产地

主要产于印度尼西亚、斯里兰卡、格林达纳、毛里求斯、印度、美国、英国和西印度群岛等，我国四川、广西等地亦有生产。

> 作用描述

用于辛香配方，调配乳蛋糕、蛋酒、肉制品、番茄酱、糖块和焙烤品、沙司、咖喱粉等香精；也用于调配可乐饮料和美式混合型卷烟香精。作为烟用香精具有丰富烟香、提升卷烟吸食品质的作用。

【肉豆蔻油主成分及含量】

取适量肉豆蔻油进行气相色谱-质谱分析，记录谱图，按内标法以峰面积计算其含量。肉豆蔻油中主要成分为：桧烯（18.45%）、α-蒎烯（17.80%）、肉豆蔻醚（14.05%）、β-蒎烯（11.39%）、柠檬烯（6.55%）、4-松油醇（5.12%）、对伞花烃（4.46%）、黄樟素（2.38%），所有化学成分及含量详见表1-54。

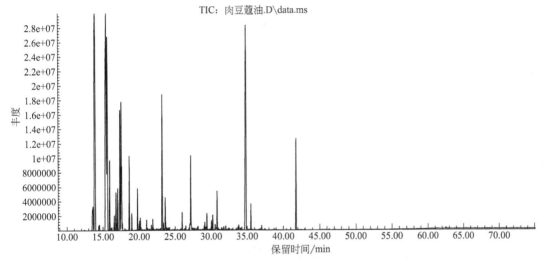

肉豆蔻油 GC-MS 总离子流图

表 1-54　肉豆蔻油化学成分含量表

序号	英文名称	中文名称	含量/(μg/g)	相对含量/%
1	2-methyl-5-(1-methylethyl)-bicyclo[3.1.0]hex-2-ene	2-甲基-5-(1-甲基乙基)-双环[3.1.0]己-2-烯	14671.82	1.90
2	α-pinene	α-蒎烯	137487.24	17.80
3	camphene	莰烯	2711.29	0.35
4	sabinene	桧烯	142545.30	18.45
5	β-pinene	β-蒎烯	87997.58	11.39
6	β-myrcene	β-月桂烯	17208.90	2.23
7	decane	癸烷	895.93	0.12
8	α-phellandrene	α-水芹烯	3515.54	0.46
9	3-carene	3-蒈烯	9793.44	1.27
10	2-carene	2-蒈烯	10028.24	1.30
11	p-cymene	对伞花烃	34486.92	4.46

序号	英文名称	中文名称	含量/（μg/g）	相对含量/%
12	limonene	柠檬烯	50620.50	6.55
13	γ-terpinene	γ-松油烯	16277.38	2.11
14	1-methyl-4-（1-methylethenyl）-cyclo-hexanol	1-甲基-4-（1-甲基乙烯基）-环己醇	3132.75	0.41
15	4-carene	4-蒈烯	9940.27	1.29
16	undecane	十一烷	1051.23	0.14
17	linalool	芳樟醇	1592.68	0.21
18	p-menth-8-en-1-ol	对薄荷-8-烯-1-醇	2343.89	0.30
19	α-pinene oxide	α-环氧蒎烷	598.65	0.08
20	1-methyl-4-（1-methylethyl）-2-cyclo-hexen-1-ol	1-甲基-4-（1-甲基乙基）-2-环己烯-1-醇	3036.72	0.39
21	2,6-dimethyl-2,4,6-octatriene	2,6-二甲基-2,4,6-辛三烯	417.68	0.05
22	pinocarveol	松香芹醇	267.97	0.03
23	2-methylenebicyclo[2.1.1]hexane	2-亚甲基双环[2.1.1]己烷	2012.84	0.26
24	terpinen-4-ol	4-松油醇	39552.09	5.12
25	p-cymene-8-ol	对伞花烃-8-醇	1532.01	0.20
26	2-ethenyl-2-butenal	2-乙烯基-2-丁烯醛	375.48	0.05
27	α-terpineol	α-松油醇	7713.93	1.00
28	3-methyl-6-（1-methylethyl）-2-cyclo-hexen-1-ol	3-甲基-6-（1-甲基乙基）-2-环己烯-1-醇	1539.04	0.20
29	sabinol	桧醇	489.33	0.06
30	2,5-dimethoxytoluene	2,5-二甲氧基甲苯	316.90	0.04
31	2,3-epoxydecane	2,3-环氧癸烷	3305.89	0.43
32	7-methyl-tridecane	7-甲基十三烷	233.09	0.03
33	3-aminopyrazole-4-carboxylic acid	3-氨基吡唑-4-羧酸	906.44	0.12
34	3,5-heptadien-2-one	3,5-庚二烯-2-酮	502.85	0.07
35	bornyl acetate	乙酸龙脑酯	1977.41	0.26
36	safrole	黄樟素	18395.94	2.38
37	2-methyl-naphthalene	2-甲基萘	681.03	0.09
38	1,6-dimethyl-cyclohexene	1,6-二甲基环己烯	342.50	0.04
39	1,1-dodecanediol diacetate	1,1-十二烷二醇二乙酸酯	562.35	0.07
40	2-acetylcyclopentanone	2-乙酰基环戊酮	430.04	0.06
41	sorbic acid	山梨酸	864.87	0.11
42	4,6-dimethyl-5-hepten-2-one	4,6-二甲基-5-庚烯-2-酮	372.25	0.05
43	2,6-dimethyl-2,6-octadiene	2,6-二甲基-2,6-辛二烯	665.91	0.09
44	α-cubebene	α-荜澄茄油烯	563.15	0.07
45	eugenol	丁香酚	3331.23	0.43
46	2,6,11-trimethyl-dodecane	2,6,11-三甲基十二烷	173.30	0.02

续表

序号	英文名称	中文名称	含量/(μg/g)	相对含量/%
47	acetic acid lavandulyl ester	乙酸薰衣草酯	2146.99	0.28
48	copaene	可巴烯	2859.90	0.37
49	tetradecane	十四烷	1433.73	0.19
50	methyleugenol	甲基丁香酚	7727.43	1.00
51	1-methyl-1-cyclohexene	1-甲基-1-环己烯	756.19	0.10
52	2,6-dimethyl-naphthalene	2,6-二甲基萘	801.61	0.10
53	2,6-dimethyl-6-(4-methyl-3-pentenyl)-bicyclo[3.1.1]hept-2-ene	2,6-二甲基-6-(4-甲基-3-戊烯基)-双环[3.1.1]庚-2-烯	710.58	0.09
54	isoeugenol	异丁香酚	542.11	0.07
55	β-farnesene	β-金合欢烯	227.13	0.03
56	4,5-dimethyl-nonane	4,5-二甲基壬烷	336.18	0.04
57	pentadecane	十五烷	565.65	0.07
58	methyl isoeugenol	异丁子香酚甲酯	1201.37	0.16
59	α-farnesene	α-金合欢烯	391.27	0.05
60	β-bisabolene	β-甜没药烯	441.75	0.06
61	myristicin	肉豆蔻醚	108509.99	14.05
62	elemicin	榄香素	4642.12	0.60
63	caryophyllene oxide	石竹烯氧化物	206.49	0.03
64	4-allyl-2,6-dimethoxyphenol	4-烯丙基-2,6-二甲氧基苯酚	768.86	0.10
65	anisyl acetone	茴香基丙酮	187.91	0.02

1.55　乳香油

【基本信息】

名称

中文名称：乳香油，松香甘油酯，乳香净油

英文名称：frankincense oil，olibanum oil

管理状况

FEMA：2816

FDA：172.510

GB 2760—2014：N177

性状描述

浅黄色至浅棕色半透明玻璃块状，较脆。

➡ 感官特征

具有一种轻微的柠檬、苹果皮似的甜香酯香气，具清甜膏香，稍带松香气味。

➡ 物理性质

相对密度 d_4^{20}：0.8650～0.9170

折射率 n_D^{20}：1.4650～1.4820

旋光度：$-15°$～$+35°$（25℃）

沸点：140℃

溶解性：不溶于甘油和丙二醇，可溶于矿物油，但有轻微浑浊。

➡ 制备提取方法

由橄榄科植物乳香树或其他乳香属树所得的树脂经水蒸气蒸馏而得。树脂中含精油3%～8%。

➡ 原料主要产地

主产于索马里、也门、埃塞俄比亚、美国、英国、法国。

➡ 作用描述

可用于调配辛香、药草香、热带水果、姜香等食用香精；也用于花香型、果香型、古龙型、东方型、木香型等日用香精，加于橙油和柠檬油中赋予新鲜感。

【乳香油主成分及含量】

取适量乳香油进行气相色谱-质谱分析，记录谱图，按内标法以峰面积计算其含量。乳香油中主要成分为：α-蒎烯（37.11%）、β-蒎烯（9.07%）、柠檬烯（7.43%）、桧烯（7.21%）、乙酸辛酯（5.17%）、β-月桂烯（3.35%）、对伞花烃（2.75%）、松香芹醇（2.02%），所有化学成分及含量详见表1-55。

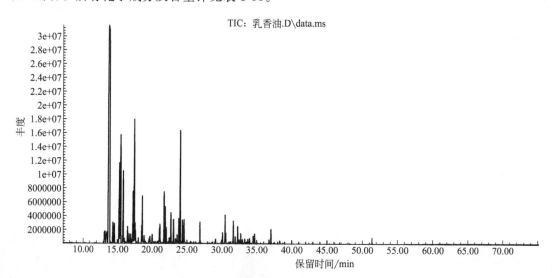

乳香油 GC-MS 总离子流图

表 1-55　乳香油化学成分含量表

序号	英文名称	中文名称	含量/(μg/g)	相对含量/%
1	α-pinene	α-蒎烯	466950.95	37.11
2	camphene	莰烯	14837.46	1.18
3	butylbenzene	丁苯	14885.01	1.18
4	sabinen	桧烯	90684.53	7.21
5	β-pinene	β-蒎烯	114084.60	9.07
6	β-myrcene	β-月桂烯	42113.98	3.35
7	tetracyclo［3.3.1.1（1,8）.0（2,4）］decane	四环［3.3.1.1（1,8）.0（2,4）］癸烷	1593.53	0.13
8	4-ethyl-o-xylene	4-乙基邻二甲苯	2125.47	0.17
9	benzenepropanal	苯丙醛	440.50	0.04
10	α-phellandrene	α-水芹烯	9631.82	0.77
11	3,6,6-trimethyl-bicyclo[3.1.1]hept-2-ene	3,6,6-三甲基-二环[3.1.1]庚-2-烯	5267.32	0.42
12	4-isopropenyl-methyl benzene	4-异丙烯基甲苯	4394.03	0.35
13	α-terpinene	α-松油烯	4780.15	0.38
14	2,6-dimethyl-1,3,5,7-octatetraene	2,6-二甲基-1,3,5,7-辛四烯	1857.05	0.15
15	p-cymene	对伞花烃	34642.55	2.75
16	limonene	柠檬烯	93542.39	7.43
17	eucalyptol	桉树脑	8173.22	0.65
18	β-ocimene	β-罗勒烯	8446.51	0.67
19	o-cymene	邻伞花烃	868.79	0.07
20	γ-terpinene	γ-松油烯	8081.72	0.64
21	octanol	辛醇	4697.72	0.37
22	verbenol	马鞭草烯醇	13091.18	1.04
23	4-carene	4-蒈烯	2295.12	0.18
24	3-methyl-4-methylene-bicyclo[3.2.1]oct-2-ene	3-甲基-4-亚甲基-双环［3.2.1］辛-2-烯	7207.28	0.57
25	limonene oxide	柠檬烯氧化物	568.27	0.05
26	p-mentha-1(7)-en-9-ol	对薄荷-1(7)-烯-9-醇	698.41	0.06
27	2,6-dimethyl-2,4,6-octatriene	2,6-二甲基-2,4,6-辛三烯	5715.72	0.45
28	fumaric acid di（2-methylcyclohex-1-enylmethyl）ester	富马酸二（2-甲基环己-1-烯基甲基）酯	7676.00	0.61
29	p-mentha-2,8-dien-1-ol	对薄荷-2,8-二烯-1-醇	292.21	0.02
30	pinocarveol	松香芹醇	25420.13	2.02
31	3,7-dimethyl-2,6-octadienal	3,7-二甲基-2,6-辛二烯醛	18712.60	1.49
32	1,3-cycloheptadiene	1,3-环庚二烯	7828.81	0.62
33	2-ethenyl-2-butenal	2-乙烯基-2-丁烯醛	812.82	0.06
34	2-methylbicyclo[3.3.1]nonane	2-甲基双环[3.3.1]壬烷	367.85	0.03

序号	英文名称	中文名称	含量/(μg/g)	相对含量/%
35	2,6,6-trimethyl-bicyclo[3.1.1]heptan-3-one	2,6,6-三甲基-二环[3.1.1]庚-3-酮	3929.95	0.31
36	5,5-dimethyl-1,3-cyclopentadiene	5,5-二甲基-1,3-环戊二烯	15327.26	1.22
37	terpinen-4-ol	4-松油醇	11192.19	0.89
38	p-cymene-8-ol	对伞花烃-8-醇	2992.64	0.24
39	α-terpineol	α-松油醇	4032.73	0.32
40	myrtenol	桃金娘烯醇	801.31	0.06
41	myrtenal	桃金娘烯醛	11756.50	0.93
42	acetic acid octyl ester	乙酸辛酯	65099.73	5.17
43	1-methoxydecane	甲癸醚	12115.76	0.96
44	carvone	香芹酮	1197.71	0.10
45	3,5-dimethoxytoluene	3,5-二甲氧基甲苯	1559.24	0.12
46	bornyl acetate	乙酸龙脑酯	9206.18	0.73
47	cinene	双戊烯	498.79	0.04
48	δ-elemene	δ-榄香烯	570.31	0.05
49	α-cubebene	α-荜澄茄油烯	1883.25	0.15
50	cyclosativene	环苜蓿烯	559.44	0.04
51	α-ylangene	α-依兰烯	639.97	0.05
52	acetic acid lavandulyl ester	乙酸薰衣草酯	2129.26	0.17
53	copaene	可巴烯	6299.24	0.50
54	β-bourbonene	β-波旁烯	12591.70	1.00
55	β-elemene	β-榄香烯	5155.75	0.41
56	isocaryophyllene	异丁香烯	475.06	0.04
57	α-gurjunene	α-古芸烯	784.52	0.06
58	β-ylangene	β-依兰烯	916.55	0.07
59	caryophyllene	石竹烯	10099.05	0.80
60	α-farnesene	α-金合欢烯	3202.71	0.25
61	aristolene	马兜铃烯	7739.25	0.62
62	1,2,4a,5,6,8a-hexahydro-4,7-dimethyl-1-(1-methylethyl)-naphthalene	1,2,4a,5,6,8a-六氢-4,7-二甲基-1-(1-甲基乙基)-萘	976.54	0.08
63	2-isopropyl-5-methyl-9-methylene-bicyclo[4.4.0]dec-1-ene	2-异丙基-5-甲基-9-亚甲基-二环[4.4.0]癸-1-烯	4356.49	0.34
64	humulene	葎草烯	4557.09	0.36
65	alloaromadendrene	香树烯	1925.81	0.15
66	γ-muurolene	γ-依兰油烯	2384.64	0.19
67	β-selinene	β-芹子烯	2181.70	0.17
68	decahydro-1,1,3a-trimethyl-7-methylene-1H-cyclopropa[a]naphthalene	十氢-1,1,3a-三甲基-7-亚甲基-1H-环丙[a]萘	4227.09	0.34

序号	英文名称	中文名称	含量/(μg/g)	相对含量/%
69	α-muurolene	α-依兰油烯	2817.74	0.22
70	δ-cadinene	δ-杜松烯	3792.81	0.30
71	elemol	榄香醇	556.52	0.04
72	caryophyllene oxide	石竹烯氧化物	2261.62	0.18
73	γ-gurjunene	γ-古芸烯	7497.14	0.60
74	3,4-dimethyl-3-cyclohexen-1-carbox-aldehyde	3,4-二甲基-3-环己烯-1-甲醛	1138.47	0.09
75	1,5,9-trimethyl-12-(1-methylethe-nyl)-1,5,9-cyclotetradecatriene	1,5,9-三甲基-12-(1-甲基乙烯基)-1,5,9-环十四碳三烯	648.00	0.05

1.56　莳萝油

【基本信息】

名称

中文名称：莳萝油，莳萝子油，莳萝籽油，土茴香油
英文名称：dill oil，dill seed oil

管理状况

FEMA：2383
FDA：184.1282
GB 2760—2014：N205

性状描述

微黄色至淡褐色挥发性精油。

感官特征

具有辛香、醇甜香，香气浓郁，香味是温和带点辣味，类似桉叶素香特征的樟脑气味，黄蒿似的气息和香味，香芹和肉豆蔻似香甜味。

物理性质

相对密度 d_4^{20}：0.8900～0.9150
折射率 n_D^{20}：1.4830～1.4900
沸点：189℃
溶解性：不溶于水，易溶于 90% 以上的乙醇、乙醚和丙酮，溶于丙二醇，但微呈乳白色。

制备提取方法

在果实未完全成熟时采收，以免开裂而损失。经干燥后除去油脂，再磨成粉末。因原料

产地不同，分为三种商品：一种是欧洲型莳萝子油，由伞形科多年生草本植物莳萝的干果或种子经捣碎并经水蒸气蒸馏而得，得率为 2.5%～4%；第二种是印第安型莳萝子油，由印第安莳萝未成熟果实经水蒸气蒸馏而得；第三种是美洲型莳萝子油，由采摘的新鲜莳萝茎、叶和种子经水蒸气蒸馏而得。

▶ 原料主要产地

主要产于俄罗斯、匈牙利、波兰、保加利亚、埃及、印度、英国、美国、荷兰等，我国东北、甘肃、广东、广西等地也有栽培。

▶ 作用描述

用于调味品；也用于果香以及非果香型的食用香精中；广泛用于腌渍品、面包、调味汁、咖喱粉、香肠等。作为烟用香精，具有丰富烟香、彰显卷烟清香风格的作用，特别对于抑制烟草的刺激性与矫正吸味有特殊的贡献。

【莳萝油主成分及含量】

取适量莳萝油进行气相色谱-质谱分析，记录谱图，按内标法以峰面积计算其含量。莳萝油中主要成分为：柠檬烯（35.24%）、香芹酮（31.89%）、α-水芹烯（17.94%）、二氢香芹酮（3.70%），所有化学成分及含量详见表1-56。

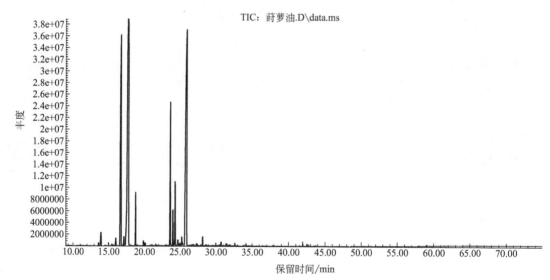

莳萝油 GC-MS 总离子流图

表 1-56 莳萝油化学成分含量表

序号	英文名称	中文名称	含量/(μg/g)	相对含量/%
1	3-thujene	3-侧柏烯	2022.74	0.16
2	α-pinene	α-蒎烯	11008.68	0.85
3	sabenene	桧烯	993.05	0.08
4	β-pinene	β-蒎烯	841.89	0.06
5	β-myrcene	β-月桂烯	4675.34	0.36

序号	英文名称	中文名称	含量/(μg/g)	相对含量/%
6	α-phellandrene	α-水芹烯	233573.20	17.94
7	4-carene	4-蒈烯	4945.62	0.38
8	limonene	柠檬烯	458896.24	35.24
9	1-methyl-4-(1-methylethenyl)-benzene	1-甲苯-4-(1-甲基乙烯基)苯	2592.00	0.20
10	linalool	芳樟醇	1007.40	0.08
11	p-mentha-2,8-dienol	对薄荷基-2,8-二烯醇	279.88	0.02
12	1-methyl-4-(1-methylethyl)-2-cyclohexen-1-ol	1-甲基-4-(1-甲基乙基)-2-环己烯-1-醇	252.43	0.02
13	limonene oxide	柠檬烯氧化物	1111.02	0.08
14	3,6-dimethyl-2,3,3a,4,5,7a-hexahydrobenzofuran	3,6-二甲基-2,3,3a,4,5,7a-六氢苯并呋喃	85079.63	6.53
15	dihydrocarvone	二氢香芹酮	48214.93	3.70
16	dihydrocarveol	二氢香芹醇	3672.39	0.28
17	2-methyl-5-(1-methylethenyl)-2-cyclohexen-1-ol	2-甲基-5-(1-甲基乙烯基)-2-环己烯-1-醇	1551.50	0.12
18	2-acetylcyclopentanone	2-乙酰基环戊酮	5475.11	0.42
19	neodihydrocarveol	新二氢香芹醇	4807.14	0.37
20	carveol	香芹醇	1791.35	0.14
21	carvone	香芹酮	415344.09	31.89
22	3,5-dimethyl-2-cyclohexen-1-one	3,5-二甲基-2-环己烯-1-酮	601.95	0.05
23	1-(1-methylene-2-propenyl)-cyclopentanol	1-(1-亚甲基-2-丙烯基)-环戊醇	624.53	0.05
24	campholenal	龙脑烯醛	777.48	0.06
25	thymol	百里香酚	987.71	0.08
26	6-methyl-5-hepten-2-one	6-甲基-5-庚烯-2-酮	343.99	0.03
27	dihydrocarvyl acetate	乙酸二氢葛缕酯	282.66	0.02
28	copaene	可巴烯	274.90	0.02
29	1-methoxy-2-pentene	1-甲氧基-2-戊烯	1841.97	0.14
30	4-hydroxy-3-methyl-6-(1-methylethyl)-2-cyclohexen-1-one	4-羟基-3-甲基-6-(1-甲基乙基)-2-环己烯-1-酮	1678.06	0.13
31	β-farnesene	β-金合欢烯	1332.84	0.10
32	3a,4,5,7a-tetrahydro-3,6-dimethyl-2(3H)-benzofuranone	3a,4,5,7a-四氢-3,6-二甲基-2(3H)-苯并呋喃酮	345.05	0.03
33	germacrene D	大根香叶烯 D	449.31	0.03
34	N-(5-Formyl-2-thienyl)-acetamide	N-(5-甲酰基-2-噻吩基)-乙酰胺	1142.92	0.09
35	apiol	芹菜脑	363.76	0.03
36	3-ethenyl-cyclohexene	3-乙烯基环己烯	397.72	0.03

序号	英文名称	中文名称	含量/(µg/g)	相对含量/%
37	3,7-dimethylenebicyclo[3.3.1]nonane	3,7-二亚甲基双环[3.3.1]壬烷	1134.53	0.09
38	α-santalol	α-檀香醇	633.87	0.05
39	β-phellandrene	β-水芹烯	436.35	0.03

1.57　鼠尾草油

【基本信息】

▶ 名称

中文名称：鼠尾草油，鼠尾草精油
英文名称：sage oil，drug sage leaf oil

▶ 管理状况

FEMA：3001
FDA：182.10，182.20
GB 2760—2014：N274

▶ 性状描述

无色至微黄色挥发性精油。

▶ 感官特征

具有温和的特殊芳香，似香草气味，略带苦味。

▶ 物理性质

相对密度 d_4^{20}：0.9120～0.9350
折射率 n_D^{20}：1.4680～1.4780
沸点：181℃
溶解性：可溶于乙醇，溶于大多数非挥发性油和甘油，在矿物油和丙二醇中常呈乳白色。

▶ 制备提取方法

由鼠尾草属植物全株蒸馏而得，得率约1.25%。或由鼠尾草属植物"撒尔维亚鼠尾草"（*Salvia officinalis*）不完全干燥的叶子经水蒸气蒸馏而得，得率为0.7%～2.0%。

▶ 原料主要产地

主要产地为地中海地区，包括西班牙等国家，我国的江苏、浙江、湖南、安徽、湖北、广东、江西、广西、福建和台湾等地也有种植。

主要用于调配肉类制品、色拉、干酪、汤类、调味料和甜酒等食用香精。用于烟草制品中能起到改进吃味、增加卷烟烟香、掩盖烟草的粗杂辛辣的刺激性、改善口腔余味等作用。

【鼠尾草油主成分及含量】

取适量鼠尾草油进行气相色谱-质谱分析，记录谱图，按内标法以峰面积计算其含量。鼠尾草油中主要成分为：肉豆蔻酸异丙酯（68.16％）、乙酸芳樟酯（10.27％）、芳樟醇（3.92％），所有化学成分及含量详见表 1-57。

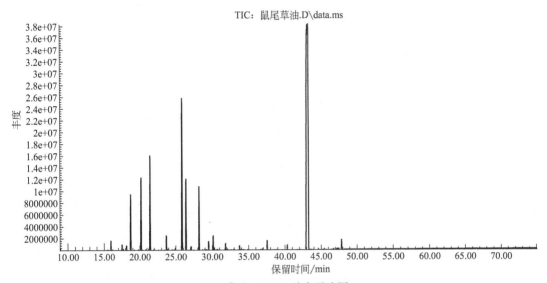

鼠尾草油 GC-MS 总离子流图

表 1-57　鼠尾草油化学成分含量表

序号	英文名称	中文名称	含量/(μg/g)	相对含量/%
1	phenol	苯酚	536.37	0.05
2	β-myrcene	β-月桂烯	4008.05	0.40
3	cyclopentene	环戊烯	246.48	0.02
4	limonene	柠檬烯	2561.04	0.26
5	β-ocimene	β-罗勒烯	2442.03	0.25
6	cinene	双戊烯	279.09	0.03
7	linalool	芳樟醇	38852.03	3.92
8	dihydrolinalool	二氢芳樟醇	353.11	0.04
9	2,6-dimethyl-2,4,6-octatriene	2,6-二甲基-2,4,6-辛三烯	550.04	0.06
10	4,5,6,7-tetrahydro-2H-pyrazolo[3,4-c]pyridin-3-amine	4,5,6,7-四氢-2H-吡唑并[3,4-c]吡啶-3-胺	57482.23	5.79
11	1,5-dimethyl-6-oxa-bicyclo[3.1.0]hexane	1,5-二甲基-6-氧杂二环[3.1.0]己烷	500.88	0.05
12	a-terpineol	α-松油醇	6248.20	0.63

续表

序号	英文名称	中文名称	含量/(μg/g)	相对含量/%
13	methyl salicylate	水杨酸甲酯	447.15	0.05
14	linalyl anthranilate	邻氨基苯甲酸芳樟醇酯	254.59	0.03
15	nerol	橙花醇	941.82	0.09
16	linalyl acetate	乙酸芳樟酯	101906.38	10.27
17	1-butyl-5-methyl-2-pyrazoline	1-丁基-5-甲基-2-吡唑啉	62902.57	6.34
18	thymol	百里香酚	2206.83	0.22
19	2,6-dimethyl-3,7-octadiene-2,6-diol	2,6-二甲基-3,7-辛二烯-2,6-二醇	238.51	0.02
20	terpinyl acetate	乙酸松油酯	223.19	0.02
21	neryl acetate	乙酸橙花酯	3478.70	0.35
22	geranyl acetate	乙酸香叶酯	5952.62	0.60
23	copaene	可巴烯	2780.73	0.28
24	β-bourbonene	β-波旁烯	266.62	0.03
25	β-elemene	β-榄香烯	451.35	0.05
26	caryophyllene	石竹烯	3353.20	0.34
27	β-cubebene	β-荜澄茄油烯	407.59	0.04
28	humulene	葎草烯	278.82	0.03
29	eremophilene	雅榄蓝烯	335.11	0.03
30	alloaromadendrene	香树烯	258.68	0.03
31	caryophyllene oxide	石竹烯氧化物	537.77	0.05
32	isopropyl laurate	月桂酸异丙酯	3919.82	0.40
33	isopropyl myristate	肉豆蔻酸异丙酯	676219.88	68.16
34	propyl laurate	月桂酸丙酯	480.25	0.05
35	4-oxo-decanoic acid	4-氧代癸酸	329.67	0.03
36	1-(6-methyl-7-oxabicyclo [4.1.0] hept-1-yl)-ethanone	1-(6-甲基-7-氧杂双环[4.1.0]庚烷-1-基)-乙酮	531.18	0.05
37	2-methyl-2-heptenal	2-甲基-2-庚烯醛	333.34	0.03
38	succinic acid 1-methoxydec-4-yl propyl ester	琥珀酸-1-甲氧基-4-癸基丙酯	536.62	0.05
39	glutaric acid 3-octyl propyl ester	戊二酸-3-辛基丙酯	553.83	0.06
40	2-hydroxy-2-methyl-4-heptanone	2-羟基-2-甲基-4-庚酮	564.92	0.06
41	(2-methylbutyl)-oxirane	(2-甲基丁基)-环氧乙烷	549.87	0.06
42	isopropyl palmitate	棕榈酸异丙酯	4293.20	0.43
43	13-oxo-tetradecanoic acid methyl ester	13-氧代-肉豆蔻酸甲酯	658.98	0.07
44	3,4-bis(1-methylethenyl)-1,1-dimethyl-cyclohexane	3,4-二(1-甲基乙烯基)-1,1-二甲基环己烷	453.65	0.05

1.58　树苔净油

【基本信息】

名称

中文名称：树苔净油

英文名称：treemoss resinoid，treemoss absolute

管理状况

GB 2760—2014：N095

性状描述

深棕色半固体或稠厚状液体。

感官特征

一种独特的苔类物质的自然青滋香气和浓郁的树脂气息，似松木气味，带草香，香气持久。

物理性质

相对密度 d_4^{20}：1.0320～1.0720

溶解性：溶于 5 倍的 95％乙醇中。

制备提取方法

用附生于松、枞、云杉、冷杉等树干上的粉屑扁枝衣和附生于栎、麻栎树干上的丛生树花，用苯、石油醚或热酒精浸提而得树苔浸膏，得膏率 1.2％～3％。苯浸膏呈深棕色至绿棕色固体，石油醚浸膏为深棕色稠厚膏状物。用乙醇萃取树苔浸膏制取净油。

原料主要产地

主产于意大利、摩洛哥等地，在中国各大林区也有分布。

作用描述

广泛用于调配日化、烟用、食用香精。主要作为清香香料，是橡苔香树脂的替代品，有较好的定香作用，可用于多种香型的日用素心兰、馥奇香型。作为烟用香精赋予卷烟苔样的清香香气风格，明显增加烟气浓度，并且能改善口腔和喉部的舒适感。

【树苔净油主成分及含量】

取适量树苔净油进行气相色谱-质谱分析，记录谱图，按内标法以峰面积计算其含量。树苔净油中主要成分为：亚油酸乙酯（19.87％）、油酸乙酯（14.90％）、棕榈酸乙酯（11.54％）、亚麻酸乙酯（10.06％）、4-甲基七叶苷原（7.45％）、橡苔（5.56％）、硬脂酸乙酯（3.66％）、6-羟基-3,4-二氢香豆素（3.62％），所有化学成分及含量详见表1-58。

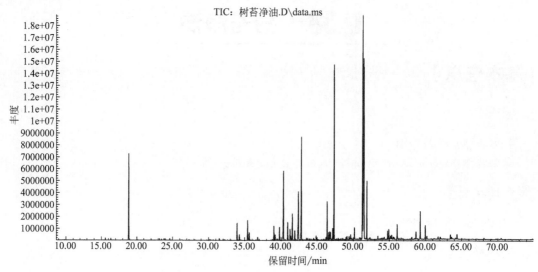

树苔净油 GC-MS 总离子流图

表 1-58　树苔净油化学成分含量表

序号	英文名称	中文名称	含量/(μg/g)	相对含量/%
1	phenol	苯酚	540.28	0.12
2	ethyl caproate	己酸乙酯	373.05	0.08
3	verbenone	马鞭草烯酮	347.79	0.08
4	2,6-dimethyl-1,4-benzenediol	2,6-二甲基-1,4-苯二酚	570.44	0.13
5	flopropione	夫洛丙酮	5660.53	1.28
6	2,4-dihydroxy-6-methyl-benzaldehyde	2,4-二羟基-6-甲基苯甲醛	2516.85	0.57
7	ethyl laurate	月桂酸乙酯	646.93	0.15
8	1,13-tetradecadiene	1,13-十四烷二烯	3667.73	0.83
9	1,2-dihydro-5-nitro-acenaphthylene	1,2-二氢-5-硝基苊烯	544.13	0.12
10	methoxyolivetol	甲氧基橄榄醇	3830.65	0.87
11	veramoss	橡苔	24630.01	5.56
12	2,4-dihydroxy-6-methylbenzoic acid ethyl ester	2,4-二羟基-6-甲基苯甲酸乙酯	5006.42	1.13
13	olivetol	橄榄醇	1403.47	0.32
14	1-[6-(2-methyl-1-propyl)-2-pyrazinyl]-1-propanone	1-[6-(2-甲基-1-丙基)-2-吡嗪基]-1-丙酮	8106.69	1.83
15	2-amino-3-carbonitrile -4,5,6,7-tetrahydro-1-benzothiophene	2-氨基-3-腈基-4,5,6,7-四氢-1-苯并[b]噻吩	2400.28	0.54
16	ethyl myristate	肉豆蔻酸乙酯	2011.59	0.45
17	6-hydroxy-3,4-2H-1-benzopyran-2-one	6-羟基-3,4-2H-1-苯并吡喃-2-酮	16040.42	3.62
18	4-methylesculetin	4-甲基七叶苷原	32978.44	7.45
19	phytol acetate	乙酸植基酯	423.98	0.10
20	fitone	植酮	362.34	0.08

序号	英文名称	中文名称	含量/(μg/g)	相对含量/%
21	methyl isoeugenol	异甲基丁香酚	536.15	0.12
22	pentadecanoic acid ethyl ester	十五酸乙酯	969.11	0.22
23	5,8,11-heptadecatrienoic acid methyl ester	5,8,11-十八碳二烯酸甲酯	650.69	0.15
24	methyl 4,7,10,13-hexadecatetraenoate	4,7,10,13-十六碳四烯酸甲酯	10073.26	2.27
25	ethyl 9,12-hexadecadienoate	9,12-十六碳二烯酸乙酯	1946.66	0.44
26	methyl 8,11,14-heptadecatrienoate	8,11,14-十七碳三烯酸甲酯	2309.03	0.52
27	ethyl palmitoleate	棕榈油酸乙酯	4850.29	1.10
28	ethyl palmitate	棕榈酸乙酯	51099.61	11.54
29	ethyl heptadecanoate	十七酸乙酯	1600.93	0.36
30	10,13-octadecadienoic acid methyl ester	10,13-十八碳二烯酸甲酯	780.71	0.18
31	1-nonadecene	1-十九碳烯	816.72	0.18
32	2-ethyl-hexadecanoic acid methyl ester	2-乙基-棕榈酸甲酯	288.73	0.07
33	phytol	植醇	2888.51	0.65
34	8,11,14-eicosatrienoic acid	8,11,14-二十碳三烯酸	323.63	0.07
35	linolenic acid	亚麻酸	356.66	0.08
36	ethyl linoleate	亚油酸乙酯	87970.38	19.87
37	ethyl oleate	油酸乙酯	65969.23	14.90
38	linolenic acid ethyl ester	亚麻酸乙酯	44512.81	10.06
39	ethyl stearate	硬脂酸乙酯	16210.19	3.66
40	2,7-diacetyl-3,6-dimethyl-1,8-naphthalenediol	2,7-二乙酰基-3,6-二甲基-1,8-萘二酚	563.10	0.13
41	1-methoxynaphthalene	1-甲氧基萘	1011.28	0.23
42	1,2,3,4,4a,9,10,10a-octahydro-1,4a-dimethyl-7-(1-methylethyl)-1-phenanthrenecarboxaldehyde	1,2,3,4,4a,9,10,10a-八氢-1,4a-二甲基-7-(1-甲基乙基)-1-菲甲醛	392.32	0.09
43	arachidonic acid ethyl ester	花生酸乙酯	6324.50	1.43
44	5,8,11,14,17-eicosapentaenoic acid methyl ester	5,8,11,14,17-二十碳五烯酸甲酯	2465.82	0.56
45	butyl 6,9,12-hexadecatrienoate	6,9,12-十六碳二烯酸丁酯	1268.11	0.29
46	8,10-hexadecadien-1-ol	8,10-十六碳二烯酸-1-醇	488.69	0.11
47	ethyl 9-hexadecenoate	9-十六碳烯酸乙酯	403.43	0.09
48	6-methyl-2-octyl-1,3-dioxan-4-one	6-甲基-2-辛基-1,3-二氧杂-4-酮	7735.98	1.75
49	nonadecanoic acid ethyl ester	十九烷酸乙酯	3615.09	0.82
50	3,5-bis(1,1-dimethylethyl)-4-hydroxy-2,4-cyclohexadien-1-one	3,5-双(1,1-二甲基乙基)-4-羟基-2,4-环己二烯-1-酮	635.45	0.14
51	usnic acid	松萝酸	654.01	0.15
52	ethyl tetracosanoate	木焦油酸乙酯	1861.28	0.42

1.59　斯里兰卡桂皮油

【基本信息】

名称

中文名称：斯里兰卡桂皮油，斯里兰卡桂皮精油
英文名称：cinnamon oil

管理状况

FEMA：2291
FDA：182.10，182.20
GB 2760—2014：N116

性状描述

黄色至深褐色或栗色挥发性精油。

感官特征

具有肉桂和丁香一样的辛香气和辣味，强烈厚实的温暖辛香，香气甜而持久，头香似丁香，扩散力强，体香似肉桂醛，甜气重，底香干、甜。其味觉是甜辛、力强。

物理性质

相对密度 d_4^{20}：1.0520～1.0700
折射率 n_D^{20}：1.6020～1.6140
溶解性：不溶于甘油和矿物油。

制备提取方法

由唇形科植物斯里兰卡肉桂的灌木干幼枝的内树皮经粉碎后再经水蒸气蒸馏而得，得油率为 0.2%～0.3%。

原料主要产地

主产于斯里兰卡、印度、马来西亚、毛里求斯和马达加斯加等热带国家，中国海南、云南、广东、广西等地也生产。

作用描述

主要用于调配牙膏、饮料、烟草、焙烤食品、糖果和酒类用香精。在某些皂用、熏香香精中也可使用。还可从此油中分离提取肉桂醛，并可进一步合成肉桂醇等多种香料。在烟草中主要用作矫味剂。

【斯里兰卡桂皮油主成分及含量】

取适量斯里兰卡桂皮油进行气相色谱-质谱分析，记录谱图，按内标法以峰面积计算其

含量。斯里兰卡桂皮油中主要成分为：肉桂醛（42.57%）、6-氨基香豆素（28.48%）、丁香酚（5.55%）、石竹烯（5.13%）、芳樟醇（3.08%）、乙酸桂酯（3.02%）、邻伞花烃（1.51%）、β-水芹烯（1.06%），所有化学成分及含量详见表 1-59。

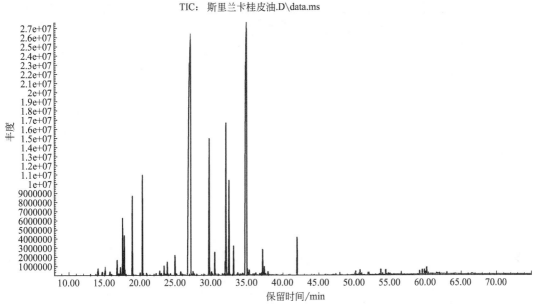

TIC：斯里兰卡桂皮油.D\data.ms

斯里兰卡桂皮油 GC-MS 总离子流图

表 1-59　斯里兰卡桂皮油化学成分含量表

序号	英文名称	中文名称	含量/(μg/g)	相对含量/%
1	α-pinene	α-蒎烯	3906.64	0.36
2	camphene	莰烯	1640.72	0.15
3	benzaldehyde	苯甲醛	2244.20	0.20
4	β-pinene	β-蒎烯	1428.80	0.13
5	α-phellandrene	α-水芹烯	5234.41	0.48
6	3-carene	3-蒈烯	1969.24	0.18
7	α-terpinene	α-松油烯	2358.17	0.21
8	o-cymene	邻伞花烃	16634.29	1.51
9	limonene	柠檬烯	4486.50	0.41
10	β-phellandrene	β-水芹烯	11625.98	1.06
11	eucalyptol	桉叶油醇	1418.50	0.13
12	cinene	双戊烯	839.25	0.08
13	linalool	芳樟醇	33886.33	3.08
14	3-methyl-butanoicacipentylester	3-甲基丁酸戊酯	435.69	0.04
15	phenylethyl alcohol	苯乙醇	500.40	0.05
16	2-bornanone	莰酮	466.84	0.04
17	benzenepropanal	苯丙醛	1412.57	0.13
18	borneol	龙脑	468.39	0.04

续表

序号	英文名称	中文名称	含量/(μg/g)	相对含量/%
19	terpinen-4-ol	4-萜品醇	2398.40	0.22
20	*p*-cymene-8-ol	对伞花烃-8-醇	332.34	0.03
21	*α*-terpineol	*α*-松油醇	3863.59	0.35
22	benzaldehyde diethylacetal	苯甲醛二乙缩醛	267.89	0.02
23	*o*-anisaldehyde	邻茴香醛	1613.57	0.15
24	cinnamaldehyde	肉桂醛	467788.60	42.57
25	dihydrofuran(3,2-*f*)coumaran	二氢呋喃(3,2-*f*)香豆满	356.13	0.03
26	carvacrol	香芹酚	347.14	0.03
27	eugenol	丁香酚	61023.45	5.55
28	formic acid 3-phenylpropyl ester	甲酸-3-苯基丙酯	778.36	0.07
29	1-methoxy-bicyclo[3.2.2]nona-3,6-dien-2-one	1-甲氧基二环[3.2.2]壬-3,6-二烯-2-酮	311.04	0.03
30	copaene	可巴烯	5892.81	0.54
31	1-phenyl-2-nitropropene	1-苯基-2-硝基丙烯	349.45	0.03
32	cinnamic acid	肉桂酸	675.00	0.06
33	2-*t*-butyl-4-hydroxyanisole	2-叔丁基-4-羟基茴香醚	3491.26	0.32
34	caryophyllene	石竹烯	56317.55	5.13
35	5-methylamino-2,3-dihydro-indenone	5-甲氨基-2,3-二氢茚酮	1815.16	0.17
36	acetophenone	苯乙酮	288.69	0.03
37	cinnamyl acetate	乙酸桂酯	33165.25	3.02
38	humulene	葎草烯	8140.30	0.74
39	*α*-curcumene	*α*-姜黄烯	645.65	0.06
40	*α*-muurolene	*α*-依兰油烯	733.64	0.07
41	6-aminocoumarin	6-氨基香豆素	313072.30	28.48
42	eugenol acetate	乙酸丁香酚酯	1199.76	0.11
43	*δ*-cadinene	*δ*-杜松烯	867.64	0.08
44	4-isopropyl-1,6-dimethyl-1,2,3,4-tetrahydronaphthalene	4-异丙基-1,6-二甲基-1,2,3,4-四氢化萘	577.51	0.05
45	2′-methoxycinnamaldehyde	2′-甲氧基肉桂醛	1315.59	0.12
46	1,5,7-dodecatriene	1,5,7-十二碳三烯	597.18	0.05
47	caryophyllenyl alcohol	石竹醇	514.12	0.05
48	11-oxatetracyclo[5.3.2.0(2,7).0(2,8)]dodecan-9-one	11-氧杂四环[5.3.2.0(2,7).0(2,8)]十二烷-9-酮	589.01	0.05
49	caryophyllene oxide	氧化石竹烯	7030.84	0.64
50	pentadecanal	十五醛	2075.53	0.19
51	*β*-santalol	*β*-檀香醇	471.67	0.04
52	humulene epoxide Ⅱ	环氧化蛇麻烯 Ⅱ	921.73	0.08
53	benzyl benzoate	苯甲酸苄酯	10322.90	0.94

续表

序号	英文名称	中文名称	含量/(μg/g)	相对含量/%
54	2-methyl-5-(1-methylethyl)-bicyclo[3.1.0]hex-2-ene	2-甲基-5-(1-甲基乙基)-二环[3.1.0]己-2-烯	672.69	0.06
55	p-tolyl isocyanate	对甲苯异氰酸酯	786.99	0.07
56	3-(2-pyridyl)propyl acetate	乙酸-3-(2-吡啶基)丙酯	401.78	0.04
57	4,8,12-trimethyltridec-3-enoic acid methyl ester	4,8,12-三甲基十三碳-3-烯酸甲酯	1774.41	0.16
58	4-carene	4-蒈烯	383.62	0.03
59	1,7,7-trimethyl-tricyclo[2.2.1.0(2,6)]heptane	1,7,7-三甲基-三环[2.2.1.0(2,6)]庚烷	796.67	0.07
60	γ-terpinene	γ-松油烯	500.61	0.05
61	propyl cinnamate	肉桂酸丙酯	810.34	0.07
62	3,4-dihydro-1(2H)-naphthalenone oxime	3,4-二氢-1(2H)-萘酮肟	1358.01	0.12
63	phenethyl cinnamate	肉桂酸苯乙酯	371.54	0.03
64	4-phenyl-3-butenoic acid	4-苯基-3-丁烯酸	907.87	0.08
65	1-[p-methoxycinnamoyl]-4-[5-benzyl-4-oxo-1-oxazolin-2-yl]piperazine	1-[对甲氧基肉桂酰]-4-[5-苄基-4-氧代-1-噁唑啉-2-基]哌嗪	690.44	0.06
66	3-methyl-7,8-dihydroquinolin-5(6H)-one	3-甲基-7,8-二氢喹啉-5(6H)-酮	1275.30	0.12
67	2,3,4,5,7,7-hexamethyl-1,3,5-cycloheptatriene	2,3,4,5,7,7-六甲基-1,3,5-环庚三烯	458.01	0.04

1.60 斯里兰卡桂叶油

【基本信息】

名称

中文名称：斯里兰卡桂叶油，锡兰桂叶油，肉桂叶油，肉桂叶精油

英文名称：cinnamon leaf oil (Srilanka type)，Ceylon *Cassia* leaf oil，*Cassia* leaf oil，cinnamon leaf essential oil

管理状况

FEMA：2292

FDA：182.10，182.20

GB 2760—2014：N117

性状描述

淡黄色至暗褐色挥发性精油，在空气中易氧化。

▶ 感官特征

具有较浓的辛香料气味和轻微的药草香，味甜带辛辣，微苦，具有肉桂及丁香的香气，令人有愉悦感。

▶ 物理性质

相对密度 d_4^{20}：1.0300～1.0500

折射率 n_D^{20}：1.5290～1.5370

溶解性：能溶于丙二醇、苯甲酸苄酯、邻苯二甲酸二乙酯、植物油，不溶于甘油和矿物油。

▶ 制备提取方法

由唇形科植物斯里兰卡肉桂的灌木幼枝、茎和叶经过水蒸气蒸馏而得，得率约 1.8%。

▶ 原料主要产地

主产于斯里兰卡、印度、马来西亚、毛里求斯等热带国家和地区，我国海南、云南、广东、广西等地也有生产。

▶ 作用描述

主要用于食品增香剂，用于腌渍、面包等食品，调配饮料、烟草等香精，也可用于日化、医药行业。

【斯里兰卡桂叶油主成分及含量】

取适量斯里兰卡桂叶油进行气相色谱-质谱分析，记录谱图，按内标法以峰面积计算其含量。斯里兰卡桂叶油主要成分为：丁香酚（64.59%）、苯甲酸苄酯（5.27%）、乙酸丁香酚酯（4.00%）、石竹烯（3.69%）、芳樟醇（3.13%），所有化学成分及含量详见表 1-60。

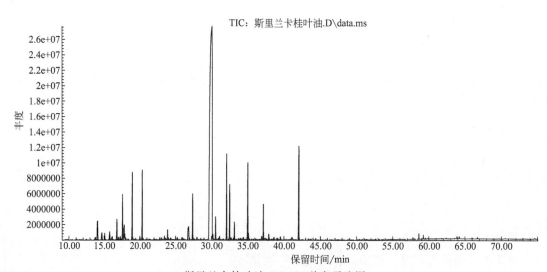

斯里兰卡桂叶油 GC-MS 总离子流图

表 1-60　斯里兰卡桂叶油化学成分含量表

序号	英文名称	中文名称	含量/(μg/g)	相对含量/%
1	4-methyl-1-(1-methylethyl)-bicyclo[3.1.0]hex-2-ene	4-甲基-1-(1-甲基乙基)-双环[3.1.0]己-2-烯	1547.48	0.19
2	α-pinene	α-蒎烯	12232.66	1.52
3	camphene	莰烯	4023.01	0.50
4	benzaldehyde	苯甲醛	1973.04	0.25
5	β-pinene	β-蒎烯	3599.90	0.45
6	β-myrcene	β-月桂烯	1148.90	0.14
7	α-phellandrene	α-水芹烯	7375.37	0.92
8	3-carene	3-蒈烯	918.42	0.11
9	α-terpinene	α-萜品烯	1072.54	0.13
10	o-cymene	邻伞花烃	15028.75	1.87
11	limonene	柠檬烯	4258.83	0.53
12	β-phellandrene	β-水芹烯	4508.07	0.56
13	eucalyptol	桉叶油素	1954.95	0.24
14	2-(5-methyl-5-vinyltetrahydrofuran-2-)propyl-2-ester	2-(5-甲基-5-乙烯基四氢呋喃-2-基)丙-2-基酯	281.22	0.04
15	terpinolene	萜品油烯	1000.62	0.12
16	linalool	芳樟醇	25152.22	3.13
17	isoamyl isovalerate	异戊酸异戊酯	516.37	0.06
18	benzyl acetate	乙酸苄酯	703.35	0.09
19	borneol	龙脑	575.96	0.07
20	4-terpineol	4-松油醇	1213.96	0.15
21	2-(4-methyl phenyl)propyl-2-alcohol	2-(4-甲基苯基)丙基-2-醇	455.95	0.06
22	α-terpineol	α-松油醇	3228.12	0.40
23	tricyclo[5.2.1.0(1,5)]dec-2-ene	三环[5.2.1.0(1,5)]癸-2-烯	626.76	0.08
24	3-phenylpropanol	3-苯丙醇	997.29	0.12
25	4-(2-propenyl)-phenol	4-(2-烯丙基)-苯酚	1242.56	0.15
26	cinnamaldehyde	肉桂醛	12690.21	1.58
27	thymol	百里香酚	442.46	0.06
28	cinnamic alcohol	肉桂醇	1029.57	0.13
29	2-acetylcyclopentanone	2-乙酰环戊酮	386.25	0.05
30	eugenol	丁香酚	518797.54	64.59
31	3-phenyl-1-propylacetate	3-苯基-1-丙基乙酸酯	1349.43	0.17
32	α-copaene	α-古巴烯	6903.82	0.86

续表

序号	英文名称	中文名称	含量/(μg/g)	相对含量/%
33	vanillin	香兰素	1149.24	0.14
34	caryophyllene	石竹烯	29678.00	3.69
35	cinnamyl acetate	乙酸肉桂酯	19285.83	2.40
36	aromandendrene	香橙烯	820.60	0.10
37	humulene	葎草烯	5610.87	0.70
38	γ-muurolene	γ-依兰油烯	390.45	0.05
39	1,2,3,4,4a,5,6,8-octahydro-4a,8-dimethyl-2-(1-methylethenyl)-naphthalene	1,2,3,4,4a,5,6,8-八氢-4a,8-二甲基-2-(1-甲基乙烯基)-萘	207.04	0.03
40	ledene	喇叭烯	1301.22	0.16
41	eugenyl acetate	乙酸丁香酚酯	32143.62	4.00
42	δ-cadinene	δ-杜松烯	2277.51	0.28
43	spathulenol	斯巴醇	938.59	0.12
44	caryophyllene oxide	氧化石竹烯	11495.31	1.43
45	1,13-tetradecadiene	1,13-十四烷二烯	476.14	0.06
46	humulene epoxide Ⅱ	环氧化葎草烯 Ⅱ	1866.47	0.23
47	eremophilene	雅榄蓝烯	394.12	0.05
48	1-methyl-6-methylenebicyclo［3.2.0］heptane	1-甲基-6-亚甲基双环［3.2.0］庚烷	952.26	0.12
49	4-(3-hydroxy-1-propenyl)-2-methoxyphenol	4-(3-羟基-1-丙烯基)-2-甲氧基苯酚	1366.75	0.17
50	benzyl benzoate	苯甲酸苄酯	42295.60	5.27
51	p-mentha-1,8-dien-2-ol	对薄荷-1,8-二烯-2-醇	278.68	0.03
52	2-phenylethyl benzoate	2-苯甲酸苯乙酯	337.46	0.04
53	2-aminothiazolo[5,4-b]pyridine	2-氨基噻唑[5,4-b]吡啶	560.80	0.07
54	anethole	茴香脑	1947.27	0.24
55	4,5,6,7-tetrahydro-2-(3-ethoxy-4-hydroxybenzylidenamino)-benzothiophene-3-carbonitrile	4,5,6,7-四氢-2-(3-乙氧基-4-羟基苄氨基)-苯并噻吩-3-腈	1429.85	0.18
56	2,3,12,12a-tetrahydro-6,9,10-trimethoxyl-1-methyl-1H-［1］benzoxepino［2,3,4-ij]isoquinoline	2,3,12,12a-四氢-6,9,10-三甲氧基-1-甲基-1H-[1]噁庚因[2,3,4-ij]异喹啉	362.12	0.05
57	N,N,N′,N′-Tetramethyl-1,4-benzenediamine	N,N,N′,N′-四甲基-1,4-苯二胺	997.78	0.12
58	erucylamide	芥酸酰胺	1022.65	0.13
59	4-dehydroxy-N-(4,5-methylenedioxy-2-nitrobenzylidene)tyramine	4-脱羟基-N-(4,5-甲二氧基-2-硝基亚苄基)酪胺	854.47	0.11

序号	英文名称	中文名称	含量/(μg/g)	相对含量/%
60	vitamin E	维生素 E	5525.24	0.69

1.61　松木油

【基本信息】

名称

中文名称：松木油
英文名称：turpentine

管理状况

FEMA：3089
FDA：172.510
GB 2760—2014：N298

性状描述

无色或深棕色液体。

感官特征

清而辛香的大茴香香气，味甜。

物理性质

相对密度 d_4^{20}：0.8600～0.8750
折射率 n_D^{20}：1.4670～1.4710
沸点：150～180℃
溶解性：能溶于乙醇、乙醚、丙酮、甲苯、二硫化碳、二氯乙烷、石油醚、汽油、油类和碱溶液。

制备提取方法

从松树上采割的松脂经过水蒸气蒸馏得到的无色至深棕色液体即为松木油。

原料主要产地

主要分布于温带沿海山地、平原，海拔在 2600m 以下的山地，在我国主要分布于陕西、安徽、浙江及东北、华北等地。

作用描述

松木油在食品、合成香料、医药、日用化工上均有重要用途。在食品中可应用于烘烤食品、口香糖、饮料及糖果等中，作为食用香料使用；在合成香料领域，可作为制备高芹酮等高级香料的生产原料；在医药卫生中，可用来溶解结石、清洗伤口、取代其他有害药物试剂等；在日化中，可用于合成化工中间体，例如樟脑、龙脑、橡胶等。

【松木油主成分及含量】

取适量松木油进行气相色谱-质谱分析，记录谱图，按内标法以峰面积计算其含量。松木油中主要成分为：乙酸龙脑酯（42.32%）、蒎烯（29.26%）、莰烯（13.18%）、柠檬烯（6.34%），所有化学成分及含量详见表1-61。

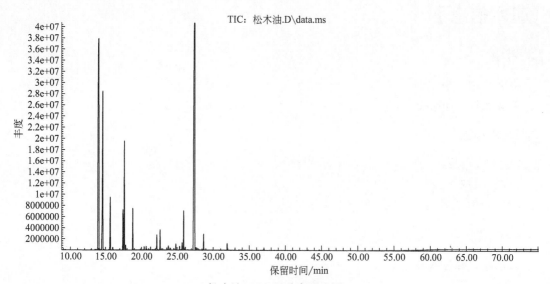

松木油 GC-MS 总离子流图

表 1-61　松木油化学成分含量表

序号	英文名称	中文名称	含量/(µg/g)	相对含量/%
1	pinene	蒎烯	338037.20	29.26
2	camphene	莰烯	152298.42	13.18
3	myrcene	月桂烯	1320.65	0.11
4	*m*-isopropyltoluene	间异丙基甲苯	23863.19	2.07
5	limonene	柠檬烯	73268.05	6.34
6	*β*-ocimene	*β*-罗勒烯	3775.84	0.33
7	*α*-pineneepoxide	*α*-环氧蒎烷	1751.41	0.15
8	*α*-bisabolene epoxide	*α*-没药烯环氧化物	2548.28	0.22
9	2,6-dimethyl-2,4,6-octatriene	2,6-二甲基-2,4,6-辛三烯	1573.07	0.14
10	verbenol	马鞭草烯醇	1634.61	0.14
11	camphor	樟脑	7894.07	0.68
12	isoborneol	异龙脑	11175.30	0.97
13	*p*-methylisopropyl toluene	对甲基异丙基甲苯	1399.48	0.12
14	*α*-terpineol	*α*-松油醇	2544.43	0.22
15	4,6,6-trimethyl-bicyclo[3.1.1]hept-3-en-2-one	4,6,6-三甲基二环[3.1.1]庚-3-烯-2-酮	836.86	0.07

续表

序号	英文名称	中文名称	含量/(μg/g)	相对含量/%
16	fenchyl acetate	乙酸葑酯	5254.25	0.45
17	6-isopropylidene-1-methyl-bicyclo[3.1.0]hexane	6-异亚丙基-1-甲基-二环[3.1.0]己烷	22360.80	1.94
18	2-methyl-5-propyl-pyrazine	2-甲基-5-丙基吡嗪	1624.24	0.14
19	bornyl acetate	乙酸龙脑酯	488983.93	42.32
20	2,3,3-trimethyl-bicyclo[2.2.1]heptan-2-ol	2,3,3-三甲基二环[2.2.1]庚-2-醇	941.65	0.08
21	4-methoxy-7-methyl-3-oxabicyclo[3.3.0]oct-6-en-2-one	4-甲氧基-7-甲基-3-氧杂二环[3.3.0]辛-6-烯-2-酮	1006.84	0.09
22	2-acetyl-3-methylpyrazine	2-乙酰基-3-甲基吡嗪	7884.49	0.68
23	caryophyllene	石竹烯	3341.97	0.29

1.62　松树净油

【基本信息】

名称

中文名称：松树净油

英文名称：pine oil，essential oil of pine，pine essential oil

管理状况

FDA：172.510

性状描述

淡黄色或无色的液体。

感官特征

有非常强烈而清香的松脂味。

物理性质

相对密度 d_4^{20}：0.9780～0.9880

折射率 n_D^{20}：1.5530～1.5600

溶解性：微溶于水，易溶于乙醇、乙醚和氯仿。

制备提取方法

采用水蒸气蒸馏法萃取松树的松针、松树球果所得。

原料主要产地

在我国有大量生产，在奥地利和美国东部、欧洲均有生产。

📌 **作用描述**

主要应用于香精、医药、食品、化妆品、烟草等领域。在食品中较多应用于焙烤食品、糖果、酒类、碳酸饮料等；在医药中应用具有抗炎、杀菌、除臭的功效。

【松树净油主成分及含量】

取适量松树净油进行气相色谱-质谱分析，记录谱图，按内标法以峰面积计算其含量。松树净油中主要成分为：苯甲酸苄酯（27.29%）、乙酸龙脑酯（10.25%）、莰烯（6.91%）、α-香树精（6.54%）、蒎烯（5.51%），所有化学成分及含量详见表1-62。

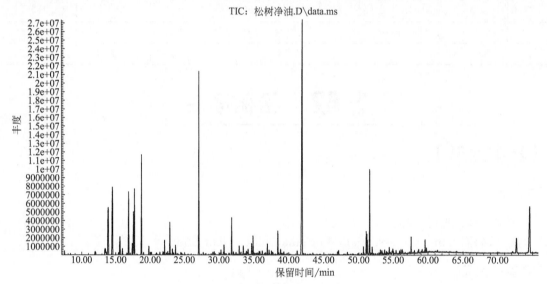

松树净油 GC-MS 总离子流图

表 1-62　松树净油化学成分含量表

序号	英文名称	中文名称	含量/(μg/g)	相对含量/%
1	tricyclo[2.2.1.0(2,6)]heptane	三环[2.2.1.0(2,6)]庚烷	1868.65	0.42
2	1,7,7-trimethyl-tricyclo[2.2.1.0(2,6)]heptane	1,7,7-三甲基三环[2.2.1.0(2,6)]庚烷	3621.34	0.80
3	4-methyl-1-(1-methylethyl)-bicyclo[3.1.0]hex-2-ene	4-甲基-1-(1-甲基乙基)-双环[3.1.0]己-2-烯	1109.54	0.25
4	pinene	蒎烯	24787.42	5.51
5	camphene	莰烯	31120.01	6.91
6	β-terpinene	β-萜品烯	655.27	0.15
7	β-pinene	β-蒎烯	6481.07	1.44
8	β-myrcene	β-月桂烯	1603.26	0.36
9	α-phellandrene	α-水芹烯	484.45	0.11
10	3-carene	3-蒈烯	18224.69	4.05
11	α-terpinene	α-萜品烯	455.19	0.10

续表

序号	英文名称	中文名称	含量/(μg/g)	相对含量/%
12	*p*-cymene	对伞花烃	2620.57	0.58
13	limonene	柠檬烯	13792.67	3.06
14	eucalyptol	桉叶油醇	13082.13	2.91
15	4-carene	4-蒈烯	1773.60	0.39
16	linalool	芳樟醇	468.13	0.10
17	limonene oxide	氧化柠檬烯	256.17	0.06
18	thujone	侧柏酮	232.44	0.05
19	4-(2-oxo-propyl)-2-cyclohexen-1-one	4-(2-氧代丙基)-2-环己烯-1-酮	522.86	0.12
20	camphor	樟脑	2938.41	0.65
21	3-ethoxyaniline	3-乙氧基苯胺	389.64	0.09
22	1-methyl-4-(1-methylethenyl)-cyclohexanol	1-甲基-4-(1-甲基乙烯基)-环己醇	628.23	0.14
23	borneol	龙脑	7357.88	1.63
24	terpinen-4-ol	4-萜烯醇	1219.35	0.27
25	*p*-cymene-8-ol	对伞花烃-8-醇	320.59	0.07
26	α-terpineol	α-松油醇	1856.63	0.41
27	myrtenol	桃金娘烯醇	114.64	0.03
28	verbenone	马鞭草烯酮	481.04	0.11
29	bornyl acetate	乙酸龙脑酯	46141.59	10.25
30	5,9-dimethyl-2-decanone	5,9-二甲基-2-癸酮	516.83	0.11
31	2-acetylcyclopentanone	2-乙酰环戊酮	305.41	0.07
32	ethyl phenylpropiolate	苯丙酸乙酯	669.26	0.15
33	α-cubebene	α-荜澄茄油烯	532.34	0.12
34	α-copaene	α-可巴烯	984.95	0.22
35	β-bourbonene	β-波旁烯	435.04	0.10
36	2-(1-decylundecyl)-1,4-dimethyl-cyclohexane	2-(1-癸基十一烷基)-1,4-二甲基环己烷	2530.00	0.56
37	α-gurjunene	α-古芸烯	561.01	0.12
38	caryophyllene	石竹烯	8304.53	1.84
39	γ-muurolene	γ-依兰油烯	807.22	0.18
40	aromandendrene	香橙烯	596.11	0.13
41	humulene	葎草烯	1900.51	0.42
42	β-selinene	β-芹子烯	718.09	0.16
43	α-muurolene	α-依兰油烯	1393.36	0.31
44	1,2,4a,5,6,8a-hexahydro-4,7-dimethyl-1-(1-methylethyl)-naphthalene	1,2,4a,5,6,8a-六氢-4,7-二甲基-1-(1-甲基乙基)-萘	2318.69	0.52

序号	英文名称	中文名称	含量/(μg/g)	相对含量/%
45	2-isopropyl-5-methyl-9-methylene-bi-cyclo[4.4.0]dec-1-ene	2-异丙基-5-甲基-9-亚甲基二环[4.4.0]癸-1-烯	742.65	0.17
46	δ-casinene	δ-杜松烯	4187.08	0.93
47	3-(4-hydroxyphenyl)-1-propanol	3-(4-羟基苯基)-1-丙醇	488.15	0.11
48	1,2,3,4,4a,7-hexahydro-1,6-dime-thyl-4-(1-methylethyl)-naphthalene	1,2,3,4,4a,7-六氢-1,6-二甲基-4-(1-甲基乙基)-萘	274.13	0.06
49	raspberry ketone	覆盆子酮	464.26	0.10
50	rhododendrol	杜鹃醇	841.43	0.19
51	spathulenol	斯巴醇	457.94	0.10
52	caryophyllene oxide	氧化石竹烯	2385.06	0.53
53	γ-gurjunene	γ-古芸烯	1200.16	0.27
54	ledol	喇叭茶醇	796.48	0.18
55	3,4-dimethyl-3-cyclohexen-1-carbox-aldehyde	3,4-二甲基-3-环己烯-1-甲醛	507.00	0.11
56	bicyclosesquiphellandrene	双环倍半水芹烯	5813.06	1.29
57	α-cadinol	α-荜澄茄醇	1718.88	0.38
58	alloaromadendrene	别香橙烯	663.97	0.15
59	7-acetyl-2-hydroxy-2-methyl-5-isopropylbicyclo[4.3.0]nonane	7-乙酰基-2-羟基-2-甲基-5-异丙双环[4.3.0]壬烷	1027.64	0.23
60	benzyl benzoate	苯甲酸苄酯	122807.47	27.29
61	farnesyl acetate	金合欢醇乙酸酯	301.57	0.07
62	1,5,9-trimethyl-12-(1-methylethe-nyl)-1,5,9-Cyclotetradecatriene	1,5,9-三甲基-12-(1-甲基乙烯基)-1,5,9-环十四碳烯	556.43	0.12
63	α-farnesene	α-金合欢烯	616.20	0.14
64	α-pinene epoxide	α-环氧蒎烷	252.93	0.06
65	methyl-5,9,12-octadecatrienoate	5,9,12-十八碳三烯酸甲酯	1508.67	0.34
66	bicyclo[7.7.0]hexadec-1(9)-ene	双环[7.7.0]十六碳-1(9)-烯	226.92	0.05
67	ethyl linoleate	亚油酸乙酯	4474.63	0.99
68	ethyl oleate	油酸乙酯	4140.90	0.92
69	1-ethenyl-1-methyl-2,4-bis (1-meth-ylethenyl)-cyclohexane	1-乙烯基-1-甲基-2,4-双(1-甲基乙烯基)-环己烷	3149.97	0.70
70	3aβ,4,5,6,7,7a-hexahydro-7aβ-methyl-1α-indanyl methyl ketone	3aβ,4,5,6,7,7a-六氢-7aβ-甲基-1α-茚满基甲基酮	22474.94	4.99
71	ethyl stearate	硬脂酸乙酯	287.38	0.06
72	1,3,3-trimethyl-2-hydroxymethyl-3,3-dimethyl-4-(3-methylbut-2-enyl)-cyclohexene	1,3,3-三甲基-2-羟甲基-3,3-二甲基-4-(3-甲基丁-2-烯基)-环己烯	333.55	0.07
73	valencene	巴伦西亚橘烯	1593.76	0.35

续表

序号	英文名称	中文名称	含量/(μg/g)	相对含量/%
74	1,3-dimethoxy-5-(2-phenylethenyl)-benzene	1,3-二甲氧基-5-(2-苯基乙烯基)-苯	545.02	0.12
75	1,4-cineole	1,4-桉叶素	401.27	0.09
76	5β-pregn-11-ene	5β-孕-11-烯	781.17	0.17
77	butylbenzene	丁苯	248.83	0.06
78	dehydroabietinal	脱氢松香醛	653.72	0.15
79	cedrandiol	柏木二醇	298.34	0.07
80	1,2,3,4-tetrahydro-5,8-dimethyl-acridin-9-amine	1,2,3,4-四氢-5,8-二甲基吖啶-9-胺	1892.50	0.42
81	2-methyl-4-(2,6,6-trimethylcyclo-hex-1-enyl)but-2-en-1-ol	2-甲基-4-(2,6,6-三甲基环己基-1-烯基)丁-2-烯-1-醇	372.65	0.08
82	bicyclo[10.1.0]tridec-1-ene	二环[10.1.0]十三碳-1-烯	1099.58	0.24
83	9,10-dehydro-cycloisolongifolene	9,10-脱氢-环异长叶烯	1198.83	0.27
84	methyl dehydroabietate	脱氢枞酸甲酯	792.73	0.18
85	ethylheptadecanoate	十七酸乙酯	592.75	0.13
86	4-epidehydroabietol	4-表脱氢枞醇	290.89	0.06
87	farnesol	金合欢醇	1152.46	0.26
88	4-methoxy-N-(4-nitrobenzyl)-benzamide	4-甲氧基-N-(4-硝基苄基)-苯甲酰胺	872.54	0.19
89	methyl abietate	枞酸甲酯	499.86	0.11
90	androstane-3,11-dione	雄甾烷-3,11-二酮	299.47	0.07
91	8-dimethylamino-1,3,7-trimethyl-3,7-dihydropurine-2,6-dione	8-二甲基氨基-1,3,7-三甲基-3,7-二氢嘌呤-2,6-二酮	375.08	0.08
92	2-pentadecyl-1,3-dioxocane	2-十五烷基-1,3-二氧戊烷	3508.21	0.78
93	2′-deoxy-adenosine	2′-脱氧腺苷	699.56	0.16
94	(benzothiazol-2-yl)methyl benzylsulfanylacetate	(苯并噻唑-2-基)甲基苄磺酰乙酸酯	385.90	0.09
95	1,2,3,4,4a,4b,5,6,10,10a-decahydro-1,4a-dimethyl-7-(1-methylethenyl) methyl [1α,4aβ,4bα,10aα]-1-phenanthren ecarboxylate	1,2,3,4,4a,4b,5,6,10,10a-十氢-1,4a-二甲基-7-(1-甲基乙烯基)甲基[1α,4aβ,4bα,10aα]-1-菲羧酸酯	712.20	0.16
96	methyl 15-hydroxydehydroabietate	15-羟基脱氢枞酸甲酯	676.02	0.15
97	N-(3,4-dichlorophenyl)-3-[(4-hydroxy-benzoyl)hydrazono]butyramide	N-(3,4-二氯苯基)-3-[(4-羟基苯甲酰肼)亚联氨基]丁酰胺	2577.84	0.57
98	ethyl hexadecanoate	十六酸乙酯	863.76	0.19
99	3-keto-isosteviol	3-酮基异甜菊醇	359.72	0.08
100	β-amyrin	β-香树精	7015.86	1.56
101	α-amyrin	α-香树精	29449.15	6.54

1.63　苏格兰留兰香油

【基本信息】

名称

中文名称：苏格兰留兰香油，留兰香油
英文名称：Scotch spearmint oil，spearmint oil

管理状况

FEMA：4221
GB 2760—2014：N354

性状描述

无色至淡黄或黄绿色澄清油状液体。

感官特征

具有留兰香叶的特殊香气，有青滋草香气，味甜。

物理性质

相对密度 d_4^{20}：0.9200～0.9370
折射率 n_D^{20}：1.4850～1.4910
沸点：228℃
溶解性：溶于80%以上的乙醇。

制备提取方法

由唇形科多年生草本植物留兰香开花时期的地面部分为原料，通过水蒸气蒸馏而得，得率为0.3%～0.6%。

原料主要产地

原产于欧洲，现主要产于美国、英国、日本、德国、荷兰、印度。美国为主要产区，产量占世界总产量的80%。我国江苏、浙江、河南、安徽也有大量生产。

作用描述

主要用于医药以及牙膏等的调和香料，同时也用于护肤品中。在护肤品中，可用于润肤乳或面霜中，用于缓解头皮瘙痒，消除皮肤充血的状况。

【苏格兰留兰香油主成分及含量】

取适量苏格兰留兰香油进行气相色谱-质谱分析，记录谱图，按内标法以峰面积计算其含量。苏格兰留兰香油中主要成分为：香芹酮（57.46%）、柠檬烯（22.33%）、薄荷醇（2.11%）、桉叶油素（2.07%）、薄荷酮（2.00%），所有化学成分及含量详见表1-63。

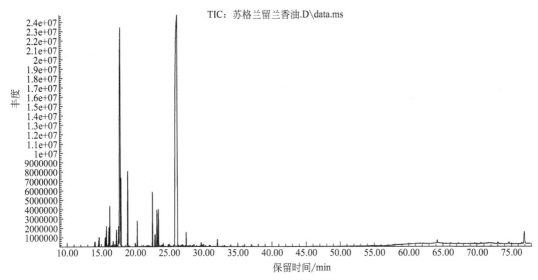

苏格兰留兰香油 GC-MS 总离子流图

表 1-63　苏格兰留兰香油化学成分含量表

序号	英文名称	中文名称	含量/(μg/g)	相对含量/%
1	α-pinene	α-蒎烯	2708.69	0.36
2	camphene	莰烯	5579.34	0.73
3	β-phellandrene	β-水芹烯	3518.08	0.46
4	β-pinene	β-蒎烯	8344.72	1.10
5	3-octanone	3-辛酮	384.45	0.05
6	myrcene	月桂烯	6071.63	0.80
7	3-octanol	3-辛醇	11147.03	1.46
8	1-methyl-4-(1-methylethylidene)-cyclohexane	1-甲基-4-(1-甲基亚乙基)-环己烷	515.66	0.07
9	tricyclene	三环烯	2175.87	0.29
10	3-carene	3-蒈烯	860.34	0.11
11	α-terpinene	α-松油烯	5863.58	0.77
12	o-cymene	邻伞花烃	9707.42	1.27
13	limonene	柠檬烯	170191.98	22.33
14	eucalyptol	桉叶油素	15791.95	2.07
15	1,1-dimethyl-2-(3-methyl-1,3-butadienyl)-cyclopropane	1,1-二甲基-2-(3-甲基-1,3-丁二烯)-环丙烷	328.64	0.04
16	1-methyl-4-(1-methylethenyl)-cyclohexanol	1-甲基-4-(1-甲基乙烯基)-环己醇	180.95	0.02
17	dipentene	双戊烯	1006.81	0.13
18	linalool	芳樟醇	6945.48	0.91
19	1-methyl-4-(1-methylethenyl)-2-cyclohexen-1-ol	1-甲基-4-(1-甲基乙烯基)-2-环己烯-1-醇	353.30	0.05
20	limonene oxide	柠檬烯氧化物	570.22	0.07

续表

序号	英文名称	中文名称	含量/(μg/g)	相对含量/%
21	dihydroterpineol	氢化松油醇	234.16	0.03
22	menthone	薄荷酮	15216.33	2.00
23	menthofuran	薄荷呋喃	3204.29	0.42
24	menthol	薄荷醇	16049.90	2.11
25	4-terpineol	4-松油醇	11354.45	1.49
26	terpineol	松油醇	980.44	0.13
27	2-methyl-5-(1-methylethenyl)-cyclo-hexanone	2-甲基-5-(1-甲基乙烯基)-环己酮	1716.70	0.23
28	N-(phenylmethylene)-2-propanamine	N-苯亚甲基乙丙胺	1169.42	0.15
29	2-methyl-5-(1-methylethenyl)-2-cy-clohexen-1-ol	2-甲基-5-(1-甲基乙烯基)-2-环己烯-1-醇	520.56	0.07
30	5-methyl-2-(1-methylethylidene)-cy-clohexanone	5-甲基-2-(1-甲基亚乙基)-环己酮	615.69	0.08
31	carvone	香芹酮	437905.59	57.46
32	3-methyl-6-(1-methylethyl)-2-cyclo-hexen-1-one	3-甲基-6-(1-甲基乙基)-2-环己烯-1-酮	459.69	0.06
33	4-methyl-1-(1-methylethyl)-cyclohex-ene	4-甲基-1-(1-甲基乙基)-环己烯	415.81	0.05
34	isocyanato-cyclohexane	环己基异氰酸酯	530.87	0.07
35	carvone oxide	香芹酮氧化物	375.93	0.05
36	2,5-dimethyl-3-hexyne-2,5-diol	2,5-二甲基-3-己炔-2,5-二醇	251.96	0.03
37	menthyl acetate	乙酸薄荷酯	3811.03	0.50
38	verbenol	马鞭烯醇	250.36	0.03
39	1-methoxy-cyclohexene	1-甲氧基环己烯	192.94	0.03
40	3,7,7-trimethyl-bicyclo[4.1.0]hep-tane	3,7,7-三甲基-二环[4.1.0]庚烷	235.09	0.03
41	2,3,5,6-tetramethyl-phenol	2,3,5,6-四甲基苯酚	285.63	0.04
42	sorbicacid	山梨酸	316.52	0.04
43	dihydrocarvyl acetate	乙酸二氢香芹酯	572.98	0.08
44	2-methoxy-3-(2-propenyl)-phenol	2-甲氧基-3-(2-丙烯基)-酚	934.05	0.12
45	2-acetonylcyclopentanone	2-乙酰环戊酮	242.39	0.03
46	β-bourbonene	β-波旁烯	360.82	0.05
47	β-elemene	β-榄香烯	186.68	0.02
48	β-caryophyllene	β-石竹烯	1871.97	0.25
49	β-farnesene	β-金合欢烯	215.86	0.03
50	methoxymandelic acid	甲氧基扁桃酸	200.25	0.03
51	2,3-dimethoxy-5-methyl-2,5-cyclo-hexadiene-1,4-dione	2,3-二甲氧基-5-甲基-2,5-环己二烯-1,4-苯醌	148.31	0.02
52	caryophyllene oxide	氧化石竹烯	142.65	0.02

序号	英文名称	中文名称	含量/(μg/g)	相对含量/%
53	13-docosenamide	芥酸酰胺	888.91	0.12
54	octacosane	二十八烷	760.15	0.10
55	vitamin E	维生素 E	7186.14	0.94

1.64　檀香油

【基本信息】

名称

中文名称：檀香油，檀香木油，白檀香木油
英文名称：sandalwood oil，east indian sandalwood oil，*Santalum album* oil

管理状况

FEMA：3005
GB 2760—2014：N152

性状描述

淡黄色至黄色微黏挥发性精油。

感官特征

具有甜的、蜂蜜味的、轻微苦的檀木香气，香气持久。

物理性质

相对密度 d_4^{20}：0.9720～0.9860
折射率 n_D^{20}：1.5050～1.5090
溶解性：溶于乙醇等有机溶剂中。

制备提取方法

由檀香科植物檀香的干燥心材经水蒸气蒸馏所得。

原料主要产地

产地主要分布在印度、马来西亚、印度尼西亚等地，我国云南、海南也引进少量品种。

作用描述

主要用于化妆品以及香皂等日化香精，在医药和烟草中也有使用。在医药中使用，具有止痛、理气温中的功效；在烟草中使用，主要用于香料烟和雪茄烟。

【檀香油主成分及含量】

取适量檀香油进行气相色谱-质谱分析，记录谱图，按内标法以峰面积计算其含量。檀香油中主要成分为：α-檀香醇（41.15%）、β-檀香醇（24.87%）、澳白檀醇（9.63%）、α-佛手柑醇（8.02%）、β-檀香萜烯（1.90%），所有化学成分及含量详见表1-64。

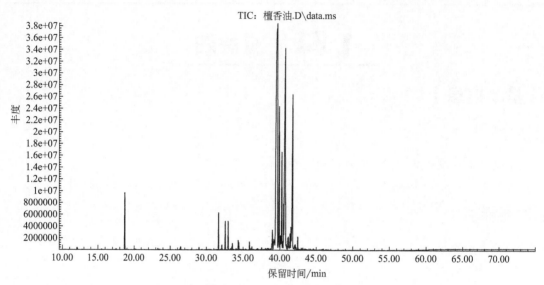

檀香油 GC-MS 总离子流图

表 1-64　檀香油化学成分含量表

序号	英文名称	中文名称	含量/（μg/g）	相对含量/%
1	santene	檀烯	1156.89	0.10
2	phenol	苯酚	271.44	0.02
3	limonene	柠檬烯	247.24	0.02
4	linalool	芳樟醇	170.90	0.01
5	1-furfurylpyrrole	1-糠基吡咯	361.19	0.03
6	7-methylene-6,6-dimethyl-3-oxabicyclo[3.3.0]octan-2-one	7-亚甲基-6,6-二甲基-3-氮杂双环[3.3.0]辛-2-酮	1634.52	0.14
7	ocimene	罗勒烯	884.79	0.08
8	α-santalene	α-檀香烯	14425.65	1.24
9	α-bergamotene	α-佛手柑油烯	4301.45	0.37
10	β-santalene	β-檀香烯	22151.89	1.90
11	2,2-dimethyl-3-methylene-bicyclo[2.2.1]heptane	2,2-二甲基-3-亚甲基-二环[2.2.1]庚烷	580.97	0.05
12	α-curcumene	α-姜黄烯	2499.31	0.21
13	β-farnesene	β-金合欢烯	277.19	0.02
14	β-bisabolene	β-没药烯	3592.22	0.31
15	α-bisabolene	α-没药烯	722.82	0.06

序号	英文名称	中文名称	含量/(μg/g)	相对含量/%
16	3,7,11-trimethyl-1,6,10-dodecatrien-3-ol	3,7,11-三甲基-1,6,10-十二烷三烯-3-醇	3136.42	0.27
17	1,7,7-trimethyl-bicyclo[2.2.1]hept-2-ene	1,7,7-三甲基-二环[2.2.1]庚-2-烯	413.15	0.04
18	3-(4,8-dimethyl-3,7-nonadienyl)-furan	3-(4,8-二甲基-3,7-壬二烯)-呋喃	1231.62	0.11
19	1-acetyl-2-(1-hydroxyethyl)-cyclohexene	1-乙酰基-2-(1-羟乙基)-环己烯	198.38	0.02
20	aromandendrene	香橙烯	406.16	0.03
21	p-menth-2-en-9-ol	对薄荷-2-烯-9-醇	569.02	0.05
22	2,4-nonadienal	2,4-壬二烯醛	1571.06	0.13
23	4-(1-methylethenyl)-1-cyclohexene-1-methanol	4-(1-甲基乙烯基)-1-环己烯-1-甲醇	699.94	0.06
24	2,3,4,7,8,8a-hexahydro-3,6,8,8-tetramethyl-1H-3a,7-methanoazulene	2,3,4,7,8,8a-六氢-3,6,8,8-四甲基-1H-3a,7-亚甲基薁	495.17	0.04
25	2,6,6,9-tetramethyl-tricyclo[5.4.0.0(2,8)]undec-9-ene	2,6,6,9-四甲基-三环[5.4.0.0(2,8)]十一-9-烯	838.43	0.07
26	1-methyl-5-methylene-8-(1-methylethyl)-1,6-cyclodecadiene	1-甲基-5-亚甲基-8-(1-甲基乙基)-1,6-环十烷二烯	254.04	0.02
27	4β-17-acetyloxy-kauran-18-al	4β-17-乙酰氧基-贝壳杉-18-醛	731.55	0.06
28	2-benzylcyclohexanone	2-苄基环己酮	13561.31	1.16
29	β-bisabolol	β-没药醇	12466.00	1.07
30	3,7-dimethyl-1,6-octadiene	3,7-二甲基-1,6-辛二烯	2954.21	0.25
31	α-santalol	α-檀香醇	492141.50	42.15
32	α-bergamotol	α-佛手柑醇	93651.70	8.02
33	methyl 3-methyl-4-methylene-cyclopentanecarboxylate	3-甲基-4-亚甲基环戊烷甲酸甲酯	5985.35	0.51
34	α-farnesene	α-金合欢烯	8541.22	0.73
35	farnesol	金合欢醇	19458.91	1.67
36	β-santalol	β-檀香醇	290403.90	24.87
37	6-(p-tolyl)-2-methyl-2-heptenol	6-(对甲苯基)-2-甲基-2-庚醇	18956.73	1.62
38	2-(4a,8-dimethyl-2,3,4,4a,5,6-hexahydronaphthalen-2-yl)propan-1-ol	2-(4α,8-二甲基-2,3,4,4a,5,6-六氢萘-2-基)丙-1-醇	5826.87	0.50
39	methyl 4,7,10,13,16,19-docosahexaenoate	4,7,10,13,16,19-二十二碳六烯酸甲酯	9035.13	0.77
40	2-formylmethyl-4,6,6-trimethyl-bicyclo[3.1.1]hept-3-ene	2-甲酰基甲基-4,6,6-三甲基-二环[3.1.1]庚-3-烯	8542.23	0.73
41	lanceol	澳白檀醇	112456.30	9.63
42	8-ethenyl-3,4,4a,5,6,7,8,8a-octahydro-5-methylene-2-naphthalenecarboxylic acid	8-乙烯基-3,4,4a,5,6,7,8,8a-八氢-5-亚甲基-2-萘甲酸	1824.19	0.16

续表

序号	英文名称	中文名称	含量/(μg/g)	相对含量/%
43	8-(1-methylethylidene)-bicyclo[5.1.0]octane	8-(1-甲基亚乙基)-二环[5.1.0]辛烷	5520.37	0.47
44	camphene	莰烯	410.43	0.04
45	1-methyl-4-(1-methylethenyl)-7-oxabicyclo[4.1.0]heptane	1-甲基-4-(1-甲基乙烯基)-7-氧杂双环[4.1.0]庚烷	754.28	0.06
46	6-methyl-6-[3-methyl-3-(1-methylethenyl)-1-cyclopropen-1-yl]-2-heptanone	6-甲基-6-[3-甲基-3-(1-甲基乙烯基)-1-环丙基-1-基]-2-庚酮	438.37	0.04
47	ethylidenecyclohexane	亚乙基环己烷	525.40	0.05
48	α-bisabolene epoxide	α-没药烯环氧化物	277.66	0.02

1.65 甜橙油

【基本信息】

⟶ 名称

中文名称：甜橙油，甜橘油，广柑油，香橙油，橙油

英文名称：orange oil，orange essential oil，*Citrus sinensis* oil，neroli

⟶ 管理状况

FEMA：2821

GB 2760—2014：N131

⟶ 性状描述

无色至淡黄色的液体。

⟶ 感官特征

呈清甜、新鲜的橙子香气和柔和的甜橙果皮气味，无苦味，遇冷会浑浊。

⟶ 物理性质

相对密度 d_4^{20}：0.8400～0.8490

折射率 n_D^{20}：1.4715～1.4746

溶解性：难溶于水，溶于冰醋酸（1∶1）和乙醇（1∶2），混溶于无水乙醇、二硫化碳。

⟶ 制备提取方法

由甜橙果皮经水蒸气蒸馏得到，得率为 0.4%～0.67%。

⟶ 原料主要产地

主要产于我国云南，16 世纪引入欧洲、非洲，转至美洲。现主要产于美国、意大利西

西里岛等。

甜橙油是主要天然香料之一，可广泛用于牙膏、古龙水、香水、香粉、膏霜、香皂香精中。在烟草上可以用来增加烟气的清新飘逸。

【甜橙油主成分及含量】

取适量甜橙油进行气相色谱-质谱分析，记录谱图，按内标法以峰面积计算其含量。甜橙油中主要成分为：柠檬烯（86.48%）、β-月桂烯（3.60%）、柠檬烯氧化物（1.62%）、α-蒎烯（1.37%）、β-水芹烯（1.22%）等成分，所有化学成分及含量详见表1-65。

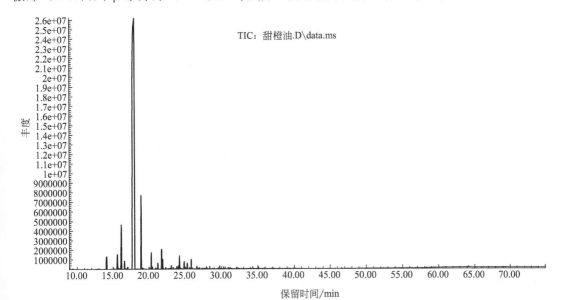

甜橙油 GC-MS 总离子流图

表 1-65　甜橙油化学成分含量表

序号	英文名称	中文名称	含量/(μg/g)	相对含量/%
1	α-pinene	α-蒎烯	8136.37	1.37
2	β-phellandrene	β-水芹烯	7243.15	1.22
3	β-pinene	β-蒎烯	592.95	0.10
4	β-myrcene	β-月桂烯	21446.87	3.60
5	octanal	正辛醛	2943.85	0.49
6	3-carene	3-蒈烯	1252.41	0.21
7	limonene	柠檬烯	514733.73	86.48
8	1-octanol	1-辛醇	322.78	0.05
9	linalool	芳樟醇	4654.86	0.78
10	nonalal	壬醛	766.76	0.13
11	neryl -2-methylbutanoate	橙花基-2-甲基丁酸己酯	300.73	0.05
12	1-methyl-4-(1-methylethenyl)-2-cyclohexen-1-ol	1-甲基-4-(1-甲基乙烯基)-2-环己烯-1-醇	1729.90	0.29

续表

序号	英文名称	中文名称	含量/(μg/g)	相对含量/%
13	limonene oxide	柠檬烯氧化物	9653.52	1.62
14	citronellal	香茅醛	459.54	0.08
15	4-methyl-1-(1-methylethenyl)-cyclo-hexene	4-甲基-1-(1-甲基乙烯基)-环己烯	1018.77	0.17
16	α-terpineol	α-松油醇	761.38	0.13
17	1-(4-methylphenyl)-1-ethanol	1-(4-甲基苯基)-1-乙醇	978.18	0.16
18	decanal	癸醛	4008.25	0.67
19	2-methyl-5-(1-methylethenyl)-2-cy-clohexen-1-ol	2-甲基-5-(1-甲基乙烯基)-2-环己基-1-醇	3196.61	0.54
20	carveol	香芹醇	1789.63	0.30
21	carvone	香芹酮	2860.10	0.48
22	3,7-dimethyl-2,6-octadienal	3,7-二甲基-2,6-辛二烯醛	1755.3	0.29
23	4-(1-methylethenyl)-1-cyclohexene-1-carboxaldehyde	4-(1-甲基乙烯基)-1-环己烯-1-甲醛	447.62	0.08
24	1,5-dimethyl-6-methylene-spiro[2.4]heptane	1,5-二甲基-6-亚甲基-螺[2.4]庚烷	671.97	0.11
25	p-mentha-2,8-diene 1-hydroperoxide	1-过氧化氢-对薄荷-2,8-二烯	733.39	0.12
26	2-hydroperoxide-p-mentha-6,8-diene	2-氢过氧化物-对薄荷-6,8-二烯	691.94	0.12
27	copaene	可巴烯	534.48	0.09
28	3aα,3bβ,4β,7α,7a-octahydro-7-methyl-3-methylene-4-(1-methylethyl)-1H-cyclopenta[1,3]cyclopropa[1,2]benzene	3aα,3bβ,4β,7α,7a-八氢-7-甲基-3-亚甲基-4-(1-甲基乙基)-1H-环戊二烯并[1,3]环丙基[1,2]苯	452.27	0.08
29	dodecanal	十二醛	362.17	0.06
30	1,1-diethoxy-3,7-dimethyl-2,6-octa-diene	1,1-二乙氧基-3,7-二甲基-2,6-辛二烯	392.74	0.07
31	valencene	巴伦西亚橘烯	335.37	0.06

1.66　甜小茴香油

【基本信息】

名称

中文名称：甜小茴香油，小茴香油，茴香油，茴芹油

英文名称：sweet fennel essential oil，sweet fennel oil，*Foeniculum vulgare* oil，fennel sweet oil

管理状况

FEMA：2483

GB 2760—2014：N129

⊃ 性状描述

无色或淡黄色液体。

⊃ 感官特征

温和，具有小茴香所特有的香气和滋味，具有樟脑味香气和稍苦的焦味。

⊃ 物理性质

相对密度 d_4^{20}：0.9610～0.9800
折射率 n_D^{20}：1.5280～1.5520
沸点：160～220℃

⊃ 制备提取方法

由多年生草本植物小茴香成熟干燥后的果实经过研磨，通过水蒸气蒸馏得到。得率为 1.9%～5%。

⊃ 原料主要产地

主要产于法国、意大利、土耳其、埃及、西班牙等地，我国甘肃等地也有生产。

⊃ 作用描述

主要用于调配牙粉、牙膏，在食品、酒类、化妆品、医药、烟草等领域也有使用。食品中，主要用于糖果、面包、饮料、肉类、肉汤和冰激凌中；化妆品中，主要用于化妆品香精和香水中；在医药中，可用于健胃、止痛、行气、散寒使用；在卷烟中应用可增强烟气的甜香味，缓和烟气的刺激性。

【甜小茴香油主成分及含量】

取适量甜小茴香油进行气相色谱-质谱分析，记录谱图，按内标法以峰面积计算其含量。

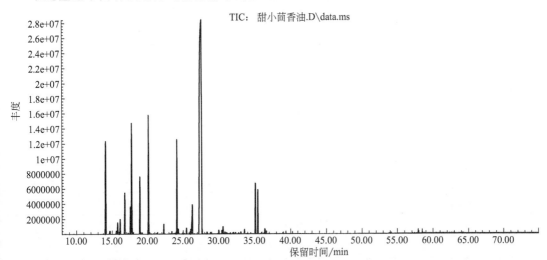

甜小茴香油 GC-MS 总离子流图

甜小茴香油中主要成分为：α-蒎烯（18.44％）、芳樟醇（16.61％）、柠檬烯（16.07％）、茴香脑（6.18％），所有化学成分及含量详见表 1-66。

表 1-66　甜小茴香油化学成分含量表

序号	英文名称	中文名称	含量/(μg/g)	相对含量/%
1	α-pinene	α-蒎烯	68922.15	18.44
2	camphene	莰烯	2064.13	0.55
3	β-phellandrene	β-水芹烯	1761.41	0.47
4	β-pinene	β-蒎烯	5742.69	1.54
5	myrcene	月桂烯	6001.23	1.61
6	α-phellandrene	α-水芹烯	18105.63	4.84
7	4-carene	4-蒈烯	377.30	0.10
8	p-cymene	对伞花烃	11247.95	3.01
9	limonene	柠檬烯	60096.71	16.07
10	β-ocimene	β-罗勒烯	725.63	0.19
11	4-thujanol	4-侧柏醇	24579.35	6.57
12	fenchone	茴香酮	403.37	0.11
13	linalool	芳樟醇	62099.98	16.61
14	2,7,7-trimethyl-3-oxatricyclo[4.1.1.0(2,4)]octane	α-环氧蒎烷	428.05	0.11
15	fenchol	小茴香醇	193.16	0.05
16	4-methylene-cyclohexanemethanol	4-亚甲基环己烷甲醇	221.64	0.06
17	2,6-dimethyl-2,4,6-octatriene	(E,E)-2,6-二甲基-2,4,6-辛三烯	270.60	0.07
18	2-bornanone	2-莰酮	460.68	0.12
19	3,4-dimethyl-2-cyclopenten-1-one	3,4-二甲基-2-环戊烯-1-酮	3546.03	0.95
20	4-terpineol	4-松油醇	188.91	0.05
21	4-(1-methylethyl)-2-cyclohexen-1-one	4-(1-甲基乙基)-2-环己烯-1-酮	949.06	0.25
22	α-terpineol	α-松油醇	214.19	0.06
23	estragole	草蒿脑	304.21	0.08
24	1,2,4,5,6,6a-hexahydro-2-methylene-pentalene	1,2,4,5,6,6a-六氢-2-亚甲基-戊烯	41782.36	11.18
25	fenchyl acetate	乙酸小茴香酯	1605.16	0.43
26	carvone	香芹酮	2255.13	0.60
27	3,7-dimethyl-1,3,6-octatriene	3,7-二甲基-1,3,6-十八烷三烯	710.58	0.19
28	anisic aldehyde	大茴香醛	1981.95	0.53
29	anethole	茴香脑	23106.30	6.18
30	3-ethylidene-1-methyl-cyclopentene	3-亚乙基-1-甲基-环戊烯	852.70	0.23

序号	英文名称	中文名称	含量/(μg/g)	相对含量/%
31	2-acetylcyclopentanone	2-乙酰环戊酮	1083.60	0.29
32	6-hydroxy-4(1*H*)-pyrimidinone	6-羟基-4(1*H*)-嘧啶酮	708.84	0.19
33	1-(4-methoxyphenyl)-2-propanone	1-(4-甲氧基苯基)-2-丙酮	210.59	0.06
34	2(5*H*)-thiophenone	2(5*H*)-噻吩酮	2768.89	0.74
35	4-methoxy benzenemethanol	4-甲氧基苯甲醇	1216.71	0.33
36	caryophyllene	石竹烯	282.88	0.08
37	*α*-bergamotene	*α*-香柑油烯	476.22	0.13
38	4-methoxyphenylpropanone	4-甲氧基苯丙酮	518.39	0.14
39	4-methoxybutyrophenone	4-甲氧基苯丁酮	344.92	0.09
40	copaene	可巴烯	1558.58	0.42
41	6-methoxy-2-(methylamino)tropone	6-甲氧基-2-(甲氨基)环庚三烯酮	282.10	0.08
42	2-hydroxy-1-(4-methoxyphenyl)propan-1-one	2-羟基-1-(4-甲氧基苯基)丙-1-酮	19566.89	5.23
43	2-hydroxyphenylbutanone	2-羟基苯丁酮	393.08	0.11
44	1-(4-methoxyphenyl)propane-1,2-diol	1-(4-甲氧基苯基)丙烷-1,2-二醇	283.34	0.08
45	1-(4-methoxyphenyl)-1,5-pentanediol	1-(4-甲氧基苯基)-1,5-戊二醇	2958.78	0.79

1.67　晚香玉净油

【基本信息】

➲ 名称

中文名称：晚香玉净油，夜来香净油，月下香净油

英文名称：tuberose absolute，tuberose essential oil

➲ 管理状况

FEMA：3084

GB 2760—2014：N305

➲ 性状描述

淡棕色至深棕色液体。

➲ 感官特征

具有晚香玉花香。

> **物理性质**

相对密度 d_4^{20}：1.0090～1.0350

折射率 n_D^{20}：1.5136～1.5352

> **制备提取方法**

由晚香玉浸膏用乙醇浸洗，冷却后过滤、浓缩而得。

> **原料主要产地**

原产于南美洲，在中国分布于北京、浙江、江苏、广东和台湾等地，以四川、云南、广东最为良好。

> **作用描述**

主要用于日化、食品、烟草领域。日化领域主要用于香皂及高级香水；在食品中主要用于饮料、糖果、烘焙食品中；在烟草中可用于烟草加香使用。

【晚香玉净油主成分及含量】

取适量晚香玉净油进行气相色谱-质谱分析，记录谱图，按内标法以峰面积计算其含量。晚香玉净油中主要成分为：油醇（45.75％）、苯甲酸苄酯（8.79％）、苄醇（6.02％）、环十六烷（2.71％）、十八烷烯（2.49％）、芳樟醇（2.35％）、十二酸苯甲酯（1.98％），所有化学成分及含量详见表 1-67。

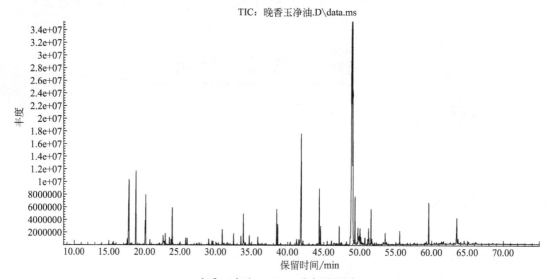

晚香玉净油 GC-MS 总离子流图

表 1-67　晚香玉净油化学成分含量表

序号	英文名称	中文名称	含量/(μg/g)	相对含量/%
1	β-oxo-benzenepropanenitrile	β-氧代-苯甲酰乙腈	234.85	0.04
2	β-pinene	β-蒎烯	1064.23	0.17

序号	英文名称	中文名称	含量/(μg/g)	相对含量/%
3	limonene	柠檬烯	1914.68	0.31
4	benzyl alcohol	苄醇	37342.37	6.02
5	3,7-dimethyl-1,3,6-octatriene	3,7-二甲基-1,3,6-十八烷三烯	367.95	0.06
6	methyl benzoate	苯甲酸甲酯	6743.45	1.09
7	linalool	芳樟醇	14598.02	2.35
8	phenylethylalcohol	苯乙醇	1395.36	0.22
9	camphor	莰酮	428.96	0.07
10	phenylmethyl acetate	乙酸苯甲酯	4157.00	0.67
11	benzoic acid	苯甲酸	2132.15	0.34
12	ethylbenzoate	苯甲酸乙酯	3026.87	0.49
13	3'-methylacetophenone	3'-甲基苯乙酮	2191.78	0.35
14	α-terpineol	α-松油醇	1580.01	0.25
15	methyl salicylate	水杨酸甲酯	11575.23	1.87
16	3,7-dimethyl-2,6-octadien-1-ol	3,7-二甲基-2,6-辛二烯-1-醇	455.12	0.07
17	3,7-dimethyl-1,6-octadien-3-ol 2-aminobenzoate	2-氨基苯甲酸-3,7-二甲基-1,6-辛二烯-3-醇酯	2647.22	0.43
18	phenylmethyl propanoate	丙酸苄酯	1877.91	0.30
19	α,α-dimethyl-benzenepropanol	α,α-二甲基苯丙醇	384.37	0.06
20	cinnamyl alcohol	肉桂醇	648.46	0.10
21	methyl anthranilate	氨茴酸甲酯	1798.88	0.29
22	eugenol	丁香酚	1311.85	0.21
23	coconut aldehyde	椰子醛	1035.01	0.17
24	geranyl acetate	乙酸香叶酯	394.12	0.06
25	methyl cinnamate	肉桂酸甲酯	516.78	0.08
26	vanillin	香兰素	5584.17	0.90
27	cinnamic acid	肉桂酸	1168.71	0.19
28	isoeugenol	异丁香酚	3498.27	0.56
29	α-isomethyl ionone	α-异甲基紫罗兰酮	2534.14	0.41
30	methyl isoeugenol	异丁香酚甲醚	11006.40	1.77
31	α-farnesene	α-金合欢烯	750.01	0.12
32	methylionone	甲基紫罗兰酮	2622.25	0.42
33	3,7,11-trimethyl-1,6,10-dodecatrien-3-ol	3,7,11-三甲基-1,6,10-十二烷三烯-3-醇	2204.93	0.36
34	β-methylionone	β-甲基紫罗兰酮	426.68	0.07
35	α-pentyl cinnaldehyde	α-戊基肉桂醛	11300.99	1.82
36	triethyl citrate	柠檬酸三乙酯	5976.60	0.96
37	farnesol	法呢醇	811.91	0.13
38	tetradecanoic acid	肉豆蔻酸	2408.82	0.39

续表

序号	英文名称	中文名称	含量/(μg/g)	相对含量/%
39	1,11-dodecadiene	1,11-十二碳二烯	1405.54	0.23
40	benzyl benzoate	苯甲酸苄酯	54533.09	8.79
41	ethyl tetradecanoate	十四酸乙酯	1180.47	0.19
42	isopropyl myristate	肉豆蔻酸异丙酯	251.67	0.04
43	2-phenylethyl benzoate	苯甲酸苯乙酯	417.47	0.07
44	cyclohexadecane	环十六烷	16804.52	2.71
45	benzyl salicylate	柳酸苄酯	5593.61	0.90
46	methyl palmitate	棕榈酸甲酯	1083.96	0.17
47	isophytol	异卟绿醇	1354.23	0.22
48	palmitic acid	棕榈酸	1802.88	0.29
49	ethyl 9-hexadecenoate	9-十六碳烯酸乙酯	446.59	0.07
50	phenylethyl salicylate	水杨酸苯乙酯	569.19	0.09
51	ethyl palmitate	棕榈酸乙酯	4927.21	0.79
52	cetene	鲸腊烯	669.77	0.11
53	geranyl linalool	香叶基芳樟醇	862.99	0.14
54	oleyl alcohol	油醇	283794.47	45.75
55	octadecene	十八烷烯	15450.79	2.49
56	methyl linoleate	亚油酸甲酯	762.66	0.12
57	methyl 10-octadecenoate	10-十八碳烯酸甲酯	5419.04	0.87
58	9,12-octadecadien-1-ol	9,12-十八碳二烯醇	4461.86	0.72
59	benzyl cinnamate	肉桂酸苄酯	3142.32	0.51
60	methyl stearate	硬脂酸甲酯	773.20	0.12
61	linoleny alcohol	亚麻醇	3944.24	0.64
62	ethyl linoleate	亚油酸乙酯	1506.67	0.24
63	ethyl oleate	油酸乙酯	4754.97	0.77
64	ethyl linolenate	亚麻酸乙酯	1639.38	0.26
65	13-octadecen-1-yl acetate	13-十八碳烯-1-基乙酸酯	10023.81	1.62
66	1,12-tridecadiene	1,12-十三碳二烯	2336.91	0.38
67	15-heptadecanol	15-十七烷醇	508.39	0.08
68	phytic acid	植酸	480.98	0.08
69	1,19-eicosadiene	1,19-二十碳二烯	872.05	0.14
70	6,17-octadecadien-1-ol acetate	6,17-十八碳二烯-1-醇乙酸酯	780.90	0.13
71	1,13-tetradecadiene	1,13-十四碳二烯	3293.11	0.53
72	9-octadecen-1-ol	9-十八烯醇	527.72	0.09
73	octadecyl bromoacetate	溴乙酸十八烷基酯	750.39	0.12
74	1α,4aβ,7β,10aα-methyl 1,2,3,4,4a,5,6,7,8,9,10,10a-dodecahydro-1,4a-dimethyl-7-(1-methylethyl)-1-phenanthrenecarboxylate	1α,4aβ,7β,10aα-甲基-1,2,3,4,4a,5,6,7,8,9,10,10a-十一氢-1,4a-二甲基-7-(1-甲基乙基)-1-菲羧酸酯	597.14	0.10

序号	英文名称	中文名称	含量/(μg/g)	相对含量/%
75	cinnamyl cinnamate	桂酸桂酯	369.34	0.06
76	12-pentacosene	12-二十五烯	701.15	0.11
77	phenylmethyl 9-octadecenoate	9-十八碳烯酸苯甲酯	713.55	0.12
78	phenylmethyl dodecanoate	十二酸苯甲酯	12262.20	1.98
79	1-(3-aminopropyl)-azacyclotridecan-2-one	1-(3-氨基丙基)-氮杂环十三烷-2-酮	371.71	0.06
80	nonyl 2-phenylethyl oxalate	草酸壬基-2-苯乙基酯	807.59	0.13
81	9, 10-dihydro-9, 9, 10-trimethyl-anthracene	9,10-二氢-9,9,10-三甲基蒽	516.35	0.08
82	phenylmethyl 9-hexadecenoate	9-十六碳烯酸苯甲酯	11563.09	1.86
83	benzyl isobutyl carbonate	苄基异丁基酯	2117.64	0.34
84	11-(13-methyl) tetradecen-1-ol acetate	11-(13-甲基)十四碳烯-1-醇乙酸酯	1111.26	0.18
85	hexadecyl tetradecanoate	十六碳烷基十四烷酸酯	1468.49	0.24

1.68　无花果油

【基本信息】

名称

中文名称：无花果油

英文名称：*Ficus carica* fruit oil

性状描述

淡黄色或琥珀色澄清液体，低温时为白色结晶。

感官特征

呈新鲜的无花果香气，味甜。

物理性质

相对密度 d_4^{20}：0.9780～0.9880

折射率 n_D^{20}：1.5530～1.5600

溶解性：溶于水，不溶于油脂。

制备提取方法

将桑科榕属植物无花果的成熟果实粉碎后加入乙醇，冷却回流，适当浓缩，得到产物。

> 原料主要产地

主要生长在亚洲、非洲、欧洲、美洲等亚热带地区。我国主要集中在新疆以及黄河以南各地。

> 作用描述

无花果油在食品、烟草等领域均有应用。在卷烟中使用对增加烟气甜润度和改善口感有明显效果。

【无花果油主成分及含量】

取适量无花果油进行气相色谱-质谱分析,记录谱图,按内标法以峰面积计算其含量。无花果提取物中主要成分为:4-(二甲基氨基)-6-(甲氨基)-1,3,5-三嗪-2-醇(32.82%)、5-羟甲基糠醛(8.08%)、3-甲基-1-硝基吡唑(7.76%)、1-(2-甲基丙氧基)-2-丙醇(4.74%),所有化学成分及含量详见表1-68。

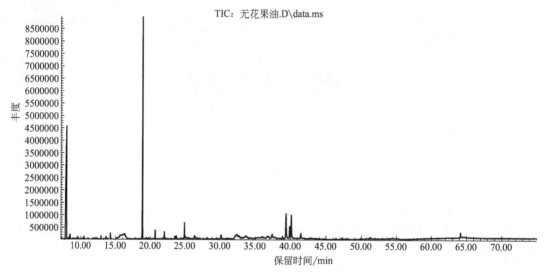

无花果油 GC-MS 总离子流图

表 1-68　无花果油化学成分含量表

序号	英文名称	中文名称	含量/(μg/g)	相对含量/%
1	2-nitro-ethanol	2-硝基乙醇	106.20	0.32
2	2,3-butanediol	2,3-丁二醇	41.50	0.12
3	1-(2-hydroxyethoxy)-2-(vinylthio)ethane	1-(2-羟基乙氧基)-2-(乙烯基硫基)乙烷	115.19	0.34
4	methoxyacetaldehyde diethyl acetal	甲氧基乙醛二乙缩醛	260.60	0.78
5	furfural	糠醛	268.96	0.80
6	2-furanmethanol	糠醇	112.33	0.33
7	N,N'-carbonylbis-acetamide	N,N'-羰基双-乙酰胺	169.10	0.50
8	methyl 3-hydroxy-butanoate	3-羟丁酸甲酯	142.11	0.42

序号	英文名称	中文名称	含量/(μg/g)	相对含量/%
9	4-methyl-1,3,2-dioxathiane 2-oxide	4-甲基-1,3,2-氧硫杂环己烷-2-氧化物	173.00	0.51
10	oxazolidin-2-one	2-噁唑烷酮	304.27	0.90
11	2-hydroxy-2-cyclopenten-1-one	2-羟基-2-环戊烯-1-酮	123.82	0.37
12	2,2-diethoxy-ethanol	2,2-二乙氧基乙醇	223.09	0.66
13	citraconic anhydride	柠康酸酐	530.84	1.58
14	3-ethoxy-1,2-propanediol	3-乙氧基-1,2-丙二醇	734.08	2.18
15	1,4-dimethyl-piperazine	1,4-二甲基哌嗪	189.38	0.56
16	2,3-dihydroxy-propanal	2,3-二羟基丙醛	67.02	0.20
17	N-cyclopentylidene-methylamine	N-亚环戊基-甲胺	130.95	0.39
18	methyl 3-furancarboxylate	3-糠酸甲酯	69.42	0.21
19	2-(aminomethylene)aminoacrylontrile	2-(氨基亚甲基)氨基丙烯腈	1163.58	3.46
20	threitol	苏糖醇	323.54	0.96
21	2,3-dihydro-3,5-dihydroxy-6-methyl-4(H)-pyran-4-one	2,3-二氢-3,5-二羟基-6-甲基-4(H)-吡喃-4-酮	1008.08	3.00
22	2-(methylthio)acetamide	2-(甲硫基)乙酰胺	309.12	0.92
23	5-chloro-2-pyridinol	5-氯-2-羟基吡啶	456.63	1.36
24	4-hydroxyphenoxyacetic acid	4-羟基苯氧乙酸	82.76	0.25
25	dehydroaceticacid	脱氢乙酸	131.52	0.39
26	4-[(2-methoxyethoxy) methoxy]-5-methyl-10-oxatetracyclo[5.5.2.0(1,5).0(8,12)]tetradecane-9,11,14-trione	4-[(2-甲氧基乙氧基)甲氧基]-5-甲基-10-氧杂四环[5.5.2.0(1,5).0(8,12)]十四烷-9,11,14-三酮	107.75	0.32
27	5-hydroxymethylfurfural	5-羟甲基糠醛	2716.52	8.08
28	3,4-anhydro-galactosan	3,4-脱水-半乳糖	214.99	0.64
29	diethyl hydroxybutanedioate	苹果酸二乙酯	259.22	0.77
30	butylbutanoate	丁酸丁酯	579.12	1.72
31	α-amino-γ-butyrolactone	α-氨基-γ-丁内酯	129.69	0.39
32	2-methyl-3,4,5,6-tetrahydropyrazine	2-甲基-3,4,5,6-四氢吡嗪	369.02	1.10
33	1-O-hexyl-glucitol	1-氧-己基山梨醇	185.59	0.55
34	2,6-dihydroxyisonicotinic acid	2,6-二羟基异烟酸	135.07	0.40
35	3-methylbutyl pentyl succinate	琥珀酸3-甲基丁基戊基酯	800.19	2.38
36	glutamic acid	谷氨酸	698.82	2.08
37	N,N'-dibutyl-N,N'-dimethyl-urea	N,N'-二丁基-N,N'-二甲基-脲	416.60	1.24
38	1-(2-methylpropoxy)-2-propanol	1-(2-甲基丙氧基)-2-丙醇	1593.03	4.74
39	1-t-butoxy-2-methoxyethane	1-叔丁氧基-2-甲基乙醚	436.82	1.30
40	mono(1,1-dimethylethyl) propanedioate	丙二酸单叔丁酯	365.80	1.09

续表

序号	英文名称	中文名称	含量/(μg/g)	相对含量/%
41	heptanoic acid	庚酸	508.88	1.51
42	*N*-carbomethoxy-*N*-methoxymethyl-amine	*N*-二甲酯-*N*-甲氧基甲胺	479.36	1.43
43	melezitose	松三糖	78.10	0.23
44	1-deoxy-D-mannitol	1-脱氧-D-甘露糖醇	36.76	0.11
45	*α*-methyl mannofuranoside	*α*-甲基甘露呋喃	611.19	1.82
46	butyraldehyde semicarbazone	丁醛缩氨基脲	895.51	2.66
47	triethyl citrate	柠檬酸三乙酯	50.31	0.15
48	ethyl 2-hexyl adipate	2-己基己二酸乙酯	206.21	0.61
49	4-(dimethylamino)-6-(methylamino)-1,3,5-triazin-2-ol	4-(二甲基氨基)-6-(甲氨基)-1,3,5-三嗪-2-醇	11035.37	32.82
50	3-methyl-1-nitropyrazole	3-甲基-1-硝基吡唑	2608.46	7.76
51	hexadecanoic acid	棕榈酸	77.88	0.23
52	ethyl hexadecanoate	棕榈酸乙酯	92.07	0.27
53	propyl 9,12-octadecadienoate	正丙基-9,12-十八碳二烯酸酯	74.25	0.22
54	13-docosenamide	芥酸酰胺	623.10	1.85

1.69　西班牙角墨兰油

【基本信息】

名称

中文名称：西班牙角墨兰油，报岁兰油，中国兰油

英文名称：Spanish horn oil，the oil angle of spain，Chinese orchid oil

原料主要产地

中国广东、福建及台湾等地，印度、日本、缅甸也有分布。

作用描述

较多应用于焙烤食品、糖果、酒类、碳酸饮料及烟草等。用于烟草制品中能起到改进吃味、掩盖烟草的粗杂辛辣的刺激性、改善口腔余味等作用。

【西班牙角墨兰油主成分及含量】

取适量西班牙角墨兰油进行气相色谱-质谱分析，记录谱图，按内标法以峰面积计算其含量。西班牙角墨兰油中主要成分为：桉树脑（50.59%）、*α*-松油醇（6.49%）、*β*-蒎烯（6.45%）、*α*-蒎烯（5.44%）、柠檬烯（4.63%），所有化学成分及含量详见表1-69。

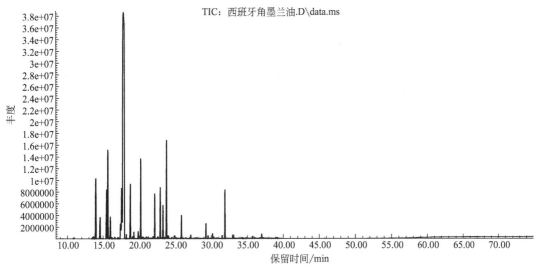

西班牙角墨兰油 GC-MS 总离子流图

表 1-69　西班牙角墨兰油化学成分含量表

序号	英文名称	中文名称	含量/（μg/g）	相对含量/%
1	α-pinene	α-蒎烯	33984.65	5.44
2	camphene	莰烯	10809.48	1.73
3	2-thujene	2-侧柏烯	21905.23	3.51
4	β-pinene	β-蒎烯	40272.28	6.45
5	3-octanone	3-辛酮	388.44	0.06
6	β-myrcene	β-月桂烯	7716.95	1.24
7	3-octanol	3-辛醇	278.68	0.04
8	p-cymene	对伞花烃	5705.21	0.91
9	limonene	柠檬烯	28915.16	4.63
10	eucalyptol	桉树脑	316052.64	50.59
11	β-ocimene	罗勒烯	908.73	0.15
12	γ-terpinene	γ-松油烯	4497.72	0.72
13	1-methyl-4-（1-methylethenyl）-cyclo-hexanol	1-甲基-4-(1-甲基乙烯基)-环己醇	562.32	0.09
14	ethyl 2-（5-methyl-5-vinyltetrahydro-furan-2-yl）propan-2-yl carbonate	2-(5-甲基-5-乙烯基四氢呋喃-2-基)丙-2-基碳酸乙酯	4016.42	0.64
15	linalool	芳樟醇	27417.07	4.39
16	3-hexenyl butanoate	丁酸-3-己烯酯	318.68	0.05
17	1-octen-1-ol acetate	乙酸 1-辛烯-1-醇酯	302.49	0.05
18	3-octanol acetate	乙酸 3-辛醇酯	345.31	0.06
19	2,6-dimethyl-2,4,6-octatriene	2,6-二甲基-2,4,6-辛三烯	269.87	0.04
20	pinocarveol	松香芹醇	676.01	0.11
21	isolimonene	异柠檬烯	197.72	0.03

续表

序号	英文名称	中文名称	含量/(μg/g)	相对含量/%
22	camphor	莰酮	12930.19	2.07
23	isoborneol	异龙脑	541.70	0.09
24	borneol	龙脑	18293.27	2.93
25	terpinen-4-ol	4-松油醇	9086.86	1.45
26	α-terpineol	α-松油醇	40560.02	6.49
27	2-methylbicyclo[4.3.0]non-1(6)-ene	2-甲基二环[4.3.0]壬-1(6)-烯	1456.01	0.23
28	4,6,6-trimethyl-bicyclo[3.1.1]hept-3-en-2-one	4,6,6-三甲基二环[3.1.1]庚-3-烯-2-酮	270.66	0.04
29	citronellol	香茅醇	734.05	0.12
30	nerol	橙花醇	752.11	0.12
31	linalyl anthranilate	邻氨基苯甲酸芳樟酯	6799.96	1.09
32	bornyl acetate	乙酸龙脑酯	1165.64	0.19
33	1-methylene-4-(1-methylethenyl)-cyclohexane	1-亚甲基-4-(1-甲基乙烯基)-环己烷	140.44	0.02
34	4-carene	4-蒈烯	4222.92	0.68
35	neryl 2-methylbutanoate	橙花基-2-甲基丁酸酯	674.06	0.11
36	geranyl acetate	乙酸香叶酯	1276.54	0.20
37	copaene	可巴烯	447.76	0.07
38	longifolene	长叶烯	798.13	0.13
39	caryophyllene	石竹烯	14207.95	2.27
40	humulene	葎草烯	937.61	0.15
41	neryl acetate	乙酸橙花酯	826.35	0.13
42	δ-cadinene	δ-杜松烯	246.13	0.04
43	geranyl isobutyrate	异丁酸香叶酯	956.83	0.15
44	benzylamine	苄胺	177.05	0.03
45	eucalyptus enol	桉烯醇	228.94	0.04
46	santolina triene	亚麻三烯	175.14	0.03
47	caryophyllene oxide	环氧石竹烯	1321.84	0.21

1.70　西洋甘菊油

【基本信息】

名称

中文名称：西洋甘菊油，白花春黄菊油，洋甘菊油，春黄菊油

英文名称：west chamomile oil，chamomile blue oil，*Anthemis nobilis* flower oil

管理状况

FEMA：2272

FDA：182.2

性状描述

常温下为淡蓝色至浅绿蓝色液体，陈年的西洋甘菊油呈现黄绿色或褐黄色。

感官特征

清香，有橡皮样香气。甜、草香、香豆素样，烟草蜜香，有鲜果底香。新蒸出的油有动物甜香，胺样气息。口味温和，有些苦焦及强的草香，易扩散但持久。

物理性质

相对密度 d_4^{20}：0.8960～0.9170

折射率 n_D^{20}：1.4380～1.4570

溶解性：可溶于丙二醇中，但微呈浑浊，不溶于甘油。

制备提取方法

经菊科草本植物白花春黄菊干花经过水蒸气蒸馏得到春黄菊油，得率为 0.3%～1%。

原料主要产地

原产于英国，栽种于德国、法国和摩洛哥。

作用描述

主要用于调配药草、食品中。食品中主要用于配制甜酒及香蕉、桃、梅等香精。

【西洋甘菊油主成分及含量】

取适量西洋甘菊油进行气相色谱-质谱分析，记录谱图，按内标法以峰面积计算其含量。西洋甘菊油中主要成分为：β-金合欢烯（21.23%）、α-红没药醇氧化物 B（10.13%）、α-金合欢烯（8.46%）、1,5,5-三甲基-6-亚甲基-环己烯（5.76%）、β,4-二甲基-3-环己烯-1-乙醇

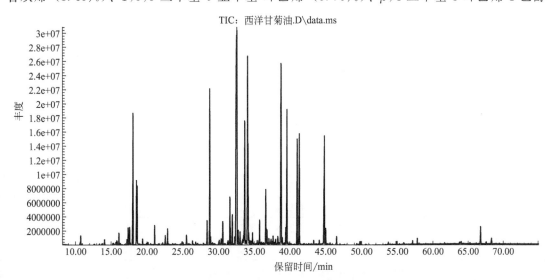

西洋甘菊油 GC-MS 总离子流图

（5.73%）、β-罗勒烯（5.71%）、茼蒿素（5.67%）、大根香叶烯 D（5.11%），所有化学成分及含量详见表 1-70。

表 1-70 西洋甘菊油化学成分含量表

序号	英文名称	中文名称	含量/(μg/g)	相对含量/%
1	ethyl 2-methyl-butanoate	2-甲基丁酸乙酯	4218.12	0.30
2	artemisia triene	黏蒿三烯	639.93	0.04
3	α-pinene	α-蒎烯	1097.33	0.08
4	propyl 2-methyl-butanoate	2-甲基丁酸丙酯	1914.54	0.13
5	β-terpinene	β-松油烯	549.43	0.04
6	6-methyl-5-hepten-2-one	6-甲基-5-庚烯-2-酮	978.74	0.07
7	β-myrcene	β-月桂烯	1761.70	0.12
8	2-pentyl-furan	2-正戊基呋喃	1147.13	0.08
9	3,3,6-trimethyl-1,4-heptadien-6-ol	3,3,6-三甲基-1,4-庚二烯-6-醇	3909.32	0.27
10	octanal	辛醛	471.90	0.03
11	o-cymene	邻伞花烃	2275.70	0.16
12	limonene	柠檬烯	7587.56	0.53
13	eucalyptol	桉树脑	2442.21	0.17
14	butyl 2-methylbutanoate	2-甲基丁酸丁酯	644.73	0.05
15	β-ocimene	β-罗勒烯	81544.24	5.71
16	artemisia ketone	蒿酮	24786.58	1.73
17	3,3,6-trimethyl-1,5-heptadien-4-ol	3,3,6-三甲基-1,5-庚二烯-4-醇	2204.96	0.15
18	3-hexenyl α-methylbutyrate	α-甲基丁酸-3-己烯酯	741.86	0.05
19	linalool	芳樟醇	506.97	0.04
20	nonanal	壬醛	1481.53	0.10
21	2-[2'-(2''-methyl-1''-propenyl) cyclopropyl]propan-2-ol	2-[2'-(2''-甲基-1''-丙烯基)环丙基]丙-2-醇	279.45	0.02
22	2,6-dimethyl-2,4,6-octatriene	2,6-二甲基-2,4,6-辛三烯	7032.18	0.49
23	3-ethyl-4-methylpentanol	3-乙基-4-甲基戊醇	580.46	0.04
24	menthone	薄荷酮	1276.31	0.09
25	4,5-dihydroxy-octa-3,5-diene-2,7-dione	4,5-二羟基-辛-3,5-二烯-2,7-二酮	4738.13	0.33
26	menthol	薄荷醇	6360.56	0.45
27	α-terpineol	松油醇	652.54	0.05
28	3-hexenyl valerate	3-己烯戊酸酯	1149.37	0.08
29	4,8-dimethyl-3,7-nonadien-2-one	柑橘酮	964.64	0.07
30	carvone	香芹酮	5130.93	0.36
31	ionene	紫罗烯	363.06	0.03
32	4,8-dimethyl-nona-3,8-dien-2-one	4,8-二甲基壬-3,8-二烯-2-酮	1923.41	0.13
33	5-methyl-2-(1-methylethenyl)-4-hexen-1-ol acetate	5-甲基-2-(1-甲基乙烯基)-4-己烯-1-醇乙酸酯	1054.14	0.07

序号	英文名称	中文名称	含量/(μg/g)	相对含量/%
34	tridecane	十三烷	498.14	0.03
35	1,3,4,5,6,7-hexahydro-2,5,5-trimethyl-2H-2,4a-ethanonaphthalene	1,3,4,5,6,7-六氢-2,5,5-三甲基-2H-2,4a-乙醇萘	560.23	0.04
36	1,5,5-trimethyl-6-methylene-cyclohexene	1,5,5-三甲基-6-亚甲基环己烯	82294.16	5.76
37	cyclodecene	环癸烯	2560.73	0.18
38	aristolene	马兜铃烯	1108.04	0.08
39	eugenol	丁香酚	581.75	0.04
40	isoledene	异喇叭烯	544.57	0.04
41	copaene	可巴烯	1671.90	0.12
42	1,2,2α,3,3,4,6,7,8,8α-decahydro-2α,7,8-trimethylacenaphthylene	1,2,2α,3,3,4,6,7,8,8α-十氢-2α,7,8-三甲基苊	3096.68	0.22
43	β-bourbonene	β-波旁烯	825.79	0.06
44	1,2,3,3a,5a,6,7,8-octahydro-1β,3aβ,4,5aα-tetramethylcyclopenta[c]pentalene	1,2,3,3a,5a,6,7,8-八氢-1β,3aβ,4,5aα-四甲基环戊二烯并[c]戊搭烯	12330.28	0.86
45	methyleugenol	甲基丁香酚	638.36	0.04
46	1a,2,3,4,4a,5,6,7b-octahydro-1,1,4,7-tetramethyl-1H-cycloprop[e]azulene	1a,2,3,4,4a,5,6,7b-八氢-1,1,4,7-四甲基-1H-环丙烯并[e]薁	815.29	0.06
47	longifolene	长叶烯	1776.01	0.12
48	β-ylangene	β-依兰烯	19158.30	1.34
49	caryophyllene	石竹烯	5754.90	0.40
50	cubebene	荜澄茄油烯	11816.00	0.83
51	3,7(11)-selinadiene	3,7(11)-芹子二烯	370.62	0.03
52	aromandendrene	香橙烯	3259.81	0.23
53	β-farnesene	β-金合欢烯	303325.29	21.23
54	1,2,4a,5,6,8a-hexahydro-4,7-dimethyl-1-(1-methylethyl)-naphthalene	1,2,4a,5,6,8a-六氢-4,7-二甲基-1-(1-甲基乙基)-萘	9204.42	0.64
55	alloaromadendrene	别香橙烯	7227.47	0.51
56	longipinene	长叶蒎烯	1643.90	0.12
57	2,5-dimethyl-3-methylene-1,5-heptadiene	2,5-二甲基-3-亚甲基-1,5-庚二烯	4442.33	0.31
58	germacrene D	大根香叶烯 D	73090.36	5.11
59	5-(1,5-dimethyl-4-hexenyl)-2-methyl-1,3-cyclohexadiene	5-(1,5-二甲基-4-己烯基)-2-甲基-1,3-环己二烯	1387.93	0.10
60	α-farnesene	α-金合欢烯	120933.20	8.46
61	γ-elemene	γ-榄香烯	31507.30	2.20
62	3-hydroxymethyl-4-(1-hydroxy-2-methylprop-2-enyl)toluene	3-羟甲基-4-(1-羟基-2-甲基丙-2-烯基)甲苯	1638.67	0.11
63	δ-cadinene	δ-杜松烯	4647.23	0.33

续表

序号	英文名称	中文名称	含量/(μg/g)	相对含量/%
64	farnesol	金合欢醇	817.73	0.06
65	3-methyl-1,5-cyclooctadiene	3-甲基-1,5-环辛二烯	766.07	0.05
66	2,6-dimethyl-8-(3-methyl-2-furyl)-2,6-octadiene	2,6-二甲基-8-(3-甲基-2-呋喃基)-2,6-辛二烯	2071.65	0.14
67	2,5-dimethyl-3-vinyl-1,4-hexadiene	2,5-二甲基-3-乙烯基-1,4-己二烯	1534.72	0.11
68	nerolidol	橙花叔醇	9643.44	0.67
69	1,3-bis-(2-methylcyclopropyl-2-cyclopropyl)-but-2-en-1-one	1,3-双-(2-甲基环丙基-2-环丙基)-丁-2-烯-1-酮	1000.28	0.07
70	2,6,10-trimethyl-1,5,9-undecatriene	2,6,10-三甲基-1,5,9-十一碳三烯	1270.61	0.09
71	1,1a,5,6,7,8-hexahydro-4a,8,8-trimethyl-cyclopropa[d]naphthalen-2(4aH)-one	1,1a,5,6,7,8-六氢-4a,8,8-三甲基-环丙并[d]萘-2(4aH)-酮	779.76	0.05
72	decahydro-1,1,4,7-tetramethyl-4aH-cycloprop[e]azulen-4a-ol	十氢-1,1,4,7-四甲基-4aH-环丙[e]薁基-4a醇	621.34	0.04
73	spathulenol	斯巴醇	24847.28	1.74
74	1,5,6,7-tetrahydro-4H-indolone	1,5,6,7-四氢-4H-吲哚酮	5066.76	0.35
75	globulol	蓝桉醇	7072.18	0.49
76	viridiflorol	白千层醇	2855.00	0.20
77	alloaromadendrene oxide	别香橙烯氧化物	740.79	0.05
78	ledol	喇叭茶醇	4677.10	0.33
79	β-santalol	β-檀香脑	1817.89	0.13
80	1,5,5-trimethyl-3-methylene-cyclohexene	3-亚甲基-1,5,5-三甲基环己烯	4537.48	0.32
81	guaia-3,9-diene	愈创木-3,9-二烯	1139.27	0.08
82	isohexyl 2-pentyl sulfite	亚硫酸异己 2-戊基酯	2734.40	0.19
83	1,7,7-trimethyl-2-vinylbicyclo[2.2.1]hept-2-ene	1,7,7-三甲基-2-乙烯基双环[2.2.1]庚-2-烯	5899.87	0.41
84	cuparene	花侧柏烯	1550.34	0.11
85	α-bisabolol oxideB	α-红没药醇氧化物 B	144807.76	10.13
86	γ-gurjunenepoxide	γ-古芸烯环氧化物	1067.94	0.07
87	2,3-epoxydecane	2,3-环氧癸烷	3153.05	0.22
88	6,10-dimethyl-3-(1-methylethylidene)-1-cyclodecene	6,10-二甲基-3-(1-甲基亚乙基)-1-环癸烯	675.82	0.05
89	7-methylene-2,4,4-trimethyl-2-vinylbicyclo[4.3.0]nonane	7-亚甲基-2,4,4-三甲基-2-乙烯基双环[4.3.0]壬烷	876.29	0.06
90	bisabolol	没药醇	6584.16	0.46
91	β,4-dimethyl-3-cyclohexene-1-ethanol	β,4-二甲基-3-环己烯-1-乙醇	81950.16	5.73
92	9-isopropyl-1-methyl-2-methylene-5-oxatricyclo[5.4.0.0(3,8)]undecane	9-异丙基-1-甲基-2-亚甲基-5-氧杂三环[5.4.0.0(3,8)]十一烷	1276.74	0.09
93	1,13-tetradecadiene	1,13-十四碳二烯	646.65	0.05

序号	英文名称	中文名称	含量/(μg/g)	相对含量/%
94	methyl tetradecanoate	肉豆蔻酸甲酯	317.62	0.02
95	chamazulene	菊薁	55620.99	3.89
96	α-bisabolol	α-红没药醇	61601.77	4.31
97	2,3,6,7-tetrahydro-3a,6-methano-3aH-indene	2,3,6,7-四氢-3a,6-桥亚甲基-3aH-茚	340.29	0.02
98	4-isopropyl-bicyclo[4.3.0]-2-nonen-8-one	4-异丙基-二环[4.3.0]-2-壬烯-8-酮	617.82	0.04
99	phytone	植酮	1433.29	0.10
100	santonin	蒿蒿素	81063.56	5.67
101	methyl palmitate	棕榈酸甲酯	519.42	0.04
102	2-hydroxy-3-(1-propenyl)-1,4-naphthalenedione	2-羟基-3-(1-丙烯基)-1,4-萘二酮	704.34	0.05
103	3,4-dihydro-1-naphthalenyl diethyl-borinate	二乙基硼酸 3,4-二氢-1-萘基酯	3459.62	0.24
104	3,7,11-trimethyl-2,6,10-dodecatrien-1-ol acetate	3,7,11-三甲基-2,6,10-十二碳三烯-1-醇乙酯	1049.25	0.07
105	phytol	植醇	1448.38	0.10
106	tricosane	正二十三烷	738.57	0.05
107	2,6,11,15-tetramethyl-hexadeca-2,6,8,10,14-pentaene	2,6,11,15-四甲基十六烷-2,6,8,10,14-五烯	988.60	0.07
108	bis(2-ethylhexyl)hexanedioate	己二酸二辛酯	467.51	0.03
109	7,11,15-trimethyl-3-methylene-hexadeca-1,6,10,14-tetraene	7,11,15-三甲基-3-亚甲基十六烷-1,6,10,14-四烯	1199.84	0.08
110	hexacosane	正二十六烷	2030.72	0.14
111	eicosane	正二十烷	377.01	0.03
112	13-docosenamide	芥酸酰胺	1027.62	0.07
113	geranyl linalool	香叶基芳樟醇	532.05	0.04
114	7,11-dimethyldodeca-2,6,10-trien-1-ol	7,11-二甲基十二碳-2,6,10-三烯-1-醇	9847.95	0.69

1.71　香根油

【基本信息】

> 名称

中文名称：香根油，岩兰草油，岩兰油，岩兰草根油

英文名称：vetiver oil

> **管理状况**

GB 2760—2014：N102

> **性状描述**

浅黄棕色至浅红棕色透明黏稠状液体。

> **感官特征**

有甜的木香和土壤香、草香，香气持久。

> **物理性质**

相对密度 d_4^{20}：0.9980～1.0480
折射率 n_D^{20}：1.5210～1.5310
溶解性：溶于乙醇、大多数非挥发性油和矿物油，不溶于甘油和丙二醇。

> **制备提取方法**

由禾本科多年生草本植物香根草的根部为原料，经水蒸气蒸馏而得，得率为 2%～4%。

> **原料主要产地**

主要在印度、斯里兰卡、马来西亚等，在我国广东、浙江、福建、上海等地也有种植。

> **作用描述**

是重要的香原料之一，广泛用于化妆品、香皂香精，也可作为定香剂使用。

【香根油主成分及含量】

取适量香根油进行气相色谱-质谱分析，记录谱图，按内标法以峰面积计算其含量。所有化学成分及含量详见表 1-71。

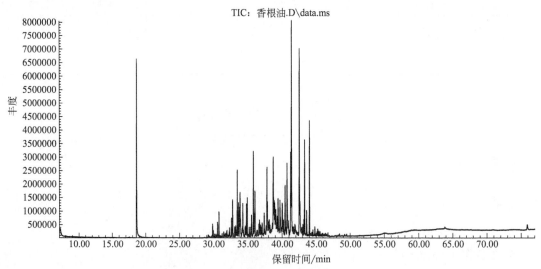

香根油 GC-MS 总离子流图

表 1-71　香根油化学成分含量表

序号	英文名称	中文名称	含量/(μg/g)	相对含量/%
1	4-isopropenyl-1-methoxymethoxymethyl-cyclohexene	4-异丙烯基-1-甲氧基甲氧基甲基环己烯	535.53	0.16
2	3,4-diethyl-7,7-dimethyl-1,3,5-cycloheptatriene	3,4-二乙基-7,7-二甲基-1,3,5-环庚三烯	1570.21	0.48
3	α-ylangene	α-依兰烯	862.89	0.26
4	1-[5-(2-furanylmethyl)-2-furanyl]-ethanone	1-[5-(2-呋喃基甲基)-2-呋喃基]-乙酮	459.00	0.14
5	α-cedrene	α-柏木烯	454.51	0.14
6	1-(4-methylphenyl)ethylamine	1-(4-甲基苯基)乙胺	326.93	0.10
7	2,3,5,5,8,8-hexamethyl-cycloocta-1,3,6-triene	2,3,5,5,8,8-六甲基-环辛-1,3,6-三烯	1821.64	0.55
8	terpinolene	萜品油烯	375.63	0.11
9	β-cedrene	β-柏木烯	1156.72	0.35
10	4,11,11-trimethyl-8-methylene-bicyclo[7.2.0]undec-4-ene	4,11,11-三甲基-8-亚甲基-二环[7.2.0]4-十一烯	248.20	0.08
11	calarene	白菖烯	380.30	0.12
12	bicyclosesquiphellandrene	双环倍半水芹烯	836.49	0.25
13	α-muurolene	α-依兰油烯	581.94	0.18
14	1,2,4,5-tetraethyl-Benzene	1,2,4,5-四乙基苯	1359.45	0.41
15	4a-1H-5-trimethyl-9-methylene-2,4a,5,6,7,8,9,9a-octahydro-3,5-benzocycloheptene	4a-1H-5-三甲基-9-亚甲基-2,4a,5,6,7,8,9,9a-八氢-3,5-苯并环庚烯	4909.52	1.49
16	isoledene	异喇叭烯	507.35	0.15
17	3-hydroxy-2-butyl 1-(p-tolyl) ethylether	3-羟基-2-丁基-1-(对甲苯基)乙基醚	1635.54	0.50
18	α-longipinene	α-长叶蒎烯	463.24	0.14
19	1,2,4a,5,6,8a-hexahydro-4,7-dimethyl-1-(1-methylethyl)-naphthalene	1,2,4a,5,6,8a-六氢-4,7-二甲基-1-(1-甲基乙基)-萘	11416.38	3.46
20	1-(1-methylethenyl)-3-(1-methylethyl)-benzene	1-异丙烯基-3-异丙酯苯	5385.91	1.63
21	β-cadinene	β-杜松烯	3612.40	1.09
22	8,9-dehydro-cycloisolongifolene	8,9-脱氢环异长叶烯	5557.17	1.68
23	thujopsene	罗汉柏烯	1662.62	0.50
24	δ-cadinene	δ-杜松烯	4490.01	1.36
25	7-methoxymethyl-2,7-dimethylcyclohepta-1,3,5-triene	7-甲氧基甲基-2,7-二甲基环庚-1,3,5-三烯	1192.78	0.36
26	1,2,3,4,4a,7-hexahydro-1,6-dimethyl-4-(1-methylethyl)-naphthalene	1,2,3,4,4a,7-六氢-1,6-二甲基-4-(1-甲基乙基)-萘	984.37	0.30
27	bicyclogermacrene	双环大根香叶烯	1282.60	0.39
28	α-gurjunene	α-古芸烯	1470.82	0.45
29	1,1,5-trimethyl-1,2-dihydronaphthalene	1,1,5-三甲基-1,2-二氢萘	1180.32	0.36

续表

序号	英文名称	中文名称	含量/(μg/g)	相对含量/%
30	α-elemol	α-榄香醇	3801.69	1.15
31	—①	—	10519.64	3.19
32	dimethyl 8-oxo-1,4-dioxaspiro[4,5]decane-7,9-dipropionate	8-氧代-1,4-二氧杂螺[4,5]癸烷-7,9-二丙酸-二甲酯	847.59	0.26
33	β-eudesmol	β-桉叶醇	6135.91	1.86
34	trimethyl hydroquinone	三甲基氢醌	1386.34	0.42
35	1,3-dichloro-cyclohexane	1,3-二氯环己烷	952.59	0.29
36	dehydroaromadendrene	脱氢香橙烯	1800.16	0.55
37	β-ylangene	β-依兰烯	1702.68	0.52
38	1,1,4a-trimethyl-5,6-dimethylene decahydro naphthalene	1,1,4a-三甲基-5,6-二亚甲基十氢萘	3860.79	1.17
39	longifolene	长叶烯	931.21	0.28
40	selina-6-en-4-ol	6-芹子烯-4-醇	9674.96	2.93
41	γ-gurjunene	γ-古芸烯	2951.27	0.89
42	γ-eudesmol	γ-桉叶醇	5357.06	1.62
43	epizonarene	表姜烯	1000.12	0.30
44	β-guaiene	β-愈创木烯	1117.81	0.34
45	α-cadinol	α-荜澄茄醇	3952.70	1.20
46	—	—	17338.78	5.25
47	β-patchoulene	β-广藿香烯	5362.12	1.62
48	8-hydroxy-1,3,4,7-tetramethyltricyclo[5.3.1.0(4,11)]undec-2-ene	8-羟基-1,3,4,7-四甲基三环[5.3.1.0(4,11)]十一碳-2-烯	5734.50	1.74
49	1,5-diethenyl-2,3-dimethyl-cyclohexane	1,5-二乙烯基-2,3-二甲基环己烷	989.43	0.30
50	alloaromadendrene	别香橙烯	5651.72	1.71
51	8-ethenyl-3,4,4a,5,6,7,8,8a-octahydro-5-methylene-2-naphthalene carboxylic acid	8-乙烯基-3,4,4a,5,6,7,8,8a-八氢-5-亚甲基-2-萘甲酸	3016.73	0.91
52	methyl 4-(3-methoxy-3-oxo-1-propenyl)-benzoate	苯甲酸4-(3-甲氧基-3-氧代-1-丙烯基)-甲基酯	1772.97	0.54
53	2-isopropenyl-4a,8-dimethyl-1,2,3,4,4a,5,6,7-octahydronaphthalene	2-异丙烯基-4a,8-二甲基-1,2,3,4,4a,5,6,7-八氢萘	8243.77	2.50
54	4,4-dimethyl-3-(3-methylbut-3-enylidene)-2-methylenebicyclo[4.1.0]heptane	4,4-二甲基-3-(3-甲基丁-3-烯亚基)-2-亚甲基双环[4.1.0]庚烷	2771.76	0.84
55	1,3,5-tris(1-methylethyl)-benzene	1,3,5-三异丙基苯	7751.55	2.35
56	2,2,5,5,8,8-hexamethyl-tricyclo[4.3.0.0(7,9)]non-3-ene	2,2,5,5,8,8-六甲基-三环[4.3.0.0(7,9)]壬-3-烯	1878.49	0.57
57	2-isopropyl-5-methyl-9-methylene-bicyclo[4.4.0]dec-1-ene	2-异丙基-5-甲基-9-亚甲基-二环[4.4.0]癸-1-烯	14875.89	4.51

续表

序号	英文名称	中文名称	含量/(μg/g)	相对含量/%
58	octahydro-1,2,3a,6-tetramethyl-cyclopenta[c]pentalen-3(3aH)-one	八氢-1,2,3a,6-四甲基-环戊二烯并[c]戊搭烯-3(3aH)-酮	4516.75	1.37
59	4-aminosalicylicacid	4-氨基水杨酸	983.16	0.30
60	9-isopropyl-1-methyl-2-methylene-5-oxatricyclo[5.4.0.0(3,8)]undecane	9-异丙基-1-甲基-2-亚甲基-5-氧杂三环[5.4.0.0(3,8)]十一烷	11965.95	3.63
61	—	—	36620.14	11.10
62	2-methyl-2-bornene	2-甲基-2-龙脑烯	1664.53	0.50
63	7-bicyclo[4.1.0]hept-7-ylidene-bicyclo[4.1.0]heptane	7-双环[4.1.0]庚-7-亚基-双环[4.1.0]庚烷	4154.92	1.26
64	valencene	巴伦西亚橘烯	1074.83	0.33
65	5-isopropylidene-6-methyldeca-3,6,9-trien-2-one	5-异丙基-6-甲基癸-3,6,9-三烯-2-酮	597.56	0.18
66	—	—	27812.92	8.43
67	5-(2,2-dimethylcyclopropyl)-2,4-dimethyl-1,3-pentadiene	5-(2,2-二甲基环丙基)-2,4-二甲基-1,3-戊二烯	6515.10	1.97
68	glaucyl alcohol	愈创醇	1274.94	0.39
69	β-elemene	β-榄香烯	1873.32	0.57
70	nootkatone	圆柚酮	1579.69	0.48
71	1-methyl-3,5-bis(1-methylethyl)-benzene	1-甲基-3,5-双(1-甲基乙基)-苯	2145.68	0.65
72	—	—	12142.28	3.68
73	longipinocarvone	长叶松香芹酮	3508.80	1.06
74	—	—	14631.57	4.43
75	9,10-dehydro-isolongifolene	9,10-脱氢异长叶烯	335.71	0.10
76	1,2,3,6-tetrahydro-1-benzyl-4-phenyl-pyridine	1,2,3,6-四氢-1-苄基-4-苯基吡啶	563.68	0.17
77	[1-(2,2-diethoxyethyl)-1H-benzoimidazol-2-yl]-methanol	[1-(2,2-二乙氧基乙基)-1H-苯并咪唑-2-基]-甲醇	863.85	0.26
78	N,N-diethyl-3,6-dimethoxy-2-(2-propenyl)-benzamide	N,N-二乙基-3,6-二甲氧基-2-(2-丙烯基)-苯甲酰胺	1406.28	0.43
79	3,5,6,7,8,8a-hexahydro-4,8a-di methyl-6-(1-methylethenyl)-2(1H)-naphthalenone	3,5,6,7,8,8a-六氢-4,8a-二甲基-6-(1-甲基乙烯基)-2(1H)萘酮	608.25	0.18
80	3-methyl-7-nitro-chromone	3-甲基-7-硝基色酮	1069.27	0.32
81	caryophyllene	石竹烯	793.20	0.24
82	1-[4-(1-methyl-2-propenyl)phenyl]-ethanone	1-[4-(1-甲基-2-丙烯基)苯基]乙酮	457.85	0.14
83	5,8,11,14,17-eicosapentaenoic acid pyrrolidide	5,8,11,14,17-二十碳五烯酸吡咯烷	502.34	0.15
84	2,6-bis(1,1-dimethylethyl)-4-(methoxymethyl)-phenol	2,6-双(1,1-二甲基乙基)-4-(甲氧基甲基)-苯酚	390.29	0.12

续表

序号	英文名称	中文名称	含量/(μg/g)	相对含量/%
85	1,2,3,4,6,7,8,8a-octahydronaph-thalene-6,7-diol-5,8a-dimethyl-3-iso-propenyl cyclic carbonate	1,2,3,4,6,7,8,8a-八氢萘-6,7-二醇-5,8a-二甲基-3-异丙烯基环状碳酸酯	380.40	0.12
86	vitamin E	维生素 E	1485.38	0.45

①表示未鉴定。

1.72 香枯木油

【基本信息】

➡ 名称

中文名称：香枯木油，卡藜油

英文名称：cascara sagrada，cascarilla oils

➡ 管理状况

FEMA：2255

FDA：182.20

➡ 性状描述

淡黄色至深琥珀色液体。

➡ 感官特征

呈枯木的辛香香气。

➡ 物理性质

相对密度 d_4^{20}：0.8900～0.9450

折射率 n_D^{20}：1.4890～1.4960

溶解性：溶于大多数非挥发性油、矿物油、乙醇及乙醚中，几乎不溶于甘油和丙二醇。

➡ 制备提取方法

由大戟科常绿灌木巴豆树（*Croton cascarilla*）的干树皮经水蒸气蒸馏得到，得率为 1%～3%。

➡ 原料主要产地

主要产于西印度巴哈马群岛、美国和古巴等地。

➡ 作用描述

主要用于食品及日化香精行业。

【香枯木油主成分及含量】

取适量香枯木油进行气相色谱-质谱分析，记录谱图，按内标法以峰面积计算其含量。香枯木油中主要成分为：α-柏木烯（19.76%）、α-松油醇（16.61%）、柏木脑（16.16%）、4-萜烯醇（8.84%）、β-柏木烯（5.30%），所有化学成分及含量详见表 1-72。

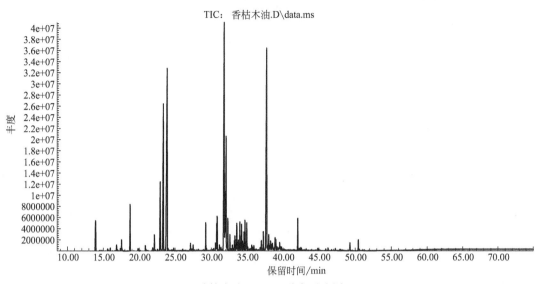

香枯木油 GC-MS 总离子流图

表 1-72　香枯木油化学成分含量表

序号	英文名称	中文名称	含量/(μg/g)	相对含量/%
1	pinene	蒎烯	25335.65	1.81
2	sabinene	桧烯	1216.10	0.09
3	β-myrcene	β-月桂烯	1344.91	0.10
4	3-carene	3-蒈烯	3121.38	0.22
5	p-cymene	对伞花烯	1197.01	0.09
6	limonene	柠檬烯	6202.88	0.44
7	1-methyl-4-(1-methylethenyl)-benzene	1-甲基-4-(1-甲基乙烯基)苯	1294.22	0.09
8	fenchone	茴香酮	742.38	0.05
9	fenchol	小茴香醇	2446.11	0.17
10	1,2-dimethyl-3-(1-methylethenyl)-cyclopentanol	1,2-二甲基-3-(1-甲基乙烯基)-环戊醇	1634.71	0.12
11	camphor	樟脑	7465.38	0.53
12	isoborneol	异龙脑	923.95	0.07
13	borneol	龙脑	48665.54	3.47
14	4-terpinenol	4-萜烯醇	123903.00	8.84
15	α-terpineol	α-松油醇	232848.73	16.61
16	estragole	草蒿脑	588.37	0.04
17	fenchyl acetate	乙酸小茴香酯	1300.32	0.09

续表

序号	英文名称	中文名称	含量/(μg/g)	相对含量/%
18	2-methyl-octadecane	2-甲基十八烷	668.46	0.05
19	bornyl acetate	乙酸龙脑酯	3878.58	0.28
20	tridecane	十三烷	780.45	0.06
21	2-carene	2-蒈烯	3257.73	0.23
22	methyl geranate	香叶酸甲酯	800.00	0.06
23	4-carene	4-蒈烯	12741.48	0.91
24	α-cubebene	α-荜澄茄油烯	987.36	0.07
25	copaene	可巴烯	1282.39	0.09
26	β-elemene	β-榄香烯	33471.37	2.39
27	5-(1,5-dimethyl-4-hexenyl)-2-methyl-1,3-cyclohexadiene	5-(1,5-二甲基-4-己烯基)-2-甲基-1,3-环己二烯	2702.72	0.19
28	longifolene	长叶烯	1134.69	0.08
29	α-cedrene	α-柏木烯	277053.3	19.76
30	caryophyllene	石竹烯	39899.58	2.85
31	β-cedrene	β-柏木烯	74291.30	5.30
32	thujopsene	罗汉柏烯	15836.23	1.13
33	β-farnesene	β-金合欢烯	8610.97	0.61
34	humulene	葎草烯	4443.03	0.32
35	longipinene	长叶蒎烯	5450.01	0.39
36	β-curcumene	β-姜黄烯	6859.25	0.49
37	α-curcumene	α-姜黄烯	23623.11	1.69
38	1,2,4a,5,6,8a-hexahydro-4,7-dimethyl-1-(1-methylethyl)-naphthalene	1,2,4a,5,6,8a-六氢-4,7-二甲基-1-(1-甲基乙基)萘	2413.36	0.17
39	germacrene D	大根香叶烯 D	6064.20	0.43
40	β-selinene	β-芹子烯	13860.27	0.99
41	α-selinene	α-芹子烯	18420.02	1.31
42	β-bisabolene	β-甜没药烯	6436.15	0.46
43	cuparene	花侧柏烯	8741.95	0.62
44	3,4-dimethyl-2,4,6-octatriene	3,4-二甲基-2,4,6-辛三烯	17381.25	1.24
45	3-(1,5-dimethyl-4-hexenyl)-6-methylene-cyclohexene	3-(1,5-二甲基-4-己烯基)-6-亚甲基环己烯	3914.25	0.28
46	δ-cadinene	δ-杜松烯	14607.35	1.04
47	α-farnesene	α-金合欢烯	2300.60	0.16
48	α-muurolene	α-依兰油烯	1041.64	0.07
49	1,1,5-trimethyl-1,2-dihydronaphthalene	1,1,5-三甲基-1,2-二氢萘	2425.74	0.17
50	α-elemol	α-榄香醇	1899.49	0.14
51	nerolidol	橙花叔醇	2980.56	0.21
52	α-calacorene	α-白菖考烯	1379.88	0.10
53	hexadecane	正十六烷	1310.21	0.09
54	caryophyllene oxide	环氧石竹烯	8076.12	0.58

续表

序号	英文名称	中文名称	含量/(μg/g)	相对含量/%
55	4-(5,5-dimethyl-1-oxaspiro[2.5]oct-4-yl)3-buten-2-one	4-(5,5-二甲基-1-氧杂螺[2.5]辛-4-基)-3-丁烯-2-酮	10419.36	0.74
56	cedrol	柏木脑	226515.64	16.16
57	1,2,3,4,4a,7-hexahydro-1,6-dimethyl-4-(1-methylethyl)-naphthalene	1,2,3,4,4a,7-六氢-1,6-二甲基-4-(1-甲基乙基)-萘	2731.38	0.19
58	γ-eudesmol	γ-桉叶醇	5381.48	0.38
59	α-cadinol	α-荜澄茄醇	7859.03	0.56
60	alloaromadendrene	别香橙烯	1320.40	0.09
61	β-eudesmol	β-桉叶醇	8470.64	0.60
62	globulol	蓝桉醇	6105.60	0.44
63	β-bisabolol	β-没药醇	2142.74	0.15
64	1,6-dimethyl-4-(1-methylethyl)-naphthalene	1,6-二甲基-4-(1-甲基乙基)萘	2868.77	0.20
65	α-bisabolol	α-没药醇	3691.98	0.26
66	heptadecane	十七烷	2374.38	0.17
67	2,6-dimethyl-heptadecane	2,6-二甲基十七烷	2584.37	0.18
68	cedryl acetate	乙酸柏木酯	15148.15	1.08
69	octadecane	十八烷	830.22	0.06
70	1-methyl-8-(1-methylethyl)-tricyclo[4.4.0.0(2,7)]dec-3-ene-3-methanol	1-甲基-8-(1-甲基乙基)-三环[4.4.0.0(2,7)]十碳-3-烯-3-甲醇	798.19	0.06
71	nonadecane	正十九烷	910.97	0.06
72	cembrene	西柏烯	863.74	0.06
73	eicosane	正二十烷	1091.25	0.08
74	manool	泪杉醇	3668.04	0.26
75	3,7,11,15-tetramethylhexadeca-1,3,6,10,14-pentaene	3,7,11,15-四甲基-1,3,6,10,14-十六碳五烯	4921.11	0.35

1.73 香茅油

【基本信息】

名称

中文名称：香茅油，香草油，雄刈萱油，香茅醇

英文名称：citronella oil，vanilla oil，citronellol，*Cymbopogon winterianus* oil

管理状况

FEMA：2308

GB 2760—2014：N188

性状描述

淡黄色至浅棕黄色澄清液体。

感官特征

有强烈的青草香气，有类似香茅醛的香气。

物理性质

相对密度 d_4^{20}：0.8800～0.9100

折射率 n_D^{20}：1.4660～1.4870

沸点：220℃

溶解性：易溶于汽油、石油醚、乙醚、脂肪及酒精等有机溶剂。

制备提取方法

由香茅的半干全草经水蒸气蒸馏而得，得率为 1.2%～1.4%。

原料主要产地

主要生长在亚热带地区。

作用描述

主要用于日化用品、医药和杀虫剂中。日化用品中用于调配洗涤剂、清洁剂、肥皂；在医药中具有消炎、杀菌、活络、舒筋、止痛等效用；杀虫剂主要用于制蚁蝇驱避剂等。

【香茅油主成分及含量】

取适量香茅油进行气相色谱-质谱分析，记录谱图，按内标法以峰面积计算其含量。香茅油中主要成分为：香茅醛（27.30%）、香叶醇（19.76%）、香茅醇（12.92%）、柠檬烯（5.11%）、α-榄香醇（4.46%），所有化学成分及含量详见表1-73。

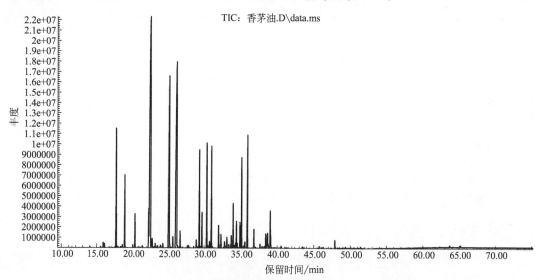

香茅油 GC-MS 总离子流图

表 1-73　香茅油化学成分含量表

序号	英文名称	中文名称	含量/(μg/g)	相对含量/%
1	4-methyl-1-(1-methylethyl)-bicyclo[3.1.0]hex-2-ene	4-甲基-1-(1-甲基乙基)-双环[3.1.0]己-2-烯	435.06	0.05
2	6-methyl-5-hepten-2-one	6-甲基-5-庚烯-2-酮	1342.94	0.15
3	β-myrcene	β-月桂烯	1260.66	0.14
4	o-cymene	邻伞花烃	200.53	0.02
5	limonene	柠檬烯	45897.25	5.11
6	eucalyptol	桉油精	399.94	0.04
7	β-ocimene	罗勒烯	257.17	0.03
8	2,6-dimethyl-5-heptenal	2,6-二甲基-5-庚烯醛	793.66	0.09
9	4-carene	4-蒈烯	816.32	0.09
10	linalool	芳樟醇	10029.85	1.12
11	tetrahydro-4-methyl-2-(2-methyl-1-propenyl)-2H-pyran	四氢-4-甲基-2-(2-甲基-1-丙烯基)-2H-吡喃	238.12	0.03
12	4-methyl-2,7-octadiene	4-甲基-2,7-辛二烯	858.2	0.10
13	isopulegol	异蒲勒醇	13931.7	1.55
14	citronellal	香茅醛	245368.87	27.30
15	1-menthone	1-薄荷酮	347.85	0.04
16	2,3-dihydro-4-methyl-furan	2,3-二氢-4-甲基呋喃	209.76	0.02
17	α-terpineol	α-松油醇	769.71	0.09
18	decanal	癸醛	1131.13	0.13
19	citronellol	香茅醇	116093.92	12.92
20	3,7-dimethyl-2,6-octadienal	3,7-二甲基-2,6-辛二烯醛	3181.17	0.35
21	geraniol	香叶醇	177634.94	19.76
22	citral	橙花醛	4695.35	0.52
23	3,7-dimethyl-6-octen-1-ol formate	3,7-二甲基-7-辛烯醇甲酸酯	329.9	0.04
24	geranyl formate	甲酸香叶酯	438.29	0.05
25	3,7-dimethyl-6-octenoic acid	3,7-二甲基-6-辛酸	952.23	0.11
26	4-(1-methylethyl)-cyclohexanol	4-(1-甲基乙基)环己醇	377.82	0.04
27	α,α,4-trimethyl-4-hydroxy-cyclohexanemethanol	α,α,4-三甲基-4-羟基-环己甲醇	2286.78	0.25
28	δ-elemene	δ-榄香烯	289.38	0.03
29	2,6-dimethyl-2,6-octadiene	2,6-二甲基-2,6-辛二烯	31726.52	3.53
30	α-cubebene	α-荜澄茄油烯	398.12	0.04
31	eugenol	丁香酚	12014.48	1.34
32	geranyl acetate	乙酸香叶酯	33806.56	3.76
33	α-copaene	α-蒎烯	650.67	0.07
34	β-elemene	β-榄香烯	1841.23	0.20
35	β-bourbonene	β-波旁烯	1386.25	0.15

续表

序号	英文名称	中文名称	含量/(μg/g)	相对含量/%
36	1-ethenyl-1-methyl-2,4-bis(1-methylethenyl)-cyclohexane	1-乙烯基-1-甲基-2,4-双(1-甲基乙烯基)-环己烷	32768.57	3.65
37	3-hexenal diethyl acetal	3-己烯醛二乙缩醛	324.83	0.04
38	β-ylangene	β-依兰烯	6488.52	0.72
39	β-caryophyllene	β-石竹烯	977.74	0.11
40	β-cubebene	β-荜澄茄油烯	3919.71	0.44
41	humulene	葎草烯	3993.86	0.44
42	γ-muurolene	γ-依兰油烯	3779.47	0.42
43	germacrene D	大根香叶烯 D	13353.12	1.49
44	β-selinene	β-瑟林烯	809.99	0.09
45	2-isopropyl-5-methyl-9-methylene-bicyclo[4.4.0]dec-1-ene	2-异丙基-5-甲基-9-亚甲基二环[4.4.0]癸-1-烯	1802.71	0.20
46	α-muurolene	α-依兰油烯	8217.04	0.91
47	1,2,4a,5,6,8a-hexahydro-4,7-dimethyl-1-(1-methylethyl)-naphthalene	1,2,4a,5,6,8a-六氢-4,7-二甲基-1-(1-甲基乙基)-萘	9789.5	1.09
48	δ-cadinene	δ-杜松烯	28670.73	3.19
49	isoledene	异喇叭烯	326.79	0.04
50	1,2,3,4,4a,7-hexahydro-1,6-dimethyl-4-(1-methylethyl)-naphthalene	1,2,3,4,4a,7-六氢-1,6-二甲基-4-(1-甲基乙基)-萘	729.23	0.08
51	α-elemol	α-榄香醇	40123.79	4.46
52	1-hydroxy-1,7-dimethyl-4-isopropyl-2,7-cyclodecadiene	1-羟基-1,7-二甲基-4-异丙基-2,7-环癸二烯	5666.93	0.63
53	1a,2,3,3a,4,5,6,7b-octahydro-1,1,3a,7-tetramethyl-1H-cyclopropa[a]naphthalene	1a,2,3,3a,4,5,6,7b-八氢-1,1,3a,7-四甲基-1H-环丙[a]萘	246.64	0.03
54	2-ethenyl-2,5-dimethyl-4-hexen-1-ol	2-乙烯基-2,5-二甲基-4-己烯-1-醇	1125.7	0.13
55	γ-eudesmol	γ-桉叶醇	409.55	0.05
56	bicyclosesquiphellandrene	双环倍半水芹烯	2961.96	0.33
57	copaene	可巴烯	1221.04	0.14
58	α-cadinol	α-杜松醇	12614.66	1.40
59	α-eudesmol	α-桉叶醇	3169.97	0.35
60	farnesol	金合欢醇	762.75	0.08
61	1-formyl-2,2-dimethyl-3-trans-(3-methyl-but-2-enyl)-6-methylidene-cyclohexane	1-甲酰基-2,2-二甲基-3-反式-(3-甲基-丁-2-烯基)-6-亚甲基环己烷	434.2	0.05
62	2-methyl-3,7-dimethyl-2,6-octadienyl butanoate	丁酸 2-甲基-3,7-二甲基-2,6-辛二烯酯	250.45	0.03
63	squalene	角鲨烯	287.63	0.03
64	N-(2-trifluoromethylphenyl)-pyridine-3-carboxamideoxime	N-(2-三氟甲基苯基)-吡啶-3-甲酰胺肟	692.07	0.08
65	N-methyl-1-adamantane acetamide	N-甲基-1-金刚烷基乙酰胺	585.35	0.07

1.74 香柠檬油

【基本信息】

名称

中文名称：香柠檬油，巴柑檬，佛手柑油，保加莫油
英文名称：bergamot oil，Paul gamo oil

管理状况

FEMA：2153
GB 2760—2014：N101

性状描述

常温状态下呈黄绿色至棕黄色液体。

感官特征

具有清甜似柠檬样果香和清新的水果甜香气，有苦味。余香有油脂气和药草香，有点膏香，留香不持久。

物理性质

相对密度 d_4^{20}：0.8760～0.8840
折射率 n_D^{20}：1.4640～1.4680
溶解性：可混溶于乙醇及冰醋酸中，能溶于大多数非挥发性油，不溶于甘油、丙二醇和水。

制备提取方法

由芸香科植物香柠檬的成熟表皮通过冷榨方法得到，得率为 0.4%～0.5%。

原料主要产地

主产于意大利、几内亚、西班牙、俄罗斯、印度和中国南方地区。

作用描述

可用于饮料、食品、糕点、烟草等产品中。饮料中可应用于软饮料和冷饮中；食品中在糖果、烘烤食品、布丁等中均适用；在烟草中可以调和烟草的味道，改善吸味。

【香柠檬油主成分及含量】

取适量香柠檬油进行气相色谱-质谱分析，记录谱图，按内标法以峰面积计算其含量。香柠檬油中主要成分为：柠檬烯（25.25%）、2-氨基苯甲酸3,7-二甲基-1,6-辛二烯-3-醇酯（19.59%）、芳樟醇（16.73%）、乙酸松油酯（14.06%），所有化学成分及含量详见表1-74。

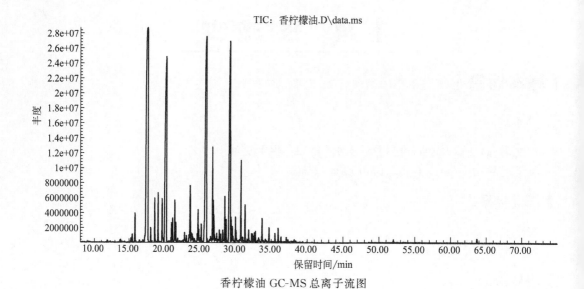

香柠檬油 GC-MS 总离子流图

表 1-74　香柠檬油化学成分含量表

序号	英文名称	中文名称	含量/(μg/g)	相对含量/%
1	1-(1-methyl-2-cyclopenten-1-yl)-eth-anone	1-(1-甲基-2-环戊烯-1-基)-乙酮	535.76	0.07
2	α-pinene	α-蒎烯	1080.59	0.13
3	sabinene	桧烯	1147.20	0.14
4	β-pinene	β-蒎烯	2265.91	0.28
5	β-myrcene	β-月桂烯	5909.36	0.73
6	1,1-dimethyl-2-(3-methyl-1,3-buta-dienyl)-cyclopropane	1,1-二甲基-2-(3-甲基-1,3-丁二烯基)-环丙烷	610.19	0.07
7	limonene	柠檬烯	205528.62	25.25
8	ethyl 2-(5-methyl-5-vinyltetrahydro-furan-2-yl)propan-2-yl carbonate	2-(5-甲基-5-乙烯基四氢呋喃-2-基)丙-2-基碳酸乙酯	7753.01	0.95
9	1,2-dimethyl-3-(1-methylethenyl)-cyclopentanol	1,2-二甲基-3-(1-甲基乙烯基)-环戊醇	2458.2	0.30
10	linalool	芳樟醇	136136.46	16.73
11	1,3-dimethyl-cyclopentane	1,3-二甲基环戊烷	507.48	0.06
12	1-methyl-4-(1-methylethenyl)-2-cyclohexen-1-ol	1-甲基-4-(1-甲基乙烯基)-2-环己烯-1-醇	5438.71	0.67
13	limonene oxide	柠檬烯氧化物	10669.6	1.31
14	isolimonene	异柠檬烯	782.83	0.10
15	norborneol	降龙脑	561.67	0.07
16	4-methyl-1-(1-methylethenyl)-cyclohexene	4-甲基-1-(1-甲基乙烯基)-环己烯	2543.24	0.31

序号	英文名称	中文名称	含量/(μg/g)	相对含量/%
17	2-isopropenyl-5-methylhex-4-enal	2-异丙烯基-5-甲基己-4-烯醛	1282.67	0.16
18	α,α,4-trimethyl-benzenemethanol	α,α,4-三甲基苯甲醇	1456.76	0.18
19	terpineol	松油醇	14660.33	1.80
20	1,5,5-trimethyl-3-methylene-cyclo-hexene	1,5,5-三甲基-3-亚甲基-环己烯	1881.20	0.23
21	bicyclo[4.1.0]hept-2-ene	双环[4.1.0]庚-2-烯	1323.71	0.16
22	5-[1,2,4]triazol-1-yl-pyrrolidin-2-one	5-[1,2,4]三唑-1-基-吡咯烷-2-酮	1206.93	0.15
23	2,6-dimethyl-3,5,7-octatriene-2-ol	2,6-二甲基-3,5,7-辛三烯-2-醇	1414.75	0.17
24	fenchyl acetate	乙酸小茴香酯	1251.75	0.15
25	2-methyl-5-(1-methylethenyl)-2-cy-clohexen-1-ol	2-甲基-5-(1-甲基乙烯基)-2-环己烯-1-醇	5972.23	0.73
26	linalyl isobutyrate	异丁酸芳樟酯	2236.18	0.27
27	3,4-dimethyl-2,4,6-octatriene	3,4-二甲基-2,4,6-辛三烯	969.58	0.12
28	carveol	香芹醇	3283.39	0.40
29	3,7-dimethyl-1,6-octadien-3-ol 2-ami-nobenzoate	2-氨基苯甲酸 3,7-二甲基-1,6-辛二烯-3-醇酯	159408.82	19.59
30	dihydrocarvone	二氢青芹酮	687.32	0.08
31	citral	橙花醛	513.87	0.06
32	1,6,9-tetradecatriene	1,6,9-十四碳三烯	392.18	0.05
33	2,6-dimethyl-1,7-octadiene-3,6-diol	2,6-二甲基-1,7-辛二烯-3,6-二醇	1329.28	0.16
34	3-methyl-6-(1-methylethenyl)-2-cy-clohexen-1-one	3-甲基-6-(1-甲基乙烯基)-2-环己烯-1-酮	892.88	0.11
35	4-ethenyl-1,4-dimethyl-cyclohexene	4-乙烯基-1,4-二甲基环己烯	16684.87	2.05
36	terpinolene	萜品油烯	7141.39	0.88
37	3-methyl-3a,4,7,7a-tetrahydroindane	3-甲基-3a,4,7,7a-四氢茚满	5900.36	0.73
38	isobornyl acetate	乙酸异龙脑酯	1198.98	0.15
39	2-methylene-bicyclo[4.3.0]nonane	2-亚甲基双环[4.3.0]壬烷	879.42	0.11
40	1-methyl-4-(2-methyloxiranyl)-7-ox-abicyclo[4.1.0]heptane	1-甲基-4-(2-甲基环氧乙烷基)-7-氧杂双环[4.1.0]庚烷	477.26	0.06
41	1,7,7-trimethyl-tricyclo[2.2.1.0(2,6)]heptane	1,7,7-三甲基三环[2.2.1.0(2,6)]庚烷	1682.40	0.21
42	4-(1-methylethenyl)-1-cyclohexene-1-methanol	4-(1-甲基乙烯基)-1-环己烯-1-甲醇	534.23	0.07
43	2-ethyl-5-methyl-furan	2-乙基-5-甲基呋喃	587.51	0.07
44	1,5,6,7-tetrahydro-4-indolone	1,5,6,7-四氢-4-吲哚酮	2548.51	0.31

续表

序号	英文名称	中文名称	含量/(μg/g)	相对含量/%
45	1-methylene-4-(1-methylethenyl)-cyclohexane	1-亚甲基-4-(1-甲基乙烯基)-环己烷	1322.28	0.16
46	adamantane	金刚烷	7265.20	0.89
47	3-hexenyl butanoate	3-己烯丁酸酯	4433.40	0.54
48	terpinyl acetate	乙酸松油酯	114393.84	14.06
49	3,7-dimethyl-2,6-octadienyl butanoate	3,7-二甲基-2,6-辛二烯-1-丁酸酯	5248.83	0.64
50	β-ocimene	β-罗勒烯	5035.55	0.62
51	1,2-diazaspiro(2.5)octane	1,2-二氮杂螺(2.5)辛烷	1069.24	0.13
52	geranyl acetate	乙酸香叶酯	4330.64	0.53
53	camphene	樟脑萜	1846.12	0.23
54	longicyclene	环长叶烯	703.39	0.09
55	6,17-octadecadien-1-ol acetate	6,17-十八碳二烯-1-醇乙酸酯	980.90	0.12
56	methyl 2-(2-propenyl)-cycloprop-2-ene-carbonate	2-(2-丙烯基)-环丙-2-烯碳酸甲基酯	15634.13	1.92
57	7-dodecen-1-ol acetate	7-十二碳烯-1-醇乙酸酯	860.88	0.11
58	1,2,3,6-tetrahydrobenzylalcohol acetate	1,2,3,6-四氢苯甲醇乙酸酯	7221.48	0.89
59	3,6-dimethyl-6-octen-4-yn-3-ol	3,6-二甲基-6-辛烯-4-炔-3-醇	495.70	0.06
60	1-methyl-4-(1-acetoxy-1-methylethyl)-cyclohex-2-enol	1-甲基-4-(1-乙酰氧基-1-甲基乙基)-环己-2-烯醇	3676.53	0.45
61	2-(3,3-dimethylcyclohexylidene)-acetaldehyde	2-(3,3-二甲基环亚己烯基)乙醛	1494.63	0.18
62	2'-hydroxyacetophenone	2'-羟基苯乙酮	977.11	0.12
63	epoxy-α-terpenyl acetate	环氧-α-乙酸萜品酯	1475.46	0.18
64	5-t-butyl-hexa-3,5-dien-2-one	5-叔丁基-六-3,5-二烯-2-酮	307.73	0.04
65	1,1-dimethyl-2-(1-methylethoxy)-3-(3-methyl-1-pentynyl)-cyclopropane	1,1-二甲基-2-(1-甲基乙氧基)-3-(3-甲基-1-戊炔基)-环丙烷	519.26	0.06
66	4-propyl-1,6-heptadien-4-ol	4-丙基-1,6-庚二烯-4-醇	4696.93	0.58
67	hydroxy-α-terpenyl acetate	羟基-α-萜烯酯	2544.36	0.31
68	2-caren-4-ol	2-蒈烯-4-醇	1447.22	0.18
69	1-methyl-1-(4-methyl-5-oxo-cyclohex-3-enyl)ethyl acetate	1-甲基-1-(4-甲基-5-氧代-环己-3-烯基)乙酸乙酯	2398.43	0.29
70	terpin diacetate	二醋酸萜品酯	938.54	0.12
71	humulene	葎草烯	314.57	0.04
72	13-docosenamide	13-二十二烯酰胺	457.32	0.06

1.75　香月桂油

【基本信息】

名称

中文名称：香月桂油，月桂油，月桂叶油，月桂树叶油，香叶众香树叶油

英文名称：laurel oil，bay oil，laurel leaf oil，bay laurel essential oil

管理状况

FEMA：2122

FDA：182.10

GB 2760—2014：N247

性状描述

黄色或棕黄色挥发性精油。

感官特征

辛甜而清凉气息，具有刺鼻的芳香味，似杂有桉叶素类的丁香样辛香气，亦有松油醇及香叶醇气息，余香甜辛优美。

物理性质

相对密度 d_4^{20}：0.9050～0.9290

折射率 n_D^{20}：1.4650～1.4700

溶解性：溶于冰醋酸、乙醇，不溶于水。

制备提取方法

由樟科常绿乔木月桂树的鲜叶、茎和未木质化的小枝经水蒸气蒸馏法而得；得率为 1%～3%。

原料主要产地

主要产于黎巴嫩、以色列、土耳其等，我国也有少量生产。

作用描述

主要用于食品和酒类、烟草中。食品中主要用于原汁肉类罐头、香肠、沙司、泡菜、汤及鱼类调味料等；酒类中主要用于月桂型朗姆酒等，用途较广；烟草中用于作为烟用香精中的辛香料香韵的配料。

【香月桂油主成分及含量】

取适量香月桂油进行气相色谱-质谱分析，记录谱图，按内标法以峰面积计算其含量。香月桂油中主要成分为：丁香酚（46.37%）、β-蒎烯（16.83%）、4-(2-丙烯基)-苯酚

（12.01%）、2,6,11,15-四甲基-十六-2,6,8,10,14-五烯（4.15%）、柠檬烯（3.52%），所有化学成分及含量详见表1-75。

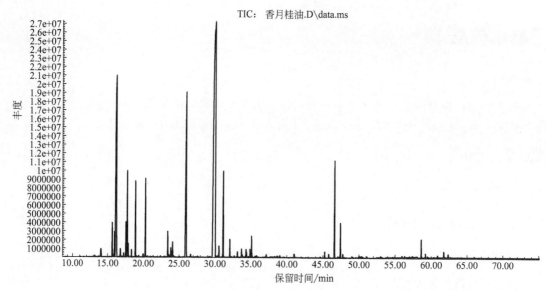

香月桂油 GC-MS 总离子流图

表 1-75　香月桂油化学成分含量表

序号	英文名称	中文名称	含量/(μg/g)	相对含量/%
1	β-myrcene	β-月桂烯	574.75	0.06
2	α-pinene	α-蒎烯	3884.00	0.42
3	1-octen-3-ol	1-辛烯-3-醇	10450.23	1.12
4	3-octanone	3-辛酮	9002.02	0.97
5	β-pinene	β-蒎烯	156927.4	16.83
6	α-phellandrene	α-水芹烯	2814.62	0.30
7	o-cymene	邻伞花烃	10594.31	1.14
8	limonene	柠檬烯	32792.56	3.52
9	eucalyptol	桉叶油醇	3493.37	0.37
10	3,7-dimethyl-1,3,6-octatriene	3,7-二甲基-1,3,6-十八烷三烯	1901.02	0.20
11	ethyl 2-(5-methyl-5-vinyltetrahydro-furan-2-yl)propan-2-yl carbonate	2-(5-甲基-5-乙烯基四氢呋喃-2-基)丙-2-基碳酸乙酯	321.98	0.03
12	terpinolene	萜品油烯	2674.14	0.29
13	linalool	芳樟醇	24757.41	2.65
14	1-octen-3-yl-acetate	1-辛烯-3-基乙酸酯	221.18	0.02
15	2,6-dimethyl-2,4,6-octatriene	2,6-二甲基-2,4,6-辛三烯	242.40	0.03
16	4-methyl-1,4-heptadiene	4-甲基-1,4-庚二烯	260.57	0.03
17	4-terpineol	4-松油醇	6934.20	0.74
18	α,α,4-trimethyl-benzenemethanol	α,α,4-三甲基苯甲醇	734.66	0.08
19	α-terpineol	α-松油醇	2605.26	0.28

序号	英文名称	中文名称	含量/(μg/g)	相对含量/%
20	estragole	草蒿脑	4065.65	0.44
21	decanal	正癸醛	266.05	0.03
22	4-(2-propenyl)-phenol	4-(2-丙烯基)-苯酚	112015.95	12.01
23	geraniol	香叶醇	529.22	0.06
24	citral	柠檬醛	572.12	0.06
25	eugenol	丁香酚	432411.69	46.37
26	geranyl acetate	乙酸香叶酯	309.71	0.03
27	α-copaene	α-可巴烯	2914.89	0.31
28	methyleugenol	甲基丁香酚	29172.61	3.13
29	caryophyllene	1-石竹烯	5158.95	0.55
30	isoeugenol	异丁香酚	393.01	0.04
31	humulene	葎草烯	1718.87	0.18
32	γ-muurolene	γ-依兰油烯	2662.71	0.29
33	1,2,4a,5,6,8a-hexahydro-4,7-dimethyl-1-(1-methylethyl)-naphthalene	1,2,4a,5,6,8a-六氢-4,7-二甲基-1-(1-甲基乙基)-萘	993.33	0.11
34	α-farnesene	α-金合欢烯	2144.38	0.23
35	α-muurolene	α-依兰油烯	1328.23	0.14
36	1,2,3,4,4a,5,6,8a-octahydro-7-methyl-4-methylene-1-(1-methylethyl)-naphthalene	1,2,3,4,4a,5,6,8a-八氢-7-甲基-4-亚甲基-1-(1-甲基乙基)-萘	2385.84	0.26
37	δ-cadinene	δ-杜松烯	6493.70	0.70
38	1,1,5-trimethyl-1,2-dihydronaphthalene	1,1,5-三甲基-1,2-二氢萘	604.06	0.06
39	caryophyllene oxide	氧化石竹烯	766.23	0.08
40	1,2,3,4,4a,7-hexahydro-1,6-dimethyl-4-(1-methylethyl)-naphthalene	1,2,3,4,4a,7-六氢-1,6-二甲基-4-(1-甲基乙基)-萘	281.08	0.03
41	α-cadinol	α-荜澄茄醇	1012.67	0.11
42	3-(4-hydroxy-3-methoxyphenyl)-2-propenal	3-(4-羟基-3-甲氧基苯基)-2-丙烯醛	905.50	0.10
43	4-(3-hydroxy-1-propenyl)-2-methoxyphenol	4-(3-羟基-1-丙烯基)-2-甲氧基苯酚	844.50	0.09
44	β-farnesene	β-金合欢烯	1520.13	0.16
45	cembrene	西松烯	969.64	0.10
46	2,6,11,15-tetramethyl-hexadeca-2,6,8,10,14-pentaene	2,6,11,15-四甲基-十六-2,6,8,10,14-五烯	38737.04	4.15
47	2,6-diisopropylnaphthalene	2,6-二异丙基萘	366.39	0.04
48	1,2,3,4,8,9-hexahydro-4,4,8-trimethyl-phenanthro[3,2-b]furan-7,11-dione	1,2,3,4,8,9-六氢-4,4,8-三甲基-啡罗啉[3,2-b]呋喃-7,11-二酮	300.72	0.03
49	7-acetoxy-3-(3,4-methylenedioxyphenyl)-4-chromanone	7-乙酰氧基-3-(3,4-亚甲基二氧苯基)-4-苯并二氢呋喃-4-酮	5069.09	0.54

续表

序号	英文名称	中文名称	含量/(μg/g)	相对含量/%
50	4,5,6,7-tetrahydro-2-(3-ethoxy-4-hydroxybenzylidenamino)-benzothiophene-3-carbonitrile	4,5,6,7-四氢-2-(3-乙氧基-4-羟基苄氨基)-苯并噻吩-3-腈	1279.86	0.14
51	bis(p-styrylphenyl)acetylene	二(对苯乙烯基苯基)乙炔	290.90	0.03
52	p-t-octylresorcinol	对-叔丁基-辛基间苯二酚	1874.37	0.20
53	1,2-o-(phenylboranediyl)-alizarin	1,2-氧-(苯基甲硼烷二基)-茜素	1033.23	0.11

1.76 香紫苏油

【基本信息】

名称

中文名称：香紫苏油，欧丹参油，红紫苏油
英文名称：clary sage oil，cage oil clary，*Salvia sclarea*（clary）oil

管理状况

FEMA：2321
GB 2760—2014：N108

性状描述

室温为无色至淡黄色，以及浅橄榄绿色液体。

感官特征

具有清甜柔和的草香，鲜果酯香和龙涎香、琥珀香，干木的底香。

物理性质

相对密度 d_4^{20}：0.9060～0.9250
折射率 n_D^{20}：1.4670～1.4720
溶解性：不溶于水，溶于乙醇、非挥发性油和矿物油，不溶于丙二醇和甘油。

制备提取方法

用香紫苏的花、叶经水蒸气蒸馏得香紫苏油，得率为 0.1%～0.15%。

原料主要产地

主要分布于俄罗斯、美国、保加利亚、法国、瑞士、印度、摩洛哥、以色列、匈牙利、意大利，我国也有生产。

作用描述

主要用于日用化妆品、食品、酒精和烟草等领域。日用化妆品中，主要用于调配香水、香皂和一些其他化妆品中；在食品中，主要用于饮料、烘焙食品及糖果中；在酒中，主要用于葡萄酒、美思酒型香精中；在烟草中，可以起到增强烟草本身固有的致香物质的作用。

【香紫苏油主成分及含量】

取适量香紫苏油进行气相色谱-质谱分析，记录谱图，按内标法以峰面积计算其含量。香紫苏油中主要成分为：柠檬烯（24.89%）、3,7-二甲基-1,6-辛二烯-3-醇-2-氨基苯甲酸酯（19.31%）、芳樟醇（16.49%）、乙酸松油酯（13.85%），所有化学成分及含量详见表 1-76。

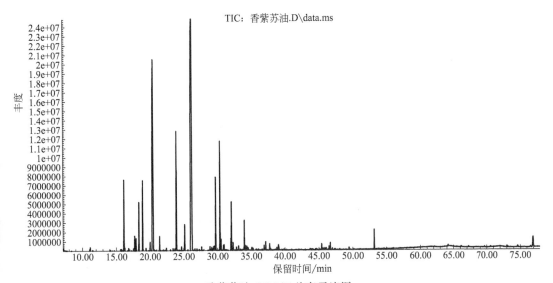

香紫苏油 GC-MS 总离子流图

表 1-76　香紫苏油化学成分含量表

序号	英文名称	中文名称	含量/(μg/g)	相对含量/%
1	1-(1-methyl-2-cyclopenten-1-yl)-eth-anone	1-(1-甲基-2-环戊烯-1-基)-乙酮	535.76	0.06
2	α-pinene	α-蒎烯	1080.59	0.13
3	4-methylene-1-(1-methylethyl)-bicyclo[3.1.0]hexane	4-亚甲基-1-(1-甲基乙基)-双环[3.1.0]己烷	1147.20	0.14
4	β-myrcene	β-月桂烯	5909.36	0.72
5	1,1-dimethyl-2-(3-methyl-1,3-buta-dienyl)-cyclopropane	1,1-二甲基-2-(3-甲基-1,3-丁二烯基)-环丙烷	610.19	0.07
6	limonene	柠檬烯	205528.62	24.89
7	ethyl 2-(5-methyl-5-vinyltetrahydro-furan-2-yl)propan-2-yl carbonate	2-(5-甲基-5-乙烯基四氢呋喃-2-基)丙-2-基碳酸乙酯	15345.45	1.86
8	linalool	芳樟醇	136136.46	16.49
9	1,3-dimethyl-cyclopentane	1,3-二甲基环戊烷	507.48	0.06
10	1-methyl-4-(1-methylethenyl)-2-cy-clohexen-1-ol	1-甲基-4-(1-甲基乙烯基)-2-环己烯-1-醇	5438.71	0.66

序号	英文名称	中文名称	含量/(μg/g)	相对含量/%
11	1，2-dimethyl-3-(1-methylethenyl)-cyclopentanol	1,2-二甲基-3-(1-甲基乙烯基)-环戊醇	5504.49	0.67
12	limonene oxide	柠檬烯氧化物	10669.60	1.29
13	isolimonene	异柠檬烯	782.83	0.09
14	norbornyl alcohol	降龙脑基醇	561.67	0.07
15	4-methyl-1-(1-methylethenyl)-cyclohexene	4-甲基-1-(1-甲基乙烯基)-环己烯	2543.24	0.31
16	2-isopropenyl-5-methylhex-4-enal	2-异丙烯基-5-甲基己-4-烯醛	1282.67	0.16
17	α,α,4-trimethyl-benzenemethanol	α,α,4-三甲基-苯甲醇	1456.76	0.18
18	α-terpineol	α-松油醇	14660.33	1.78
19	1，5,5-trimethyl-3-methylene-cyclohexene	1,5,5-三甲基-3-亚甲基环己烯	1881.20	0.23
20	bicyclo[4.1.0]hept-2-ene	双环[4.1.0]庚-2-烯	1323.71	0.16
21	5-[1,2,4]triazol-1-yl-pyrrolidin-2-one	5-[1,2,4]三唑-1-基-吡咯烷-2-酮	1206.93	0.15
22	2,6-dimethl-3,5,7-octatriene-2-ol	2,6-二甲基-3,5,7-辛三烯-2-醇	1414.75	0.17
23	fenchyl acetate	乙酸葑酯	1251.75	0.15
24	2-methyl-5-(1-methylethenyl)-2-cyclohexen-1-ol	2-甲基-5-(1-甲基乙烯基)-2-环己烯-1-醇	5972.23	0.72
25	linalyl isobutyrate	异丁酸芳樟酯	2236.18	0.27
26	3,4-dimethyl-2,4,6-octatriene	3,4-二甲基-2,4,6-辛三烯	969.58	0.12
27	carveol	香芹醇	3283.39	0.40
28	3,7-dimethyl-1,6-octadien-3-ol 2-aminobenzoate	3,7-二甲基-1,6-辛二烯-3-醇-2-氨基苯甲酸酯	159408.82	19.31
29	dihydrocarvone	二氢香芹酮	687.32	0.08
30	citral	橙花醛	513.87	0.06
31	1,6,9-tetradecatriene	1,6,9-十四碳三烯	392.18	0.05
32	2,6-dimethyl-1,7-octadiene-3,6-diol	2,6-二甲基-1,7-辛二烯-3,6-二醇	1329.28	0.16
33	3-methyl-6-(1-methylethenyl)-2-cyclohexen-1-one	3-甲基-6-(1-甲基乙烯基)-2-环己烯-1-酮	892.88	0.11
34	4-ethenyl-1,4-dimethyl-cyclohexene	4-乙烯基-1,4-二甲基环己烯	16684.87	2.02
35	terpinolene	萜品油烯	7141.39	0.86
36	3-methyl-3a,4,7,7a-tetrahydroindane	3-甲基-3a,4,7,7a-四氢茚满	5900.36	0.71
37	isobornyl acetate	乙酸异龙脑酯	1198.98	0.15
38	2-methylene-bicyclo[4.3.0]nonane	2-亚甲基双环[4.3.0]壬烷	879.42	0.11
39	1-methyl-4-(2-methyloxiranyl)-7-oxabicyclo[4.1.0]heptane	1-甲基-4-(2-甲基环氧乙烷基)-7-氧杂双环[4.1.0]庚烷	477.26	0.06

序号	英文名称	中文名称	含量/(μg/g)	相对含量/%
40	1,7,7-trimethyl-tricyclo[2.2.1.0(2,6)]heptane	1,7,7-三甲基三环[2.2.1.0(2,6)]庚烷	1682.40	0.20
41	4-(1-methylethenyl)-1-cyclohexene-1-methanol	4-(1-甲基乙烯基)-1-环己烯-1-甲醇	534.23	0.06
42	2-ethyl-5-methyl-furan	2-乙基-5-甲基呋喃	587.51	0.07
43	1,5,6,7-tetrahydro-4-indolone	1,5,6,7-四氢-4-吲哚	4750.42	0.58
44	1-methylene-4-(1-methylethenyl)-cyclohexane	1-亚甲基-4-(1-甲基乙烯基)-环己烷	1322.28	0.16
45	adamantane	金刚烷	7265.20	0.88
46	3-hexenyl butanoate	丁酸 3-己烯酯	4433.40	0.54
47	terpinyl acetate	乙酸松油酯	114393.84	13.85
48	3,7-dimethyl-2,6-octadienylbutanoate	3,7-二甲基-2,6-辛二烯-1-丁酸酯	5248.83	0.64
49	β-ocimene	β-罗勒烯	5035.55	0.61
50	1,2-diazaspiro[2.5]octane	1,2-二氮杂螺[2.5]辛烷	1069.24	0.13
51	geranyl acetate	乙酸香叶酯	4330.64	0.52
52	camphene	樟脑萜	1846.12	0.22
53	longicyclene	环长叶烯	703.39	0.09
54	6,17-octadecadien-1-ol acetate	6,17-十八碳二烯-1-醇乙酸酯	980.90	0.12
55	methyl 2-(2-propenyl)-cycloprop-2-ene-carbonate	2-(2-丙烯基)-环丙-2-烯碳酸甲酯	15634.13	1.89
56	7-dodecen-1-ol acetate	7-十二碳烯-1-醇乙酸酯	860.88	0.10
57	1,2,3,6-tetrahydrobenzylalcohol acetate	1,2,3,6-四氢苯甲醇乙酸酯	7221.48	0.87
58	3,6-dimethyl-6-octen-4-yn-3-ol	3,6-二甲基-6-辛烯-4-炔-3-醇	495.70	0.06
59	1-methyl-4-(1-acetoxy-1-methylethyl)-cyclohex-2-enol	1-甲基-4-(1-乙酰氧基-1-甲基乙基)-环己-2-烯醇	3676.53	0.45
60	2-(3,3-dimethylcyclohexylidene)-acetaldehyde	2-(3,3-二甲基环亚己烯基)乙醛	1494.63	0.18
61	1-(2-hydroxyphenyl)-ethanone	1-(2-羟苯基)-乙酮	977.11	0.12
62	epoxy-α-terpenyl acetate	环氧-α-萜烯酯	2802.60	0.34
63	5-t-butyl-hexa-3,5-dien-2-one	5-叔丁基-己基-3,5-二烯-2-酮	307.73	0.04
64	1,1-dimethyl-2-(1-methylethoxy)-3-(3-methyl-1-pentynyl)-cyclopropane	1,1-二甲基-2-(1-甲基乙氧基)-3-(3-甲基-1-戊炔基)-环丙烷	519.26	0.06
65	4-propyl-1,6-heptadien-4-ol	4-丙基-1,6-庚二烯-4-醇	4696.93	0.57
66	hydroxy-α-terpenyl acetate	羟基-α-萜烯酯	2544.36	0.31
67	2-caren-4-ol	2-蒈烯-4-醇	1447.22	0.18
68	1-methyl-1-(4-methyl-5-oxo-cyclohex-3-enyl)ethylacetate	乙酸 1-甲基-1-(4-甲基-5-氧代-环己-3-烯基)乙酯	2398.43	0.29

序号	英文名称	中文名称	含量/(μg/g)	相对含量/%
69	terpin diacetate	二醋酸萜品酯	938.54	0.11
70	humulene	葎草烯	314.57	0.04
71	13-docosenamide	芥酸酰胺	457.32	0.06

1.77　橡苔净油

【基本信息】

➡ 名称

中文名称：橡苔净油

英文名称：mousse，oak moss absolute，oak moss oil

➡ 管理状况

FEMA：2795

GB 2760—2014：N353

➡ 性状描述

深绿色的油状液体。

➡ 感官特征

具有青香、橡苔、木香和酚类香气。

➡ 制备提取方法

用苯或石油醚浸提橡苔，分别可得2%～4%或1.5%～3.0%的橡苔浸膏，干燥后用苯或石油醚浸提浸膏以保证得率，浸膏用乙醇浸提得深绿色的橡苔净油，得率约60%。

➡ 原料主要产地

主要生长在欧洲和北美；尤其是法国、希腊、匈牙利，也有在摩洛哥和阿尔及利亚，我国的云南也有生产。

➡ 作用描述

用于日化品、食品香精和烟草中。日化品中主要用于香皂、香水、香粉、花露水和化妆品香精中；食品中主要用作木香型香精使用；橡苔净油可赋予卷烟苔样的青香香气风格，能改善喉部与口腔的舒适感。

【橡苔净油主成分及含量】

取适量橡苔净油进行气相色谱-质谱分析，记录谱图，按内标法以峰面积计算其含量。橡苔净油中主要成分为：4,7(1H,8H)-蝶啶二酮（25.11%）、3-甲氧基-5-甲基苯酚

（15.41%）、地衣酚（14.41%）、橡苔（13.27%）、苔色酸乙酯（12.72%），所有化学成分及含量详见表 1-77。

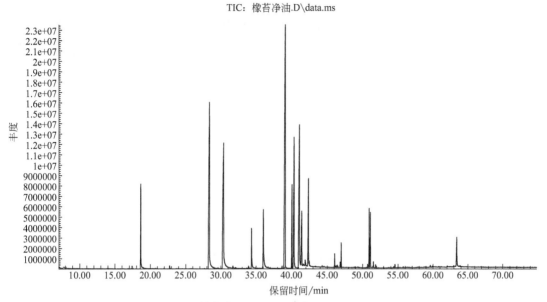

TIC：橡苔净油.D\data.ms

橡苔净油 GC-MS 总离子流图

表 1-77　橡苔净油化学成分含量表

序号	英文名称	中文名称	含量/(μg/g)	相对含量/%
1	limonene	柠檬烯	313.14	0.04
2	borneol	龙脑	801.67	0.11
3	3-methoxy-5-methylphenol	3-甲氧基-5-甲基苯酚	114560.91	15.41
4	orcinol	地衣酚	107112.12	14.41
5	2,5-dimethyl-1,4-benzenediol	2,5-二甲基-1,4-苯二酚	799.04	0.11
6	2-methoxybenzyl alcohol	2-甲氧苄基醇	781.86	0.11
7	5-chlorovanillin	5-氯香草醛	14863.68	2.00
8	2,4-dihydroxy-6-methyl-benzaldehyde	2,4-二羟基-6-甲基苯甲醛	28424.24	3.82
9	decahydro-naphthalene	十氢化萘	542.15	0.07
10	4,7(1H,8H)-pteridinedione	4,7(1H,8H)-蝶啶二酮	186736.02	25.11
11	atraric acid	橡苔	98651.03	13.27
12	ethyl orsellinate	苔色酸乙酯	94578.65	12.72
13	2-hydroxy-6-methyl-2-trifluoromethyl-4H-benzo[1,4]oxazin-3-one	2-羟基-6-甲基-2-三氟甲基-4H-苯并[1,4]噁嗪-3-酮	28831.27	3.88
14	7-methoxyflavone	7-甲氧基黄酮	789.21	0.11
15	4-methylnaphtho[1,2-b]thiophene	4-甲基萘并[1,2-b]噻吩	405.69	0.05
16	methyl 4,7,10,13-hexadecatetraenoate	4,7,10,13-十六碳四烯酸甲酯	3158.58	0.42
17	cyclododecyne	环十二炔	562.64	0.08
18	methyl 8,11,14-heptadecatrienoate	8,11,14-十七碳三烯酸甲酯	617.02	0.08
19	ethyl 9-hexadecenoate	9-十六碳烯酸乙酯	1545.66	0.21

序号	英文名称	中文名称	含量/(μg/g)	相对含量/%
20	ethyl hexadecanoate	软脂酸乙酯	5585.42	0.75
21	1,4,8-dodecatriene	1,4,8-十二碳三烯	815.20	0.11
22	ethyl 9,12-octadecadienoate	9,12-十八碳二烯酸乙酯	14706.80	1.98
23	ethyloleate	油酸乙酯	6492.90	0.87
24	ethyl linolenate	亚麻酸乙酯	13737.06	1.85
25	2-(4-methyl-6-phenyl-2-pyrimidinyl)-phenol	2-(4-甲基-6-苯基-2-嘧啶基)-酚	357.25	0.05
26	ethyl octadecanoate	十八酸乙酯	1988.73	0.27
27	arachidonic acid	花生四烯酸	299.45	0.04
28	methyl 5,8,11,14,17-eicosapentaenoate	5,8,11,14,17-二十碳五烯酸甲酯	757.17	0.10
29	usnic acid	松萝酸	14754.79	1.98

1.78 小豆蔻油

【基本信息】

➡ 名称

中文名称：小豆蔻油，豆蔻油，小豆蔻籽油
英文名称：cardamon oil, cardamom oleoresin, *Elettaria cardamomum* seed oil

➡ 管理状况

FEMA：2241
FDA：182.20
GB 2760—2014：N010

➡ 性状描述

无色至淡黄色液体。

➡ 感官特征

有特征的辛香，香气暖和，有樟脑、桉叶素样的气味，具有木香、甜香和花辛香气息。

➡ 物理性质

相对密度 d_4^{20}：0.9190～0.9400
折射率 n_D^{20}：1.4600～1.4700
溶解性：不溶于水，溶于乙醇和乙醚。1 体积油样溶于 3 体积 70% 乙醇中，澄清。

➡ 制备提取方法

由姜科多年生草本植物小豆蔻的籽实经水蒸气蒸馏而得，得率可达 3.5%～8%。

◆ 原料主要产地

主要分布在印度尼西亚、斯里兰卡、印度、危地马拉、泰国、越南、马达加斯加，中国的福建、广东、云南也有少量栽培。

◆ 作用描述

主要用于食品调味和烟草加香。在食品调味中，主要用于肉糜、咖喱粉、泡菜、酒和面包等中，阿拉伯人常用于加入咖啡中，有独特香味；北欧常用于苹果饼、面包等焙烤食品；瑞典人常用于牛肉饼中；在烟用香精中有提升烟香的作用。

【小豆蔻油主成分及含量】

取适量小豆蔻油进行气相色谱-质谱分析，记录谱图，按内标法以峰面积计算其含量。小豆蔻油中主要成分为：柠檬烯（33.88%）、邻氨基苯甲酸芳樟醇酯（25.72%）、芳樟醇（17.78%）、β-蒎烯（5.44%）、γ-松油烯（2.90%），所有化学成分及含量详见表1-78。

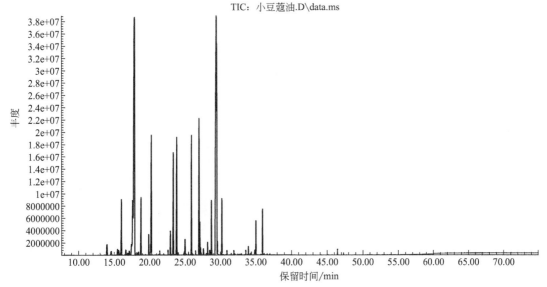

小豆蔻油 GC-MS 总离子流图

表 1-78　小豆蔻油化学成分含量表

序号	英文名称	中文名称	含量/(μg/g)	相对含量/%
1	α-pinene	α-蒎烯	7022.49	0.96
2	2-thujene	2-侧柏烯	3741.02	0.51
3	β-pinene	β-蒎烯	39769.08	5.44
4	β-myrcene	β-月桂烯	14339.50	1.96
5	3-carene	3-蒈烯	415.66	0.06
6	limonene	柠檬烯	247496.89	33.88
7	3,7-dimethyl-1,3,6-octatriene	3,7-二甲基-1,3,6-十八烷三烯	3298.61	0.45
8	γ-terpinene	γ-松油烯	21170.48	2.90

续表

序号	英文名称	中文名称	含量/(μg/g)	相对含量/%
9	1-methyl-4-(1-methylethenyl)-cyclo-hexanol	1-甲基-4-(1-甲基乙烯基)-环己醇	185.76	0.03
10	ethyl 2-(5-methyl-5-vinyltetrahydrofuran-2-yl)propan-2-yl carbonate	2-(5-甲基-5-乙烯基四氢呋喃-2-基)丙-2-基碳酸乙酯	1086.49	0.15
11	linalool	芳樟醇	129870.91	17.78
12	p-mentha-2,8-dienol	对薄荷-2,8-二烯醇	187.85	0.03
13	2,6-dimethyl-2,4,6-octatriene	2,6-二甲基-2,4,6-辛三烯	812.63	0.11
14	2-(5-methyl-furan-2-yl)-propionalde-hyde	2-(5-甲基呋喃-2-基)-丙醛	2662.07	0.36
15	limonene oxide	柠檬烯氧化物	2353.04	0.33
16	β-terpineol	β-松油醇	1402.71	0.19
17	citronellal	香茅醛	190.20	0.03
18	p-menth-8-en-1-ol	对薄荷-8-烯-1-醇	1007.72	0.14
19	2-methyl-6-methylene-7-octen-2-ol	2-甲基-6-亚甲基-7-辛烯-2-醇	326.61	0.04
20	terpinen-4-ol	4-松油醇	333.16	0.05
21	2,6-dimethyl-3,7-octadiene-2,6-diol	2,6-二甲基-3,7-辛二烯-2,6-二醇	599.02	0.08
22	α-terpineol	α-松油醇	12613.24	1.73
23	γ-terpineol	γ-松油醇	3464.10	0.47
24	decanal	癸醛	1550.89	0.21
25	octyl acetate	乙酸辛酯	630.97	0.09
26	2-methyl-5-(1-methylethenyl)-2-cyclo-hexen-1-ol	2-甲基-5-(1-甲基乙烯基)-2-环己烯-1-醇	336.64	0.05
27	1-ethyl-3,5-dimethyl-benzene	1-乙基-3,5-二甲基苯	645.03	0.09
28	2,10-dimethyl-12-acetoxy-6-hydroxymethyl-2,6,10-dodecatriene	2,10-二甲基-12-乙酰氧基-6-羟甲基-2,6,10-十二碳三烯	2171.05	0.30
29	2,6,6-trimethyl-bicyclo[3.1.1]hept-2-en-4-ol acetate	2,6,6-三甲基双环[3.1.1]庚-2-烯-4-醇乙酸酯	1540.60	0.21
30	carvone	香芹酮	335.24	0.05
31	linalool anthranilate	邻氨基苯甲酸芳樟醇酯	187901.14	25.72
32	5-ethyl-5-methyl-3-heptyne	5-乙基-5-甲基-3-庚炔	3211.86	0.44
33	3-hexenyl butanoate	丁酸 3-己烯酯	1554.15	0.21
34	4-t-pentylcyclohexene	4-叔戊基环己烯	483.26	0.07
35	1-(7-hydroxy-1,6,6-trimethyl-10-oxatricyclo[5.2.1.0(2,4)]dec-9-yl)etha-none	1-(7-羟基-1,6,6-三甲基-10-氧杂三环[5.2.1.0(2,4)]癸-9-基)乙酮	2374.12	0.33
36	2-methyl-5-(1-methylethyl)-bicyclo[3.1.0]hexan-2-ol	2-甲基-5-(1-甲基乙基)-二环[3.1.0]己烷-2-醇	2213.97	0.30
37	neryl acetate	乙酸橙花酯	10077.30	1.38
38	geranyl acetate	乙酸香叶酯	15066.80	2.06
39	6,7-dimethyl-bicyclo[4.2.0]octane	6,7-二甲基双环[4.2.0]辛烷	600.94	0.08
40	2-methyl-3-octyne	2-甲基-3-辛炔	318.98	0.04

序号	英文名称	中文名称	含量/(μg/g)	相对含量/%
41	caryophyllene	石竹烯	730.08	0.10
42	2，6-dimethyl-6-(4-methyl-3-pentenyl)-bicyclo[3.1.1]hept-2-ene	2，6-二甲基-6-(4-甲基-3-戊烯基)-双环[3.1.1]庚-2-烯	1082.83	0.15
43	7，11-dimethyl-3-methylene-1，6，10-do-decatriene	7，11-二甲基-3-亚甲基-1，6，10-十二碳三烯	182.69	0.03
44	octadecanal	十八醛	464.63	0.06
45	β-bisabolene	β-甜没药烯	1603.08	0.22
46	elemicin	榄香素	272.74	0.04
47	α-elemol	α-榄香醇	289.58	0.04
48	caryophyllene oxide	氧化石竹烯	190.41	0.03
49	5,7-dimethoxycoumarin	5,7-二甲氧基香豆素	244.53	0.03

1.79　缬草油

【基本信息】

名称

中文名称：缬草油，缬草根

英文名称：valerian oil，valerian root oil，*Valeriana officinalis* oil，baldrianoil

管理状况

FEMA：3100

GB 2760—2014：N145

性状描述

黄绿色至棕色液体。

感官特征

带甜的木香的药草香，有龙脑的凉气，有膏香、麝香似的特殊香气。

物理性质

相对密度 d_4^{20}：0.9300～0.9840

折射率 n_D^{20}：1.4860～1.5025

制备提取方法

由败酱科植物缬草的根和根茎经水蒸气蒸馏而得，得率为 0.2%～0.6%。

原料主要产地

主要产于我国云南、四川、贵州等地，越南也有生产。

➡ 作用描述

主要用于饮料、糖果、酒、烟草等。在酒中使用主要用于配制苹果酒、啤酒等香精；应用于卷烟能协调烟香，添补辛香和檀木样的烟草风味，缓和吸味。

【缬草油主成分及含量】

取适量缬草油进行气相色谱-质谱分析，记录谱图，按内标法以峰面积计算其含量。缬草油中主要成分为：乙酸龙脑酯（31.20%）、莰烯（23.20%）、蒎烯（9.11%）、β-蒎烯（5.52%），所有化学成分及含量详见表 1-79。

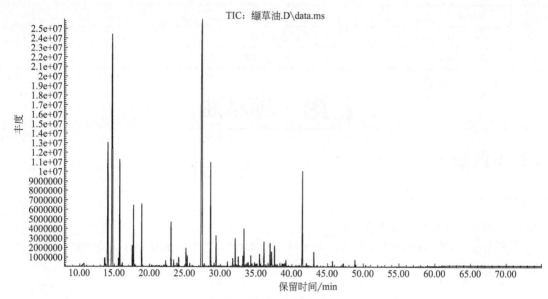

缬草油 GC-MS 总离子流图

表 1-79　缬草油化学成分含量表

序号	英文名称	中文名称	含量/(μg/g)	相对含量/%
1	isovaleric acid	异戊酸	5059.76	0.50
2	1,7,7-trimethyl-tricyclo[2.2.1.0(2,6)]heptane	1,7,7-三甲基三环[2.2.1.0(2,6)]庚烷	6062.29	0.60
3	4-methyl-1-(1-methylethyl)-bicyclo[3.1.0]hex-2-ene	4-甲基-1-(1-甲基乙基)-双环[3.1.0]己-2-烯	1415.47	0.14
4	pinene	蒎烯	91355.85	9.11
5	camphene	莰烯	232582.71	23.20
6	β-phellandrene	β-水芹烯	3808.56	0.38
7	β-pinene	β-蒎烯	55328.45	5.52
8	β-myrcene	β-月桂烯	1262.56	0.13
9	o-cymene	邻伞花烃	7713.72	0.77
10	limonene	柠檬烯	24941.72	2.49

续表

序号	英文名称	中文名称	含量/(μg/g)	相对含量/%
11	eucalyptol	桉叶油醇	308.92	0.03
12	terpinolene	萜品油烯	685.99	0.07
13	linalool	芳樟醇	403.51	0.04
14	pinocarveol	松香芹醇	797.23	0.08
15	2-bornanone	2-莰酮	2118.51	0.21
16	2,3,3-trimethyl-bicyclo[2.2.1]heptan-2-ol	2,3,3-三甲基二环[2.2.1]庚-2-醇	470.41	0.05
17	borneol	龙脑	17234.75	1.72
18	4-terpineol	4-松油醇	2374.82	0.24
19	α-terpineol	α-松油醇	1370.19	0.14
20	6,6-dimethyl-bicyclo[3.1.1]hept-2-ene-2-methanol	6,6-二甲基二环[3.1.1]庚-2-烯-2-甲醇	4049.54	0.40
21	2-methoxy-4-methyl-1-(1-methylethyl)benzene	2-甲氧基-4-甲基-1-(1-甲基乙基)苯	11887.86	1.19
22	bornyl acetate	乙酸龙脑酯	312693.57	31.20
23	4-butyl-phenol	4-丁基苯酚	694.14	0.07
24	myrtenyl acetate	乙酸桃金娘烯酯	41977.41	4.19
25	3-oxabicyclo[6.3.1]dodec-8-en-2-one	3-氧杂二环[6.3.1]十二碳-8-烯-2-酮	401.47	0.04
26	δ-elemene	δ-榄香烯	1255.72	0.13
27	terpinylacetate	乙酸松油酯	10859.75	1.08
28	β-elemene	β-榄香烯	1636.29	0.16
29	2-t-1,4-dimethoxybenzene	2-叔丁基-1,4-二甲氧基苯	4025.05	0.40
30	1-decen-3-yne	1-癸烯-3-炔	523.17	0.05
31	caryophyllene	石竹烯	17137.71	1.71
32	p-mentha-1,8-dien-7-yl acetate	p-薄荷-1,8-二烯-7-基乙酸酯	754.22	0.08
33	calarene	白菖烯	3692.70	0.37
34	α-gurjunene	α-古芸烯	812.99	0.08
35	humulene	葎草烯	3885.83	0.39
36	9,10-dehydro-isolongifolene	9,10-脱氢异长叶烯	13893.59	1.39
37	alloaromadendrene	别香橙烯	449.40	0.04
38	7-(1-propenyl)bicyclo[4.2.0]oct-1(2)-ene	7-(1-丙烯基)二环[4.2.0]辛-1(2)-烯	827.97	0.08
39	α-selinene	α-芹子烯	2807.79	0.28
40	β-ionone	β-紫罗酮	1148.57	0.11
41	2,2,5aβ,9β-tetramethyl-3β,9aβ-methano-decahydro-1-benzoxepin	2,2,5aβ,9β-四甲基-3β,9aβ-桥亚甲基-十氢-1-氧杂环庚三烯	4007.69	0.40
42	ethylbenzoate	苯甲酸乙酯	1400.57	0.14

序号	英文名称	中文名称	含量/(μg/g)	相对含量/%
43	bornyl isovalerate	异戊酸龙脑酯	1029.80	0.10
44	δ-cadinene	δ-杜松烯	1396.66	0.14
45	6-methoxy-3(2H)-pyridazinone	6-甲氧基-3(2H)-哒嗪酮	4445.80	0.44
46	octahydro-2,2,5a,9-tetramethyl-2H-3,9a-methano-1-benzoxepin	八氢-2,2,5a,9-四甲基-2H-3,9a-桥亚甲基-1-氧杂环庚三稀	755.98	0.08
47	isobutyl myrtenyl fumarate	富马酸异丁基桃金娘烯酯	8656.24	0.86
48	3,7-dimethyloct-6-en-1-yl propyl carbonate	3,7-二甲基辛-6-烯-1-基丙基酯	464.24	0.05
49	4-methylene-1-methyl-2-(2-methyl-1-propen-1-yl)-1-vinyl-cycloheptane	4-亚甲基-1-甲基-2-(2-甲基-1-丙烯-1-基)-1-乙烯基环庚烷	1153.98	0.12
50	spathulenol	斯巴醇	9418.85	0.94
51	ledene oxide(Ⅱ)	喇叭烯氧化物(Ⅱ)	8375.04	0.84
52	isocaryophillene	异丁香烯	521.38	0.05
53	6-camphenone	6-莰酮	7746.96	0.77
54	mayurone	麦由酮	1062.74	0.11
55	3,4-dimethyl-3-cyclohexen-1-carboxaldehyde	3,4-二甲基-3-环己烯-1-甲醛	997.56	0.10
56	1,7,7-trimethyl-2-vinylbicyclo[2.2.1]hept-2-ene	1,7,7-三甲基-2-乙烯基双环[2.2.1]庚-2-烯	1471.56	0.15
57	isoshyobunone	异白菖酮	1370.73	0.14
58	α-elemene	α-榄香烯	932.21	0.09
59	3-methyl-1,4,6,7-tetrahydro-pyrazolo[3,4-c]pyridin-5-one	3-甲基-1,4,6,7-四氢-吡唑并[3,4-c]吡啶-5-酮	866.32	0.09
60	1,2,4,5-tetramethyl-6-methylene-spiro[2.4]heptane	1,2,4,5-四甲基-6-亚甲基螺[2.4]庚烷	1164.02	0.12
61	α-cadinol	α-荜澄茄醇	700.30	0.07
62	globulol	蓝桉醇	3262.85	0.33
63	1,5-diethenyl-3-methyl-2-methylene-cyclohexane	1,5-二乙烯基-3-甲基-2-亚甲基环己烷	417.26	0.04
64	1-propyl-3-(propen-1-yl)adamantane	1-丙基-3-(丙烯-1-基)金刚烷	45703.98	4.56
65	methyl decahydro-1,4a-dimethyl-6-methylene-5-(3-methyl-2,4-pentadienyl)-1-naphthalenecarboxylate	十氢-1,4a-二甲基-6-亚甲基-5-(3-甲基-2,4-戊二烯基)-1-萘甲酸甲酯	1128.87	0.11
66	3-methyl-3H-naphth[1,2-e]indol-10-ol	3-甲基-3H-萘酚[1,2-e]吲哚-10-醇	383.17	0.04
67	1,1,2-trimethyl-3,5-bis(1-methylethenyl)-cyclohexane	1,1,2-三甲基-3,5-双(1-甲基乙烯基)-环己烷	1332.84	0.13
68	1,6-anhydro-2,3-O-isopropylidene-β-D-mannopyranose	1,6-脱水-2,3-O-异亚丙基-β-D-吡喃甘露糖	713.67	0.07
69	1-hydroperoxide-p-mentha-2,8-diene	1-过氧化氢-对薄荷-2,8-二烯	713.61	0.07

1.80　薰衣草油

【基本信息】

名称

中文名称：薰衣草油，药用薰衣草油

英文名称：lavander oil，oil of lavender，lavender oil

管理状况

FEMA：2622

GB 2760—2014：N153

性状描述

无色或淡黄色澄清液体。

感官特征

具有新鲜薰衣草所特有的清爽香气和木香香韵，略带苦味。

物理性质

相对密度 d_4^{20}：$0.8800 \sim 0.9000$

折射率 n_D^{20}：$1.4650 \sim 1.4700$

溶解性：能与有机溶剂互溶，可溶于 4 倍体积的 70%乙醇中。

制备提取方法

由唇形科植物薰衣草的鲜花絮，用水蒸气蒸馏法制得薰衣草油，得率为 $0.78\% \sim 1.1\%$。

原料主要产地

主要产于法国、保加利亚、俄罗斯、意大利和坦桑尼亚，我国新疆、陕西、浙江等地也有栽培。

作用描述

主要用于调配香皂、化妆品香精。在牙膏、牙粉、烟草以及某些药品中也有少量使用。

【薰衣草油主成分及含量】

取适量薰衣草油进行气相色谱-质谱分析，记录谱图，按内标法以峰面积计算其含量。薰衣草油中主要成分为：蒈烯（35.04%）、芳樟醇（24.52%）、石竹烯（4.43%）、4-松油醇（3.00%）、2-异丙烯基-5-甲基-4-己烯-1-基乙酸酯（2.43%），所有化学成分及含量详见表 1-80。

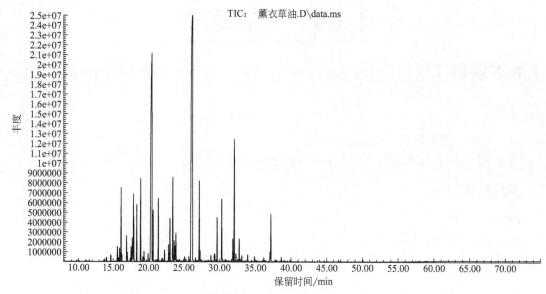

薰衣草油 GC-MS 总离子流图

表 1-80　薰衣草油化学成分含量表

序号	英文名称	中文名称	含量/(μg/g)	相对含量/%
1	butyl acetate	乙酸丁酯	533.14	0.06
2	3-hexen-1-ol	叶醇	313.89	0.04
3	1-hexanol	正己醇	343.86	0.04
4	4-methyl-1-(1-methylethyl)-bicyclo[3.1.0]hex-2-ene	4-甲基-1-(1-甲基乙基)-双环[3.1.0]己-2-烯	1242.31	0.14
5	α-pinene	α-蒎烯	2178.36	0.25
6	2,2-dimethyl-3-methylene-bicyclo[2.2.1]heptane	2,2-二甲基-3-亚甲基二环[2.2.1]庚烷	3187.34	0.37
7	1-octen-3-ol	1-辛烯-3-醇	4564.06	0.53
8	β-pinene	β-蒎烯	1401.04	0.16
9	3-octanone	3-辛酮	3209.05	0.37
10	β-myrcene	β-月桂烯	20255.09	2.34
11	butyl butanoate	丁酸丁酯	1767.91	0.20
12	hexyl acetate	乙酸己酯	5908.96	0.68
13	3-carene	3-蒈烯	2570.89	0.30
14	o-cymene	邻伞花烃	959.83	0.11
15	p-cymene	对伞花烃	4199.32	0.48
16	limonene	柠檬烯	7352.61	0.85
17	β-phellandrene	β-水芹烯	2825.98	0.33
18	eucalyptol	桉叶醇	17356.03	2.00
19	β-ocimene	β-罗勒烯	9624.77	1.11
20	3,7-dimethyl-1,3,6-octatriene	3,7-二甲基-1,3,6-十八烷三烯	14228.23	1.64

序号	英文名称	中文名称	含量/(μg/g)	相对含量/%
21	*p*-menth-8-en-1-ol	*p*-薄荷-8-烯-1-醇	1094.70	0.13
22	1-pentyl-cyclopentene	1-戊基环戊烯	641.87	0.07
23	ethyl 2-(5-methyl-5-vinyltetrahydro-furan-2-yl)propan-2-yl carbonate	2-(5-甲基-5-乙烯基四氢呋喃-2-基)丙-2-基碳酸乙酯	4858.42	0.56
24	3,3a,4,7-tetrahydro-3,3-dimethyl-pyrazolo[1,5-*a*]pyridine	3,3a,4,7-四氢-3,3-二甲基-吡唑并[1,5-*a*]吡啶	945.07	0.11
25	linalool	芳樟醇	212657.34	24.52
26	1-octen-3-yl-acetate	1-辛烯-3-基乙酸酯	12382.10	1.43
27	3-octanol acetate	乙酸-3-辛醇酯	382.39	0.04
28	1-methyl-4-(1-methylethyl)-2-cyclo-hexen-1-ol	1-甲基-4-(1-甲基乙基)-2-环己烯-1-醇	353.59	0.04
29	2,6-dimethyl-2,4,6-octatriene	2,6-二甲基-2,4,6-辛三烯	15487.94	1.79
30	6-methylene-bicyclo[3.1.0]hexane	6-亚甲基二环[3.1.0]己烷	677.32	0.08
31	2-bornanone	2-莰酮	2808.26	0.32
32	5-methyl-2-(1-methylethenyl)-4-hex-en-1-ol	5-甲基-2-(1-甲基乙烯基)-4-己烯-1-醇	4422.44	0.51
33	2-borneol	龙脑	12481.28	1.44
34	2,5-dimethyl-1,5-hexadiene	2,5-二甲基-1,5-己二烯	644.68	0.07
35	4-terpineol	4-松油醇	26037.27	3.00
36	butanoic acid hexyl ester	丁酸己酯	6902.84	0.80
37	4-(1-methylethyl)-2-cyclohexen-1-one	4-(1-甲基乙基)-2-环己烯-1-酮	3834.42	0.44
38	*α*-terpineol	α-松油醇	8158.34	0.94
39	9,12-tetradecadien-1-olacetate	9,12-十四碳二烯-1-醇乙酯	592.28	0.07
40	2,6-dimethyl-3,5,7-octatriene-2-ol	2,6-二甲基-3,5,7-辛三烯-2-醇	868.85	0.10
41	3,7-dimethyl-2,6-octadien-1-ol	3,7-二甲基-2,6-辛二烯-1-醇	1639.37	0.19
42	2-methyl-3-phenyl-propanal	2-甲基-3-苯基丙醛	1500.44	0.17
43	carvone	香芹酮	545.35	0.06
44	fenchene	葑烯	303872.06	35.04
45	2-isopropenyl-5-methyl-4-hexen-1-yl ac-etate	2-异丙烯基-5-甲基-4-己烯-1-基乙酸酯	21091.05	2.43
46	borneol acetate	乙酸龙脑酯	3858.43	0.44
47	cuminalcohol	枯茗醇	530.97	0.06
48	2-methyl-2-but-enoic acid hexylester	2-甲基-2-丁烯酸己酯	375.30	0.04
49	3-hexenyl butanoate	丁酸-3-己烯酯	1387.80	0.16
50	2-ethyl-5-methyl-1,4-dioxane	2-乙基-5-甲基-1,4-二噁烷	1939.85	0.22
51	1,2;6,7-diepoxy-3,7-dimethyl-3-nonanol acetate	1,2;6,7-二环氧-3,7-二甲基-3-壬醇乙酸酯	1749.76	0.20
52	2,3,4-trimethyl-pentane	2,3,4-三甲基戊烷	516.86	0.06
53	neryl acetate	乙酸橙花酯	10656.38	1.23

续表

序号	英文名称	中文名称	含量/(μg/g)	相对含量/%
54	geranyl acetate	乙酸香叶酯	16461.20	1.90
55	hexyl hexanoate	己酸己酯	554.64	0.06
56	β-bourbonene	β-波旁烯	442.34	0.05
57	α-santalene	α-檀香烯	5546.17	0.64
58	caryophyllene	石竹烯	38454.78	4.43
59	2,6-dimethyl-6-(4-methyl-3-pentenyl)-bicyclo[3.1.1]hept-2-ene	2,6-二甲基-6-(4-甲基-3-戊烯基)-双环[3.1.1]庚-2-烯	2584.72	0.30
60	β-farnesene	β-金合欢烯	5878.70	0.68
61	3-(1,5-dimethyl-4-hexenyl)-6-methylene-cyclohexene	3-(1,5-二甲基-4-己烯基)-6-亚甲基环己烯	520.32	0.06
62	1,5,9,9-tetramethyl-1,4,7-cycloundecatriene	1,5,9,9-四甲基-1,4,7-环十一碳三烯	1744.35	0.20
63	cubebene	荜澄茄油烯	2266.46	0.26
64	2,6-dimethyl-3,7-octadiene-2,6-diol	2,6-二甲基-3,7-辛二烯-2,6-二醇	306.11	0.04
65	β-bisabolene	β-甜没药烯	1002.52	0.12
66	1,2,4a,5,6,8a-hexahydro-4,7-dimethyl-1-(1-methylethyl)-naphthalene	1,2,4a,5,6,8a-六氢-4,7-二甲基-1-(1-甲基乙基)-萘	1808.60	0.21
67	4,8,11,11-tetramethyl-tricyclo[7.2.0.0(3,8)]undec-4-ene	4,8,11,11-四甲基三环[7.2.0.0(3,8)]十一碳-4-烯	247.97	0.03
68	caryophyllene oxide	氧化石竹烯	16341.14	1.88
69	4,4-dimethyl-3-(3-methylbut-3-enylidene)-2-methylenebicyclo[4.1.0]heptane	4,4-二甲基-3-(3-甲基丁-3-烯亚基)-2-亚甲基双环[4.1.0]庚烷	393.65	0.05
70	3,4-dimethyl-3-cyclohexen-1-carboxaldehyde	3,4-二甲基-3-环己烯-1-甲醛	425.22	0.05
71	bicyclosesquiphellandrene	双环倍半水芹烯	1262.54	0.15
72	vitamin E	维生素E	1018.22	0.12

1.81　烟草净油

【基本信息】

名称

中文名称：烟草净油，白肋烟净油，烤烟净油

英文名称：tobacco leaf absolute，cured tobacco absolute oil，burley tobacco absolute oil

性状描述

淡绿黄色黏稠状油质液体。

▶ 感官特征

具有浓而厚实的烟草香气息。

▶ 物理性质

相对密度 d_4^{20}：0.9880～1.1500
折射率 n_D^{20}：1.4990～1.5020

▶ 制备提取方法

将烟草浸膏用高纯度乙醇溶解，冷冻后滤去杂质，蒸去乙醇后得到。

▶ 原料主要产地

主要产地有多米尼加共和国、洪都拉斯、巴西、墨西哥、牙买加、尼加拉瓜、哥斯达黎加和巴拿马、美国。

▶ 作用描述

烟草净油对于提升烟草本身香气、赋予卷烟独特的风格特征有作用。

【烟草净油主成分及含量】

取适量烟草净油进行气相色谱-质谱分析，记录谱图，按内标法以峰面积计算其含量。烟草净油中主要成分为：新植二烯（14.86%）、2,7-二甲基-5-(1-甲基乙烯基)-1,8-壬二烯（13.20%）、烟碱（9.56%）、1-亚甲基-3-(1-甲基乙烯基)-环己烷（5.63%）、亚麻酸（5.27%），所有化学成分及含量详见表 1-81。

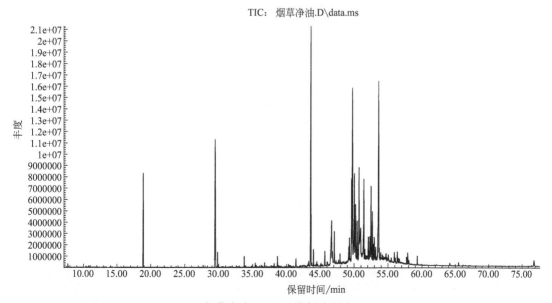

烟草净油 GC-MS 总离子流图

表 1-81　烟草净油化学成分含量表

序号	英文名称	中文名称	含量/(μg/g)	相对含量/%
1	isovaleric acid	异戊酸	517.73	0.09
2	2-methyl-butanoic acid	2-甲基丁酸	804.81	0.14
3	2-methyl-naphthalene	2-甲基萘	446.95	0.08
4	1-methyl-naphthalene	1-甲基萘	308.65	0.05
5	nicotine	烟碱	55482.89	9.56
6	solanone	茄酮	3014.71	0.52
7	geranylacetone	香叶基丙酮	379.62	0.07
8	5-isopropyl-6-methyl-hepta-3,5-dien-2-ol	5-异丙基-6-甲基庚-3,5-二烯-2-醇	2204.55	0.38
9	4-(hexyloxy)-benzenamine	4-己氧基苯胺	297.77	0.05
10	5,6-dimethyl-2-benzimidazolinone	5,6-二甲基-2-苯并咪唑啉酮	348.9	0.06
11	2,3'-bipyridine	2,3'-联吡啶	888.7	0.15
12	dihydroactinidiolide	二氢猕猴桃内酯	327.45	0.06
13	3-hydroxy-2-pyridine carboxylic acid	3-羟基-2-吡啶甲酸	306.14	0.05
14	megastigmatrienone	巨豆三烯酮	998.09	0.17
15	3-hydroxy-β-damascone	3-羟基-β-大马酮	561.13	0.10
16	3,5,5-trimethyl-4-(3-hydroxy-1-butenyl)-2-cyclohexen-1-one	3,5,5-三甲基-4-(3-羟基-1-丁烯基)-2-环己烯-1-酮	2975.82	0.51
17	4-(3-hydroxybutyl)-3,5,5-trimethyl-2-cyclohexen-1-one	4-(3-羟基丁基)-3,5,5-三甲基-2-环己烯-1-酮	829.66	0.14
18	1-ethylideneoctahydro-7a-methyl-1H-indene	1-乙亚基八氢-7a-甲基-1H-茚	443.96	0.08
19	4-(2,4-dimethyl-5-oxazolyl)-pyrimidin-2-amine	4-(2,4-二甲基-5-噁唑基)-嘧啶-2-胺	286.57	0.05
20	myristic acid	肉豆蔻酸	2464.52	0.42
21	3,4-dihydro-4,5,6-trimethyl-1(2H)-naphthalenone	3,4-二氢-4,5,6-三甲基-1(2H)-萘酮	369.58	0.06
22	3,4-diethyl-7,7-dimethyl-1,3,5-cycloheptatriene	3,4-二乙基-7,7-二甲基-1,3,5-环庚三烯	342.25	0.06
23	phytane	植烷	438.79	0.08
24	pentadecanoic acid	正十五酸	175.85	0.03
25	8-methyl-9-tetradecen-1-ol acetate	8-甲基-9-十四碳烯-1-醇乙酸酯	319.27	0.06
26	solavetivone	螺岩兰草酮	766.84	0.13
27	neophytadiene	新植二烯	86277.16	14.86
28	phytone	植酮	825.33	0.14

续表

序号	英文名称	中文名称	含量/(μg/g)	相对含量/%
29	selina-3,7(11)-diene	3,7(11)-芹子二烯	4649.47	0.80
30	1,2-diethenyl-4-(1-methylethylidene)-cyclohexane	1,2-二乙烯基-4-(1-甲基亚乙基)-环己烷	740.21	0.13
31	3-cyclohexyl-phenol	3-环己基苯酚	418.98	0.07
32	methyl hexadecanoate	棕榈酸甲酯	4384.36	0.76
33	1-(3-isopropylidene-5,5-dimethyl-bicyclo[2.1.0]pent-2-yl)-ethanone	1-(3-异丙基-5,5-二甲基-二环[2.1.0]戊-2-基)-乙酮	244.40	0.04
34	eremophilene	雅榄蓝烯	2338.70	0.40
35	palmitic acid	棕榈酸	27681.76	4.77
36	2,4,5,6,7,7a-hexahydro-3-(1-methylethyl)-7a-methyl-1H-2-indenone	2,4,5,6,7,7a-六氢-3-(1-甲基乙基)-7a-甲基-1H-2-茚	1594.49	0.27
37	butyl 4,7,10,13,16,19-docosahexaenoate	4,7,10,13,16,19-二十二碳六烯酸丁酯	8206.76	1.41
38	ethyl hexadecanoate	棕榈酸乙酯	2043.33	0.35
39	2-methylene-4,8,8-trimethyl-4-vinyl-bicyclo[5.2.0]nonane	2-亚甲基-4,8,8-三甲基-4-乙烯基-双环[5.2.0]壬烷	1371.62	0.24
40	1-methylene-2b-hydroxymethyl-3,3-dimethyl-4b-(3-methylbut-2-enyl)-cyclohexane	1-亚甲基-2b-羟甲基-3,3-二甲基-4b-(3-甲基丁-2-烯基)-环己烷	1063.71	0.18
41	2,6-dimethyl-3,5,7-octatriene-2-ol	2,6-二甲基-3,5,7-辛三烯-2-醇	1299.70	0.22
42	tridecanoic acid	十三酸	941.20	0.16
43	(2,2,6-trimethyl-bicyclo[4.1.0]hept-1-yl)-methanol	(2,2,6-三甲基-二环[4.1.0]庚-1-基)-甲醇	1148.36	0.20
44	ledene oxide(Ⅱ)	喇叭烯氧化物(Ⅱ)	1488.86	0.26
45	9,10-dehydro-isolongifolene	9,10-脱氢异长叶烯	8345.96	1.44
46	2,2,6,7-tetramethyl-10-oxatricyclo[4.3.1.0(1,6)]decan-5-ol	2,2,6,7-四甲基-10-氧杂三环[4.3.1.0(1,6)]十碳-5-醇	2403.55	0.41
47	2,7-dimethyl-5-(1-methylethenyl)-1,8-nonadiene	2,7-二甲基-5-(1-甲基乙烯基)-1,8-壬二烯	76595.909	13.20
48	methyl linolenate	亚麻酸甲酯	10428.92	1.80
49	1,5-diethenyl-2,3-dimethyl-cyclohexane	1,5-二乙烯基-2,3-二甲基-环己烷	26753.33	4.61
50	methyl 4,7,10,13,16,19-docosahexaenoate	4,7,10,13,16,19-二十二碳六烯酸甲酯	27263.76	4.70
51	5-methyl-3-(1-methylethenyl)-cyclohexene	5-甲基-3-(1-甲基乙烯基)-环己烯	17256.52	2.97
52	1-pentadecyne	1-十五炔	30156.85	5.20
53	linoleic acid	亚油酸	5087.19	0.88
54	linolenic acid	亚麻酸	30602.17	5.27

续表

序号	英文名称	中文名称	含量/(μg/g)	相对含量/%
55	octahydro-4a(2H)-naphthalenemeth-anol	八氢-4a(2H)-萘甲醇	4785.26	0.82
56	1-methylene-3-(1-methylethenyl)-cy-clohexane	1-亚甲基-3-(1-甲基乙烯基)-环己烷	32655.73	5.63
57	caryophyllene oxide	氧化石竹烯	4073.25	0.70
58	farnesyl methyl ether	金合欢醇甲醚	3431.53	0.59
59	6-butyl-1-nitro-cyclohexene	6-丁基-1-硝基环己烯	2357.82	0.41
60	isopropyl 3,4-dimethyl-2,4-pentadi-enoate	3,4-二甲基-2,4-戊二酸异丙酯	9695.36	1.67
61	nerolidyl acetate	乙酸橙花叔醇酯	8332.36	1.44
62	2-methyl-4-(1,3,3-trimethyl-7-oxabi-cyclo[4.1.0]hept-2-yl)-3-buten-2-ol	2-甲基-4-(1,3,3-三甲基-7-氧杂双环[4.1.0]庚-2-基)-3-丁烯-2-醇	6029.62	1.04
63	4-(2,2-dimethyl-6-methylenecyclo-hexyl)-2-butanone	4-(2,2-二甲基-6-亚甲基环己基)-2-丁酮	9273.05	1.60
64	3-acetoxymethyl-1,2,2-trimethyl-cy-clopentylmethyl acetate	3-乙酰氧基甲基-1,2,2-三甲基-环戊基甲基乙酯	2172.91	0.37
65	cembra-2,7,11-trien-4,5-diol	2,7,11-西柏三烯-4,5-二醇	4565.39	0.79
66	octadecanal	十八烷醛	4150.66	0.72
67	4-(5,5-dimethyl-1-oxaspiro[2.5]oct-4-yl)-3-buten-2-one	4-(5,5-二甲基-1-氧杂螺[2.5]辛-4-基)-3-丁烯-2-酮	1323.00	0.23
68	α-bisabolene epoxide	α-甜没药烯环氧化物	4138.04	0.71
69	isolongifolol	异长叶醇	1443.25	0.25
70	2-(1,5-dimethyl-4-hexenyl)-4-meth-yl-3-cyclohexen-1-ol	2-(1,5-二甲基-4-己烯基)-4-甲基-3-环己烯-1-醇	797.25	0.14
71	1,8-dimethyl-8,9-epoxy-4-isopropyl-spiro[4.5]decan-7-one	1,8-二甲基-8,9-环氧-4-异丙基-螺[4.5]癸烷-7-酮	3394.18	0.58
72	1-(4-t-butylphenyl)propan-2-one	4-叔丁基苯丙酮	2932.76	0.51
73	farnesyl acetate	金合欢醇乙酸酯	1421.93	0.24
74	octahydro-4a,7,7-trimethyl-2(1H)-naphthalenone	4a,7,7-三甲基-八氢-2(1H)-萘酮	336.57	0.06
75	longifolenaldehyde	长叶醛	4336.87	0.75
76	1,3-dimethyl-pyrazole-5-carboxylic acid	1,3-二甲基-吡唑-5-甲酸	1605.75	0.28
77	7-methyl-oxa-cyclododeca-6,10-dien-2-one	7-甲基氧杂环十二烷基-6,10-二烯-2-酮	2791.88	0.48
78	14-nonacosane	14-二十九烷	1370.82	0.24
79	erucamide	芥酸酰胺	844.07	0.15
80	squalene	角鲨烯	1019.14	0.18
81	vitamin E	维生素E	3234.07	0.56

1.82　香叶油

【基本信息】

名称

中文名称：香叶油，香叶天竺葵油，老鹳草油

英文名称：geranium oil

管理状况

FEMA：2508

FDA：182.20

GB 2760—2014：N097

性状描述

无色或淡黄色至黄褐色澄清透明液体。

感官特征

具有香叶醇和玫瑰特有的甜香和薄荷气味，带有苦味。

物理性质

相对密度 d_4^{20}：0.8860～0.8980

折射率 n_D^{20}：1.4620～1.4720

沸点：250～258℃

溶解性：溶于乙醇、苯甲酸苄酯和大多数植物油，在矿物油和丙二醇中常呈乳白色，不溶于甘油。

制备提取方法

用水蒸气蒸馏法从新鲜香叶茎、叶或整株提取得到，得率为 0.1%～0.3%。

原料主要产地

主产于南非、埃及、摩洛哥、阿尔及利亚、印度、以色列、西班牙、俄罗斯、匈牙利，中国的云南、四川、江苏、浙江、福建等地。

作用描述

主要用于配制玫瑰香型的香料，也可用于风信子、香石竹、紫丁香、晚香玉、紫罗兰等香精配方中。应用于卷烟可以调和烟香，增进吸味。

【香叶油主成分及含量】

取适量香叶油进行气相色谱-质谱分析，记录谱图，按内标法以峰面积计算其含量。香叶油中主要成分为：香茅醇（32.19%）、甲酸香草酯（11.12%）、香叶醇（7.62%）、异薄

荷酮（5.97%）、α-依兰烯（5.03%），所有化学成分及含量详见表 1-82。

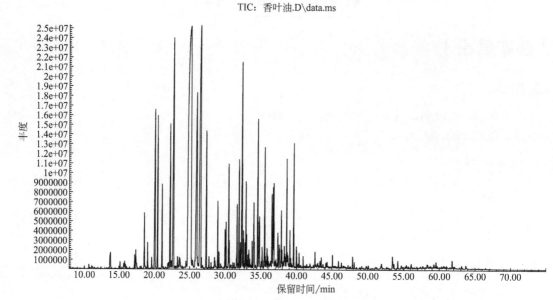

香叶油 GC-MS 总离子流图

表 1-82　香叶油化学成分含量表

序号	英文名称	中文名称	含量/(μg/g)	相对含量/%
1	3-methyl-1-pentanol	3-甲基-1-戊醇	1190.70	0.10
2	3-hexenol	叶醇	1066.44	0.09
3	pinene	蒎烯	6839.78	0.55
4	2-ethenyltetrahydro-2,6,6-trimethyl-2H-pyran	2-乙烯基四氢-2,6,6-三甲基-2H-吡喃	965.51	0.08
5	6-methyl-5-hepten-2-one	6-甲基-5-庚烯-2-酮	797.83	0.06
6	β-myrcene	β-月桂烯	3484.81	0.28
7	α-phellandrene	α-水芹烯	1548.96	0.12
8	p-cymene	对伞花烃	1337.68	0.11
9	limonene	柠檬烯	5575.45	0.45
10	β-ocimene	β-罗勒烯	3444.92	0.28
11	ethyl 2-(5-methyl-5-vinyltetrahydro-furan-2-yl)propan-2-yl carbonate	2-(5-甲基-5-乙烯基四氢呋喃-2-基)丙-2-基碳酸乙酯	5150.89	0.41
12	linalool	芳樟醇	48314.10	3.86
13	rose oxide	玫瑰醚	37873.08	3.03
14	isopulegol	异胡薄荷醇	1222.91	0.10
15	citronellal	香茅醛	1522.88	0.12
16	menthone	胡薄荷酮	24922.37	1.99
17	2-methyl-nonane	2-甲基壬烷	2289.87	0.18
18	isomenthone	异薄荷酮	74612.89	5.97
19	isomenthol	异薄荷醇	1988.12	0.16
20	α-terpineol	α-松油醇	4826.68	0.39
21	citronellol	香茅醇	402429.31	32.19

序号	英文名称	中文名称	含量/(μg/g)	相对含量/%
22	3,7-dimethyl-2,6-octadienal	3,7-二甲基-2,6-辛二烯醛	1197.47	0.10
23	geraniol	香叶醇	95253.20	7.62
24	piperitone	胡椒酮	1118.32	0.09
25	myrtanol	桃金娘醇	2744.00	0.22
26	citronellyl formate	甲酸香草酯	139030.78	11.12
27	geranyl formate	甲酸香叶酯	1134.75	0.09
28	linalyl formate	甲酸芳樟酯	26713.97	2.14
29	7,7-dimethyl-2-methylene-bicyclo[2.2.1]heptane	7,7-二甲基-2-亚甲基双环[2.2.1]庚烷	1034.79	0.08
30	3,3-dimethylcyclohexylidene-acetaldehyde	3,3-二甲基亚环己基-乙醛	884.01	0.07
31	methyl geranate	香叶酸甲酯	866.62	0.07
32	γ-pyronene	γ-焦烯	1474.47	0.12
33	α-cubebene	α-荜澄茄油烯	1622.90	0.13
34	5-methyl-2-(1-methylethenyl)-4-hexen-1-ol acetate	5-甲基-2-(1-甲基乙烯基)-4-己烯-1-醇乙酸酯	4337.02	0.35
35	copaene	可巴烯	5756.14	0.46
36	β-bourbonene	β-波旁烯	14630.28	1.17
37	1-ethenyl-1-methyl-2,4-bis(1-methylethenyl)-cyclohexane	1-乙烯基-1-甲基-2,4-双(1-甲基乙烯基)环己烷	3837.04	0.31
38	caryophyllene	石竹烯	19683.54	1.57
39	citronellyl propionate	丙酸香茅酯	13997.15	1.12
40	α-guaiene	α-愈创木烯	4931.33	0.39
41	α-ylangene	α-依兰烯	62831.23	5.03
42	β-copaene	β-可巴烯	2273.29	0.18
43	valencene	巴伦西亚橘烯	6553.68	0.52
44	humulene	葎草烯	5303.63	0.42
45	neryl acetate	乙酸橙花酯	9308.71	0.74
46	alloaromadendrene	别香橙烯	3938.65	0.32
47	2-isopropyl-5-methyl-9-methylene-bicyclo[4.4.0]dec-1-ene	2-异丙基-5-甲基-9-亚甲基二环[4.4.0]癸-1-烯	2372.44	0.19
48	γ-muurolene	γ-依兰油烯	2528.54	0.20
49	1,2,4a,5,6,8a-hexahydro-4,7-dimethyl-1-(1-methylethyl)-naphthalene	1,2,4a,5,6,8a-六氢-4,7-二甲基-1-(1-甲基乙基)萘	1904.14	0.15
50	β-cubebene	β-荜澄茄油烯	7654.71	0.61
51	β-selinene	β-芹子烯	3520.01	0.28
52	ledene	喇叭烯	18612.40	1.49
53	2,6-dimethyl-2,6-octadiene	2,6-二甲基-2,6-辛二烯	33094.57	2.65
54	δ-cadinene	δ-杜松烯	13999.70	1.12
55	isoledene	异喇叭烯	1987.56	0.16
56	caryophyllene oxide	氧化石竹烯	1760.81	0.14
57	α-gurjunene	α-古芸烯	1385.51	0.11
58	geranyl isobutyrate	异丁酸香叶酯	14771.97	1.18

续表

序号	英文名称	中文名称	含量/(μg/g)	相对含量/%
59	myrtenyl acetate	乙酸桃金娘烯酯	1926.97	0.15
60	3,7-dimethyloct-6-en-1-yl propyl carbonate	3,7-二甲基辛-6-烯-1-基丙基碳酸	2017.20	0.16
61	2-phenylethyl tiglate	惕各酸 2-苯基乙酯	8673.99	0.69
62	spathulenol	斯巴醇	1509.47	0.12
63	4-(1,5-dihydroxy-2,6,6-trimethylcyclohex-2-enyl)but-3-en-2-one	4-(1,5-二羟基-2,6,6-三甲基-2-烯基)丁-3-烯-2-酮	5143.11	0.41
64	nerolidol	橙花叔醇	5454.96	0.44
65	3,7-dimethyl-6-octenyl 2-methyl-butyrate	2-甲基丁酸-3,7-二甲基-6-辛烯基酯	2893.64	0.23
66	1,2,3,4,4a,7-hexahydro-1,6-dimethyl-4-(1-methylethyl)-naphthalene	1,2,3,4,4a,7-六氢-1,6-二甲基-4-(1-甲基乙基)-萘	5796.58	0.46
67	8-epi-γ-eudesmol	8-表-γ-桉叶醇	10887.69	0.87
68	3,7-dimethylocta-2,6-dienyl ethyl carbonate	3,7-二甲基辛基-2,6-二烯基乙基碳酸酯	3069.12	0.25
69	citronellyl tiglate	惕各酸香茅酯	11424.19	0.91
70	α-cadinol	α-荜澄茄醇	2124.60	0.17
71	globulol	蓝桉醇	1627.51	0.13
72	geranyl tiglate	惕各酸香叶酯	18677.35	1.49
73	3,7-dimethyl-2,6-octadien-1-olpropanoate	3,7-二甲基-2,6-亚辛基-1-醇丙酸酯	3490.86	0.28

1.83 依兰油

【基本信息】

● 名称

中文名称：依兰油，依兰依兰油
英文名称：ylang ylang oil

● 管理状况

FEMA：3119
FDA：182.20
GB 2760—2014：N067

● 性状描述

淡黄色液体。

● 感官特征

具有优美而独特的清鲜依兰花香，香味和夜来香有点类似，但带点丁香及松油的感觉。

国产依兰油在透发性、细腻度和香气浓郁度方面与进口的样品相比略有差别。

物理性质

相对密度 d_4^{20}：0.9460～0.9820
折射率 n_D^{20}：1.4980～1.5090
酸值：<208.0
溶解性：1∶0.5 溶于乙醇中。

制备提取方法

将水注入蒸馏器至其容量的 2/3，然后加热至接近沸点，将依兰树的鲜花投入蒸馏器并继续加热。蒸馏时间需要 20～22h 左右，得率为 1.8%～2.45%。

原料主要产地

主要产于科摩罗、马达加斯加、巴西、留尼旺、塞舌尔、毛里求斯、印度尼西亚、印度、菲律宾、斯里兰卡、越南及中国的云南、福建、广东、广西等地。

作用描述

用于调制各种香皂和化妆品香精，特别是在调配茉莉、栀子、丁香、铃兰系等各种高级化妆品花香型香精中是不可缺少的原料。

【依兰油主成分及含量】

取适量依兰油进行气相色谱-质谱分析，记录谱图，按内标法以峰面积计算其含量。依兰油中主要成分为：苯甲酸苄酯（34.39%）、乙酸苄酯（16.04%）、4-甲基苯甲醚（8.23%）、芳樟醇（9.35%）、香叶醇（5.42%）、乙酸桂酯（4.58%）、乙酸香叶酯（3.26%）、乙酸异戊酯（1.16%），所有化学成分及含量详见表 1-83。

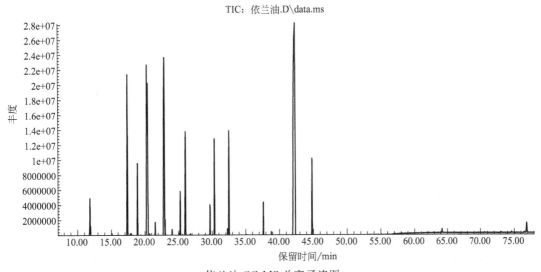

依兰油 GC-MS 总离子流图

表 1-83　依兰油化学成分含量表

序号	英文名称	中文名称	含量/（μg/g）	相对含量/%
1	isopentyl acetate	乙酸异戊酯	11652.24	1.16
2	2-methylbutyl acetate	2-甲基丁基乙酸酯	2157.06	0.21
3	benzaldehyde	苯甲醛	297.23	0.03
4	β-ocimene	β-罗勒烯	104.88	0.01
5	4-methylanisole	4-甲基苯甲醚	82954.16	8.23
6	benzyl alcohol	苄醇	480.01	0.05
7	α-methyl-α-[4-methyl-3-pentenyl]oxiranemethanol	α-甲基-α-[4-甲基-3-戊烯基]环氧丙醇	134.61	0.01
8	methyl benzoate	苯甲酸甲酯	95675.56	9.49
9	linalool	芳樟醇	94246.36	9.35
10	2,4-dimethylanisole	2,4-二甲基苯甲醚	358.85	0.04
11	2,5-diaminopyridine	2,5-二氨基吡啶	3141.26	0.31
12	benzyl acetate	乙酸苄酯	161706.02	16.04
13	p-tolyl acetate	对甲酚乙酸酯	3054.90	0.30
14	methyl salicylate	水杨酸甲酯	1449.81	0.14
15	nerol	橙花醇	503.64	0.05
16	3-phenylpropanol	3-苯丙醇	14217.33	1.41
17	isogeraniol	异香叶醇	115.12	0.01
18	geraniol	香叶醇	54650.07	5.42
19	citral	柠檬醛	118.14	0.01
20	2,5-dimethyl-3,4-bis（1-methylethyl）-3-hexene	2,5-二甲基-3,4-二（1-甲基乙基）-3-己烯	310.69	0.03
21	2-ethylidene-1,1-dimethyl-cyclopentane	2-亚乙基-1,1-二甲基环戊烷	134.24	0.01
22	eugenol	丁香酚	8424.09	0.84
23	o-methyl-styrene	邻甲基苯乙烯	130.20	0.01
24	geranyl acetate	乙酸香叶酯	32872.66	3.26
25	benzoic acid-2-methylbutyl ester	苯甲酸-2-甲基丁基酯	1939.78	0.19
26	cinnamyl acetate	乙酸桂酯	46178.72	4.58
27	isoeugenyl acetate	乙酸异丁香酚酯	9020.67	0.89
28	benzyl ether	苄醚	546.42	0.05
29	benzyl benzoate	苯甲酸苄酯	346757.57	34.39
30	benzyl salicylate	水杨酸苄酯	28565.78	2.83
31	erucamide	芥酸酰胺	1334.76	0.13
32	vitamin E	维生素 E	5161.87	0.51

1.84　银白金合欢净油

【基本信息】

名称

中文名称：银白金合欢净油，金合欢净油

英文名称：concrete mimosa，absolute mimosa extra，mimosa oils

管理状况

FEMA：2755

FDA：172.510

GB 2760—2014：N184

性状描述

呈黏稠状琥珀色或黄色糖浆状液体。

感官特征

具花香、木香、清香，似金合花气息而少辛香。

物理性质

相对密度 d_4^{20}：1.0080～1.0220

折射率 n_D^{20}：1.5370～1.5450

溶解性：微溶于水，易溶于乙醇、乙醚和氯仿。

制备提取方法

用石油醚从花中可提取得银白金合欢浸膏，银白金合欢浸膏在低温下用乙醇萃取，过滤浓缩后得净油，得率为 20%～25%。

原料主要产地

原产热带美洲，现广泛分布于热带地区，国内分布在浙江、福建、广东、广西、云南、四川等地。

作用描述

主要用于调制高级香水、化妆品等。应用于卷烟具有细腻烟气、丰富烟香、增加烟气甜润感的作用。

【银白金合欢净油主成分及含量】

取适量银白金合欢净油进行气相色谱-质谱分析，记录谱图，按内标法以峰面积计算其含量。银白金合欢净油中主要成分为：8-十七碳烯（22.81%）、棕榈酸乙酯（16.15%）、十九烷（14.33%）、亚麻酸乙酯（10.83%）、十七烷（3.92%）、二十一烷（2.54%）、硬脂酸乙酯（1.95%），所有化学成分及含量详见表1-84。

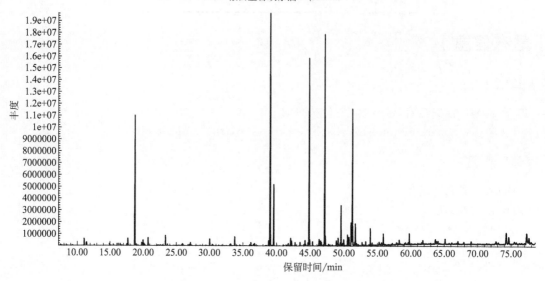

银白金合欢净油 GC-MS 总离子流图

表 1-84　银白金合欢净油化学成分含量表

序号	英文名称	中文名称	含量/(μg/g)	相对含量/%
1	3-hexen-1-ol	3-己烯-1-醇	682.12	0.31
2	2-hexen-1-ol	2-己烯-1-醇	240.73	0.11
3	1-hexanol	正己醇	349.95	0.16
4	benzaldehyde	苯甲醛	222.67	0.10
5	ethyl caproate	正己酸乙酯	177.16	0.08
6	leaf acetate	乙酸叶醇酯	165.51	0.08
7	limonene	柠檬烯	197.12	0.09
8	benzyl alcohol	苄醇	853.85	0.39
9	ethyl heptanoate	庚酸乙酯	669.87	0.31
10	myrcene	月桂烯	268.57	0.12
11	phenylethyl alcohol	苯乙醇	1152.15	0.53
12	1,1-diethoxyhexane	1,1-二乙氧基己烷	2779.74	1.28
13	3,3-diethoxy-1-propanol	3,3-二乙氧基-1-丙醇	146.33	0.07
14	ethyl nonanoate	壬酸乙酯	376.86	0.17
15	1,1-diethoxynonane	1,1-二乙氧基壬烷	891.22	0.41
16	pentadecane	十五烷	1172.05	0.54
17	3-hexadecene	3-十六碳烯	413.38	0.19
18	hexadecane	十六烷	293.26	0.14
19	6,9-heptadecadiene	6,9-十七碳二烯	657.35	0.30
20	8-heptadecene	8-十七碳烯	49433.42	22.81
21	heptadecane	十七烷	8504.24	3.92

序号	英文名称	中文名称	含量/(μg/g)	相对含量/%
22	benzyl benzoate	苯甲酸苄酯	385.85	0.18
23	pentadecanoic acid ethyl ester	十五酸乙酯	1420.13	0.66
24	tetradecanal	肉豆蔻醛	407.67	0.19
25	6,10,14-trimethyl-2-pentadecanone	6,10,14-三甲基-2-十五烷酮	526.60	0.24
26	5-nonadecene	5-十九碳烯	761.31	0.35
27	9-nonadecene	9-十九碳烯	185.90	0.09
28	nonadecane	十九烷	31059.44	14.33
29	2-heptadecanone	十七烷酮	823.30	0.38
30	pentadecanal	十五碳醛	504.62	0.23
31	palmitic acid	棕榈酸	1503.35	0.69
32	decyclicaldehydediethylacetal	癸醛二乙缩醛	689.97	0.32
33	9-hexadecenoic acid ethyl ester	9-十六碳烯酸乙酯	475.15	0.22
34	palmitic acid ethyl ester	棕榈酸乙酯	34987.22	16.15
35	eicosane	二十烷	1521.56	0.70
36	1-cyclohexylnonene	1-环己基壬烯	149.01	0.07
37	kaur-16-ene	考尔-16-烯	1093.23	0.50
38	ethyl heptadecanoate	十七酸乙酯	404.56	0.19
39	heneicosane	二十一烷	5493.54	2.54
40	2-nonadecanol	2-十九烷醇	880.97	0.41
41	phytol	叶绿醇	928.71	0.43
42	2,2-diethoxy acetic acid ethyl ester	2,2-二乙氧基乙酸乙酯	1581.51	0.73
43	farnesol	金合欢醇	1076.33	0.50
44	linoleic acid ethyl ester	亚油酸乙酯	3168.75	1.46
45	1-(diethoxymethyl)-2-methylene-cy-clopropane	1-(二乙氧基甲基)-2-亚甲基环丙烷	3341.82	1.54
46	linolenic acid ethyl ester	亚麻酸乙酯	23468.27	10.83
47	ethyl stearate	硬脂酸乙酯	4228.72	1.95
48	*i*-propyl 9,12,15-octadecatrienoate	9,12,15-十八碳三烯酸异丙醇酯	371.31	0.17
49	*N*-(2,2-diethoxyethyl)-4-methylthio-1,2-carbazoledicarboximide	*N*-(2,2-二甲氧基乙基)-4-甲硫基-1,2-咔唑羧酰亚胺	382.34	0.18
50	octadecane	十八烷	2921.94	1.35
51	2-(1-methylethyl)-1,3-oxathiane	2-(1-甲基乙基)-1,3-氧硫杂环己烷	762.26	0.35
52	dodecanoic acid-5-hexen-1-yl ester	十二烷酸-5-己烯-1-基酯	384.31	0.18
53	1-cyanoacetyl-3,5-dimethylpyrazole	1-氰基乙酰-3,5-二甲基吡唑	158.88	0.07
54	1-tricosene	1-二十三烯	800.21	0.37
55	docosanoic acid ethyl ester	山嵛酸乙酯	1517.66	0.70
56	1-docosene	1-二十二烯	772.34	0.36
57	10-ethyl-8-methoxy-3,7-dimethyl-benzo[*g*]pteridine-2,4(3*H*,10*H*)-dione	10-乙基-8-甲氧基-3,7-二甲基-苯并[*g*]蝶啶-2,4(3*H*,10*H*)-二酮	1173.49	0.54

续表

序号	英文名称	中文名称	含量/(µg/g)	相对含量/%
58	erucamide	芥酸酰胺	567.45	0.26
59	lignoceric acid ethyl ester	木焦油酸乙酯	678.52	0.31
60	squalene	角鲨烯	1038.28	0.48
61	1-methyl-2-phenyl-1H-indole	1-甲基-2-苯基-1H-吲哚	574.46	0.27
62	γ-curjunene	γ-古芸烯	4298.47	1.98
63	2,6,10,10-tetramethylbicyclo[7.2.0]undeca-2,6-diene	2,6,10,10-四甲基双环[7.2.0]十一碳-2,6-二烯	2509.76	1.16
64	(3α,$5a\alpha$,9α,$9a\alpha$)-tetrahydro-2,2,5a,9-tetramethyl-2H-3,9a-methano-1-benzoxepin	(3α,$5a\alpha$,9α,$9a\alpha$)-四氢 2,2,5a,9-四甲基-2H-3,9a-甲醇-1-苯并噁嗪	4604.23	2.12
65	2-methoxy-N-[2-methyl-5-(3-methyl[1,2,4]triazolo[3,4-b][1,3,4]thiadiazol-6-yl)phenyl]-benzenemethanamine	2-甲氧基-N-[2-甲基-5-(3-甲基[1,2,4]三唑并[3,4-b][1,3,4]噻二唑-6-基)苯基]-苄胺	2467.14	1.14

1.85　印蒿油

【基本信息】

▶ 名称

中文名称：印蒿油
英文名称：davana oil

▶ 管理状况

FEMA：2359
GB 2760—2014：N042

▶ 性状描述

呈棕绿色黏稠液体。

▶ 感官特征

香气浓烈，具有特征性且持久的膏香和药草香。

▶ 物理性质

相对密度 d_4^{20}：1.0080～1.0220
折射率 n_D^{20}：1.4858～1.4938
旋光度：−25.8°
酸值：2.6
酯值：19.1

制备提取方法

由菊科植物印蒿（*Artemisia pallens* Wall.）的花经水蒸气蒸馏取得。

原料主要产地

在印度南部有栽培。

作用描述

常作为一种修饰剂用于日用香精配方中。

【印蒿油主成分及含量】

取适量印蒿油进行气相色谱-质谱分析，记录谱图，按内标法以峰面积计算其含量。印蒿油中主要成分为：丁酸二甲基苄基原酯（22.22%）、苄醇（5.40%）、苯甲酸苄酯（4.05%）、异丁酸香叶酯（3.93%）、苯乙酸甲酯（3.48%）、桃醛（3.46%）、丁酸香叶酯（3.38%）、印蒿醚（3.05%），所有化学成分及含量详见表 1-85。

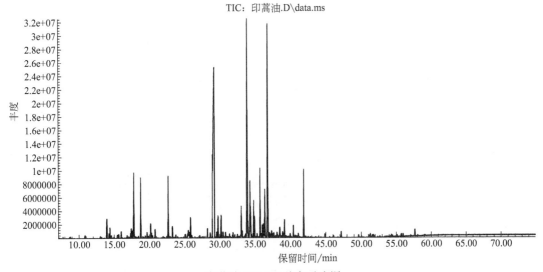

印蒿油 GC-MS 总离子流图

表 1-85　印蒿油化学成分含量表

序号	英文名称	中文名称	含量/(μg/g)	相对含量/%
1	2-methylbutanoic acid ethyl ester	2-甲基丁酸乙酯	1287.69	0.18
2	isovaleric acid ethyl ester	异戊酸乙酯	752.99	0.11
3	lilac alcohol formate B	紫丁香醇甲酸酯 B	589.34	0.08
4	α-pinene	α-蒎烯	12645.63	1.80
5	2-methyl-butanoic acid propyl ester	2-甲基丁酸丙酯	1385.33	0.20
6	2-cyclohexyldodecane	2-环己基十二烷	3459.44	0.49
7	5,5-dimethyl-2(5H)-furanone	5,5-二甲基-2(5H)-呋喃酮	1417.16	0.20
8	2-thujene	2-侧柏烯	1291.63	0.18

续表

序号	英文名称	中文名称	含量/(µg/g)	相对含量/%
9	*β*-pinene	*β*-蒎烯	1963.93	0.28
10	*β*-myrcene	*β*-月桂烯	2401.96	0.34
11	2-acetyl-3,4,5,6-tetrahydropyridine	2-乙酰基-3,4,5,6-四氢吡啶	743.49	0.11
12	2-methyl-3-phenyl-1-propene	2-甲基-3-苯基-1-丙烯	1565.70	0.22
13	*m*-cymene	间伞花烃	3114.62	0.44
14	limonene	柠檬烯	2517.91	0.36
15	benzyl alcohol	苄醇	38023.02	5.40
16	benzyl formate	甲酸苄酯	652.01	0.09
17	2-butenylbenzene	2-丁烯基苯	1787.71	0.25
18	terpinolene	异松油烯	878.49	0.12
19	linalool	芳樟醇	4413.40	0.63
20	pentanoic acid pentyl ester	戊酸戊酯	2044.95	0.29
21	3-methyl-butanoicacipentylester	3-甲基丁酸戊酯	734.00	0.10
22	phenylethyl alcohol	苯乙醇	3402.89	0.48
23	dimethyl benzyl carbinol	二甲基苄基原醇	754.03	0.11
24	acetic acid phenylmethyl ester	苯乙酸甲酯	24456.36	3.48
25	pinocamphone	松樟酮	5068.88	0.72
26	*α*-terpineol	*α*-松油醇	999.32	0.14
27	lilac alcohol formate A	紫丁香醇甲酸酯 A	1208.30	0.17
28	acetoglyceride	乙酸甘油酯	6236.06	0.89
29	geraniol	香叶醇	8485.41	1.21
30	acetic acid phenethyl ester	乙酸苯乙酯	900.66	0.13
31	acetic acid 1,7,7-trimethyl-bicyclo[2.2.1]hept-2-yl ester	1,7,7-三甲基二环[2.2.1]庚-2-基乙酸酯	932.45	0.13
32	dimethylbenzylcarbinyl acetate	乙酸二甲基苄基原酯	2998.58	0.43
33	*γ*-pyronene	*γ*-焦烯	1553.09	0.22
34	eugenol	丁香酚	2590.69	0.37
35	apricolin	椰子醛	10550.97	1.50
36	lavendulyl acetate	薰衣草乙酸酯	9998.96	1.42
37	*α*-copaene	*α*-可巴烯	566.82	0.08
38	methyl cinnamate	肉桂酸甲酯	2972.52	0.42
39	*β*-elemene	*β*-榄香烯	2571.38	0.37
40	1-(1,3-dimethyl-3-cyclohexen-1-yl) ethanone	1-(1,3-二甲基-3-环己烯-1-基)乙酮	1177.81	0.17
41	*β*-ylangene	*β*-依兰烯	737.65	0.10
42	caryophyllene	石竹烯	1557.15	0.22
43	calarene	白菖烯	938.01	0.13
44	alloaromadendrene	别香橙烯	1292.80	0.18

续表

序号	英文名称	中文名称	含量/(μg/g)	相对含量/%
45	α-humulene	α-葎草烯	965.65	0.14
46	ethyl cinnamate	肉桂酸乙酯	13133.95	1.87
47	aromandendrene	香橙烯	2371.61	0.34
48	2,5-dimethyl-3-methylene-1,5-hepta-diene	2,5-二甲基-3-亚甲基-1,5-庚二烯	1327.82	0.19
49	benzyl dimethyl carbinyl butyrate	丁酸二甲基苄基原酯	156342.05	22.22
50	β-selinene	β-芹子烯	6085.83	0.87
51	geranyl isobutyrate	异丁酸香叶酯	27643.94	3.93
52	davana ether	印蒿醚	21456.93	3.05
53	1-methyl-4-(1-methylethenyl)-cyclo-hexanol	1-甲基-4-(1-甲基乙烯基)环己醇	1680.90	0.24
54	terpinyl acetate	乙酸松油酯	13711.69	1.95
55	butyric acid geranyl ester	丁酸香叶酯	23764.30	3.38
56	nerolidol	橙花叔醇	1362.23	0.19
57	4-(1-methylethyl)-1,5-cyclohexa-diene-1-methanol	4-(1-甲基乙基)-1,5-环己二烯-1-甲醇	5570.47	0.79
58	peach aldehyde	桃醛	24357.21	3.46
59	(2α,5α)-2-(5-ethenyltetrahydro-5-methyl-2-furanyl)-6-methyl-5-hepten-3-one	(2α,5α)-2-(5-乙烯基四氢-5-甲基-2-呋喃基)-6-甲基-5-庚烯-3-酮	156036.78	22.18
60	5-amino-3-methyl-1,2,4-oxadiazole	5-氨基-3-甲基-1,2,4-噁二唑	683.73	0.10
61	globulol	蓝桉醇	3754.50	0.53
62	isophytol	异植物醇	2918.87	0.41
63	5-hydroxy-spiro[2.4]heptane-5-metha-nol	5-羟基-螺[2.4]庚烷-5-甲醇	1630.62	0.23
64	2-methyl-5-octyn-4-ol	2-甲基-5-辛炔-4-醇	2959.69	0.42
65	2-hexyl tetrahydrofuran	2-己基四氢呋喃	3242.80	0.46
66	(1α,3α,6α)-3,7,7-trimethyl-bicyclo[4.1.0]heptane	(1α,3α,6α)-3,7,7-三甲基双环[4.1.0]庚烷	615.06	0.09
67	2-isopropyl-5-methyl-9-methylene-bi-cyclo[4.4.0]dec-1-ene	2-异丙基-5-甲基-9-亚甲基双环[4.4.0]癸-1-烯	5574.10	0.79
68	β-eudesmol	β-桉叶醇	2065.03	0.29
69	propofol	丙泊酚	5631.30	0.80
70	hydroxy-α-terpenyl acetate	羟基-α-乙酸松油酯	1828.16	0.26
71	lilac alcohol D	紫丁香醇 D	4276.41	0.61
72	4-(2-oxopropyl)-2-cyclohexen-1-one	4-(2-氧代丙基)-2-环己烯-1-酮	1208.27	0.17
73	acetic acid 1-methyl-1-(4-methyl-5-oxo-cyclohex-3-enyl)ethyl ester	乙酸-1-甲基-1-(4-甲基-5-氧代-环己-3-烯基)乙酯	1615.49	0.23
74	benzyl benzoate	苯甲酸苄酯	28473.62	4.05
75	nonadecane	十九烷	687.42	0.10
76	palmitic acid ethyl ester	棕榈酸乙酯	1127.56	0.16

续表

序号	英文名称	中文名称	含量/(μg/g)	相对含量/%
77	linolenic acid ethyl ester	亚麻酸乙酯	744.31	0.11
78	ethyl stearate	硬脂酸乙酯	675.31	0.10
79	arachidic acid ethyl ester	花生酸乙酯	642.37	0.09
80	2-methoxynaphthalene	2-萘甲醚	1708.89	0.24

1.86　愈创木油

【基本信息】

名称

中文名称：愈创木油，愈疮木油

英文名称：guaiac wood oil

管理状况

FEMA：2534

FDA：172.510

GB 2760—2014：N144

性状描述

呈黄色至黄绿色或浅琥珀色半固体状物质，室温低时会凝固。

感官特征

具有干甜的木香，似柔和的黄玫瑰花韵味，并略带紫罗兰花气息。

物理性质

相对密度 d_4^{20}：0.9740～0.9830

折射率 n_D^{20}：1.5040～1.5080

熔点：40～50℃

旋光度：$-12°16'\sim-7°9'$

溶解性：1ml 样品可溶于 2ml 70%乙醇中。

制备提取方法

由蒺藜科植物南美布蒺木、愈创木和神圣愈创木的木质部分（锯屑）经水蒸气蒸馏而得。得率为 3%～6%。

原料主要产地

原产于从巴拿马到西印度群岛的美洲热带地区，现广泛分布于美国佛罗里达州、墨西哥、哥斯达黎加、危地马拉、洪都拉斯、尼加拉瓜、圭亚那、巴拉圭、阿根廷、玻利维亚、哥伦比亚和加勒比海附近。

▶ 作用描述

主要用于调味品、可乐型饮料及烟熏类型香精。

【愈创木油主成分及含量】

取适量愈创木油进行气相色谱-质谱分析，记录谱图，按内标法以峰面积计算其含量。愈创木油中主要成分为：布藜醇（35.31%）、愈创醇（26.80%）、α-桉叶醇（11.23%）、γ-桉叶醇（5.11%）、α-布藜烯（3.31%）、α-榄香醇（2.58%）、白菖烯（2.38%）、8-表-γ-桉叶醇（2.37%），所有化学成分及含量详见表 1-86。

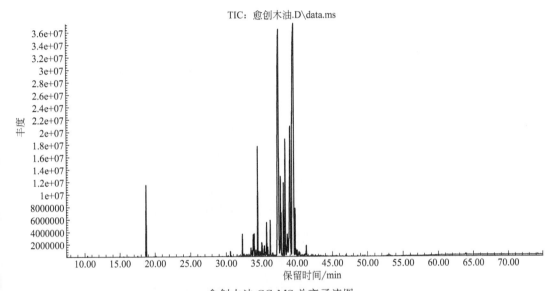

愈创木油 GC-MS 总离子流图

表 1-86　愈创木油化学成分含量表

序号	英文名称	中文名称	含量/(μg/g)	相对含量/%
1	N-(2,3-dihydro-3-benzoyl-2-benzothiazolylene)-benzhydrazide	N-(2,3-二氢-3-苄基-2-苯并噻唑基烯)-苯甲酰肼	150.51	0.01
2	furfural	糠醛	374.28	0.03
3	5-methyl furfural	5-甲基糠醛	280.36	0.02
4	limonene	柠檬烯	355.13	0.03
5	linalool	芳樟醇	199.51	0.02
6	β-cyclocitral	β-环柠檬醛	150.58	0.01
7	α-copaene	α-可巴烯	339.98	0.03
8	β-patchoulene	β-广藿香烯	1304.38	0.11
9	β-elemene	β-榄香烯	232.48	0.02
10	isolongifolene	异长叶烯	622.59	0.05
11	2,6-dimethyl-6-(4-methyl-3-pentenyl)-bicyclo[3.1.1]hept-2-ene	2,6-二甲基-6-(4-甲基-3-戊烯基)-双环[3.1.1]庚-2-烯	296.81	0.02
12	α-guaiene	α-愈创木烯	6801.72	0.57

序号	英文名称	中文名称	含量/(μg/g)	相对含量/%
13	isoeugenol	异丁香酚	1224.19	0.10
14	isoledene	异喇叭烯	484.43	0.04
15	aromandendrene	香橙烯	654.71	0.05
16	β-caryophyllene	β-石竹烯	2166.21	0.18
17	α-elemene	α-榄香烯	700.47	0.06
18	calamenene	菖蒲烯	291.56	0.02
19	isoshyobunone	异白菖酮	588.83	0.05
20	isoaromadendrene-(Ⅴ)	异香树烯-(Ⅴ)	4232.37	0.35
21	1,2,4a,5,6,8a-hexahydro-4,7-dime-thyl-1-(1-methylethyl)-naphthalene	1,2,4a,5,6,8a-六氢-4,7-二甲基-1-(1-甲基乙基)-萘	406.92	0.03
22	β-ionone	β-紫罗兰酮	1916.64	0.16
23	9-acetylphenanthrene	9-乙酰菲	6886.44	0.58
24	(3α,$5a\alpha$,9α,$9a\alpha$)-octahydro-2,2,5a,9-tetramethyl-$2H$-3,9a-methano-1-benzox-epin	(3α,$5a\alpha$,9α,$9a\alpha$)-八氢-2,2,5a,9-四甲基-$2H$-3,9a-桥亚甲基-1-噁庚因	9805.36	0.82
25	β-selinene	β-瑟林烯	2831.06	0.24
26	α-bulnesene	α-布藜烯	39587.48	3.31
27	δ-cadinene	δ-杜松烯	1188.75	0.10
28	1,5,5-trimethyl-6-methylene-cyclo-hexene	1,5,5-三甲基-6-亚甲基环己烯	5227.70	0.44
29	6-hexadecen-4-yne	6-十六烯-4-炔	3511.83	0.29
30	neoclovene oxide	新丁香三环烯氧化物	1222.66	0.10
31	selina-3,7(11)-diene	3,7(11)-芹子二烯	2537.85	0.21
32	andrane	环氧柏木烷	3596.69	0.30
33	α-gurjunene	α-古芸烯	26242.89	2.19
34	2,3-dihydro-1,1,3-trimethyl-1H-in-dene	2,3-二氢-1,1,3-三甲基-1H-茚	320.49	0.03
35	4-(1,5-dihydroxy-2,6,6-trimethylcy-clohex-2-enyl)but-3-en-2-one	4-(1,5-二羟基-2,6,6-三甲基环己-2-烯基)丁-3-烯-2-酮	1530.12	0.13
36	1,2,3,4-tetrahydro-5,6,7,8-tetram-ethyl-naphthalene	1,2,3,4-四氢-5,6,7,8-四甲基萘	559.18	0.05
37	methoxsalen	甲氧沙林	453.35	0.04
38	a,a,4a,8-tetramethyl-2,3,4,4a,5,6,7,8-octahydro-2-naphthalene methanol	a,a,4a,8-四甲基-2,3,4,4a,5,6,7,8-八氢-2-萘甲醇	499.92	0.04
39	[1a-($1a\alpha$,4β,$4a\beta$,7α,$7a\beta$,$7b\alpha$)]-decahydro-1,1,4,7-tetramethyl-$4aH$-cycloprop[e]azulen-4a-ol	[1a-($1a\alpha$,4β,$4a\beta$,7α,$7a\beta$,$7b\alpha$)]-十氢-1,1,4,7-四甲基-$4aH$-环丙[e]薁基-4a-醇	446.82	0.04
40	guaiol	愈创醇	320670.12	26.80
41	2,3,4,4a,5,6,7,8-octahydro-α,α,4a,8-tetramethyl-2-naphthalenemethanol	2,3,4,4a,5,6,7,8-八氢-α,α,4a,8-四甲基-2-萘甲醇	3283.11	0.27

序号	英文名称	中文名称	含量/(μg/g)	相对含量/%
42	a,a,4a,8-tetramethyl-1,2,3,4,4a,5,6,8a-octahydro-2-naphthalenemethanol	a,a,4a,8-四甲基-1,2,3,4,4a,5,6,8a-八氢-2-萘甲醇	5378.27	0.45
43	calarene	白菖烯	28426.52	2.38
44	2-t-butyl-6-methylphenol	2-叔丁基-6-甲基苯酚	15256.38	1.28
45	mayurone	麦由酮	973.39	0.08
46	8-epi-γ-eudesmol	8-表-γ-桉叶醇	28395.01	2.37
47	γ-eudesmol	γ-桉叶醇	61080.09	5.11
48	α-elemol	α-榄香醇	30843.68	2.58
49	α-eudesmol	α-桉叶醇	134394.55	11.23
50	bulnesol	布藜醇	422440.21	35.31
51	γ-gurjunene	γ-古芸烯	3904.46	0.33
52	8,9-dehydro-cycloisolongifolene	8,9-脱氢环异长叶烯	2459.94	0.21
53	decahydro-1,4a-dimethyl-7-(1-methylethylidene)-1-naphthalenol	十氢-1,4a-二甲基-7-(1-甲基亚乙基)-1-萘酚	617.73	0.05
54	2,3,4,4a,5,6,7,8-octahydro-1,4a-dimethyl-7-(2-hydroxy-1-methylethyl)-2-naphthalenol	2,3,4,4a,5,6,7,8-八氢-1,4a-二甲基-7-(2-羟基-1-甲基乙基)-2-萘酚	1960.40	0.16
55	cyclohexanecarboxylic acid-3,5-dimethylcyclohexyl ester	环己烷羧酸-3,5-二甲基环己酯	1136.87	0.10
56	9-isopropyl-1-methyl-2-methylene-5-oxatricyclo[5.4.0.0(3,8)]undecane	9-异丙基-1-甲基-2-亚甲基-5-氧杂三环[5.4.0.0(3,8)]十一烷	218.96	0.02
57	2-(5-ethenyltetrahydro-5-methyl-2-furanyl)-6-methyl-5-hepten-3-one	2-(5-乙烯基四氢-5-甲基-2-呋喃基)-6-甲基-5-庚烯-3-酮	275.62	0.02
58	viridiflorol	绿花白千层醇	537.34	0.04
59	4-(6,6-dimethyl-1-cyclohexen-1-yl)-3-buten-2-one	4-(6,6-二甲基-1-环己烯-1-基)-3-丁烯-2-酮	769.72	0.06
60	8-quinolinemethanol	8-喹啉甲醇	474.30	0.04
61	ledene oxide-(Ⅱ)	喇叭烯氧化物-(Ⅱ)	524.90	0.04
62	isopropyl myristate	肉豆蔻酸异丙酯	207.54	0.02
63	terpinyl formate	甲酸松油酯	341.24	0.03
64	1-nonene	1-壬烯	341.43	0.03
65	β-eudesmol	β-桉叶醇	188.15	0.02
66	bromo methylacetate	溴乙酸甲酯	202.15	0.02
67	4,5-diethyl-2,2-dimethyl-3-(1-methylethenyl)-1-oxa-2-sila-5-boracyclopent-3-ene	4,5-二乙基-2,2-二甲基-3-(1-甲基乙烯基)-1-氧杂-2-硅-5-甲硼烷环戊-3-烯	176.08	0.01
68	erucamide	芥酸酰胺	655.12	0.05

1. 87　芫荽籽油

【基本信息】

名称

中文名称：芫荽籽油，芫荽子油，芫荽油，香菜油
英文名称：coriander oil，coriander seed oil

管理状况

FEMA：2334
FDA：182.10，182.20
GB 2760—2014：N047

性状描述

无色或淡黄色挥发性精油。

感官特征

具有芫荽所特有的香气和滋味，近似于芳樟醇。

物理性质

相对密度 d_4^{20}：0.8610～0.8750
折射率 n_D^{20}：1.4610～1.4690
溶解性：几乎不溶于水，溶于乙醇、乙醚、冰醋酸。

制备提取方法

由伞形科一二年生草本芫荽（也称胡菜、香菜）的成熟种子，经干燥、破碎，再用水蒸气蒸馏法提油，得率为 0.4%～1.1%。

原料主要产地

主要产于匈牙利等东欧和中欧地区，我国也有少量生产。

作用描述

芫荽籽油适用于调配食品、香水、花露水、化妆品香精。从芫荽籽油可以单离芳樟醇，用于调香或合成酯类香料；在卷烟中使用能增加柔和的辛香和清香，修饰和矫正烟香自然风味，增补烤烟芬芳的气息。

【芫荽籽油主成分及含量】

取适量芫荽籽油进行气相色谱-质谱分析，记录谱图，按内标法以峰面积计算其含量。芫荽籽油中主要成分为：芳樟醇（74.13%）、乙酸香叶酯（6.84%）、α-蒎烯（4.86%）、γ-生育酚（4.70%）、芥酸酰胺（4.05%）、α-生育酚（2.63%），所有化学成分及含量详见表1-87。

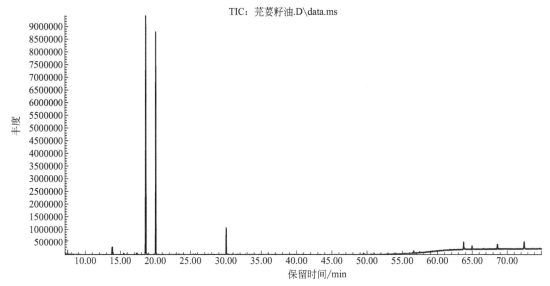

芫荽籽油 GC-MS 总离子流图

表 1-87　芫荽籽油化学成分含量表

序号	英文名称	中文名称	含量/(μg/g)	相对含量/%
1	α-pinene	α-蒎烯	1425.89	4.86
2	phenol	苯酚	249.21	0.85
3	m-isopropyltoluene	间异丙基甲苯	128.06	0.44
4	limonene	柠檬烯	134.88	0.46
5	linalool	芳樟醇	21746.33	74.13
6	farnesyl alcohol	金合欢醇	116.41	0.40
7	geranyl acetate	乙酸香叶酯	2007.20	6.84
8	methyl linoleate	亚油酸甲酯	110.34	0.38
9	6-octadecenoic acid	6-十八碳烯酸	77.57	0.26
10	erucamide	芥酸酰胺	1188.05	4.05
11	α-tocopherol	α-生育酚	772.79	2.63
12	γ-tocopherol	γ-生育酚	1379.98	4.70

1.88　圆柚油

【基本信息】

名称

中文名称：圆柚油，葡萄柚油

英文名称：grapefruit oil

管理状况

FEMA：2530

FDA：182.20

GB 2760—2014：N051

性状描述

呈黄色至黄绿色，有时带红色的挥发性精油。

感官特征

有新鲜、甘甜、柔和的柑橘香气。

物理性质

相对密度 d_4^{20}：0.8520～0.8600
折射率 n_D^{20}：1.4740～1.4790
溶解性：不溶于甘油，微溶于矿物油，并常呈乳白色或絮状。

制备提取方法

由芸香科植物葡萄柚的新鲜果皮压榨而得，得率约 0.6%。

原料主要产地

主要产于美国、西印度群岛和法国，以色列等地有少量生产。

作用描述

主要用于调配食用香精，如清凉饮料、果酱、果冻和果糖等食品中，用于增强柠檬、橘子等香味，也用于调配人造香柠檬油、柠檬油。

【圆柚油主成分及含量】

取适量圆柚油进行气相色谱-质谱分析，记录谱图，按内标法以峰面积计算其含量。圆柚油中主要成分为：柠檬烯（88.44%）、β-月桂烯（4.04%）、蒎烯（1.17%），所有化学成分及含量详见表 1-88。

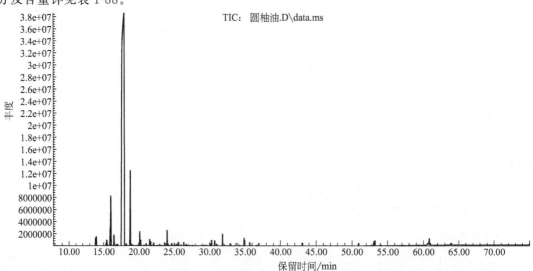

圆柚油 GC-MS 总离子流图

表 1-88　圆柚油化学成分含量表

序号	英文名称	中文名称	含量/(μg/g)	相对含量/%
1	pinene	蒎烯	7022.01	1.17
2	sabinene	桧烯	2318.71	0.39
3	β-myrcene	β-月桂烯	24232.77	4.04
4	octanal	辛醛	3842.02	0.64
5	α-phellandrene	α-水芹烯	351.96	0.06
6	3-carene	3-蒈烯	762.22	0.13
7	limonene	柠檬烯	530324.70	88.44
8	β-ocimene	β-罗勒烯	374.04	0.06
9	1-octanol	辛醇	351.43	0.06
10	α-methyl-α-[4-methyl-3-pentenyl]ox-iranemethanol	α-甲基-α-[4-甲基-3-戊烯基]缩水甘油	161.84	0.03
11	6-methylene-bicyclo[3.1.0]hexane	6-亚甲基二环[3.1.0]己烷	117.24	0.02
12	linalool	芳樟醇	3376.29	0.56
13	nonanal	壬醛	1327.49	0.22
14	1-bromo-3-methyl-2-butene	1-溴-3-甲基-2-丁烯	167.69	0.03
15	1-methyl-4-(1-methylethenyl)-2-cy-clohexen-1-ol	1-甲基-4-(1-甲基乙烯基)-2-环己烯-1-醇	438.74	0.07
16	limonene oxide	氧化柠檬烯	1865.66	0.31
17	citronellal	香茅醛	687.89	0.11
18	octanoic acid	辛酸	194.66	0.03
19	6-methyl-2-heptanol trifluoroacetate	6-甲基-2-庚醇-三氟乙酸酯	181.79	0.03
20	6-methyl-bicyclo[3.3.0]oct-2-en-7-one	6-甲基双环[3.3.0]辛-2-烯-7-酮	274.62	0.05
21	2-isopropenyl-5-methylhex-4-enal	2-异丙烯基-5-甲基己-4-烯醛	144.47	0.02
22	α-terpineol	α-松油醇	740.08	0.12
23	dispiro[2.1.2.1]octane	二螺[2.1.2.1]辛烷	318.10	0.05
24	decanal	癸醛	3871.17	0.65
25	caprylyl acetate	醋酸辛酯	407.69	0.07
26	carveol	香芹醇	1024.20	0.17
27	carvone	香芹酮	821.65	0.14
28	citral	柠檬醛	1288.21	0.21
29	3-methyl-6-(1-methylethenyl)-2-cy-clohexen-1-one	3-甲基-6-(1-甲基乙烯基)-2-环己烯-1-酮	118.16	0.02
30	perillal	紫苏醛	308.89	0.05
31	2,2-dimethyl-3-methylene-bicyclo[2.2.1]heptane	2,2-双甲基-3-亚甲基二环[2.2.1]庚烷	98.07	0.02
32	pentafluoropropionic acid 2-(1-ada-mantyl)ethyl ester	五氟丙酸-2-(1-金刚烷基)乙基酯	131.15	0.02
33	2-methyl-5-(1-methylethenyl)-2-cy-clohexen-1-ol acetate	2-甲基-5-(1-丙烯基)-2-环己烯-1-醇乙酸酯	180.49	0.03
34	neryl acetate	乙酸橙花酯	58.50	0.01
35	5-methyl-2-(1-methylethenyl)-4-hex-en-1-ol acetate	5-甲基-2-(1-甲基乙烯基)-4-己烯-1-醇乙酸酯	447.37	0.07

续表

序号	英文名称	中文名称	含量/(μg/g)	相对含量/%
36	α-copaene	α-可巴烯	1263.89	0.21
37	α-cubebene	α-荜澄茄油烯	1570.76	0.26
38	1,1-diacetoxydodecane	1,1-二乙酰氧基十二烷	583.25	0.10
39	caryophyllene	石竹烯	2796.22	0.47
40	β-farnesene	β-金合欢烯	109.45	0.02
41	α-humulene	α-葎草烯	435.13	0.07
42	germacrene D	大根香叶烯 D	335.48	0.06
43	α-muurolene	α-依兰油烯	174.05	0.03
44	2-isopropyl-5-methyl-9-methylene-bicyclo[4.4.0]dec-1-ene	2-异丙基-5-甲基-9-亚甲基双环[4.4.0]癸-1-烯	133.43	0.02
45	cadinene	δ-杜松烯	1112.15	0.19
46	α-elemol	α-榄香醇	434.99	0.07
47	spathulenol	斯巴醇	189.16	0.03
48	caryophyllene oxide	氧化石竹烯	343.38	0.06
49	N-phenylacetamide	N-乙酰苯胺	114.05	0.02
50	nootkatone	圆柚酮	348.94	0.06
51	osthole	蛇床子素	292.01	0.05
52	1-oxide-4-methyl-quinoline	1-氧化-4-甲基-喹啉	789.67	0.13
53	eicosane	二十烷	113.62	0.02
54	2,3-dimethoxyquinoxaline	2,3-二甲氧基喹喔啉	142.79	0.02

1.89　月桂叶油

【基本信息】

▶ 名称

中文名称：月桂油，月桂叶油，月桂树叶油

英文名称：bay oil，myrcia oil，laurel leaf oil

▶ 管理状况

FEMA：2613

FDA：182.10，182.20

GB 2760—2014：N020

▶ 性状描述

呈黄色或棕黄色挥发性精油。

▶ 感官特征

有辛甜而清凉气息，似杂有桉叶素类的丁香样辛香气，亦有松油醇及香叶醇气息，余香甜辛优美。

物理性质

相对密度 d_4^{20}：0.9050～0.9290

折射率 n_D^{20}：1.4650～1.4700

酸值：<3.0

溶解性：1∶1 溶于 80％乙醇，不溶于水和甘油，溶于苯甲酸苄酯与冰醋酸。

制备提取方法

由樟科常绿乔木月桂树（*Lurus nobilis*）的鲜叶、茎和未木质化的小枝经水蒸气蒸馏法而得，得率为 1％～3.4％。

原料主要产地

主要产于以色列、黎巴嫩、土耳其、多米尼加、波多黎各等，我国浙江、江苏、福建、四川等地也有少量生产。

作用描述

主要用于月桂型朗姆酒、沙司、肉类、汤类及泡菜等，多用于香肠、罐头及调味料等，用途较广。作为烟用香精中的辛香料香韵的配料，能使烟香透发飘逸，改善烟气吸味。

【月桂叶油主成分及含量】

取适量月桂叶油进行气相色谱-质谱分析，记录谱图，按内标法以峰面积计算其含量。月桂叶油中主要成分为：丁香酚（42.37％）、β-蒎烯（17.03％）、4-烯丙基苯酚（12.60％）、柠檬烯（4.41％）、芳樟醇（3.11％）、3-辛酮（1.22％）、1-辛烯-3-醇（1.21％），所有化学成分及含量详见表 1-89。

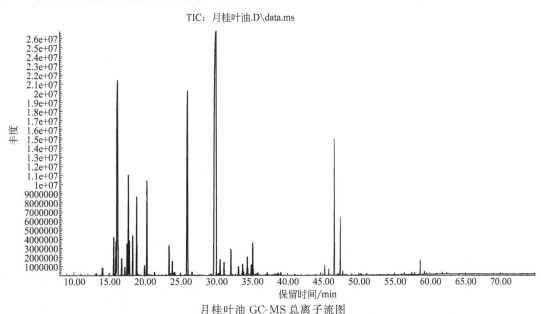

月桂叶油 GC-MS 总离子流图

表 1-89 月桂叶油化学成分含量表

序号	英文名称	中文名称	含量/(μg/g)	相对含量/%
1	β-myrcene	月桂烯	662.77	0.07
2	α-pinene	α-蒎烯	3904.64	0.43
3	1-octen-3-ol	1-辛烯-3-醇	10864.47	1.21
4	3-octanone	3-辛酮	11011.12	1.22
5	β-pinene	β-蒎烯	153503.56	17.03
6	3-octanol	3-辛醇	4124.88	0.46
7	α-phellandrene	α-水芹烯	4624.45	0.51
8	o-cymene	邻伞花烃	8211.59	0.91
9	limonene	柠檬烯	39782.21	4.41
10	eucalyptol	桉叶油醇	7623.89	0.85
11	ocimene	罗勒烯	9117.01	1.01
12	1-octanol	1-辛醇	273.09	0.03
13	ethyl 2-(5-methyl-5-vinyltetrahydro-furan-2-yl)propan-2-yl carbonate	乙基-2-(5-甲基-5-乙烯基四氢呋喃-2-烯)丙基-2-烯碳酸酯	236.1	0.03
14	linalool	芳樟醇	27999.05	3.11
15	1-octen-3-yl-acetate	1-辛烯-3-基乙酸酯	252.17	0.03
16	2,6-dimethyl-2,4,6-octatriene	2,6-二甲基-2,4,6-辛三烯	628.75	0.07
17	4-terpineneol	4-萜品醇	7045.74	0.78
18	α,α,4-trimethyl-benzenemethanol	α,α,4-三甲基苄醇	510.38	0.06
19	α-terpineol	α-松油醇	3568.69	0.40
20	methyl salicylate	水杨酸甲酯	239.35	0.03
21	estragole	草蒿脑	517.16	0.06
22	decanal	癸醛	572.15	0.06
23	4-allylphenol	4-烯丙基苯酚	113553.4	12.60
24	citral	柠檬醛	778.79	0.09
25	4-(2-propenyl)-phenol acetate	4-(2-丙烯基)-醋酸酚	1172.09	0.13
26	eugenol	丁香酚	381828.29	42.37
27	geranyl acetate	乙酸香叶酯	426.07	0.05
28	α-copaene	α-可巴烯	3915.37	0.43
29	methyleugenol	甲基丁香酚	2895.28	0.32
30	caryophyllene	石竹烯	6518.66	0.72
31	[3a-(3aα,3bβ,4β,7α,7a)]-octahydro-7-methyl-3-methylene-4-(1-methylethyl)-1H-cyclopenta[1,3]cyclopropa[1,2]benzene	[3a-(3aα,3bβ,4β,7α,7a)]-八氢-7-甲基-3-亚甲基-4-(1-甲基乙基)-1H-环戊二烯并[1,3]环丙基[1,2]苯	238.36	0.03
32	isoeugenol	异丁香酚	333.98	0.04
33	α-humulene	α-葎草烯	2146.52	0.24
34	γ-muurolene	γ-依兰油烯	3158.81	0.35

序号	英文名称	中文名称	含量/(μg/g)	相对含量/%
35	1,2,4a,5,6,8a-hexahydro-4,7-dimethyl-1-(1-methylethyl)-naphthalene	1,2,4a,5,6,8a-六氢-4,7-二甲基-1-(1-甲基乙基)-萘	1062.96	0.12
36	α-farnesene	α-金合欢烯	4260.64	0.47
37	α-muurolene	α-依兰油烯	1437.73	0.16
38	auraptene	橙皮油素	256.33	0.03
39	1,2,3,4,4a,5,6,8a-octahydro-7-methyl-4-methylene-1-(1-methylethyl)-naphthalene	1,2,3,4,4a,5,6,8a-八氢-7-甲基-4-亚甲基-1-(1-甲基乙基)-萘	2617.96	0.29
40	δ-cadinene	δ-杜松烯	8650.32	0.96
41	isoledene	异喇叭烯	340.52	0.04
42	1,1,5-trimethyl-1,2-dihydronaphthalene	1,1,5-三甲基-1,2-二氢萘	539.17	0.06
43	caryophyllene oxide	氧化石竹烯	481.18	0.05
44	1,2,4a,5,6,7,8,8a-octahydro-4a-methyl-2-naphthalenamine	1,2,4a,5,6,7,8,8a-八氢-4a-甲基-2-萘胺	259.84	0.03
45	1,2,3,4,4a,7-hexahydro-1,6-dimethyl-4-(1-methylethyl)-naphthalene	1,2,3,4,4a,7-六氢-1,6-二甲基-4-(1-甲基乙基)-萘	344.34	0.04
46	α-cadinol	α-荜澄茄醇	1462	0.16
47	β-farnesene	β-金合欢烯	585.08	0.06
48	7,11,15-trimethyl-3-methylene-hexadeca-1,6,10,14-tetraene	7,11,15-三甲基-3-亚甲基-十六-1,6,10,14-四烯	2233.39	0.25
49	cembrene	西柏烯	1400.43	0.16
50	2,6,11,15-tetramethyl-hexadeca-2,6,8,10,14-pentaene	2,6,11,15-四甲基-2,6,8,10,14-十六碳五烯	53515.83	5.94
51	4-butyl-5-(1-methylethenyl)-6-(3-methylbutyl)-2H-pyran-2-one	4-丁基-5-(1-甲基乙烯基)-6-(3-甲基丁基)-2H-吡喃-2-酮	317.7	0.04
52	adamantane	金刚烷	264.36	0.03
53	2-(5-bromo-3-methyl-pent-2-enyl)-1,4-dimethoxy-benzene	2-(5-溴-3-甲基-戊-2-烯基)-1,4-二甲氧基苯	295.17	0.03
54	3-hydroxy-2-methoxy-estra-1,3,5(10)-trien-17-one	3-羟基-2-甲氧基-雌-1,3,5(10)-三烯-17-酮	321.46	0.04
55	1-formyl-2,2,6-trimethyl-3-(3-methylbut-2-enyl)-5-cyclohexene	1-甲酰基-2,2,6-三甲基-3-(3-甲基丁-2-烯基)-5-环己烯	278.92	0.03
56	3-iodomethyl-3,6,6-trimethyl-cyclohexene	3-碘甲基-3,6,6-三甲基环己烯	512.83	0.06
57	1,3,5,7-tetramethyl-adamantane	1,3,5,7-四甲基金刚烷	511.76	0.06
58	7-acetoxy-3-(3,4-methylenedioxyphenyl)-4-chromanone	7-乙酰氧基-3-(3,4-亚甲二氧苯基)-4-苯并二氢吡喃酮	3317.78	0.37
59	4,5,6,7-tetrahydro-2-(3-ethoxy-4-hydroxybenzylidenamino)-benzothiophene-3-carbonitrile	4,5,6,7-四氢-2-(3-乙氧基-4-羟基亚苄基苯胺)-苯并噻吩-3-腈	780.64	0.09
60	bikaverin	比卡菌素	309.68	0.03
61	4-acetoxy-3-methoxyacetophenone	4-乙酰氧基-3-甲氧苯乙酮	507.78	0.06
62	vitamin E	维生素 E	2120.29	0.24

1.90　脂檀油

【基本信息】

名称

中文名称：脂檀油，檀香油，香树油

英文名称：amyris oil，sandalwood oil，*Amyris balsamifera* bark oil

管理状况

FEMA：3005，4815

FDA：172.510

GB 2760—2014：N208

性状描述

淡黄色透明黏稠状液体。

感官特征

呈檀香似香气，气味萦绕不绝。

物理性质

相对密度 d_4^{20}：0.9430～0.9760

折射率 n_D^{20}：1.5030～1.5120

酸值：≤3.0

溶解性：不溶于甘油，溶于乙醇、大多数非挥发性油和常用矿物油，溶于等量的丙二醇中，如果再稀释则呈乳白色。

制备提取方法

由芸香科植物香树的木质部经水蒸气蒸馏而得。

原料主要产地

主要产于海地的山坡地，国内野生于云南、四川等地海拔较高的山间峡谷的灌木之中。

作用描述

主要用于香水中，不仅用其木香气，而且取其定香作用。在香精中仅限用于利口酒和辛香油配方，偶尔用于雪茄烟香精。

【脂檀油主成分及含量】

取适量脂檀油进行气相色谱-质谱分析，记录谱图，按内标法以峰面积计算其含量。脂檀油中主要成分为：γ-瑟林烯（31.06%）、γ-桉叶醇（17.38%）、α-瑟林烯（10.36%）、α-

榄香醇（9.89%）、β-倍半水芹烯（3.07%）、α-姜黄烯（2.25%），所有化学成分及含量详见表 1-90。

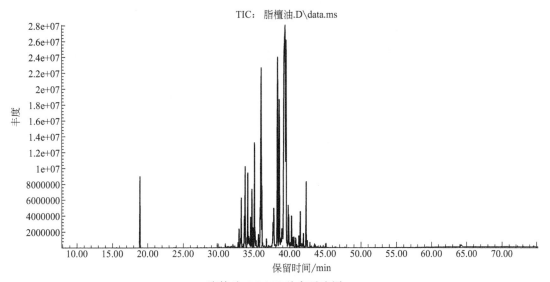

脂檀油 GC-MS 总离子流图

表 1-90　脂檀油化学成分含量表

序号	英文名称	中文名称	含量/(μg/g)	相对含量/%
1	N,N'-bis(1-methylethyl)-1,4-benzene-diamine	N,N'-双（1-甲基乙基）-1,4-苯二胺	1168.51	0.10
2	β-elemene	β-榄香烯	1378.66	0.11
3	7-(1-propenyl) bicyclo[4.2.0]oct-1(2)-ene	7-(1-丙烯基)双环[4.2.0]辛-1(2)-烯	422.19	0.03
4	7,8-dihydro-α-ionone	7,8-二氢-α-紫罗兰酮	260.41	0.02
5	α-santalene	α-檀香烯	553.37	0.05
6	caryophyllene	石竹烯	941.72	0.08
7	β-clovene	β-丁香三环烯	575.55	0.05
8	α-bergamotene	α-佛手柑油烯	618.00	0.05
9	β-farnesene	β-金合欢烯	1779.57	0.15
10	himachalene	雪松烯	5710.89	0.47
11	3,4,5-trimethyl-2-cyclopenten-1-one	3,4,5-三甲基-2-环戊烯-1-酮	1348.67	0.11
12	2,4a,5,6,7,8,9,9a-octahydro-3,5,5-trimethyl-9-methylene-1H-benzocycloheptene	2,4a,5,6,7,8,9,9a-八氢-3,5,5-三甲基-9-亚甲基 1H-苯并环庚三烯	3344.10	0.28
13	1,3-diisopropenyl-6-methyl-cyclohexene	1,3-二异丙烯基-6-甲基环己烯	15407.04	1.27
14	guaiacol	愈创木酚	1460.65	0.12
15	β-curcumene	β-姜黄烯	11139.14	0.92
16	α-curcumene	α-姜黄烯	27208.73	2.25
17	5-(1,5-dimethyl-4-hexenyl)-2-methyl-1,3-cyclohexadiene	5-(1,5-二甲基-4-己烯基)-2-甲基-1,3-环己二烯	24370.03	2.02

续表

序号	英文名称	中文名称	含量/(μg/g)	相对含量/%
18	4,11,11-trimethyl-8-methylene-bicyclo[7.2.0]undec-4-ene	4,11,11-三甲基-8-亚甲基-双环[7.2.0]-4-十一烯	5857.82	0.48
19	eremophilene	雅榄蓝烯	3015.75	0.25
20	β-bisabolene	β-红没药烯	8881.62	0.73
21	[3-(3α,5aα,9α,9aα)]-octahydro-2,2,5a,9-tetramethyl-2H-3,9a-methano-1-benzoxepin	[3-(3α,5aα,9α,9aα)]-八氢 2,2,5a,9-四甲基-2H-3,9a-甲醇-1-苯并嗯嗪	30584.89	2.53
22	β-sesquiphellandrene	β-倍半水芹烯	37065.75	3.07
23	guaia-1(10),11-diene	瓜亚-1(10),11-二烯	396.74	0.03
24	[1a-(1aα,3aα,7bα)]-1a,2,3,3a,4,5,6,7b-octahydro-1,1,3a,7-tetramethyl-1H-cyclopropa[a]naphthalene	[1a-(1aα,3aα,7bα)]-1a,2,3,3a,4,5,6,7b-八氢-1,1,3a,7-四甲基-1H-环丙[a]萘	4942.38	0.41
25	selina-3,7(11)-diene	3,7(11)-芹子二烯	13022.48	1.08
26	α-elemol	α-榄香醇	119501.62	9.89
27	1-formyl-2,2,6-trimethyl-3-(3-methyl-but-2-enyl)-6-cyclohexene	1-甲酰基-2,2,6-三甲基-3-(3-甲基-丁-2-烯基)-6-环己烯	21906.70	1.81
28	β-vatirenene	β-朱栾	1547.55	0.13
29	2,2,4,8-tetramethyltricyclo[5.3.1.0(4,11)]undec-8-ene	2,2,4,8-四甲基三环[5.3.1.0(4,11)]十一-8-烯	878.59	0.07
30	1,2,3,4,5,6,7,8-octahydro-α,α,3,8-tetramethyl-5-azulenemethanol	1,2,3,4,5,6,7,8-八氢-α,α,3,8-四甲基-5-奥甲醇	3262.73	0.27
31	α,ε,ε,2-tetramethyl-3-(1-methylethenyl)-1-cyclopropene-1-pentanol	α,ε,ε,2-四甲基-3-(1-甲基乙烯基)-1-环丙烯-1-戊醇	1076.87	0.09
32	β-eudesmol	β-桉叶醇	920.23	0.08
33	germacrene D	大根香叶烯 D	21055.06	1.74
34	γ-eudesmol	γ-桉叶醇	210138.85	17.38
35	agarospirol	沉香螺醇	4237.27	0.35
36	γ-gurjunene	γ-古芸烯	5177.54	0.43
37	neoisolongifolene	新异长叶烯	17562.49	1.45
38	γ-selinene	γ-瑟林烯	375476.33	31.06
39	α-selinene	α-瑟林烯	125231.67	10.36
40	humulane-1,6-dien-3-ol	蛇麻烷-1,6-二烯-3-醇	14311.51	1.18
41	8,9-dehydro-cycloisolongifolene	8,9-脱氢环异长叶烯	10171.67	0.84
42	4-(1,5-dimethylhex-4-enyl)cyclohex-2-enone	4-(1,5-二甲基己-4-烯基)环己-2-烯酮	1662.68	0.14
43	geranylgeraniol	香叶基香叶醇	1885.22	0.16
44	1,4,5,6,7,7a-hexahydro-2H-inden-2-one	1,4,5,6,7,7a-六氢-2H-茚-2-酮	10806.37	0.89
45	farnesol	金合欢醇	3141.09	0.26
46	6-hydroxy-2-methyl-5-nitro-chromone	6-羟基-2-甲基-5-硝基色酮	3034.43	0.25
47	6-(2,6,6-trimethyl-1-cyclohexenyl)-4-methyl-3-Hexen-1-ol	6-(2,6,6-三甲基-1-环己基)-4-甲基-3-己烯-1-醇	1048.64	0.09

序号	英文名称	中文名称	含量/(μg/g)	相对含量/%
48	3-methyl-5-(2,6,6-trimethyl-1-cyclo-hexenyl)-2-pentenoic acid,	3-甲基-5-(2,6,6-三甲基-1-环己烯基)-2-戊烯酸	12127.81	1.00
49	4,5-dihydro-4-(1-methylethyl)-5-phen-yl-isoxazole	4,5-二氢-4-(1-甲基乙基)-5-苯基异噁唑	1148.51	0.10
50	2-(pyridin-2-ylamino)-cyclohexanol	2-(吡啶-2-基氨基)-环己醇	1250.99	0.10
51	2-butyldecahydro-naphthalene	2-丁基十氢萘	4196.64	0.35
52	2,6-dimethyl-2,4-heptadiene	2,6-二甲基-2,4-庚二烯	23542.49	1.95
53	(1,3aα,7aβ)-1-ethylideneoctahydro-7a-methyl-1H-indene	(1,3aα,7aβ)-1-亚乙基八氢-7a-甲基-1H-茚	2477.08	0.20
54	alloaromadendrene	香树烯	1455.09	0.12
55	2-cyclopropyl-2-methyl-N-(1-cyclo-propylethyl)-cyclopropane carboxamide	2-环丙基-2-甲基-N-(1-环丙基)-环丙烷甲酰胺	327.32	0.03
56	2,4-dimethyl benzenemethanol	2,4-二甲基苯甲醇	456.11	0.04
57	4-t-butylanisole	4-叔丁基茴香醚	1045.49	0.09
58	N,N,N',N'-tetramethyl-1,4-benzene-diamine	N,N,N',N'-四甲基对苯二胺	903.71	0.07
59	1-phenyl-bicyclo[3.3.1]nonane	1-苯基二环[3.3.1]壬烷	407.65	0.03
60	zierone	桔利酮	470.10	0.04
61	spiro[2,4,5,6,7,7a-hexahydro-2-oxo-4,4,7a-trimethylbenzofuran]-7,2'-(oxirane)	螺[2,4,5,6,7,7a-六氢-2-氧代-4,4,7a-三甲基苯并呋喃]-7,2'-(环氧乙烷)	772.11	0.06
62	1,4-dimethyl-8-isopropylidenetricyclo[5.3.0.0(4,10)]decane	1,4-二甲基-8-异亚丙基三环[5.3.0.0(4,10)]癸烷	1223.18	0.10
63	oleamide	油酸酰胺	400.70	0.03
64	vitamin E	维生素 E	1120.38	0.09

1.91　中国肉桂皮油

【基本信息】

▶ 名称

中文名称：中国肉桂皮油，中国肉桂油，肉桂油，桂皮油

英文名称：Chinese cinnamon bark oil，cassia oil，Chinese cinnamon oil

▶ 管理状况

FEMA：2258

FDA：182.10，182.20

GB 2760—2014：N039

▶ 性状描述

呈淡黄色至深棕色液体。

⊃ 感官特征

具有中国肉桂皮所特有的香气和辛香味，先有甜味，然后有辛辣味。

⊃ 物理性质

相对密度 d_4^{20}：1.0500～1.0650

折射率 n_D^{20}：1.5850～1.6060

酸值：≤15.0

溶解性：不溶于甘油和矿物油，溶于冰醋酸、丙二醇、乙醇。

⊃ 制备提取方法

以原产于我国的樟科常绿乔木中国肉桂树的树皮为原料，采用常压水蒸气蒸馏法提取，得率为 1.0％～2.5％。

⊃ 原料主要产地

国外主要产于越南、印度、印度尼西亚。国内主产地为广西、广东、云南、江西、福建、江苏、浙江、四川、贵州等省（区）。

⊃ 作用描述

用于调配牙膏、饮料、烟草用香精，在某些皂用、熏香香精中也可使用。作为食品香料，主要用于糖果、梅、樱桃、巧克力和罐头食品等水果型软饮料，是制五香粉的主要原料之一，工业上多用于提制丁子香酚作为合成香兰素的原料。

【中国肉桂皮油主成分及含量】

取适量中国肉桂皮油进行气相色谱-质谱分析，记录谱图，按内标法以峰面积计算其含量。中国肉桂皮油中主要成分为：肉桂醛（56.72％）、6-氨基香豆素（26.29％）、邻甲氧基肉桂醛（4.93％）、乙酸桂酯（3.42％）、香豆素（1.07％），所有化学成分及含量详见表 1-91。

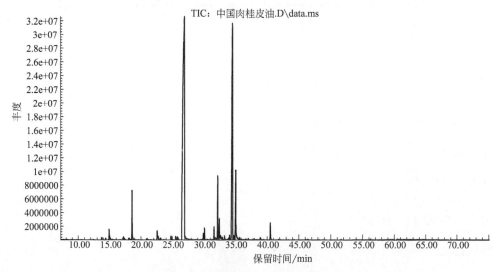

中国肉桂皮油 GC-MS 总离子流图

表 1-91　中国肉桂皮油化学成分含量表

序号	英文名称	中文名称	含量/(μg/g)	相对含量/%
1	styrene	苯乙烯	339.56	0.03
2	camphene	莰烯	1388.18	0.13
3	benzaldehyde	苯甲醛	9536.5	0.87
4	β-pinene	β-蒎烯	476.63	0.04
5	p-cymene	对伞花烃	1341.37	0.12
6	limonene	柠檬烯	687.81	0.06
7	2-hydroxy benzaldehyde	2-羟基苯甲醛	2204.34	0.2
8	phenylethyl alcohol	苯乙醇	1773.99	0.16
9	benzenepropanal	苯丙醛	6501.14	0.59
10	2-borneol	2-龙脑	3017.54	0.28
11	3,4-dihydro-benzopyrimidine	3,4-二氢苯并吡啶	1313.40	0.12
12	4-carene	4-蒈烯	252.66	0.02
13	2-methoxy-benzaldehyde	2-甲氧基苯甲醛	2736.16	0.25
14	acetic acid phenethyl ester	乙酸苯乙酯	1330.49	0.12
15	cinnamaldehyde	肉桂醛	622003.08	56.72
16	cyclosativene	环苜蓿烯	376.47	0.03
17	2-methoxyphenylacetone	2-甲氧基苯基丙酮	4378.59	0.4
18	α-pinene	α-蒎烯	6796.75	0.62
19	β- elemene	β-榄香烯	199.56	0.02
20	2, 6-dimethyl-6-(4-methyl-3-pentenyl)-bicyclo[3.1.1]hept-2-ene	2,6-二甲基-6-(4-甲基-3-戊烯基)-双环[3.1.1]庚-2-烯	250.26	0.02
21	2-t-butyl-4-hydroxyanisole	2-叔丁基-4-羟基茴香醚	5341.30	0.49
22	5-methylisatin	5-甲基靛红	867.61	0.08
23	2, 6-dimethyl-6-(4-methyl-3-pentenyl)-bicyclo[3.1.1]hept-2-ene	2,6-二甲基-6-(4-甲基-3-戊烯基)-二环[3.1.1]庚-2-烯	746.08	0.07
24	cinnamyl acetate	乙酸桂酯	37515.65	3.42
25	coumarin	香豆素	11691.40	1.07
26	indoline	吲哚啉	4341.33	0.4
27	alloaromadendrene	别香橙烯	1496.53	0.14
28	γ-muurolene	γ-依兰油烯	2063.62	0.19
29	1,2,4a,5,6,8a-hexahydro-4,7-dimethyl-1-(1-methylethyl)-naphthalene	1,2,4a,5,6,8a-六氢-4,7-二甲基-1-(1-甲基乙基)-萘	206.97	0.02
30	α-selinene	α-瑟林烯	244.95	0.02
31	ledene	喇叭烯	292.02	0.03
32	α-muurolene	α-依兰油烯	849.74	0.08
33	β-bisabolene	β-红没药烯	1650.67	0.15
34	β-curcumene	β-姜黄烯	296.93	0.03
35	6-aminocoumarin hydrochloride	6-氨基香豆素	288321.91	26.29
36	δ-cadinene	δ-杜松烯	1777.62	0.16

续表

序号	英文名称	中文名称	含量/(μg/g)	相对含量/%
37	calamenene	白菖考烯	291.43	0.03
38	3,3-dimethyl-6-methylenecyclohexene	3,3-二甲基-6-亚甲基环己烯	1513.69	0.14
39	o-methoxy cinnamaldehyde	邻甲氧基肉桂醛	54119.94	4.93
40	3,7,11-trimethyl-1,6,10-dodecatrien-3-ol	3,7,11-三甲基-1,6,10-十二烷三烯-3-醇	660.50	0.06
41	spathulenol	斯巴醇	312.31	0.03
42	1,13-tetradecadiene	1,13-十四碳二烯	481.23	0.04
43	methyl 4-t-butylbenzeneacetate	对叔丁基苯乙酸甲酯	534.47	0.05
44	1,2,3,4,4a,7-hexahydro-1,6-dimethyl-4-(1-methylethyl)-naphthalene	1,2,3,4,4a,7-六氢-1,6-二甲基-4-(1-甲基乙基)-萘	304.87	0.03
45	4-methyl-1-phenyl-1-penten-3-one	4-甲基-1-苯基-1-戊烯-3-酮	1900.31	0.17
46	p-t-butylphenylglycidylether	对叔丁基苯基缩水甘油醚	9442.44	0.86
47	benzyl benzoate	苯甲酸苄酯	449.35	0.04
48	2-phenethyl benzoate	苯甲酸-2-苯乙酯	247.13	0.02
49	4,11,11-trimethyl-8-methylenebicyclo[7.2.0]undec-3-ene	4,11,11-三甲基-8-亚甲基双环[7.2.0]十一碳-3-烯	337.98	0.03
50	γ-gurjunene	γ-古芸烯	295.21	0.03
51	4-bromo-11-oxatetracyclo[4.2.1.1(2,5).1(3,9)]undec-7-en-10-one	4-溴-11-氧杂四环[4.2.1.1(2,5).1(3,9)]十一碳-7-烯-10-酮	330.60	0.03
52	2,3-dimethoxy-butanedioic acid diethyl ester	2,3-二甲氧基-丁二酸二乙酯	463.50	0.04
53	5-methyl-2-phenyl-1H-indole	5-甲基-2-苯基-1H-吲哚	286.43	0.03

1.92　众香叶油

【基本信息】

名称

中文名称：众香叶油，多香油，多香果油

英文名称：*Pimenta* leaf oil，allspice leaf oil，geranium oil

管理状况

FEMA：2901

FDA：182.20

GB 2760—2014：N167

性状描述

刚蒸馏出来时为淡黄色至浅棕黄色精油，随后变成红褐色。

➔ 感官特征

具有锡兰肉桂、肉豆蔻、丁香三种香辛料混合物的温和香气，唯丁香味较突出。

➔ 物理性质

相对密度 d_4^{20}：1.0370～1.0510

折射率 n_D^{20}：1.5300～1.5380

旋光度：$-2°\sim+0.5°$

溶解性：溶于丙二醇，在大多数油脂中微呈乳白色，几乎不溶于甘油和矿物油。

➔ 制备提取方法

由桃金娘科常绿灌木多香果树（*Pimenta officinalis*）的叶子经水蒸气蒸馏而得。

➔ 原料主要产地

原产于西印度群岛及拉丁美洲，现主产于牙买加、墨西哥、洪都拉斯、巴西，在我国也有引种。

➔ 作用描述

可用于辣酱油、肉类制品、泡菜、蛋糕、水果馅饼、葡萄干布丁等，兼有防腐及抗氧化作用。也用于治疗风湿病和胸腔炎，还能缓解抑郁和压力过大的情绪，但只能以低剂量使用，因为它对黏膜和皮肤有刺激作用。

【众香叶油主成分及含量】

取适量众香叶油进行气相色谱-质谱分析，记录谱图，按内标法以峰面积计算其含量。众香叶油中主要成分为：丁香酚（73.08%）、丁香酚甲醚（5.65%）、桉树脑（1.74%）α-瑟林烯（1.42%）、石竹烯醇（1.17%）、α-葎草烯（1.07%），所有化学成分及含量详见表 1-92。

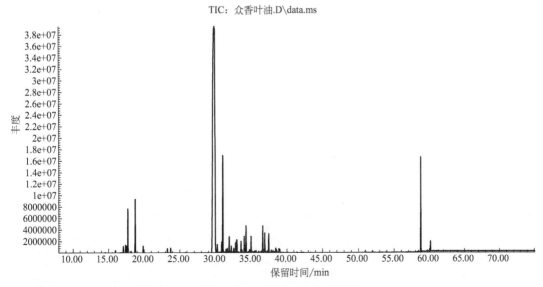

众香叶油 GC-MS 总离子流图

表 1-92　众香叶油化学成分含量表

序号	英文名称	中文名称	含量/(μg/g)	相对含量/%
1	camphene	莰烯	448.57	0.05
2	phenol	苯酚	211.65	0.02
3	β-farnesene	β-金合欢烯	683.61	0.08
4	α-phellandrene	α-水芹烯	179.85	0.02
5	3-carene	3-蒈烯	190.68	0.02
6	α-terpinene	α-松油烯	2625.99	0.29
7	p-cymene	对伞花烃	3015.72	0.33
8	limonene	柠檬烯	2905.77	0.32
9	eucalyptol	桉树脑	15717.00	1.74
10	β-ocimene	β-罗勒烯	470.12	0.05
11	terpinolene	异松油烯	2635.85	0.29
12	4-terpineol	4-萜品醇	1466.31	0.16
13	α-terpineol	α-松油醇	1705.32	0.19
14	4-(2-propenyl)-phenol	4-烯丙基苯酚	390.29	0.04
15	eugenol	丁香酚	660364.71	73.08
16	caryophyllene	石竹烯	4419.33	0.48
17	1-ethenyl-1-methyl-2,4-bis(1-methylethenyl)-cyclohexane	1-乙烯基-1-甲基-2,4-双(1-甲基乙烯基)-环己烷	3777.92	0.42
18	methyleugenol	丁香酚甲醚	51093.29	5.65
19	1,4,4-trimethyltricyclo[6.3.1.0(2,5)]dodec-8(9)-ene	1,4,4-三甲基三环[6.3.1.0(2,5)]十二碳-8(9)-烯	1032.62	0.12
20	4,11,11-trimethyl-8-methylene-bicyclo[7.2.0]undec-4-ene	4,11,11-三甲基-8-亚甲基双环[7.2.0]十一碳-4-烯	1844.36	0.20
21	3-methylenecycloheptene	3-亚甲基环庚烯	6201.17	0.69
22	2,6,10,10-tetramethylbicyclo[7.2.0]undeca-2,6-diene	2,6,10,10-四甲基二环[7.2.0]十一碳-2,6-二烯	3211.71	0.36
23	isoeugenol	异丁香酚	3399.13	0.37
24	4,11,11-trimethyl-8-methylenebicyclo[7.2.0]undec-3-ene	4,11,11-三甲基-8-亚甲基双环[7.2.0]十一碳-3-烯	4033.80	0.45
25	α-humulene	α-葎草烯	9698.53	1.07
26	alloaromadendrene	别香橙烯	368.83	0.04
27	β-patchoulene	β-广藿香烯	4433.20	0.49
28	β-selinene	β-瑟林烯	6156.18	0.68

续表

序号	英文名称	中文名称	含量/(μg/g)	相对含量/%
29	ledene	喇叭烯	885.45	0.10
30	α-selinene	α-瑟林烯	12797.78	1.42
31	2-isopropenyl-4a,8-dimethyl-1,2,3,4,4a,5,6,8a-octahydronaphthalene	2-异丙烯基-4a,8-二甲基-1,2,3,4,4a,5,6,8a-八氢萘	486.74	0.05
32	1,2,4a,5,6,8a-hexahydro-4,7-dimethyl-1-(1-methylethyl)-naphthalene	1,2,4a,5,6,8a-六氢-4,7-二甲基-1-(1-甲基乙基)-萘	2470.23	0.27
33	δ-cadinene	δ-杜松烯	6469.01	0.72
34	bicyclosesquiphellandrene	双环倍半水芹烯	699.64	0.08
35	α-muurolene	α-依兰油烯	637.19	0.07
36	α-calacorene	α-白菖考烯	695.32	0.08
37	caryophyllenyl alcohol	石竹烯醇	10614.34	1.17
38	5,5,8a-trimethyldecalin-1-one	5,5,8a-三甲基萘烷-1-酮	9500.11	1.05
39	3-(1,5-dimethyl-hex-4-enyl)-2,2-dimethyl-cyclopent-3-enol	3-(1,5-二甲基-己-4-烯基)-2,2-二甲基环戊-3-烯醇	8807.46	0.97
40	γ-gurjunene	γ-古芸烯	402.55	0.04
41	bulnesol	布藜醇	857.66	0.09
42	1,2,3,4,4a,7-hexahydro-1,6-dimethyl-4-(1-methylethyl)-naphthalene	1,2,3,4,4a,7-六氢-1,6-二甲基-4-(1-甲基乙基)-萘	515.16	0.06
43	γ-eudesmol	γ-桉叶醇	338.59	0.04
44	3,5-dimethoxybenzaldehyde	3,5-二甲氧基苯甲醛	2344.34	0.26
45	copaene	可巴烯	775.26	0.09
46	α-cadinol	α-荜澄茄醇	3234.75	0.36
47	globulol	蓝桉醇	2353.64	0.26
48	1,2,3,4,5,6,7,8-octahydro-α,α,3,8-tetramethyl-5-azulenemethanol acetate	1,2,3,4,5,6,7,8-八氢-α,α,3,8-四甲基-5-薁甲醇乙酸酯	200.96	0.02
49	β-eudesmol	β-桉叶醇	168.93	0.02
50	1-amino-2-methylnaphthalene	1-氨基-2-甲基萘	382.82	0.04
51	3-allyl-6-methoxyphenol	3-烯丙基-6-甲氧基苯酚	332.10	0.04
52	2,5,7-trimethyl-benzo[b]thiophene	2,5,7-三甲基苯并[b]噻吩	170.02	0.02
53	3-(butylamino)-benzoic acid methyl ester	3-(丁氨基)-苯甲酸甲酯	163.32	0.02
54	estragole	草蒿脑	429.68	0.05
55	—①	—	40887.25	4.52
56	tetramethrin	胺菊酯	3367.59	0.37

①表示未鉴定。

1.93　紫罗兰油

【基本信息】

名称

中文名称：紫罗兰油，紫罗兰叶净油

英文名称：violet leaves absolute，*Viola odorata*

管理状况

FEMA：3110

FDA：182.20

GB 2760—2014：N301

性状描述

呈淡黄色透明液体。

感官特征

紫罗兰特有的青香、花香、壤香，干而甜，有点像干草。

物理性质

相对密度 d_4^{20}：0.9350～0.9400

折射率 n_D^{20}：1.4850～1.4900

制备提取方法

采用蒸馏萃取法提取紫罗兰的花和叶进行制备。

原料主要产地

主要产于法国和埃及，中国的云南、四川、福建、江苏、浙江等地均有种植。

作用描述

可用于制药、化妆品行业，具有抗肿瘤、清除体内毒素、除皱等功效；也用于调配草莓、苹果、甜瓜、梨香精；适量浓度的紫罗兰挥发油能提高卷烟整体的协调性，提升卷烟的香气质和香气量，降低对口腔、鼻腔的刺激性，减少杂气，回味甜香，余味清爽。

【紫罗兰油主成分及含量】

取适量紫罗兰油进行气相色谱-质谱分析，记录谱图，按内标法以峰面积计算其含量。紫罗兰油中主要成分为：柠檬烯（32.75%）、亚麻酸乙酯（9.35%）、β-蒎烯（8.35%）、4-松油醇（5.43%）、苯乙醇（4.73%）、芳樟醇（4.57%）、香茅醇（3.86%），所有化学成分及含量详见表1-93。

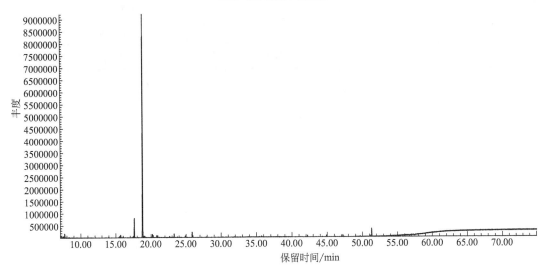

紫罗兰油 GC-MS 总离子流图

表 1-93　紫罗兰油化学成分含量表

序号	英文名称	中文名称	含量/(μg/g)	相对含量/%
1	β-ocimene	β-罗勒烯	88.77	1.49
2	β-phellandrene	β-水芹烯	114.76	1.93
3	β-pinene	β-蒎烯	496.27	8.35
4	β-myrcene	β-月桂烯	78.07	1.31
5	4-methylanisole	4-甲基苯甲醚	52.57	0.88
6	m-cymene	间伞花烃	92.22	1.55
7	limonene	柠檬烯	1947.79	32.75
8	β-terpineol	β-松油醇	128.33	2.16
9	linalool	芳樟醇	271.70	4.57
10	1-methyl-4-(1-methylethenyl)-cyclo-hexanol	1-甲基-4-(1-甲基乙烯基)-环己醇	194.10	3.26
11	phenylethyl alcohol	苯乙醇	281.36	4.73
12	benzyl acetate	醋酸苄酯	119.40	2.01
13	terpinen-4-ol	4-松油醇	322.94	5.43
14	α-terpineol	α-松油醇	63.09	1.06
15	citronellol	香茅醇	229.72	3.86
16	3,7-dimethyl-1,6-octadien-3-ol2-ami-nobenzoate	2-氨基苯甲酸-3,7-二甲基-1,6-辛二烯-3-醇酯	483.90	8.14
17	ethyl tridecanoate	十三烷酸乙酯	105.90	1.78

续表

序号	英文名称	中文名称	含量/(μg/g)	相对含量/%
18	eicosane	二十烷	116.92	1.97
19	palmitic acid ethyl ester	棕榈酸乙酯	139.74	2.35
20	linoleic acid ethyl ester	亚油酸乙酯	63.05	1.06
21	linolenic acid ethyl ester	亚麻酸乙酯	556.05	9.35

第 2 章

提取物类天然香原料

2.1　可可提取物

【基本信息】

名称

中文名称：可可提取物，可可酊，可可粉酊，可可壳酊

英文名称：cocoa extract，cocoa bean extract，cocoa tincture，cocoa powder tincture

管理状况

FDA：182.20

GB 2760—2014：N023

性状描述

棕褐色澄清液体。

感官特征

具有纯正浓缩的天然可可特征香气，带有似香荚兰的豆香底韵。

物理性质

相对密度 d_4^{20}：1.3461～1.3601

折射率 n_D^{20}：1.4837～1.4917

酸值：29.8

制备提取方法

可可粉（或壳或果仁）用乙醇浸提后浓缩而得。

原料主要产地

主产国为加纳、巴西、尼日利亚、科特迪瓦、厄瓜多尔、多米尼加和马来西亚。在我国台湾、海南也有种植。

> **作用描述**

其膳食纤维可作为食品添加剂，加工成具有不同特色的强化功能食品和风味食品，有助于提高食品中矿物质元素含量和防止产品组织结构的脱水收缩；作为烟用香精可增加卷烟的可可气息与烘烤香气，降低烟气刺激，丰富烟香，改善吸味。

【可可提取物主成分及含量】

取适量可可提取物进行气相色谱-质谱分析，记录谱图，按内标法以峰面积计算其含量。可可提取物中主要成分为：咖啡因（58.05%）、棕榈酸（4.37%）、乙酸丙二醇酯（3.22%）、可可碱（3.02%）、苯乙酸（1.62%），所有化学成分及含量详见表2-1。

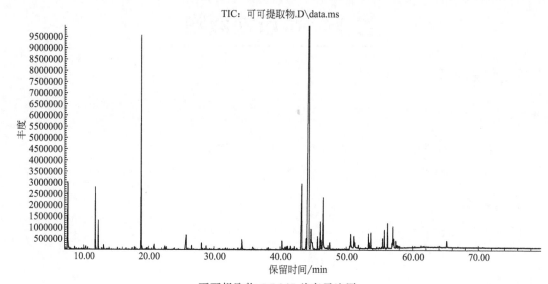

可可提取物 GC-MS 总离子流图

表 2-1   可可提取物化学成分含量表

序号	英文名称	中文名称	含量/(μg/g)	相对含量/%
1	2,3-butanediol	2,3-丁二醇	10.38	0.17
2	isovaleric acid	异戊酸	21.00	0.35
3	2-methyl-undecanoic acid	2-甲基十一烷酸	8.18	0.14
4	propanediol acetate	乙酸丙二醇酯	193.87	3.22
5	1,2-propylene glycol 2-acetate	1,2-丙二醇-2-乙酯	80.91	1.34
6	gluconic acid lactone	葡萄糖酸内酯	4.71	0.08
7	2,6-dimethyl-pyrazine	2,6-二甲基吡嗪	4.36	0.07
8	γ-butanolactone	γ-丁内酯	16.20	0.27
9	diformohydrazide	二甲酰肼	5.04	0.08
10	3-methyl-1,2-cyclopentanedione	3-甲基-1,2-环戊二酮	3.93	0.07
11	pantolactone	泛酰内酯	7.25	0.12
12	2-pyrrolidinone	2-吡咯烷酮	13.58	0.23
13	2-butanol	2-丁醇	6.26	0.10

序号	英文名称	中文名称	含量/(μg/g)	相对含量/%
14	ligustrazine	川芎嗪	4.69	0.08
15	maltol	麦芽酚	8.61	0.14
16	phenylethyl alcohol	苯乙醇	17.42	0.29
17	benzoic acid	苯甲酸	22.69	0.38
18	2H-pyran-2-one	2-氢-吡喃-2-酮	8.44	0.14
19	benzeneacetic acid	苯乙酸	97.59	1.62
20	5,6-dihydro-6-pentyl-2H-pyran-2-one	5,6-二氢-6-戊基-2-氢-吡喃-2-酮	11.60	0.19
21	1-propyl-2-pyrrolidinone	1-丙基-2-吡咯烷酮	19.53	0.32
22	massoilactone	马索亚内酯	3.13	0.05
23	5-(benzylsulfonyl)dihydro-1,3,5-dioxazine	5-(苄磺酰基)二氢-1,3,5-二噁嗪	50.76	0.84
24	mellein	蜂蜜曲菌素	9.50	0.16
25	3-methyl-6-(1-methylethyl)-2,5-piperazinedione	3-甲基-6-(1-甲基乙基)-2,5-哌嗪二酮	9.06	0.15
26	3,3-dimethyl-1,2,4-cyclopentanetrione	3,3-二甲基-1,2,4-环戊三酮	37.10	0.62
27	L-alanyl-L-leucine	L-丙氨酰-L-亮氨酸	15.26	0.25
28	4-propyl-4-cyclopentene-1,3-dione	4-丙基-4-环戊烯-1,3-二酮	10.29	0.17
29	4-hydroxy-3,5,5-trimethyl-4-(3-oxo-1-butenyl)-2-cyclohexen-1-one	4-羟基-3,5,5-三甲基-4-(3-氧代-1-丁烯基)-2-环己烯-1-酮	3.87	0.06
30	hexahydro-3-(2-methylpropyl)-pyrrolo[1,2-a]pyrazine-1,4-dione	六氢-3-(2-甲基丙基)-吡咯并[1,2-a]吡嗪-1,4-二酮	564.10	9.37
31	3,6-diisopropylpiperazin-2,5-dione	3,6-二异丙基哌嗪-2,5-二酮	64.42	1.07
32	caffeine	咖啡因	3495.96	58.05
33	theobromine	可可碱	182.14	3.02
34	3,6-bis(2-methylpropyl)-2,5-piperazinedione	3,6-双(2-甲基丙基)-2,5-哌嗪二酮	34.19	0.57
35	hexadecanoic acid	棕榈酸	263.36	4.37
36	hexadecanoic acid ethyl ester	棕榈酸乙酯	8.97	0.15
37	1-octyl-cyclopentene	1-辛基环戊烯	30.23	0.50
38	linoleic acid	亚油酸	12.31	0.20
39	oleic acid	油酸	76.13	1.26
40	stearic acid	硬脂酸	40.64	0.67
41	3-methyl-6-(phenylmethyl)-2,5-piperazinedione	3-甲基-6-(苄基)-2,5-哌嗪二酮	20.79	0.35
42	ethyl oleate	油酸乙酯	20.33	0.34
43	ethyl stearate	硬脂酸乙酯	8.20	0.14
44	hexadecanoic acid 2-hydroxy-1-(hydroxymethyl)ethyl ester	棕榈酸-2-羟基-1-羟甲基乙酯	42.56	0.71
45	hexadecanoic acid 1-(hydroxymethyl)-1,2-ethanediyl ester	棕榈酸-1-羟甲基-1,2-乙二醇酯	18.41	0.31
46	3-benzyl-6-isopropyl-2,5-piperazinedione	3-苄基-6-异丙基-2,5-哌嗪二酮	62.09	1.03

序号	英文名称	中文名称	含量/(μg/g)	相对含量/%
47	tetradecanedioic acid	十四烷二酸	3.68	0.06
48	cyclo-(L-leucyl-L-phenylalanyl)	环(L-亮氨酰-L-苯丙氨酰)	37.18	0.62
49	3-aminooxypentanedioic acid diethyl ester	3-氨基氧基戊二酸二乙酯	60.94	1.01
50	hexahydro-3-(phenylmethyl)-pyrrolo[1,2-a]pyrazine-1,4-dione	六氢-3-苄基-吡咯并[1,2-a]吡嗪-1,4-二酮	82.77	1.37
51	1-monolinolein	1-亚油酸甘油酯	14.56	0.24
52	monoelaidin	一反油酸甘油酯	66.00	1.10
53	3,13-octadecedien-1-ol	3,13-十八碳二烯-1-醇	7.86	0.13
54	monoolein	甘油单油酸酯	29.61	0.49
55	2,2,3,3-tetramethyl-azetidine	2,2,3,3-四甲基杂氮环丁烷	22.28	0.37
56	2,2-diphenyl-2H-1-benzopyran	2,2-二苯基-2H-1-苯并吡喃	9.03	0.15
57	3-methyl indolizine	3-甲基氮茚	6.70	0.11
58	3,6-bis(phenylmethyl)-2,5-piperazinedione	3,6-双(苯甲基)-2,5-哌嗪二酮	31.78	0.53

2.2　巴尔干烟草提取物

【基本信息】

▶ 名称

中文名称：巴尔干烟草提取物，巴尔干烟草酊
英文名称：Balkan tobacco extract

▶ 性状描述

深棕色油状液体。

▶ 感官特征

具有烟草特有的浓郁香气，香气丰满、醇厚。

▶ 物理性质

相对密度 d_4^{20}：1.2864～1.3004
折射率 n_D^{20}：1.4873～1.4953
酸值：8.3
溶解性：1∶1能溶于75%乙醇、丙二醇中。

▶ 制备提取方法

以巴尔干烟叶为原料，通过超临界二氧化碳萃取技术制备。

原料主要产地

原产地为英国，现在英国仍为主产区。

作用描述

能使卷烟香气丰满、细腻、甜润，能改善卷烟余味，降低刺激性，是一种高品质的烟用香料。

【巴尔干烟草提取物主成分及含量】

取适量巴尔干烟草提取物进行气相色谱-质谱分析，记录谱图，按内标法以峰面积计算其含量。巴尔干烟草提取物中主要成分为：油酸乙酯（12.56%）、亚油酸乙酯（10.50%）、棕榈酸乙酯（8.91%）、亚油酸（6.74%）、苯甲酸（4.82%）、9,17-十八碳二烯醛（3.23%），所有化学成分及含量详见表 2-2。

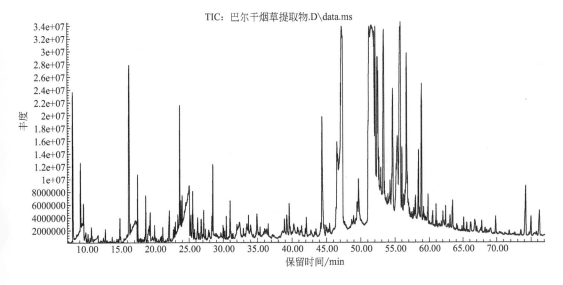

TIC：巴尔干烟草提取物.D\data.ms

巴尔干烟草提取物 GC-MS 总离子流图

表 2-2　巴尔干烟草提取物化学成分含量表

序号	英文名称	中文名称	含量/(µg/g)	相对含量/%
1	ethyl isobutanoate	异丁酸乙酯	3.53	1.33
2	isobutyric acid	异丁酸	4.24	1.60
3	acetoin	乙偶姻	1.13	0.43
4	butanoic acid	丁酸	0.43	0.16
5	furfural	糠醛	0.18	0.07
6	diacetonalcohol	二丙酮醇	0.11	0.04
7	2-methylbutyric acid ethyl ester	2-甲基丁酸乙酯	0.25	0.09
8	2-methylbutyric acid	2-甲基丁酸	0.61	0.23
9	ethyl valerate	戊酸乙酯	0.11	0.04
10	3-hydroxybutyric acid ethyl ester	3-羟基丁酸乙酯	0.28	0.11

序号	英文名称	中文名称	含量/(μg/g)	相对含量/%
11	4-ethoxy-butanoic acid methyl ester	4-乙氧基丁酸甲酯	0.48	0.18
12	2-hydroxy-3-methyl-butanoic acid ethyl ester	2-羟基-3-甲基丁酸乙酯	0.09	0.03
13	2,4-dihydroxy-2,5-dimethyl-3(2H)-furan-3-one	2,4-二羟基-2,4-二甲基-3(2H)-呋喃-3-酮	0.08	0.03
14	hexanoic acid	己酸	4.50	1.69
15	hexanoic acid ethyl ester	己酸乙酯	6.51	2.45
16	limonene	柠檬烯	0.81	0.30
17	2,6-dimethyl-4-heptanol	2,6-二甲基-4-庚醇	0.07	0.03
18	2-acetylpyrrole	2-乙酰基吡咯	0.82	0.31
19	5,6-dihydro-2H-pyran-2-one	5,6-二氢-2H-吡喃-2-酮	0.69	0.26
20	heptanoic acid ethyl ester	庚酸乙酯	0.25	0.09
21	δ-hexalactone	δ-己醇内酯	0.10	0.04
22	capric acid isopropyl ester	癸酸异丙酯	0.12	0.05
23	maltol	麦芽酚	0.08	0.03
24	3-methyl-3-nonene	3-甲基-3-壬烷	0.06	0.02
25	2,3-dihydro-3,5-dihydroxy-6-methyl-4(H)-pyran-4-one	2,3-二氢-3,5-二羟基-6-甲基-4(H)-吡喃-4-酮	0.89	0.34
26	acetoglyceride	一乙酸甘油酯	0.24	0.09
27	benzoic acid ethyl ester	苯甲酸乙酯	0.26	0.10
28	butanedioic acid diethyl ester	琥珀酸二乙酯	0.46	0.17
29	octanoic acid ethyl ester	辛酸乙酯	3.15	1.19
30	benzoic acid	苯甲酸	12.79	4.82
31	1-(1-methylethoxy)-butane	1-(1-甲基乙氧基)-丁烷	1.21	0.46
32	diethyl malate	苹果酸二乙酯	0.63	0.24
33	propanedioic acid dimethyl ester	丙二酸二甲酯	0.19	0.07
34	1,3-dimethoxy-2-propanol	1,3-二甲氧基-2-丙醇	0.70	0.26
35	hexanoic acid hexyl ester	己酸己酯	0.18	0.07
36	nonanoic acid ethyl ester	壬酸乙酯	0.44	0.17
37	2-dodecanol	2-十二醇	0.22	0.08
38	p-vinylguaiacol	对乙烯愈创木酚	0.15	0.06
39	butanoic acid propyl ester	丁酸丙酯	0.57	0.21
40	3-hydroxyhexanoic acid ethyl ester	3-羟基己酸乙酯	1.93	0.73
41	2-hydroxy decanoic acid	2-羟基癸酸	0.29	0.11
42	octyl isobutyrate	异丁酸辛酯	0.19	0.07
43	γ-heptalatone	γ-庚内酯	0.31	0.12
44	ethyl 4-decenoate	4-癸烯酸乙酯	0.24	0.09
45	3-(3-methyl-1-butenyl)-cyclohexene	3-(3-甲基-1-丁烯基)-环己烯	0.15	0.06
46	diethyl adipate	己二酸二乙酯	0.06	0.02

序号	英文名称	中文名称	含量/(μg/g)	相对含量/%
47	11-hexadecenoic acid ethyl ester	11-十六碳烯酸乙酯	0.11	0.04
48	decanoic acid ethyl ester	癸酸乙酯	0.27	0.10
49	1-penten-3-one	1-戊烯-3-酮	0.79	0.30
50	3-ethyl-2-hexene	3-乙基-2-己烯	0.12	0.05
51	4,5,6,7-tetrahydro-1H-indazole	4,5,6,7-四氢吲唑	0.07	0.03
52	2-propylfuran	2-丙基呋喃	0.10	0.04
53	cinnamic acid	肉桂酸	2.05	0.77
54	ethylcinnamate	肉桂酸乙酯	0.23	0.09
55	1,1-dimethyl cyclohexane	1,1-二甲基环己烷	0.82	0.31
56	2-tridecanone	2-十三酮	0.47	0.18
57	1-formyl pyrrolidine	1-甲酰基吡咯烷	0.70	0.26
58	3-hydroxypentanoic acid ethyl ester	3-羟基戊酸乙酯	0.86	0.32
59	N-hydroxymethylacetamide	N-羟甲基乙酰胺	0.12	0.05
60	linolenic alcohol	亚麻醇	0.16	0.06
61	14-methyl-8-hexadecen-1-ol	14-甲基-8-十六碳烯-1-醇	0.22	0.08
62	methylheptenone	甲基庚烯酮	0.36	0.14
63	ethyl tridecanoate	十三烷酸乙酯	0.26	0.10
64	azelaic acid	壬二酸	0.48	0.18
65	1,5-dodecadiene	十二碳二烯	0.82	0.31
66	bicyclo[3.3.1]nonane-2,6-dione	二环[3.3.1]壬烷-2,6-二酮	0.90	0.34
67	2-pentadecanone	2-十五酮	0.80	0.30
68	2-heptadecanol	2-十七烷醇	0.36	0.14
69	10-hydroxytricyclo[4.2.1.1(2,5)]dec-3-en-9-one	10-羟基三环[4.2.1.1(2,5)]癸-3-烯-9-酮	0.34	0.13
70	7-dodecen-1-ol acetate	7-十二碳烯-1-醇乙酸酯	0.33	0.12
71	tetradecanoic acid ethyl ester	肉豆蔻酸乙酯	0.43	0.16
72	1,2-benzenediamine	1,2-二氨基苯	0.23	0.09
73	spiro[5.6]dodecane-1,7-dione	螺[5.6]十二烷-1,7-二酮	0.15	0.06
74	fitone	植酮	0.24	0.09
75	heptadecanal	十七醛	4.48	1.69
76	pentadecanoic acid ethyl ester	十五酸乙酯	0.33	0.12
77	2-heptadecanone	2-十七酮	0.27	0.10
78	octadecanal	十八醛	0.34	0.13
79	p-tolunitrile	对甲苯腈	0.27	0.10
80	10-methyldodecanoic acid methyl ester	10-甲基十二烷酸甲酯	0.45	0.17
81	palmitoleic acid	棕榈油酸	0.60	0.23
82	ethyl 9-hexadecenoate	9-十六碳烯酸乙酯	7.34	2.76
83	palmitic acid ethyl ester	棕榈酸乙酯	23.65	8.91

续表

序号	英文名称	中文名称	含量/(μg/g)	相对含量/%
84	ethyl 9-tetradecenoate	9-十四碳烯酸乙酯	0.99	0.37
85	hexadecanoic acid	棕榈酸	0.80	0.30
86	heptadecanoic acid ethyl ester	十七酸乙酯	0.86	0.32
87	methyl linoleate	亚油酸甲酯	0.87	0.33
88	11-octadecenoic acid methyl ester	11-十八碳烯酸甲酯	2.80	1.05
89	ethyl linoleate	亚油酸乙酯	27.88	10.50
90	ethyl oleate	油酸乙酯	33.36	12.56
91	ethyl stearate	硬脂酸乙酯	6.23	2.35
92	vaccenic acid	异油酸	1.37	0.52
93	oleic acid	油酸	4.66	1.75
94	linoleic acid	亚油酸	17.89	6.74
95	9,17-octadecadienal	9,17-十八碳二烯醛	8.58	3.23
96	2,4-dimethyl-6-phenylpyridine	2,4-二甲基-6-苯基吡啶	8.03	3.02
97	1-hexyl-2-nitrocyclohexane	1-己基-2-硝基环己烷	5.81	2.19
98	—[①]	—	14.89	5.61
99	13-formyl tridecanoic acid ethyl ester	13-甲酰基十三烷酸乙酯	2.23	0.84
100	10,12-hexadecadien-1-ol acetate	10,12-十六碳二烯-1-醇乙酸酯	4.82	1.81
101	propyl 9,12-octadecadienoate	9,12-十八碳二烯酸丙酯	1.64	0.62
102	petroselinic acid	芹子酸	1.88	0.71
103	1,2-tetradecanediol	1,2-十四烷二醇	1.69	0.64
104	4-methyl-tricyclo[5.2.1.0(2,6)]dec-ane	4-甲基三环[5.2.1.0(2,6)]癸烷	2.92	1.10
105	2,5-dimethylcyclohexanol	2,5-二甲基环己醇	4.89	1.84
106	nonadecanoic acid ethyl ester	十九烷酸乙酯	1.49	0.56
107	2-monoolein	2-单油酸甘油酯	0.77	0.29
108	9-octadecenal	9-十八烯醛	0.87	0.33
109	2-hydroxy cyclopentadecanone	2-羟基环十五酮	0.45	0.17
110	2-(9,12-octadecadienyloxy)-ethanol	2-(9,12-十八碳二烯基氧基)-乙醇	0.32	0.12
111	glyceryl monooleate	油酸甘油酯	1.11	0.42
112	3-eicosene	3-二十烯	0.63	0.24
113	11-hexadecenal	11-十六碳烯醛	0.69	0.26
114	squalene	角鲨烯	0.30	0.11
115	1-nonadecene	1-十九烯	0.25	0.09
116	1-heptadec-1-ynyl-cyclopentanol	1-十七碳-1-烯基-环戊醇	0.37	0.14
117	1,4,5-trimethyl imidazole	1,4,5-三甲基咪唑	0.15	0.06
118	linoleoyl chloride	亚麻酰氯	0.18	0.07
119	methyl 2-hydroxy-pentacosanoate	2-羟基十五烷酸甲酯	0.27	0.10

序号	英文名称	中文名称	含量/(μg/g)	相对含量/%
120	5-(4-t-butylphenoxymethyl)-3-(thiophen-2-yl)-[1,2,4]oxadiazole	5-(4-叔丁基苯氧基甲基)-3-(噻吩-2-基)-[1,2,4]噁二唑	0.32	0.12
121	vitamin E	维生素 E	1.02	0.38

①表示未鉴定。

2.3 巴西咖啡提取物

【基本信息】

名称

中文名称：巴西咖啡提取物，巴西咖啡酊，巴西咖啡豆提取物
英文名称：Brazilian coffee extract，Brazilian coffee tincture

管理状况

FDA：182.20
GB 2760—2014：N064

性状描述

棕褐色黏稠液体。

感官特征

具有咖啡的典型香味特征，香气透发，具有焦香而略带有熏香样的余韵，有爽口苦味，带有微酸的口感。

物理性质

相对密度 d_4^{20}：0.9780～0.9880
折射率 n_D^{20}：1.5530～1.5600
溶解性：微溶于水，易溶于乙醇、乙醚和氯仿。

制备提取方法

茜草科木本咖啡树的成熟种子，经干燥以及除去果皮、果肉和内果皮后，在 180～250℃焙烤，冷却，磨成细粒状后，用有机溶剂萃取而得。

原料主要产地

巴西咖啡产地主要分布在圣艾斯皮里托、圣保罗、巴拉那、朗多尼亚、巴伊亚等州。

作用描述

应用于卷烟后，与烟香协调，并能烘托烟草、丰富抽吸风味。

【巴西咖啡提取物主成分及含量】

取适量巴西咖啡提取物进行气相色谱-质谱分析，记录谱图，按内标法以峰面积计算其含量。巴西咖啡提取物中主要成分为：咖啡因（86.49％）、亚油酸乙酯（2.04％）、2-糠醇（1.91％）、棕榈酸乙酯（1.79％）、油酸乙酯（1.52％），所有化学成分及含量详见表2-3。

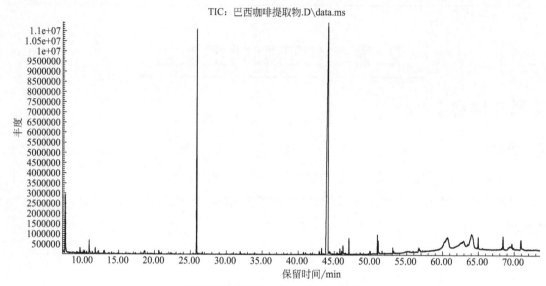

巴西咖啡提取物 GC-MS 总离子流图

表 2-3 巴西咖啡提取物化学成分含量表

序号	英文名称	中文名称	含量/(μg/g)	相对含量/％
1	ethyl lactate	乳酸乙酯	12.83	0.40
2	isovaleric acid	异戊酸	6.93	0.22
3	2-furanmethanol	2-糠醇	61.47	1.91
4	acetoxyacetone	过氧化乙酰丙酮	4.36	0.14
5	propanediol acetate	乙酸丙二醇酯	16.87	0.53
6	1,2-propanediol-2-acetate	1,2-丙二醇-2-乙酸酯	6.72	0.21
7	2-furylmethyl	2-甲基呋喃	7.97	0.25
8	γ-butanolactone	γ-丁内酯	11.00	0.34
9	5-methyl furfural	5-甲基糠醛	3.66	0.11
10	maltol	麦芽酚	13.07	0.41
11	2,4-dihydroxy acetphenone	2,4-二羟基苯乙酮	4.41	0.14
12	4-methyleneproline	4-甲基脯氨酸	8.95	0.28
13	7-methoxycumarin	7-甲氧基香豆素	8.58	0.27
14	caffeine	咖啡因	2778.11	86.49
15	theobromine	可可碱	10.17	0.32
16	hexahydro-3-(2-methylpropyl)-pyrrolo[1,2-a]pyrazine-1,4-dione	六氢-3-(2-异丁基)吡咯并[1,2-a]吡嗪-1,4-二酮	11.41	0.36
17	hexadecanoic acid	棕榈酸	20.97	0.65

序号	英文名称	中文名称	含量/(μg/g)	相对含量/%
18	palmitic acid ethyl ester	棕榈酸乙酯	57.46	1.79
19	linoleic acid ethyl ester	亚油酸乙酯	65.64	2.04
20	ethyl oleate	油酸乙酯	48.75	1.52
21	ethyl stearate	硬脂酸乙酯	8.68	0.27
22	—①	—	19.65	0.61
23	—	—	7.61	0.24
24	1-monolinolein	1-亚油酸单甘油酯	9.34	0.29
25	linolenic alcohol	亚麻醇	7.41	0.23

①表示未鉴定。

2.4　巴西烟叶提取物

【基本信息】

名称

中文名称：巴西烟叶提取物，巴西烟叶酊
英文名称：Brazil leaf tobacco extract

性状描述

棕色澄清液体。

感官特征

具有烟草特有的浓郁香气，香气丰满、醇厚。

物理性质

相对密度 d_4^{20}：1.0340～1.0480
折射率 n_D^{20}：1.4290～1.4370
酸值：0.6
溶解性：1∶1能溶于75%乙醇、丙二醇中。

制备提取方法

以巴西烟叶为原料，通过超临界二氧化碳萃取技术制备。

原料主要产地

主要产于巴西东部的伯南布哥和帕拉伊巴地区，中部的阿拉戈斯州，以及南部的南里奥格朗德州、圣卡塔林纳州和巴拉那州。

作用描述

能使卷烟香气丰满、细腻、甜润，能改善卷烟余味，降低刺激性，是一种高品质的烟用香料。

【巴西烟叶提取物主成分及含量】

取适量巴西烟叶提取物进行气相色谱-质谱分析，记录谱图，按内标法以峰面积计算其含量。巴西烟叶提取物中主要成分为：巨豆三烯酮（6.87%）、新植二烯（5.84%）、棕榈酸（4.82%）、维生素 E（3.52%）、茄酮（2.32%）、亚麻酸（2.13%）、叶绿醇（1.81%），所有化学成分及含量详见表 2-4。

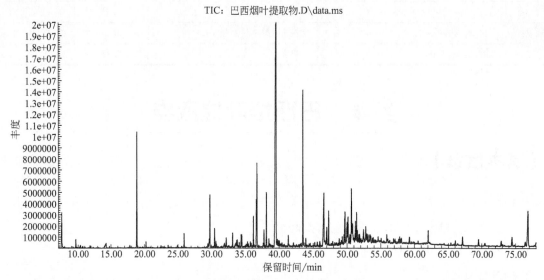

TIC：巴西烟叶提取物.D\data.ms

巴西烟叶提取物 GC-MS 总离子流图

表 2-4　巴西烟叶提取物化学成分含量表

序号	英文名称	中文名称	含量/(μg/g)	相对含量/%
1	methoxyacetyl chloride	甲氧基乙酰氯	8.84	0.06
2	ethyl lactate	乳酸乙酯	46.11	0.31
3	isovaleric acid	异戊酸	27.30	0.18
4	2-methyl butanoic acid	2-甲基丁酸	16.21	0.11
5	methyl 3-hydroxybutanoate	3-羟丁酸甲酯	9.49	0.06
6	3-methylvaleric acid	3-甲基戊酸	80.43	0.54
7	ethyl 3-methylvalerate	3-甲基戊酸乙酯	7.10	0.05
8	benzyl alcohol	苄醇	18.35	0.12
9	linalool	芳樟醇	23.47	0.16
10	benzoic acid	苯甲酸	13.40	0.09
11	2-(methoxymethoxy)-propanoic acid	2-(甲氧基甲氧基)-丙酸	6.89	0.05
12	5-hydroxymethylfurfural	5-羟甲基糠醛	13.64	0.09
13	benzeneacetic acid	苯乙酸	5.70	0.04
14	2-aminobenzoic acid linalyl ester	2-氨基苯甲酸芳樟醇酯	58.00	0.39
15	nicotine	烟碱	35.95	0.24
16	solanone	茄酮	343.33	2.32

续表

序号	英文名称	中文名称	含量/(μg/g)	相对含量/%
17	cyclamen aldehyde	兔耳草醛	94.92	0.64
18	1,2,3,4-tetrahydro-1,5,8-trimethyl-naphthalene	1,2,3,4-四氢-1,5,8-三甲基萘	29.59	0.20
19	1,2,3,4-tetramethyl-4-(1-methyle-thenyl)benzene	1,2,3,4-四甲基-4-(1-甲基乙烯基)-苯	15.18	0.10
20	1-phenyl-5-methylheptane	1-苯基-5-甲基庚烷	9.40	0.06
21	2-(2-butenyl)-1,3,5-trimethylbenzene	2-(2-丁烯基)-1,3,5-三甲基苯	10.76	0.07
22	1,2-diethenyl-4-(1-methylethylidene) cyclohexane	1,2-二乙烯基-4-(1-甲基亚乙基)-环己烷	16.91	0.11
23	2-methyl-1-methylene-3-(1-methyle-thenyl)cyclopentane	2-甲基-1-亚甲基-3-(1-甲基乙烯基)-环戊烷	27.02	0.18
24	3,7,7-trimethyl-bicyclo[4.1.0]heptane	3,7,7-三甲基-双环[4.1.0]庚烷	72.52	0.49
25	carene	蒈烯	10.86	0.07
26	2,3-dihydro-2-methylbenzofuran	2,3-二氢-2-甲基苯并呋喃	70.40	0.48
27	1,2,3,4-tetramethyl-4-(1-methyle-thenyl)benzene	1,2,3,4-四甲基-4-(1-甲基乙烯基)-苯	7.20	0.05
28	allose	阿洛糖	39.30	0.27
29	5-methylene-4,5,6,6a-tetrahydro-3ah-pentalen-1-one	5-亚甲基-4,5,6,6a-四氢-3ah-戊搭烯-1-酮	26.40	0.18
30	1,2,3,4-tetrahydro-2,5,8-trimethyl-naphthalene	1,2,3,4-四氢-2,5,8-三甲基萘	37.69	0.26
31	N-(2-furanylmethyl)-2-furanmeth-anamine	N-(2-呋喃甲基)-2-呋喃甲胺	28.53	0.19
32	2,6-dimethyl-1,3,5,7-octatetraene	2,6-二甲基-1,3,5,7-辛四烯	64.02	0.43
33	3,6-dimethyl-2,3,3a,4,5,7a-hexa-hydrobenzofuran	3,6-二甲基-2,3,3a,4,5,7a-六氢苯并呋喃	18.64	0.13
34	1,6,7-trimethylnaphthalene	1,6,7-三甲基萘	25.91	0.18
35	dihydroactindiolide	二氢猕猴桃内酯	21.62	0.15
36	1-(1-methyl-2-propenyl)-4-(2-meth-ylpropyl)benzene	1-(1-甲基-2-丙烯基)-4-(2-甲基丙基)-苯	29.83	0.20
37	1-methylene-3-(1-methylethylidene) cyclopentane	1-亚甲基-3-(1-甲基亚乙基)-环戊烷	30.03	0.20
38	7-(1-methylethylidene)-bicyclo[4.1.0] heptane	7-(1-甲基亚乙基)-双环[4.1.0]庚烷	13.20	0.09
39	2,4-diethyl-7,7-dimethyl-1,3,5-cy-cloheptatriene	2,4-二乙基-7,7-二甲基-1,3,5-环庚三烯	262.97	1.78
40	megastigmatrienone	巨豆三烯酮	1014.20	6.87
41	1,7-dihydro-1-methyl-6H-purin-6-one	1,7-二氢-1-甲基-6-氢-嘌呤-6-酮	8.56	0.06
42	3-hydroxy-β-damascone	3-羟基-β-大马酮	32.17	0.22
43	decahydro-1,5-dimethylnaphthalene	十氢-1,5-二甲基萘	7.98	0.05
44	acetate 3,4,4a,5,6,7,8,8aα-octa-hydro-5α-hydroxy-4aα,7,7-trimethyl-2(1H)-naphthalenone	3,4,4a,5,6,7,8,8aα-八氢-5α-羟基-4aα,7,7-三甲基-2(1H)-萘酮乙酸酯	41.12	0.28
45	9-hydroxy-4,7-megastigmadien-3-one	9-羟基-4,7-巨豆二烯-3-酮	29.00	0.20

续表

序号	英文名称	中文名称	含量/(μg/g)	相对含量/%
46	3，3-dimethyl-2-(1-buten-3-on-1-yl)-spiro[2.5]octane	3，3-二甲基-2-(1-丁烯-3-上-1-基)-螺[2.5]辛烷	8.99	0.06
47	calamenene	去氢白菖烯	6.85	0.05
48	—①	—	4118.58	27.89
49	N-methoxy-2-carbomenthyloxyaziridine	N-甲氧基-2-甲酯氮丙啶	136.96	0.93
50	2,4,4-trimethyl-3-(3-oxobutyl)cyclo-hex-2-enone	2,4,4-三甲基-3-(3-氧代丁基)-环己-2-烯酮	40.11	0.27
51	2,6-dimethylbicyclo[3.2.1]octane	2,6-二甲基二环[3.2.1]辛烷	14.89	0.10
52	4-(3-hydroxybutyl)-3,5,5-trimethyl-2-cyclohexen-1-one	4-(3-羟丁基)-3,5,5-三甲基-2-环己烯-1-酮	25.23	0.17
53	cotinine	可替宁	32.74	0.22
54	1,2,3,4-tetrahydro-1,1,6-trimethyl-naphthalene	1,2,3,4-四氢-1,1,6-三甲基萘	15.64	0.11
55	tetradecanoic acid	肉豆蔻酸	68.70	0.47
56	1,2-diacetate 5-(6-bromodecahydro-2-hydroxy-2,5,5a,8a-tetramethyl-1-naph-thalenyl)-3-methylene-1,2-pentanediol	5-(6-溴十氢-2-羟基-2,5,5a,8a-四甲基-1-萘乙烯基)-3-亚甲基-1,2-戊二醇-1,2-二醋酸酯	16.66	0.11
57	4-hydroxy-β-ionone	4-羟基-β-紫罗兰酮	25.69	0.17
58	tetradecanoic acid ethyl ester	肉豆蔻酸乙酯	4.61	0.03
59	3,5-dimethyl-4H-pyran-4-one	3,5-二甲基-4H-吡喃-4-酮	12.24	0.08
60	7,8-dihydro-α-ionone	7,8-二氢-α-紫罗兰酮	12.07	0.08
61	solavetivone	螺岩兰草酮	11.23	0.08
62	caryophyllene oxide	氧化石竹烯	20.63	0.14
63	neophytadiene	新植二烯	861.78	5.84
64	fitone	植酮	20.81	0.14
65	pentadecanoic acid	十五酸	53.27	0.36
66	1,19-eicosadiene	1,19-二十碳二烯	11.52	0.08
67	4-methoxy-3-(2,6-dimethylphenoxy-methyl)benzaldehyde	4-甲氧基-3-(2,6-二甲基苯氧基甲基)-苯甲醛	14.62	0.10
68	5,6-dimethylpyridine-3,4-dicarboxy-imide	5,6-二甲基吡啶-3,4-二甲酰亚胺	23.79	0.16
69	hexadecanoic acid methyl ester	棕榈酸甲酯	35.05	0.24
70	1,2-diethenylcyclohexane	1,2-二乙烯基环己烷	43.87	0.30
71	hexadecanoic acid	棕榈酸	711.80	4.82
72	phytofuran	植物呋喃	47.22	0.32
73	1-(2-pyridinyl)-1-hexanone	1-(2-吡啶基)-1-己酮	184.53	1.25
74	hexadecanoic acid ethyl ester	棕榈酸乙酯	182.14	1.23
75	3,7,11-trimethyl-2,4,10-dodeca-triene	3,7,11-三甲基-2,4,10-十二碳三烯	13.14	0.09
76	2-cyclopropyl-2-methyl-N-(1-cyclo-propylethyl)-cyclopropane carboxamide	2-环丙基-2-甲基-N-(1-环丙基乙基)-环丙烷甲酰胺	10.81	0.07

序号	英文名称	中文名称	含量/(μg/g)	相对含量/%
77	7-(5-hexynyl)-tricyclo[4.2.2.0(2,5)]dec-7-ene	7-(5-己炔基)-三环[4.2.2.0(2,5)]癸-7-烯	26.79	0.18
78	4-cyclohexyl undecane	4-环己基十一烷	23.72	0.16
79	oleic acid	油酸	22.63	0.15
80	thunbergol	黑松醇	3.34	0.02
81	1,8-cyclotetradecadiyne	1,8-环十四碳二炔	47.74	0.32
82	aromandendrene	香橙烯	10.23	0.07
83	2-isopropenyl-5-methyl-6-hepten-1-ol	2-异丙烯基-5-甲基-6-庚烯-1-醇	49.88	0.34
84	—①	—	330.78	2.24
85	isocaryophyllene	异石竹烯	16.15	0.11
86	4,4-diallyl-cyclohexanone	4,4-二烯丙基环己酮	246.71	1.67
87	phytol	叶绿醇	267.29	1.81
88	cembratrien-diol	西柏三烯二醇	39.15	0.27
89	andrographolide	穿心莲内酯	69.54	0.47
90	1-(3-methylenecyclopentyl)-ethanone	1-(3-亚甲基环戊基)-乙酮	486.59	3.30
91	linolenic acid	亚麻酸	314.49	2.13
92	β-selinene	β-瑟林烯	74.60	0.51
93	linoleic acid ethyl ester	亚油酸乙酯	200.32	1.36
94	13-octadecenal	13-十八烯醛	82.59	0.56
95	linolenic acid ethyl ester	亚麻酸乙酯	163.62	1.11
96	3,3-dimethyl-2-(3-methyl-1,3-butadienyl)-cyclohexane-1-methanol	3,3-二甲基-2-(3-甲基-1,3-丁二烯基)-环己烷-1-甲醇	85.30	0.58
97	2,7,11-cembratriene-4,6-diol	2,7,11-西柏三烯-4,6-二醇	142.35	0.96
98	ethyl stearate	硬脂酸乙酯	62.22	0.42
99	isopulegol acetate	乙酸异胡薄荷酯	41.64	0.28
100	epiglobulol	表蓝桉醇	23.45	0.16
101	epiallopregnanolone	表异孕烷醇酮	171.61	1.16
102	cembra-2,7,11-trien-4,5-diol	西柏烷基-2,7,11-三烯-4,5-二醇	177.67	1.20
103	4-(5,5-dimethyl-1-oxaspiro[2.5]oct-4-yl)-3-buten-2-one	4-(5,5-二甲基-1-氧杂螺[2.5]辛-4-基)-3-丁烯-2-酮	187.16	1.27
104	2,3-octanedione	2,3-辛二酮	51.46	0.35
105	2-monoolein	2-单油酸甘油酯	43.94	0.30
106	α-damascone	α-大马酮	65.47	0.44
107	11,13-dimethyl-12-tetradecen-1-ol acetate	11,13-二甲基-12-十四碳烯-1-醇乙酸酯	35.70	0.24
108	octadecanal	十八醛	45.22	0.31
109	6,6-dimethyl-bicyclo[3.1.1]heptan-2-one	6,6-二甲基二环[3.1.1]庚-2-酮	21.68	0.15
110	tetrapropenylsuccinic anhydride	十二烷基琥珀酸酐	40.48	0.27

序号	英文名称	中文名称	含量/(μg/g)	相对含量/%
111	1-(4-t-butylphenyl)propan-2-one	1-(4-叔丁基苯基)丙-2-酮	52.57	0.36
112	arachidonic acid methyl ester	花生四烯酸甲酯	11.59	0.08
113	geranylgeraniol	香叶基香叶醇	29.55	0.20
114	3-ethenylcyclooctene	3-乙烯基环辛烯	36.08	0.24
115	methyl 6,9,12,15,18-heneicosapentaenoate	6,9,12,15,18-二十一碳五烯酸甲酯	13.57	0.09
116	11-hexadecenal	11-十六碳醛	10.09	0.07
117	2-ethoxy-2-cyclohexen-1-one	2-乙氧基-2-环己烯-1-酮	28.69	0.19
118	2-(2-methylpropenyl)cyclopropanecarboxylic acid-2-isopropyl-5-methyl-cyclohexyl ester	2-(2-甲基丙烯基)环丙烷羧酸-2-异丙基-5-甲基-环己基酯	46.82	0.32
119	1-docosene	1-二十二烯	29.87	0.20
120	octadecane	十八烷	29.61	0.20
121	3,5-dimethoxy-4-[4-nitrophenoxy]benzaldehyde	3,5-二甲氧基-4-[4-硝基苯氧基]苯甲醛	54.21	0.37
122	N-acridin-9-yl-N'-(4-fluoro-phenyl)-hydrazine	N-吖啶-9-基-N'-(4-氟苯基)-肼	14.54	0.10
123	eicosane	二十烷	71.30	0.48
124	squalene	角鲨烯	17.12	0.12
125	docosane	二十二烷	35.65	0.24
126	3,5-diacetyl-2,6-dimethyl-4H-pyran-4-one	3,5-二乙酰基-2,6-二甲基-4H-吡喃-4-酮	22.12	0.15
127	tetracosane	二十四烷	168.87	1.14
128	2-methylheptadecane	2-甲基十七烷	63.02	0.43
129	γ-tocopherol	γ-生育酚	17.11	0.12
130	octacosane	二十八烷	171.43	1.16
131	cholesterol	胆甾醇	56.06	0.38
132	vitamin E	维生素E	519.26	3.52

①表示未鉴定。

2.5　白肋烟提取物

【基本信息】

名称

中文名称：白肋烟提取物，白肋烟酊
英文名称：burley tobacco extract

性状描述

深棕色稠黏膏体。

> 感官特征

　　具有白肋烟烟草的香气特征。

> 制备提取方法

　　将打叶复烤后的白肋烟叶与酒精正己烷混合溶液混合，回流提取 1～2h 后得到白肋烟酒精正己烷混合溶液提取物。

> 原料主要产地

　　主要分布在美洲、亚洲和欧洲，生产白肋烟的国家近 60 个。美国、马拉维的白肋烟质量属上乘。

> 作用描述

　　适量添加能增强烟的劲头，使烟气更加饱满。增加的白肋烟烟草香气能有效地增补烟香，矫正烟草的吸味及口感，提高产品质量。

【白肋烟提取物主成分及含量】

　　取适量白肋烟提取物进行气相色谱-质谱分析，记录谱图，按内标法以峰面积计算其含量。白肋烟提取物中主要成分为：烟碱（40.32%）、2,7,11-西柏三烯-4,6-二醇（17.42%）、可替宁（10.45%）、黑松醇（2.43%）、2,3′-联吡啶（1.82%），所有化学成分及含量详见表 2-50。

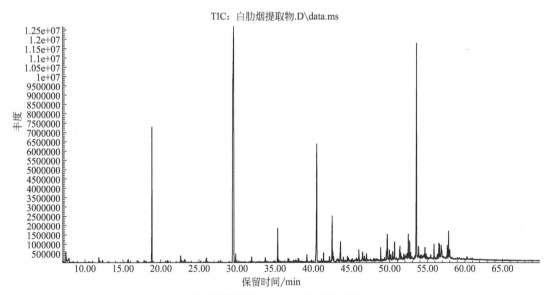

白肋烟提取物 GC-MS 总离子流图

表 2-5　白肋烟提取物化学成分含量表

序号	英文名称	中文名称	含量/(μg/g)	相对含量/%
1	3-ethoxyacrylonitrile	3-乙氧基丙烯腈	26.03	0.28
2	nicotine	烟碱	3749.36	40.32

续表

序号	英文名称	中文名称	含量/(μg/g)	相对含量/%
3	solanone	茄酮	37.29	0.40
4	myosime	麦斯明	22.67	0.24
5	2,3'-dipyridyl	2,3'-联吡啶	169.13	1.82
6	(5β)-5-ethyl-A-norcholestan-3-one	(5β)-5-乙基-A-去甲基胆甾烷-3-酮	41.31	0.44
7	cotinine	可替宁	972.18	10.45
8	tetradecanoic acid	肉豆蔻酸	48.50	0.52
9	5-ethylcyclopent-1-ene-1-carboxylic acid	5-乙基环戊-1-烯-1-羧酸	36.19	0.39
10	1,2,3,4-tetrahydro-1-methyl-2,3-dioxoquinoxaline	1,2,3,4-四氢-1-甲基-2,3-二氧代喹喔啉	267.54	2.88
11	1-methyl-3,5-diisopropoxybenzene	1-甲基-3,5-二异丙氧基苯	52.84	0.57
12	alloaromadendrene	香树烯	26.93	0.29
13	5,6,7,8-tetrahydro-1-naphthalenamine	5,6,7,8-四氢-1-萘胺	158.34	1.70
14	isoaromadendrene epoxide	环氧异香树烯	24.62	0.26
15	1,2-dihydro-1-demethyl-harmalol	1,2-二氢-1-去甲基哈梅醇	26.32	0.28
16	ledene	喇叭烯	74.58	0.80
17	hexadecanoic acid	棕榈酸	76.99	0.83
18	himbaccol	绿花白千层醇	29.84	0.32
19	scopoletin	莨菪亭	54.37	0.58
20	2,6-diaminopurine	2,6-二氨基嘌呤	65.62	0.71
21	4-methyl-1-(pent-4-en-1-yl)-2,3-diazabicyclo[2.2.1]hept-2-ene	4-甲基-1-(戊-4-烯-1-基)-2,3-二氮杂双环[2.2.1]庚-2-烯	41.30	0.44
22	[4as-(4aα,4bβ,7β,8aα,10aβ)]-7-ethenyldodecahydro-1,1,4a,7-tetramethyl-8a(2H)-phenanthrenol acetate	[4as-(4aα,4bβ,7β,8aα,10aβ)]-7-乙烯基十二氢-1,1,4a,7-四甲基-8a(2H)-菲酚乙酸酯	236.82	2.55
23	4-methylene-1-methyl-2-(2-methyl-1-propen-1-yl)-1-vinyl-cycloheptane	4-亚甲基-1-甲基-2-(2-甲基-1-丙烯-1-基)-1-乙烯基环庚烷	76.76	0.83
24	N-(9-borabicyclo[3.3.1]non-9-yl)toluidine	N-(9-硼双环[3.3.1]壬烷-9-基)甲苯胺	45.68	0.49
25	2-methyl-1-nonene-3-yne	2-甲基-1-壬烯-3-炔	54.51	0.59
26	7-oxabicyclo[4.3.0]nonane	7-氧杂二环[4.3.0]壬烷	119.23	1.28
27	dihydroneoclovene	二氢新丁香三环烯	49.81	0.54
28	1,3,3-trimethyl-2-oxabicyclo[2.2.2]octan-6-ol acetate	1,3,3-三甲基-2-氧杂二环[2.2.2]辛-6-醇乙酸酯	16.23	0.17
29	thunbergol	黑松醇	226.34	2.43
30	2,7,11-cembratriene-4,6-diol	2,7,11-西柏三烯-4,6-二醇	1619.72	17.42
31	11,12-dihydroxyspirovetiva-1(10)-en-2-one	11,12-二羟基螺旋岩兰草烷-1(10)-烯-2-酮	101.89	1.10
32	isolongifolol methyl ether	异长叶醇甲醚	84.34	0.91
33	4-(5,5-dimethyl-1-oxaspiro[2.5]oct-4-yl)-3-buten-2-one	4-(5,5-二甲基-1-氧杂螺[2.5]辛-4-基)-3-丁烯-2-酮	30.24	0.33
34	1-(4-t-butylphenyl)propan-2-one	1-(4-叔丁基苯基)丙-2-酮	111.08	1.19

序号	英文名称	中文名称	含量/(μg/g)	相对含量/%
35	spiro［2，4，5，6，7，7a-hexahydro-2-oxo-4，4，7a-trimethylbenzofuran］-7，2′-(oxirane)	螺［2，4，5，6，7，7a-六氢-2-氧代-4，4，7a-三甲基苯并呋喃］-7，2′-(环氧乙烷)	27.91	0.30
36	dihydro-β-ionone	二氢-β-紫罗兰酮	78.47	0.84
37	cembra-2，7，11-trien-4，5-diol	西柏烷基-2，7，11-三烯-4，5-二醇	101.07	1.09
38	3-acetoxy-5α-chloro-androstan-6-ol-17-one	3-乙酰氧基-5α-氯-雄甾烷-6-醇-17-酮	43.72	0.47
39	2-(2-methylpropenyl) cyclopropane-carboxylic acid-2-isopropyl-5-methyl-cyclohexyl ester	2-(2-甲基丙基)环丙烷羧酸-2-异丙基-5-甲基-环己基酯	273.91	2.95

2.6　白栎木屑提取物

【基本信息】

⊙ 名称

中文名称：白栎木屑提取物，白栎木屑酊
英文名称：oak chips extract，white oak chips extract

⊙ 管理状况

FEMA：2794
FDA：172.510
GB 2760—2014：N163

⊙ 感官特征

呈烟熏木材香味，有威士忌、白兰地及香辛料香韵。

⊙ 制备提取方法

山毛榉科落叶乔木白栎的木材锯屑或碎片用含水乙醇提取而得。

⊙ 原料主要产地

国外产地有俄罗斯、美国、土耳其、奥地利、德国及加拿大。中国淮河以南、长江流域至华南、西南各省区也有分布，多生于山坡杂木林中。

⊙ 作用描述

通常用于酿酒过程，是一种酒用陈化液，能催化酒的老熟，排除酒中异杂味、酒糟味，增加香味，使酒质口感醇厚。可赋予葡萄酒协调、幽雅、成熟的橡木香、陈酿香；赋予白兰地醇和、老熟的陈酿香；赋予威士忌圆正绵柔、老熟的陈酿香。

【白栎木屑提取物主成分及含量】

取适量白栎木屑提取物进行气相色谱-质谱分析，记录谱图，按内标法以峰面积计算其含量。白栎木屑提取物中主要成分为：丙二酸二乙酯（22.33%）、香兰素（11.06%）、苄醇（9.71%）、苯甲醛（8.26%）、丁酸乙酯（5.54%）、苯甲醛丙二醇缩醛（4.20%）、苯乙酸（4.18%），所有化学成分及含量详见表2-6。

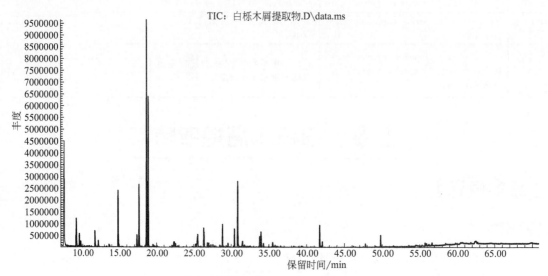

白栎木屑提取物 GC-MS 总离子流图

表2-6　白栎木屑提取物化学成分含量表

序号	英文名称	中文名称	含量/(μg/g)	相对含量/%
1	butanoic acid ethyl ester	丁酸乙酯	112.26	5.54
2	acetic acid butyl ester	乙酸丁酯	40.40	1.99
3	methyl propyl ether	甲基丙基醚	19.60	0.97
4	furfural	糠醛	3.09	0.15
5	2-furanmethanol	2-糠醇	3.56	0.18
6	propanedid acetate	乙酸丙二醇酯	49.25	2.43
7	1,2-propanediol-2-acetate	1,2-丙二醇-2-醋酸酯	20.53	1.01
8	2,4-dimethyl-1,3-dioxolane-2-methanol	2,4-二甲基-1,3-二氧戊环-2-甲醇	4.27	0.21
9	2,2,4-trimethyl-1,3-dioxolane	2,2,4-三甲基-1,3-二氧环戊烷	3.16	0.16
10	benzaldehyde	苯甲醛	167.37	8.26
11	3-methylcyclopentane-1,2-dione	3-甲基环戊烷-1,2-二酮	39.38	1.94
12	benzyl alcohol	苄醇	196.82	9.71
13	isobutyric acid methyl ester	异丁酸甲酯	3.03	0.15
14	propanedioic acid diethyl ester	丙二酸二乙酯	452.42	22.33
15	2-butanol	2-丁醇	7.09	0.35
16	benzoic acid	苯甲酸	25.87	1.28
17	methyl phenylacetate	苯乙酸甲酯	6.72	0.33

续表

序号	英文名称	中文名称	含量/(μg/g)	相对含量/%
18	acetoglyceride	一乙酸甘油酯	8.36	0.41
19	benzeneacetic acid	苯乙酸	84.75	4.18
20	benzaldehyde propylene acetal	苯甲醛丙二醇缩醛	85.10	4.20
21	4-methoxy-benzenemethanol	4-甲氧基苄醇	14.97	0.74
22	thymol	百里香酚	18.92	0.93
23	2，4-dimethyl-1，3-dioxolane-2-propanoic acid ethyl ester	2,4-二甲基-1,3-二氧杂环戊烷-2-丙酸乙酯	2.93	0.14
24	isobutyric acid benzyl ester	异丁酸苄酯	5.86	0.29
25	isoasparagine	异天冬酰胺	7.87	0.39
26	2,3-butanedione monoxime	2,3-丁烷二酮一肟	4.66	0.23
27	triacetin	三乙酸甘油酯	55.92	2.76
28	decanoic acid	癸酸	3.88	0.19
29	methoxyacetic acid benzyl ester	甲氧基乙酸苄酯	11.25	0.56
30	methyl cinnamate	肉桂酸甲酯	2.63	0.13
31	decanoic acid ethyl ester	癸酸乙酯	43.27	2.14
32	vanillin	香兰素	224.14	11.06
33	cinnamic acid	肉桂酸	33.94	1.67
34	α-ionone	α-紫罗兰酮	6.73	0.33
35	isoeugenyl methyl ether	异丁香酚甲醚	30.92	1.53
36	phenylethanoicacid isopentyl ester	苯乙酸异戊酯	60.92	3.01
37	allylbenzene	烯丙苯	10.72	0.53
38	rasberry ketone	覆盆子酮	19.00	0.94
39	nerolidol	橙花叔醇	5.43	0.27
40	ethyl laurate	月桂酸乙酯	2.00	0.10
41	benzyl benzoate	苯甲酸苄酯	59.99	2.96
42	1-phenoxypropan-2-yl acetate	1-苯氧丙-2-基乙酸酯	5.35	0.26
43	diethyl benzylidenemalonate	亚苄基丙二酸二乙酯	13.54	0.67
44	benzyl cinnamate	肉桂酸苄酯	36.42	1.80
45	dehydro-4-epiabietol	4-表脱氢枞醇	12.00	0.59

2.1　白芷提取物

【基本信息】

▶ 名称

中文名称：白芷酊，杭白芷酊，兴安白芷酊，走马芹酊，川白芷酊，异形当归酊

英文名称：*Angelica* tincture，*Angelica officinalis* tincture，*Angelica dahurica* tincture

⟳ 管理状况

FDA：182.10，182.20
GB 2760—2014：N033

⟳ 性状描述

棕红色液体，久置有少量沉淀。

⟳ 感官特征

具有白芷特征的芳香，味辛微苦，酊剂有坚果仁的酸甜辛香味，带有麝香香韵，香气浓烈而留香较持久。

⟳ 制备提取方法

用70%乙醇萃取白芷并浓缩到1∶4得白芷提取物。

⟳ 原料主要产地

主要分布在我国东北及华北等地，四川、河南、湖北、湖南、安徽等地也有栽培。

⟳ 作用描述

在烟草制品中能与烟草和谐，抑制辛辣刺激性，提调烟香。

【白芷提取物主成分及含量】

取适量白芷提取物进行气相色谱-质谱分析，记录谱图，按内标法以峰面积计算其含量。白芷提取物中主要成分为：乙缩醛（21.68%）、环十二烷（14.14%）、蛇床子素（7.14%）、2-十四碳烯（4.75%）等，所有化学成分及含量详见表2-7。

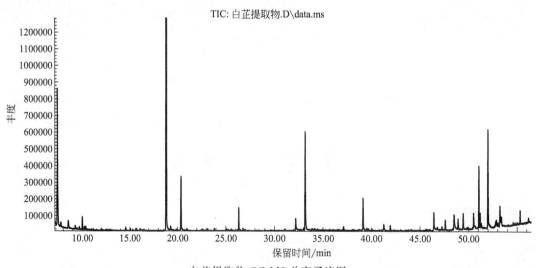

白芷提取物 GC-MS 总离子流图

表 2-7　白芷提取物化学成分含量表

序号	英文名称	中文名称	含量/(μg/g)	相对含量/%
1	acetal	乙缩醛	84.03	21.68
2	3-methyl-2-buten-1-ol	3-甲基-2-丁烯-1-醇	4.76	1.23
3	pyrrolidine-2,4-dione	吡咯烷-2,4-二酮	7.19	1.85
4	3-hydroxy-4,5-dimethyl-2(5H)-fura-none	3-羟基-4,5-二甲基-2(5H)呋喃酮	28.92	7.46
5	diethyl malate	苹果酸二乙酯	9.49	2.45
6	5-oxo-2-pyrrolidinecarboxylic acid ethyl ester	5-氧代-2-吡咯烷羧酸乙酯	8.20	2.12
7	cyclododecane	环十二烷	54.83	14.14
8	2-tetradecene	2-十四碳烯	18.42	4.75
9	ligustilide	川芎内酯	2.44	0.63
10	benzyl benzoate	苯甲酸苄酯	2.98	0.77
11	hexadecanoic acid	棕榈酸	10.44	2.69
12	4,4a,5,6,7,8-hexahydro-4a-methyl-2(3H)-naphthalenone	4,4a,5,6,7,8-六氢-4a-甲基-2(3H)-萘酮	5.76	1.49
13	xanthotoxol	花椒毒酚	11.48	2.96
14	methoxsalen	花椒毒素	4.99	1.29
15	bergapten	佛手内酯	8.51	2.20
16	3,4-dimethoxycinnamonitrile	3,4-二甲氧基肉桂腈	8.66	2.23
17	osthole	蛇床子素	27.66	7.14
18	linoleic acid ethyl ester	亚油酸乙酯	5.96	1.54
19	2,2-dimethyl-3,4-dihydro-2H,5H-pyrano[3,2-c]chromen-5-one	2,2-二甲基-3,4-二氢-2H,5H-吡喃并[3,2-c]色烯-5-酮	2.25	0.58
20	2,3-dimethyl-3-phenyl-cyclopropene	2,3-二甲基-3-苯基-环丙烯	45.83	11.82
21	2,4-di(2-penten-4-yl)-6-methyl-phenol	2,4-二(2-戊烯-4-基)-6-甲基苯酚	2.15	0.55
22	6-scetyl-2,5-dihydroxy-1,4-naphtho-quinone	6-乙酰基-2,5-二羟基-1,4-萘醌	12.31	3.18
23	isopimpinellin	异茴芹灵	6.34	1.64
24	5-acetyl-4-(2-furyl)-4,5,6,7-tetrahydro-6-hydroxy-3,6-dimethyl-1H-benzindazole	5-乙酰基-4-(2-呋喃基)-4,5,6,7-四氢-6-羟基-3,6-二甲基-1H-苯并咪唑	6.25	1.61
25	1,2,3,4-tetrahydro-1,6,8-trimethyl-naphthalene	1,2,3,4-四氢-1,6,8-三甲基萘	7.81	2.01

2.8　板蓝根提取物

【基本信息】

> 名称

中文名称：板蓝根提取物，板蓝根酊

英文名称：radix extract，indigowoad root extract

性状描述

黄棕色粉末状。

感官特征

呈甜的木香，有茶玫瑰和烟熏香气。

制备提取方法

先用水提醇沉法制得板蓝根或十字花科菘蓝属植物的浸膏，再用 10～50 倍量的极性混合溶剂提取得到提取液，最后回收溶剂并浓缩得到活性提取物。

原料主要产地

主产于河北、江苏、河南、北京、黑龙江、甘肃等地。

作用描述

对多种细菌与病毒有抑制作用，特别对金黄色葡萄球菌、大肠杆菌、伤寒杆菌、副伤寒杆菌、痢疾杆菌作用显著。添加到卷烟烟丝中抽吸时能有效地增香，且香气丰富，增加烟气的厚实感，并赋予烟草制品独特的香韵。

【板蓝根提取物主成分及含量】

取适量板蓝根提取物进行气相色谱-质谱分析，记录谱图，按内标法以峰面积计算其含量。板蓝根提取物中主要成分为：苯甲酸苄酯（99.45%），所有化学成分及含量详见表 2-8。

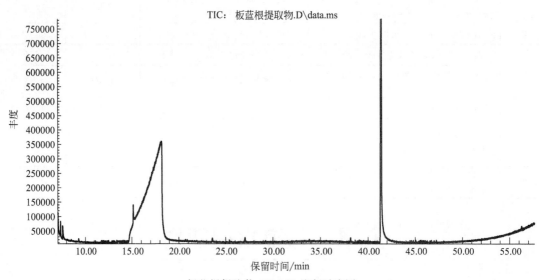

板蓝根提取物 GC-MS 总离子流图

表 2-8　板蓝根提取物化学成分含量表

序号	英文名称	中文名称	含量/(μg/g)	相对含量/%
1	2-ethyl-benzoic acid methyl ester	2-乙基苯甲酸甲酯	16.01	0.07

序号	英文名称	中文名称	含量/(μg/g)	相对含量/%
2	2,6-dimethyl-benzoic acid methyl ester	2,6-二甲基苯甲酸甲酯	15.43	0.06
3	thymol	百里香酚	45.07	0.18
4	2-benzeneacetamide	2-苯乙酰胺	57.32	0.23
5	benzyl benzoate	苯甲酸苄酯	24414.84	99.45

2.9 菠萝提取物

【基本信息】

名称

中文名称：菠萝提取物，凤梨提取物

英文名称：pineapple extract

性状描述

棕红色液体。

感官特征

味甘、微酸，性微寒。

物理性质

相对密度 d_4^{20}：1.3102～1.3262

折射率 n_D^{20}：1.4448～1.4608

酸值：22.1～27.0

溶解性：可溶于水、丙二醇。

制备提取方法

从凤梨属多年生草本果树植物菠萝的果实中提取。可先将菠萝叶、果、皮洗净截短，然后加入纤维素酶进行生物酶解，再取滤液低温浓缩，醇提，回收溶剂后制得。

原料主要产地

主要产区集中在泰国、菲律宾、印度尼西亚、越南、巴西、南非和美国等地。我国广东、海南、广西、云南、福建、台湾等地均有栽培。

作用描述

用作食品添加剂，具有健胃消食、补脾止泻、清胃解渴等功用；也可用作饲料添加剂，提高蛋白质的利用率和转化率，降低饲料成本；添加到卷烟中可丰富烟香、柔和烟气，改善余味。

【菠萝提取物主成分及含量】

取适量菠萝提取物进行气相色谱-质谱分析，记录谱图，按内标法以峰面积计算其含量。菠萝提取物中主要成分为：苯甲酸（78.82%）、5-羟甲基糠醛（15.14%）、糠醛（2.04%）、2,5-二甲酰基呋喃（1.98%），所有化学成分及含量详见表2-9。

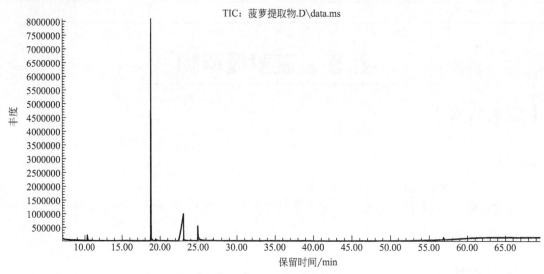

菠萝提取物 GC-MS 总离子流图

表 2-9　菠萝提取物化学成分含量表

序号	英文名称	中文名称	含量/(μg/g)	相对含量/%
1	furfural	糠醛	14.09	2.04
2	5-methyl furfural	5-甲基糠醛	1.73	0.25
3	phenol	苯酚	2.66	0.39
4	undecane	十一烷	0.90	0.13
5	pantolactone	泛酰内酯	1.54	0.22
6	2,6,11-trimethyl-dodecane	2,6,11-三甲基十二烷	1.20	0.17
7	2,5-furandicarboxaldehyde	2,5-二甲酰基呋喃	13.62	1.98
8	2-acetylfurane	2-乙酰基呋喃	4.53	0.66
9	benzoic acid	苯甲酸	543.20	78.82
10	5-hydroxymethylfurfural	5-羟甲基糠醛	104.37	15.14
11	2-aminoecetophenone	2-氨基苯乙酮	1.33	0.19

2.10　藏红花提取物

【基本信息】

名称

中文名称：藏红花提取物，藏红花酊，番红花酊
英文名称：saffron extract

⊙ **管理状况**

FEMA：2999

FDA：182.10，182.20

GB 2760—2014：N312

⊙ **性状描述**

暗黄至红褐色粉末。

⊙ **感官特征**

微有刺激性，味微苦。

⊙ **制备提取方法**

以鸢尾科植物番红花花柱的上部及柱头为原料，用水浸泡后，过滤获得浸泡液，浓缩成膏状后，再用乙醇溶解抽提，最后去除溶剂即可得到藏红花提取物。

⊙ **原料主要产地**

原产于地中海地区、小亚细亚和伊朗，现主要种植于西班牙、法国、西西里岛、意大利亚平宁山脉以及伊朗和克什米尔地区，其中，伊朗是世界最大的藏红花出产地，占世界总产量的一半以上。中国西藏、上海等地也有。

⊙ **作用描述**

用于食品调味和上色，又用作染料；同时具有良好的抗肿瘤作用和利胆作用，也可在化妆品中用于祛斑；添加到卷烟中，可起到丰富烟香、增加甜香香韵的作用。

【藏红花提取物主成分及含量】

取适量藏红花提取物进行气相色谱-质谱分析，记录谱图，按内标法以峰面积计算其含量。藏红花提取物中主要成分为：苯甲酸（85.12%）、异戊酸（3.23%）、维生素 E（2.40%）、2-甲基丁酸（1.58%），所有化学成分及含量详见表 2-10。

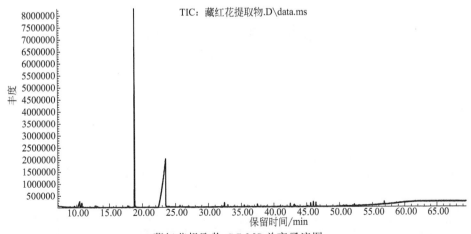

藏红花提取物 GC-MS 总离子流图

表 2-10　藏红花提取物化学成分含量表

序号	英文名称	中文名称	含量/(μg/g)	相对含量/%
1	ethyl lactate	乳酸乙酯	4.64	0.23
2	isovaleric acid	异戊酸	65.14	3.23
3	2-methyl-butanoic acid	2-甲基丁酸	31.90	1.58
4	2-trifluoroacetylamino propenoic acid	2-三氟乙酰氨基丙烯酸	4.99	0.25
5	2-acetylfurane	2-乙酰基呋喃	2.53	0.13
6	γ-butyrolactone	γ-丁内酯	5.59	0.28
7	benzyl alcohol	苄醇	5.72	0.28
8	pantolactone	泛酰内酯	8.25	0.41
9	benzoic acid	苯甲酸	1714.12	85.12
10	benzeneacetic acid	苯乙酸	6.71	0.33
11	3,6,6-trimethyl-cyclohex-2-enol	3,6,6-三甲基环己-2-烯醇	6.16	0.31
12	4-methoxy-3-(methoxymethyl)-phenol	4-甲氧基-3-(甲氧基甲基)-苯酚	17.86	0.89
13	1-phenyl-1-butyne	1-苯基-1-丁炔	8.94	0.44
14	dihydroactindiolide	二氢猕猴桃内酯	4.56	0.23
15	4-amino-2,6-dihydroxypyrimidine	4-氨基-2,6-二羟基嘧啶	2.85	0.14
16	5-methyl-1,6-heptadien-3-yne	5-甲基-1,6-庚二烯-3-炔	7.52	0.37
17	4-hydroxy-3,5,6-trimethyl-4-(3-oxo-1-butenyl)-2-cyclohexen-1-one	4-羟基-3,5,6-三甲基-4-(3-氧代-1-丁烯基)-2-环己烯-1-酮	9.66	0.48
18	1-formyl-2,2-dimethyl-3-trans-(3-methyl-but-2-enyl)-6-methylidene-cyclohexane	1-甲酰基-2,2-二甲基-3-反式-(3-甲基-丁-2-烯基)-6-亚甲基环己烷	5.23	0.26
19	diphenylmethane	二苯甲烷	4.87	0.24
20	N-ethyl-m-toluidine	N-乙基间甲苯胺	4.19	0.21
21	—①	—	12.34	0.61
22	hexahydro-3-(2-methylpropyl)-pyrrolo[1,2-a]pyrazine-1,4-dione	六氢-3-(2-甲基丙基)-吡咯并[1,2-a]吡嗪-1,4-二酮	18.88	0.94
23	hexadecanoic acid	棕榈酸	12.83	0.64
24	vitamin E	维生素 E	48.26	2.40

①表示未鉴定。

2.11　茶叶提取物

【基本信息】

名称

中文名称：茶叶提取物

英文名称：tea extract

管理状况

FDA：182.20

GB 2760—2014：N041，N127

> **性状描述**

淡黄褐色至黄褐色液体。

> **感官特征**

具有似玫瑰花和玳玳花的干花清甜花香，余味带些木香和陈化优质烤烟叶特征的醇厚底韵。

> **物理性质**

溶解性：易溶于水或乙醇。

> **制备提取方法**

用乙醇对山茶科植物的嫩叶或叶芽进行提取制得。

> **原料主要产地**

热带和亚热带地区，我国主产于长江以南各地。

> **作用描述**

应用于卷烟后，不仅可降低有害物质的总量，同时还能降低烟碱含量以及增加咖啡碱的含量。

【茶叶提取物主成分及含量】

取适量茶叶提取物进行气相色谱-质谱分析，记录谱图，按内标法以峰面积计算其含量。茶叶提取物中主要成分为：咖啡因（96.41%）、2-噁唑烷酮（0.54%）、N-乙基琥珀酰亚胺（0.37%）、可可碱（0.33%）、四甲尿酸（0.32%）、5-氮杂胞嘧啶（0.31%），所有化学成分及含量详见表2-11。

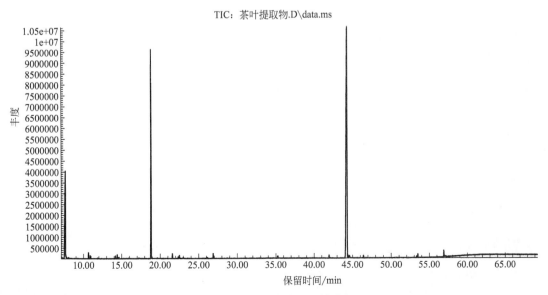

茶叶提取物 GC-MS 总离子流图

表 2-11　茶叶提取物化学成分含量表

序号	英文名称	中文名称	含量/(μg/g)	相对含量/%
1	oxazolidin-2-one	2-噁唑烷酮	11.97	0.54
2	ethoxycitronellal	乙氧基香茅醛	5.81	0.26
3	propanediol acetate	乙酸丙二醇酯	1.82	0.08
4	2-butyl-4-methyl-1,3-dioxolane	2-丁基-4-甲基-1,3-二氧环戊烷	2.88	0.13
5	2-heptyl-4-methyl-1,3-dioxolane	2-庚基-4-甲基-1,3-二氧环戊烷	3.79	0.17
6	5-methyl-1,2,5,6-tetrahydropyridin-2-one	5-甲基-1,2,5,6-四氢吡啶-2-酮	2.47	0.11
7	N-ethylsuccinimide	N-乙基琥珀酰亚胺	8.04	0.37
8	1-[1-methyl-2-(2-propenyloxy)ethoxy]-2-propanol	1-[1-甲基-2-(2-丙烯氧基)乙氧基]-2-丙醇	2.62	0.12
9	1-(1,3-dimethylbutoxy)-2-propanol	1-(1,3-二甲基丁氧基)-2-丙醇	6.05	0.27
10	hexylene glycol	己二醇	2.50	0.11
11	5-azacytosine	5-氮杂胞嘧啶	6.77	0.31
12	benzyl benzoate	苯甲酸苄酯	4.93	0.22
13	caffeine	咖啡因	2122.08	96.41
14	theobromine	可可碱	7.24	0.33
15	hexadecanoic acid	棕榈酸	5.10	0.23
16	temorine	四甲尿酸	7.11	0.32

2.12　春黄菊提取物

【基本信息】

名称

中文名称：春黄菊提取物，春黄菊酊，黄金菊酊，洋甘菊酊
英文名称：*Anthemis nobilis* extract

管理状况

FEMA：2274
FDA：182.10，182.20
GB 2760—2014：N196，N357

性状描述

棕黄色透明液体。

感官特征

烤香、春黄菊香气。

 物理性质

相对密度 d_4^{20}：0.9500～1.1500

折射率 n_D^{20}：1.3330～1.3530

pH 值：4.5～5.5

溶解性：易溶于水。

 制备提取方法

用乙醇从春黄菊中提取而得。

 原料主要产地

原生长于欧洲及北非，目前已扩展至中国、北美洲、非洲南部、澳大利亚等地。国内主要分布在华东地区。

 作用描述

添加到化妆品中，对皮肤消炎、抗过敏有明显改善作用，同时用于控制皮肤表面油脂分泌和杀菌；也可用于各种类型烟草制品的添加剂，可提升卷烟香气质量、柔和烟气、增加烟气甜润感和改善余味。

【春黄菊提取物主成分及含量】

取适量春黄菊提取物进行气相色谱-质谱分析，记录谱图，按内标法以峰面积计算其含量。春黄菊提取物中主要成分为：山梨酸（57.76%）、7-甲氧基香豆素（16.42%）、乙酸丙二醇酯（9.06%）、糠醛（7.09%）、棕榈酸（3.61%）、5-甲氧基苯并呋喃（2.40%），所有化学成分及含量详见表 2-12。

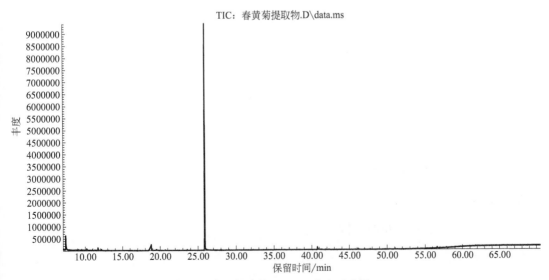

春黄菊提取物 GC-MS 总离子流图

表 2-12　春黄菊提取物化学成分含量表

序号	英文名称	中文名称	含量/(μg/g)	相对含量/%
1	furfural	糠醛	5.46	7.09
2	propanediol acetate	乙酸丙二醇酯	6.98	9.06
3	sorbic acid	山梨酸	44.50	57.76
4	styralyl acetate	乙酸苏合香酯	1.74	2.26
5	7-methoxycumarin	7-甲氧基香豆素	12.65	16.42
6	5-methoxybenzofuran	5-甲氧基苯并呋喃	1.85	2.40
7	hexadecanoic acid	棕榈酸	2.78	3.61
8	hexadecanoic acid ethyl ester	棕榈酸乙酯	1.08	1.40

2.13　东方烟草提取物

【基本信息】

名称

中文名称：东方烟草提取物，东方烟草酊
英文名称：oriental tobacco extract

性状描述

深棕色油状液体。

感官特征

具有烟草特有的浓郁香气，香气丰满、醇厚。

物理性质

相对密度 d_4^{20}：1.2860～1.3000
折射率 n_D^{20}：1.4870～1.4950
酸值：8.3
溶解性：1:1 能溶于 75% 乙醇、丙二醇中。

制备提取方法

以烟叶为原料，通过超临界二氧化碳萃取技术制备。

原料主要产地

主要产于土耳其、希腊和保加利亚。

作用描述

能使卷烟香气丰满、细腻、甜润，能改善卷烟余味，降低刺激性，是一种高品质的烟用香料。

【东方烟草提取物主成分及含量】

取适量东方烟草提取物进行气相色谱-质谱分析，记录谱图，按内标法以峰面积计算其含量。东方烟草提取物中主要成分为：烟碱（11.20%）、棕榈酸（5.35%）、9,19-环羊毛甾烷-3-醇乙酸酯（3.01%）、9-羟基-4,7-巨豆二烯-3-酮（2.91%），所有化学成分及含量详见表 2-13。

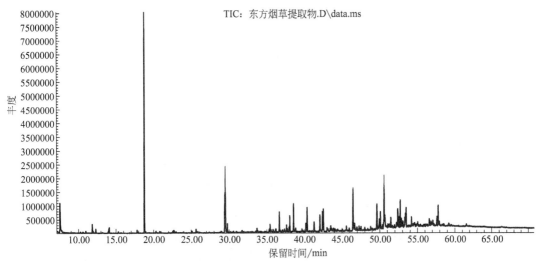

东方烟草提取物 GC-MS 总离子流图

表 2-13　东方烟草提取物化学成分含量表

序号	英文名称	中文名称	含量/(μg/g)	相对含量/%
1	isovaleric acid	异戊酸	5.57	0.15
2	2-methylbutanoic acid	2-甲基丁酸	5.83	0.15
3	2-furanmethanol	2-糠醇	6.19	0.16
4	propanediol acetate	乙酸丙二醇酯	25.63	0.68
5	2-acetoxy-1-propanol	2-乙酰氧基-1-丙醇	12.15	0.32
6	3-methylpentanoic acid	3-甲基戊酸	30.50	0.81
7	hexanoic acid	己酸	6.97	0.18
8	pantolactone	泛酰内酯	12.81	0.34
9	sugarlactone	葫芦巴内酯	7.45	0.20
10	maltol	麦芽酚	9.21	0.24
11	benzoic acid	苯甲酸	12.94	0.34
12	3-ethoxyacrylonitrile	3-乙氧基丙烯腈	19.20	0.51
13	2-azabicyclo[2.2.1]heptane	2-氮杂双环[2.2.1]庚烷	4.76	0.13
14	2-methyl-2-cyclopenten-1-one	2-甲基-2-环戊烯-1-酮	8.05	0.21
15	benzeneacetic acid	苯乙酸	15.97	0.42
16	ethosuximide	乙琥胺	5.47	0.14
17	nicotine	烟碱	422.55	11.20

序号	英文名称	中文名称	含量/(μg/g)	相对含量/%
18	solanone	茄酮	30.24	0.80
19	1-(2,6,6-trimethyl-1,3-cyclohexadien-1-yl)-2-buten-1-one	1-(2,6,6-三甲基-1,3-环己二烯-1-基)-2-丁烯-1-酮	6.57	0.17
20	1-methoxy-3,5-dimethyl-cyclohexene	1-甲氧基-3,5-二甲基环己烯	3.39	0.09
21	2,3,4,5-tetramethylcyclopent-2-en-1-ol	2,3,4,5-四甲基环戊-2-烯-1-醇	12.15	0.32
22	1,5-dimethyl-2-oxabicyclo[3.2.1]nonan-7-one	1,5-二甲基-2-氧杂二环[3.2.1]壬烷-7-酮	13.33	0.35
23	6-methyl-5-(1-methylethyl)-5-hepten-3-yn-2-ol	6-甲基-5-(1-甲基乙基)-5-庚烯-3-炔-2-醇	9.85	0.26
24	1,3,7,7-tetramethyl-9-oxo-2-oxabicyclo[4.4.0]decane	1,3,7,7-四甲基-9-氧代-2-氧杂双环[4.4.0]癸烷	6.57	0.17
25	5,6-dimethyl-2-benzimidazolinone	5,6-二甲基-2-苯并咪唑啉酮	3.25	0.09
26	2,3'-dipyridyl	2,3'-联吡啶	13.70	0.36
27	dihydroactindiolide	二氢猕猴桃内酯	27.30	0.72
28	isocrotonic acid	异巴豆酸	11.52	0.31
29	3-methyl-3-buten-1-ol	3-甲基-3-丁烯-1-醇	18.58	0.49
30	5,9-dimethyl-tricyclo[6.3.0.0(1,5)]undec-2-en-4-one	5,9-二甲基三环[6.3.0.0(1,5)]十一碳-2-烯-4-酮	65.34	1.73
31	1-(1-propynyl)cyclohexanol	1-(1-丙炔基)环己醇	14.17	0.38
32	5-hepten-2-one	5-庚烯-2-酮	7.72	0.20
33	9-methyl-8-tridecen-2-ol acetate	9-甲基-8-十三烯-2-醇乙酸酯	12.59	0.33
34	1-(2,4-dimethoxyphenyl)-propan-2-one	1-(2,4-二甲氧基苯基)-丙基-2-酮	10.83	0.29
35	3-hydroxy-β-damascone	3-羟基-β-二氢大马酮	26.15	0.69
36	3-hydroxy-7,8-dihydro-β-ionol	3-羟基-7,8-二氢-β-紫罗兰醇	20.93	0.55
37	megastigmatrienone	巨豆三烯酮	57.62	1.53
38	9-hydroxy-4,7-megastigmadien-3-one	9-羟基-4,7-巨豆二烯-3-酮	109.70	2.91
39	7-methyl-tetradecen-1-ol acetate	7-甲基-十四碳烯-1-醇乙酸酯	7.80	0.21
40	2,2-dimethyl-5-(3-methyloxiranyl)-cyclohexanone	2,2-二甲基-5-(3-甲基环氧乙烷基)-环己酮	18.27	0.48
41	1-(1-ethyl-2,3-dimethyl-cyclopent-2-enyl)-ethanone	1-(1-乙基-2,3-二甲基-环戊-2-烯基)-乙酮	13.43	0.36
42	3-methyl-6-(methylthio)-1-(2,6,6-trimethyl-1-cyclohexen-1-yl)-1,5-hexadien-3-ol	3-甲基-6-(甲硫基)-1-(2,6,6-三甲基-1-环己烯-1-基)-1,5-己二烯-3-醇	6.49	0.17
43	8-methyl-tricyclo[5.2.1.0(2,6)]decane	8-甲基三环[5.2.1.0(2,6)]癸烷	47.29	1.25
44	cotinine	可替宁	90.98	2.41
45	1-methyl-4-(2-methyloxiranyl)-7-oxabicyclo[4.1.0]heptane	1-甲基-4-(2-甲基环氧乙烷基)-7-氧杂二环[4.1.0]庚烷	16.88	0.45
46	4-(3-hydroxy-1-propenyl)-2-methoxyphenol	4-(3-羟基-1-丙烯基)-2-甲氧基苯酚	8.49	0.22
47	3-(4-hydroxybutyl)-2-methyl-cyclohexanone	3-(4-羟丁基)-2-甲基环己酮	46.79	1.24

续表

序号	英文名称	中文名称	含量/(μg/g)	相对含量/%
48	4-cyclohexylidenebutanol	4-亚环己基丁醇	5.96	0.16
49	benzyl benzoate	苯甲酸苄酯	3.58	0.09
50	5-ethylcyclopent-1-ene-1-carboxylic acid	5-乙基环戊-1-烯-1-羧酸	69.19	1.83
51	5,6,7,8-tetrahydro-2-naphthalenamine	5,6,7,8-四氢-2-萘胺	70.20	1.86
52	3-isopropoxy-5-methylphenol	3-异丙氧基-5-甲基酚	84.46	2.24
53	1-(2-pyrazinyl)butanone	1-(2-吡嗪基)丁酮	21.59	0.57
54	7,8-epoxy-α-ionone	7,8-环氧-α-紫罗兰酮	19.44	0.52
55	6,6-dimethylbicyclo[3.1.1]heptane-2-carboxaldehyde	6,6-二甲基双环[3.1.1]庚烷-2-吡咯甲醛	13.05	0.35
56	5,6,7,8-tetrahydro-1-naphthalenamine	5,6,7,8-四氢-1-萘胺	37.85	1.00
57	5-Methyl-1H-imidazole-4-methanol	5-甲基-1H-咪唑-4-甲醇	14.75	0.39
58	4-(2,2-dimethyl-6-methylenecyclohex-yl)butanal	4-(2,2-二甲基-6-亚甲基环己基)丁醛	14.47	0.38
59	caffeine	咖啡因	11.12	0.29
60	6-acetyl-4,4,7-trimethylbicyclo[4.1.0]heptan-2-one	6-乙酰基-4,4,7-三甲基二环[4.1.0]庚-2-酮	4.61	0.12
61	3-cyclohexene-1-carbonitrile	3-环己烯-1-腈	21.20	0.56
62	5-methylthiazole	5-甲基噻唑	4.89	0.13
63	1-(4-hydroxy-3-isopropenyl-4,7,7-tri-methyl-cyclohept-1-enyl)-ethanone	1-(4-羟基-3-异丙烯基-4,7,7-三甲基环庚-1-烯基)-乙酮	7.36	0.20
64	farnezylacetone	法尼基丙酮	27.23	0.72
65	i-propyl 7,10,13,16,19-docosapen-taenoate	7,10,13,16,19-二十二碳五烯酸异丙酯	17.37	0.46
66	hexadecanoic acid	棕榈酸	201.87	5.35
67	dihydro-β-ionone	二氢-β-紫罗兰酮	49.23	1.30
68	scopoletin	莨菪亭	31.77	0.84
69	hexadecanoic acid ethyl ester	棕榈酸乙酯	25.48	0.68
70	isopulegol acetate	乙酸异胡薄荷酯	22.52	0.60
71	9,19-cyclolanostan-3-ol acetate	9,19-环羊毛甾烷-3-醇乙酸酯	113.68	3.01
72	phytol	植醇	73.34	1.94
73	1-methyl-3-(2,2,6-trimethyl-bicyclo[4.1.0]hept-1-yl)-propenyl acetate	1-甲基-3-(2,2,6-三甲基-双环[4.1.0]庚-1-基)-丙烯基乙酸酯	28.81	0.76
74	—①	—	226.07	5.99
75	linolenic acid	亚麻酸	79.09	2.10
76	(2α,3β,5β)-1,1,2-trimethyl-3,5-bis(1-methylethenyl)-cyclohexane	(2α,3β,5β)-1,1,2-三甲基-3,5-双(1-甲基乙烯基)-环己烷	18.23	0.48
77	4-(2,2-dimethyl-6-methylenecyclohex-yl)-2-butanone	4-(2,2-二甲基-6-亚甲基环己基)-2-丁酮	24.57	0.65
78	alloaromadendrene	香树烯	24.80	0.66
79	linolenic acid ethyl ester	亚麻酸乙酯	12.25	0.32

续表

序号	英文名称	中文名称	含量/(μg/g)	相对含量/%
80	6-（3-acetyl-1-cyclopropen-1-yl）-3-hy-droxy-6-methyl-2-heptanone	6-(3-乙酰基-1-环丙烯-1-基)-3-羟基-6-甲基-2-庚酮	40.04	1.06
81	1-methyl-4-（2-methyloxiranyl）-7-ox-abicyclo[4.1.0]heptane	1-甲基-4-(2-甲基环氧乙烷基)-7-氧杂双环[4.1.0]庚烷	35.66	0.94
82	7-isopropyl-7-methyl-nona-3，5-diene-2,8-dione	7-异丙基-7-甲基壬-3,5-二烯-2,8-二酮	103.30	2.74
83	cembra-2,7,11-trien-4,5-diol	西柏烷基-2,7,11-三烯-4,5-二醇	94.68	2.51
84	2,3-dimethyl-2-butanol acetate	2,3-二甲基-2-丁醇乙酸酯	41.77	1.11
85	4-(5,5-dimethyl-1-oxaspiro[2.5]oct-4-yl)-3-buten-2-one	4-(5,5-二甲基-1-氧杂螺[2.5]辛-4-基)-3-丁烯-2-酮	281.28	7.45
86	ledol	喇叭茶醇	16.50	0.44
87	β-ionone	β-紫罗兰酮	16.23	0.43
88	3，7，11，15-tetramethyl-2，6，10，14-hexadecatetraen-1-ol acetate	3,7,11,15-四甲基-2,6,10,14-十六碳四烯-1-醇乙酸酯	42.76	1.13
89	7-（1,3-dimethylbuta-1,3-dienyl）-1,6,6-trimethyl-3，8-dioxatricyclo［5.1.0.0(2,4)］octane	7-(1,3-二甲基丁-1,3-二烯基)-1,6,6-三甲基-3,8-二氧杂三环[5.1.0.0(2,4)]辛烷	46.11	1.22
90	α-bisabolene epoxide	α-环氧化红没药烯	67.45	1.79
91	spiro[2,4,5,6,7,7a-hexahydro-2-oxo-4,4,7a-trimethylbenzofuran]-7,2'-（ox-irane）	螺[2,4,5,6,7,7a-六氢-2-氧代-4,4,7a-三甲基苯并呋喃]-7,2'-(环氧乙烷)	62.94	1.67
92	1,1,3-trimethyl-2,3-epoxy-2-（3-methyl-cyclobuten-2-yl）-4-acetyloxy-cyclohexane	1,1,3-三甲基-2,3-环氧基-2-(3-甲基丁烯-2-基)-4-乙酰氧基环己烷	30.04	0.80
93	5-isopropyl-6，6-dimethylhept-3-yne-2,5-diol	5-异丙基-6,6-二甲基庚-3-炔-2,5-二醇	32.70	0.87
94	1-（1-hydroxy-2,2,6-trimethyl-5-meth-ylene-9-oxa-bicyclo[4.2.1]non-7-yl）-eth-anone	1-(1-羟基-2,2,6-三甲基-5-亚甲基-9-氧杂-双环[4.2.1]壬-7-基)-乙酮	38.16	1.01
95	4-（2,4,4-trimethyl-cyclohexa-1,5-die-nyl）-but-3-en-2-one	4-(2,4,4-三甲基环己-1,5-二烯基)-丁-3-烯-2-酮	23.97	0.64
96	10-methyl-11-tridece-1-ol acetate	10-甲基-11-十三烯醇乙酸酯	26.53	0.70
97	2-isopropenyl-4,4,7a-trimethyl-2,4,5,6,7,7a-hexahydro-benzofuran-6-ol	2-异丙烯基-4,4,7a-三甲基-2,4,5,6,7,7a-六氢-苯并呋喃-6-醇	44.61	1.18

①表示未鉴定。

2.14　独活提取物

【基本信息】

> 名称

中文名称：独活提取物，大齿当归酊

英文名称：*Angelica polyclada* tincture，*Angelica* root tincture

▶ 管理状况

FEMA：2087，2088
FDA：182.10，182.20
GB 2760—2014：N073，N244

▶ 性状描述

淡黄色至微绿棕色至深琥珀色液体。

▶ 感官特征

具有琥珀香、鸢尾粉甜香、木香、膏香和药草香，与当归香气有近似之处，还有麝香的底韵。焦甜并显巧克力风味。

▶ 物理性质

相对密度 d_4^{20}：0.8500～0.8800
折射率 n_D^{20}：1.4730～1.4870
酸值：≤7.0
溶解性：溶于乙醇和大多数非挥发性油，微溶于矿物油，并呈乳白色，几乎不溶于甘油和丙二醇。

▶ 制备提取方法

由伞形科植物独活草（*Levisticum nale*）的新鲜根，经水蒸气蒸馏而得（亦有用全草和种子者，质量较差）。得率：新鲜根为 0.1%～0.2%，干燥根为 0.9%～1.0%，全草为 0.05%～0.25%。

▶ 原料主要产地

国外产于德国、匈牙利、荷兰、法国等地；国内产于四川、湖北、甘肃、云南等地。

▶ 作用描述

可用作改善烟草香气，矫正吸味，特别在混合型卷烟的加料方面可增强香味，浓郁可口。

【独活提取物主成分及含量】

取适量独活提取物进行气相色谱-质谱分析，记录谱图，按内标法以峰面积计算其含量。独活提取物中主要成分为：川芎内酯（20.36%）、蛇床子素（17.01%）、亚油酸乙酯（3.90%）、棕榈酸（1.72%）、2-甲基丁酸酐（1.61%）、二氢山芹醇（1.33%）、镰叶芹醇（1.08%），所有化学成分及含量详见表2-14。

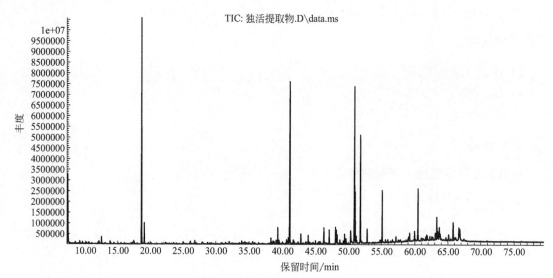

独活提取物 GC-MS 总离子流图

表 2-14　独活提取物化学成分含量表

序号	英文名称	中文名称	含量/(μg/g)	相对含量/%
1	butanoic acid ethyl ester	丁酸乙酯	7.09	0.23
2	lactic acid	乳酸	6.13	0.20
3	tiglic acid	惕格酸	21.46	0.71
4	butylaldehyde diethyl acetal	丁醛二乙缩醛	17.09	0.57
5	α-pinene	α-蒎烯	7.47	0.25
6	limonene	柠檬烯	12.35	0.41
7	m-cresole	间甲酚	56.72	1.88
8	diethyl malate	苹果酸二乙酯	5.85	0.19
9	4-hydroxy-2-methylacetophenone	4-羟基-2-甲基苯乙酮	8.89	0.29
10	p-vinylguaiacol	对乙烯基愈创木酚	4.70	0.16
11	2-methyl-1,3,4-oxadiazole	2-甲基-1,3,4-噁二唑	7.91	0.26
12	α-selinene	α-瑟林烯	8.61	0.29
13	isobornyl isovalerate	异戊酸异龙脑酯	6.72	0.22
14	1-methoxy-4,4-dimethyl-cyclohex-1-ene	1-甲氧基-4,4-二甲基-环己-1-烯	8.36	0.28
15	2,4-heptadien-6-ynal	2,4-庚二烯-6-炔醛	14.68	0.49
16	2,5-dimethyl-1,4-benzenedicarboxal-dehyde	2,5-二甲基-1,4-苯二甲醛	7.00	0.23
17	4-indolyl acetate	4-乙酰氧基吲哚	6.17	0.20
18	β-eudesmol	β-桉叶醇	5.12	0.17
19	1,2,3,4,5,6,7,8-octahydro-α,α,3,8-tetramethyl-5-azulenemethanol acetate	1,2,3,4,5,6,7,8-八氢-α,α3,8-四甲基-5-薁甲醇乙酸酯	8.78	0.29
20	3-butylidene-1 (3H)-isobenzofura-none	3-亚丁基-1(3H)-异苯并呋喃酮	42.36	1.40

序号	英文名称	中文名称	含量/(μg/g)	相对含量/%
21	α-bisabolol	α-红没药醇	6.43	0.21
22	1-ethyl-6-ethylidene-cyclohexene	1-乙基-6-亚乙基环己烯	18.03	0.60
23	1,4-benzenediamine	1,4-苯二胺	7.99	0.26
24	4-nitro-o-xylen	4-硝基邻二甲苯	16.05	0.53
25	ligustilide	川芎内酯	614.32	20.36
26	3,5-dimethoxycinnamic acid	3,5-二甲氧基肉桂酸	10.50	0.35
27	5-nitro-m-xylene	5-硝基间二甲苯	11.04	0.37
28	9-oxa-bicyclo[3.3.1]nona-3,6-dien-2-one	9-氧杂双环[3.3.1]壬-3,6-二烯-2-酮	6.07	0.20
29	2,9-decanedione	2,9-癸烷二酮	5.57	0.18
30	psoralen	补骨脂内酯	6.83	0.23
31	2-allyl-4-methylphenol	2-烯丙基-4-甲基苯酚	24.87	0.82
32	4-ethyl-2-pentadecyl-1,3-dioxolane	4-乙基-2-十五烷基-1,3-二氧杂环戊烷	8.24	0.27
33	N-benzylformamide	N-苄基甲酰胺	9.49	0.31
34	4-ethoxy-3-anisaldehyde	4-乙氧基-3-茴香醛	5.12	0.17
35	hexadecanoic acid	棕榈酸	52.05	1.72
36	hexadecanoic acid ethyl ester	棕榈酸乙酯	29.22	0.97
37	3-ethoxy-4-methoxybenzaldehyde	3-乙氧基-4-甲氧基苯甲醛	50.29	1.67
38	falcarinol	镰叶芹醇	32.55	1.08
39	3-(3,4-methylenedioxyphenyl)-pyrazol-5-ol	3-(3,4-亚甲二氧苯基)-吡唑-5-醇	29.67	0.98
40	methoxsalen	花椒毒素	12.58	0.42
41	bergapten	佛手苷内酯	9.84	0.33
42	9,10-anthracenedione	9,10-蒽二酮	28.09	0.93
43	1-methyl-2-phenylpiperidin-4-one	1-甲基-2-苯基哌啶-4-酮	46.31	1.53
44	osthole	蛇床子素	513.35	17.01
45	linoleic acid ethyl ester	亚油酸乙酯	117.83	3.90
46	ethyl oleate	油酸乙酯	11.97	0.40
47	linolenic acid ethyl ester	亚麻酸乙酯	22.08	0.73
48	3,3-dimethyl-5-phenyl-3H-pyrazole	3,3-二甲基-5-苯基-3H-吡唑	281.21	9.32
49	dihydrooroselol	二氢山芹醇	40.20	1.33
50	8,8-dimethyl-2H,8H-benzo[1,2-b:3,4-b']dipyran-2-one	8,8-二甲基-2H,8H-苯并[1,2-b:3,4-b']二吡喃-2-酮	131.28	4.35
51	1-nitro-2-naphthalenol	1-硝基-2-萘酚	8.43	0.28
52	2-amino-4-hydroxy-6,7,8-trimethylpteridine	2-氨基-4-羟基-6,7,8-三甲基蝶啶	12.23	0.41
53	glaucyl alcohol	愈创醇	18.92	0.63
54	7-methyl-1H-indole	7-甲基-1H-吲哚	5.63	0.19
55	3-(3,7-dimethylocta-2,7-dienyl)-1H-indole	3-(3,7-二甲基辛-2,7-二烯基)-1H-吲哚	6.61	0.22

续表

序号	英文名称	中文名称	含量/(μg/g)	相对含量/%
56	8,8-dimethyl-2H,8H-benzo[1,2-b；5,4-b']dipyran-2-one	8,8-二甲基-2H,8H-苯并[1,2-b；5,4-b']二吡喃-2-酮	34.38	1.14
57	8,8-dimethyl-2-oxo-7,8-dihydro-2H,6H-pyrano[3,2-g]chromen-7-yl-3-methyl-2-butenoate	8,8-二甲基-2-氧代-7,8-二氢-2H,6H-吡喃[3,2-g]色满-7-基-3-甲基-2-丁烯酸	24.23	0.80
58	2-methyl-2-butenoic acid 9,10-dihydro-8,8-dimethyl-2-oxo-2H,8H-benzo[1,2-b；3,4-b']dipyran-9-yl ester	2-甲基-2-丁烯酸-9,10-二氢-8,8-二甲基-2-氧代-2H,8H-苯并[1,2-b；3,4-b']二吡喃-9-基酯	152.16	5.04
59	benzo[b]naphtho[2,3-d]furan	苯并[b]萘并[2,3-d]呋喃	16.60	0.55
60	1-methyl-2(1H)-quinolinone	1-甲基-2(1H)-喹啉酮	9.43	0.31
61	2-methylbutanoic anhydride	2-甲基丁酸酐	48.71	1.61
62	oleamide	油酸酰胺	26.52	0.88
63	bromocyclohexane	环己基溴	9.11	0.30
64	3-methylbut-2-enoic acid-4-nitrophenyl ester	3-甲基-2-丁烯酸-4-硝基苯酯	71.08	2.36
65	3,3,6-trimethyl-1,5-heptadien-4-one	3,3,6-三甲基-1,5-庚二烯-4-酮	150.99	5.00

2.15 弗吉尼亚烟提取物

【基本信息】

▶ 名称

中文名称：弗吉尼亚烟提取物，弗吉尼亚烟酊，烤烟提取物，美烟提取物
英文名称：Virginia tobacco extractt

▶ 性状描述

棕褐色不澄清液体。

▶ 感官特征

具有弗吉尼亚烟草特有的浓郁的香气，香气丰满、醇厚。

▶ 物理性质

相对密度 d_4^{20}：1.1400～1.1540
折射率 n_D^{20}：1.4240～1.4320
酸值：9.1
溶解性：1∶1能溶于75%乙醇、丙二醇中。

▶ 制备提取方法

以弗吉尼亚烟叶为原料，通过超临界二氧化碳萃取技术制备。

> **原料主要产地**

主要分布于中国、美国、加拿大、印度、津巴布韦等。我国主要集中在云南、河南、贵州、山东等地。

> **作用描述**

增强优质烟香陈醇酿甜香气，消除地方性杂气及烟叶不成熟的不良气息及青杂味。增加新产烟叶的陈醇香气及吃味，使新产烟叶吸味口感增加陈烟的气味，提高烟草品质。

【弗吉尼亚烟提取物主成分及含量】

取适量弗吉尼亚烟提取物进行气相色谱-质谱分析，记录谱图，按内标法以峰面积计算其含量。弗吉尼亚烟提取物中主要成分为：亚麻酸乙酯（9.91%）、棕榈酸乙酯（7.81%）、棕榈酸（7.19%）、维生素 E（5.70%）、新植二烯（5.40%）、亚油酸乙酯（4.98%），所有化学成分及含量详见表 2-15。

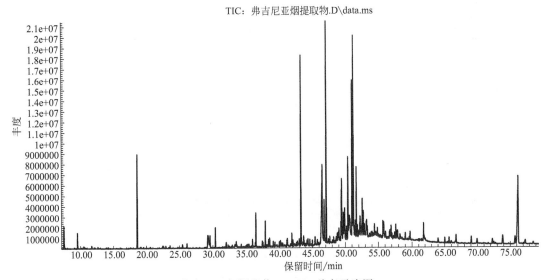

弗吉尼亚烟提取物 GC-MS 总离子流图

表 2-15　弗吉尼亚烟提取物化学成分含量表

序号	英文名称	中文名称	含量/(μg/g)	相对含量/%
1	ethyl lactate	乳酸乙酯	111.31	0.41
2	ethyl hydrogen succinate	琥珀酸单乙酯	51.49	0.19
3	octanoic acid ethyl ester	辛酸乙酯	17.21	0.06
4	benzeneacetic acid ethyl ester	苯乙酸乙酯	35.22	0.13
5	diethyl malate	苹果酸二乙酯	35.37	0.13
6	nicotine	烟碱	363.75	1.35
7	solanone	茄酮	100.56	0.37
8	β-damascenone	β-大马酮	140.99	0.52
9	pidolicacid	焦谷氨酸	49.16	0.18

序号	英文名称	中文名称	含量/(μg/g)	相对含量/%
10	2,3-dihydro-2-methyl-benzofuran	2,3-二氢-2-甲基苯并呋喃	30.34	0.11
11	1,6-anhydro-β-glucopyranose	1,6-脱水-β-葡萄哌喃糖	64.39	0.24
12	1,5-dimethyl-2-oxabicyclo［3.2.1］nonan-7-one	1,5-二甲基-2-氧杂二环［3.2.1］壬烷-7-酮	67.72	0.25
13	3,6-dimethyl-2,3,3a,4,5,7a-hexa-hydrobenzofuran	3,6-二甲基-2,3,3a,4,5,7a-六氢苯并呋喃	25.68	0.10
14	2,3'-dipyridyl	2,3'-联吡啶	18.75	0.07
15	dihydroactindiolide	二氢猕猴桃内酯	21.47	0.08
16	2,4-dimethylphenol	2,4-二甲基苯酚	26.13	0.10
17	2-allyl-4-methylphenol	2-烯丙基-4-甲基苯酚	264.17	0.98
18	3-hydroxy-β-damascone	3-羟基-β-大马酮	78.90	0.29
19	megastigmatrienone	巨豆三烯酮	235.40	0.88
20	9-hydroxy-4,7-megastigmadien-3-one	9-羟基-4,7-巨豆二烯-3-酮	64.46	0.24
21	5-hydroxymethyl-1,3,3-trimethyl-2-(3-methyl-buta-1,3-dienyl)-cyclopentanol	5-羟甲基-1,3,3-三甲基-2-(3-甲基丁基-1,3-二烯基)-环戊醇	66.88	0.25
22	4-oxo-β-ionone	4-氧代-β-紫罗兰酮	60.28	0.22
23	3-methoxy-6-methyl-6H-pyrazolo［4,3］［1,2,4］triazin	3-甲氧基-6-甲基-6H-吡唑并［4,3］［1,2,4］三嗪	30.61	0.11
24	pinane	蒎烷	57.91	0.22
25	β-eudesmol	β-桉叶醇	61.07	0.23
26	4-(1H-pyrazol-1-yl)benzeneamine	1-(4-氨基苯基)吡唑	22.41	0.08
27	1,2,3,4-tetrahydroquinoline	1,2,3,4-四氢喹啉	25.25	0.09
28	acetic acid(1,2,3,4,5,6,7,8-octahydro-3,8,8-trimethylnaphth-2-yl)methyl ester	(1,2,3,4,5,6,7,8-八氢-3,8,8-三甲基萘-2-基)甲醇乙酸酯	144.11	0.54
29	benzyl benzoate	苯甲酸苄酯	34.63	0.13
30	3-hydroxy-7,8-dihydro-β-ionol	3-羟基-7,8-二氢-β-紫罗兰醇	106.55	0.40
31	orcinol	苔黑酚	68.42	0.25
32	5,5-dimethyl-4-(3-oxobutyl)-spiro［2.5］octane	5,5-二甲基-4-(3-氧代丁基)-螺［2.5］辛烷	35.32	0.13
33	caryophyllene oxide	氧化石竹烯	225.68	0.84
34	neophytadiene	新植二烯	1451.15	5.40
35	γ-gurjunene	γ-古芸烯	137.99	0.51
36	14-hexadecen-1-ol acetate	14-十六碳烯-1-醇乙酸酯	57.44	0.21
37	diethylmalonic acid dodec-9-ynyl octyl ester	二乙基丙二酸-十二碳-9-炔基辛酯	74.11	0.28
38	pentadecanoic acid ethyl ester	十五酸乙酯	58.57	0.22
39	3-cyclohexyl-phenol	3-环己基苯酚	42.42	0.16
40	hexadecanoic acid methyl ester	棕榈酸甲酯	109.43	0.41
41	hexadecanoic acid	棕榈酸	1931.59	7.19
42	scopoletin	莨菪亭	400.56	1.49

续表

序号	英文名称	中文名称	含量/(μg/g)	相对含量/%
43	oleic acid	油酸	85.25	0.32
44	hexadecanoic acid ethyl ester	棕榈酸乙酯	2099.13	7.81
45	α-farnesene	α-金合欢烯	117.43	0.44
46	ethyl 14-methyl-hexadecanoate	14-甲基十六烷醇乙酸酯	128.62	0.48
47	4-(6,6-dimethyl-1-cyclohexen-1-yl)-3-buten-2-one	4-(6,6-二甲基-1-环己烯-1-基)-3-丁烯-2-酮	1121.68	4.17
48	phytol	植醇	667.18	2.48
49	andrographolide	穿心莲内酯	302.04	1.12
50	3,7,11,15-tetramethyl-2,6,10,14-hexadecatetraen-1-ol acetate	3,7,11,15-四甲基-2,6,10,14-十六碳四烯-1-醇乙酸酯	1890.94	7.03
51	7,10,13-hexadecatrienoic acid methyl ester	7,10,13-十六碳三烯酸甲酯	901.09	3.35
52	cyclododecyne	环十二炔	135.24	0.50
53	linoleic acid ethyl ester	亚油酸乙酯	1340.06	4.98
54	linolenic acid ethyl ester	亚麻酸乙酯	2665.18	9.91
55	thunbergol	黑松醇	259.82	0.97
56	ethyl stearate	硬脂酸乙酯	609.59	2.27
57	2-methylene-3-(1-methylethyl)-cyclohexanol acetate	2-亚甲基-3-(1-甲基乙基)-环己醇乙酯	216.63	0.81
58	ledol	喇叭茶醇	126.31	0.47
59	8-dodecen-1-ol acetate	8-十二碳烯-1-醇乙酸酯	646.53	2.40
60	9-methyl-8-tridecen-2-ol acetate	9-甲基-8-十三烯-2-醇乙酸酯	457.51	1.70
61	sesquicineole	倍半桉叶素	346.90	1.29
62	4-(5,5-dimethyl-1-oxaspiro[2.5]oct-4-yl)-3-buten-2-one	4-(5,5-二甲基-1-氧杂螺[2.5]辛-4-基)-3-丁烯-2-酮	642.70	2.39
63	2,13-octadecadien-1-ol	2,13-十八碳-1-醇	196.98	0.73
64	alloaromadendrene	香树烯	335.48	1.25
65	alloaromadendrene oxide	氧化香树烯	234.97	0.87
66	10,12-hexadecadien-1-ol	10,12-十六碳二烯-1-醇	256.58	0.95
67	6-butyl-1-nitrocyclohexene	6-丁基-1-硝基环己烯	146.35	0.54
68	8,10-hexadecadien-1-ol acetate	8,10-十六碳二烯-1-醇乙酸酯	251.32	0.93
69	4-t-butyl propiophone	4-叔丁基苯丙酮	251.50	0.94
70	4-isopropenyl-4,7-dimethyl-1-oxaspiro[2.5]octane	4-异丙烯基-4,7-二甲基-1-氧杂螺[2.5]辛烷	158.47	0.59
71	bicyclo[10.1.0]tridec-1-ene	二环[10.1.0]十三碳-1-烯	223.46	0.83
72	methyl 8,11,14-heptadecatrienoate	8,11,14-十七碳三烯酸甲酯	145.71	0.54
73	i-propyl 9,12,15-octadecatrienoate	9,12,15-十八碳三烯酸异丙酯	70.47	0.26
74	9-octadecenal	9-十八烯	55.32	0.21
75	10-methyl-11-tridece-1-ol acetate	10-甲基-11-十三碳烯-1-醇乙酸酯	146.05	0.54
76	docosanol	山嵛醇	89.97	0.33

续表

序号	英文名称	中文名称	含量/(μg/g)	相对含量/%
77	7-hexadecenoic acid methyl ester	7-十六碳烯酸甲酯	39.21	0.15
78	docosanoic acid ethyl ester	二十二烷酸乙酯	71.52	0.27
79	eicosane	二十烷	215.49	0.80
80	ethyl palmitate	棕榈酸乙酯	61.27	0.23
81	squalene	角鲨烯	49.95	0.19
82	heptacosane	二十七烷	58.49	0.22
83	octacosane	二十八烷	114.25	0.42
84	3-methylheneicosane	3-甲基二十一烷	85.97	0.32
85	hentriacontane	三十一烷	194.25	0.72
86	cholesterol	胆固醇	133.24	0.50
87	vitamin E	维生素 E	1532.44	5.70

2.16　甘草提取物

【基本信息】

名称

中文名称：甘草提取物，甘草酊，粉草酊，甜草酊
英文名称：licorice extract

管理状况

FEMA：2629
FDA：184.1408
GB 2760—2014：N350

性状描述

黄色至棕黄色液体。

感官特征

基本无味，略有甘草的特殊气味。有天然甜味的感觉，且甜度持久，回味悠长。

物理性质

溶解性：不溶于水和甘油，溶于乙醇、丙酮、氯仿。

制备提取方法

取豆科植物甘草的干燥根及根茎，用70%的乙醇冷浸法或加热抽提法提取而得。

⊙ 原料主要产地

在我国主要分布在内蒙古、宁夏、新疆、黑龙江、吉林、辽宁、河北、山西、陕西、甘肃等地。

⊙ 作用描述

在中医上有补脾益气、滋咳润肺、调和百药、止痛解痉以至抗癌等药理作用。可用作卷烟的甜味剂，增强卷烟抽吸时的甜润感，降低刺激性，掩盖杂气和改善余味。

【甘草提取物主成分及含量】

取适量甘草提取物进行气相色谱-质谱分析，记录谱图，按内标法以峰面积计算其含量。甘草提取物主要成分为：甲基环戊烯醇酮（94.40%）、香兰素（2.13%），所有化学成分及含量详见表 2-16。

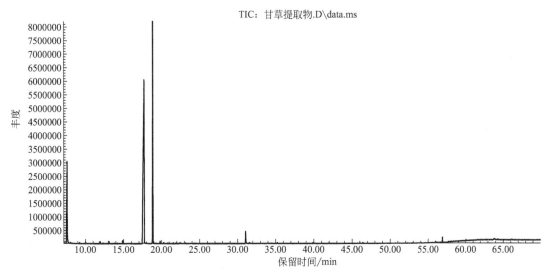

甘草提取物 GC-MS 总离子流图

表 2-16　甘草提取物化学成分含量表

序号	英文名称	中文名称	含量/(μg/g)	相对含量/%
1	2-methylpyrazine	2-甲基吡嗪	3.72	0.25
2	4-methyl-1,3-oxathiolane	4-甲基-1,3-氧硫杂环戊烷	4.31	0.29
3	2,6-dimethyl-pyrazine	2,6-二甲基吡嗪	5.61	0.38
4	3-methylcyclopentane-1,2-dione	3-甲基环戊烷-1,2-二酮	7.50	0.51
5	methylcyclopentenolone	甲基环戊烯醇酮	1382.80	94.40
6	2,3,5,6-tetramethylpyrazine	2,3,5,6-四甲基吡嗪	6.14	0.42
7	3-hydroxy-4,5-dimethyl-2(5H)-Fura-none	3-羟基-4,5-二甲基-2(5H)呋喃酮	2.92	0.20
8	maltol	麦芽酚	2.52	0.17
9	N,N-dimethyl-ethanethioamide	N,N-二甲基硫代乙酰胺	2.07	0.14
10	6-methyl-2-pyrazinylmethanol	6-甲基-2-吡嗪甲醇	1.95	0.13

序号	英文名称	中文名称	含量/(μg/g)	相对含量/%
11	thiomorpholine	硫代吗啉	2.00	0.14
12	vanillin	香兰素	31.19	2.13
13	cinnamic acid	肉桂酸	4.39	0.30
14	2,4-dihydroxyphenyl-ethanone	2,4-二羟基苯乙酮	2.69	0.14
15	isoeugenol methyl ether	异丁香酚甲醚	2.54	0.14
16	palmitic acid	棕榈酸	2.49	0.13

2.17 海狸香提取物

【基本信息】

⟫ 名称

中文名称：海狸香提取物，海狸酊
英文名称：*Beaver ncense* extract，*Castoreum* tincture

⟫ 管理状况

FEMA：2261
FDA：182.50
GB 2760—2014：N115

⟫ 性状描述

棕褐色液体。新鲜时呈奶油状，经日晒或熏干后变成红棕色的树脂状物质，稀释后有愉快的香气。

⟫ 感官特征

带有强烈腥臭的动物香味，仅逊于灵猫香，用于调香师调配花香、檀香、东方香、素心兰、馥奇、皮革香型香精，增加香精的"鲜"香气。

⟫ 物理性质

溶解性：微溶于水，易溶于乙醇、乙醚和氯仿。

⟫ 制备提取方法

割取海狸香囊，用火烘干成囊块，切碎后用乙醇浸煮，经过滤浓缩而得。

⟫ 原料主要产地

原产主要在乌拉圭、阿根廷、智利、玻利维亚等国。在美国、加拿大、英国、法国、德国、日本等早已引种饲养，我国的新疆、内蒙古和东北地区也有出产。

作用描述

一种动物性香料，是名贵的定香剂。可用于烟草、食品和酒的香精，也可用于配制高级化妆品等。

【海狸香提取物主成分及含量】

取适量海狸香提取物进行气相色谱-质谱分析，记录谱图，按内标法以峰面积计算其含量。海狸香提取物主要成分为：苯甲酸（18.17%）、马尿酸乙酯（15.23%）、二十四烷（14.06%）、夹竹桃麻素（6.29%）、棕榈酸乙酯（4.55%）、棕榈酸（4.25%）、二十烷（3.00%）、2-仲丁基苯胺（2.58%），所有化学成分及含量详见表2-17。

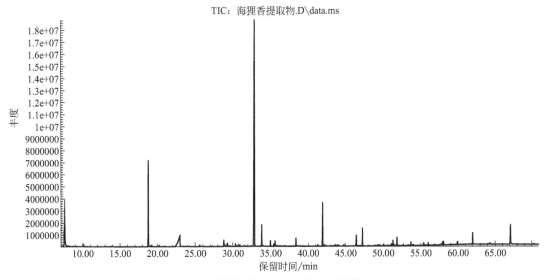

海狸香提取物 GC-MS 总离子流图

表 2-17　海狸香提取物化学成分含量表

序号	英文名称	中文名称	含量/(μg/g)	相对含量/%
1	urethane	氨基甲酸乙酯	19.53	0.67
2	2,2,4-trimethyl-1,3-dioxolane	2,2,4-三甲基-1,3-二氧杂环戊烷	7.45	0.25
3	3-methylphenol	3-甲基苯酚	20.82	0.71
4	2-methoxyphenol	2-甲氧基苯酚	5.82	0.20
5	ethyl 2-ethylacetylacetate	2-乙基乙酰乙酸乙酯	13.03	0.45
6	benzoic acid	苯甲酸	531.13	18.17
7	5-methoxy hiazole	5-甲氧基噻唑	5.06	0.17
8	ethyl phenylacetate	苯乙酸乙酯	12.35	0.42
9	benzamide	苯甲酰胺	50.10	1.71
10	2-methyl-1-octen-3-yne	2-甲基-1-辛烯-3-炔	29.67	1.01
11	methylbenzamide	甲基苯甲酰胺	18.61	0.64
12	1-ethyl-3,5-dimethylbenzene	1-乙基-3,5-二甲基苯	6.55	0.22
13	3-hydroxyphenylethanone	3-羟基苯乙酮	14.90	0.51

续表

序号	英文名称	中文名称	含量/(μg/g)	相对含量/%
14	1-methylcyclooctanecarboxylic acid methyl ester	1-甲基环辛烷羧酸甲基酯	5.97	0.20
15	4-(1-methylethyl)benzoic acid	对异丙基苯甲酸	12.34	0.42
16	1-(2-hydroxyphenyl)ethanone	邻羟基苯乙酮	4.32	0.15
17	ethyl hydroden pimelate	庚二酸氢乙酯	9.75	0.33
18	apocynin	夹竹桃麻素	183.98	6.29
19	3-hydroxybenzeneacetic acid ethyl ester	3-羟基苯乙酸乙酯	19.86	0.68
20	4-hydroxybenzeneacetic acid ethyl ester	4-羟基苯乙酸乙酯	57.65	1.97
21	vanillic acid	香草酸	5.93	0.20
22	3,4-dihydro-1H-2-benzopyran-1-one	3,4-二氢-1H-2-苯并吡喃-1-酮	13.33	0.46
23	vanilic acid ethyl ester	香草酸乙酯	11.74	0.40
24	2-sec-butyl aniline	2-仲丁基苯胺	75.37	2.58
25	tetradecanoic acid	肉豆蔻酸	20.20	0.69
26	benzoylglycine ethyl ester	马尿酸乙酯	445.26	15.23
27	tetradecanoic acid ethyl ester	肉豆蔻酸乙酯	20.57	0.70
28	4-methoxy phenolacetate	4-甲氧基乙酸苯酯	6.57	0.22
29	pentadecanoic acid	十五酸	25.15	0.86
30	11, 13-dimethyl-12-tetradecen-1-ol acetate	11,13-二甲基-12-十四碳烯-1-醇乙酸酯	6.99	0.24
31	phytone	植酮	14.05	0.48
32	ethyl 13-methyl-tetradecanoate	13-甲基十四烷酸乙酯	13.02	0.45
33	pentadecanoic acid ethyl ester	十五酸乙酯	11.70	0.40
34	palmitic acid	棕榈酸	124.34	4.25
35	ethyl palmitate	棕榈酸乙酯	132.91	4.55
36	4-(2, 2, 6-trimethyl-7-oxabicyclo[4.1.0]hept-1-yl)-3-penten-2-one	4-(2,2,6-三甲基-7-氧杂双环[4.1.0]庚烷-1-基)-3-戊烯-2-酮	6.14	0.21
37	ethyl 14-methyl-hexadecanoate	14-甲基十六烷酸乙酯	5.22	0.18
38	N-benzoylglycine methyl ester	N-苯甲酰基甘氨酸甲基酯	13.99	0.48
39	heptadecanoic acid ethyl ester	十七酸乙酯	11.93	0.41
40	phytol	植醇	13.43	0.46
41	9-octadecenoic acid	9-十八碳烯酸	12.50	0.43
42	stearic acid	硬脂酸	16.92	0.58
43	ethyl oleate	油酸乙酯	61.28	2.10
44	2, 4, 6-trimethyl nonanoic acid methyl ester	2,4,6-三甲基壬酸甲基酯	26.13	0.89
45	ethyl stearate	硬脂酸乙酯	67.66	2.31
46	dodecanedioic acid dimethyl ester	十二烷二酸二甲酯	9.43	0.32
47	9-ethyl hexadecenoate	9-十六碳烯酸乙酯	33.72	1.15
48	heptadecanol	十七醇	10.78	0.37

序号	英文名称	中文名称	含量/(μg/g)	相对含量/%
49	4,8,12,16-tetramethyl heptadecan-4-olide	4，8，12，16-四甲基十七碳烷-4-内酯	19.85	0.68
50	eicosanoic acid ethyl ester	二十酸乙酯	31.74	1.09
51	9-ethyl tetradecenoate	9-十四碳烯酸乙酯	15.05	0.51
52	octadecane	十八烷	27.38	0.94
53	nonadecene	十九烯	32.22	1.10
54	eicosane	二十烷	87.57	3.00
55	nonadecanoic acid ethyl ester	十九酸乙酯	40.95	1.40
56	docosane	二十二烷	12.45	0.43
57	tetracosane	二十四烷	410.91	14.06

2.18　黑加仑提取物

【基本信息】

名称

中文名称：黑加仑提取物，黑加仑酊，黑豆果酊
英文名称：black currant extract，black currant red

管理状况

FEMA：2346
GB 2760—2014：N138

性状描述

透明的深宝石红色或紫红色液体。

感官特征

具有可可固有的特征香气，带有似香荚兰的豆香底韵。

物理性质

溶解性：易溶于水，完全溶于乙醇。

制备提取方法

在黑加仑鲜果中加入一定比例的乙醇溶液，水浴提取。提取液经水浴浓缩蒸干即得黑加仑提取物。

原料主要产地

欧洲、蒙古和朝鲜北部也有分布。在我国主要分布在黑龙江、内蒙古、新疆等地。

作用描述

富含维生素、氨基酸以及人体所需矿物质，能降低血清胆固醇、缓解脑动脉硬化，延缓身体衰老，提供机体免疫力。可用于汽水、果酒、碳酸饮料等酸性饮料中，也可用于果酱、冰棍、冰激凌和蛋糕等食品的着色剂。

【黑加仑提取物主成分及含量】

取适量黑加仑提取物进行气相色谱-质谱分析，记录谱图，按内标法以峰面积计算其含量。黑加仑提取物主要成分为：乙酸薄荷酯（46.05%）、苹果酸二乙酯（35.95%）、5-羟甲基糠醛（5.41%）、糠醛（3.30%）、薄荷醇（2.36%）、乳酸乙酯（1.69%），所有化学成分及含量详见表 2-18。

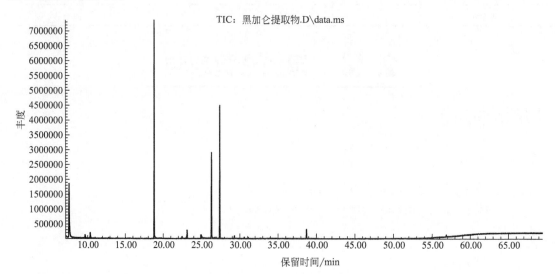

黑加仑提取物 GC-MS 总离子流图

表 2-18　黑加仑提取物化学成分含量表

序号	英文名称	中文名称	含量/(μg/g)	相对含量/%
1	ethyl lactate	乳酸乙酯	13.76	1.69
2	furfural	糠醛	26.89	3.30
3	propanediol acetate	乙酸丙二醇酯	1.99	0.24
4	3-hydroxy butanoic acid ethyl ester	3-羟基丁酸乙酯	3.12	0.38
5	2-methoxy-6-methyl pyrazine	2-甲氧基-6-甲基吡嗪	4.35	0.53
6	methyl 2-furoate	2-糠酸甲酯	3.98	0.49
7	menthone	薄荷酮	6.97	0.86
8	butanedioic acid monomethyl ester	丁二酸单甲酯	2.76	0.34
9	menthol	薄荷醇	19.22	2.36
10	5-hydroxymethyl furfural	5-羟甲基糠醛	44.07	5.41
11	diethyl malate	苹果酸二乙酯	292.81	35.95
12	3-hydroxy hexanoic acid ethyl ester	3-羟基己酸乙酯	2.76	0.34
13	glycerol formal	甘油缩甲醛	3.97	0.49

序号	英文名称	中文名称	含量/(μg/g)	相对含量/%
14	menthyl acetate	乙酸薄荷酯	375.03	46.05
15	tartaric acid diethyl ester	酒石酸二乙酯	5.56	0.68
16	β-damascenone	β-大马酮	2.73	0.34
17	3-ethyl-3-hexene	3-乙基-3-己烯	2.58	0.32
18	palmitic acid	棕榈酸	1.86	0.23

2.19　黑麦提取物

【基本信息】

名称

中文名称：黑麦提取物
英文名称：black rice extract

性状描述

紫红色液体。

感官特征

具有浓郁纯净的麦芽香味。

物理性质

溶解性：微溶于水，易溶于乙醇、乙醚和氯仿。

制备提取方法

从植物黑麦的成熟种子中用乙醇提取而得。

原料主要产地

前苏联黑麦栽培面积最大，其次是德国、波兰、法国、西班牙、奥地利、丹麦、美国、阿根廷和加拿大。中国分布在黑龙江、内蒙古和青海、西藏等高寒地区与高海拔山地。

作用描述

抑制肿瘤，抗氧化作用，降血压血脂。助消化、口感好，可用来酿酒（如威士忌）。

【黑麦提取物主成分及含量】

取适量黑麦提取物进行气相色谱-质谱分析，记录谱图，按内标法以峰面积计算其含量。黑麦提取物主要成分为：乳酸乙酯（12.32%）、乙酸丙二醇酯（7.29%）、2-乙基-4-甲基-1,3-二氧杂环戊烷（5.89%）、乙醛丙二醇缩醛（4.48%）、苯甲酸（4.14%）、肉桂酸（3.84%），所有化学成分及含量详见表 2-19。

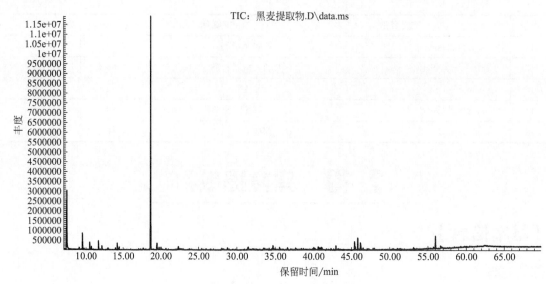

黑麦提取物 GC-MS 总离子流图

表 2-19　黑麦提取物化学成分含量表

序号	英文名称	中文名称	含量/(μg/g)	相对含量/%
1	ethyl lactate	乳酸乙酯	38.56	12.32
2	2-ethyl-4-methyl-1,3-dioxolane	2-乙基-4-甲基-1,3-二氧杂环戊烷	18.42	5.89
3	2-oxazolidinone	2-噁唑烷酮	7.01	2.24
4	propanediol acetate	乙酸丙二醇酯	22.81	7.29
5	1,2-propanediol-2-acetate	1,2-丙二醇-2-乙酸	10.25	3.28
6	2-acetylfuran	2-乙酰基呋喃	1.90	0.61
7	4-ethyl hydroxybutanoate	4-羟基丁酸乙酯	6.07	1.94
8	2-butyl-4-methyl-1,3-dioxolane	2-丁基-4-甲基-1,3-二氧戊烷	4.19	1.34
9	acetaldehyde propylene acetal	乙醛丙二醇缩醛	14.02	4.48
10	benzyl alcohol	苄醇	1.58	0.51
11	pantolactone	泛酰内酯	4.92	1.57
12	1,2,3-trimethoxy propane	1,2,3-三甲氧基丙烷	5.64	1.80
13	phenylethyl alcohol	苯乙醇	4.00	1.28
14	benzoic acid	苯甲酸	12.94	4.14
15	3-methyl isothiazole	3-甲基异噻唑	2.33	0.74
16	$4H$-hydroxy-4-methyl-2-pentanone	$4H$-羟基-4-甲基-2-戊酮	3.19	1.02
17	cinnamic acid	肉桂酸	12.02	3.84
18	2-methyl butyl octanoic acid ester	2-甲基丁基辛酸酯	2.80	0.89
19	2(3H)-benzoxazolone	2(3H)-苯并噁唑酮	11.50	3.68
20	2-decyl-1-methyl pyrrolidine	2-癸基-1-甲基吡咯烷	7.04	2.25
21	vanilic acid ethyl ester	香草酸乙酯	2.82	0.90
22	3-acetyl-1-methyl pyrrole	3-乙酰基-1-甲基吡咯	2.16	0.69

续表

序号	英文名称	中文名称	含量/(μg/g)	相对含量/%
23	4-hydroxy-3-methoxy phenyl propionic acid	4-羟基-3-甲氧基苯基丙酸	10.00	3.20
24	2H-1,4-Benzoxazin-3(4H)-one	2H-1,4-苯并嗪-3(4H)-酮	3.54	1.13
25	coniferyl alcohol	松柏醇	6.43	2.06
26	ligustilide	川芎内酯	4.44	1.42
27	ethyl-(4-hydroxy-3-methoxy-phenyl) propionate	乙基-(4-羟基-3-甲氧基-苯基)丙酸酯	3.83	1.22
28	2-hydroxy-3,5,5-trimethylcyclohex-2-enone	2-羟基-3,5,5-三甲基-环己-2-烯酮	7.62	2.44
29	ethyl 3-(4-hydroxy-3-methoxyphenyl)-2-propenoate	3-(4-羟基-3-甲氧基苯基)-2-丙烯酸乙酯	7.52	2.40
30	hexahydro-3-(2-methylpropyl)-pyrrolo[1,2-a]pyrazine-1,4-dione	六氢-3-(2-甲基丙基)-吡咯并[1,2-a]吡嗪-1,4-二酮	40.65	12.99
31	hexahydro-3-(phenylmethyl)-pyrrolo[1,2-a]pyrazine-1,4-dione	六氢-3-(苯基甲基)-吡咯并[1,2-a]吡嗪-1,4-二酮	30.48	9.74
32	2,4-dimethyl-benzo[h]quinoline	2,4-二甲基苯并[h]喹啉	2.19	0.70

2.20　红茶提取物

【基本信息】

名称

中文名称：红茶提取物，红茶酊
英文名称：black tea extract

管理状况

GB 2760—2014：N041

性状描述

金黄色液体。

感官特征

香气浓郁，似蜜糖香，又蕴有兰花香，滋味醇厚，味中有香，香中带甜，汤色红艳，叶底嫩软红亮。香气物质比鲜叶明显增加，似有玫瑰花和玳玳花的干花清甜花香，余味带些木香和陈化优质烤烟叶特征的醇厚底韵。

物理性质

溶解性：易溶于水或乙醇。

制备提取方法

从红茶的嫩叶或叶芽中用乙醇提取而得。

阿萨姆红茶、印度的大吉岭红茶、锡兰高地红茶和我国的祁门红茶被称之为世界的四大红茶。此外，我国长江以南的广东、广西、海南和云南等地也有生产。

◆ 作用描述

能提高冠心病患者的血管功能并使冠状动脉硬化症患者恢复健康。也用于食品的保鲜剂、防腐剂和抗氧化剂，适用于各类饮料、冰激凌、糖果、果冻及饼干等。红茶酊用于卷烟可以协调烟香，增加卷烟的自然风味，改进烟气的香味和吸味。

【红茶提取物主成分及含量】

取适量红茶提取物进行气相色谱-质谱分析，记录谱图，按内标法以峰面积计算其含量。红茶提取物主要成分为：咖啡因（88.12%）、乳酸乙酯（8.47%）等成分，所有化学成分及含量详见表 2-20。

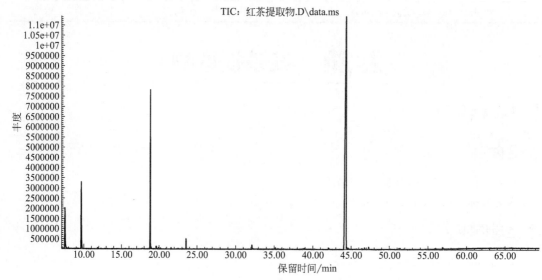

红茶提取物 GC-MS 总离子流图

表 2-20 红茶提取物化学成分含量表

序号	英文名称	中文名称	含量/(μg/g)	相对含量/%
1	ethyl lactate	乳酸乙酯	351.05	8.47
2	propanediol acetate	乙酸丙二醇酯	4.72	0.11
3	1,2-propanediol-2-acetate	1,2-丙二醇-2-乙酯	2.13	0.05
4	benzyl alcohol	苄醇	2.99	0.07
5	2-butanol	2-丁醇	9.97	0.24
6	phenylethyl alcohol	2-苯基乙醇	2.50	0.06
7	N-ethyl succinimide	N-乙基琥珀酰亚胺	5.17	0.12
8	tripropylene glycol methyl ether	三丙二醇甲醚	3.26	0.08
9	butanedioic acid diethyl ester	丁二酸二乙酯	2.70	0.07

续表

序号	英文名称	中文名称	含量/(μg/g)	相对含量/%
10	hexaethylene glycol	六甘醇	36.80	0.89
11	diethyl malate	苹果酸二乙酯	1.87	0.05
12	glutamic acid	谷氨酸	20.36	0.49
13	octoethylene glycol	八甘醇	3.00	0.07
14	dihydroactindiolide	二氢猕猴桃内酯	2.48	0.06
15	γ-pyronene	γ-吡喃酮烯	3.94	0.10
16	5-ethylcyclopent-1-ene-1-carboxylic acid	5-乙基环戊-1-烯-1-羧酸	7.29	0.18
17	caffeine	咖啡因	3652.25	88.12
18	theobromine	可可碱	6.04	0.15
19	palmitic acid	棕榈酸	4.79	0.12
20	ethyl palmitate	棕榈酸乙酯	7.69	0.19
21	ethyl linoleate	亚油酸乙酯	3.30	0.08
22	9-octadecenoic acid	9-十八碳烯酸	1.49	0.04
23	ethyl linolenate	亚麻酸乙酯	3.50	0.08
24	2,6,10,14,18-pentamethyl-2,6,10,14,18-eicosapentaene	2,6,10,14,18-五甲基-2,6,10,14,18-二十碳五烯	2.44	0.06
25	supraene	角鲨烯	2.69	0.06

2.21　红提子提取物

【基本信息】

名称

中文名称：红提子提取物，红提子酊，晚红酊，红地球酊

英文名称：red grape extract

性状描述

红色或紫色液体。

感官特征

具有清香甜润的特征。

物理性质

溶解性：溶于水和乙醇。

制备提取方法

从红提子中用乙醇提取而得。

▶ 原料主要产地

原产于美国加州，中国的产区主要分布在陕西、山西、新疆、河北、东北、云南、甘肃、宁夏、江苏等地。

▶ 作用描述

饭前和酒后服用可起到解酒的作用，经常食用可清除体内自由基，阻止血小板凝聚，防止人身体中的低密度脂蛋白氧化，以及具抗肿瘤等作用。同时，可用作甜味剂，增加甜香的口感。

【红提子提取物主成分及含量】

取适量红提子提取物进行气相色谱-质谱分析，记录谱图，按内标法以峰面积计算其含量。红提子提取物主要成分为：糠醛（21.59%）、山梨酸（17.60%）、5-羟甲基糠醛（14.74%）、1,3-丁二醇（12.08%）、乙酸丙二醇酯（11.75%）、乙酸苏合香酯（6.52%）、叶醇（6.48%）、苯乙醇（5.10%），所有化学成分及含量详见表2-21。

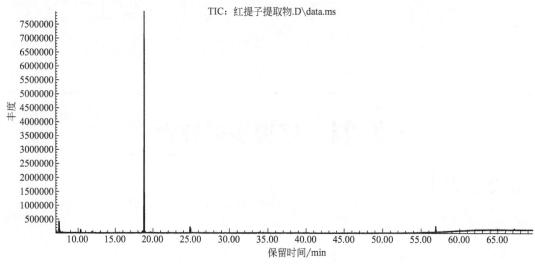

红提子提取物 GC-MS 总离子流图

表 2-21　红提子提取物化学成分含量表

序号	英文名称	中文名称	含量/(μg/g)	相对含量/%
1	ethyl lactate	乳酸乙酯	1.26	4.15
2	furfural	糠醛	6.56	21.59
3	leaf alcohol	叶醇	1.97	6.48
4	propanediol acetate	乙酸丙二醇酯	3.57	11.75
5	sorbic acid	山梨酸	5.35	17.60
6	1,3-butanediol	1,3-丁二醇	3.67	12.08
7	phenylethyl alcohol	苯乙醇	1.55	5.10
8	gardenol	乙酸苏合香酯	1.98	6.52
9	5-hydroxymethylfurfural	5-羟甲基糠醛	4.48	14.74

2.22 胡核桃壳提取物

【基本信息】

名称

中文名称：胡核桃壳提取物，核桃壳酊，山核桃壳酊，羌桃壳酊，黑桃壳酊，胡桃肉壳酊，万岁子壳酊

英文名称：hu walnut shell extract

管理状况

FEMA：3111

FDA：172.510

GB 2760—2014：N123

性状描述

淡棕色透明液体。

感官特征

具有青核桃特有气味。

物理性质

相对密度 d_4^{20}：1.3496～1.3604

含油量：0.25%

pH 值：5

硬度：2.5～4

溶解性：不溶于水，微溶于乙醇。

制备提取方法

将胡核桃壳干燥粉碎，用乙醇回流萃取，过滤减压浓缩即得到胡核桃壳提取物。

原料主要产地

世界各大洲均有自然分布或种植。亚洲主要分布在中国、印度、阿富汗、伊朗、土耳其、朝鲜、韩国、日本、乌兹别克斯坦、吉尔吉斯斯坦及土库曼斯坦等。欧洲从巴尔干半岛的希腊、保加利亚、匈牙利、波兰、奥地利、乌克兰，向北向西到德国、法国、意大利、瑞士、比利时及西班牙等。

作用描述

具有体外抗氧化能力，有效清除自由基，具有抑菌、抗肿瘤等活性。应用于卷烟能够改善卷烟吸味，使烟气醇和，同时可以降低卷烟焦油含量。

【胡核桃壳提取物主成分及含量】

取适量胡核桃壳提取物进行气相色谱-质谱分析，记录谱图，按内标法以峰面积计算其含量。胡核桃壳提取物主要成分为：亚油酸乙酯（15.71%）、丁香醛（8.85%）、香兰素（8.04%）、油酸乙酯（7.95%）、松柏醛（7.47%）、3,5-二甲氧基-4-羟基肉桂醛（5.23%）、3,5-二甲氧基-4-羟基苯乙酸（4.81%）、高香草酸（4.68%），所有化学成分及含量详见表2-22。

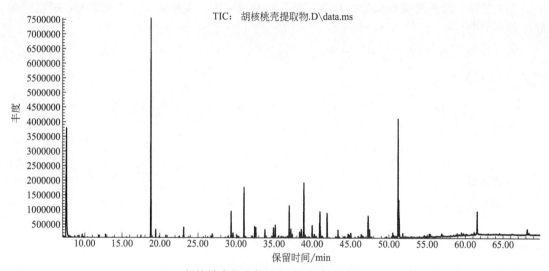

胡核桃壳提取物 GC-MS 总离子流图

表 2-22　胡核桃壳提取物化学成分含量表

序号	英文名称	中文名称	含量/(μg/g)	相对含量/%
1	ethyl glycollate	乙醇酸乙酯	6.92	0.33
2	ethyl lactate	乳酸乙酯	10.92	0.52
3	furfural	糠醛	4.36	0.21
4	propanediol acetate	乙酸丙二醇酯	10.08	0.48
5	2-hydroxy butyric acid ethyl ester	2-羟基正丁酸乙酯	11.47	0.55
6	4-hydroxy butanoic acid	4-羟基丁酸	4.93	0.24
7	maple lactone	槭树内酯	8.60	0.41
8	isobutyric anhydride	异丁酸酐	21.53	1.03
9	gulaiacol	愈创木酚	6.88	0.33
10	maltol	麦芽酚	11.70	0.56
11	ethyl hydrogen succinate	丁二酸单乙酯	7.40	0.35
12	diethyl succinate	琥珀酸二乙酯	25.26	1.21
13	ethyl hydrogen glutarate	戊二酸乙酯	5.29	0.25
14	4-ethyl guiacol	4-乙基-愈创木酚	12.98	0.62
15	syringol	紫丁香醇	89.30	4.27
16	4-hydroxy-benzaldehyde	对羟基苯甲醛	30.92	1.48

续表

序号	英文名称	中文名称	含量/(μg/g)	相对含量/%
17	5-oxotetrahydrofuran-2-carboxylic acid	5-氧代-2-四氢呋喃羧酸	9.60	0.46
18	2,5-dihydroxy propiophenone	2,5-二羟基苯丙酮	7.15	0.34
19	vanillin	香兰素	168.11	8.04
20	2-(tetrahydro-2-furanyl)- piperidine	2-四氢-2-呋喃基-哌啶	11.90	0.57
21	benzoic acid	异香兰酸	43.54	2.08
22	isoeugenol	异丁香酚	39.30	1.88
23	apocynin	香草乙酮	37.71	1.80
24	methyl vanillate	香草酸甲酯	8.05	0.39
25	4-hydroxy- benzeneacetic acid methyl ester	4-羟基苯乙酸甲酯	8.88	0.42
26	1,2-dimethoxy-4-N-propylbenzene	1,2-二甲氧基-4-N-丙烯基苯	10.59	0.51
27	4-propylbiphenyl	4-丙基联苯	13.82	0.66
28	4-hydroxy-3-methoxy-phenylacetylformic acid	4-羟基-3-甲氧苯丙酮酸	19.50	0.93
29	homovanillic acid	高香草酸	97.71	4.68
30	syringealdehyde	丁香醛	184.86	8.85
31	4-butoxy-benzaldehyde	4-丁氧基苯甲醛	8.40	0.40
32	4-(2-propenyl)-2,6-dimethoxyphenol	4-烯丙基-2,6-二甲氧基苯酚	71.77	3.43
33	thiochroman-4-one	硫代色满-4-酮	22.82	1.09
34	butyl-4-isopropylphenylsuccinic acid ester	4-异丙基苯基醇琥珀酸丁酯	8.64	0.41
35	coniferyl aldehyde	松柏醛	156.19	7.47
36	4-hydroxy-3-methoxy-ethyl phenyl propionate	4-羟基-3-甲氧苯丙酸乙酯	6.85	0.33
37	3,5-dimethoxy-4-hydroxyphenylacetic acid	3,5-二甲氧基-4-羟基苯乙酸	100.43	4.81
38	aspidinol	绵马二酚	25.16	1.20
39	diphenylmethane	二苯基甲烷	21.31	1.02
40	hexahydro-3-(2-methylpropyl)-pyrrolo[1,2-a]pyrazine-1,4-dione	六氢-3-(2-甲基丙基)-吡咯并[1,2-a]吡嗪-1,4-二酮	6.49	0.31
41	palmitic acid	棕榈酸	14.74	0.71
42	ethyl palmitate	棕榈酸乙酯	43.37	2.08
43	3,5-dimethoxy-4-hydroxycinnamaldehyde	3,5-二甲氧基-4-羟基肉桂醛	109.33	5.23
44	1-(2,4,6-trihydroxyphenyl)-2-pentanone	1-(2,4,6-三羟基苯基)-2-戊酮	37.07	1.77
45	linoleic acid	亚油酸	12.41	0.59
46	9-octadecenoic acid	9-十八碳烯酸	3.03	0.14
47	ethyl linoleate	亚油酸乙酯	328.32	15.71
48	ethyl oleate	油酸乙酯	166.05	7.95
49	ethyl stearate	硬脂酸乙酯	12.46	0.60
50	9-octadecyne	9-十八炔	5.77	0.28

2.23 葫芦巴提取物

【基本信息】

名称

中文名称：葫芦巴提取物，葫芦巴酊
英文名称：fenugreek extract

管理状况

FEMA：2485
FDA：182.10，182.20
GB 2760—2014：N079

性状描述

黄棕色液体。

感官特征

有特殊药草香气，有焦甜的坚果仁和枫槭糖浆样香气，味焦甜带微苦。

物理性质

相对密度 d_4^{20}：1.1806~1.1814
闪点：154.4℃
沸点：331.6℃
溶解性：易溶于水和乙醇。

制备提取方法

用葫芦巴的成熟种子提取，浓缩即得。

原料主要产地

中国主要分布在黑龙江、吉林、辽宁、河北、河南、安徽、山东、浙江、湖北、四川、贵州、云南、陕西、甘肃以及新疆等地。

作用描述

用于调配香料香精。能抑制卷烟的辛辣刺激性、掩盖杂气、矫正吸味，增加卷烟的焦甜香。

【葫芦巴提取物主成分及含量】

取适量葫芦巴提取物进行气相色谱-质谱分析，记录谱图，按内标法以峰面积计算其含量。葫芦巴提取物主要成分为：亚油酸（30.63%）、亚油酸乙酯（11.25%）、棕榈酸（8.92%）、乙缩醛（8.39%）、色氨酸甲酯（6.75%）、14-甲基-8-十六炔-1-醇（4.83%）、油酸乙酯（3.65％），所有化学成分及含量详见表 2-23。

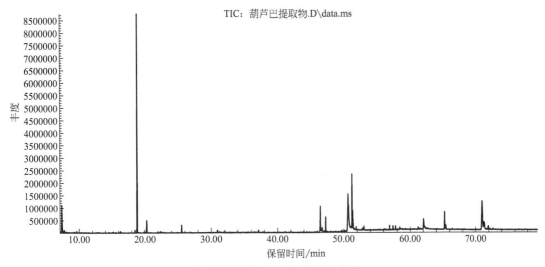

葫芦巴提取物 GC-MS 总离子流图

表 2-23 葫芦巴提取物化学成分含量表

序号	英文名称	中文名称	含量/(μg/g)	相对含量/%
1	acetal	乙缩醛	115.90	8.39
2	2-methyl-2-butenal	2-甲基-2-丁烯醛	8.57	0.62
3	hexanal	己醛	2.77	0.20
4	ethyl lactate	乳酸乙酯	3.56	0.26
5	hexanoic acid	己酸	3.49	0.25
6	4-pyridinol	4-吡啶醇	3.81	0.28
7	pantolactone	泛酰内酯	8.22	0.60
8	1,1-diethoxyhexane	1,1-二乙氧基己烷	2.62	0.19
9	sotolone	葫芦巴内酯	45.77	3.31
10	benzoic acid	苯甲酸	3.89	0.28
11	3-amino-4,5-dimethyl-2(5H)-fura-none	3-氨基-4,5-二甲基-2(5H)-呋喃酮	22.56	1.63
12	2-methyl pyrrolidine	2-甲基吡咯烷	6.54	0.47
13	proline-N-ethoxy carbonyl ethyl ester	脯氨酸-N-乙氧基羰基乙酯	3.92	0.28
14	palmitic acid	棕榈酸	123.22	8.92
15	ethyl palmitate	棕榈酸乙酯	39.30	2.84
16	methyl linoleate	亚油酸甲酯	3.54	0.26
17	phytol	植醇	2.94	0.21
18	linoleic acid	亚油酸	423.10	30.63
19	ethyl linoleate	亚油酸乙酯	155.48	11.25
20	ethyl oleate	油酸乙酯	50.42	3.65
21	ethyl linolenate	亚麻酸乙酯	17.11	1.24
22	ethyl stearate	硬脂酸乙酯	7.27	0.53

续表

序号	英文名称	中文名称	含量/（μg/g）	相对含量/%
23	7-pentadecyne	十五碳-7-炔	6.17	0.45
24	（2-ethyl-1-cyclodecen-1-yl）methyl methyl-ether	（2-乙基-1-环癸烯-1-基)甲基甲醚	5.35	0.39
25	1,3-dioxolane-4-methanol-2-penta-decyl acetate	1,3-二氧杂环戊烷-4-甲醇-2-乙酸十五酯	11.09	0.80
26	3-methylindole	3-甲基吲哚	11.59	0.84
27	15-hydroxypentadecanoic acid	15-羟基十五酸	10.47	0.76
28	3,5-bis（1,1-dimethylethyl)-4-hy-droxy-2,4-cyclohexadien-1-one	3,5-双（1,1-二甲基乙基)-4-羟基-2,4-环己二烯-1-酮	1.63	0.12
29	14-methyl-8-hexadecyn-1-ol	14-甲基-8-十六炔-1-醇	66.78	4.83
30	hexamethyl cyclotrisiloxane	六甲基环丙硅烷	2.40	0.17
31	2-methylpent-3-yl-malonic acid hex-yl ester	2-甲基戊炔基-3-丙二酸己酯	78.08	5.65
32	4-bromophenyl cyclohexane carbox-amide	4-溴苯基环己酰胺	19.91	1.44
33	tryptophanmethyl ester	色氨酸甲酯	93.31	6.75
34	4-amino-3-(4-fluoro phenylcarbamoyl)-isothiazole-5-carboxylic acid	4-氨基-3-(4-氟苯基氨基甲酰基)-异噻唑-5-羧酸	20.68	1.50

2.24　角豆提取物

【基本信息】

▶ 名称

中文名称：角豆提取物
英文名称：carob bean extract

▶ 管理状况

FEMA：2243
FDA：182.20
GB 2760—2014：N175

▶ 性状描述

淡绿色液体。

▶ 感官特征

具有香气自然浓郁，透发力强，属于豆香类天然香料。

▶ 物理性质

溶解性：易溶于水和乙醇。

> **制备提取方法**

从角豆中直接提取。

> **原料主要产地**

原产地中海东部地区，如意大利、西班牙、希腊、以色列、摩洛哥、黎巴嫩等国家，中国仅广州有栽培。

> **作用描述**

性味甘平，健胃补肾，含有蛋白质及多种维生素和微量元素，所含磷脂可促进胰岛素分泌，是糖尿病人的理想食品。可用于各类饮料和食品的调香，牙膏里的增稠剂，用于卷烟可有效改善和增强香气，被认为是天然草本兴奋剂。

【角豆提取物主成分及含量】

取适量角豆提取物进行气相色谱-质谱分析，记录谱图，按内标法以峰面积计算其含量。角豆提取液主要成分为：咖啡因（46.71%）、亚油酸乙酯（16.56%）、亚麻酸乙酯（6.90%）、棕榈酸乙酯（6.67%）、油酸乙酯（5.36%）、棕榈酸（1.90%）、1,3,12-十九碳三烯（1.87%）、香兰素（1.79%），所有化学成分及含量详见表 2-24。

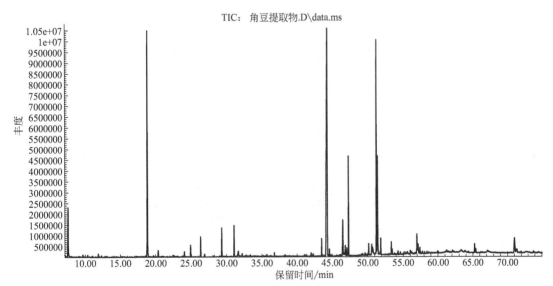

角豆提取物 GC-MS 总离子流图

表 2-24　角豆提取物化学成分含量表

序号	英文名称	中文名称	含量/(μg/g)	相对含量/%
1	ethyl levulinate	乙酰丙酸乙酯	7.98	0.23
2	sorbic acid	山梨酸	15.67	0.45
3	sotolone	葫芦巴内酯	16.37	0.47
4	phenylethyl alcohol	苯乙醇	3.52	0.10
5	styralyl acetate	乙酸苏合香酯	3.32	0.10

续表

序号	英文名称	中文名称	含量/(μg/g)	相对含量/%
6	ethyl maltol	乙基麦芽酚	8.72	0.25
7	5-hydroxymethylfurfural	5-羟甲基糠醛	14.62	0.42
8	diethyl malate	苹果酸二乙酯	39.46	1.14
9	4-ethyl-4H-1,2,4-triazol-3-amine	4-乙基-4H-1,2,4-三唑-3-胺	7.94	0.23
10	diethyl-L-tartrate	酒石酸二乙酯	50.61	1.46
11	vanillin	香兰素	62.05	1.79
12	undecanoic acid ethyl ester	十一酸乙酯	7.61	0.22
13	pinane	蒎烷	29.08	0.84
14	caffeine	咖啡因	1623.24	46.71
15	1-methylbicyclo [6.4.0] dodecan-11-one	1-甲基二环[6.4.0]十二烷-11-酮	16.36	0.47
16	palmitic acid	棕榈酸	65.97	1.90
17	ethyl 9-hexadecenoate	9-十六碳烯酸乙酯	38.60	1.11
18	ethyl palmitate	棕榈酸乙酯	231.83	6.67
19	phytol	植醇	27.01	0.78
20	ethyl linoleate	亚油酸乙酯	575.39	16.56
21	ethyl oleate	油酸乙酯	186.36	5.36
22	ethyl linolenate	亚麻酸乙酯	239.76	6.90
23	ethyl stearate	硬脂酸乙酯	36.68	1.06
24	9,17-octadecadienal	9,17-十八碳二烯醛	45.01	1.30
25	glyceryl monooleate	油酸甘油酯	14.57	0.42
26	linoleicalcohol	亚麻醇	42.72	1.23
27	1,3,12-nonadecatriene	1,3,12-十九碳三烯	65.05	1.87

2.25 津巴布韦烟提取物

【基本信息】

名称

中文名称：津巴布韦烟提取物，津巴布韦烟酊

英文名称：zimbabwe tobacco extract

性状描述

棕褐色液体。

感官特征

具有香气浓郁、醇和，烟香丰满、醇厚，烟气质感强。

> 物理性质

溶解性：易溶于水和丙二醇。

> 制备提取方法

以津巴布韦烟叶为原料，通过超临界二氧化碳萃取技术制备而得。

> 原料主要产地

津巴布韦处于非洲南部，属于热带草原气候，当地日照充足，气温较高且昼夜温差很大，年降水量近 60% 集中于烟草生长季，是最适宜优质烟叶生长的天气，拥有全球同纬度独一无二的花岗岩砂壤土烟田，特别适合烟叶作物的种植。

> 作用描述

用于调配烟用香精。可以明显提升烟草本香，香气清晰，穿透力强，能使卷烟香气丰满、细腻、甜润，能改善卷烟余味，降低刺激性。也可用于调配电子烟油烟液的香精，用量少，效果明显。

【津巴布韦烟提取物主成分及含量】

取适量津巴布韦烟提取物进行气相色谱-质谱分析，记录谱图，按内标法以峰面积计算其含量。津巴布韦烟提取物主要成分为：乳酸乙酯（66.09%）、巨豆三烯酮（6.11%）、苹果酸二乙酯（3.52%）、3-甲基戊酸（2.11%）、莨菪亭（2.05%）、1-丁氧基-2-丙醇（1.57%）、5-羟甲基糠醛（1.44%），所有化学成分及含量详见表 2-25。

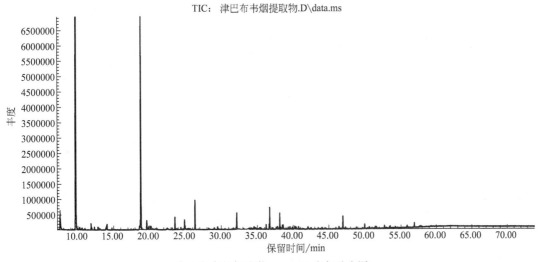

津巴布韦烟提取物 GC-MS 总离子流图

表 2-25 津巴布韦烟提取物化学成分含量表

序号	英文名称	中文名称	含量/(μg/g)	相对含量/%
1	ethyl lactate	乳酸乙酯	1413.16	66.09
2	isovaleric acid	异戊酸	13.43	0.63

续表

序号	英文名称	中文名称	含量/(μg/g)	相对含量/%
3	2-methylbutanoic acid	2-甲基丁酸	9.69	0.45
4	propanediol acetate	乙酸丙二醇酯	18.87	0.88
5	1-hydroxy-2-propylacetate	1-羟基-2-乙酸丙酯	8.25	0.39
6	2-acetylfuran	2-乙酰基呋喃	11.86	0.55
7	3-methylpentanoic acid	3-甲基戊酸	45.21	2.11
8	5-ethyl-2-undecen-4-one	5-乙基-2-十一烯-4-酮	16.05	0.75
9	1-butoxy-2-propanol	1-丁氧基-2-丙醇	33.49	1.57
10	2-butanol	2-丁醇	8.59	0.40
11	4-methoxy-1-butene	4-甲氧基-1-丁烯	8.47	0.40
12	linalool	芳樟醇	9.70	0.45
13	diethyl succinate	琥珀酸二乙酯	5.13	0.24
14	pentaethylene glycol	戊乙二醇	30.28	1.42
15	3-methyl-isothiazole	3-甲基异噻唑	6.26	0.29
16	5-hydroxymethylfurfural	5-羟甲基糠醛	30.70	1.44
17	diethyl malate	苹果酸二乙酯	75.32	3.52
18	nicotine	烟碱	7.17	0.34
19	5-oxo-2-pyrrolidinecarboxylic acid-ethyl ester	5-氧代-2-吡咯烷羧酸乙酯	53.71	2.51
20	3-hydroxy pentanoic acid ethyl ester	3-羟基戊酸乙酯	9.49	0.44
21	megastigmatrienone	巨豆三烯酮	130.55	6.11
22	2,2-dimethyl-6-methylene-cyclo hexane propanol	2,2-二甲基-6-亚甲基环己烷丙醇	11.14	0.52
23	8-methyl-2-undecene	8-甲基-2-十一碳烯	9.94	0.46
24	4-(3-hydroxy-1-butenyl)-3,5,5-trimethyl-2-cyclohexen-1-one	4-(3-羟基丁基)-3,5,5-三甲基-2-环己烯-1-酮	29.16	1.36
25	2-allyl-5-ethoxy-4-methoxy phenol	2-烯丙基-5-乙氧基-4-甲氧基苯酚	8.24	0.39
26	2,4,4-trimethyl-3-(3-oxobutyl) cyclohex-2-enone	2,4,4-三甲基-3-(3-氧代丁基)-2-环己烯酮	11.54	0.54
27	4-(1,1-dimethylethyl)-benzene methanol	4-(1,1-二甲基乙基)-苯甲醇	8.97	0.42
28	3-(3-hydroxybutyl)-2,4,4-trimethyl-2-cyclohexen-1-one	3-(3-羟基丁基)-2,4,4-三甲基-2-环己烯-1-酮	7.94	0.37
29	3,3a,4,7-tetrahydro-2,3,3-trimethyl-pyrazolo[1,5-a]pyridine	2,3,3-三甲基-3,3a,4,7-四氢吡唑并[1,5-a]吡啶	11.92	0.56
30	palmitic acid	棕榈酸	9.17	0.43
31	scopoletin	莨菪亭	43.82	2.05
32	4-fluorobenzaldehyde	4-氟苯甲醛	14.67	0.69
33	4-hydroxy-β-ionone	4-羟基-β-紫罗兰酮	5.51	0.26
34	phytolacetate	乙酸植醇酯	7.83	0.37
35	4-(2,2,6-trimethyl-7-oxabicyclo[4.1.0]heptan-1-yl)-3-buten-2-ol	4-(2,2,6-三甲基-7-氧杂双环[4.1.0]-1-庚烷基)-3-丁烯-2-醇	7.37	0.34

序号	英文名称	中文名称	含量/(μg/g)	相对含量/%
36	4-*t*-butyl propiophone	4-叔丁基苯丙酮	5.58	0.26

2.26　咖啡提取物

【基本信息】

名称

中文名称：咖啡提取物，咖啡酊
英文名称：cocoa extract，coffee tincture

管理状况

FDA：173.290
GB 2760—2014：N064

性状描述

浅黄色液体。

感官特征

具有咖啡的典型香味特征，香气透发，具有焦香而略带有熏香味的余韵，有爽口苦味，带有微酸的口感。

物理性质

溶解性：易溶于水。

制备提取方法

以咖啡树的成熟种子，经干燥除去果皮、果肉和内果皮后，在 180～250℃ 焙烤，冷却，磨成细粒状，用有机溶剂萃取而得。

原料主要产地

主要产于巴西、古巴、哥伦比亚、墨西哥、美国夏威夷、印度尼西亚、埃塞俄比亚、牙买加、秘鲁等地。

作用描述

主要应用在食品、饮料行业领域，可明显增添碳酸饮料诸如可乐型饮料的风味和提高人的精神活力，已被 160 多个国家准许在饮料、冰激凌和一些食品中作为苦味剂使用，在卷烟中使用冷法制取的酊剂效果较好，协调烟香，丰富卷烟吸味。

【咖啡提取物主成分及含量】

取适量咖啡提取物进行气相色谱-质谱分析，记录谱图，按内标法以峰面积计算其含量。

咖啡提取物主要成分为：咖啡因（91.28％）等，所有化学成分及含量详见表2-26。

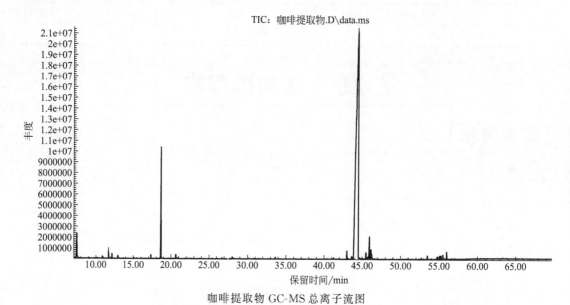

咖啡提取物 GC-MS 总离子流图

表 2-26　咖啡提取物化学成分含量表

序号	英文名称	中文名称	含量/(μg/g)	相对含量/%
1	1,2-propanediol diformate	1,2-丙二醇二甲酸酯	3.88	0.04
2	isovaleric acid	异戊酸	6.90	0.07
3	furylalcohol	糠醇	16.73	0.16
4	propanediol acetate	乙酸丙二醇酯	62.80	0.61
5	1,2-propanediol-2-acetate	1,2-丙二醇-2-乙酯	26.28	0.25
6	2,6-dimethyl pyrazine	2,6-二甲基吡嗪	14.94	0.14
7	γ-butyrolactone	γ-丁内酯	23.07	0.22
8	2,4-dimethyl-1,3-dioxolane-2-methanol	2,4-二甲基-1,3-二氧杂环戊烷-2-甲醇	0.82	0.01
9	phenol	苯酚	4.18	0.04
10	methyl cyclopentenone	甲基环戊烯醇酮	21.66	0.21
11	levulinic acid	乙酰丙酸	3.21	0.03
12	maltol	麦芽酚	19.83	0.19
13	ethyl cyclo penten one	乙基环戊烯醇酮	3.35	0.03
14	1-methyl-1-isopropenyl-cyclo propane	1-甲基-1-异丙烯基环丙烷	4.29	0.04
15	benzoic acid	苯甲酸	6.76	0.07
16	benzeneacetic acid	苯乙酸	4.36	0.04
17	2,6-dihydroxy acetphenone	2,6-二羟基苯乙酮	7.53	0.07
18	2-[(methylthio)methyl]furan	2-[(甲硫基)甲基]-呋喃	4.34	0.04

续表

序号	英文名称	中文名称	含量/(μg/g)	相对含量/%
19	2-methoxy-4-vinylphenol	2-甲氧基-4-乙烯基苯酚	2.46	0.02
20	2-amino-1,5-dihydro-4*H*-imidazol-4-one	2-氨基-1,5-二氢-4*H*-咪唑-4-酮	8.47	0.08
21	2,5-dihydro-2,5-dimethoxy-furan	2,5-二甲氧基-2,5-二氢呋喃	4.30	0.04
22	hexahydro-4-methyl-2*H*-azepin-2-one	4-甲基-六氢-2*H*-氮杂-2-酮	1.70	0.02
23	4-ethylcatechol	4-乙基儿茶酚	7.12	0.07
24	cinnamic acid	肉桂酸	2.16	0.02
25	apocynin	香草乙酮	10.17	0.10
26	1-(4-methylthiophenyl)-2-propanone	1-(4-甲硫基苯基)-2-丙酮	4.95	0.05
27	L-alanyl-L-leucine	L-丙氨酰-L-亮氨酸	5.54	0.05
28	3,6-diisopropylpiperazin-2,5-dione	3,6-二异丙基哌嗪-2,5-二酮	22.28	0.22
29	2-hydroxy-3,5,5-trimethyl-cyclohex-2-enone	2-烃基-3,5,5-三甲基环己基-2-烯酮	31.72	0.31
30	caffeine	咖啡因	9436.99	91.28
31	3,6-bis(2-methylpropyl)-2,5-piperazinedione	3,6-双(2-甲基丙基)-2,5-哌嗪二酮	38.99	0.38
32	hexahydro-3-(2-methylpropyl)-pyrrolo[1,2-*a*]pyrazine-1,4-dione	3-(2-甲基丙基)-六氢吡咯并[1,2-*a*]吡嗪-1,4-二酮	331.10	3.20
33	5-isopropylidene-3,3-dimethyl-dihydrofuran-2-one	5-异亚丙基-3,3-二甲基二氢呋喃-2-酮	33.35	0.32
34	3-benzyl-6-isopropyl-2,5-piperazinedione	3-苄基-6-异丙基-2,5-哌嗪二酮	34.71	0.34
35	cyclo-(L-leucyl-L-phenylalanyl)	环(L-亮氨酰-L-苯丙氨酰)	35.48	0.34
36	1,4-dimethyl-3,3-bis-piperazine-2,5-dione	1,4-二甲基-3,3-双-哌嗪-2,5-二酮	24.74	0.24
37	1-methyl-2-phenyl-1*H*-indole	1-甲基-2-苯基-1*H*-吲哚	5.02	0.05
38	hexahydro-3-(phenylmethyl)-pyrrolo[1,2-*a*]pyrazine-1,4-dione	六氢-3-(苯基甲基)-吡咯并[1,2-*a*]吡嗪-1,4-二酮	62.72	0.61

2.27　可可粉提取物

【基本信息】

▶ 名称

中文名称：可可粉提取物，可可酊，可可粉酊

英文名称：cocoa extract，cocoa tincture

▶ 管理状况

FDA：172.560

GB 2760—2014：N023

➤ 性状描述

棕褐色澄清液体。

➤ 感官特征

具有可可固有的特征香气，带有似香荚兰的豆香底韵。

➤ 物理性质

相对密度 d_4^{20}：1.3524～1.3601
折射率 n_D^{20}：1.4837～1.4917
酸值：29.8

➤ 制备提取方法

可可粉用乙醇浸提后浓缩而得。

➤ 原料主要产地

主产国为加纳、巴西、尼日利亚、科特迪瓦、厄瓜多尔、多米尼加和马来西亚。在我国台湾、海南也有种植。

➤ 作用描述

可以增加卷烟的可可气息与烘烤香气，降低烟气刺激性，丰富烟香，能改善卷烟叶组配方燃吸时刺激大、口感不适的缺陷。

【可可粉提取物主成分及含量】

取适量可可粉提取物进行气相色谱-质谱分析，记录谱图，按内标法以峰面积计算其含量。可可粉提取物主要成分为：香兰素（80.54%）、乙基麦芽酚（10.31%）、咖啡因（3.91%）、可可碱（1.28%），所有化学成分及含量详见表 2-27。

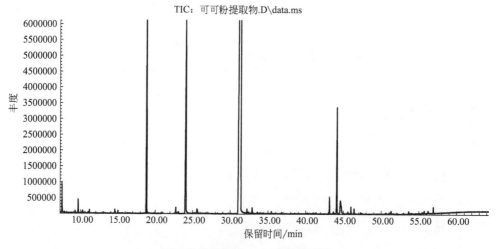

可可粉提取物 GC-MS 总离子流图

表 2-27　可可粉提取物化学成分含量表

序号	英文名称	中文名称	含量/(μg/g)	相对含量/%
1	acetal	乙缩醛	57.11	0.90
2	butanoic acid ethyl ester	丁酸乙酯	4.26	0.07
3	ethyl lactate	乳酸乙酯	24.91	0.39
4	isovaleric acid	异戊酸	7.50	0.12
5	2-methyl-butanoic acid	2-甲基丁酸	2.54	0.04
6	butyraldehyde diethylacetal	丁醛二乙缩醛	6.04	0.10
7	1,1-diethoxy-3-methylbutane	1,1-二乙氧基-3-甲基丁烷	5.98	0.09
8	1,1-diethoxy-2-methylbutane	1,1-二乙氧基-2-甲基丁烷	2.89	0.05
9	benzaldehyde	苯甲醛	5.82	0.09
10	maltol	麦芽酚	2.82	0.04
11	ethyl hydrogen succinate	丁二酸单乙酯	14.40	0.23
12	benzoic acid ethyl ester	苯甲酸乙酯	1.84	0.03
13	diethyl succinate	琥珀酸二乙酯	3.07	0.05
14	ethyl maltol	乙基麦芽酚	652.48	10.31
15	benzeneacetic acid	苯乙酸	10.46	0.17
16	benzeneacetic acid ethyl ester	苯乙酸乙酯	5.33	0.08
17	vanillin	香兰素	5096.34	80.54
18	vanilic acid ethyl ester	香草酸乙酯	2.25	0.04
19	3-methyl 2-undecene	3-甲基-2-十一碳烯	2.10	0.03
20	coniferyl aldehyde	松柏醛	1.97	0.03
21	3,6-diisopropylpiperazin-2,5-dione	3,6-二异丙基哌嗪-2,5-二酮	7.95	0.13
22	hexahydro-3-(2-methylpropyl)-pyrrolo[1,2-a]pyrazine-1,4-dione	六氢-3-(2-甲基丙基)-吡咯并[1,2-a]吡嗪-1,4-二酮	44.59	0.70
23	caffeine	咖啡因	247.14	3.91
24	theobromine	可可碱	81.06	1.28
25	3,3,5,5-tetramethyl-1,2-cyclo pentanedione	3,3,5,5-四甲基-1,2-环戊二酮	4.56	0.07
26	palmitic acid	棕榈酸	12.13	0.19
27	ethyl palmitate	棕榈酸乙酯	2.00	0.03
28	oleic acid	油酸	1.05	0.02
29	ethyl linoleate	亚油酸乙酯	2.31	0.04
30	ethyl oleate	油酸乙酯	4.72	0.07
31	3-benzyl-6-isopropyl-2,5-piperazinedione	3-苄基-6-异丙基-2,5-哌嗪二酮	5.59	0.09
32	hexahydro-3-(phenylmethyl)-pyrrolo[1,2-a]pyrazine-1,4-dione	六氢-3-(苯基甲基)-吡咯并[1,2-a]吡嗪-1,4-二酮	4.52	0.07

2.28　可可壳提取物

【基本信息】

名称

中文名称：可可壳提取物

英文名称：cocoa husk extract

管理状况

FDA：182.20

GB 2760—2014：N024

性状描述

棕褐色澄清液体。

感官特征

具有可可固有的特征香气，带有似香荚兰的豆香底韵。

物理性质

相对密度 d_4^{20}：1.3524～1.3601

折射率 n_D^{20}：1.4837～1.4917

酸值：29.8

制备提取方法

可可壳用乙醇浸提后浓缩而得。

原料主要产地

主产国为加纳、巴西、尼日利亚、科特迪瓦、厄瓜多尔、多米尼加和马来西亚。在我国台湾、海南也有种植。

作用描述

可以增加卷烟的可可气息与烘烤香气，降低烟气刺激性，丰富烟香，能改善卷烟叶组配方燃吸时刺激大、口感不适的缺陷。

【可可壳提取物主成分及含量】

取适量可可壳提取物进行气相色谱-质谱分析，记录谱图，按内标法以峰面积计算其含量。可可壳提取物主要成分为：咖啡因（51.69%）、乳酸乙酯（9.42%）、可可碱（6.70%）、苯乙酸乙酯（4.64%）、琥珀酸单乙酯（3.28%）、丁二酸二乙酯（2.29%）、乙缩醛（2.15%），所有化学成分及含量详见表 2-28。

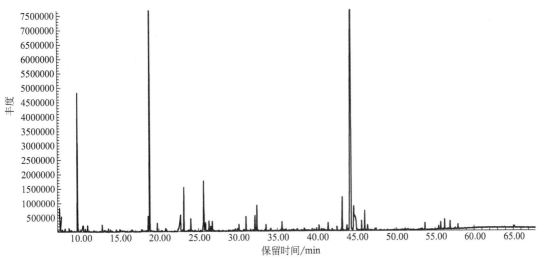

TIC：可可壳提取物.D\data.ms

可可壳提取物 GC-MS 总离子流图

表 2-28　可可壳提取物化学成分含量表

序号	英文名称	中文名称	含量/(μg/g)	相对含量/%
1	acetal	乙缩醛	66.59	2.15
2	ethyl isobutyrate	异丁酸乙酯	6.16	0.20
3	2,3-butanediol	2,3-丁二醇	3.52	0.11
4	ethyl lactate	乳酸乙酯	292.31	9.42
5	isovaleric acid	异戊酸	34.86	1.12
6	2-methylbutanoic acid	2-甲基丁酸	6.73	0.22
7	ethyl isovalerate	异戊酸乙酯	12.28	0.40
8	methoxy acetic acid ethyl ester	甲氧基乙酸乙酯	5.18	0.17
9	paraldehyde	三聚乙醛	5.28	0.17
10	1,1-diethoxy-3-methyl- butane	1,1-二乙氧基-3-甲基丁烷	3.02	0.10
11	2-hydroxy-3-methyl butanoic acid ethyl ester	2-羟基-3-甲基丁酸乙酯	3.13	0.10
12	trimethylpyrazine	2,3,5-三甲基吡嗪	4.14	0.13
13	pantolactone	泛酰内酯	5.67	0.18
14	2-hydroxy ethyl caproate	2-羟基己酸乙酯	32.76	1.06
15	tetramethyl pyrazine	2,3,5,6-四甲基吡嗪	14.09	0.45
16	phenylethyl alcohol	2-苯基乙醇	5.11	0.16
17	benzoic acid	苯甲酸	9.59	0.31
18	ethyl hydrogen succinate	琥珀酸单乙酯	101.66	3.28
19	butanedioic acid diethyl ester	丁二酸二乙酯	71.01	2.29
20	ethyl maltol	乙基麦芽酚	24.37	0.79

续表

序号	英文名称	中文名称	含量/(μg/g)	相对含量/%
21	benzeneacetic acid ethyl ester	苯乙酸乙酯	143.98	4.64
22	ethyl hydrogen malonate	丙二酸氢乙酯	26.80	0.86
23	diethyl malate	苹果酸二乙酯	18.45	0.59
24	pentanedioic acid diethyl ester	戊二酸二乙酯	16.41	0.53
25	ethyl 3-hydroxy-3-methylbutanoate	乙基-3-羟基-3-甲基丁酸酯	3.21	0.10
26	3-methylbutanoic acid 1-methyl ethyl ester	3-甲基丁酸-1-甲基乙基酯	6.75	0.22
27	isobutyl -3-methyl succinic acid pentyl ester	异丁基-3-甲基琥珀酸戊基酯	10.98	0.35
28	vanillin	香兰素	29.30	0.94
29	cinnamic acid	肉桂酸	2.22	0.07
30	5-oxo-2-pyrrolidine carboxylic acid ethyl ester	5-氧代-2-吡咯烷羧酸乙酯	34.33	1.11
31	2-oxo-1-pyrrolidine methyl acetate	2-氧代-1-吡咯烷乙酸甲酯	6.02	0.19
32	massoia lactone	马索亚内酯	22.80	0.74
33	1-octanamine	1-氨基辛烷	8.23	0.27
34	4-hydroxy-benzenepropanoic acid methyl ester	对羟基苯丙酸甲酯	12.71	0.41
35	2,3-dimethyl-1,4-benzenediamine	1,4-二氨基-2,3-二甲基苯	4.06	0.13
36	4-nitrodiphenyl	4-硝基联苯	3.20	0.10
37	glutamic acid diethyl ester	谷氨酸二乙酯	4.40	0.14
38	heptanal	庚醛	13.20	0.43
39	alanyl-L-leucine	丙氨酰-L-亮氨酸	4.77	0.15
40	4-heptylphenol	4-正庚基苯酚	18.50	0.60
41	N-acetyl-L-phenylalanine ethyl ester	N-乙酰-L-苯丙氨酸乙酯	4.24	0.14
42	3-isopropoxy-5-methyl-phenol	3-异丙氧基-5-甲酚	7.82	0.25
43	hexahydro-3-(2-methylpropyl)-pyrrolo[1,2-a]pyrazine-1,4-dione	六氢-3-(2-甲基丙基)吡咯并[1,2-a]吡嗪-1,4-二酮	103.89	3.35
44	1-butyl- hydantoin	1-丁乙内酰脲	14.66	0.47
45	hexanooic acid pyrrolidide	己酸吡咯烷	4.02	0.13
46	caffeine	咖啡因	1603.22	51.69
47	theobromine	可可碱	207.78	6.70
48	5, 10-Diethoxy-2, 3, 7, 8-tetrahydro-1H, 6H-dipyrrolo[1,2-a;1,2-d]pyrazine	5,10-二乙氧基-2,3,7,8-四氢-1H,6H-二吡咯并[1,2-a;1,2-d]吡嗪	9.93	0.32
49	1,1-(1,2-ethanediyl)bis-cyclohexane	1,1-(1,2-乙二基)双-环己烷	3.75	0.12
50	3-benzyl-6-isopropyl-2,5-piperazinedione	3-苄基-6-异丙基-2,5-哌嗪二酮	16.19	0.52
51	cyclo-(L-leucyl-L-phenylalanyl)	环(L-亮氨酰-L-苯丙氨酰)	7.81	0.25
52	3,5-difluorobenzoyl chloride	3,5-二氟苄酰氯	16.16	0.52

序号	英文名称	中文名称	含量/(μg/g)	相对含量/%
53	3,6-bis(phenylmethyl)-2,5-piperazin edione	3,6-双（苯甲基)-2,5-哌嗪二酮	4.65	0.15

2.29　可乐果提取物

【基本信息】

名称

中文名称：可乐果提取物，红可拉酊，柯拉果酊
英文名称：kola nut extract

管理状况

FEMA：2607
FDA：182.20
GB 2760—2014：N155

性状描述

红棕色液体。

感官特征

有特殊香气，略带苦味。

物理性质

熔点：238℃
溶解性：溶于水、乙醇、氯仿、丙酮等。

制备提取方法

由可乐果的种子或果实焙炒后，用乙醇抽提而得。

原料主要产地

可乐果现栽培于西非、牙买加、巴西、印度、加纳等。我国广州、海南、云南的西双版纳有少量栽培。

作用描述

可乐果提取物是清凉饮料的基本成分之一，可作食物的调味品。添加到卷烟中，可以增加圆润的坚果香，提升香气度，掩盖杂气，改善口感。

【可乐果提取物主成分及含量】

取适量可乐果提取物进行气相色谱-质谱分析，记录谱图，按内标法以峰面积计算其含

量。可乐果提取物主要成分为：咖啡因（95.57%）等，所有化学成分及含量详见表 2-29。

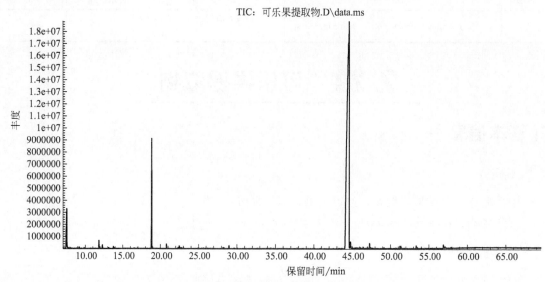

可乐果提取物 GC-MS 总离子流图

表 2-29　可乐果提取物化学成分含量表

序号	英文名称	中文名称	含量/(μg/g)	相对含量/%
1	2-ethoxy-1-propanol	2-乙氧基-1-丙醇	8.10	0.09
2	methyl propyl ether	甲基丙基醚	4.29	0.05
3	2,3-dimethyl-oxirane	2,3-二甲基环氧乙烷	39.47	0.42
4	1,2-propanediol-2-acetate	1,2-丙二醇-2-乙酯	18.25	0.19
5	2,6-dimethyl-pyrazine	2,6-二甲基吡嗪	2.97	0.03
6	γ-butyrolactone	γ-丁内酯	5.10	0.05
7	2,4-dimethyl-1,3-dioxolane-2-metha-nol	2,4-二甲基-1,3-二氧杂环戊烷-2-甲醇	14.19	0.15
8	1-(2-methoxy-1-methylethoxy)-2-propanol	1-(2-甲氧基-1-甲基乙氧基)-2-丙醇	1.88	0.02
9	maltol	麦芽酚	19.72	0.21
10	1-[1-methyl-2-(2-propenyloxy)ethoxy]-2-propanol	1-[1-甲基-2-(2-丙烯氧基)乙氧基]-2-丙醇	16.98	0.18
11	dipropyleneglycol butoxyether	二丙二醇丁醚	12.71	0.14
12	4-methyl-2-oxotetrahydropyran-4-yl ester acetic acid	4-甲基-2-氧代四氢吡喃-4-醇乙酸酯	7.06	0.08
13	5-hydroxymethylfurfural	5-羟甲基糠醛	1.22	0.01
14	glutaric acid Nonyl undecyl ester	戊二酸壬基十一烷基酯	2.35	0.02
15	allyl isothiocyanate	异硫氰酸烯丙酯	6.90	0.07
16	ethyl levulinate	乙酰丙酸乙酯	4.39	0.05
17	3-(acetyloxy)-2-(hydroxymethyl)-propanoic acid ethyl ester	3-(乙酰氧基)-2-(羟基甲基)丙酸乙酯	10.33	0.11
18	decanamine	癸胺	2.86	0.03

序号	英文名称	中文名称	含量/(μg/g)	相对含量/%
19	isopropyl isothiocyanate	异硫氰酸异丙酯	2.93	0.03
20	2,4-bis(1,1-dimethylethyl)-phenol	2,4-二叔丁基苯酚	3.14	0.03
21	2-methylcyclohex-1-enylmethyl fumaric acid pentadecyl ester	2-甲基环己基-1-烯甲基富马酸十五酯	2.96	0.03
22	p-hydroxycinnamic acid ethyl ester	对羟基肉桂酸乙酯	4.03	0.04
23	4,5,6,7-tetramethyl-2H-isoindole	4,5,6,7-四甲基-2H-异吲哚	2.91	0.03
24	caffeine	咖啡因	8996.15	95.57
25	theobromine	可可碱	75.48	0.80
26	palmitic acid	棕榈酸	6.13	0.07
27	scopoletin	莨菪亭	3.15	0.03
28	ethyl palmitate	棕榈酸乙酯	19.37	0.21
29	6-chloro-2-(4-methoxyphenyl)-imidazolo[1,2-a]pyridine	6-氯-2-(4-甲氧基苯基)咪唑并[1,2-a]吡啶	2.75	0.03
30	7-hydroxy cadalene	7-羟基卡达烯	2.40	0.03
31	8-amino-6-methoxyquinoline	8-氨基-6-甲氧基喹啉	2.84	0.03
32	ethyl linoleate	亚油酸乙酯	7.68	0.08
33	ethyl oleate	油酸乙酯	8.32	0.09
34	ethyl linolenate	亚麻酸乙酯	4.77	0.05
35	2-hydroxy-1-(hydroxymethyl) hexadecanoic acid ethyl ester	2-羟基-1-(羟甲基)十六烷酸乙酯	10.86	0.12
36	3-hydroxy oleic acid propyl ester	3-羟基油酸丙酯	4.78	0.05
37	4-(4-methoxyphenoxy)-1,2,5-oxadiazol-3-amine	4-(4-甲氧基苯氧基)-1,2,5-噁二唑-3-胺	8.04	0.09
38	2-ethyl acridine	2-乙基吖啶	3.23	0.03

2.30　梨子提取物

【基本信息】

名称

中文名称：梨子提取物，梨酊，雪梨酊，白梨酊，沙梨酊，秋子梨酊

英文名称：pear extract

性状描述

褐色液体。

感官特征

口味甘甜，核味微酸，性凉，微酸、微寒，微带焦香。

⊙ 物理性质

溶解性：溶于水和乙醇。

⊙ 制备提取方法

95％乙醇回流提取梨子果实而得。

⊙ 原料主要产地

中国种植最多，分布在中国华北、东北、西北及长江流域各省区。

⊙ 作用描述

清热化痰，润肺止咳，净化人体器官，存储钙营养，软化血管。添加到卷烟中可明显增加烟香、改善余味、减轻苦涩味。

【梨子提取物主成分及含量】

取适量梨子提取物进行气相色谱-质谱分析，记录谱图，按内标法以峰面积计算其含量。梨子提取物主要成分为：苹果酸二乙酯（27.44％）、5-羟甲基糠醛（10.44％）、亚油酸乙酯（9.23％）、糠醛（7.77％）、乳酸乙酯（6.48％）、棕榈酸乙酯（6.28％）、丁二酸二乙酯（4.15％）、烯丙基乙硫醚（3.47％），所有化学成分及含量详见表 2-30。

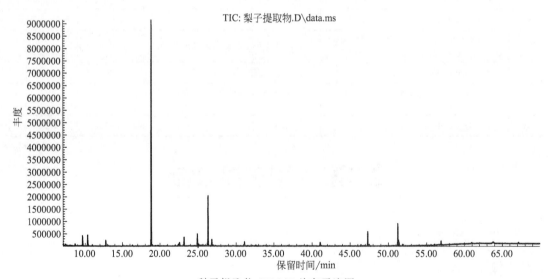

梨子提取物 GC-MS 总离子流图

表 2-30　梨子提取物化学成分含量表

序号	英文名称	中文名称	含量/(μg/g)	相对含量/%
1	acetal	乙缩醛	4.53	0.91
2	ethyl glycollate	乙醇酸乙酯	6.42	1.28
3	ethyl lactate	乳酸乙酯	32.44	6.48
4	furfural	糠醛	38.90	7.77
5	furylalcohol	糠醇	3.77	0.75

序号	英文名称	中文名称	含量/(μg/g)	相对含量/%
6	2-acetylfurane	2-乙酰呋喃	1.56	0.31
7	5-methyl-2-furancarboxaldehyde	5-甲基糠醛	2.26	0.45
8	hexanoic acid ethyl ester	己酸乙酯	2.40	0.48
9	2-methylfuroate	2-糠酸甲酯	0.99	0.20
10	benzoic acid	苯甲酸	7.24	1.45
11	ethyl hydrogen succinate	丁二酸单乙酯	15.99	3.20
12	diethyl succinate	丁二酸二乙酯	20.78	4.15
13	5-hydroxy methyl furfural	5-羟甲基糠醛	52.23	10.44
14	3-ethyl-3-heptene	3-乙基-3-庚烯	7.03	1.41
15	benzeneacetic acid ethyl ester	苯乙酸乙酯	3.53	0.71
16	2-butyryl thiophene	2-丁酰噻吩	6.01	1.20
17	diethyl malate	苹果酸二乙酯	137.30	27.44
18	allyl ethyl sulfide	烯丙基乙硫醚	17.37	3.47
19	vanillin	香兰素	3.20	0.64
20	3-ethyl-3-hexene	3-乙基-3-己烯	9.43	1.88
21	isoeugenol	异丁香酚	2.43	0.49
22	3-nitro-pyrimidine-2,4(1H,3H)-di-one	3-硝基嘧啶-2,4(1H,3H)-二酮	1.56	0.31
23	4-(-3-hydroxy-1-propenyl)-2-methoxyphenol	4-(-3-羟基-1-丙烯基)-2-甲氧基苯酚	13.02	2.60
24	palmitic acid	棕榈酸	3.70	0.74
25	palmitoleic acid	棕榈油酸	1.27	0.25
26	ethyl palmitate	棕榈酸乙酯	31.43	6.28
27	desaspidinol	去甲绵马酚	4.72	0.94
28	ethyl linoleate	亚油酸乙酯	46.20	9.23
29	ethyl oleate	油酸乙酯	11.42	2.28
30	ethyl linolenate	亚麻酸乙酯	5.95	1.19
31	ethyl stearate	硬脂酸乙酯	2.76	0.55
32	eicosanoic acid ethyl ester	二十酸乙酯	2.50	0.50

2.31　李子提取物

【基本信息】

名称

中文名称：李子提取物，嘉庆子提取物

英文名称：plum extract

⊙ 性状描述

红棕色液体。

⊙ 感官特征

味苦甘酸、微寒。

⊙ 物理性质

溶解性：溶于水和乙醇。

⊙ 制备提取方法

用乙醇回流提取李子的果实而得。

⊙ 原料主要产地

主要产地为广东、广西、福建，四川、湖南、湖北、河南、黑龙江、辽宁、吉林也有大面积种植，此外，陕西、甘肃、新疆、内蒙古及江苏、浙江等省区均有栽培。

⊙ 作用描述

具有清肝散热，生津利水，活血破瘀的功效。具有美容养颜、润滑肌肤的作用，李子中抗氧化剂含量高得惊人，堪称是抗衰老、防疾病的"超级水果"。

【李子提取物主成分及含量】

取适量李子提取物进行气相色谱-质谱分析，记录谱图，按内标法以峰面积计算其含量。李子提取物主要成分为亚油酸乙酯（17.46%）、亚麻酸乙酯（17.11%）、棕榈酸乙酯（16.21%）、5-羟甲基糠醛（9.81%）、苹果酸二乙酯（7.48%）、2-甲基-2-戊烯酸（5.14%）、乳酸乙酯（4.39%）、山梨酸（4.29%），所有化学成分及含量详见表 2-31。

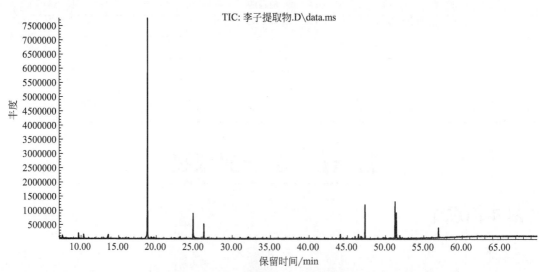

李子提取物 GC-MS 总离子流图

表 2-31 李子提取物化学成分含量表

序号	英文名称	中文名称	含量/(μg/g)	相对含量/%
1	ethyl lactate	乳酸乙酯	19.08	4.39
2	furfural	糠醛	10.08	2.32
3	2-methyl-2-pentenoic acid	2-甲基-2-戊烯酸	22.34	5.14
4	5-methyl-2-furancarboxaldehyde	5-甲基糠醛	3.12	0.72
5	hexanoic acid	己酸	2.21	0.51
6	3,5-dimethyl-dihydro-2（3H）-fura-none	3,5-二甲基-2(3H)-二氢呋喃酮	2.46	0.57
7	hexanoic acid ethyl ester	己酸乙酯	1.71	0.39
8	sorbic acid	山梨酸	18.62	4.29
9	2,5-furandicarboxaldehyde	2,5-二甲酰基呋喃	6.95	1.60
10	benzoic acid	苯甲酸	1.93	0.44
11	butanedioic acid diethyl ester	丁二酸二乙酯	4.23	0.97
12	5-hydroxymethylfurfural	5-羟甲基糠醛	42.61	9.81
13	diethyl malate	苹果酸二乙酯	32.48	7.48
14	caffeine	咖啡因	10.70	2.46
15	ethyl 13-methyl-tetradecanoate	13-甲基十四烷醇乙酸酯	1.61	0.37
16	hexadecanoic acid methyl ester	棕榈酸甲酯	2.13	0.49
17	palmitic acid	棕榈酸	15.01	3.46
18	dibutyl phthalate	邻苯二甲酸二丁酯	5.03	1.16
19	ethyl 9-hexadecenoate	9-十六碳烯酸乙酯	4.61	1.06
20	ethyl palmitate	棕榈酸乙酯	70.40	16.21
21	heptadecanoic acid ethyl ester	十七酸乙酯	1.39	0.32
22	ethyl linoleate	亚油酸乙酯	75.84	17.46
23	ethyl linolenate	亚麻酸乙酯	74.32	17.11
24	ethyl stearate	硬脂酸乙酯	5.49	1.26

2.32 灵香草提取物

【基本信息】

名称

中文名称：灵香草提取物，香草酊，佩兰酊，排草酊

英文名称：*Lysimachia foenum-graecum* extract

▶ 性状描述

黄色澄清液体。

▶ 感官特征

有灵香草的特征香气，香味馥郁清雅。

▶ 物理性质

溶解性：溶于水和乙醇。

▶ 制备提取方法

用酒精提取植物灵香草，而后浓缩制得。

▶ 原料主要产地

原产于地中海沿岸、欧洲各地及大洋洲列岛，而后被广泛种于英国等。我国主产于广西、广东、云南、四川、贵州、湖北、台湾等地。

▶ 作用描述

用于感冒头痛、牙痛、咽喉肿痛、胸满腹胀、蛔虫病。全草含芳香油及类似于香豆素类物质，是提炼香精的配料。用于卷烟中可增强烟香，改善口感，柔和烟气。同时也可用于饮料的调味剂和牙膏香皂的添加剂。

【灵香草提取物主成分及含量】

取适量灵香草提取物进行气相色谱-质谱分析，记录谱图，按内标法以峰面积计算其含量。灵香草提取物主要成分为：乙缩醛（49.26％）、葫芦巴内酯（16.62％）、2-甲基吡咯烷（3.29％）、棕榈酸（2.77％）、亚麻酸甲酯（2.63％）、安息香酸苄酯（1.72％）、亚麻酸乙酯（1.72％），所有化学成分及含量详见表 2-32。

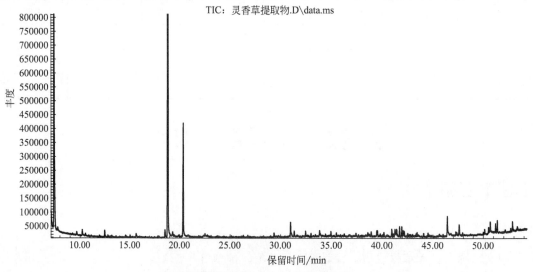

灵香草提取物 GC-MS 总离子流图

表 2-32　灵香草提取物化学成分含量表

序号	英文名称	中文名称	含量/(μg/g)	相对含量/%
1	acetal	乙缩醛	111.05	49.26
2	2-methyl-2-thiazolidine	2-甲基-2-噻唑烷	2.05	0.91
3	1-(1-methylethoxy)-butane	(1-甲基乙氧基)-丁烷	2.13	0.94
4	pantolactone	泛酰内酯	3.01	1.34
5	3-phenoxypropionic acid	3-苯氧基丙酸	2.05	0.91
6	sotolone	葫芦巴内酯	37.47	16.62
7	2,6-dimethoxy-phenol	2,6-二甲氧基苯酚	1.23	0.55
8	2-methyl pyrrolidine	2-甲基吡咯烷	7.41	3.29
9	1,2,4-trimethoxy benzene	1,2,4-三甲氧基苯	1.52	0.67
10	2,2,7-trimethyl-octa-5,6-dien-3-one	2,2,7-三甲基辛烷-5,6-二烯-3-酮	1.31	0.58
11	1-(2,6-dihydroxy-4-methoxyphenyl)-ethanone	1-(2,6-二羟基-4-甲氧基苯基)乙酮	1.56	0.69
12	dihydroactinidiolide	二氢猕猴桃内酯	1.19	0.53
13	3,5-dimethoxy-4-hydroxy benzaldehyde	3,5-二甲氧基-4-羟基苯甲醛	1.67	0.74
14	2,4-dimethyl-5-ethoxycarbonylpyrrol-3-carboxylic acid	2,4-二甲基-5-乙氧基羰基吡咯-3-羧酸	1.67	0.74
15	2-amino-4-(2-methylpropenyl)-pyrimidin-5-carboxylic acid	2-氨基-4-(2-甲基丙烯基)-嘧啶-5-羧酸	2.11	0.94
16	acetosyringone	乙酰丁香酮	2.66	1.18
17	ligustilide	川芎内酯	3.43	1.52
18	4-methyl-5H-indeno[1,2-b]pyridine	4-甲基-5H-茚并[1,2-b]吡啶	3.69	1.64
19	3-amino-4-methoxybenzoic acid	3-氨基-4-甲氧基苯甲酸	3.12	1.38
20	benzyl benzoate	安息香酸苄酯	3.88	1.72
21	4-acetyl-3-carene	4-乙酰基-3-蒈烯	2.35	1.04
22	1-methyl-4-piperidinemethanol	1-甲基-4-哌啶甲醇	1.16	0.51
23	palmitic acid	棕榈酸	6.24	2.77
24	2-methoxy-4,5-methylenedioxybenzaldehyde	2-甲氧基-4,5-亚甲二氧基苯甲醛	4.63	2.05
25	phytol	植醇	1.94	0.86
26	cyclodecene	环癸烯	2.47	1.10
27	linolenic acid methyl ester	亚麻酸甲酯	5.94	2.63
28	ethyl linoleate	亚油酸乙酯	2.61	1.16
29	ethyl linolenate	亚麻酸乙酯	3.88	1.72

2.33　罗望子提取物

【基本信息】

名称

中文名称：罗望子提取物，酸角酊，酸豆酊，罗望子酊

英文名称：tamarind extract

管理状况

FDA：182.20

GB 2760—2014：N317

性状描述

红褐色液体。

感官特征

果香、酸甜香韵，令人愉快的香味。

物理性质

味觉阈值：0.35%

溶解性：溶于水。

制备提取方法

以罗望子果实为原料，除去种子，晒干粗粉水提取加工而成。

原料主要产地

原产于东部非洲，现已被引种到亚洲热带地区、拉丁美洲和加勒比海地区。主要产于埃及、印度、斯里兰卡等地。我国海南、福建、台湾、广西、广东、四川等地均有分布。

作用描述

清热解暑，消食化积。用于中暑，食欲不振，小儿疳积，妊娠呕吐。在食品领域主要用来做调味品、饮料、果酱等，乃药食兼用之良品。在卷烟中可用于湿润烟气，降低刺激，丰富烟香。

【罗望子提取物主成分及含量】

取适量罗望子提取物进行气相色谱-质谱分析，记录谱图，按内标法以峰面积计算其含量。罗望子提取物主要成分为：酒石酸二乙酯（35.20%）、5-羟甲基糠醛（23.09%）、苹果酸二乙酯（17.89%）、糠醛（3.27%）、甲基苯甲醇（2.29%）、乙酰丙酸乙酯（1.93%）、2,5-二甲酰基呋喃（1.82%）、乳酸乙酯（1.39%），所有化学成分及含量详见表2-33。

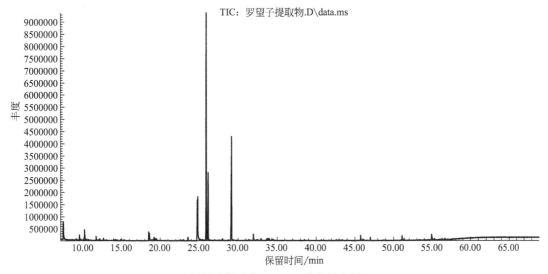

罗望子提取物 GC-MS 总离子流图

表 2-33　罗望子提取物化学成分含量表

序号	英文名称	中文名称	含量/(μg/g)	相对含量/%
1	1-methoxy-2-methylpropane	1-甲氧基-2-甲基丙烷	5.20	0.39
2	ethyl lactate	乳酸乙酯	18.43	1.39
3	furfural	糠醛	43.45	3.27
4	propanediol acetate	乙酸丙二醇酯	14.78	1.11
5	1,2-propanediol-2-acetate	1,2-丙二醇-2-乙酯	6.87	0.52
6	3-hydroxy-butanoic acid ethyl ester	3-羟基丁酸乙酯	8.86	0.67
7	ethoxycitronellal	乙氧基香茅醛	3.01	0.23
8	2-butyl-4-methyl-1,3-dioxolane	2-丁基-4-甲基-1,3-二氧杂环戊烷	1.70	0.13
9	5-methyl-2-Furancarboxaldehyde	5-甲基糠醛	4.96	0.37
10	2-acetylfuran	2-乙酰基呋喃	2.59	0.20
11	ethyl levulinate	乙酰丙酸乙酯	25.58	1.93
12	1-fenylethanol	甲基苯甲醇	30.36	2.29
13	2,5-furandicarboxaldehyde	2,5-二甲酰基呋喃	24.14	1.82
14	2-(1-oxo-2-hydroxyethyl)furan	2-(1-氧代-2-羟乙基)呋喃	15.56	1.17
15	6-nonen-1-ol	6-壬烯-1-醇	3.82	0.29
16	butanedioic acid diethyl ester	丁二酸二乙酯	2.25	0.17
17	gardenol	乙酸苏合香酯	9.99	0.75
18	5-hydroxymethylfurfural	5-羟甲基糠醛	306.47	23.09
19	diethyl malate	苹果酸二乙酯	237.48	17.89
20	2-methyl-propanoic acid 1-phenylethyl ester	2-甲基丙酸-1-苯乙酯	7.37	0.56
21	diethyl tartrate	酒石酸二乙酯	467.16	35.20
22	α-damascone	α-大马酮	2.24	0.17

续表

序号	英文名称	中文名称	含量/(μg/g)	相对含量/%
23	methyl L-pyroglutamate	焦谷氨酸甲酯	15.51	1.17
24	3,4,4-trimethoxy-2,5-cyclohexadien-1-one	3,4,4-三甲氧基-2,5-环己二烯-1-酮	2.96	0.22
25	3,4,5-trihydroxybenzhydrazide	3,4,5-三羟基苯甲酰肼	4.18	0.31
26	3-ethoxy-1H-isoindole	3-乙氧基-1H-异吲哚	4.74	0.36
27	4-(1-methylethoxy)-1-butanol	4-(1-甲基乙氧基)-1-丁醇	4.97	0.37
28	3-hydroxypentanoic acid ethyl ester	3-羟基戊酸乙酯	7.53	0.57
29	3-m-aminobenzoyl-2-methyl-propionic acid	3-间氨基苯甲酰基-2-甲基丙酸	2.51	0.19
30	benzyl benzoate	苯甲酸苄酯	2.07	0.16
31	4-aminobenzoic acid	对氨基苯甲酸	3.19	0.24
32	2,6-dimethyl-3,5-heptanedione	2,6-二甲基-3,5-庚二酮	2.75	0.21
33	palmitic acid	棕榈酸	6.40	0.48
34	ethyl palmitate	棕榈酸乙酯	6.35	0.48
35	ethyl linoleate	亚油酸乙酯	1.46	0.11
36	ethyl oleate	油酸乙酯	11.79	0.89
37	m-phenethyl benzonitrile	间苯乙基苯甲腈	4.30	0.32
38	methyl dehydroabietate	脱氢枞酸甲酯	4.29	0.32

2.34 麦芽提取物

【基本信息】

▶ 名称

中文名称：麦芽提取物，麦芽浸膏

英文名称：malt extract

▶ 管理状况

FDA：184.1445

▶ 性状描述

黄色至棕色黏稠透明的液体。

▶ 感官特征

味甜，呈麦芽糖特殊风味。

▶ 物理性质

相对密度 d_4^{20}：0.9780～0.9880

折射率 n_D^{20}：1.5530～1.5600

溶解性：微溶于水，易溶于乙醇、乙醚和氯仿。

▶ 制备提取方法

由淀粉质原料加热糊化后加干麦芽，用其中的淀粉酶进行控制糖化，然后压滤，用二氧化硫漂白，再真空浓缩而成。

▶ 原料主要产地

在全球各地均有分布，在我国主要分布在长江流域、黄河流域和青藏高原。

▶ 作用描述

用做食品工业的营养甜味剂、着色剂、酶、增香剂、稳定剂、增稠剂和组织改进剂。在食品中起到提升口感、增加香气、持久留香、优化成色、增加脆感、提高营养价值、延长货架期等作用。用于卷烟中可以增加烟香、增强甜润感，降低刺激性。

【麦芽提取物主成分及含量】

取适量麦芽提取物进行气相色谱-质谱分析，记录谱图，按内标法以峰面积计算其含量。麦芽提取物主要成分为：香兰素（62.77%）、麦芽酚（32.81%）、香兰素丙二醇缩醛（2.09%）、甲基环戊烯醇酮（1.90%），所有化学成分及含量详见表2-34。

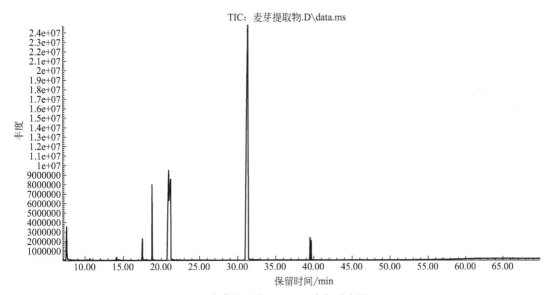

麦芽提取物 GC-MS 总离子流图

表 2-34　麦芽提取物化学成分含量表

序号	英文名称	中文名称	含量/(μg/g)	相对含量/%
1	pentanediol	戊二醇	2.76	0.01
2	furfural	糠醛	7.07	0.04
3	oxazolidin-2-one	2-唑烷酮	10.51	0.06
4	octanal propyleneglycol acetal	辛醛丙二醇缩醛	1.59	0.01

序号	英文名称	中文名称	含量/(μg/g)	相对含量/%
5	propylene glycol ester	丙二醇酯	4.53	0.02
6	1,2-propanediol-2-acetate	1,2-丙二醇-2-乙酯	2.72	0.01
7	2-butyl-4-methyl-1,3-dioxolane	2-丁基-4-甲基-1,3-二氧杂环戊烷	16.92	0.09
8	ethoxycitronellal	乙氧基香茅醛	8.13	0.04
9	octanal propyleneglycolacetal	辛醛丙二醇缩醛	3.54	0.02
10	2-ethyl-4-methyl-1,3-dioxolane	2-乙基-4-甲基-1,3-二氧杂环戊烷	1.74	0.01
11	3-methyl-1,2-cyclopentanedione	3-甲基-1,2-环戊二酮	3.14	0.02
12	methyl cyclopentenlone	甲基环戊烯醇酮	354.49	1.90
13	strawberry furanone	草莓呋喃酮	2.79	0.01
14	maltol	麦芽酚	6126.28	32.81
15	5-hydroxymethylfurfural	5-羟甲基糠醛	3.46	0.02
16	butanoic acid propyl ester	丁酸丙酯	1.95	0.01
17	vanillin	香兰素	11719.73	62.77
18	1-(4-hydroxy-3-methoxyphenyl)-2-propanone	1-(4-羟基-3-甲氧基苯)-2-丙酮	1.89	0.01
19	vanillin propylene glycol acetal	香兰素丙二醇缩醛	391.10	2.09
20	palmitic acid	棕榈酸	5.17	0.03

2.35　梅子提取物

【基本信息】

名称

中文名称：梅子提取物，青梅酊，梅子酊，酸梅酊

英文名称：plum extract

性状描述

棕色黏稠油。

感官特征

具有酸中带甜的香味。

物理性质

溶解性：易溶于水和乙醇。

制备提取方法

将梅子果实去核，然后搅碎，用乙醇萃取，滤去不溶物。

🔹 **原料主要产地**

原产中国，广泛分布于广东、江苏、浙江、云南、福建、湖南、台湾等地，以长江流域以南各省最多，河南南部也有少数品种，某些品种已在华北引种成功。日本、韩国和朝鲜也有大量栽培。

🔹 **作用描述**

敛肺止咳，生津止渴，涩肠止泻，安蛔。提取物生津回甜，赋予卷烟清新自然的酸香和果香、改善杂气和余味、提升抽吸品质。

【梅子提取物主成分及含量】

取适量梅子提取物进行气相色谱-质谱分析，记录谱图，按内标法以峰面积计算其含量。梅子提取物主要成分为：5-羟甲基糠醛（70.53％）、糠醛（20.57％）、2,5-二甲酰基呋喃（2.38％）、2-糠酸甲酯（1.38％）、5-甲基糠醛（1.07％）、香兰素（1.07％），所有化学成分及含量详见表 2-35。

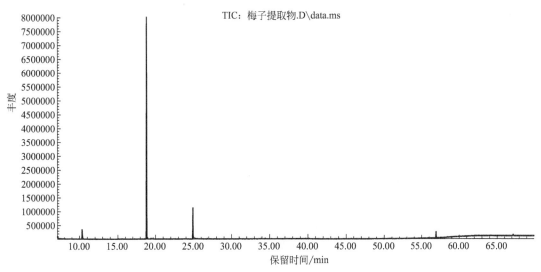

梅子提取物 GC-MS 总离子流图

表 2-35　梅子提取物化学成分含量表

序号	英文名称	中文名称	含量/(μg/g)	相对含量/％
1	furfural	糠醛	36.47	20.57
2	5-methylfurfural	5-甲基糠醛	1.90	1.07
3	2,3,4-trimethylhexane	2,3,4-三甲基己烷	1.28	0.72
4	2,5-furan dicarboxaldehyde	2,5-二甲酰基呋喃	4.22	2.38
5	2-methylfuroate	2-糠酸甲酯	2.44	1.38
6	5-hydroxymethylfurfural	5-羟甲基糠醛	125.07	70.53
7	dodecane	十二烷	1.34	0.76

序号	英文名称	中文名称	含量/(μg/g)	相对含量/%
8	vanillin	香兰素	1.90	1.07
9	octadecane	正十八烷	1.10	0.62
10	3,5-bis(1,1-dimethylethyl) phenol	3,5-二叔丁基苯酚	1.60	0.90

2.36 苹果提取物

【基本信息】

名称

中文名称：苹果提取物

英文名称：apple extract

性状描述

橘黄色澄清液体。

感官特征

苹果味甜，中等酸度，清香。

物理性质

溶解性：易溶于水和乙醇。

制备提取方法

苹果去籽后磨成汁，然后用有机溶剂萃取，滤去不溶物而得。

原料主要产地

原产地中国，陕西、河北、山东、甘肃、青海和新疆等地有广泛栽培。

作用描述

主治热病口渴，肺燥咳嗽等。美容佳品，既能减肥，又可使皮肤润滑柔嫩，苹果中的维生素 C 是心血管的保护神，能够降低胆固醇、预防癌症、强化骨骼；在卷烟中能够使烟气细腻柔和，口感生津，降低卷烟刺激性。

【苹果提取物主成分及含量】

取适量苹果提取物进行气相色谱-质谱分析，记录谱图，按内标法以峰面积计算其含量。苹果提取物主要成分为：苹果酸二乙酯（32.13%）、5-羟甲基糠醛（30.90%）、糠醛（14.23%）、甲酸乙酯（3.73%）、维生素 E（2.59%）、丁醛（2.36%）、乳酸乙酯（2.25%）、乙缩醛（2.09%），所有化学成分及含量详见表 2-36。

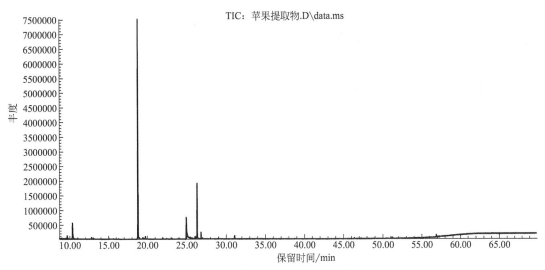

苹果提取物 GC-MS 总离子流图

表 2-36　苹果提取物化学成分含量表

序号	英文名称	中文名称	含量/(μg/g)	相对含量/%
1	acetal	乙缩醛	11.64	2.09
2	ethyl lactate	乳酸乙酯	12.58	2.25
3	furfural	糠醛	79.41	14.23
4	furfuryl alcohol	糠醇	3.29	0.59
5	2-acetylfuran	2-乙酰基呋喃	2.25	0.40
6	5-methylfurfural	5-甲基糠醛	3.89	0.70
7	2,5-furandicarboxaldehyde	2,5-二甲酰基呋喃	11.07	1.98
8	butanal	丁醛	13.14	2.36
9	2,3-dihydro-3,5-dihydroxy-6-methyl-4H-pyran-4-one	2,3-二氢-3,5-二羟基-6-甲基-4H-吡喃-4-酮	6.87	1.23
10	benzoic acid	苯甲酸	3.33	0.60
11	diethyl succinate	琥珀酸二乙酯	2.28	0.41
12	5-hydroxymethylfurfural	5-羟甲基糠醛	172.40	30.90
13	1,3-octanediol	1,3-辛二醇	7.00	1.25
14	diethyl malate	苹果酸二乙酯	179.28	32.13
15	ethyl formate	甲酸乙酯	20.79	3.73
16	4-ethyl-2-hexene	4-乙基-2-己烯	7.39	1.32
17	palmitic acid	棕榈酸	3.66	0.66
18	ethyl linoleate	亚油酸乙酯	3.20	0.57
19	vitamin E	维生素 E	14.45	2.59

2.37 蒲公英提取物

【基本信息】

名称

中文名称：蒲公英提取物，黄花地丁提取物
英文名称：dandelion extract

管理状况

FEMA：2358
FDA：182.20
GB 2760—2014：N292

性状描述

淡黄色液体。

感官特征

略有苦味，清香爽口，微寒。

物理性质

溶解性：易溶于水和乙醇。

制备提取方法

取蒲公英晒干，乙醇回流后静置、过滤、浓缩、干燥而得。

原料主要产地

产于我国黑龙江、吉林、辽宁、内蒙古、河北、山西、陕西、甘肃、青海、山东、江苏、安徽、浙江、福建北部、台湾、河南、湖北、湖南、广东北部、四川、贵州、云南等省区，广泛生于中、低海拔地区的山坡草地、路边、田野、河滩。朝鲜、蒙古、俄罗斯也有分布。

作用描述

治疗肝脏和胆囊阻塞，改善肝功能，促进胆汁分泌和作为利尿剂使用。

【蒲公英提取物主成分及含量】

取适量蒲公英提取物进行气相色谱-质谱分析，记录谱图，按内标法以峰面积计算其含量。蒲公英提取物主要成分为：苦艾内酯（10.41%）、异丁酸（9.08%）、硫鸟嘌呤（8.73%）、亚油酸乙酯（4.66%）、棕榈酸（4.36%）、十二烯基丁二酸酐（4.31%）、乙酸丙二醇酯（4.16%）、亚油酸-2,3-二羟丙酯（3.88%），所有化学成分及含量详见表2-37。

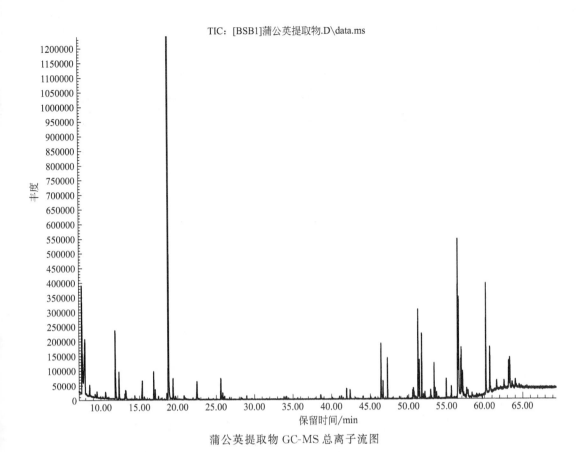

蒲公英提取物 GC-MS 总离子流图

表 2-37　蒲公英提取物化学成分含量表

序号	英文名称	中文名称	含量/(μg/g)	相对含量/%
1	isobutyric acid	异丁酸	51.10	9.08
2	butanoic acid	丁酸	5.27	0.94
3	16-methyl heptadecanoic acid methyl ester	16-甲基十七酸甲酯	5.17	0.92
4	propanediol acetate	乙酸丙二醇酯	23.40	4.16
5	1,2-propanediol-2-acetate	1,2-丙二醇-2-乙酯	11.29	2.01
6	γ-butyrolactone	γ-丁内酯	0.70	0.12
7	hexanoic acid	己酸	10.05	1.78
8	2,2-dimethyl butanoic acid methyl ester	2,2-二甲基丁酸甲酯	9.10	1.62
9	2-methyl-3-buten-2-ol	2-甲基-3-丁烯-2-醇	3.79	0.67
10	methyl isobutyrate	异丁酸甲酯	2.55	0.45
11	5,6-dihydro-2H-pyran-2-one	5,6-二氢-2H-吡喃-2-酮	7.54	1.34
12	benzoic acid	苯甲酸	10.03	1.78
13	benzeneacetic acid	苯乙酸	10.59	1.88

续表

序号	英文名称	中文名称	含量/(μg/g)	相对含量/%
14	5-methyl thiazole	5-甲基噻唑	3.13	0.56
15	benzylbenzoate	安息香酸苄酯	4.29	0.76
16	isopsoralen	异补骨脂素	3.62	0.64
17	palmitic acid	棕榈酸	24.57	4.36
18	2-methyl-5-nitrobenzenamine	2-甲基-5-硝基苯胺	7.51	1.33
19	ethyl palmitate	棕榈酸乙酯	12.27	2.18
20	linoleic acid	亚油酸	3.42	0.61
21	2,2-dimethyl-benzo[1,2-b:4,3-b'] dipyran-3,6($2H$,$8H$)-dione	2,2-二甲基苯并[1,2-b:4,3-b']二吡喃-3,6($2H$,$8H$)-二酮	3.84	0.68
22	linolenic acid	亚麻酸	1.50	0.27
23	ethyl linoleate	亚油酸乙酯	26.26	4.66
24	ethyl oleate	油酸乙酯	7.51	1.33
25	ethyl linolenate	亚麻酸乙酯	15.47	2.75
26	2-dodecen-1-ylsuccinic anhydride	十二烯基丁二酸酐	24.26	4.31
27	methyl 3-(1-pyrrolo) thiophene-2-carboxylate	3-(1-吡咯)噻吩-2-羧酸甲酯	2.97	0.53
28	4-phenyl-pyrido[2,3-d]pyrimidine	4-苯基吡啶并[2,3-d]嘧啶	7.98	1.42
29	1-monopalmitin	1-棕榈酸单甘油酯	13.76	2.44
30	2-ethylacridine	2-乙基吖啶	4.90	0.87
31	2-(3-indolylthio) acetic acid	2-(3-吲哚基硫代)乙酸	4.72	0.84
32	2,3-dihydro-N-hydroxy-4-methoxy-3,3-dimethyl-indole-2-one	2,3-二氢-N-羟基-4-甲氧基-3,3-二甲基吲哚-2-酮	9.91	1.76
33	4-hydroxy phenyl pyrrolidinyl thione	4-羟基苯基吡咯烷基硫酮	5.58	0.99
34	artemisin	苦艾内酯	58.60	10.41
35	thioguanine	硫鸟嘌呤	49.13	8.73
36	linoleic acid 2,3-dihydroxy propyl ester	亚油酸-2,3-二羟丙酯	21.83	3.88
37	cyclododecyne	环十二炔	16.30	2.89
38	N-methyl-1-adamantane acetamide	N-甲基-1-金刚烷基乙酰胺	3.20	0.57
39	2-methyl-(7,8-dihydro-8,8-dimethyl-$6H$-pyrano[3,2-g] coumarin-7-yl) 2-butenoic acid ester	2-甲基-(7,8-二氢-8,8-二甲基-$6H$-吡啶并[3,2-g]香豆素-7-基)-2-丁烯酸酯	31.96	5.68
40	8,8-dimethyl-2-oxo-2,8,9,10-tetrahydropyrano[2,3-f] chromene-9,10-diylbis-2-methyl-2-butenoate	8,8-二甲基-2-氧代-2,8,9,10-四氢呋喃[2,3-f]苯并哌喃-9,10-二基双-2-甲基-2-丁烯酸	33.10	5.88
41	2,3-dichlorophenyl 3-methyl-2-butenoic acid ester	2,3-二氯苯基 3-甲基-2-丁烯酸酯	10.91	1.94

2.38　山楂提取物

【基本信息】

◆ 名称

中文名称：山楂提取物，山楂酊
英文名称：hawthorn extract，hawthorn fruit tincture

◆ 管理状况

GB 2760—2014：N014

◆ 性状描述

棕黄色液体。

◆ 感官特征

具有鲜明的山楂鲜果的特征酸甜香味，略带花、木香底韵。

◆ 物理性质

相对密度 d_4^{20}：$0.8996\sim0.9304$
溶解性：微溶于水，易溶于乙醇、乙醚。

◆ 制备提取方法

用乙醇回流提取山楂鲜果，提取液蒸干即得山楂提取物。

◆ 原料主要产地

生于海拔 $100\sim1500m$ 的山坡林边或灌木丛中。在我国分布于东北、华北、江苏等地区，以山东、辽宁产者为优。

◆ 作用描述

增强食欲，改善睡眠，保持骨骼和血液中钙的恒定，预防动脉粥样硬化，因此山楂被视为"长寿食品"；能扩张血管，降低血压，降低血糖，能够改善和促进胆固醇排泄而降低血脂；在烟草中应用能减轻辛辣刺激，调节烟气酸碱度。

【山楂提取物主成分及含量】

取适量山楂提取物进行气相色谱-质谱分析，记录谱图，按内标法以峰面积计算其含量。山楂提取物主要成分为：苹果酸二乙酯（70.30%）、亚麻酸乙酯（5.55%）、谷氨酸二乙酯（3.18%）、亚油酸乙酯（2.85%）、5-羟甲基糠醛（2.42%）、棕榈酸乙酯（1.79%）、柠嗪酸（1.61%）、香兰素（1.59%），所有化学成分及含量详见表 2-38。

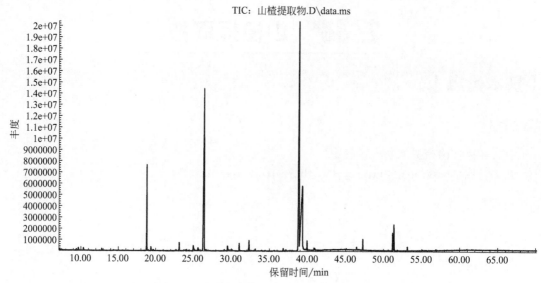

山楂提取物 GC-MS 总离子流图

表 2-38 山楂提取物化学成分含量表

序号	英文名称	中文名称	含量/(μg/g)	相对含量/%
1	ethyl lactate	乳酸乙酯	17.39	0.40
2	3-furaldehyde	3-糠醛	16.19	0.37
3	3-hydroxy-butanoic acid ethyl ester	3-羟基丁酸乙酯	12.75	0.29
4	ethyl acetoacetate	乙酰乙酸乙酯	7.36	0.17
5	propanedioic acid diethyl ester	丙二酸二乙酯	7.49	0.17
6	5,6-dihydro-2H-pyran-2-one	5,6-二氢-2H-吡喃-2-酮	40.31	0.93
7	methyl 2-furoate	2-糠酸甲酯	10.41	0.24
8	ethyl hydrogen succinate	琥珀酸单乙酯	13.33	0.31
9	butanedioic acid diethyl ester	丁二酸二乙酯	57.65	1.33
10	2-propoxy succinic acid dimethyl ester	2-丙氧基琥珀酸二甲酯	7.37	0.17
11	diethyl methyl succinate	二乙基琥珀酸甲酯	11.18	0.26
12	1-(1H-pyrazol-4-yl)ethanone	1-(1H-吡唑-4-基)-乙酮	5.71	0.13
13	5-hydroxy methyl furfural	5-羟甲基糠醛	104.83	2.42
14	crotonic acid	巴豆酸	34.98	0.81
15	2,4-octanedione	2,4-辛二酮	12.46	0.29
16	diethyl malate	苹果酸二乙酯	3,048.48	70.30
17	4-(1-methylethoxy)-1-butanol	4-(1-甲基乙氧基)-1-丁醇	12.82	0.30
18	pentanedioic acid diethyl ester	戊二酸二乙酯	6.02	0.14
19	2-butyltetrahydrothiophene	2-丁基四氢噻吩	10.92	0.25
20	citrazinic acid	柠嗪酸	69.79	1.61
21	5-ethoxy thiazole	5-乙氧基噻唑	11.10	0.26
22	valeric anhydride	戊酸酐	7.01	0.16

序号	英文名称	中文名称	含量/(µg/g)	相对含量/%
23	vanillin	香兰素	69.02	1.59
24	glutamic acid diethyl ester	谷氨酸二乙酯	137.79	3.18
25	2,3-dimethyl-3-hexanol	2,3-二甲基-3-己醇	15.14	0.35
26	ethyl 6-ethyloct-3-yl succinic acid ester	6-乙基辛-3-基琥珀酸乙酯	66.18	1.53
27	6-ethoxy quinaldine	6-乙氧基-喹哪啶	21.71	0.50
28	palmitic acid	棕榈酸	21.42	0.49
29	ethyl palmitate	棕榈酸乙酯	77.77	1.79
30	ethyl linoleate	亚油酸乙酯	123.47	2.85
31	ethyl linolenate	亚麻酸乙酯	240.72	5.55
32	ethyl stearate	硬脂酸乙酯	5.71	0.13
33	1,2,4-trimethoxy dibenzofuran-3-ol	1,2,4-三甲氧基二苯并呋喃-3-醇	31.73	0.73

2.39　乌拉圭茶提取物

【基本信息】

名称

中文名称：乌拉圭茶提取物，乌拉圭茶酊
英文名称：Uruguay tea extract

管理状况

GB 2760—2014：N231

性状描述

淡黄褐色至黄褐色液体。

感官特征

苦涩味，具有似玫瑰花和玳玳花的干花清甜花香，余味带些木香和陈化优质烤烟叶特征的醇厚底韵。

物理性质

溶解性：易溶于水和乙醇。

制备提取方法

从乌拉圭茶的嫩叶或叶芽中用乙醇提取。

◆ 原料主要产地

产于南美洲，主要产自巴拉圭、乌拉圭、巴西和阿根廷等国。

◆ 作用描述

降脂降压、美容养颜、提神安神。长期饮用可改善人体内环境，提升血液品质，全面保持机体营养平衡；在卷烟中适度加入茶叶提取物，可降低卷烟致癌物总量、烟碱含量，增加咖啡碱的含量。

【乌拉圭茶提取物主成分及含量】

取适量乌拉圭茶提取物进行气相色谱-质谱分析，记录谱图，按内标法以峰面积计算其含量。乌拉圭茶提取物主要成分为：咖啡因（79.26%）、棕榈酸（5.99%）、川芎内酯（2.02%）、亚麻酸（1.89%），所有化学成分及含量详见表 2-39。

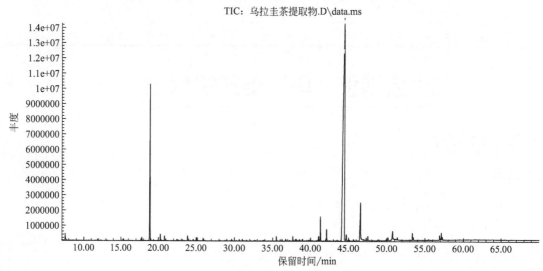

乌拉圭茶提取物 GC-MS 总离子流图

表 2-39　乌拉圭茶提取物化学成分含量表

序号	英文名称	中文名称	含量/(μg/g)	相对含量/%
1	propanediol acetate	乙酸丙二醇酯	5.65	0.11
2	1,2-propanediol-2-acetate	1,2-丙二醇-2-乙酯	2.09	0.04
3	hexanoic acid	己酸	12.24	0.25
4	limonene	柠檬烯	5.96	0.12
5	benzyl alcohol	苄醇	13.16	0.27
6	linalool	芳樟醇	21.77	0.44
7	maltol	麦芽酚	14.08	0.28
8	benzoic acid	苯甲酸	9.50	0.19
9	octanoic acid	辛酸	3.08	0.06
10	mentol	薄荷醇	4.77	0.10

序号	英文名称	中文名称	含量/(μg/g)	相对含量/%
11	α-terpineol	α-松油醇	19.98	0.40
12	2,3-dihydro-benzofuran	2,3-二氢苯并呋喃	7.84	0.16
13	2-methyl-2-cyclopenten-1-one	2-甲基-2-环戊烯-1-酮	10.06	0.20
14	vernol	橙花醇	13.31	0.27
15	1-methyl cyclopentyl acetic acid ester	1-甲基环戊基乙酸酯	1.97	0.04
16	eugenol	丁香酚	7.17	0.14
17	damascone	大马酮	3.49	0.07
18	vanillin	香兰素	3.49	0.07
19	cinnamic acid	肉桂酸	3.79	0.08
20	isoeugenol	异丁香酚	1.48	0.03
21	apocynin	香草乙酮	2.94	0.06
22	dihydroactinidiolide	二氢猕猴桃内酯	16.48	0.33
23	2-chlorophenyl fumaric acid ethyl ester	2-氯苯基富马酸乙酯	5.15	0.10
24	megastigmatrienone	巨豆三烯酮	13.77	0.28
25	3-hydroxy-β-damascone	3-羟基-β-大马酮	16.87	0.34
26	1-methyl-4-(1-methylethyl) cyclohexanol	1-甲基-4-(1-甲基乙基)环己醇	2.95	0.06
27	2,3-dihydro-2,5-dimethyl-4H-1-benzopyran-4-one	2,3-二氢-2,5-二甲基-4H-1-苯并吡喃-4-酮	5.25	0.11
28	4-hydroxy-3,5-dimethoxy-benzaldehyde	4-羟基-3,5-二甲氧基-苯甲醛	5.58	0.11
29	3-butylidene-1（3H）-isobenzofuranone	3-正丁烯基苯酞	3.86	0.08
30	4-(4-hydroxy-2,2,6-trimethyl-7-oxabicyclo［4.1.0］hept-1-yl)-3-buten-2-one	4-(4-羟基-2,2,6-三甲基-7-氧杂二环[4.1.0]庚-1-基)-3-丁烯-2-酮	2.46	0.05
31	4-［2-isopropyl-5-methyl-5-(2-methyl-5-oxocyclopentyl) cyclopentenyl］-2-butanone	4-[2-异丙基-5-甲基-5-(2-甲基-5-氧代环戊基)环戊烯基]-2-丁酮	4.20	0.08
32	2,6-dimethoxy-4-(2-propenyl)-phenol	4-(2-烯丙基)-2,6-二甲氧基苯酚	6.70	0.14
33	4-(1E)-3-hydroxy-1-propenyl-2-methoxyphenol	4-(1E)-3-羟基-1-丙烯基-2-甲氧基苯酚	23.19	0.47
34	ligustilide	川芎内酯	100.12	2.02
35	5-nitrosalicylaldehyde	5-硝基水杨醛	4.23	0.09
36	3-(4-hydroxybutyl)-2-methyl-cyclohexanone	3-(4-羟丁基)-2-甲基环己酮	54.39	1.10
37	pinane	蒎烷	3.45	0.07
38	caffeine	咖啡因	3925.37	79.26
39	theobromine	可可碱	32.63	0.66
40	diphenylmethane	二苯甲烷	4.55	0.09

续表

序号	英文名称	中文名称	含量/(μg/g)	相对含量/%
41	14-methyl pentadecanoic acid methyl ester	14-甲基十五烷酸甲酯	4.12	0.08
42	palmitic acid	棕榈酸	296.58	5.99
43	1,3,7,8-tetramethylxanthine	1,3,7,8-四甲基黄嘌呤	16.75	0.34
44	ethyl palmitate	棕榈酸乙酯	11.18	0.23
45	1-(2,4,6-trihydroxyphenyl)-2-pentanone	1-(2,4,6-三羟基苯基)-2-戊酮	21.31	0.43
46	docosanoic acid	二十二碳烷酸	3.16	0.06
47	methyl-8,11,14-heptadecatrienoate	8,11,14-十七碳三烯酸甲酯	3.85	0.08
48	phytol	植醇	12.43	0.25
49	linoleic acid	亚油酸	4.44	0.09
50	linolenic acid	亚麻酸	93.80	1.89
51	7-pentadecyne	7-十五炔	2.28	0.05
52	2,2,3,3-tetramethyl azetidine	2,2,3,3-四甲基-氮杂环丁烷	25.67	0.52
53	2-hydroxy-1-(hydroxymethyl) hexadecanoic acid ethyl ester	2-羟基-1-(羟甲基)十六烷酸乙酯	9.94	0.20
54	glyceryl monooleate	单油酸甘油酯	5.90	0.12
55	ethyl linolenate	亚麻酸乙酯	41.85	0.85

2.40 无花果提取物

【基本信息】

名称

中文名称：无花果提取物，无花果酊，天生子酊，奶浆果酊

英文名称：fig extract，milk berries extract

性状描述

淡黄色液体。

感官特征

味甘甜，特征香气。

物理性质

溶解性：易溶于水和乙醇。

制备提取方法

取干花果磨碎，用90%乙醇冷浸或者回流萃取，浓缩过滤得到无花果提取物。

⊙ 原料主要产地

原产阿拉伯地区，后传入叙利亚、土耳其、中国等地，目前地中海沿岸诸国栽培最盛。我国以长江流域和华北沿海地带栽植较多，湖南、江苏、四川、福建等地有种植。

⊙ 作用描述

用于咳喘、咽喉肿痛、便秘、痔疮。有健脾、滋养、润肠、清热解毒、化痰去湿的功效；无花果的提取物对改善卷烟吸味、减轻刺激性和去除木质杂气有明显作用，并能丰满烟气，赋予卷烟一种独特的果香。

【无花果提取物主成分及含量】

取适量无花果提取物进行气相色谱-质谱分析，记录谱图，按内标法以峰面积计算其含量。无花果提取物主要成分为：5-羟甲基糠醛（61.16%）、烯丙基乙硫醚（5.54%）、糠醛（3.13%）、棕榈酸（2.94%）、棕榈酸乙酯（2.04%）、亚麻酸乙酯（1.92%）、油酸乙酯（1.07%），所有化学成分及含量详见表 2-40。

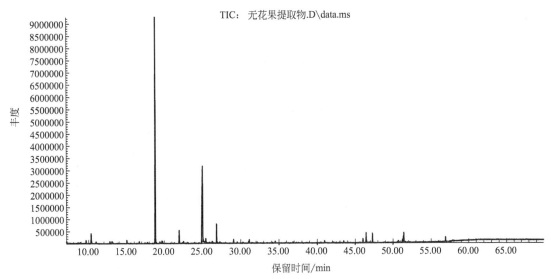

无花果提取物 GC-MS 总离子流图

表 2-40　无花果提取物化学成分含量表

序号	英文名称	中文名称	含量/(μg/g)	相对含量/%
1	ethyl lactate	乳酸乙酯	7.30	0.85
2	furfural	糠醛	26.85	3.13
3	furfurylalcohol	糠醇	4.81	0.56
4	xylose	木糖	4.46	0.52
5	1-(2-furanyl)-ethanone	2-乙酰呋喃	4.42	0.51
6	γ-butyrolactone	γ-丁内酯	4.03	0.47
7	5-methyl-2-furancarboxaldehyde	5-甲基-2-糠醛	6.76	0.79
8	2-formylpyrrole	2-吡咯甲醛	5.22	0.61

续表

序号	英文名称	中文名称	含量/(μg/g)	相对含量/%
9	3-methyl-1,2-cyclopentanedione	3-甲基-1,2-环戊二酮	1.86	0.22
10	benzyl alcohol	苄醇	3.00	0.35
11	2,5-furandicarboxaldehyde	2,5-二甲酰基呋喃	8.33	0.97
12	2-furancarboxylic acid hydrazide	2-呋喃酸甲肼	6.69	0.78
13	furaneol	呋喃酮	5.66	0.66
14	5-acetyldihydro-2(3H)-furanone	5-乙酰基二氢-2(3H)-呋喃酮	2.00	0.23
15	2,3-dihydro-3,5-dihydroxy-6-methyl-4(H)-pyran-4-one	2,3-二氢-3,5-二羟基-6-甲基-4(H)-吡喃-4-酮	39.66	4.62
16	ethyl hydrogen succinate	琥珀酸单乙酯	7.10	0.83
17	2,3-dihydro-thiophene	2,3-二氢噻吩	3.06	0.36
18	5-hydroxymethylfurfural	5-羟甲基糠醛	525.08	61.16
19	2-butyrylthiophene	2-丁酰噻吩	3.85	0.45
20	diethyl malate	苹果酸二乙酯	1.46	0.17
21	allyl ethyl sulfide	烯丙基乙硫醚	47.57	5.54
22	6-hydroxy-2-pyridine carboxylic acid	6-羟基吡啶甲酸	5.28	0.61
23	m-aminoaniline	间苯二胺	7.66	0.89
24	ethyl 2-thiopheneacetate	2-噻吩乙酸乙酯	2.61	0.30
25	N,N-dimethyl-propanamide	N,N-二甲基丙酰胺	3.17	0.37
26	vanillin	香兰素	4.31	0.50
27	3-ethyl-4-methyl-2-pentene	3-乙基-4-甲基-2-戊烯	7.48	0.87
28	5-oxo-2-pyrrolidinecarboxylic acid ethyl ester	5-氧代-2-吡咯烷羧酸乙酯	2.53	0.29
29	tricyclo[4.4.0.0(2,8)]dec-3-en-5-ol	三环[4.4.0.0(2,8)]癸-3-烯-5-醇	2.11	0.25
30	2-[(methylthio)methyl]-furan	糠基甲基硫醚	3.05	0.36
31	1-(1-cyclohexen-1-yl)-pyrrolidine	1-(1-吡咯烷)环己烯	3.42	0.40
32	3-(m-aminobenzoyl)-2-methyl-propionic acid	3-(间氨基苯甲酰基)-2-甲基丙酸	3.33	0.39
33	4-hydroxy-2H-1,4-benzoxazin-3(4H)-one	4-羟基-2H-1,4-苯并噁嗪-3(4H)-酮	3.71	0.43
34	5-isopropylidene-3,3-dimethyl-dihydrofuran-2-one	5-异丙基-3,3-二甲基二氢呋喃-2-酮	8.83	1.03
35	palmitic acid	棕榈酸	25.26	2.94
36	ethyl palmitate	棕榈酸乙酯	17.48	2.04
37	oleic acid	油酸	1.00	0.12
38	linolenic acid	亚麻酸	5.00	0.58
39	ethyl linoleate	亚油酸乙酯	4.96	0.58
40	ethyl oleate	油酸乙酯	9.21	1.07
41	ethyl linolenate	亚麻酸乙酯	16.50	1.92

2. 41　香荚兰提取物

【基本信息】

名称

中文名称：香荚兰豆酊，香荚兰提取物，扁叶香果兰酊，香草兰酊

英文名称：vanilla bean tincture，vanilla bean extract，vanilla extract

管理状况

FEMA：3105

FDA：182.10，182.20

GB 2760—2014：N104

性状描述

淡棕色液体。

感官特征

有香荚兰豆特征香气，具有清甜的豆香、膏香、甜辛香，香气温和、留香持久。

物理性质

相对密度 d_4^{20}：0.9450～0.9530

折射率 n_D^{20}：1.4580～1.4630

溶解性：微溶于水，易溶于乙醇。

制备提取方法

由兰科热带攀援性植物香荚兰的豆荚经水浸、热晒、发酵、烘干等工艺制成，深棕色干豆荚。用一定浓度的酒精加热回流提取，提取液经过滤、浓缩即得香荚兰提取物。

原料主要产地

香荚兰原产于中美洲，主要产地有墨西哥、马达加斯加、科摩罗群岛、留尼汪、印度尼西亚等热带海洋地区，毛里求斯、塞舌尔、乌干达、斯里兰卡、汤加、塔希提等地也有少量种植。我国 1960 年从印度尼西亚引种香荚兰成功之后，先后在福建、海南和云南试种成功。

作用描述

香荚兰提取物具有其他任何天然或合成的香料都不可替代的独特的提香、调香、助香和定香的作用，可用作食品添加剂、日化调香、化妆品调香、卷烟调香等用途。香荚兰提取物与烟草配合，可衬托烟叶的自然香味，提高品质，改进烟气吸味。

【香荚兰提取物主成分及含量】

取适量香荚兰提取物进行气相色谱-质谱分析，记录谱图，按内标法以峰面积计算其含

量。香荚兰提取物中主要成分为：香兰素（68.03％）、乙基香兰素（25.89％）、咖啡因（3.28％）等，所有化学成分及含量详见表 2-41。

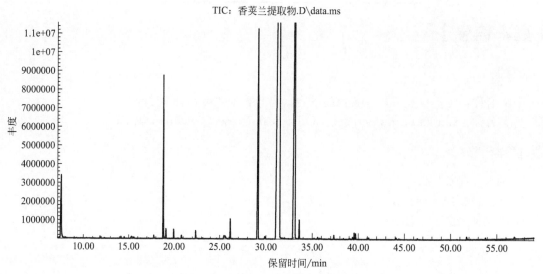

香荚兰提取物 GC-MS 总离子流图

表 2-41　香荚兰提取物化学成分含量表

序号	英文名称	中文名称	含量/(μg/g)	相对含量/％
1	acetal	乙缩醛	2.74	0.02
2	1,2-propanediol-2-acetate	1,2-丙二醇-2-乙酸酯	2.59	0.02
3	valeraldehyde propylene glycol acetal	戊醛丙二醇缩醛	7.31	0.05
4	octanal propylene glycol acetal	辛醛丙二醇缩醛	5.45	0.04
5	hexanoic acid	己酸	13.39	0.09
6	propyl thiocyanate	硫氰酸丙酯	4.65	0.03
7	phenol	苯酚	6.15	0.04
8	benzyl alcohol	苄醇	14.96	0.10
9	acetophenone	苯乙酮	36.86	0.25
10	guaiacol	愈创木酚	36.44	0.24
11	maltol	麦芽酚	17.70	0.12
12	γ-heptalactone	γ-庚内酯	31.09	0.21
13	neomenthol	新薄荷醇	3.17	0.02
14	4-methoxy-benzaldehyde	对甲氧基苯甲醛	80.16	0.54
15	4-hydroxy-benzaldehyde	对羟基苯甲醛	17.37	0.12
16	vanillin	香兰素	10171.83	68.03
17	ethyl vanillin	乙基香兰素	3871.71	25.89
18	hellebore aldehyde	藜芦醛	78.58	0.53
19	2-methoxyethyl-nonanoate	壬酸 2-甲氧基乙酯	4.08	0.03
20	guaiol	愈创木醇	8.65	0.06

序号	英文名称	中文名称	含量/(μg/g)	相对含量/%
21	bulnesol	布藜醇	5.22	0.03
22	vanillin propylene glycol acetal	香兰素丙二醇缩醛	26.91	0.18
23	veratraldehyde propylene glycol acetal	藜芦醛丙二醇缩醛	2.74	0.02
24	caffeine	咖啡因	490.63	3.28
25	pentadecanoic acid	十五烷酸	9.22	0.06
26	2-methoxy-6-[(2-pyridinylamino) methyl]-phenol	2-甲氧基-6-[(2-吡啶基氨基)甲基]苯酚	2.59	0.02

2.42　缬草根提取物

【基本信息】

名称

中文名称：缬草根提取物

英文名称：valerian root extract，*Valeriana officinalis* root extract

管理状况

FDA：172.510

FEMA：3099

GB 2760—2014：N299

性状描述

绿色至棕色液体。

感官特征

具有木香、膏香、麝香、药草香、缬草香特征香气。

物理性质

相对密度 d_4^{20}：0.942～0.984

折射率 n_D^{20}：1.4860～1.5025

溶解性：易溶于乙醇。

制备提取方法

败酱科缬草属植物缬草的干燥根及根茎切片、粉碎后，加入一定比例的乙醇、水，加热回流提取，然后过滤，滤渣废弃，将上清液静置、过滤、浓缩得到缬草根提取物。

原料主要产地

缬草原产于亚洲部分地区和欧洲，现在北美洲也有栽培。在我国，缬草分布于中国东北至西南的山区，在西藏可分布至海拔 4000m 地带。

⟐ 作用描述

　　缬草根提取物可用于调配烟草香精、化妆品香精和食用香精，也是烟草重要的传统香料之一，能与烟香谐调，矫正烟香，掩盖杂气，增浓烟味，添补辛香和甜淡木样的烟草风味，缓和吸味，改善烟草内在品质。

【缬草根提取物主成分及含量】

　　取适量缬草根提取物进行气相色谱-质谱分析，记录谱图，按内标法以峰面积计算其含量。缬草根提取物中主要成分为：异戊酸（16.54%）、棕榈酸（10.22%）、亚油酸（9.58%）、亚油酸乙酯（4.98%）、马兜铃烯（4.96%）、莒蒲烯（3.91%），所有化学成分及含量详见表 2-42。

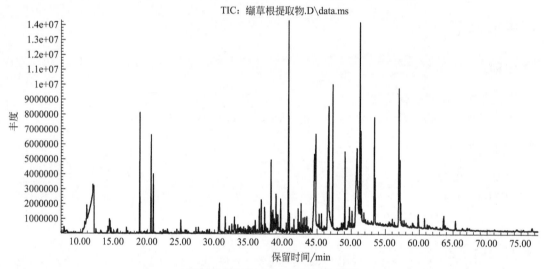

缬草根提取物 GC-MS 总离子流图

表 2-42　缬草根提取物化学成分含量表

序号	英文名称	中文名称	含量/(μg/g)	相对含量/%
1	furfural	糠醛	102.67	0.21
2	isovaleric acid	异戊酸	7975.19	16.54
3	2-methyl-butanoic acid	2-甲基丁酸	36.88	0.08
4	1,2-propanediol-2-acetate	1,2-丙二醇-2-乙酸酯	59.16	0.12
5	valeraldehyde propylene glycol acetal	戊醛丙二醇缩醛	430.92	0.89
6	hexanoic acid	己酸	110.88	0.23
7	4-isopropoxy-2-butanone	4-异丙氧基-2-丁酮	54.40	0.11
8	2-methylbutanoic anhydride	2-甲基丁酸酐	636.98	1.32
9	borneol	龙脑	40.78	0.09
10	5-hydroxymethyl furfural	5-羟甲基糠醛	242.86	0.50
11	borneol acetate	乙酸龙脑酯	55.96	0.12

续表

序号	英文名称	中文名称	含量/(μg/g)	相对含量/%
12	N,N-diethyl-2-methyl-3,4-dihydro-2H-quinoline-1-carboxamidine	N,N-二乙基-2-甲基-3,4-二氢-2H-喹啉-1-甲脒	110.74	0.23
13	1,4-hexadiene	1,4-己二烯	61.34	0.13
14	γ-octalactone	γ-辛内酯	802.57	1.66
15	2,3,4,5-tetramethyl-tricyclo[3.2.1.02,7]oct-3-ene	2,3,4,5-四甲基三环[3.2.1.02,7]辛-3-烯	341.13	0.71
16	dihydromyrcene	二氢月桂烯	155.70	0.32
17	dehydro aromadendrene	脱氢香橙烯	197.02	0.41
18	alloaromadendrene	香树烯	49.51	0.10
19	4-isopropyl-1,6-dimethyl-1,2,3,4-tetrahydronaphthalene	4-异丙基-1,6-二甲基-1,2,3,4-四氢化萘	89.83	0.19
20	2,6-dimethyl-6-(4-methyl-3-pentenyl)-bicyclo[3.1.1]hept-2-ene	2,6-二甲基-6-(4-甲基-3-戊烯基)-双环[3.1.1]庚-2-烯	67.74	0.14
21	2-methoxy-2-methylbut-3-ene	2-甲氧基-2-甲基丁-3-烯	218.22	0.45
22	zingiberene	姜烯	117.92	0.25
23	β-selinene	β-芹子烯	89.89	0.19
24	β-curcumene	β-姜黄烯	100.48	0.21
25	8,9-dehydro-neoisolongifolene	8,9-脱氢新异长叶烯	130.96	0.27
26	4-amino-5-imidazole amide	4-氨基-5-咪唑酰胺	102.11	0.21
27	α-elemol	α-榄香醇	89.82	0.19
28	myrtenyl acetate	乙酸桃金娘烯酯	132.72	0.28
29	1a,2,3,3a,4,5,6,7b-octahydro-1,1,3a,7-tetramethyl-[1a-(1aα,3aα,7bα)]-1-cyclopropa[a]naphthalene	1a,2,3,3a,4,5,6,7b-八氢-1,1,3a,7-四甲基-[1a-(1aα,3aα,7bα)]-1-环丙[a]萘	279.71	0.58
30	1-butyl-4-methoxy-benzene	1-丁基-4-甲氧基苯	294.28	0.61
31	caryophyllene oxide	石竹烯氧化物	93.39	0.19
32	(1,3aα,7aβ)-1-ethylideneoctahydro-7a-methyl-1-indene	(1,3aα,7aβ)-1-亚乙基八氢-7a-甲基-1-茚	63.11	0.13
33	1,7,7-trimethyl-2-vinylbicyclo[2.2.1]hept-2-ene	1,7,7-三甲基-2-乙烯基双环[2.2.1]庚-2-烯	884.38	1.83
34	γ-eudesmol	γ-桉叶醇	257.21	0.53
35	spathulenol	斯巴醇	1242.38	2.58
36	γ-muurolene	γ-依兰油烯	276.12	0.57
37	β-eudesmol	β-桉叶醇	807.62	1.67
38	mayurone	麦由酮	433.58	0.90
39	[4a-(4aα,7β,8aα)]-octahydro-4a,8a-dimethyl-7-(1-methylethyl)-1(2H)-naphthalenone	[4a-(4aα,7β,8aα)]-八氢-4a,8a-二甲基-7-(1-甲基乙基)-1(2H)-萘酮	479.28	0.99
40	aristolene	马兜铃烯	2390.91	4.96
41	9-isopropyl-1-methyl-2-methylene-5-oxatricyclo[5.4.0.0(3,8)]undecane	9-异丙基-1-甲基-2-亚甲基-5-氧杂三环[5.4.0.0(3,8)]十一烷	301.92	0.63

序号	英文名称	中文名称	含量/(μg/g)	相对含量/%
42	1,7-dimethyl-4-(1-methylethyl)-spiro[4.5]dec-6-en-8-one	1,7-二甲基-4-(1-甲基乙基)-螺[4.5]癸-6-烯-8-酮	141.49	0.29
43	2-amino-4-hydroxylaminopyrimidine	2-氨基-4-羟基氨基嘧啶	180.66	0.37
44	6-methyl-3-cyclohexenecarboxylic acid-1,1-dimethylethyl ester	6-甲基-3-环己烯甲酸-1,1-二甲基乙酯	160.80	0.33
45	7-bicyclo[4.1.0]hept-7-ylidene-bicyclo[4.1.0]heptane	7-双环[4.1.0]庚-7-亚烯基双环[4.1.0]庚烷	206.90	0.43
46	5-acetoxymethyl-2-furaldehyde	5-乙酰氧基甲基-2-糠醛	194.60	0.40
47	1-(5,5-dimethyl-1-cyclopenten-1-yl)-2-methoxy-benzene	1-(5,5-二甲基-1-环戊烯-1-基)-2-甲氧基苯	203.93	0.42
48	pentadecanoic acid	十五烷酸	173.92	0.36
49	sativene	苜蓿烯	1887.92	3.91
50	4-(2-isopropyl-5-methylphenyl)-3-methylbutyric acid	4-(2-异丙基-5-甲基苯基)-3-甲基丁酸	3326.47	6.90
51	2,5-dimethoxy-benzaldehyde	2,5-二甲氧基苯甲醛	345.83	0.72
52	palmitoleic acid	棕榈油酸	81.81	0.17
53	palmitic acid	棕榈酸	4926.76	10.22
54	ethyl palmitate	棕榈酸乙酯	1481.76	3.07
55	9,10-dehydro-cycloisolongifolene	9,10-脱氢环异长叶烯	70.50	0.15
56	2-methyl-3,13-octadecadienol	2-甲基-3,13-十八碳二烯醇	192.46	0.40
57	1-(5,5-dimethyl-1-cyclopenten-1-yl)-2-methoxy-benzene	1-(5,5-二甲基-1-环戊烯-1-基)-2-甲氧基苯	733.58	1.52
58	ethyl 14-methyl-hexadecanoate	14-甲基十六酸乙酯	157.61	0.33
59	1-ethyl-3,5-dimethyl-benzene	1-乙基-3,5-二甲基苯	164.56	0.34
60	(1α,2α,3α)-2-methyl-3-(1-isopropenyl)-cyclohexanol acetate	(1α,2α,3α)-2-甲基-3-(1-异丙烯基)-环己醇乙酸酯	62.49	0.13
61	linoleic acid	亚油酸	4618.13	9.58
62	ethyl linoleate	亚油酸乙酯	2399.67	4.98
63	ethyl linolenate	亚麻酸乙酯	1538.93	3.19
64	ethyl stearate	硬脂酸乙酯	115.46	0.24
65	17-methyl-stearic acid methyl ester	17-甲基硬脂酸甲酯	162.08	0.34
66	3-eicosene	3-二十烯	39.73	0.08
67	9,17-octadecadienal	9,17-十八碳二烯醛	1774.38	3.68
68	methyl 6,9,12-hexadecatrienoate	6,9,12-十六碳三烯酸甲酯	1492.64	3.10
69	propyl 9,12,15-octadecatrienoate	9,12,15-十八碳三烯酸丙酯	305.83	0.63
70	10,12-hexadecadien-1-ol acetate	10,12-十六碳二烯-1-基乙酸酯	82.24	0.17
71	pentanoic acid heptadecyl ester	戊酸十七烷基酯	124.89	0.26

序号	英文名称	中文名称	含量/(μg/g)	相对含量/%
72	2-(7-dodecynyloxy)tetrahydro-2*H*-pyran	2-(7-十二炔氧基)四氢-2*H*-吡喃	316.44	0.66
73	squalene	角鲨烯	151.92	0.32

2.43　杏子提取物

【基本信息】

名称

中文名称：杏子提取物，杏子酊
英文名称：apricot extract，apricot tincture

管理状况

FDA：182.40

性状描述

透明棕黄色液体。

感官特征

特殊杏子香气，甜香，有花香果、甜韵杏子的酸甜果香。

物理性质

相对密度 d_4^{20}：1.0120～1.0200
折射率 n_D^{20}：1.3450～1.3810
溶解性：可溶于水、丙二醇、70%乙醇。

制备提取方法

用低浓度乙醇萃取蔷薇科杏属植物杏的成熟果实，过滤浓缩得到。

原料主要产地

杏树原产于新疆，目前中国华北、西北和华东地区种植较多，少数地区为野生。

作用描述

可用于食品、饮料及肥皂、膏霜、护肤品等的加香；也可用于卷烟加香，杏子提取物用于卷烟调香中，能够赋予烟草果甜香气，丰富烟香，改善烟草品质。

【杏子提取物主成分及含量】

取适量杏子提取物进行气相色谱-质谱分析，记录谱图，按内标法以峰面积计算其含量。

杏子提取物中主要成分为：5-羟甲基糠醛（32.52%）、苹果酸二乙酯（27.79%）、苄醇（16.87%）、苯甲酸（5.84%）、糠醛（5.80%），所有化学成分及含量详见表2-43。

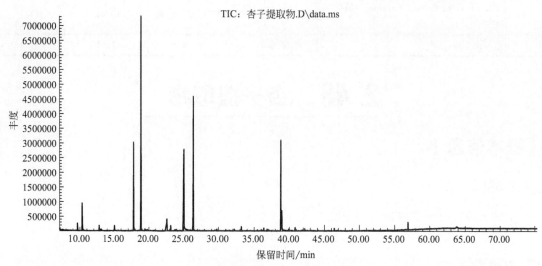

杏子提取物 GC-MS 总离子流图

表 2-43　杏子提取物化学成分含量表

序号	英文名称	中文名称	含量/(μg/g)	相对含量/%
1	ethyl lactate	乳酸乙酯	17.69	1.46
2	furfural	糠醛	70.47	5.80
3	2-acetyl furan	2-乙酰基呋喃	2.88	0.24
4	butyrolactone	丁内酯	3.12	0.26
5	5-methyl furfural	5-甲基糠醛	12.95	1.07
6	benzyl alcohol	苄醇	205.01	16.87
7	2,5-diformylfuran	2,5-二甲酰基呋喃	5.74	0.47
8	benzoic acid	苯甲酸	70.91	5.84
9	butanedioic acid diethyl ester	丁二酸二乙酯	9.95	0.82
10	5-hydroxymethyl furfural	5-羟甲基糠醛	395.16	32.52
11	diethyl malate	苹果酸二乙酯	337.61	27.79
12	γ-decalactone	γ-癸内酯	8.19	0.67
13	peach aldehyde	桃醛	5.33	0.44
14	adipic acid ethyl 2-heptyl ester	己二酸乙基-2-庚基酯	63.71	5.24
15	6-amino-[1,3]dioxolo[4,5-g]quino-line-7-carboxamide	6-氨基-[1,3]二氧杂[4,5-g]喹啉-7-甲酰胺	6.34	0.52

2. 44　野樱桃提取物

【基本信息】

名称

中文名称：野樱桃提取物

英文名称：wild cherry bark extract

管理状况

FEMA：2276

FDA：182.20

GB 2760—2014：N214

性状描述

黄色透明液体。

感官特征

具有酸甜的果香、甜樱桃香。

物理性质

相对密度 d_4^{20}：0.9590~1.1500

折射率 n_D^{20}：1.3355~1.3555

溶解性：水中溶解性极佳。

制备提取方法

将野樱桃处理洁净后放入匀浆机内搅拌得到野樱桃果浆，将野樱桃果浆进行离心处理，取出上清液真空抽滤，去除残余果渣，得野樱桃提取物。

原料主要产地

原产于西印度群岛，后传至夏威夷、印度及世界热带及亚热带地区。我国广东、云南、台湾等热带地区也开始大面积种植。

作用描述

野樱桃提取物可作为酒用香精、食品香精、饮料香精等增加野樱桃独特风味。也可作为烟用香精加入到卷烟中，具有协调烟气、降低刺激性、掩盖杂气、细腻湿润烟气等作用。

【野樱桃提取物主成分及含量】

取适量野樱桃提取物进行气相色谱-质谱分析，记录谱图，按内标法以峰面积计算其含量。野樱桃提取物中主要成分为：3,4,5-三甲氧基苯甲酸（33.21%）、莨菪亭（23.77%）、苯甲酸

（12.01％）、3,4,5-三甲氧基苯甲醇（10.45％），所有化学成分及含量详见表2-44。

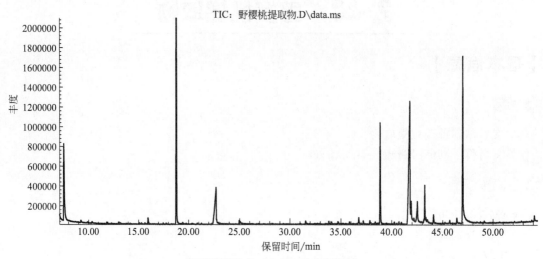

野樱桃提取物 GC-MS 总离子流图

表 2-44　野樱桃提取物化学成分含量表

序号	英文名称	中文名称	含量/(μg/g)	相对含量/%
1	2-ethoxy-1-propanol	2-乙氧基-1-丙醇	3.67	0.33
2	furfural	糠醛	2.49	0.22
3	2-acetylfuran	2-乙酰基呋喃	0.25	0.02
4	propylene carbonate	碳酸丙烯酯	9.45	0.84
5	benzoic acid	苯甲酸	135.28	12.01
6	5-hydroxymethyl furfural	5-羟甲基糠醛	8.76	0.78
7	4,N-bis(4-methoxyphenyl)-2,4-di-oxo-butyramide	4,N-双(4-甲氧基苯基)-2,4-二氧代丁酰胺	5.06	0.45
8	paeonol	丹皮酚	3.14	0.28
9	methyl vanillate	香草酸甲酯	2.91	0.26
10	3,4'-dihydroxy-3'-methoxypropiophe-none	3,4'-二羟基-3'-甲氧基苯丙酮	10.74	0.95
11	3,4,5-trimethoxy-phenol	3,4,5-三甲氧基苯酚	4.25	0.38
12	3,4-dimethoxy-benzoic acid	3,4-二甲氧基苯甲酸	6.68	0.59
13	N,N-dimethyl urea	N,N-二甲基脲	2.63	0.23
14	3,4,5-trimethoxy-benzenemethanol	3,4,5-三甲氧基苯甲醇	117.67	10.45
15	1,2-dihydro-3,5-dimethyl-3H-1,3,4-benzotriazepin-2-one	1,2-二氢-3,5-二甲基-3H-1,3,4-苯三氮杂䓬-2-酮	3.44	0.31
16	acetosyringone	乙酰丁香酮	2.41	0.21
17	3,4,5-trimethoxy-benzoic acid	3,4,5-三甲氧基苯甲酸	373.98	33.21
18	3,5-dimethoxy-4-hydroxy-benzoic acid hydrazide	3,5-二甲氧基-4-羟基苯甲酰肼	49.54	4.40
19	p-hydroxy-cinnamic acid ethyl ester	对羟基肉桂酸乙酯	52.30	4.64

序号	英文名称	中文名称	含量/(μg/g)	相对含量/%
20	4-(dimethoxymethyl)-1,2-dimeth-oxy-benzene	4-(二甲氧基甲基)-1,2-邻苯二甲醚	9.45	0.84
21	(4-hydroxyphenoxy)-acetic acid methyl ester	(4-羟基苯氧基)乙酸甲酯	18.63	1.65
22	caffeine	咖啡因	17.73	1.57
23	ethyl 2-3-(4-hydroxy-3-methoxyphe-nyl)-2-propenoate	2-3-(4-羟基-3-甲氧基苯基)-2-丙烯酸乙酯	5.44	0.48
24	palmitic acid	棕榈酸	8.61	0.77
25	scopoletin	莨菪亭	267.74	23.77
26	(3-methoxyphenyl)-carbamic acid meth-yl ester	(3-甲氧基苯基)-氨基甲酸甲酯	2.76	0.25
27	2,4-dimethyl-benzoquinoline	2,4-二甲基苯并喹啉	1.17	0.10

2.45 红枣提取物

【基本信息】

名称

中文名称：红枣提取物，枣子酊，红枣酊，大枣酊

英文名称：red date tincture，jujube tincture，Chinese date tincture

管理状况

GB 2760—2014：N053

性状描述

红褐色稠厚澄清液体。

感官特征

具有枣子清香及枣子甜味，具有炖煮红枣时的特征香，温和的甜香。

物理性质

相对密度 d_4^{20}：1.2371～1.2511

折射率 n_D^{20}：1.4573～1.4653

溶解性：溶于水和乙醇。

制备提取方法

由鼠李科植物枣树的成熟干燥果实红枣，经 80% 乙醇煮沸回流，浸渍萃取，然后回收溶剂即成枣酊。

> **原料主要产地**

主产于我国河北、河南、山东、山西、浙江、新疆、甘肃、陕北等地。

> **作用描述**

红枣富含蛋白质、脂肪、糖类、胡萝卜素、维生素以及钙、磷、铁等营养成分，红枣酊可用于食品、饮料、保健品、酒用香精中。红枣酊具有类似烟叶高温发酵时产生的烟香，广泛用于混合型卷烟、斗烟、雪茄中，可增加烟草的甜味，掩盖卷烟杂气、刺激性。

【红枣提取物主成分及含量】

取适量红枣提取物进行气相色谱-质谱分析，记录谱图，按内标法以峰面积计算其含量。红枣提取物中主要成分为：5-羟甲基糠醛（50.73%）、苹果酸二乙酯（8.76%）、烯丙基乙基硫醚（7.42%），所有化学成分及含量详见表2-45。

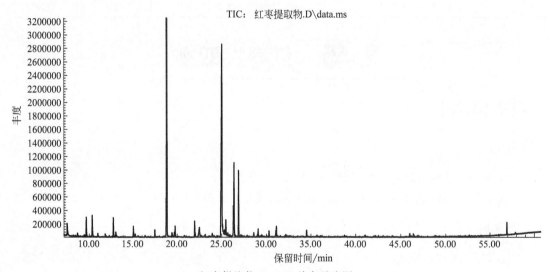

红枣提取物 GC-MS 总离子流图

表 2-45　红枣提取物化学成分含量表

序号	英文名称	中文名称	含量/(μg/g)	相对含量/%
1	ethyl lactate	乳酸乙酯	20.59	2.64
2	furfural	糠醛	25.55	3.27
3	furfuryl alcohol	糠醇	4.27	0.55
4	1,2,3-trimethoxypentane	1,2,3-三甲氧基戊烷	20.06	2.57
5	2-acetylfuran	2-乙酰呋喃	3.84	0.49
6	5-methylfurfural	5-甲基糠醛	10.90	1.40
7	hexanoic acid	己酸	3.62	0.46
8	3-methyl-1,2-cyclopentanedione	3-甲基-1,2-环戊二酮	7.15	0.92
9	2,5-diformylfuran	2,5-二甲酰基呋喃	7.61	0.98
10	2-furoylhydrazide	2-呋喃甲酰肼	4.60	0.59

序号	英文名称	中文名称	含量/(μg/g)	相对含量/%
11	oxalic acid 4-chlorophenyl nonyl ester	草酸 4-氯苯基壬基酯	10.72	1.37
12	2,3-dihydro-3,5-dihydroxy-6-methyl-4(*H*)-pyran-4-one	2,3-二氢-3,5-二羟基-6-甲基-4(*H*)-吡喃-4-酮	15.05	1.93
13	*N*-formyl-*α*-alanine	*N*-甲酰基-*α*-丙氨酸	3.55	0.46
14	benzoic acid	苯甲酸	18.67	2.39
15	2,3-dihydrothiophene	2,3-二氢噻吩	5.21	0.67
16	5-hydroxymethylfurfural	5-羟甲基糠醛	396.10	50.73
17	butanedioic acid diethyl ester	丁二酸二乙酯	10.70	1.37
18	2-thiophenecarboxylic acid ethyl ester	2-噻吩羧酸乙酯	20.09	2.57
19	1-(2-thienyl)-1,2-propanedione	1-(2-噻吩)-1,2-丙二酮	25.45	3.26
20	diethyl malate	苹果酸二乙酯	68.39	8.76
21	allyl ethyl sulfide	烯丙基乙基硫醚	57.94	7.42
22	hydrocinnamic acid	氢化肉桂酸	3.54	0.45
23	*o*-benzenediamine	邻苯二胺	7.60	0.97
24	decanoic acid	癸酸	1.01	0.13
25	2-ethoxyethyl heptanoate	2-乙氧基庚酸乙酯	7.29	0.93
26	ethyl vinyl ketone	乙烯乙基酮	9.36	1.20
27	*N*-carbamoyl-L-pyrrolid-2-one	*N*-氨甲酰基-L-吡咯烷-2-酮	1.79	0.23
28	28-methyl-nonacosanoic acid pyrrolidide	28-甲基二十九烷酸吡咯烷	6.26	0.80
29	3-methoxy thioanisole	3-甲氧基茴香硫醚	3.85	0.49

第3章
浸膏类天然香原料

3.1 安息香浸膏

【基本信息】

🔸 **名称**

中文名称：安息香浸膏，拙贝罗香浸膏
英文名称：benzoin concrete

🔸 **管理状况**

FEMA：2133
FDA：172.510
GB 2760—2014：N242

🔸 **性状描述**

深褐色黏稠液体。

🔸 **感官特征**

具有甜的膏香、辛香、豆香，有强烈香草素香气。

🔸 **物理性质**

溶解性：不溶于水，部分溶于乙醇，溶于矿物油。

🔸 **制备提取方法**

安息香科植物安息香树等的树干分泌物，在室温下用乙醇提取、浓缩后制得。

🔸 **原料主要产地**

产于泰国、老挝及越南、苏门答腊和马来西亚，以泰国产安息香品质较佳。

🔸 **作用描述**

安息香浸膏可用于饮料、冰激凌、烘焙食品、食品香精、日化调香中，起到定香作用；用于卷烟加香中，能增加膏香清甜，缓和烟气吃味。

【安息香浸膏主成分及含量】

取适量安息香浸膏进行气相色谱-质谱分析，记录谱图，按内标法以峰面积计算其含量。安息香浸膏中主要成分为：苯甲酸苄酯（22.67%）、苯甲酸（20.71%）、苄醇（20.09%）、肉桂酸（16.35%）、乙基香兰素（7.57%），所有化学成分及含量详见表 3-1。

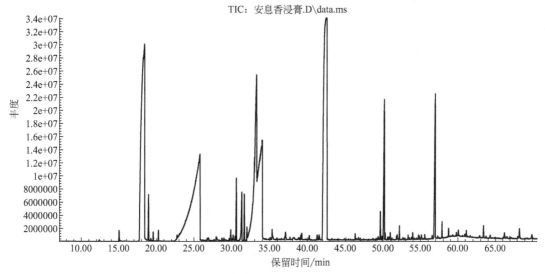

安息香浸膏 GC-MS 总离子流图

表 3-1　安息香浸膏化学成分含量表

序号	英文名称	中文名称	含量/(μg/g)	相对含量/%
1	benzocyclobutene	苯并环丁烯	91.94	0.02
2	benzaldehyde	苯甲醛	668.91	0.15
3	benzyl alcohol	苄醇	87295.44	20.09
4	acetophenone	苯乙酮	112.81	0.03
5	benzyl alcohol formate	甲酸苄酯	360.49	0.08
6	benzoic acid	苯甲酸	89991.72	20.71
7	cinnamaldehyde	肉桂醛	66.26	0.02
8	hydroquinone	对苯二酚	42.07	0.01
9	cinnamyl alcohol	肉桂醇	502.01	0.12
10	benzoic acid methyl ester	苯甲酸甲酯	135.73	0.03
11	p-benzenedialdehyde	对苯二甲醛	204.66	0.05
12	α-longipinene	α-长叶蒎烯	110.07	0.03
13	p-hydroxy-benzaldehyde	对羟基苯甲醛	666.83	0.15
14	longicyclene	环长叶烯	187.55	0.04
15	cinnamic acid methyl ester	肉桂酸甲酯	3608.31	0.83

续表

序号	英文名称	中文名称	含量/(μg/g)	相对含量/%
16	vanillin	香兰素	3858.15	0.89
17	longifolene	长叶烯	1943.18	0.45
18	caryophyllene	石竹烯	643.02	0.15
19	ethyl vanillin	乙基香兰素	32873.70	7.57
20	cinnamic acid	肉桂酸	71046.83	16.35
21	δ-cadinene	δ-杜松烯	79.34	0.02
22	homovanillic alcohol	高香草醇	855.88	0.20
23	allyl cinnamate	肉桂酸烯丙酯	73.44	0.02
24	2,5-dimethylbenzoic acid methyl ester	2,5-二甲苯甲酸甲酯	768.90	0.18
25	4-vinylbenzoic acid	4-乙烯基苯甲酸	401.40	0.09
26	homovanillic acid	高香草酸	66.49	0.02
27	β-methylene phenethyl alcohol	β-亚甲基苯乙醇	185.50	0.04
28	2-methyl-1,4-benzenedicarboxaldehyde	2-甲基-1,4-苯二甲醛	327.94	0.08
29	4-hydroxy-3-methoxy benzeneacetic acid methyl ester	4-羟基-3-甲氧基苯乙酸甲酯	304.32	0.07
30	coniferaldehyde	松柏醛	447.73	0.10
31	benzyl benzoate	苯甲酸苄酯	98476.35	22.67
32	benzenepropanoic acid phenylmethyl ester	苯丙酸苄酯	259.14	0.06
33	4,4'-methylenebisphenol	4,4'-亚甲基二苯酚	265.49	0.06
34	2-phenyl-2,3,4,5-tetrahydro-2,5-epoxy(1)benzoxepin	2-苯基-2,3,4,5-四氢-2,5-环氧(1)苯并噁庚英	1334.84	0.31
35	benzyl cinnamate	肉桂酸苄酯	12424.00	2.86
36	1,2-diphenyl-1,2-dimethyl ethane	1,2-二苯基-1,2-二甲基乙烷	303.23	0.07
37	2-methyl-5-hydroxybenzofuran	2-甲基-5-羟基苯并呋喃	369.85	0.09
38	butyrophenone	苯丁酮	316.47	0.07
39	2-cyano-3-[4-(dimethylamino)phenyl]-2-propenoic acid methyl ester	2-氰基-3-[4-(二甲氨基)苯基]-2-丙烯酸甲酯	203.44	0.05
40	pimaric acid	海松酸	564.97	0.13
41	1,2-bis(4-methoxyphenyl)-1-propene	1,2-双(4-甲氧基苯基)-丙烯	135.03	0.03
42	2-oxo-4-phenyl-3-butenoic acid	2-氧代-4-苯基3-丁烯酸	86.78	0.02
43	6-hydroxy-2',3',4'-trimethoxy-1,1'-biphenyl	6-羟基-2',3',4'-三甲氧基-1,1'-联苯	117.51	0.03
44	(1-methylenebutyl)-benzene	(1-亚甲基丁基)苯	189.54	0.04
45	3-(3,4,5-trimethoxyphenyl)-pyrazol-5-ol	3-(3,4,5-三甲氧基苯基)-吡唑-5-醇	165.97	0.04
46	3-phenyl-N-2-propenyl-2-propenamide	3-苯基-N-2-丙烯基-2-丙烯酰胺	442.84	0.10
47	methyl dehydroabietate	脱氢枞酸甲酯	232.88	0.05
48	cinnamyl cinnamate	桂酸桂酯	14492.22	3.34

序号	英文名称	中文名称	含量/(μg/g)	相对含量/%
49	1-hydroxy-1-phenyl-2-propanone	1-羟基-1-苯基-2-丙酮	99.38	0.02
50	4-amino-2,3-xylenol	4-氨基-2,3-二甲苯酚	491.82	0.11
51	tricyclo[6.6.0.0(3,6)]tetradeca-1(8),4,11-triene	三环[6.6.0.0(3,6)]十四碳-1(8),4,11-三烯	172.46	0.04
52	1,1'-[(2-phenylethoxy)methylene]bis-benzene	1,1'-[(2-乙氧基苯)亚甲基]双苯	475.08	0.11
53	1,1-diphenyl heptane	1,1-二苯基庚烷	155.91	0.04
54	2-allylphenol	2-烯丙基酚	290.16	0.07
55	2,6-dimethoxy terephthalic acid phenylethyl ester	2,6-二甲氧基对苯二甲酸苯乙酯	153.03	0.04
56	eugenol	丁香酚	874.81	0.20
57	m-phenethyl benzonitrile	间苯乙基苄腈	133.89	0.03
58	2,2-dimethyl-1-(2-vinylphenyl)propan-1-one	2,2-二甲基-1-(2-乙烯基苯基)丙-1-酮	1484.26	0.34
59	4-ethoxy-β-methyl-β-nitrostyrene	4-乙氧基-β-甲基-β-硝基苯乙烯	172.92	0.04
60	4-amino-2-methyl benzoic acid butyl ester	4-氨基-2-甲基苯甲酸丁酯	125.80	0.03
61	2-(1-adamantyl)ethyl butyl phosphonic acid ethyl ester	2-(1-金刚烷基)乙基丁基膦酸乙酯	198.68	0.05
62	2,6-dimethyl-4-nitrophenol	2,6-二甲基-4-硝基苯酚	926.52	0.21
63	3,3-diphenylpropiononitrile	3,3-二苯基丙腈	412.97	0.10

3.2 白肋烟浸膏

【基本信息】

名称

中文名称：白肋烟浸膏

英文名称：burley tobacco concrete

性状描述

棕褐色膏状物。

感官特征

具有浓郁的白肋烟香。

物理性质

相对密度 d_4^{20}：1.2353～1.2553

折射率 n_D^{20}：$1.4553 \sim 1.4593$

溶解性：溶于乙醇、丙二醇和水。

▶ 制备提取方法

将去杂白肋烟烟末加醇、加水分次萃取，取萃取液过滤、缩得浸膏，得率约 24%。

▶ 原料主要产地

主要分布在美洲、亚洲和欧洲，生产白肋烟的国家近 60 个，美国、马拉维的白肋烟质量属上乘。

▶ 作用描述

可用于烟草薄片加香，丰富薄片烟香，赋予其白肋烟的特征香气，增加卷烟烟味浓度、香味、劲头，吸味改进，余味舒适；同时，可改善卷烟燃烧性，烟灰由灰色变成白色。

【白肋烟浸膏主成分及含量】

取适量白肋烟浸膏进行气相色谱-质谱分析，记录谱图，按内标法以峰面积计算其含量。白肋烟浸膏中主要成分为：烟碱（33.63%）、β-异甲基紫罗兰酮（5.40%）、新植二烯（3.73%）、棕榈酸（3.61%）、石竹烯氧化物（3.08%），所有化学成分及含量详见表 3-2。

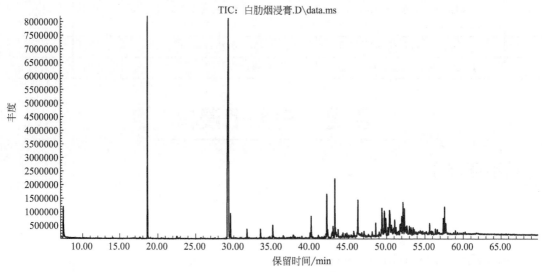

白肋烟浸膏 GC-MS 总离子流图

表 3-2　白肋烟浸膏化学成分含量表

序号	英文名称	中文名称	含量/(μg/g)	相对含量/%
1	3-methyl-pentanoic acid	3-甲基戊酸	18.92	0.10
2	pantolactone	泛酰内酯	20.32	0.11
3	3-acetylpiridine	3-乙酰基吡啶	11.14	0.06
4	dehydromevalonic lactone	去氢甲羟戊酸内酯	33.80	0.18
5	5-azauracil	5-氮尿嘧啶	16.01	0.09

续表

序号	英文名称	中文名称	含量/(μg/g)	相对含量/%
6	α-methyl-γ-butyrolactone	α-甲基-γ-丁内酯	8.87	0.05
7	nicotine	烟碱	6193.11	33.63
8	solanone	茄酮	276.04	1.50
9	vanillin	香兰素	16.43	0.09
10	myosmine	麦斯明	128.10	0.70
11	1-hexadecanol	1-十六烷醇	132.54	0.72
12	1,3,7,7-tetramethyl-9-oxo-2-oxabi-cyclo[4.4.0]decane	1,3,7,7-四甲基-9-氧代-2-氧杂双环[4.4.0]癸烷	15.76	0.09
13	anatabine	新烟草碱	32.99	0.18
14	2,3'-dipyridyl	2,3'-联吡啶	166.73	0.91
15	dihydroactinidiolide	二氢猕猴桃内酯	30.53	0.17
16	1,4-diethyl-2-methylbenzene	1,4-二乙基-2-甲基苯	31.76	0.17
17	3,5-diacetyl-2,6-dimethyl-4H-pyran-4-one	3,5-二乙酰基-2,6-二甲基-4H-吡喃-4-酮	12.09	0.07
18	(2,5-dimethoxyphenyl)acetone	(2,5-二甲氧基苯基)丙酮	12.96	0.07
19	3-acetoxypyridine	3-乙酰氧基吡啶	11.48	0.06
20	4-(3-pyridyl)-tetrahydrofuran-2-one	4-(3-吡啶基)-四氢呋喃-2-酮	22.90	0.12
21	tridec-2-ynyl-2-furoic acid ester	十三烷基-2-炔基-2-糠酸酯	13.45	0.07
22	4-(2,3-epoxy-2,6,6-trimethylcyclo-hex-1-yl)-2-butanone	4-(2,3-环氧基-2,6,6-三甲基环己-1-基)-2-丁酮	14.77	0.08
23	3-hydroxy-7,8-dihydro-β-ionol	3-羟基-7,8-二氢-β-紫罗兰醇	38.57	0.21
24	3,9-dodecadiyne	3,9-十二烷二炔	30.15	0.16
25	4-methyl-4-hexadecen-1-ol	4-甲基-4-十六碳烯-1-醇	27.22	0.15
26	9-hydroxy-4,7-megastigmadien-3-one	9-羟基-4,7-巨豆二烯-3-酮	19.52	0.11
27	3-(1-methylhept-1-enyl)-5-methyl-2,5-dihydrofuran-2-one	3-(1-甲基庚-1-烯基)-5-甲基-2,5-二氢呋喃-2-酮	38.61	0.21
28	4-(3-hydroxybutyl)-3,5,5-trimethyl-2-cyclohexen-1-one	4-(3-羟基丁基)-3,5,5-三甲基-2-环己烯-1-酮	106.98	0.58
29	cotinine	可替宁	298.95	1.62
30	1,8-cyclopentadecadiyne	1,8-环十五碳二炔	11.03	0.06
31	4-acetyl-3-carene	4-乙酰基-3-蒈烯	43.44	0.24
32	3-butyl-1-methyl-1H-indene	3-丁基-1-甲基-1H-茚	11.71	0.06
33	acrolein diethyl acetal	丙烯醛二乙缩醛	14.14	0.08
34	4-formyl-3,5-dimethyl-1H-pyrrole-2-carbonitrile	4-甲酰基-3,5-二甲基-1H-吡咯-2-甲腈	537.37	2.92
35	4-methyl-6-methylene-3-decene-2,9-dione	4-甲基-6-亚甲基-3-癸烯-2,9-二酮	47.36	0.26
36	solavetivone	螺岩兰草酮	75.42	0.41
37	neophytadiene	新植二烯	686.26	3.73
38	phytone	植酮	59.74	0.32

续表

序号	英文名称	中文名称	含量/(μg/g)	相对含量/%
39	3,8-nonadien-2-one	3,8-壬二烯-2-酮	67.84	0.37
40	α-selinene	α-芹子烯	122.93	0.67
41	6-acetyl-4,4,7-trimethylbicyclo[4.1.0]heptan-2-one	6-乙酰基-4,4,7-三甲基二环[4.1.0]庚烷-2-酮	21.26	0.12
42	3-methyl-5-hydroxy-isoxazole	3-甲基-5-羟基异噁唑	27.08	0.15
43	4,5-dehydroisolongifolene	4,5-脱氢异长叶烯	81.96	0.45
44	6-methyl-8-(2,6,6-trimethyl-1-cyclo-hexen-1-yl)-5-octen-2-one	6-甲基-8-(2,6,6-三甲基-1-环己烯-1-基)-5-辛烯-2-酮	28.51	0.15
45	1,2,3-trimethyl cyclohexane	1,2,3-三甲基环己烷	18.49	0.10
46	9,10-dimethyl-3,9-epoxytricyclo[4.2.1.1(2,5)]dec-7-en-10-ol	9,10-二甲基-3,9-环氧三环[4.2.1.1(2,5)]癸-7-烯-10-醇	28.90	0.16
47	3a,9-dimethyldodecahydrocyclohepta[d]inden-3-one	3a,9-二甲基十二氢环庚并[d]茚-3-酮	16.40	0.09
48	palmitic acid	棕榈酸	664.31	3.61
49	aromandendrene	香橙烯	116.66	0.63
50	5,6-epoxy-4-methyl-1-(2-propynyl)-tricyclo[7.4.0.0(3,8)]tridec-12-en-2-one	5,6-环氧-4-甲基-1-(2-丙炔基)-三环[7.4.0.0(3,8)]十三碳-12-烯-2-酮	82.56	0.45
51	β-ionone	β-紫罗酮	38.45	0.21
52	ethyl palmitate	棕榈酸乙酯	70.72	0.38
53	1,8-dimethyl-8,9-epoxy-4-isopropyl-spiro[4.5]decan-7-one	1,8-二甲基-8,9-环氧-4-异丙基-螺[4.5]癸烷-7-酮	39.37	0.21
54	isoaromadendrene epoxide	环氧化异香树烯	26.58	0.14
55	α-bisabolene epoxide	α-甜没药烯环氧化物	37.15	0.20
56	1-methyl-4-(2-methyloxiranyl)-7-ox-abicyclo[4.1.0]heptane	1-甲基-4-(2-甲基环氧乙烷基)-7-氧杂双环[4.1.0]庚烷	38.52	0.21
57	caryophyllene oxide	石竹烯氧化物	567.27	3.08
58	(2α,3α,5β)-1,1,2-trimethyl-3,5-bis(1-methylethenyl)-cyclohexane	(2α,3α,5β)-1,1,2-三甲基-3,5-双(1-甲基乙烯基)-环己烷	533.22	2.90
59	phytol	植醇	389.92	2.12
60	β-isomethyl ionone	β-异甲基紫罗兰酮	994.89	5.40
61	7-isopropyl-7-methyl-nona-3,5-diene-2,8-dione	7-异丙基-7-甲基壬-3,5-二烯-2,8-二酮	193.16	1.05
62	2-cyclopropyl-2-methyl-N-(1-cyclo-propylethyl)-cyclopropane carboxamide	2-环丙基-2-甲基-N-(1-环丙基乙基)-环丙烷甲酰胺	179.36	0.97
63	stearic acid	硬脂酸	133.97	0.73
64	pinane	蒎烷	123.98	0.67
65	alloaromadendrene	香树烯	293.76	1.59
66	1,2,4a,5,6,7,8,8a-octahydro-4a-methyl-2-naphthalenamine	1,2,4a,5,6,7,8,8a-八氢-4a-甲基-2-萘胺	193.57	1.05
67	cembra-2,7,11-trien-4,5-diol	2,7,11-西柏三烯-4,5-二醇	118.49	0.64

序号	英文名称	中文名称	含量/(μg/g)	相对含量/%
68	geranylgeraniol	香叶基香叶醇	263.53	1.43
69	1,3,3-trimethyl-2-oxabicyclo[2.2.2]octan-6-ol acetate	1，3，3-三甲基-2-氧杂二环[2.2.2]辛-6-醇乙酸酯	210.98	1.15
70	thunbergol	异瑟模环烯醇	151.01	0.82
71	4-(5,5-dimethyl-1-oxaspiro[2.5]oct-4-yl)-3-buten-2-one	4-(5,5-二甲基-1-氧杂螺[2.5]辛-4-基)-3-丁烯-2-酮	437.61	2.38
72	2-hydroxy-2,4,4-trimethyl-3-(3-methylbuta-1,3-dienyl)cyclohexanone	2-羟基-2,4,4-三甲基-3-(3-甲基丁基-1,3-二烯基)环己酮	620.87	3.37
73	farnesylacetone	金合欢基丙酮	386.05	2.10
74	6-ethoxy-6-methyl-2-cyclohexenone	6-乙氧基-6-甲基-2-环己烯酮	116.31	0.63
75	α-damascone	α-大马酮	225.24	1.22
76	11,13-dimethyl-12-tetradecen-1-ol acetate	11,13-二甲基-12-十四碳烯-1-醇乙酸酯	79.16	0.43
77	5-butyl-6-hexyloctahydro-1H-indene	5-丁基-6-己基八氢-1H-茚	159.99	0.87
78	1-[2-(2,5-dimethyl-1H-pyrrol-1-yl)ethyl]-piperazine	1-[2-(2,5-二甲基-1H 吡咯-1-基)乙基]-哌嗪	130.60	0.71
79	2-isopropenyl-4,4,7a-trimethyl-2,4,5,6,7,7a-hexahydro-benzofuran-6-ol	2-异丙烯基-4,4,7a-三甲基-2,4,5,6,7,7a-六氢-苯并呋喃-6-醇	107.14	0.58
80	4-t-butyl propiophone	4-叔丁基苯丙酮	175.12	0.95
81	2-ethoxy-2-cyclohexen-1-one	2-乙氧基-2-环己烯-1-酮	192.73	1.05
82	3-methylpenta-1,3-diene-5-ol acetate	3-甲基戊基-1,3-二烯-5-醇乙酸酯	339.91	1.85
83	8-methyl-9-tetradecen-1-ol acetate	8-甲基-9-十四碳烯-1-醇乙酸酯	187.60	1.02
84	5-methyl-2-phenylindole	5-甲基-2-苯基吲哚	46.72	0.25
85	5-methyl-2-phenylindolizine	5-甲基-2-苯基吲嗪	26.33	0.14
86	1-methyl-3-phenylindole	1-甲基-3-苯基吲哚	44.60	0.24

3.3　葫芦巴浸膏

【基本信息】

名称

中文名称：葫芦巴浸膏，葫芦巴籽浸膏，香豆子浸膏，芦巴子浸膏
英文名称：fenugreek seed concrete，fenugreek concrete

管理状况

FEMA：2485
FDA：182.10，182.20
GB 2760—2014：N319

➡ 性状描述

深棕色流动性膏体。

➡ 感官特征

焦甜的坚果仁和枫槭糖浆样香气，味焦甜带微苦。

➡ 物理性质

相对密度 d_4^{20}：1.3070～1.3150

➡ 制备提取方法

将葫芦巴种子进行粉碎、加热炒制后加入乙醇中，采用超声波萃取，然后离心、过滤、浓缩后即得葫芦巴浸膏。

➡ 原料主要产地

葫芦巴原产于欧洲、地中海地区、亚洲，我国黑龙江、吉林、辽宁、新疆、西藏、宁夏、甘肃、内蒙古、陕西、青海、河北等地区有栽培。

➡ 作用描述

葫芦巴浸膏可用作烘焙制品、饮料、冰激凌、糖果、咖啡、坚果等食品的添加香料；也可用于卷烟调香，能抑制辛辣刺激性和掩盖杂气，矫正吸味，增添烟香。

【葫芦巴浸膏主成分及含量】

取适量葫芦巴浸膏进行气相色谱-质谱分析，记录谱图，按内标法以峰面积计算其含量。葫芦巴浸膏中主要成分为：葫芦巴内酯（35.81%）、亚油酸乙酯（13.42%）、棕榈酸（7.85%）、异丁酸（6.26%）、油酸乙酯（5.18%）、棕榈酸乙酯（4.17%），所有化学成分及含量详见表 3-3。

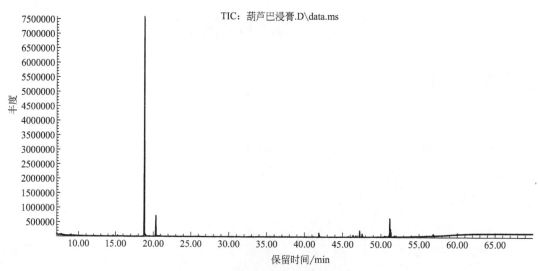

葫芦巴浸膏 GC-MS 总离子流图

表 3-3　葫芦巴浸膏化学成分含量表

序号	英文名称	中文名称	含量/(μg/g)	相对含量/%
1	isobutyric acid	异丁酸	77.96	6.26
2	hexanoic acid	己酸	29.24	2.35
3	sotolon	葫芦巴内酯	446.21	35.81
4	maltol	麦芽酚	12.58	1.01
5	3,4-dihydro-8-hydroxy-3-methyl-1H-2-benzopyran-1-one	3,4-二氢-8-羟基-3-甲基-1H-2-苯并吡喃-1-酮	6.53	0.52
6	5-(5-ethyl-2-furyl)hydantoin	5-(5-乙基-2-呋喃基)海因	16.82	1.35
7	palmitic acid	棕榈酸	97.78	7.85
8	4-carboethoxycarbazole	4-乙氧基甲酰咔唑	45.11	3.62
9	ethyl palmitate	棕榈酸乙酯	51.98	4.17
10	linoleic acid	亚油酸	22.22	1.78
11	1,2-epoxycyclooctane	1,2-环氧环辛烷	11.87	0.95
12	linolenic acid	亚麻酸	11.07	0.89
13	ethyl linoleate	亚油酸乙酯	167.30	13.42
14	ethyl oleate	油酸乙酯	64.54	5.18
15	ethyl linolenate	亚麻酸乙酯	45.98	3.69
16	methyl 2-methylstearate	2-甲基硬脂酸甲酯	10.50	0.84
17	2,3,4,6-tetrafluorophenyl isothiocyanate	2,3,4,6-四氟苯基异硫氰酸酯	28.14	2.26
18	2-(2,3,6,7-tetrahydro-1,3,7-trimethyl-2,6-dioxo-1H-purin-8-ylthio)-acetamide	2-(2,3,6,7-四氢-1,3,7-三甲基-2,6-二氧代-1H-嘌呤-8-基硫基)-乙酰胺	29.43	2.36
19	1,3,12-nonadecatriene	1,3,12-十九碳三烯	30.40	2.44
20	4,7-dihydro-7-imino-[1,2,4]triazolo[1,5-a]pyrimidine-6-carboxylic acid ethyl ester	4,7-二氢-7-亚氨基-[1,2,4]三唑并[1,5-a]嘧啶-6-甲酸乙酯	33.28	2.67
21	1-methyl-2-phenylindole	1-甲基-2-苯基吲哚	7.25	0.58

3.4　春黄菊浸膏

【基本信息】

名称

中文名称：春黄菊浸膏，黄金菊浸膏，洋甘菊浸膏

英文名称：chamomile concrete

管理状况

FEMA：2275

FDA：182.20

GB 2760—2014：N357

性状描述

深棕色、黏稠状流动液体。

感官特征

干草、焦甜药香气息。

物理性质

相对密度 d_4^{20}：1.3100～1.3150
溶解性：溶于乙醇和矿物油。

制备提取方法

以乙醇为提取剂，从盛花期的春黄菊全株中萃取、浓缩，从而获得春黄菊浸膏。

原料主要产地

原产于欧洲，广泛分布于德国、英国、摩洛哥、匈牙利、俄罗斯等，我国新疆北部、西部也有分布。

作用描述

春黄菊浸膏可用于蜂蜜、薄荷等食用香精。春黄菊浸膏用于卷烟中，可使烟气细腻、醇和，掩盖杂气，减少刺激性，改善余味，有增加烟草的焦甜香、烘烤香的作用。

【春黄菊浸膏主成分及含量】

取适量春黄菊浸膏进行气相色谱-质谱分析，记录谱图，按内标法以峰面积计算其含量。春黄菊浸膏中主要成分为：7-甲氧基香豆素（23.46%）、5,11,14,17-二十碳四烯酸甲酯（5.43%）、棕榈酸（5.10%）、对氯苯基羟胺（4.43%）、3-甲基噻吩-2-甲酰胺（3.94%）、花椒素（3.77%），所有化学成分及含量详见表3-4。

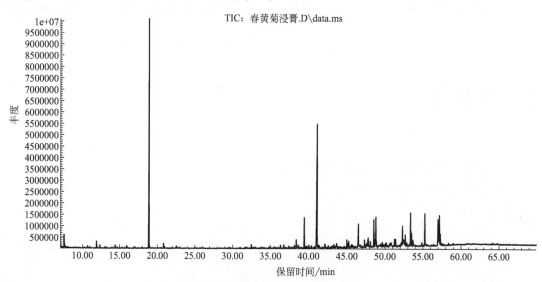

春黄菊浸膏 GC-MS 总离子流图

表 3-4 春黄菊浸膏化学成分含量表

序号	英文名称	中文名称	含量/(μg/g)	相对含量/%
1	2-oxazolidone	2-噁唑烷酮	22.35	0.29
2	1,2-propanediol-2-acetate	1,2-丙二醇-2-乙酸酯	33.74	0.44
3	γ-butyrolactone	γ-丁内酯	14.40	0.19
4	octanal propyleneglycol acetal	辛醛丙二醇缩醛	27.99	0.37
5	6-methyl-5-hepten-2-one	6-甲基-5-庚烯-2-酮	18.53	0.24
6	maltol	麦芽酚	53.93	0.71
7	benzoic acid	苯甲酸	28.67	0.38
8	2,4,6-cycloheptatrien-1-yl methyl ether	2,4,6-环庚三烯-1-基甲基醚	47.04	0.62
9	ethylparaben	尼泊金乙酯	11.07	0.15
10	dihydroactinidiolide	二氢猕猴桃内酯	12.18	0.16
11	4-amino-2,6-dihydroxypyrimidine	4-氨基-2,6-二羟基嘧啶	31.45	0.41
12	megastigmatrienone	巨豆三烯酮	54.62	0.72
13	1,3,5-trimethyl-1H-pyrazole	1,3,5-三甲基-1H-吡唑	19.66	0.26
14	N-ethyl-N-(3-methylphenyl)-3-methoxy-benzamide	N-乙基-N-(3-甲基苯基)-3-甲氧基苯甲酰胺	78.46	1.03
15	homovanillic acid	高香草酸	37.27	0.49
16	xanthoxylin	花椒素	286.44	3.77
17	bisabolol	红没药醇	15.87	0.21
18	1-(1-ethyl-2,3-dimethyl-cyclopent-2-enyl)-ethanone	1-(1-乙基-2,3-二甲基-环戊-2-烯基)-乙酮	21.92	0.29
19	4-amino-5-imidazolecarboxamide	4-氨基-5-咪唑甲酰胺	28.31	0.37
20	7-methoxycumarin	7-甲氧基香豆素	1782.76	23.46
21	myristic acid	肉豆蔻酸	56.50	0.74
22	4-[5-(2-thienyl)-1,2,4-oxadiazol-3-yl]-1,2,5-oxadiazol-3-amine	4-[5-(2-噻吩基)-1,2,4-噁二唑-3-基]-1,2,5-噁二唑-3-胺	61.01	0.80
23	orcinol	地衣酚	27.01	0.36
24	1-(1-methyl-2-propenyl)-2-oxo-cyclopentanecarboxylic acid ethyl ester	1-(1-甲基-2-丙烯基)-2-氧代-环戊烷甲酸乙酯	20.87	0.27
25	ledol	杜香醇	17.78	0.23
26	p-hydroxycinnamic acid ethyl ester	对羟基肉桂酸乙酯	34.08	0.45
27	N,N-dimethyl-cyclohexanamine	N,N-二甲基环己胺	27.94	0.37
28	1,2-dedihydro-5-(3-hydroxy-1-butyl)-2-methylthio-pyrrolidine	1,2-去二氢-5-(3-羟基-1-丁基)-2-甲硫基-吡咯烷	23.27	0.31
29	phytone	植酮	66.01	0.87
30	isoaromadendrene epoxide	环氧化异香树烯	19.95	0.26
31	2-(2,4-hexadiynylidene)-1,6-dioxaspiro[4.4]non-3-ene	2-(2,4-己二炔基亚基)-1,6-二氧杂螺[4.4]壬-3-烯	142.85	1.88
32	3,4,4-trimethyl-5-oxo-2-hexenoic acid	3,4,4-三甲基-5-氧代-2-己烯酸	59.15	0.78

续表

序号	英文名称	中文名称	含量/(μg/g)	相对含量/%
33	oxalic acid 2-isopropoxyphenyl octadecyl ester	草酸 2-异丙氧基苯基十八烷基酯	29.35	0.39
34	methyl palmitate	棕榈酸甲酯	36.89	0.49
35	ethyl 3-(4-hydroxy-3-methoxyphenyl)-2-propenoate	3-(4-羟基-3-甲氧基苯基)-2-丙烯酸乙酯	30.56	0.40
36	palmitic acid	棕榈酸	387.81	5.10
37	4,8-dimethyl-3,7-nonadien-2-ol	4,8-二甲基-3,7-壬二烯-2-醇	41.79	0.55
38	ethyl palmitate	棕榈酸乙酯	80.86	1.06
39	1-(1-hydroxybutyl)-2,5-dimethoxy-benzene	1-(1-羟基丁基)-2,5-二甲氧基苯	48.63	0.64
40	(1-methylene-2-propenyl)-benzene	(1-亚甲基-2-丙烯基)-苯	48.58	0.64
41	1,4,5-trimethyl-imidazole	1,4,5-三甲基-1H-咪唑	64.79	0.85
42	citral	柠檬醛	136.19	1.79
43	2-thienylmethylene)hydrazone-2-thiophenecarboxaldehyde	(2-噻吩基亚甲基)腙-2-噻吩甲醛	71.84	0.95
44	3-methylthiophene-2-carboxamide	3-甲基噻吩-2-甲酰胺	299.21	3.94
45	6,6-dimethyl-1,4-dioxa-spiro[4.5]dec-7-ene	6,6-二甲基-1,4-二氧杂螺[4.5]癸-7-烯	82.26	1.08
46	3a,4,7,7a-tetrahydro-3,3,5-trimethyl-[3a-(3aα,7α,7aα)]-3H-1,2-benzodioxol-7-ol acetate	3a,4,7,7a-四氢-3,3,5-三甲基-[3a-(3aα,7α,7aα)]-3H-1,2-苯并二噁茂-7-乙酸酯	287.54	3.78
47	bis[4-(2-hydroxyethoxy)phenyl]sulfone	双[4-(2-羟乙氧基)苯基]砜	58.42	0.77
48	1-methylpyrrole-2-aldehyde	1-甲基吡咯-2-甲醛	47.44	0.62
49	methyl linoleate	亚油酸甲酯	41.47	0.55
50	methyl linolenate	亚麻酸甲酯	30.26	0.40
51	benzyl cinnamate	肉桂酸苄酯	59.22	0.78
52	phytol	植醇	55.56	0.73
53	linoleic acid	亚油酸	45.24	0.60
54	linolenic acid	亚麻酸	72.58	0.96
55	ethyl linoleate	亚油酸乙酯	73.14	0.96
56	vaccenic acid	异油酸	21.65	0.28
57	ethyl linolenate	亚麻酸乙酯	76.60	1.01
58	1,3-benzenedithiol	1,3-苯二硫酚	28.61	0.38
59	2(a)-ethoxymethyl-1,2,5-trimethylpiperidin-4-ol	2(a)-乙氧基甲基-1,2,5-三甲基哌啶-4-醇	209.84	2.76
60	2,6-dimethoxybenzoquinone	2,6-二甲氧基苯醌	92.62	1.22
61	bis(trifluoromethyl)disulfide	双(三氟甲基)二硫化物	84.84	1.12
62	2,2,3,3-tetramethyl-azetidine	2,2,3,3-四甲基-氮杂环丁烷	313.90	4.13

序号	英文名称	中文名称	含量/(μg/g)	相对含量/%
63	fumaric acid 4-heptyl decyl ester	富马酸 4-庚基癸酯	122.25	1.61
64	2-[ethoxy(ethyl)phosphoryl]sulfanyl-N,N-diethylethanamine	O,O-二乙基-S-[2-(二乙基氨基)乙基]硫代膦酸酯	72.66	0.96
65	3-ethyl-2-nonanone	3-乙基-2-壬酮	50.34	0.66
66	p-chlorophenylhydroxylamine	对氯苯基羟胺	336.55	4.43
67	glyceryl linoleate	单亚油酸甘油酯	277.98	3.66
68	9-octadecenal	9-十八碳烯醛	65.23	0.86
69	methyl 5,11,14,17-eicosatetraenoate	5,11,14,17-二十碳四烯酸甲酯	412.39	5.43
70	methyl 8,11,14-heptadecatrienoate	8,11,14-十七碳三烯酸甲酯	120.20	1.58

3.5　红枣浸膏

【基本信息】

⟶ 名称

中文名称：红枣浸膏

英文名称：date concrete

⟶ 管理状况

GB 2760—2014：N393

⟶ 性状描述

棕红色膏状液体。

⟶ 感官特征

具有红枣特有的香甜味。

⟶ 物理性质

相对密度 d_4^{20}：≥1.2800

溶解性：溶于水和乙醇。

⟶ 制备提取方法

大枣经适当破碎后转移至烧瓶中，加入适量的乙醇溶液，加热提取一定时间后趁热抽滤（滤渣去掉），滤液经浓缩得到大枣浸膏。

⟶ 原料主要产地

主产于我国河北、河南、山东、山西、浙江、新疆、甘肃、陕北等地区。

> **作用描述**

红枣富含蛋白质、脂肪、糖类、胡萝卜素、维生素以及钙、磷、铁等微量元素，具有较高的营养价值和药用价值。红枣浸膏可用于食品、饮料、保健品中，具有补血、养颜、治疗失眠之功效。红枣浸膏也可用于卷烟加香中，用于掩盖卷烟杂气、刺激性。

【红枣浸膏主成分及含量】

取适量红枣浸膏进行气相色谱-质谱分析，记录谱图，按内标法以峰面积计算其含量。红枣浸膏中主要成分为：5-羟甲基糠醛（56.03%）、糠醛（8.04%）、棕榈酸（6.64%）等，所有化学成分及含量详见表3-5。

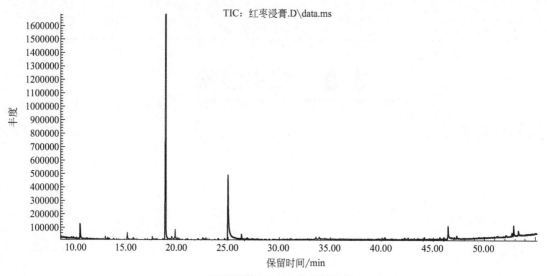

红枣浸膏 GC-MS 总离子流图

表 3-5　红枣浸膏化学成分含量表

序号	英文名称	中文名称	含量/(μg/g)	相对含量/%
1	furfural	糠醛	33.23	8.04
2	sorbitol	山梨醇	6.87	1.66
3	2-acetylfuran	2-乙酰基呋喃	3.66	0.89
4	5-methylfurfural	5-甲基糠醛	12.81	3.10
5	methyl cyclopentenolone	甲基环戊烯醇酮	5.25	1.27
6	2,5-diformylfuran	2,5-二甲酰基呋喃	7.77	1.88
7	oxalic acid 4-chlorophenyl heptadecyl ester	草酸 4-氯苯基十七烷基酯	17.45	4.22
8	benzoic acid	苯甲酸	6.50	1.57
9	5-hydroxymethylfurfural	5-羟甲基糠醛	231.48	56.03
10	2-butyrylthiophene	2-丁酰噻吩	10.10	2.45
11	massoilactone	马索亚内酯	3.82	0.93
12	octadecane	十八烷	3.66	0.89

续表

序号	英文名称	中文名称	含量/(μg/g)	相对含量/%
13	caffeine	咖啡因	4.17	1.01
14	palmitic acid	棕榈酸	27.45	6.64
15	ethyl palmitate	棕榈酸乙酯	4.79	1.16
16	N,N-dimethyl-1-adamantanecarbox-amide	N,N-二甲基-1-金刚烷基甲酰胺	5.95	1.44
17	2,3,5,6-tetrafluorophenyl isothiocya-nate	2,3,5,6-四氟苯基异硫氰酸酯	14.06	3.40
18	2,4-dimethyl-benzo[h]quinoline	2,4-二甲基苯并[h]喹啉	14.15	3.42

3.6　当归浸膏

【基本信息】

名称

中文名称：当归浸膏
英文名称：*Angelica* concrete

管理状况

FEMA：2087
FDA：182.10，182.20
GB 2760—2014：N244

性状描述

棕褐色膏状。

感官特征

当归浸膏具有当归特有的温和刺激气息，呈青香、药香、辛香、黄葵、蔬菜香气，味先微甜后转苦麻。

物理性质

相对密度 d_4^{20}：1.1230～1.1370
溶解性：溶于水和乙醇。

制备提取方法

将一定量当归粗粉，采用 70% 医用乙醇进行加热回流提取，滤去残渣，减压浓缩至稠膏状，即为当归浸膏，得率 1% 左右。

原料主要产地

主要产于德国、匈牙利、荷兰、法国、美国等。国内有些省区也已引种栽培，主产于甘肃东南部，其次为云南、四川、陕西、湖北等省。

> **作用描述**

当归浸膏广泛用于各类高级日用化学品、化妆品、药品中；也可应用于卷烟加香，能提调烟香，缓和吸味，抑制烟草的刺激性。

【当归浸膏主成分及含量】

取适量当归浸膏进行气相色谱-质谱分析，记录谱图，按内标法以峰面积计算其含量。当归浸膏中主要成分为：川芎内酯（66.44%）、2,3-二甲基-3-苯基环丙烯（9.81%）、3-正丁烯基苯酞（3.65%）、亚油酸乙酯（2.67%）、2-烯丙基-4-甲基苯酚（2.58%），所有化学成分及含量详见表3-6。

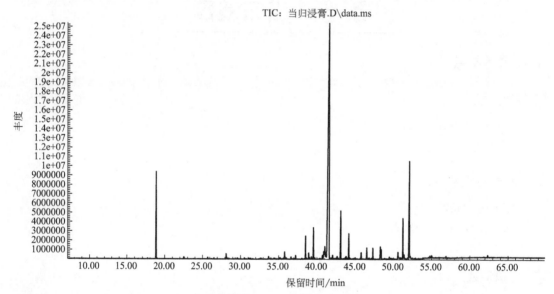

当归浸膏 GC-MS 总离子流图

表 3-6　当归浸膏化学成分含量表

序号	英文名称	中文名称	含量/(μg/g)	相对含量/%
1	β-thujene	β-侧柏烯	18.29	0.05
2	1-pentylbenzene	1-戊基苯	37.63	0.10
3	(5-methylcyclopent-1-enyl)methanol	(5-甲基戊-1-烯基)甲醇	29.07	0.08
4	4-ethenyl-2-methoxyphenol	4-乙烯基-2-甲氧基苯酚	70.99	0.19
5	1-phenyl-1-pentanone	1-苯基-1-戊酮	37.59	0.10
6	1-hydroxy-4-methylbicyclo[2.2.2]octane	1-羟基-4-甲基双环[2.2.2]辛烷	31.35	0.08
7	3,6,6-trimethyl-cyclohex-2-enol	3,6,6-三甲基环己-2-烯醇	113.58	0.30
8	2-methyl-5-(1-methylethyl)-cyclohexanol	2-甲基-5-(1-甲基乙基)-环己醇	49.52	0.13
9	3-propylidene-1（3H)-isobenzofuranone	3-亚丙基-1(3H)-异苯并呋喃酮	45.78	0.12
10	γ-eudesmol	γ-桉叶醇	14.99	0.04

续表

序号	英文名称	中文名称	含量/(μg/g)	相对含量/%
11	2,5-heptadiyn-4-one	2,5-庚二炔-4-酮	629.61	1.68
12	α-cadinol	α-杜松醇	56.74	0.15
13	1-[(3,4-dimethylbenzoyl)oxy]-2,5-pyrrolidinedione	1-[(3,4-二甲基苯甲酰基)氧]-2,5-吡咯烷二酮	231.73	0.62
14	6-ethenyl-6-methyl-1-(1-methylethyl)-3-(1-methylethylidene)-cyclohexene	6-乙烯基-6-甲基-1-(1-甲基乙基)-3-(1-甲基亚乙基)-环己烯	46.00	0.12
15	2-isopropenyl-4a,8-dimethyl-1,2,3,4,4a,5,6,7-octahydronaphthalene	2-异丙烯基-4a,8-二甲基-1,2,3,4,4a,5,6,7-八氢萘	60.19	0.16
16	xanthoxylin	花椒素	21.81	0.06
17	3-butylidenephthalide	3-正丁烯基苯酞	1364.09	3.65
18	2-acetyl-1-phenylhydrazine	2-乙酰基-1-苯肼	46.80	0.13
19	3-(1-methylbutylidene)-4,5-dihydrophthalide	3-(1-甲基丁烯基)-4,5-二氢苯酞	147.28	0.39
20	senkyunolide	洋川芎内酯	813.69	2.18
21	ligustilide	川芎内酯	24847.93	66.44
22	t-butylhydroquinone	叔丁基氢醌	191.29	0.51
23	2-propylphenol	2-丙基苯酚	109.96	0.29
24	formic acid 2-propylphenyl ester	甲酸 2-丙基苯酯	65.13	0.17
25	isopsoralen	异补骨脂素	86.24	0.23
26	pentadecanoic acid	十五烷酸	34.85	0.09
27	2-allyl-4-methylphenol	2-烯丙基-4-甲基苯酚	965.89	2.58
28	5,7,8-trimethyl-coumarin	5,7,8-三甲基香豆素	58.69	0.16
29	pentadecanoic acid ethyl ester	十五酸乙酯	23.03	0.06
30	2-(2,4-hexadiynylidene)-1,6-dioxaspiro[4.4]non-3-ene	2-(2,4-己二炔基亚基)-1,6-二氧杂螺[4.4]壬-3-烯	50.24	0.13
31	palmitic acid	棕榈酸	435.60	1.17
32	ethyl palmitate	棕榈酸乙酯	265.85	0.71
33	etofylline	乙羟茶碱	446.82	1.20
34	falcarinol	镰叶芹醇	265.96	0.71
35	bergapten	佛手柑内酯	77.84	0.21
36	heptadecanoic acid ethyl ester	十七酸乙酯	31.42	0.08
37	methyl linoleate	亚油酸甲酯	24.59	0.07
38	linoleic acid	亚油酸	402.26	1.08
39	ethyl linoleate	亚油酸乙酯	999.84	2.67
40	ethyl linolenate	亚麻酸乙酯	192.61	0.52
41	isopropyl linoleate	亚油酸异丙酯	34.08	0.09
42	2,3-dimethyl-3-phenyl-cyclopropene	2,3-二甲基-3-苯基-环丙烯	3667.19	9.81
43	N-phenylethanolamine	N-苯基乙醇胺	87.69	0.23
44	1-(1-buten-3-yl)-2-vinyl-benzene	1-(1-丁烯-3-基)-2-乙烯基苯	77.97	0.21

续表

序号	英文名称	中文名称	含量/(μg/g)	相对含量/%
45	1,4,9-decatrienyl-benzene	1,4,9-癸三烯基苯	42.40	0.11
46	1-(2,4-dihydroxybenzoyl)-3-ethyl-5-trifluoromethyl-5-hydroxy-2-pyrazoline	1-(2,4-二羟基苯甲酰基)-3-乙基-5-三氟甲基-5-羟基-2-吡唑啉	47.57	0.13

3.7 枫槭浸膏

【基本信息】

◆ 名称

中文名称：枫槭浸膏，鸡爪枫浸膏，青枫浸膏，雅枫浸膏，槭树浸膏
英文名称：maple concrete

◆ 管理状况

FEMA：2757
FDA：172.510
GB 2760—2014：N062

◆ 性状描述

深褐色膏体。

◆ 感官特征

具有强烈的巧克力香气、焦糖香气，可增加焦甜香、烘烤香。

◆ 制备提取方法

采用一定浓度的乙醇萃取枫槭树皮等部位获得相应的酊剂，酊剂经过浓缩等措施处理可以得到固体或流体形态不同的萃取物。

◆ 原料主要产地

主产于山东、河南南部、江苏、浙江、湖南、湖北、安徽、江西、贵州等省，朝鲜和日本也有分布。

◆ 作用描述

枫槭浸膏可用作食品、日化、卷烟香精；枫槭浸膏添加于卷烟中，可增加卷烟的焦甜香气，使烟气细腻柔和，口腔中生津回甜感较好。

【枫槭浸膏主成分及含量】

取适量枫槭浸膏进行气相色谱-质谱分析，记录谱图，按内标法以峰面积计算其含量。

枫槭浸膏中主要成分为：香兰素（85.45%）、葫芦巴内酯（2.26%）、5-羟甲基糠醛（2.21%）、香兰素丙三醇缩醛（1.89%），所有化学成分及含量详见表 3-7。

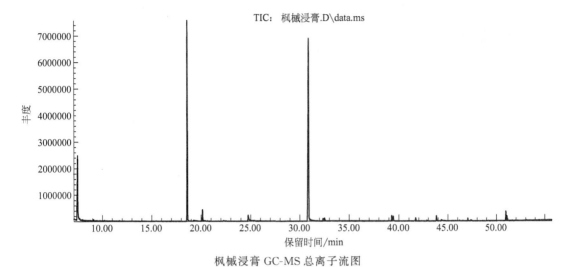

枫槭浸膏 GC-MS 总离子流图

表 3-7　枫槭浸膏化学成分含量表

序号	英文名称	中文名称	含量/(μg/g)	相对含量/%
1	2,5-diformylfuran	2,5-二甲酰基呋喃	15.63	0.35
2	sotolon	葫芦巴内酯	100.42	2.26
3	5-hydroxymethylfurfural	5-羟甲基糠醛	98.28	2.21
4	vanillin	香兰素	3797.47	85.45
5	5-hydroxyimino-4-oxo-4,5,6,7-tetra-hydrobenzofuroxan	5-羟基亚氨基-4-氧代-4,5,6,7-四氢苯并呋咱	26.80	0.60
6	vanillin glycerol acetal	香兰素丙三醇缩醛	84.16	1.89
7	benzyl benzoate	苯甲酸苄酯	29.59	0.67
8	isopropyl myristate	肉豆蔻酸异丙酯	49.76	1.12
9	caffeine	咖啡因	53.46	1.20
10	theobromine	可可碱	29.84	0.67
11	palmitic acid	棕榈酸	7.89	0.18
12	ethyl palmitate	棕榈酸乙酯	16.66	0.37
13	6-methoxycoumaran-5-ol-3-one	6-甲氧基香豆素-5-醇-3-酮	20.90	0.47
14	ethyl linoleate	亚油酸乙酯	60.95	1.37
15	ethyl oleate	油酸乙酯	48.59	1.09
16	ethyl stearate	硬脂酸乙酯	3.47	0.08

3.8　黑麦芽浸膏

【基本信息】

⮞ 名称

中文名称：黑麦芽浸膏
英文名称：black malt concrete

⮞ 管理状况

FDA：172.590

⮞ 性状描述

深棕色或黄棕色浓厚黏稠液体。

⮞ 感官特征

具有焦糖香、蜜糖香、坚果类香味。

⮞ 物理性质

相对密度 d_4^{20}：1.3500～1.4300
溶解性：在冷水中大部分溶解，在热水中易溶，溶液微带浑浊。

⮞ 制备提取方法

将新鲜黑麦芽进行前处理制得麦芽提取物并配制培养基，将酿酒酵母接种于灭菌后的培养基中，调节 pH、温度、通气量等条件进行黑麦芽发酵，将发酵后产物进行过滤，上清液分离浓缩后得到发酵型麦芽浸膏。

⮞ 原料主要产地

黑麦分布于欧亚大陆的温寒带，前苏联黑麦栽培面积最大，产量占世界黑麦总量的45％，其次是德国、波兰、法国、西班牙、奥地利、丹麦、美国、阿根廷和加拿大。中国较少，分布在黑龙江、内蒙古和青海、西藏等高寒地区与高海拔山地。

⮞ 作用描述

麦芽浸膏可用于红糖、糖蜜、焦糖、烘焙食品等食品香精的配制；在卷烟中加入适量的麦芽浸膏，能增加清香香韵和柔和烟气，降低卷烟的刺激性，掩盖青杂气。

【黑麦芽浸膏主成分及含量】

取适量黑麦芽浸膏进行气相色谱-质谱分析，记录谱图，按内标法以峰面积计算其含量。黑麦芽浸膏中主要成分为：棕榈酸（17.70％）、苯甲酸（10.37％）、肉桂酸（7.60％）、1-苯乙基-吡咯烷-2,4-二酮（7.52％），所有化学成分及含量详见表 3-8。

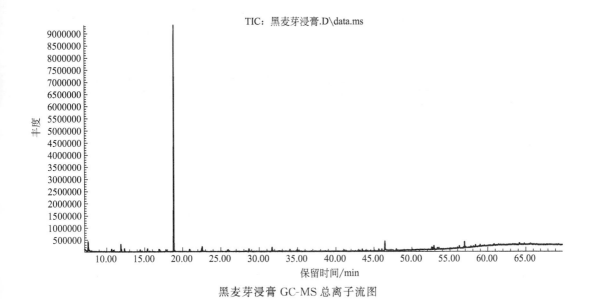

黑麦芽浸膏 GC-MS 总离子流图

表 3-8　黑麦芽浸膏化学成分含量表

序号	英文名称	中文名称	含量/(μg/g)	相对含量/%
1	2-oxazolidone	2-噁唑烷酮	21.51	3.94
2	ethoxycitronellal	乙氧基香茅醛	17.18	3.15
3	1,2-propanediol-2-acetate	1,2-丙二醇-2-乙酸酯	25.84	4.73
4	octanal propylene glycol acetal	辛醛丙二醇缩醛	12.65	2.32
5	hexanoic acid	己酸	29.12	5.33
6	4-isopropoxy-2-butanone	4-异丙氧基-2-丁酮	14.75	2.70
7	benzyl alcohol	苄醇	7.52	1.38
8	phenylethyl alcohol	苯乙醇	21.30	3.90
9	benzoic acid	苯甲酸	56.66	10.37
10	hydrocinnamic acid	氢化肉桂酸	26.08	4.77
11	cinnamic acid	肉桂酸	41.52	7.60
12	3-methoxybenzyl alcohol	3-甲氧基苯甲醇	12.17	2.23
13	2-benzoxazolinone	2-苯并噁唑啉酮	6.87	1.26
14	coniferyl alcohol	松柏醇	9.02	1.65
15	pinane	蒎烷	7.21	1.32
16	palmitic acid	棕榈酸	96.71	17.70
17	heptadecanal	十七醛	9.30	1.70
18	16-heptadecenal	16-十七碳烯醛	20.60	3.77
19	farnesol	金合欢醇	20.46	3.75

序号	英文名称	中文名称	含量/(μg/g)	相对含量/%
20	1-phenethyl-pyrrolidin-2,4-dione	1-苯乙基-吡咯烷-2,4-二酮	41.10	7.52
21	N-acetyl-DL-alloisoleucine	N-乙酰基-DL-别异亮氨酸	15.81	2.89
22	isolongifolol	异长叶醇	14.88	2.72
23	hexahydro-3-(phenylmethyl)-pyrrolo[1,2-a]pyrazine-1,4-dione	六氢-3-(苯基甲基)-吡咯并[1,2-a]吡嗪-1,4-二酮	17.97	3.29

3.9　角豆浸膏

【基本信息】

名称

中文名称：角豆浸膏，长角豆浸膏

英文名称：carob concrete

管理状况

FEMA：2243

FDA：182.20

GB 2760—2014：N175

性状描述

棕褐色（巧克力色）膏体，味涩。

感官特征

具有可可的特征香气。

物理性质

溶解性：微溶于水，易溶于乙醇、乙醚和氯仿。

制备提取方法

将角豆豆荚粉碎成粉末后，采用乙醇提取，多次过滤后合并滤液，减压浓缩制得角豆浸膏。

原料主要产地

主产于西班牙、意大利、塞浦路斯和其他一些地中海国家，澳大利亚、南非以及我国广东有栽培。

作用描述

可作为巧克力的替代品，用于食品调香可增加可可气息与烘烤香气；也可用于卷烟加香，起到降低烟气刺激、丰富烟香、改善口感的作用。

【角豆浸膏主成分及含量】

取适量角豆浸膏进行气相色谱-质谱分析，记录谱图，按内标法以峰面积计算其含量。角豆浸膏中主要成分为：异戊酸（39.87％）、糠醛（9.35％）、2-甲基丁酸（8.65％）、异丁酸（5.44％）、葫芦巴内酯（4.27％）、5-羟甲基糠醛（4.12％），所有化学成分及含量详见表 3-9。

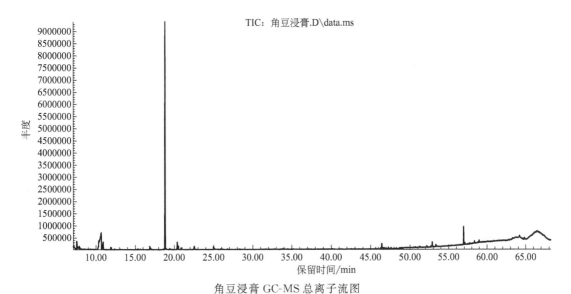

角豆浸膏 GC-MS 总离子流图

表 3-9　角豆浸膏化学成分含量表

序号	英文名称	中文名称	含量/(μg/g)	相对含量/%
1	isobutyric acid	异丁酸	59.46	5.44
2	furfural	糠醛	102.19	9.35
3	isopentanoic acid	异戊酸	435.62	39.87
4	2-methylbutanoic acid	2-甲基丁酸	94.50	8.65
5	hexanoic acid	己酸	8.33	0.76
6	isobutyric acid methyl ester	异丁酸甲酯	19.87	1.82
7	2-pentyl sulfurous acid propyl ester	2-戊基亚硫酸丙酯	6.93	0.63
8	2-azabicyclo[2.2.1]heptane	2-氮杂双环[2.2.1]庚烷	11.50	1.05
9	sotolon	葫芦巴内酯	46.70	4.27
10	3,3-dimethylbut-2-yl succinic acid isobutyl ester	3,3-二甲基-2-丁基琥珀酸异丁基酯	23.58	2.16
11	maltol	麦芽酚	12.21	1.12
12	benzoic acid	苯甲酸	31.70	2.90

续表

序号	英文名称	中文名称	含量/(μg/g)	相对含量/%
13	5-hydroxymethylfurfural	5-羟甲基糠醛	44.96	4.12
14	palmitic acid	棕榈酸	39.55	3.62
15	ethyl palmitate	棕榈酸乙酯	6.17	0.57
16	ethylene glycol palmitate	乙二醇棕榈酸酯	39.72	3.64
17	N-acetyl-DL-alloisoleucine	N-乙酰基-DL-别异亮氨酸	16.77	1.53
18	2-ethylacridine	2-乙基吖啶	15.73	1.44
19	2,4-dimethyl-benzo[h]quinoline	2,4-二甲基苯并[h]喹啉	19.12	1.75
20	9,10-dihydro-9,9,10-trimethylanthracene	9,10-二氢-9,9,10-三甲基蒽	14.90	1.36
21	β-isomethyl ionone	β-异甲基紫罗兰酮	43.17	3.95

3.10　菊苣浸膏

【基本信息】

名称

中文名称：菊苣浸膏，咖啡草浸膏，欧菊苣浸膏

英文名称：chicory concrete

管理状况

FEMA：2280

FDA：182.20

GB 2760—2014：N134

性状描述

深棕色黏稠状流动性膏体。

感官特征

有类似咖啡和焦糖的柔和焦甜香，味甜微酸，有咖啡苦味。

物理性质

相对密度 d_4^{20}：1.3000~1.3180

制备提取方法

由菊科菊苣属一年或多年生草本植物菊苣肉质茎干片经烘烤后，用溶剂提取、浓缩而成。

◆ 原料主要产地

主产于美国、荷兰、比利时、法国、德国等，在北美其他地区也有栽培。在我国主要种植区为北京、黑龙江、辽宁、山西、陕西、新疆、江西等地区。

◆ 作用描述

可用于食品、饮料、卷烟的调香原料，可用于烟草的加料和加香，能与烟香协调，缓和辛辣刺激，燃吸时可产生香味物质，更适用于混合型卷烟。

【菊苣浸膏主成分及含量】

取适量菊苣浸膏进行气相色谱-质谱分析，记录谱图，按内标法以峰面积计算其含量。菊苣浸膏中主要成分为：5-羟甲基糠醛（24.17%）、苯甲酸苄酯（17.11%）、1,2-丙二醇-2-乙酸酯（12.39%）、3,5-二氨基-1,2,4-三氮唑（6.42%），所有化学成分及含量详见表 3-10。

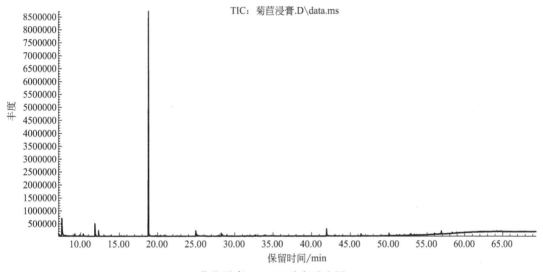

菊苣浸膏 GC-MS 总离子流图

表 3-10　菊苣浸膏化学成分含量表

序号	英文名称	中文名称	含量/(μg/g)	相对含量/%
1	2-ethoxypropane	2-乙氧丙烷	22.82	4.92
2	methyl butyl ether	甲基正丁基醚	12.41	2.67
3	furfural	糠醛	24.65	5.31
4	1,2-propanediol-2-acetate	1,2-丙二醇-2-乙酸酯	57.52	12.39
5	2-acetylfurane	2-乙酰基呋喃	5.92	1.28
6	2,4-dimethyl-1,3-dioxolane-2-methanol	2,4-二甲基-1,3-二氧戊环-2-甲醇	2.59	0.56
7	5-methyl furfural	5-甲基糠醛	6.51	1.40
8	methyl propionate	丙酸甲酯	5.47	1.18
9	phenol	苯酚	6.84	1.47

序号	英文名称	中文名称	含量/(μg/g)	相对含量/%
10	isoamyl isovalerate	异戊酸异戊酯	6.35	1.37
11	maltol	麦芽酚	8.83	1.90
12	5-hydroxymethylfurfural	5-羟甲基糠醛	112.22	24.17
13	4-methoxy-2-methyl adipic acid butyl octyl ester	4-甲氧基-2-甲基己二酸丁辛酯	6.25	1.35
14	3,5-diamino-1,2,4-triazole	3,5-二氨基-1,2,4-三氮唑	29.80	6.42
15	ethyl ketovalerate	乙酰丙酸乙酯	18.57	4.00
16	cinnamic acid	肉桂酸	1.72	0.37
17	benzyl benzoate	苯甲酸苄酯	79.43	17.11
18	2-propyl-phenol	2-丙基苯酚	9.55	2.06
19	palmitic acid	棕榈酸	22.92	4.94
20	benzyl cinnamate	肉桂酸苄酯	23.92	5.15

3.11　咖啡浸膏

【基本信息】

名称

中文名称：咖啡浸膏，咖啡豆浸膏
英文名称：coffee concrete，coffee bean concrete

管理状况

FDA：182.20
GB 2760—2014：N064

性状描述

棕褐色黏稠液体。

感官特征

有焙烤咖啡豆香。

物理性质

相对密度 d_4^{20}：0.9890～0.9920
折射率 n_D^{20}：1.5623～1.5685
溶解性：微溶于水，易溶于乙醇、乙醚和氯仿。

制备提取方法

茜草科木本咖啡树的成熟种子，经干燥并除去果皮、果肉和内果皮后，在 180～250℃

焙烤，冷却，磨成细粒状后，加入适量一定比例的乙醇水溶液，加热提取、浓缩后得到咖啡提取物。

▶ 原料主要产地

主要产于巴西、古巴、哥伦比亚、墨西哥、美国夏威夷、印度尼西亚、埃塞俄比亚、牙买加、秘鲁等地，中国云南、海南也有种植。

▶ 作用描述

咖啡浸膏可用于饮料、食品香料调配，也可用于卷烟加香，能协调烟气、增加淡甜香、使烟气细腻柔和、降低刺激性、改善吸味，加入卷烟中烟用咖啡浸膏的质量分数为 0.05％～0.15％。

【咖啡浸膏主成分及含量】

取适量咖啡浸膏进行气相色谱-质谱分析，记录谱图，按内标法以峰面积计算其含量。咖啡浸膏中主要成分为：香兰素（80.57％）、咖啡因（15.88％），所有化学成分及含量详见表 3-11。

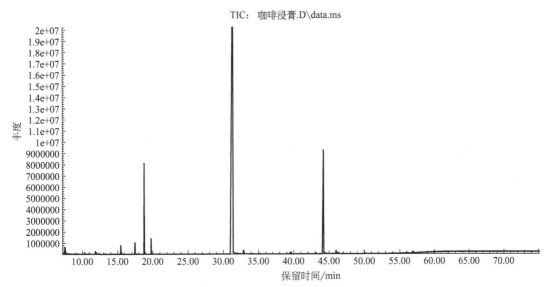

咖啡浸膏 GC-MS 总离子流图

表 3-11　咖啡浸膏化学成分含量表

序号	英文名称	中文名称	含量/(μg/g)	相对含量/%
1	furfural	糠醛	39.28	0.09
2	2-furan-methanol	糠醇	27.77	0.07
3	1,2-propanediol-2-acetate	1,2-丙二醇-2-乙酸酯	31.34	0.07
4	γ-butyrolactone	γ-丁内酯	18.16	0.04
5	acetoin glycol ketal	乙偶姻乙二醇缩酮	294.27	0.70
6	methyl cyclopentenolone	甲基环戊烯醇酮	336.42	0.79
7	benzyl alcohol	苄醇	14.64	0.04

序号	英文名称	中文名称	含量/(μg/g)	相对含量/%
8	ligustrazine	川芎嗪	401.98	0.95
9	maltol	麦芽酚	11.50	0.03
10	vanillin	香兰素	34133.14	80.57
11	ethyl vanillin	乙基香兰素	74.83	0.18
12	1-(4-methylthiophenyl)-2-propanone	1-(4-甲硫基苯基)-2-丙酮	14.55	0.03
13	ethyl vanillin propylene glycol acetal	乙基香兰素丙二醇缩醛	66.99	0.16
14	caffeine	咖啡因	6728.97	15.88
15	cyclo(leucylprolyl)	环(亮氨酰脯氨酰)	128.79	0.30
16	1-(4-methylphenyl)-1H-1,3-benzimidazole-5,6-dicarbonitrile	1-(4-甲基苯基)-1H-1,3-苯并咪唑-5,6-二腈	26.72	0.06
17	4-ethylguaiacol	4-乙基愈创木酚	15.71	0.04

3.12　可可浸膏

【基本信息】

名称

中文名称：可可浸膏

英文名称：cocoa concrete，cocoa bean concrete

管理状况

FDA：182.20

GB 2760—2014：N023

性状描述

深褐色膏体。

感官特征

具有巧克力的香味。

制备提取方法

以梧桐科可可属植物可可（*Theobroma cacao* L.）的果仁用乙醇浸提后浓缩制得。

原料主要产地

原产南美洲亚马逊河上游的热带雨林地区，后分布于非洲、美洲、大洋洲、亚洲60多个国家和地区，主产国为加纳、巴西、尼日利亚、科特迪瓦、厄瓜多尔、多米尼加和马来西亚，在我国台湾、海南也有种植。

> **作用描述**

可用于饮料、烘焙食品、冷冻食品等食用香精香料调配，可改善口感，增加可可气息与烘烤香气；可可浸膏也可用于卷烟加香，能够降低烟气刺激，丰富烟香。

【可可浸膏主成分及含量】

取适量可可浸膏进行气相色谱-质谱分析，记录谱图，按内标法以峰面积计算其含量。可可浸膏中主要成分为：咖啡因（56.52%）、棕榈酸（8.83%）、咖啡碱（7.06%）、环（L-脯氨酰-L-亮氨酰）（5.89%），所有化学成分及含量详见表 3-12。

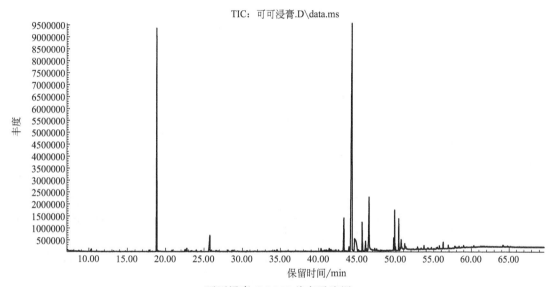

可可浸膏 GC-MS 总离子流图

表 3-12　可可浸膏化学成分含量表

序号	英文名称	中文名称	含量/(μg/g)	相对含量/%
1	isopentanoic acid	异戊酸	28.03	0.26
2	pantolactone	泛酰内酯	12.58	0.12
3	maltol	麦芽酚	10.41	0.10
4	benzoic acid	苯甲酸	33.83	0.31
5	dehydro mevalonic acid lactone	去氢甲羟戊酸内酯	33.01	0.30
6	2-piperidinone	2-哌啶酮	9.69	0.09
7	2,3-dihydro-thiophene	2,3-二氢噻吩	21.61	0.20
8	benzeneacetic acid	苯乙酸	286.65	2.63
9	2-piperidinimine	2-哌啶胲	12.46	0.11
10	hydrocinnamic acid	氢化肉桂酸	8.07	0.07
11	4,6-dihydroxypyrimidine	4,6-二羟基嘧啶	10.09	0.09
12	N-acetylphenethylamine	N-(2-苯乙基)乙酰胺	15.65	0.14
13	myristic acid	肉豆蔻酸	26.71	0.24

续表

序号	英文名称	中文名称	含量/(μg/g)	相对含量/%
14	cyclo(L-leucyl-L-prolyl-)	环(L-亮氨酰-L-脯氨酰-)	642.90	5.89
15	2-(dimethylamino)-1-phenyl-4-octanone	2-(二甲基氨基)-1-苯基-4-辛酮	70.20	0.64
16	caffeine	咖啡因	6166.54	56.52
17	theobromine	咖啡碱	769.78	7.06
18	methyl palmitate	棕榈酸甲酯	347.86	3.19
19	m-hydroxybiphenyl	间羟基联苯	23.03	0.21
20	palmitic acid	棕榈酸	963.48	8.83
21	ethyl palmitate	棕榈酸乙酯	17.86	0.16
22	3-(2-propenyl) cyclooctene	3-(2-丙烯基)-环辛烯	16.31	0.15
23	methyl linoleate	亚油酸甲酯	123.07	1.13
24	10-octadecenoic acid methyl ester	10-十八碳烯酸甲酯	379.18	3.48
25	methyl oleate	油酸甲酯	30.61	0.28
26	methyl stearate	硬脂酸甲酯	287.21	2.63
27	linoleic acid	亚油酸	41.18	0.38
28	oleic acid	油酸	244.82	2.24
29	stearic acid	硬脂酸	63.08	0.58
30	ethyl linoleate	亚油酸乙酯	36.48	0.33
31	cyclo(Phe-Val)	环(苯丙氨酸-缬氨酸)	36.09	0.33
32	methyl 18-methylnonadecanoate	18-甲基十九烷酸甲酯	20.36	0.19
33	cyclo-(L-leucyl-L-phenylalanyl)	环(L-亮氨酰-L-苯丙氨酰)	20.81	0.19
34	5-oxohexanethioic acid t-butyl ester	5-氧代硫代己酸叔丁基酯	34.96	0.32
35	cyclo(phenylalanyl prolyl)	环(苯丙氨酰脯氨酰)	65.55	0.60

3.13　赖百当浸膏

【基本信息】

名称

中文名称：赖百当浸膏，岩蔷薇浸膏
英文名称：labdanum concrete

管理状况

FEMA：2610
FDA：172.510
GB 2760—2014：N063

> **性状描述**

黄绿色至棕色膏状物。

> **感官特征**

具有温暖的龙涎和琥珀膏香气、花香、药草香，留香时间长。

> **物理性质**

相对密度 d_4^{20}：$0.9470 \sim 0.9800$

折射率 n_D^{20}：$1.4919 \sim 1.5048$

> **制备提取方法**

由半日花科植物赖百当阴干的叶、枝切碎后，用石油醚浸提制取浸膏，得膏率为 $2\% \sim 2.5\%$。

> **原料主要产地**

主产于西班牙、俄罗斯、摩洛哥、法国和中国的上海、江苏、浙江等地。

> **作用描述**

赖百当浸膏可用于高档化妆品、食用香精、卷烟香料调配；赖百当浸膏添加到烟草中可增补烟香，抑制刺激性，燃吸时散发浓甜烟香。

【赖百当浸膏主成分及含量】

取适量赖百当浸膏进行气相色谱-质谱分析，记录谱图，按内标法以峰面积计算其含量。赖百当浸膏中主要成分为：肉豆蔻酸异丙酯（37.55%）、苯甲酸（19.14%）、2-癸基十氢萘（4.01%）、1,15-十五烷二酸（2.51%），所有化学成分及含量详见表 3-13。

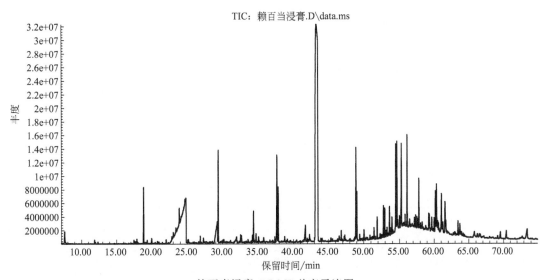

赖百当浸膏 GC-MS 总离子流图

表 3-13　赖百当浸膏化学成分含量表

序号	英文名称	中文名称	含量/(μg/g)	相对含量/%
1	*p*-cymene	对伞花烃	138.55	0.07
2	2,2,6-trimethyl cyclohexanone	2,2,6-三甲基环己酮	196.66	0.10
3	bicyclo[4.1.0]hept-2-ene	二环[4.1.0]庚-2-烯	159.34	0.08
4	1-methyl-4-(1-methylethenyl) benzene	1-甲基-4-(1-甲基乙烯基)苯	257.65	0.13
5	pinocarveole	松香芹醇	160.67	0.08
6	benzoic acid	苯甲酸	37454.06	19.14
7	1,4-cyclohexenediol	1,4-环己二醇	114.30	0.06
8	3-phenylpropanoic acid methyl ester	3-苯丙酸甲酯	274.24	0.14
9	bornyl acetate	乙酸龙脑酯	233.21	0.12
10	hydrocinnamic acid	氢化肉桂酸	4752.31	2.43
11	3-phenylpropanoic aid ethyl ester	3-苯丙酸乙酯	4766.79	2.44
12	cinnamic acid	肉桂酸	687.50	0.35
13	benzoyl hydrazine	苯甲酰肼	362.47	0.19
14	3,3,7,11-tetramethyl-tricyclo[6.3.0.0(2,4)]undec-8-ene	3,3,7,11-四甲基三环[6.3.0.0(2,4)]十一碳-8-烯	377.60	0.19
15	2-propionyl-6-methyl-3,4-dihydropyran	2-丙酰基-6-甲基-3,4-二氢吡喃	86.55	0.04
16	*α*-guaiene	α-愈创木烯	348.20	0.18
17	varidiflorene	喇叭烯	1319.71	0.68
18	2-isopropenyl-4a,8-dimethyl-1,2,3,4,4a,5,6,8a-octahydronaphthalene	2-异丙烯基-4a,8-二甲基-1,2,3,4,4a,5,6,8a-八氢萘	464.42	0.24
19	1,1,4,5,6-pentamethyl-2,3-dihydro-1*H*-indene	1,1,4,5,6-五甲基-2,3-二氢-1*H*-茚	174.24	0.09
20	1,1,5-trimethyl-1,2-dihydronaphthalene	1,1,5-三甲基-1,2-二氢萘	296.31	0.15
21	3-phenylpropionic acid-2-methoxyethyl ester	3-苯基丙酸-2-甲氧基乙酯	6159.22	3.15
22	benzenepropanoic acid-2-butyl ester	苯丙酸-2-丁酯	2903.12	1.48
23	myristic acid	肉豆蔻酸	1523.82	0.78
24	benzyl benzoate	苯甲酸苄酯	144.01	0.07
25	ethyl myristate	肉豆蔻酸乙酯	652.27	0.33
26	isopropyl myristate	肉豆蔻酸异丙酯	73460.48	37.55
27	palmitic acid	棕榈酸	398.10	0.20
28	citronellyl formate	甲酸香草酯	224.00	0.11
29	ethyl palmitate	棕榈酸乙酯	202.29	0.10
30	1,15-pentadecanedioic acid	1,15-十五烷二酸	4919.41	2.51
31	myristic acid vinyl ester	肉豆蔻酸乙烯酯	2214.42	1.13
32	1-eicosanol	1-二十醇	256.55	0.13

续表

序号	英文名称	中文名称	含量/(μg/g)	相对含量/%
33	geranylgeraniol	香叶基香叶醇	197.79	0.10
34	3-ethenyl-1,2-dimethyl-1,4-cyclo-hexadiene	3-乙烯基-1,2-二甲基-1,4-环己二烯	554.55	0.28
35	ethyl stearate	硬脂酸乙酯	935.52	0.48
36	2-(2-((2-chloro-6-fluorobenzyl)sulfanyl)phenyl)-1,4,5,6-tetrahydropyrimidine	2-(2-((2-氯-6-氟苄基)硫烷基)苯基)-1,4,5,6-四氢嘧啶	1364.87	0.70
37	2,3,5,8-tetramethyl-1,5,9-decatriene	2,3,5,8-四甲基-1,5,9-癸三烯	244.72	0.13
38	1,2,4a,5,6,7,8,8a-octahydro-4a-methyl-2-naphthalenamine	1,2,4a,5,6,7,8,8a-八氢-4a-甲基-2-萘胺	1411.47	0.72
39	[1α,4aβ,8aα]-1,4,4a,5,6,7,8,8a-octahydro-β,2,5,5,8a-pentamethyl-1-naphthalenepentanoic acid methyl ester	[1α,4aβ,8aα]-1,4,4a,5,6,7,8,8a-八氢-β,2,5,5,8a-五甲基-1-萘戊酸甲酯	392.33	0.20
40	2-decyldecahydro naphthalene	2-癸基十氢萘	7844.79	4.01
41	1,3,3-trimethyl-2-(1-methylbut-1-en-3-on-1-yl)-1-cyclohexene	1,3,3-三甲基-2-(1-甲基丁基-1-烯-3-酮-1-基)-1-环己烯	4705.13	2.40
42	eicosanoic acid methyl ester	花生酸甲酯	840.29	0.43
43	alloaromadendrene oxide-(1)	香树烯氧化物-(1)	287.61	0.15
44	11,13-dimethyl-12-tetradecen-1-ol acetate	11,13-二甲基-12-十四碳烯-1-醇乙酸酯	697.48	0.36
45	isolongifolol	异长叶醇	891.54	0.46
46	ethyl arachidate	花生酸乙酯	4421.44	2.26
47	8-hydroxy-1-(2-hydroxyethyl)-1,2,5,5-tetramethyl-decalin	8-羟基-1-(2-羟乙基)-1,2,5,5-四甲基-萘烷	288.55	0.15
48	(1α,2α)-[α,2-dimethyl-2-(4-methyl-3-pentenyl)]-cyclopropanemethanol	(1α,2α)-[α,2-二甲基-2-(4-甲基-3-戊烯基)]羟甲基环丙烷	2266.81	1.16
49	longipinane	长叶蒎烷	787.82	0.40
50	(1α,4aβ,8aα)-2-[(1,4,4a,5,6,7,8,8a-octahydro-2,5,5,8a-tetramethyl-1-naphthalenyl)methyl]-2,5-cyclohexadiene-1,4-dione	(1α,4aβ,8aα)-2-[(1,4,4a,5,6,7,8,8a-八氢-2,5,5,8a-四甲基-1-萘基)甲基]-2,5-环己二烯-1,4-二酮	873.61	0.45
51	nonadecanoic acid ethyl ester	十九烷酸乙酯	1288.89	0.66
52	3-isopropylidene cyclopentanecarboxylic acid bornyl ester	3-异亚丙基环戊甲酸龙脑基酯	2458.36	1.26
53	β-isomethyl ionone	β-异甲基紫罗兰酮	3561.43	1.82
54	1-(9-anthracenylmethyl)-4,5-dihydro-5,7a-etheno-7ah-indol-2(1H)-one	1-(9-蒽甲基)-4,5-二氢-5,7a-亚乙烯基-7ah-吲哚-2-(1H)-酮	2692.78	1.38
55	docosanedioic acid	二十二碳烷酸	1898.48	0.97
56	13-tetradecenal	13-十四烯醛	691.79	0.35
57	2-ethylbutyric acid pentadecyl ester	2-乙基丁酸十五烷基酯	1505.83	0.77

序号	英文名称	中文名称	含量/(μg/g)	相对含量/%
58	1-formyl-2, 2-dimethyl-3-(3-methyl-but-2-enyl)-6-methylidene cyclohexane	1-甲酰基-2,2-二甲基-3-(3-甲基-丁基-2-烯基)-6-亚甲基环己烷	1981.89	1.01
59	*m*-nitrobenzotrifluoride	间硝基三氟甲苯	669.96	0.34
60	5-hydroxy-4′,7-dimethoxyflavone	5-羟基-4′,7-二甲氧基黄酮	587.78	0.30
61	3′-hydroxy-2,4′,7-trimethoxyflavone	3′-羟基-2,4′,7-三甲氧基黄酮	748.56	0.38
62	5,6,7-trimethoxy-8-hydroxyflavone	5,6,7-三甲氧基-8-羟基黄酮	1465.37	0.75
63	β-methylionone	β-甲基紫罗兰酮	1415.43	0.72

3.14 罗望子浸膏

【基本信息】

▶ 名称

中文名称：罗望子浸膏，酸角浸膏
英文名称：tamarind concrete

▶ 管理状况

FDA：182.20
GB 2760—2014：N317

▶ 性状描述

棕黑色至棕褐色半流状膏体。

▶ 感官特征

具有酸角特有的酸甜味，味甘、酸，性平。

▶ 物理性质

溶解性：溶于水，易溶于乙醇。

▶ 制备提取方法

用水或低浓度乙醇从剥皮的罗望子果实中提取、再浓缩制得浸膏。

▶ 原料主要产地

主要产于埃及、印度、斯里兰卡等，我国福建、台湾、广西、广东、四川等地均有分布。

▶ 作用描述

在食品领域主要用来做调味品、面包和糕点；果实可用于加工多种风味饮料，如酸角浓缩汁、酸角果肉粉、酸角蜂蜜茶、酸角茶、蜜饯、果脯、咖喱粉、果冻等产品；也能用于烟用香料，可有效减轻烟气的刺激性、改善吸味。

【罗望子浸膏主成分及含量】

取适量罗望子浸膏进行气相色谱-质谱分析，记录谱图，按内标法以峰面积计算其含量。罗望子浸膏中主要成分为：5-羟甲基糠醛（33.78％）、糠醛（23.04％）、2,5-二甲酰基呋喃（8.75％）、5-甲基噻唑（6.80％）、3-甲基-2-丁醇（5.35％），所有化学成分及含量详见表 3-14。

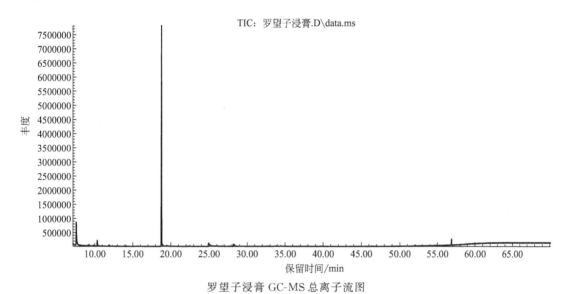

罗望子浸膏 GC-MS 总离子流图

表 3-14　罗望子浸膏化学成分含量表

序号	英文名称	中文名称	含量/(μg/g)	相对含量/％
1	3-methyl-2-butanol	3-甲基-2-丁醇	22.69	5.35
2	methyl propyl ether	甲基丙基醚	12.89	3.03
3	furfural	糠醛	97.69	23.04
4	propanediol acetate	乙酸丙二醇酯	16.09	3.79
5	1-hydroxy-2-propanediol acetate	1-羟基-2-丙二醇酯	8.26	1.95
6	2,2-dimethyl-3-pentanol	2,2-二甲基-3-戊醇	8.47	2.00
7	2,5-dicarbaldehyde furan	2,5-二甲酰基呋喃	37.08	8.75
8	3-hydroxy-3-methylbutyrate methyl	3-羟基-3-甲基丁酸甲酯	6.21	1.46
9	5-hydroxymethylfurfural	5-羟甲基糠醛	143.21	33.78
10	tridecane	正十三烷	4.87	1.15
11	5-methyl thiazole	5-甲基噻唑	28.82	6.80
12	4-methyl-3-pentenoic acid	4-甲基-3-戊烯酸	21.61	5.10
13	octadecane	正十八烷	2.26	0.53

序号	英文名称	中文名称	含量/(μg/g)	相对含量/%
14	palmitic acid	棕榈酸	6.58	1.55
15	palmityl acetate	棕榈酸乙酯	7.28	1.72

3.15　绿茶浸膏

【基本信息】

➡ 名称

中文名称：绿茶浸膏
英文名称：green tea concrete

➡ 管理状况

GB 2760—2014：N127

➡ 性状描述

墨绿色浓稠液体。

➡ 感官特征

淡绿茶清香味，味微苦。

➡ 物理性质

相对密度 d_4^{20}：1.1300～1.2700
溶解性：微溶于水，易溶于乙醇、石油醚。

➡ 制备提取方法

将茶叶粉碎后用滤纸包裹，置入萃取罐，加入石油醚，混合均匀，室温下萃取 15h，滤去不溶物，减压蒸馏得到浸膏。

➡ 原料主要产地

中国生产绿茶的范围极为广阔，河南、贵州、江西、安徽、浙江、江苏、四川、陕西、湖南、湖北、广西、福建等都是我国的绿茶主产省区。

➡ 作用描述

绿茶浸膏含有丰富的茶多酚，是一种天然食品抗氧化剂，在食品工业中得到广泛应用；同时可作为化妆品和日用化学品的优良添加剂，因其有很强的抗菌作用和抑酶作用，可防治皮肤病、皮肤过敏、齿斑、牙周炎和口臭等；作为烟用香精可降低刺激、丰富烟香、减少杂气、改善口感。

【绿茶浸膏主成分及含量】

取适量绿茶浸膏进行气相色谱-质谱分析，记录谱图，按内标法以峰面积计算其含量。绿茶浸膏中主要成分为：咖啡因（99.38％），所有化学成分及含量详见表 3-15。

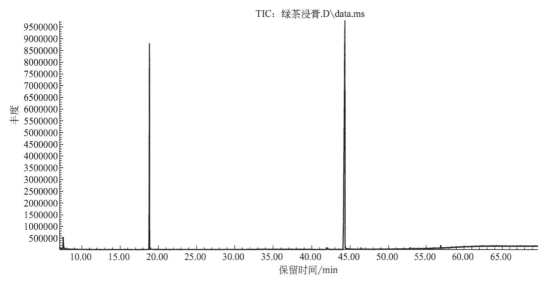

绿茶浸膏 GC-MS 总离子流图

表 3-15　绿茶浸膏化学成分含量表

序号	英文名称	中文名称	含量/(μg/g)	相对含量/%
1	benzyl benzoate	苯甲酸苄酯	21.47	0.30
2	caffeine	咖啡因	6986.28	99.38
3	palmitic acid	棕榈酸	22.20	0.32

3.16　秘鲁浸膏

【基本信息】

名称

中文名称：秘鲁浸膏
英文名称：Peru concrete，Peru balsam

管理状况

FEMA：2117
FDA：182.20
GB 2760—2014：N283

性状描述

深棕色黏稠液体。

感官特征

带桂甜膏香，有香荚兰豆豆香气息。

物理性质

相对密度 d_4^{20}：1.1520～1.1700

折射率 n_D^{20}：1.5680～1.5990

溶解性：溶于大多数油脂，在矿物油中有白色浑浊，微溶于丙二醇，几乎不溶于甘油。

制备提取方法

取豆科植物秘鲁香膏树的树脂，用苯或乙醇浸提或蒸馏而得，得膏率为 0.7%～1.1%。

原料主要产地

主产于巴西、萨尔瓦多。

作用描述

秘鲁浸膏具有甜的、优雅持久的香荚兰豆豆香气息，香气平和，浓甜持久，可作为定香剂，广泛应用于调配日用香精；其香味与烟草特有的香味协调，可以明显改善并提高烟草的香味品质，使烟香更加柔和、浓郁。

【秘鲁浸膏主成分及含量】

取适量秘鲁浸膏进行气相色谱-质谱分析，记录谱图，按内标法以峰面积计算其含量。

秘鲁浸膏中主要成分为：苯甲酸苄酯（45.75%）、肉桂酸苄酯（12.41%）、肉桂酸（11.96%）、苄醇（8.29）等，所有化学成分及含量详见表 3-16。

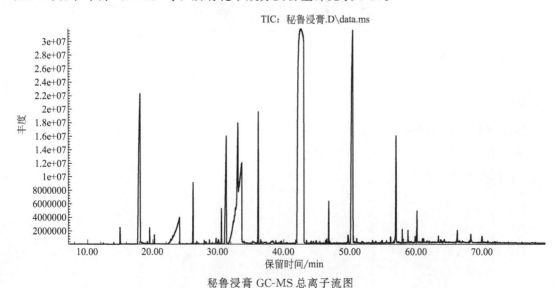

秘鲁浸膏 GC-MS 总离子流图

表 3-16 秘鲁浸膏化学成分含量表

序号	英文名称	中文名称	含量/(μg/g)	相对含量/%
1	styrene	苯乙烯	67.47	0.02
2	a-pinene	a-蒎烯	48.94	0.01
3	benzaldehyde	苯甲醛	761.50	0.22
4	benzyl alcohol	苄醇	28724.81	8.29
5	acetophenone	苯乙酮	67.82	0.02
6	benzyl formate	甲酸苄酯	542.57	0.16
7	methyl benzoate	苯甲酸甲酯	288.29	0.08
8	benzoic acid	苯甲酸	14114.22	4.06
9	cinnamaldehyde	肉桂醛	69.87	0.02
10	cinnamyl alcohol	肉桂醇	204.85	0.06
11	4-hydroxy-3-methoxystyrene	对乙烯基愈创木酚	108.17	0.03
12	benzoylformic acid	苯甲酰甲酸	176.26	0.05
13	p-hydroxybenzaldehyde	对羟基苯甲醛	403.94	0.12
14	methyl cinnamate	肉桂酸甲酯	1324.27	0.38
15	vanillin	香兰素	13898.33	4.00
16	ethyl vanillin	乙基香兰素	16960.34	4.88
17	cinnamic acid	肉桂酸	41219.82	11.96
18	1-(4-methionyl phenyl)-2-propanone	1-(4-甲硫基苯基)-2-丙酮	117.95	0.03
19	nerolidol	橙花叔醇	7829.22	2.25
20	5-ethyl-5-methyl-3-heptyne	5-乙基-5-甲基-3-庚炔	116.12	0.03
21	3-hydroxy-4-methoxybenzoic acid	3-羟基-4-甲氧基苯甲酸	134.51	0.04
22	2-oxo-4-phenyl-3-butenoic acid methyl ester	2-氧代-4-苯基 3-丁烯酸甲酯	669.63	0.19
23	benzyl ether	苄醚	112.78	0.03
24	syringaldehyde	丁香醛	93.72	0.03
25	2-methyl-1,4-phenyldimethanal	2-甲基-1,4-苯二甲醛	117.59	0.03
26	α-hydroxy-3-methoxyphenylacetic acid methyl ester	α-羟基-3-甲氧基苯乙酸甲酯	222.81	0.06
27	benzyl benzoate	苯甲酸苄酯	156815.32	45.75
28	benzyl phenylacetate	苯乙酸苄酯	89.87	0.03
29	orthophenyl ethyl benzoate	邻苯基苯甲酸乙酯	71.11	0.02
30	ferulicacid	3-甲氧基-4-羟基肉桂酸	103.57	0.03
31	benzyl salicylate	柳酸苄酯	75.92	0.02
32	m-toluic acid benzyl ester	间甲苯甲酸苄基酯	81.14	0.02
33	p-toluic acid benzyl ester	对甲苯甲酸苄基酯	69.27	0.02
34	benzyl phenylpropionate	苯丙酸苯甲酯	107.77	0.03
35	palmitic acid	棕榈酸	186.97	0.05
36	geranyl benzoate	苯甲酸香叶酯	64.86	0.02

序号	英文名称	中文名称	含量/(μg/g)	相对含量/%
37	2-phenyl-2,3,4,5-tetrahydro-2,5-epoxy(1)benzoxazine	2-苯基-2,3,4,5-四氢-2,5-环氧(1)苯并噁嗪	631.50	0.18
38	benzyl cinnamate	肉桂酸苄酯	42993.97	12.41
39	benzylacetone	苄基丙酮	165.12	0.05
40	butyrophenone	苯丁酮	139.41	0.04
41	2-methoxy-6-[(2-pyridinylamino)methylene]-phenol	2-甲氧基-6-[(2-吡啶基氨基)亚甲基]-苯酚	58.75	0.02
42	8-hydroxymethyl-bicyclo[4.3.0]non-3-ene	8-羟基甲基-双环[4.3.0]壬-3-烯	95.56	0.03
43	6-hydroxy-2,3,4-trimethoxy-1,1'-biphenyl	6-羟基-2,3,4-三甲氧基-1,1'-联苯	77.86	0.02
44	methsuximide	甲琥胺	92.04	0.03
45	2-(1-methylethyl)thiophenol	邻异丙基苯硫酚	91.29	0.03
46	dimethyl(2-methylphenoxy)heptyloxy-silane	二甲基(2-甲基苯氧基)庚氧基-硅烷	113.85	0.03
47	acridin-9-yl-benzylamine	吖啶-9-基-苄胺	229.14	0.07
48	2-phenylbutyric acid	2-苯基丁酸	234.28	0.07
49	cinnamyl cinnamate	桂酸桂酯	6703.82	1.93
50	2,2-dimethyl-1-(2-vinylphenyl)propane-1-ketone	2,2-二甲基-1-(2-乙烯基苯基)丙-1-酮	485.52	0.14
51	4-acetyl-benzyl benzoate	4-乙酰基-苯甲酸苯甲酯	159.75	0.05
52	4-hydroxy-3-methoxy benzeneacetic acid methyl ester	4-羟基-3-甲氧基苯乙酸甲酯	564.15	0.16
53	benzyl laurate	十二酸苯甲酯	243.91	0.07
54	phenanthro[1,2-c][1,2,5]selenadiazole	菲啰啉[1,2-c][1,2,5]硒二唑	1764.39	0.51
55	3,3-diphenylpropiononitrile	3,3-二苯基丙腈	156.73	0.05
56	2-(2-pyridyl)-cyclohexanol,	2-(2-吡啶基)-环己醇	154.44	0.04
57	3,4,4'-trimethyl-6'-formyl-1,1'-biphenyl	3,4,4'-三甲基-6'-甲酰基-1,1'-联苯	59.38	0.02
58	eugenol	丁香酚	370.93	0.11
59	N-[3-methyl-1-(phenylmethyl)-1H-pyrazol-5-yl]-2-furancarboxamide	N-[3-甲基-1-(苯基甲基)-1H-吡唑-5-基]-2-呋喃羧酰胺	91.53	0.03
60	2,2-dimethyl-1-(2-vinylphenyl)propan-1-one	2,2-二甲基-1-(2-乙烯基苯基)丙-1-酮	248.74	0.07
61	2,4,5-trichlorophenyl cinnamate	2,4,5-三氯苯基肉桂酸	854.98	0.25
62	4-(4-hydroxy-3-methoxyphenyl)-2-butanone oxime	4-(4-羟基-3-甲氧基苯基)-2-丁酮肟	169.42	0.05
63	3-butoxy-1,2-benzisothiazole	3-丁氧基-1,2-苯并异噻唑	131.04	0.04
64	4-amino-benzoic acid-2-methyl butylate	4-氨基苯甲酸-2-甲基丁酯	88.24	0.03
65	2',4'-dihydroxyhexanophenone	2',4'-二羟基苯己酮	124.13	0.04

序号	英文名称	中文名称	含量/(μg/g)	相对含量/%
66	2,6-dimethyl-*N*-(diphenyl methyl) aniline	2,6-二甲基-*N*-(二苯甲基)苯胺	755.86	0.22
67	benzhydrol	二苯甲醇	436.33	0.13
68	1,2,3,3a,4,5,6,6a,7,8,11,12-do-decahydro-3-(1-methylethyl)-cyclopen-tadienyl [*d*]anthracene-6,8,11-trione	1,2,3,3a,4,5,6,6a,7,8,11,12-十二氢-3-(1-甲基乙基)-环戊二烯并[*d*]蒽-6,8,11-三酮	126.30	0.04

3.17　摩洛哥茉莉浸膏

【基本信息】

名称

中文名称：摩洛哥茉莉浸膏，茉莉浸膏

英文名称：Moroccan jasmine concrete，Jasmine concrete

管理状况

FEMA：2599

FDA：182.20

GB 2760—2014：N069

性状描述

绿黄色或淡棕色疏松的稠膏。

感官特征

具有清凉的茉莉鲜花样香气，细而透发，又具有清新之感。

物理性质

酸值（OT-4）：2～11

相对密度 d_4^{20}：0.860～0.890

折射率 n_D^{20}：1.4950～1.5200

溶解性：溶于乙醇和丙二醇。

制备提取方法

取即将开放的茉莉花朵，用石油醚浸提而制得浸膏，浸膏经过乙醇再次提取，得精制浸膏，得膏率为 0.25%～0.35%。

原料主要产地

茉莉花主产于地中海沿岸国家摩洛哥、意大利、法国、埃及以及印度、中国等。

→ 作用描述

主要作为香精用于高级香水、香皂及化妆品，也可作食用香精，多在草莓、樱桃、杏、桃等果香香精中作修饰剂。其作为烟用香精，可增加卷烟甜润感、丰富烟香、改善卷烟木质气。

【摩洛哥茉莉浸膏主成分及含量】

取适量摩洛哥茉莉浸膏进行气相色谱-质谱分析，记录谱图，按内标法以峰面积计算其含量。摩洛哥茉莉浸膏中主要成分为：乙酸苯甲酯（13.31%）、2,3-环氧角鲨烯（10.50%）、苯甲酸苄酯（9.71%）、植醇（7.45%）、植醇乙酸酯（6.87%）、角鲨烯（6.14%）、异植醇（5.76%）、芳樟醇（4.58%）、亚麻酸甲酯（4.08%）、橙花叔醇（3.66%），所有化学成分及含量详见表 3-17。

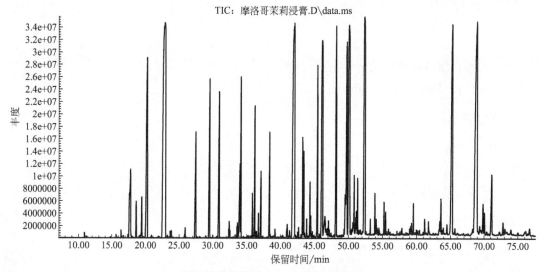

摩洛哥茉莉浸膏 GC-MS 总离子流图

表 3-17　摩洛哥茉莉浸膏化学成分含量表

序号	英文名称	中文名称	含量/(μg/g)	相对含量/%
1	leaf alcohol	叶醇	407.44	0.05
2	3-hexenyl acetate	乙酸叶醇酯	421.84	0.06
3	benzyl alcohol	苄醇	14391.97	1.88
4	*p*-cresol	对甲酚	3284.82	0.43
5	linalool	芳樟醇	35051.67	4.58
6	benzyl acetate	乙酸苯甲酯	101874.06	13.31
7	4-methyl gaiacol	4-甲基愈创木酚	299.00	0.04
8	methyl salicylate	水杨酸甲酯	345.16	0.05
9	phenethy lacetate	乙酸苯乙酯	564.89	0.07
10	indole	吲哚	12950.16	1.69

序号	英文名称	中文名称	含量/(μg/g)	相对含量/%
11	eugenol	丁香酚	20466.39	2.67
12	jasmone	茉莉酮	18397.72	2.40
13	isoeugenol	异丁子香酚	1309.74	0.17
14	tetradecane	正十四烷	398.46	0.05
15	2,6-dimethyl-2,7-octadiene-1,6-diol	2,6-二甲基-2,7-辛二烯-1,6-二醇	553.60	0.07
16	jasmine lactone	茉莉内酯	9902.59	1.29
17	α-farnesene	α-金合欢烯	12868.65	1.68
18	3-hexenyl benzoate	苯甲酸叶醇酯	10848.24	1.42
19	butyl benzoate	苯甲酸丁酯	304.23	0.04
20	(1-oxa-2-aza-spiro[2.5]oct-2-yl)-phenylmethanone	(1-氧杂-2-氮杂-螺[2.5]辛-2-基)苯基甲酮	425.60	0.06
21	4-t-butylphenol	对叔丁基苯酚	1189.38	0.16
22	methyl 2-acetamidobenzoate	2-(乙酰氨基)苯甲酸甲酯	5979.98	0.78
23	3-oxo-2-(2-pentenyl)-cyclopentaneacetic acid methyl ester	3-氧代-2-(2-戊烯基)-环戊烷羧酸甲酯	9221.03	1.20
24	methyl jasmonate	茉莉酮酸甲酯	631.18	0.08
25	12-oxatricyclo[4.4.3.0(1,6)]tride-cane-3,11-dione	12-氧杂三环[4.4.3.0(1,6)]十三烷-3,11-二酮	1882.43	0.25
26	myristic acid	十四酸	354.07	0.05
27	benzyl benzoate	苯甲酸苄酯	74297.73	9.71
28	pinane	蒎烷	5773.08	0.75
29	fitone	植酮	5042.07	0.66
30	3,7,11,15-tetramethyl-2-hexadecene-1-alcohol	3,7,11,15-四甲基-2-十六碳烯-1-醇	965.91	0.13
31	benzyl salicylate	水杨酸苄酯	1222.40	0.16
32	nonadecane	正十九烷	249.38	0.03
33	methyl hexadecanoate	棕榈酸甲酯	15170.75	1.98
34	isophytol	异植醇	44087.43	5.76
35	palmitic acid	棕榈酸	5990.78	0.78
36	methyl 14-methylhexadecanoate	14-甲基十六烷酸甲酯	442.48	0.06
37	nerolidol	橙花叔醇	28043.67	3.66
38	heneicosane	正二十一烷	5533.16	0.72
39	methyl linolenate	亚麻酸甲酯	31214.24	4.08
40	phytantriol	植三醇	57010.21	7.45
41	3-dodecene-1-yne	3-十二碳烯-1-炔	1270.14	0.17
42	methyl linoleate	亚油酸甲酯	1309.18	0.17
43	linolenic acid ethyl ester	亚麻酸乙酯	1531.96	0.20

序号	英文名称	中文名称	含量/(μg/g)	相对含量/%
44	10-nonadecenoic acid methyl ester	10-十九碳烯酸甲酯	597.29	0.08
45	11,13-dimethyl-12-tetradecene-1-farnesyl acetate	11,13-二甲基-12-十四碳烯-1-金合欢醇乙酸酯	4367.75	0.57
46	phytol acetate	植醇乙酸酯	52599.22	6.87
47	1-eicosenoic acid methyl ester	1-二十碳烯酸甲酯	581.61	0.08
48	11,14,17-methyl archidonate	11,14,17-二十碳三烯酸甲酯	1094.48	0.14
49	methyl-18-methylnonadecanoate	18-甲基-十九烷酸甲酯	678.46	0.09
50	4,8,12,16-tetramethyl heptadecylic acid-4-lactide	4,8,12,16-四甲基十七烷酸-4-交酯	1719.14	0.22
51	2,6,10-trimethyl-1,5,9-undecatriene	2,6,10-三甲基-1,5,9-十一碳三烯	2326.79	0.30
52	pentadecane	十五烷	226.01	0.03
53	eicosane	正二十烷	452.83	0.06
54	linolenic acid	亚麻酸	473.12	0.06
55	tetracosane	二十四烷	577.20	0.08
56	undecanoic acid phenylmethyl ester	十一酸苄酯	1742.14	0.23
57	nonadecyl acetate	十九烷基乙酸酯	223.34	0.03
58	palmitic acid vinyl ester	十六酸乙烯酯	1020.39	0.13
59	heptacosane	二十七烷	1778.64	0.23
60	dibenzyl phosphate	磷酸二苄酯	2606.30	0.34
61	undecanoic acid phenylmethyl ester	十一酸苯甲酯	2626.37	0.34
62	1-docosene	1-二十二烯	2012.11	0.26
63	squalene	角鲨烯	46966.52	6.14
64	farnesol	金合欢醇	637.06	0.08
65	2,3-oxidosqualene	2,3-环氧角鲨烯	80328.88	10.50
66	geranylgeraniol	香叶基香叶醇	4707.74	0.62
67	benzyl laurate	十二酸苯甲酯	2568.49	0.34
68	farnesyl mano furanoside	法尼基马诺呋喃糖苷	8934.76	1.17

3.18 山楂浸膏

【基本信息】

名称

中文名称：山楂浸膏，山里果浸膏，山里红浸膏，红果浸膏

英文名称：hawthorn concrete

▶ **管理状况**

GB 2760—2014：N014

▶ **性状描述**

红色或浅棕色膏状物。

▶ **感官特征**

含有浓厚的果酸香味和天然山楂乌梅香气。

▶ **制备提取方法**

将山楂干燥后粉碎，采用酒精浸提，再经过滤浓缩而得。

▶ **原料主要产地**

我国特有品种，主要分布于河南、湖北、湖南、江西、江苏、浙江、四川、山西、陕西等省份。

▶ **作用描述**

山楂浸膏是一种天然的食品添加剂，性微温，味甘酸，消积食、散瘀血、驱绦虫、降血脂，能赋予天然果香味。也可用于卷烟加香，改善烟草杂气，降低刺激性。

【山楂浸膏主成分及含量】

取适量山楂浸膏进行气相色谱-质谱分析，记录谱图，按内标法以峰面积计算其含量。山楂浸膏中主要成分为：苹果酸二乙酯（41.57％）、亚麻酸乙酯（3.71％）、棕榈酸乙酯（2.60％）、亚油酸乙酯（2.36％）、香兰素（1.40％），所有化学成分及含量详见表3-18。

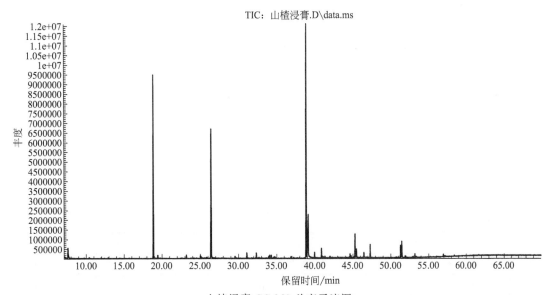

山楂浸膏 GC-MS 总离子流图

表 3-18　山楂浸膏化学成分含量表

序号	英文名称	中文名称	含量/(μg/g)	相对含量/%
1	furfural	糠醛	15.11	0.27
2	propanediol acetate	乙酸丙二醇酯	9.85	0.17
3	5,6-dihydro-2*H*-pyran-2-one	5,6-二氢-2*H*-吡喃-2-酮	51.13	0.90
4	diethyl succinate	琥珀酸二乙酯	35.83	0.63
5	dimethylsuccinic acid	二甲基丁二酸	4.83	0.09
6	5-hydroxymethylfurfural	5-羟甲基糠醛	46.90	0.83
7	dimethyl itaconate	衣康酸二甲酯	28.87	0.51
8	2-hydroxy-3-methyl-succinoic acid di-ethyl ester	2-羟基-3-甲基琥珀酸二乙基酯	10.03	0.18
9	diethyl malate	苹果酸二乙酯	2336.47	41.57
10	2-furoic acid	糠酸	30.38	0.54
11	eugenol	丁香酚	5.62	0.10
12	vanillin	香兰素	78.98	1.40
13	2-pipecolinic acid	2-哌啶羧酸	72.37	1.28
14	isoeugenol	异丁子香酚	9.67	0.17
15	trimethyl citrate	柠檬酸三甲酯	21.72	0.38
16	homovanillic acid	高香草酸	9.07	0.16
17	—①	—	1304.06	23.24
18	adipic acid-2-octyl ester	己二酸-2-辛基酯	18.20	0.32
19	2,4-dimethylpent-3-yl succinic acid butyl ester	2,4-二甲基戊-3-基琥珀酸丁酯	59.84	1.06
20	*N-t*-butyl-2-methyl-5-benzimidazole formamide	*N*-叔丁基-2-甲基-5-苯并咪唑甲酰胺	119.99	2.12
21	4-(3-hydroxy-1-propenyl)-2-methoxyphenol	4-(3-羟基-1-丙烯基)-2-甲氧基苯酚	16.36	0.29
22	ligustilide	川芎内酯	15.27	0.27
23	benzylbenzoate	苯甲酸苄酯	24.09	0.46
24	diphenylmethane	二苯基甲烷	10.05	0.18
25	—	—	386.72	6.93
26	2-heptane adipic acid ethyl ester	2-庚烷己二酸乙酯	89.89	1.59
27	adipic acid ethyl 2-hexyl ester	己二酸乙基己基酯	99.09	1.73
28	palmitic acid	棕榈酸	69.81	1.23
29	palmitic acid ethyl ester	棕榈酸乙酯	147.24	2.60
30	linolenic acid	亚麻酸	13.72	0.24
31	ethyl linoleate	亚油酸乙酯	133.57	2.36
32	ethyl oleate	油酸乙酯	45.78	0.81
33	linolenic acid ethyl ester	亚麻酸乙酯	210.05	3.71
34	ethyl stearate	硬脂酸乙酯	18.22	0.32

序号	英文名称	中文名称	含量/(μg/g)	相对含量/%
35	4-methyl-6-phenyltetrahydro-1,3-ox-azine-2-thione	4-甲基-6-苯基四氢-1,3-噁嗪-2-硫酮	16.27	0.29
36	1,2,4-trimethoxydibenzofuran-3-ol	1,2,4-三甲氧基二苯并呋喃-3-醇	43.74	0.77
37	methyl linolenate	亚麻酸甲酯	16.79	0.30

①表示未鉴定，余同。

3.19　树兰花浸膏

【基本信息】

名称

中文名称：树兰花浸膏，米兰浸膏

英文名称：tree orchid concrete，*Aglaia odorata* concrete

管理状况

GB 2760—2014：N092

性状描述

深绿色稠状物。

感官特征

具有树兰花的特征香气，花香清甜，香气透发而持久。具有清甜的花香，有些似茉莉、依兰和茶叶之香韵，香气留长，头香有木香、秘鲁香膏香气。

物理性质

相对密度 d_4^{20}：0.9071～0.9163

折射率 n_D^{20}：1.5015～1.5161

酸值（OT-4）：11.28～22.70

制备提取方法

将树兰花花瓣磨碎，用有机溶剂回流萃取，过滤，减压蒸馏除去液体得到。

原料主要产地

我国的栽培地区以福建为主，四川、广东、广西等地也有分布。

作用描述

树兰花浸膏可用于调配香水、香皂和化妆品，同时也是烟草香精的高级香原料，是一种很好的定香剂，具有掩盖卷烟杂气、柔和烟气、细腻烟香的作用。

【树兰花浸膏主成分及含量】

取适量树兰花浸膏进行气相色谱-质谱分析，记录谱图，按内标法以峰面积计算其含量。树兰花浸膏中主要成分为：葎草烯（17.57%）、γ-依兰烯（11.40%）、石竹烯（8.48%）、α-可巴烯（8.34%）、亚麻酸（5.73%）、亚麻酸乙酯（5.54%）、β-可巴烯（4.05%）、茉莉酮酸甲酯（4.01%），所有化学成分及含量详见表 3-19。

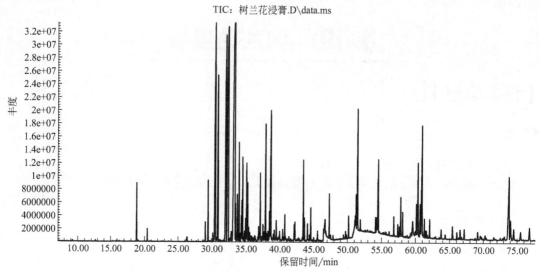

树兰花浸膏 GC-MS 总离子流图

表 3-19 树兰花浸膏化学成分含量表

序号	英文名称	中文名称	含量/(μg/g)	相对含量/%
1	nonanal	壬醛	487.90	0.18
2	nonanoic acid	壬酸	457.06	0.17
3	7-(1-methylethylidene)-bicyclo[4.1.0]heptane	7-(1-甲基亚乙基)-双环[4.1.0]庚烷	847.20	0.31
4	α-cubebene	α-荜澄茄油烯	2730.75	0.99
5	cyclosativene	环苜蓿烯	485.50	0.18
6	α-copaene	α-可巴烯	23052.91	8.34
7	β-copaene	β-可巴烯	11205.59	4.05
8	caryophyllene	石竹烯	23432.39	8.48
9	γ-ylangene	γ-依兰烯	31511.20	11.40
10	β-farnesene	β-金合欢烯	924.40	0.33
11	humulene	葎草烯	48566.3	17.57
12	alloaromadendrene	香树烯	1372.34	0.50
13	1,2,4a,5,6,8a-hexahydro-4,7-dimethyl-1-(1-methylethyl)-naphthalene	1,2,4a,5,6,8a-六氢-4,7-二甲基-1-(1-甲基乙基)萘	2229.31	0.81
14	germacrene D	大根香叶烯 D	4742.43	1.72

序号	英文名称	中文名称	含量/(μg/g)	相对含量/%
15	β-selinene	β-芹子烯	324.94	0.12
16	γ-cadinene	γ-杜松烯	1204.80	0.44
17	β-bisabolene	β-没药烯	3615.47	1.31
18	cedrene	雪松烯	400.20	0.14
19	δ-cadinene	δ-杜松烯	3714.22	1.34
20	β-ocimene	β-罗勒烯	2346.11	0.85
21	1,2,3,4,4a,7-hexahydro-1,6-dimethyl-4-(1-methylethyl)-naphthalene	1,2,3,4,4a,7-六氢-1,6-二甲基-4-(1-甲基乙基)-萘	732.88	0.27
22	α-gurjunene	α-古芸烯	542.28	0.20
23	3,7(11)-apigenadiene	3,7(11)-芹子二烯	316.98	0.11
24	1,3-dimethyladamantane-5,7-diethyl azodicarboxylate	1,3-二甲基金刚烷-5,7-偶氮二甲酸二乙酯	388.15	0.14
25	α-selinene	α-芹子烯	236.26	0.09
26	1-hydroxy-1,7-dimethyl-4-isopropyl-2,7-cyclodecadiene	1-羟基-1,7-二甲基-4-异丙基-2,7-环癸二烯	256.77	0.09
27	spathulenol	斯巴醇	686.08	0.25
28	caryophyllene oxide	环氧石竹烯	3778.71	1.37
29	α-bulnesene	α-布藜烯	213.92	0.08
30	ledol	杜香醇	519.38	0.19
31	humulene epoxide Ⅱ	环氧化蛇麻烯 Ⅱ	6983.84	2.53
32	2-methylene-5α-cholesto-3β-alcohol	2-亚甲基-5α-胆甾-3β-醇	388.13	0.14
33	1,7,7-trimethyl-2-vinylbicyclo[2.2.1]hept-2-ene	1,7,7-三甲基-2-乙烯基双环[2.2.1]庚-2-烯	440.48	0.16
34	1-methyl-4-(1-methylethylidene)-cyclohexane	1-甲基-4-(1-甲基亚乙基)-环己烷	1541.96	0.56
35	methyl jasmonate	茉莉酮酸甲酯	11087.79	4.01
36	1-formyl-2,2-dimethyl-3-(3-methyl-but-2-enyl)-6-methylidene-cyclohexane	1-甲酰基-2,2-二甲基-3-(3-甲基-丁-2-烯基)-6-亚甲基环己烷	439.19	0.16
37	octahydro-4,7-methano-1H-inden-5-ol	八氢-4,7-亚甲基-1H-茚-5-醇	566.35	0.20
38	cyclopentaneacetic acid 3-oxo-2-(2-pentenyl)-methyl ester	3-氧代-2-(2-戊烯基)-环戊烷羧酸甲酯	1250.24	0.45
39	8-hydroxy-4-isopropylidene-7-methyl-bicyclo[5.3.1]undec-1-ene	8-羟基-4-异亚丙基-7-甲基二环[5.3.1]十一碳-1-烯	939.97	0.34
40	pinane	蒎烷	3708.52	1.34
41	fitone	植酮	956.48	0.35
42	3-methyl cyclooctene	3-甲基环辛烯	949.67	0.34

续表

序号	英文名称	中文名称	含量/(μg/g)	相对含量/%
43	7,11,15-trimethyl-3-methylene-1,6,10,14-sixteen carbon tetraene	7,11,15-三甲基-3-亚甲基-1,6,10,14-十六碳四烯	479.84	0.17
44	palmitic acid	棕榈酸	4618.13	1.67
45	palmitic acid ethyl ester	棕榈酸乙酯	1640.96	0.59
46	1-methyltricyclo[2.2.1.0(2,6)]heptane	1-甲基三环[2.2.1.0(2,6)]庚烷	150.30	0.05
47	cyclohexadecane	环十六烷	235.22	0.09
48	phytol	植醇	926.69	0.34
49	linolenic acid ethyl ester	亚麻酸乙酯	15316.82	5.54
50	ethyl stearate	硬脂酸乙酯	460.24	0.17
51	tetratetracontane	四十四烷	664.60	0.24
52	7-tetradecyne	7-十四炔	1322.25	0.48
53	1,21-dodecadiene	1,21-十二碳二烯	787.69	0.29
54	tricosane	正二十三烷	489.81	0.18
55	heneicosane	二十一烷	3124.29	1.13
56	1,5,9,13-tetradecatetraene	1,5,9,13-十四-四烯	457.41	0.17
57	9,12,15-octal canrenoate butyl	9,12,15-八坎利酸丁酯	2354.42	0.85
58	hexacosane	正二十六烷	774.48	0.28
59	methyl linolenate	亚麻酸甲酯	2160.98	0.78
60	9,12,15-octadecatrienoate propyl	9,12,15-十八碳三烯酸异丙酯	5052.71	1.83
61	linolenic acid	亚麻酸	15823.71	5.73
62	tetracosane	二十四烷	951.41	0.34
63	9-nonadecene	9-十九碳烯	303.51	0.11
64	2-methyl-tricosane	2-甲基二十三烷	581.66	0.21
65	heptadecanoic acid ethyl ester	十七烷酸乙酯	399.42	0.14
66	squalene	反式角鲨烯	939.94	0.34
67	octacosane	二十八烷	408.26	0.15
68	nonacosane	二十九烷	702.88	0.25
69	δ-tocopherol	δ-生育酚	588.91	0.21
70	geranylgeraniol	香叶基香叶醇	228.97	0.08
71	1-heptacosanol	二十七烷醇	8868.49	3.21
72	1-nonadecene	1-十九烯	2636.30	0.95
73	hentriacontane	正三十一烷	1022.42	0.37
74	vitamin E	维生素 E	1323.26	0.48

3.20　树苔浸膏

【基本信息】

名称

中文名称：树苔浸膏

英文名称：tree moss concrete

管理状况

GB 2760—2014：N096

性状描述

采用苯提取的浸膏呈深棕色至绿棕色固体，石油醚提取的浸膏为深棕色稠厚膏状物，用乙醇提取浸膏得到树苔净油，为绿色液体。

感官特征

具有独特的干果香和浓郁的树脂香，呈自然清香和浓郁的树脂气息。

物理性质

相对密度 d_4^{20}：$\geqslant 1.110$

酸值（OT-4）：$\leqslant 50$

溶解性：完全溶于浓度为 95％的乙醇中。

制备提取方法

将附生于松、云杉、冷杉等树干上的粉屑扁枝衣和附生于栎、麻栎树干上的丛生树花用苯提取，得率为 2％～4％；石油醚提取得率为 1.5％～3％，或用热酒精浸提而得。

原料主要产地

主要产于法国和摩洛哥等，中国主要产于云南省。

作用描述

树苔浸膏是一种膏状的植物性天然香料，可用于调配素心兰、馥奇、薰衣草、百花、苔香等香精，有较好的定香作用；作为烟用香精，可赋予卷烟清香香气风格，明显增加烟气浓度，并且能改善喉部与口腔的舒适感。

【树苔浸膏主成分及含量】

取适量树苔浸膏进行气相色谱-质谱分析，记录谱图，按内标法以峰面积计算其含量。树苔浸膏中主要成分为：亚油酸乙酯（28.43％）、夫洛丙酮（7.87％）、2,4-二羟基-3,6-二甲基苯甲酸甲酯（7.66％）、棕榈酸乙酯（6.85％）、硬脂酸乙酯（1.90％）、亚油酸（1.29％）等，所有化学成分及含量详见表 3-20。

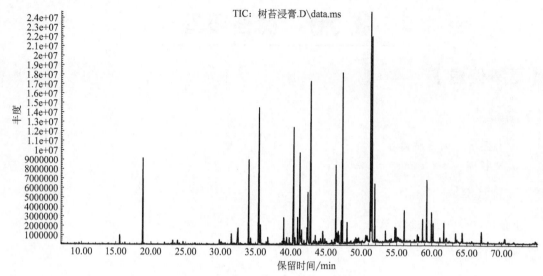

树苔浸膏 GC-MS 总离子流图

表 3-20 树苔浸膏化学成分含量表

序号	英文名称	中文名称	含量/(μg/g)	相对含量/%
1	phenol	苯酚	285.60	0.39
2	diethyl succinate	丁二酸二乙酯	88.31	0.12
3	α-terpineol	α-松油醇	145.78	0.20
4	verbenone	马鞭草烯酮	70.43	0.10
5	orcinol	苔黑酚	138.23	0.19
6	5-oxo-tetrahydrofuran-2-carboxylic acid	5-氧代四氢呋喃-2-羧酸	71.46	0.10
7	4,5-dimethylresorcinol	4,5-二甲基间苯二酚	348.88	0.48
8	5-(cyclohexylmethyl)-2-pyrrolidinone	5-(环己基甲基)-2-吡咯烷酮	1096.16	1.51
9	3,4-dihydro-6-flucoumarin	3,4-二氢-6-氟香豆素	3077.43	4.23
10	5-chlorovanillin	5-氯香草醛	235.61	0.32
11	flopropione	夫洛丙酮	5721.16	7.87
12	vanillin	香兰素	720.09	0.99
13	diethyl suberate	辛二酸二乙酯	51.67	0.07
14	ethyl laurate	月桂酸乙酯	162.95	0.22
15	triethyl citrate	柠檬酸三乙酯	102.70	0.14
16	1,13-tetradecadiene	1,13-十四碳二烯	777.25	1.07
17	2-hydroxy-4-methoxy-6-methyl-methyl benzoate	2-羟基-4-甲氧基-6-甲基苯甲酸甲酯	94.27	0.13
18	2,4-dihydroxy-3,6-dimethylbenzoate	2,4-二羟基-3,6-二甲基苯甲酸酯	5565.36	7.66
19	9-amino-4,5-dihydro-7-methyl-1,4-benzoxazepin-3(2H)-one	9-氨基-4,5-二氢-7-甲基-1,4-苯并氧氮杂䓬-3(2H)-酮	174.80	0.24
20	ethyl orsellinate	苔色酸乙酯	758.72	1.04

序号	英文名称	中文名称	含量/(μg/g)	相对含量/%
21	3-fluoro-4-methoxybenzaldehyde	3-氟-4-甲氧基苯甲醛	3319.47	4.57
22	2,4-dihydroxy-3,5,6-trimethyl benzoic acid methyl ester	2,4-二羟基-3,5,6-三甲基苯甲酸甲酯	87.52	0.12
23	ethyl myristate	肉豆蔻酸乙酯	387.91	0.53
24	—①	—	1815.22	2.50
25	—	—	6578.85	9.05
26	floramelon	洋茉莉基丙醛	146.26	0.20
27	neophytadiene	新植二烯	239.58	0.33
28	fitone	植酮	50.32	0.07
29	citronellyl formate	甲酸香草酯	70.35	0.10
30	3-(3-hydroxy-2-methylphenyl)-2-methyl-4(3H)-quinazolinone	3-(3-羟基-2-甲基苯基)-2-甲基-4(3H)-喹唑啉酮	154.69	0.21
31	pentadecanoic acid ethyl ester	十五酸乙酯	96.58	0.13
32	5,8,11-heptadecatrienoic acid methyl ester	5,8,11-十七碳三烯酸甲酯	125.20	0.17
33	4,7,10,13-hexadecatetraenoate methyl	4,7,10,13-十六碳四烯酸甲酯	1911.56	2.63
34	hexadecanoic acid	十六酸	377.89	0.53
35	9,12-hexadecadienoate ethyl	9,12-十六碳二烯酸乙酯	254.45	0.35
36	linolenic acid	亚麻酸	343.79	0.47
37	ethyl 9-hexadecenoate	9-十六碳烯酸乙酯	781.22	1.07
38	palmitic acid ethyl ester	棕榈酸乙酯	4981.67	6.85
39	1-acetyl-2,2-ethylenedioxy-adamantane	1-乙酰基-2,2-亚乙基二氧金刚烷	577.33	0.79
40	4b,8-dimethyl-4b,5,6,7,8,8a,9,10-octahydro-2-isopropyl phenanthrene	4b,8-二甲基-2-异丙基-4b,5,6,7,8,8a,9,10-八氢菲	90.94	0.13
41	10,13-octadecadienoic acid methyl ester	10,13-十八碳二烯酸甲酯	96.26	0.13
42	4′,6′-dimethoxy-2′,3′-dimethylacetophenone	4′,6′-二甲氧基-2′,3′-二甲基乙酰苯	175.59	0.24
43	3-octadecene	3-十八碳烯	138.47	0.19
44	ethyl heptadecanoate	十七酸乙酯	122.65	0.17
45	linoleic acid	亚油酸	940.28	1.29
46	ethyl linoleate	亚油酸乙酯	20634.77	28.43
47	octadecanoic acid ethyl ester	硬脂酸乙酯	1380.09	1.90
48	heptadecyl mercaptan	十七烷硫醇	79.01	0.11
49	4-methyl-5-hydroxyethyl thiazole	4-甲基-5-羟乙基噻唑	288.39	0.40
50	ethyl 9-hexadecenoate	9-十六碳烯酸乙酯	94.35	0.13
51	arachidic acid ethyl ester	花生酸乙酯	430.59	0.59
52	timnodonic acid	二十碳五烯酸	339.74	0.47

续表

序号	英文名称	中文名称	含量/(μg/g)	相对含量/%
53	2,4,6-triisopropylbenzenesulfonamide	2,4,6-三异丙基苯磺酰胺	155.16	0.21
54	butyl 6,9,12-hexadecatrienoate	6,9,12-十六碳三烯酸丁酯	185.45	0.26
55	linoleyl alcohol	亚麻醇	71.38	0.10
56	arachidic acid ethyl ester	二十酸乙酯	784.56	1.08
57	5-(*p*-aminophenyl)-4-(*p*-tolyl)-2-thiazolamine	5-(对氨基苯基)-4-(对甲苯基)-2-氨基噻唑	209.22	0.29
58	propylthiouracil	丙基硫氧嘧啶	579.56	0.80
59	6-methyl-2-octyl-1,3-dioxan-4-one	6-甲基-2-辛基-1,3-二噁烷-4-酮	1737.63	2.39
60	nonadecanoic acid ethyl ester	十九烷酸乙酯	785.99	1.08
61	ethyl heptadecanoate	十七酸乙酯	111.68	0.15
62	(cyclopentylmethyl)-cyclohexane	(环戊基甲基)-环己烷	315.89	0.43
63	usnic acid	松萝酸	263.98	0.36
64	ethyl tetracosanoate	木焦油酸乙酯	444.42	0.61
65	vitamin E	维生素 E	231.08	0.32

①表示未鉴定。

3.21　苏合香浸膏

【基本信息】

名称

中文名称：苏合香浸膏

英文名称：storax concrete

管理状况

FEMA：3037

FDA：172.510

GB 2760—2014：N173

性状描述

棕黄色或暗棕色半透明、半流动性浓稠液体。

感官特征

有甜的膏香，轻微辛香，香气温和而留长。

物理性质

相对密度 d_4^{20}：1.080～1.1950

折射率 n_D^{20}：1.5310～1.5900

溶解性：溶于乙醚、乙醇中。

制备提取方法

取干燥的苏合香，将其破碎，取破碎后的苏合香、果糖、乙酸加入到 70％～95％的乙醇溶液中，浸泡 4～8h 后加热回流提取 2～5h，提取结束后冷却、过滤、浓缩即得。

原料主要产地

原产于小亚细亚南部，如土耳其、叙利亚北部地区，现中国广西等南方地区有少量引种栽培。

作用描述

精制的香膏和提取物常作饮料、糖果和果酱的香味料；在日用香精中，常作定香剂，用于调配风信子、黄水仙、香石竹、晚香玉、金合欢、紫罗兰等日用香精。作为烟用香精，能增加甜香味，减少辛辣感及刺激性。

【苏合香浸膏主成分及含量】

取适量苏合香浸膏进行气相色谱-质谱分析，记录谱图，按内标法以峰面积计算其含量。苏合香浸膏中主要成分为：肉桂酸苄酯（28.70％）、苯甲酸苄酯（23.77％）、苄醇（18.28％）、香兰素（11.56％）、乙酸桂酯（10.75％）、桂皮醛（3.64％）等，所有化学成分及含量详见表 3-21。

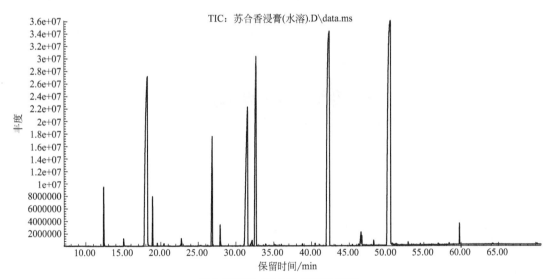

苏合香浸膏 GC-MS 总离子流图

表 3-21　苏合香浸膏化学成分含量表

序号	英文名称	中文名称	含量/(μg/g)	相对含量/%
1	styrene	苯乙烯	3069.39	1.05
2	benzaldehyde	苯甲醛	449.99	0.15
3	benzyl alcohol	苄醇	53379.29	18.28
4	benzyl formate	甲酸苄酯	119.92	0.04

续表

序号	英文名称	中文名称	含量/(µg/g)	相对含量/%
5	sotolon	葫芦巴内酯	132.49	0.05
6	benzyl acetate	乙酸苄酯	674.84	0.23
7	1-phenyl-1-propyne	1-苯基-1-丙炔	39.28	0.01
8	cinnamaldehyde	桂皮醛	10617.67	3.64
9	cinnamyl alcohol	肉桂醇	1321.89	0.46
10	vanillin	香兰素	33744.54	11.56
11	cinnamic acid	肉桂酸	789.07	0.28
12	cinnamyl acetate	乙酸桂酯	31384.40	10.75
13	β-farnesene	β-金合欢烯	40.81	0.01
14	pentadecane	十五烷	81.32	0.03
15	1,2-diphenylethane	1,2-二苯乙烷	59.44	0.02
16	ethylthiourea	乙基硫脲	43.65	0.01
17	nerolidol	橙花叔醇	56.33	0.02
18	benzyl ether	二苄醚	66.23	0.02
19	1,2-diphenylethylenediamine	1,2-二苯基乙二胺	82.16	0.03
20	1,2-diphenylcyclopropane	1,2-二苯基环丙烷	35.06	0.01
21	benzyl benzoate	苯甲酸苄酯	69393.29	23.77
22	palmitic acid	棕榈酸	1559.70	0.54
23	benzyl cinnamate	肉桂酸苄酯	83783.7	28.70
24	ethyl linoleate	亚油酸乙酯	46.30	0.02
25	glycol palmitate	乙二醇棕榈酸酯	105.96	0.04
26	benzyl laurate	十二酸苯甲酯	828.88	0.28

3.22 吐鲁浸膏

【基本信息】

名称

中文名称：吐鲁浸膏
英文名称：tolu concrete

管理状况

FEMA：3070
FDA：172.510
GB 2760—2014：N044

性状描述

棕黄色极稠厚的物质。

感官特征

膏香呈桂甜和淡花香，带香荚兰豆香韵和浓重的桂辛香味，香气似风信子样的花香又有无花果样气息，留香持久。

物理性质

相对密度 d_4^{20}：$0.9070\sim1.0900$

折射率 n_D^{20}：$1.5075\sim1.5600$

溶解性：全溶于95%的乙醇。

制备提取方法

从树身皮内切口，流出的半固体状物质，采用乙醇作溶剂，浸提而制得吐鲁浸膏，得率为 $60\%\sim90\%$。

原料主要产地

主产国有加纳、巴西、尼日利亚、科特迪瓦、厄瓜多尔、多米尼加和马来西亚。我国台湾、海南也有种植。

作用描述

在一般人造动物香型中都可应用并作为定香剂。作为食用香精，常用于饮料、糖果、焙烤食品、胶姆糖、冰制品中；作为烟用香精，能与烟香协调，改善烟草的香味，增添烟气的清甜花香韵味，掩盖刺激性。

【吐鲁浸膏主成分及含量】

取适量吐鲁浸膏进行气相色谱-质谱分析，记录谱图，按内标法以峰面积计算其含量。吐鲁浸膏中主要成分为：苄醇（16.16%）、苯甲酸（15.74%）、肉桂酸（11.57%）、肉桂酸苄酯（6.25%）、苯甲酸苄酯（5.53%）、香兰素（3.05%）、肉桂酸乙酯（2.85%）、桂酸桂酯（2.30%），所有化学成分及含量详见表 3-22。

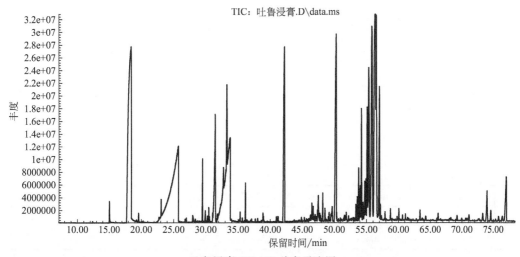

吐鲁浸膏 GC-MS 总离子流图

表 3-22　吐鲁浸膏化学成分含量表

序号	英文名称	中文名称	含量/(μg/g)	相对含量/%
1	benzaldehyde	苯甲醛	1203.44	0.24
2	benzyl alcohol	苄醇	81036.47	16.16
3	benzyl formate	甲酸苄酯	373.43	0.07
4	ethyl benzoate	苯甲酸乙酯	1915.44	0.38
5	benzoic acid	苯甲酸	78958.11	15.74
6	cinnamaldehyde	肉桂醛	128.84	0.03
7	hydroquinone	对苯二酚	179.18	0.04
8	cinnamyl alcohol	肉桂醇	736.50	0.15
9	phthalic anhydride	邻苯二甲酸酐	177.63	0.04
10	2-phenylethyl propionate	丙酸苯乙酯	3160.88	0.63
11	p-hydroxybenzaldehyde	对羟基苯甲醛	694.89	0.14
12	methyl cinnamate	肉桂酸甲酯	288.16	0.06
13	isolongifolene	异长叶烯	398.71	0.08
14	vanillin	香兰素	15319.23	3.05
15	2-amino-4-hydroxy-1H-pteridine	2-氨基-4-羟基蝶啶	369.91	0.07
16	cinnamic acid	肉桂酸	58011.46	11.57
17	ethyl cinnamate	肉桂酸乙酯	14302.41	2.85
18	homovanillyl alcohol	高香草醇	630.35	0.13
19	nerolidol	橙花叔醇	1561.69	0.31
20	2-oxo-4-phenyl-3-butenoic acid methyl ester	2-氧代-4-苯基-3-丁烯酸甲酯	243.98	0.05
21	4-ethylbenzamide	4-乙基苯甲酰胺	448.59	0.09
22	2-methyl-1,4-phthaldehyde	2-甲基-1,4-苯二醛	225.88	0.05
23	4-methyl-3-hydroxyl methoxy phenyl acetate	4-甲基-3-羟基-甲氧基苯基乙酸酯	236.42	0.05
24	benzyl benzoate	苯甲酸苄酯	26957.42	5.53
25	benzyl phenylpropionate	苯丙酸苄酯	249.53	0.05
26	diethyl phenylthiomethylphosphonate	苯硫甲基膦酸二乙酯	309.61	0.06
27	bicyclo[2.2.1]heptane-2,3-dimethanol	二环[2.2.1]庚烷-2,3-二甲醇	821.21	0.16
28	18-dimethyl abietane	18-去甲基松香烷	4618.23	0.92
29	4b,5,6,7,8,8a,9,10-octahydro-4b-8-dimethyl-2-isopropylphenol	4b,5,6,7,8,8a,9,10-八氢-4b-8-二甲基-2-异丙苯酚	709.25	0.14
30	10,18-abieta triene	10,18-阿松香三烯	277.65	0.06
31	benzyl cinnamate	肉桂酸苄酯	31335.21	6.25
32	1-methyl-2-oxoethyl ester propionic acid	1-甲基-2-氧乙酯-苯酸	282.40	0.06
33	butyrophenone	1-苯基-1-丁酮	112.42	0.02
34	(1-ethyl-1-propenyl)benzene	(1-乙基-1-丙烯基)苯	457.86	0.09

续表

序号	英文名称	中文名称	含量/(μg/g)	相对含量/%
35	butyrophenone	苯丁酮	221.19	0.04
36	4-bromo-N-(4-pyridyl methylene)-aniline	4-溴-N-(4-吡啶亚甲基)-苯胺	955.85	0.19
37	1-phenanthroline-7-ethyl bridge-dodecahydro-1, 4a-diazepine-7-trimethylmethyl ester	1-邻二氮杂菲-7-乙基桥-十二氢-1,4a-二氮杂䓬-7-三甲基-甲酯	5742.27	1.15
38	2-(2, 5-dimethylphenylaminocarbonyl)-cyclohexane formic acid	2-(2,5-二甲基苯基氨基羰基)-环己烷甲酸	2397.78	0.48
39	1-nitro-2-hydroxy-4-(p-methoxy) benzoxyl benzene	1-硝基-2-羟基-4-(对甲氧基)苯氧基苯	857.74	0.17
40	1-(2-pyridyl)piperazine	1-(2-吡啶基)哌嗪	2227.66	0.44
41	3-(phenylthio) bicyclo [2.2.1] hept-2-thiocyanate	3-(苯硫基)二环[2.2.1]庚-2-硫氰酸酯	9620.58	1.92
42	1-phenanthrene carboxylic acid-1H-4a-dimethyl-7-(1-methylethyl)-methyl ester	1-菲羧酸-1H-4a-二甲基-7-(1-甲基乙基)-甲酯	18923.15	3.77
43	—①	—	34208.71	6.82
44	[5.5]undecane-10-methyl-7-(1-methylethyl)-1-oxide-1,5-diazaspiro	[5.5]十一烷-10-甲基-7-(1-甲基乙基)-1-氧化物-1,5-二氮杂螺	46168.39	9.21
45	1, 2, 3, 9, 10, 10a-hexahydro-1, 4a-dimethyl-7-(1-methylethyl)-(1a, 4a, 10$\alpha\beta$)-1-phenanthrene methanol	1,2,3,9,10,10a-六氢-1,4a-二甲基-7-(1-甲基乙基)-(1a,4a,10$\alpha\beta$)-1-菲甲醇	24082.46	4.80
46	cinnamyl cinnamate	桂酸桂酯	11544.77	2.30
47	3-(phenylthio) bicyclo[2.2.1]hept-2-yl ester-thiocyanic acid	3-(苯硫基)二环[2.2.1]庚-2-基酯-硫氰酸	719.11	0.14
48	benzoin	安息香	261.39	0.05
49	2, 2-dimethyl-1-(2-vinylphenyl)-1-acetone	2,2-二甲基-1-(2-乙烯基苯基)-1-丙酮	343.19	0.07
50	homovanillic acid	高香草酸	617.82	0.12
51	phenyl[4-(2-phenylethenyl)phenyl]-methanone	苯基[4-(2-苯基乙烯基)苯基]-甲酮	515.53	0.10
52	5H-indeno[1,2-b]pyridine-5-one	5H-茚并[1,2-b]吡啶-5-酮	241.50	0.05
53	2-(2-pyridyl)-cyclohexanol	2-(2-吡啶基)-环己醇	304.38	0.06
54	5,7-dimethyl-2H,5H-pyrimido[4,5-E][1,2,4]triazine-3,6,8-triketone	5,7-二甲基-2H,5H-嘧啶并[4,5-E][1,2,4]三嗪-3,6,8-三酮	141.74	0.03
55	eugenol	丁香酚	563.08	0.11
56	mandelate benzyl	扁桃酸苄酯	471.97	0.09
57	2-(3-nitrophenyl)-2-oxoethyl-3-aminobenzoate	2-(3-硝基苯基)-2-氧乙基-3-氨基苯甲酸酯	558.44	0.11
58	2,4,5-trichlorophenyl cinnamate	2,4,5-三氯苯基肉桂酯	257.94	0.05
59	2,3-dihydro-1-(5-acenaphthenone)-indole	2,3-二氢-1-(5-二氢苊酮)-吲哚	429.11	0.09

序号	英文名称	中文名称	含量/(μg/g)	相对含量/%
60	1，5-diphenyl-2*H*-1，2，4-triazoline-3-thione	1,5-二苯基-2*H*-1,2,4-三唑啉-3-硫酮	3685.72	0.73
61	2-fluoro-*N*-(2-methoxy-5-methylphenyl)-benzamide	2-氟-*N*-(2-甲氧基-5-甲苯基)-苯甲酰胺	501.58	0.10
62	*S*-[3-phenylthiopropionyl]-thiophene	*S*-[3-苯基丙酰基]-噻吩	573.88	0.11
63	methyl sulfonate	甲基磺酸酯	6854.88	1.37

①表示未鉴定。

3.23　酸梅浸膏

【基本信息】

名称

中文名称：酸梅浸膏
英文名称：pulm concrete

性状描述

深棕至黑色黏稠液体。

感官特征

鲜明的酸梅酸香，果香、酸香、柔和的烟熏香，无异臭。

物理性质

相对密度 d_4^{20}：1.2500～1.3500

制备提取方法

将酸梅去核粉碎后，用95％乙醇回流，过滤，减压浓缩得到浸膏，得率约为10.05％。

原料主要产地

我国各地均有栽培，但以长江流域以南各省种植最多，河南南部、江苏北部和华北也有少量品种。日本和朝鲜也有栽培。

作用描述

可用于食品和烟草制品中，用于烟草制品能使烟香更完美，减轻烟气刺激性，增加烟气甜润感，给予轻微的酸梅干吃味，作为烟用酸味剂除杂增味功能较好。

【酸梅浸膏主成分及含量】

取适量酸梅浸膏进行气相色谱-质谱分析，记录谱图，按内标法以峰面积计算其含量。酸梅浸膏中主要成分为：苯甲酸苄酯（58.93％）、丁酸二甲基苄基原酯（29.24％）、肉桂酸苄酯（4.49%）、肉桂酸（1.41%）、5-羟甲基糠醛（1.33%），所有化学成分及含量详见表 3-23。

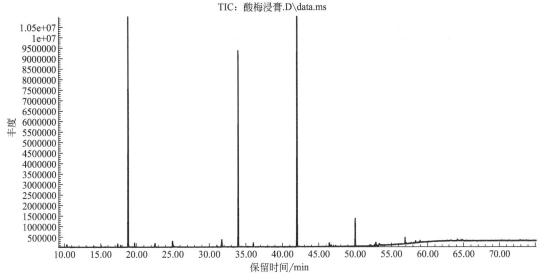

酸梅浸膏 GC-MS 总离子流图

表 3-23　酸梅浸膏化学成分含量表

序号	英文名称	中文名称	含量/(μg/g)	相对含量/%
1	butyric acid	丁酸	10.00	0.17
2	3-furfural	3-糠醛	15.75	0.27
3	5-methyl-2(5H)-furanone	5-甲基-2(5H)-呋喃酮	6.61	0.11
4	5-methylfurfural	5-甲基糠醛	10.22	0.18
5	phenol	苯酚	4.77	0.08
6	2-methyl-3-phenyl-1-propene	2-甲基-3-苯基-1-丙烯	21.16	0.36
7	benzyl alcohol	苄醇	13.91	0.24
8	2-methyl-1-phenylpropene	2-甲基-1-苯丙烯	24.3	0.42
9	benzoic acid	苯甲酸	39.27	0.67
10	5-hydroxymethylfurfural	5-羟甲基糠醛	77.87	1.33
11	vanillin	香兰素	7.97	0.14
12	cinnamic acid	肉桂酸	82.37	1.41
13	benzyldimethylcarbinyl butyrate	丁酸二甲基苄基原酯	1705.83	29.24
14	dihydroeugenol	二氢丁香酚	5.34	0.09
15	nerolidol	橙花叔醇	22.43	0.38
16	benzyl benzoate	苯甲酸苄酯	3437.74	58.93
17	palmitic acid	棕榈酸	33.51	0.57
18	benzyl cinnamate	肉桂酸苄酯	261.88	4.49
19	ethyl palmitate	棕榈酸乙酯	3.01	0.05

序号	英文名称	中文名称	含量/(μg/g)	相对含量/%
20	1-methyl-4-[4,5-dihydroxyphenyl]-hexahydropyridine	1-甲基-4-[4,5-二羟基苯基]-六氢吡啶	3.69	0.06
21	12-methyl undecanolide	12-甲基十一内酯	27.63	0.47
22	2,3-dihydro-2,8-dimethyl-benz[b]-1,4-oxazepine-4(5H)-thionone	2,3-二氢-2,8-二甲基苯并[b]-1,4-氧杂氮杂-4(5H)-硫酮	13.59	0.23
23	1-methyl-2-phenylindole	1-甲基-2-苯基吲哚	4.55	0.08

3.24 乌梅浸膏

【基本信息】

◆ 名称

中文名称：乌梅浸膏

英文名称：dark pulm concrete

◆ 性状描述

深棕至黑色黏稠液体。

◆ 感官特征

鲜明的乌梅酸香，果香、酸香、柔和的烟熏香，无异臭。

◆ 物理性质

相对密度 d_4^{20}：1.2500～1.3500

◆ 制备提取方法

将乌梅去核粉碎后，用 95% 乙醇回流，过滤，减压浓缩得到浸膏，得率约为 10.05%。

◆ 原料主要产地

我国各地均有栽培，但以长江流域以南各省种植最多。

◆ 作用描述

广泛用于食品、医药、保健品、饮料、卷烟等中，作为烟用香精使用具有减轻卷烟杂气、降低烟气刺激性、增加烟气甜润感的作用。

【乌梅浸膏主成分及含量】

取适量乌梅浸膏进行气相色谱-质谱分析，记录谱图，按内标法以峰面积计算其含量。乌梅浸膏中主要成分为：糠醛（31.16%）、苯甲酸（14.17%）、棕榈酸（9.24%）、棕榈酸乙酯（7.72%）、亚油酸乙酯（5.73%）、柠檬酸三乙酯（5.51%）、亚麻酸乙酯（3.91%）、丁香醛（3.09%），所有化学成分及含量详见表 3-24。

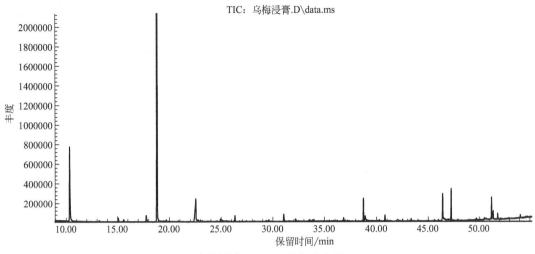

TIC：乌梅浸膏.D\data.ms

乌梅浸膏 GC-MS 总离子流图

表 3-24　乌梅浸膏化学成分含量表

序号	英文名称	中文名称	含量/(μg/g)	相对含量/%
1	furfural	糠醛	280.92	31.16
2	5-methyl furfural	5-甲基糠醛	8.85	0.98
3	phenol	苯酚	7.75	0.86
4	benzyl alcohol	苄醇	22.42	2.49
5	benzoic acid	苯甲酸	127.73	14.17
6	4-methyl-5,6-2H-pyran-2-one	4-甲基-5,6-二氢吡喃-2-酮	6.45	0.72
7	5-hydroxymethylfurfural	5-羟甲基糠醛	22.52	2.50
8	diethyl malate	苹果酸二乙酯	13.22	1.47
9	2,3-dihydro-2,2-dimethyl-7-benzofuranol	呋喃酚	8.29	0.92
10	vanillin	香兰素	26.20	2.91
11	thiophene	噻吩	5.34	0.59
12	massoilactone	二氢戊基吡喃	7.88	0.87
13	ethamivan	香草二乙胺	10.10	1.12
14	triethyl citrate	柠檬酸三乙酯	49.67	5.51
15	syringic aldehyde	丁香醛	27.89	3.09
16	2,6-dimethyl-4(1H)-pyrimidinone	2,6-二甲基-4(1H)-嘧啶酮	5.62	0.62
17	methylcarbazole	甲基咔唑	5.23	0.58
18	hexadecanoic acid	棕榈酸	83.34	9.24
19	hexadecanoic acid ethyl ester	棕榈酸乙酯	69.57	7.72
20	eicosane	二十烷	5.90	0.65
21	linoleic acid	亚油酸	2.94	0.33
22	ethyl linoleate	亚油酸乙酯	51.64	5.73

续表

序号	英文名称	中文名称	含量/(μg/g)	相对含量/%
23	linolenic acid ethyl ester	亚麻酸乙酯	35.27	3.91
24	octadecanoic acid ethyl ester	硬脂酸乙酯	12.95	1.44
25	N-methyl-1-adamantane acetamide	N-甲基-1-金刚烷乙酰胺	3.94	0.44

3.25　无花果浸膏

【基本信息】

名称

中文名称：无花果浸膏，天生子浸膏，奶浆果浸膏，隐花果浸膏
英文名称：fig concrete

性状描述

深棕色黏稠状流动性膏体。

感官特征

具无花果特征香味，呈柔和的酿甜香和膏香。

物理性质

相对密度 d_4^{20}：1.2720～1.2880

制备提取方法

由桑科无花果属灌木或小乔木植物无花果的果实经日光干燥后用乙醇浸提法（80%酒精浸提）约 4 次共 7h 后浓缩而得，得率约 25%。

原料主要产地

主要生长在亚洲、非洲、欧洲、美洲等亚热带地区，我国主要集中在新疆以及黄河以南各地。

作用描述

可用于食品、日化品、药品和烟草制品，如糖果、烘焙、乳制品、保健食品、沐浴护肤、工艺蜡烛等；用于烟草制品可明显改善烟草余味，改善吸味，减少刺激性，减少杂气，降低木质气，醇和烟味，宜配制浓香型香精。

【无花果浸膏主成分及含量】

取适量无花果浸膏进行气相色谱-质谱分析，记录谱图，按内标法以峰面积计算其含量。无花果浸膏中主要成分为：亚麻酸乙酯（32.10%）、棕榈酸（24.59%）、棕榈酸乙酯（13.63%）、亚麻酸（6.81%）、亚油酸乙酯（5.21%）、5-羟甲基糠醛（2.40%）、亚麻酸甲

酯（2.38%），所有化学成分及含量详见表 3-25。

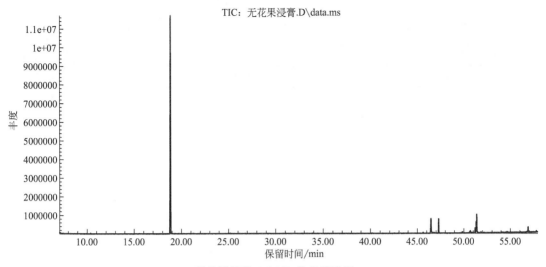

无花果浸膏 GC-MS 总离子流图

表 3-25　无花果浸膏化学成分含量表

序号	英文名称	中文名称	含量/(μg/g)	相对含量/%
1	furfural	糠醛	5.06	0.71
2	3-methylpyridazine	3-甲基哒嗪	5.28	0.74
3	triethyl phosphate	磷酸三乙酯	3.01	0.42
4	5-hydroxymethylfurfural	5-羟甲基糠醛	17.09	2.40
5	1,1-dodecanediol	1,1-十二烷二醇	4.80	0.67
6	methyl hexadecanoate	棕榈酸甲酯	9.80	1.38
7	palmitic acid	棕榈酸	175.05	24.59
8	ethyl 9-hexadecenoate	9-十六碳烯酸乙酯	5.98	0.84
9	palmitic acid ethyl ester	棕榈酸乙酯	97.00	13.63
10	ethyl heptadecanoate	十七酸乙酯	3.40	0.48
11	2-oxo stearatic acid methyl ester	2-氧代硬脂酸甲酯	3.67	0.52
12	methyl linolenate	亚麻酸甲酯	16.94	2.38
13	linoleic acid	亚油酸	4.32	0.61
14	linolenic acid	亚麻酸	48.45	6.81
15	myristoleic acid methyl ester	肉豆蔻酸甲酯	8.69	1.22
16	4-(2-phenylethenyl)-(3,5-dimethyl-1-methylpyrazolyl)-benzenamine	4-(2-苯基乙烯基)-(3,5-二甲基-1-甲基吡唑)-苯胺	6.58	0.92
17	ethyl linoleate	亚油酸乙酯	37.06	5.21
18	linolenic acid ethyl ester	亚麻酸乙酯	228.55	32.10
19	ethyl stearate	硬脂酸乙酯	8.86	1.24
20	1-methyl-4-(4,5-dihydroxyphenyl)-hexahydropyridine	1-甲基-4-(4,5-二羟基苯基)-六氢吡啶	4.41	0.62

序号	英文名称	中文名称	含量/(μg/g)	相对含量/%
21	4,7-dihydro-7-imino-[1,2,4]triazolo[1,5]pyrimidine-6-carboxylic acid ethyl ester	4,7-二氢-7-亚氨基-[1,2,4]三唑并[1,5]嘧啶-6-羧酸乙酯	9.50	1.33
22	8-pentadecen-1-ol acetate	8-十五烯-1-醇乙酸酯	8.41	1.18

3.26 番茄浸膏

【基本信息】

名称

中文名称：西红柿浸膏，番李子浸膏，金橘浸膏，番茄浸膏

英文名称：tomato concrete

性状描述

淡红色至深红色膏体。

感官特征

番茄特有的酸味。

物理性质

相对密度 d_4^{20}：0.9780～0.9880

折射率 n_D^{20}：1.5530～1.5600

制备提取方法

番茄切薄，晾干，以水蒸气蒸馏法提取，加入酶进行水解，高温灭酶后再次以水蒸气蒸馏，减压浓缩制得。

原料主要产地

原产南美洲，全世界广泛栽培。

作用描述

可用于制药、个人护理和食品添加剂等；亦可作为烟用香精使用，应用于卷烟后，感官质量得到较明显改善，香气量略有增加，香气丰富，有甜烤果香。

【番茄浸膏主成分及含量】

取适量番茄浸膏进行气相色谱-质谱分析，记录谱图，按内标法以峰面积计算其含量。番茄浸膏中主要成分为：异戊酸（19.36%）、2-乙酰基呋喃（15.12%）、5-羟甲基糠醛（14.80%）、苯酚（9.01%）、5-甲基呋喃醛（8.24%）、2,5-二甲基吡咯（7.52%）、糠醛

（7.48%）、γ-丁内酯（6.70%），所有化学成分及含量详见表 3-26。

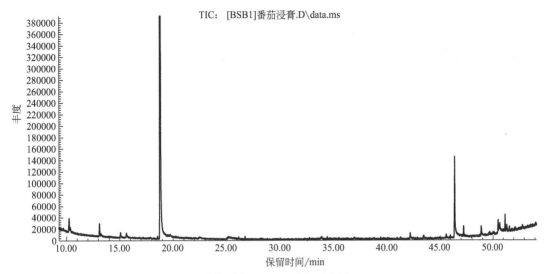

番茄浸膏 GC-MS 总离子流图

表 3-26　番茄浸膏化学成分含量表

序号	英文名称	中文名称	含量/(μg/g)	相对含量/%
1	isovaleric acid	异戊酸	12.38	19.36
2	furfural	糠醛	4.79	7.48
3	2-acetylfuran	2-乙酰基呋喃	9.67	15.12
4	γ-butyrolactone	γ-丁内酯	4.28	6.70
5	5-methyl furfural	5-甲基呋喃醛	5.27	8.24
6	phenol	苯酚	5.76	9.01
7	4,5-dimethylnonane	4,5-二甲基壬烷	2.05	3.21
8	2,5-dimethyl-1H-pyrrole	2,5-二甲基吡咯	4.81	7.52
9	2,3-dihydro-3,5-dihydroxy-6-methyl-4(H)-pyran-4-one	2,3-二氢-3,5-二羟基-6-甲基-4(H)-吡喃-4-酮	3.88	6.08
10	5-hydroxymethylfurfural	5-羟甲基糠醛	9.46	14.80
11	phytane	植烷	1.59	2.48

3.27　西梅浸膏

【基本信息】

名称

中文名称：西梅浸膏，加州梅浸膏

英文名称：prune concrete

> **性状描述**

深棕色黏稠状。

> **感官特征**

西梅子特征香气，果香，酸香，柔和的烟熏香。

> **物理性质**

相对密度 d_4^{20}：1.3500～1.4000

> **制备提取方法**

西梅去核，压榨后得到榨汁，榨汁过滤后的梅汁在 80～120℃ 的温度下进行灭菌和初提，然后在真空浓缩机中进行浓缩，浓缩至可溶性固形物达 60％ 以上时即成西梅浸膏。

> **原料主要产地**

西梅原产于法国西南部，现在美国是第一生产大国，产量约占全球的 42％。

> **作用描述**

作为食品添加剂在食品中添加，能赋予西梅子独特风味；作为烟用调香能使烟香更完美，给予轻微的西梅干的吃味，作为烟用酸味剂，除杂增味功能较好。

【西梅浸膏主成分及含量】

取适量西梅浸膏进行气相色谱-质谱分析，记录谱图，按内标法以峰面积计算其含量。西梅浸膏中主要成分为：乙酸甲氧三甘酯（14.54％）、5-羟甲基糠醛（13.96％）、十八烷（9.95％）、2,5-二甲酰基呋喃（7.07％）、苯乙酸庚酯（6.30％）等，所有化学成分及含量详见表 3-27。

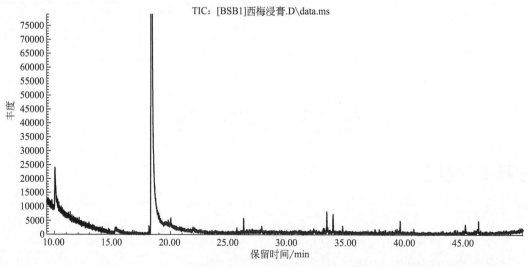

西梅浸膏 GC-MS 总离子流图

表 3-27　西梅浸膏化学成分含量表

序号	英文名称	中文名称	含量/(μg/g)	相对含量/%
1	methyl propyl ether	甲基丙基醚	11.78	4.05
2	furfural	糠醛	7.48	2.57
3	propanediol acetate	乙酸丙二醇酯	17.71	6.10
4	2-acetate-1,2-propanediol	2-乙酸-1,2-丙二醇酯	8.31	2.86
5	2-ethyl-4-methyl-1,3-dioxolane	2-乙基-4-甲基-1,3-二氧戊环	4.84	1.67
6	methyltriglycol acetate	甲基三甘醇乙酯	42.23	14.54
7	phenol	苯酚	12.04	4.14
8	2,5-furandicarboxaldehyde	2,5-二甲酰基呋喃	20.54	7.07
9	2-acetylfuran	2-乙酰基呋喃	14.03	4.83
10	phenylethyl alcohol	苯乙醇	10.98	3.78
11	2,6,6-trimethyl-2-cyclohexene-1,4-dione	2,6,6-三甲基-2-环己烯-1,4-二酮	5.01	1.72
12	5-hydroxymethylfurfural	5-羟甲基糠醛	40.55	13.96
13	benzeneacetic acid	苯乙酸	7.63	2.63
14	benzeneacetic acid ethyl ester	苯乙酸乙酯	6.87	2.36
15	octadecane	十八烷	28.92	9.95
16	3-methyl-5-ethyl-2(3H)-furanone	3-甲基-5-乙基-2(3H)-呋喃酮	7.63	2.63
17	ethyl levulinate	乙酰丙酸乙酯	11.00	3.79
18	benzeneacetic acid heptyl ester	苯乙酸庚酯	18.29	6.30
19	2,4-bis(1,1-dimethylethyl)-phenol	2,4-双(1,1-二甲基乙基)-苯酚	10.85	3.73
20	2,6,10-trimethyl-pentadecane	2,6,10-三甲基十五烷	3.83	1.32

3.28　香荚兰浸膏

【基本信息】

名称

中文名称：香荚兰浸膏，香子兰浸膏，香草兰浸膏，香果兰浸膏，扁叶香草兰浸膏，香荚兰豆浸膏

英文名称：vanilla bean concrete

管理状况

FEMA：3105

FDA：182.2

GB 2760—2014：N105

性状描述

棕褐色稠厚液体。

◉ 感官特征

具有甜的香荚兰香、焦糖香和膏香。

◉ 物理性质

相对密度 d_4^{20}：1.0629～1.0769

折射率 n_D^{20}：1.4539～1.4619

◉ 制备提取方法

由热带攀缘性植物香荚兰的果实种子发酵并粉碎后，先用石油醚提取，再用稀酒精抽提数次，最后用水浸提，合并所得滤液经真空浓缩制得浸膏。

◉ 原料主要产地

原产于墨西哥，现主要产地还有留尼汪、马达加斯加、科摩罗、塞舌尔、乌干达、墨西哥等地，我国引种后在福建、广东、云南、海南、广西、台湾均有栽培。

◉ 作用描述

可用于食用香料和卷烟调香。用于食用香料可作为香辛料，广泛用作调配冰激凌、巧克力、饼干、糖果、蛋糕、布丁等食品的香精；用于卷烟中，能够醇和烟气，协调烟味，并增加烟香，使烟香柔和，减少刺激性，主要用于中高档烟的料香和表香。

【香荚兰浸膏主成分及含量】

取适量香荚兰浸膏进行气相色谱-质谱分析，记录谱图，按内标法以峰面积计算其含量。香荚兰浸膏中主要成分为：香兰素（58.52%）、苯甲醇（32.48%）、苯甲酸苄酯（4.55%）、藜芦醛（2.31%）、香兰素丙二醇缩醛（1.30%），所有化学成分及含量详见表3-28。

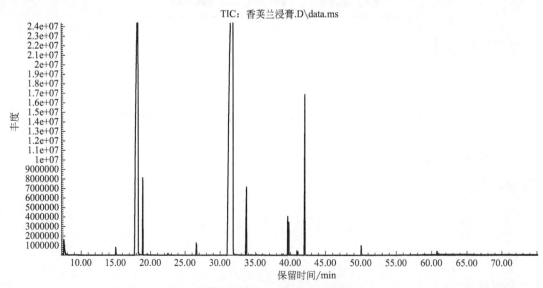

香荚兰浸膏 GC-MS 总离子流图

表 3-28　香荚兰浸膏化学成分含量表

序号	英文名称	中文名称	含量/(µg/g)	相对含量/%
1	benzaldehyde	苯甲醛	268.60	0.17
2	benzyl alcohol	苯甲醇	52416.82	32.48
3	formic acid phenylmethylester	甲酸苄酯	28.53	0.02
4	benzoic acid	苯甲酸	69.59	0.04
5	benzaldehyde propylene glycol acetal	苯甲醛丙二醇缩醛	416.93	0.26
6	vanillin	香兰素	94447.02	58.52
7	veratraldehyde	藜芦醛	3725.89	2.31
8	bibenzyl	联苄	29.35	0.02
9	benzyl ether	苄醚	28.05	0.02
10	vanillin propylene glycol acetal	香兰素丙二醇缩醛	2100.66	1.30
11	veratraldehyde propylene glycol acetal	藜芦醛丙二醇缩醛	196.03	0.12
12	benzyl benzoate	苯甲酸苄酯	7344.85	4.55
13	benzyl cinnamate	肉桂酸苄酯	221.45	0.14
14	succinic acid isohexyl 4-methoxyphenyl ester	丁二酸异己基-4-甲氧基苯基酯	99.67	0.06

3.29　香兰浸膏

【基本信息】

名称

中文名称：香兰浸膏，晚香玉浸膏，夜来香浸膏，月下香浸膏

英文名称：pandan concrete，tuberose concrete（Thailand）

管理状况

FEMA：3084

FDA：182.20

GB 2760—2014：N135

性状描述

黄色至褐色膏状物。

感官特征

具浓甜花香。

物理性质

相对密度 d_4^{20}：1.0090～1.0350

折射率 n_D^{20}：1.4561～1.4641

➡ 制备提取方法

香兰的鲜花用挥发性有机溶剂浸提，然后蒸除溶剂而得到的膏状物，浸膏得率为 0.08%～0.14%。

➡ 原料主要产地

原产中美洲等，今我国（杭州、南京）和法国、意大利、摩洛哥亦有栽培。

➡ 作用描述

可用于调配花香型食用香精及高级香水。

【香兰浸膏主成分及含量】

取适量香兰浸膏进行气相色谱-质谱分析，记录谱图，按内标法以峰面积计算其含量。香兰浸膏中主要成分为：香兰素（53.46%）、苄醇（33.42%）、糠醛（1.99%）、藜芦醛（1.40%）、5-羟甲基糠醛（1.39%）等，所有化学成分及含量详见表3-29。

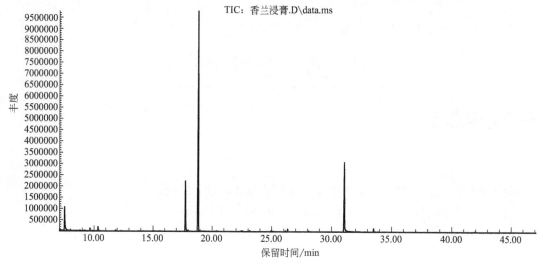

香兰浸膏 GC-MS 总离子流图

表 3-29　香兰浸膏化学成分含量表

序号	英文名称	中文名称	含量/(μg/g)	相对含量/%
1	2-oxazolidone	2-噁唑烷酮	6.12	0.38
2	2-ethyl-4-methyl-1,3-dioxolane	2-乙基-4-甲基-1,3-二氧戊环	4.25	0.26
3	2-ethoxy-propane	2-乙氧丙烷	6.41	0.40
4	ethyl lactate	乳酸乙酯	16.79	1.04
5	furfural	糠醛	32.05	1.99
6	propanediol acetate	乙酸丙二醇酯	12.97	0.80
7	1,2-propanediol-2-acetate	1,2-丙二醇-2-乙酸酯	5.26	0.33
8	benzaldehyde	苯甲醛	6.02	0.37
9	phenol	苯酚	6.08	0.38

序号	英文名称	中文名称	含量/(μg/g)	相对含量/%
10	benzyl alcohol	苄醇	539.23	33.42
11	isopentyl valerate	正戊酸异戊酯	3.71	0.23
12	benzoic acid	苯甲酸	5.10	0.32
13	1-methoxy-2-methyl-2-propanol	1-甲氧基-2-甲基-2-丙醇	11.12	0.69
14	menthol	薄荷醇	9.94	0.62
15	5-hydroxymethyl furfural	5-羟甲基糠醛	22.38	1.39
16	anisic aldehyde	茴香醛	9.39	0.58
17	diethyl malate	苹果酸二乙酯	17.05	1.06
18	4-*t*-butylbenzaldehyde	对叔丁基苯甲醛	7.93	0.49
19	vanillin	香兰素	862.63	53.46
20	veratraldehyde	藜芦醛	22.63	1.40
21	benzyl benzoate	苯甲酸苄酯	6.60	0.41

3.30　香料烟浸膏

【基本信息】

名称

中文名称：香料烟浸膏

英文名称：oriental tobacco concrete

性状描述

棕褐色膏状。

感官特征

具有烟叶特有香气。

物理性质

相对密度 d_4^{20}：1.3420～1.3580

制备提取方法

烟叶粉碎，用水萃取，酸化后蒸馏浓缩得到初馏物，重蒸分离得到挥发油；水蒸馏浓缩物加入乙醇提取得到净油，与挥发油制得浸膏，得率为 50%～55%。

原料主要产地

香料烟又称土耳其烟、东方型烟，原产于地中海沿岸国家，中国香料烟主要产区集中在云南、新疆、浙江、湖北等省区，其中云南省种植面积最大。

作用描述

作为烟用香精应用于卷烟中，可以改善烟气质量，增加卷烟香气，使卷烟烟气具有青滋香、琥珀香以及香料烟的韵调，并起到丰富烟香、增强烟气的润甜感等作用。

【香料烟浸膏主成分及含量】

取适量香料烟浸膏进行气相色谱-质谱分析，记录谱图，按内标法以峰面积计算其含量。所有化学成分及含量详见表 3-30。

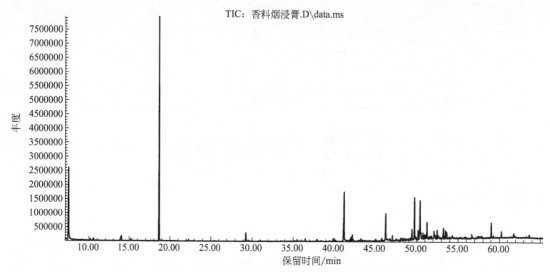

香料烟浸膏 GC-MS 总离子流图

表 3-30　香料烟浸膏化学成分含量表

序号	英文名称	中文名称	含量/(μg/g)	相对含量/%
1	isovaleric acid	异戊酸	27.72	0.49
2	2-methyl butyric acid	2-甲基丁酸	41.81	0.75
3	3-methyl pentanoic acid	3-甲基戊酸	136.72	2.44
4	hexanoic acid	己酸	35.15	0.63
5	nicotine	烟碱	113.86	2.03
6	solanone	茄酮	13.94	0.25
7	1-ethyl-2,4,5-trimethylbenzene	1-乙基-2,4,5-三甲基苯	20.76	0.37
8	vanillin	香兰素	19.92	0.36
9	dihydroactinidiolide	二氢猕猴桃内酯	9.61	0.17
10	dodecanoic acid	月桂酸	19.73	0.35
11	tabanone	巨豆三烯酮	12.93	0.23
12	3,5,5-trimethyl-(3-hydroxy-1-butenyl)-2-cyclohexene	3,5,5-三甲基-(3-羟基-1-丁烯)-2-环己烯	13.47	0.24
13	cotinine	可替宁	21.99	0.39
14	tetradecanoic acid	肉豆蔻酸	828.72	14.79

续表

序号	英文名称	中文名称	含量/(μg/g)	相对含量/%
15	ethyl myristate	肉豆蔻酸乙酯	35.06	0.63
16	5,6,7,8-tetrahydro-2-naphtha-lenamine	5,6,7,8-四氢-2-萘胺	73.28	1.31
17	neophytadiene	新植二烯	14.01	0.25
18	sclareolide	香紫苏内酯	17.87	0.32
19	7,11-hexadecadienal	7,11-十六碳二烯醛	51.98	0.93
20	palmitic acid	棕榈酸	416.58	7.43
21	bisabolene epoxide	环氧化红没药烯	34.97	0.62
22	palmitic acid ethyl ester	棕榈酸乙酯	58.39	1.04
23	ledene oxide	喇叭烯氧化物	188.81	3.37
24	citenamide	西替酰胺	20.74	0.37
25	9-methyl-10-tetradecene-1-olacetate	9-甲基-10-十四碳烯-1-醇乙酸酯	25.50	0.46
26	tricyclo[4.4.0.0(2,8)]decane	三环[4.4.0.0(2,8)]癸烷	33.98	0.61
27	5-butyl-6-hexyl-1H-indene	5-丁基-6-己基-1H-茚	25.09	0.45
28	andrographolide	穿心莲内酯	25.46	0.45
29	—①	—	478.54	8.54
30	alloaromadendrene oxide	香树烯氧化物	72.83	1.30
31	2,2,6,8,12-pentamethyl-7,9,10-tri-oxa-tricyclo[6.2.2.0(1,6)]dodec-11-ene	2,2,6,8,12-五甲基-7,9,10-三噁三环-[6.2.2.0(1,6)]十二-11-烯	106.43	1.90
32	—	—	645.41	11.52
33	7,10,13,16,19-docosapentaenoic acid methyl ester	二十二碳五烯酸甲酯	110.86	1.98
34	octadecanoic acid	硬脂酸	44.74	0.80
35	ethyl linoleate	亚油酸乙酯	61.50	1.10
36	oleic acid	油酸	77.07	1.38
37	—	—	234.12	4.18
38	9-methyl-10-tetradecene-1-ol acetate	9-甲基-10-十四碳烯-1-醇乙酸酯	26.14	0.47
39	ethyl stearate	硬脂酸乙酯	43.03	0.77
40	1-methyl-4-(2-methyloxiranyl)-7-ox-abicyclo[4.1.0]heptane	1-甲基-4-(2-甲基环氧乙烷基)-7-氧杂双环[4.1.0]庚烷	72.25	1.29
41	2-[2,3-dihydro-2-methyl-5-(4-meth-ylphenyl)-1,3,4-thiadiazol-2-yl]-N-phenyl-acetamide	2-[2,3-二氢-2-甲基-5-(4-甲基苯基)-1,3,4-噻二唑-2-基]-N-苯基乙酰胺	100.42	1.79
42	4-(2,2-dimethyl-6-methylenecyclo-hexyl)-2-butanone	4-(2,2-二甲基-6-亚甲基环己基)-2-丁酮	84.63	1.51
43	4-(5,5-dimethyl-1-oxaspiro[2.5]oct-4-yl)-3-buten-2-one	4-(5,5-二甲基-1-氧杂螺[2.5]辛-4-基)-3-丁烯-2-酮	100.31	1.79
44	5-methyl-2-allylphenol	5-甲基-2-烯丙基苯酚	20.79	0.37
45	dihydro-β-ionone	二氢-β-紫罗兰酮	75.62	1.35

续表

序号	英文名称	中文名称	含量/(μg/g)	相对含量/%
46	α-damascone	α-大马酮	256.39	4.58
47	N,N-bis(1-methylethyl)-1,4-benzene-diamine	N,N-双（1-甲基乙基）-1,4-苯二胺	114.37	2.04
48	β-cyclocitral	β-环柠檬醛	57.88	1.03
49	2,2-methylenebis-[4-methyl-6-(1,1-dimethylethyl)]-phenol	2,2-亚甲基双-[4-甲基-6-(1,1-二甲基乙基)]-苯酚	49.95	0.89
50	5-(1,3,5-trimethyl-4-pyrazolyl)-amino-1,2,4-triazol-3-amine	5-(1,3,5-三甲基-4-吡唑基)氨基-1,2,4-三唑-3-胺	64.05	1.14
51	1,1-dimethyl-2-(1-methylethoxy)-3-(3-methyl-1-pentynyl)-cyclopropane	1,1-二甲基-2-(1-甲基乙氧基)-3-(3-甲基-1-戊炔基)-环丙烷	23.51	0.42
52	5-methyl-2-phenyl-1H-indole	5-甲基-2-苯基-1H-吲哚	23.63	0.42
53	squalene	角鲨烯	159.31	2.84
54	bicyclo[10.1.0]tridec-1-ene	二环[10.1.0]十三碳-1-烯	63.69	1.14
55	octadecane	十八烷	49.36	0.88
56	2,4-dimethyl-benzo quinoline	2,4-二甲基苯并喹啉	48.60	0.87

①表示未鉴定。

3.31 杨梅浸膏

【基本信息】

名称

中文名称：杨梅浸膏，龙晴浸膏，朱红浸膏
英文名称：bayberry concrete

性状描述

棕黄色膏体。

感官特征

具有浓郁甜香，气味怡人。

物理性质

相对密度 d_4^{20}：0.9780～0.9880
折射率 n_D^{20}：1.5530～1.5600

制备提取方法

杨梅干燥处理，控制在 10%～20% 水分含量，然后进行醇化，醇化温度为 20～25℃，湿度为 50%～60%，醇化时间为 1～3 个月，将经醇化的杨梅干以水蒸气浸提或醇浸提法提取，将提取液真空浓缩，得到杨梅浸膏。

原料主要产地

起源于中国南部地区，主要分布于我国的广东、福建、云南、浙江和江苏等。

作用描述

可用于保健品原料、食品饮料添加剂等；亦作为烟用香精使用，可提高卷烟抽吸的柔和度，增进和提高烟气浓度和香味，稳定卷烟质量，充分发挥增香保润功效。

【杨梅浸膏主成分及含量】

取适量杨梅浸膏进行气相色谱-质谱分析，记录谱图，按内标法以峰面积计算其含量。杨梅浸膏中主要成分为：乙酸丙二醇酯（33.09%）、5-(1,1-二乙烷基)-1,3-苯二甲酸（18.92%）、2-乙酸-1,2-丙二醇（15.21%）、乙基麦芽酚（10.22%）、5-羟甲基糠醛（5.38%）、肉桂酸乙酯（3.18%），所有化学成分及含量详见表3-31。

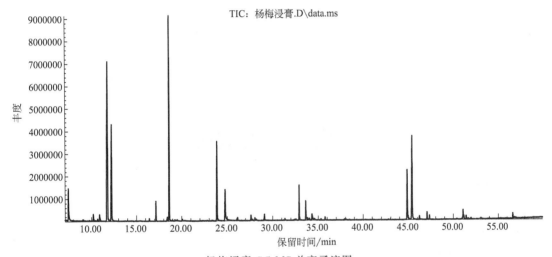

杨梅浸膏 GC-MS 总离子流图

表 3-31　杨梅浸膏化学成分含量表

序号	英文名称	中文名称	含量/(μg/g)	相对含量/%
1	furfural	糠醛	95.01	0.86
2	2-methyl-butanoic acid ethyl ester	2-甲基丁酸乙酯	32.40	0.29
3	3-hexen-1-ol	3-己烯-1-醇	111.48	1.01
4	propanediol acetate	乙酸丙二醇酯	3668.39	33.09
5	1,2-propanediol-2-acetate	1,2-丙二醇-2-乙酸酯	1686.62	15.21
6	3-hexen-1-ol acetate	乙酸叶醇酯	24.88	0.22
7	1,2-propanediol diacetate	1,2-丙二醇二乙酸酯	187.83	1.69
8	strawberry furanone	草莓呋喃酮	60.54	0.55
9	methyl 2-furoate	2-糠酸甲酯	25.48	0.23
10	ethyl maltol	乙基麦芽酚	1132.58	10.22
11	5-hydroxymethyl furfural	5-羟甲基糠醛	596.92	5.38

续表

序号	英文名称	中文名称	含量/(μg/g)	相对含量/%
12	diethyl malate	苹果酸二乙酯	62.30	0.57
13	5-acetoxymethyl-2-furaldehyde	5-乙酰氧基甲基-2-糠醛	73.85	0.67
14	isothiocyanato cyclopropane	异硫氰酸环丙烷	29.20	0.26
15	diethyl tartrate	酒石酸二乙酯	71.14	0.64
16	α-damascone	α-大马酮	25.99	0.23
17	ethyl cinnamate	肉桂酸乙酯	352.66	3.18
18	5-(2,4,6-trichlorophenoxymethyl)-furane-2-carboxaldehyde	5-(2,4,6-三氯苯氧甲基)-呋喃-2-吡咯甲醛	296.37	2.67
19	3-fluorotoluene	3-氟甲苯	104.69	0.94
20	(2-acetylphenyl)-formamide	(2-乙酰基苯基)-甲酰胺	27.69	0.25
21	5-(1,1-dimethylethyl)-1,3-benzenedicarboxylic acid	5-(1,1-二甲基乙基)-1,3-苯二甲酸	2097.42	18.92
22	hexadecanoic acid	棕榈酸	46.74	0.42
23	palmitic acid ethyl ester	棕榈酸乙酯	74.63	0.67
24	3-methyl-2-phenylindole	3-甲基-2-苯基吲哚	42.24	0.38
25	ethyl oleate	油酸乙酯	160.19	1.44

3.32 鸢尾浸膏

【基本信息】

▶ 名称

中文名称：鸢尾浸膏
英文名称：*Iris* concrete

▶ 管理状况

FEMA：2829
GB 2760—2014：N058

▶ 性状描述

淡黄色至深黄色液体。

▶ 感官特征

呈强烈紫罗兰香气。

▶ 物理性质

相对密度 d_4^{20}：0.9120～0.9290
折射率 n_D^{20}：1.4800～1.4950

溶解性：在 50℃时能以任意比例溶于乙醇、苯甲酸苄酯、植物油、矿物油和丙二醇中，不溶于甘油。

制备提取方法

将鸢尾科二年生或三年生的香根鸢尾、佛罗伦萨鸢尾的根除去泥土和小幼根后，在40℃下干燥和发酵六个月，粉碎后用水蒸气蒸馏法蒸馏而得，得率为 0.16%～0.27%；亦可用溶剂浸提，得率为 0.5%～0.8%。

原料主要产地

主要产于意大利北部、法国、印度、德国和摩洛哥，以及我国的云南、浙江、河北等地。

作用描述

主要用来调配金合欢、紫丁香、紫罗兰、玫瑰等日用香精，以及高档香水、化妆品、香粉的加香；也可作为烟草香精，用于增加烟香丰满度，起缓和刺激的作用，而且具有改善烟气潮润性、提高烟香细腻性和甜润性的作用，并为卷烟香气赋以醇和的酿甜香味。

【鸢尾浸膏主成分及含量】

取适量鸢尾浸膏进行气相色谱-质谱分析，记录谱图，按内标法以峰面积计算其含量。鸢尾浸膏中主要成分为：苄醇（49.84%）、α-紫罗兰酮（14.89%）、肉桂酸（8.77 %）、β-紫罗兰酮（5.37%）、香兰素（4.23%）、布藜醇（2.43 %）、愈创木醇（2.02%）、苯甲酸（1.72%），所有化学成分及含量详见表 3-32。

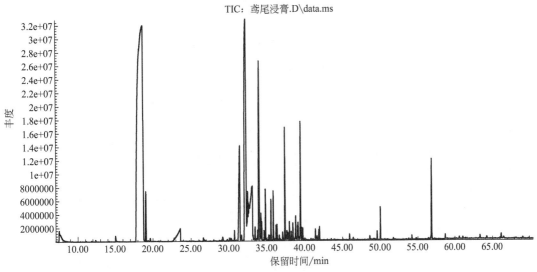

鸢尾浸膏 GC-MS 总离子流图

表 3-32　鸢尾浸膏化学成分含量表

序号	英文名称	中文名称	含量/(μg/g)	相对含量/%
1	propylene glycol	丙二醇	2125.42	0.99
2	bicyclo[4.2.0]octa-1,3,5-triene	苯并环丁烯	70.39	0.03

续表

序号	英文名称	中文名称	含量/(μg/g)	相对含量/%
3	benzaldehyde	苯甲醛	200.19	0.09
4	benzyl alcohol	苄醇	106506.98	49.84
5	benzyl formate	甲酸苄酯	93.21	0.04
6	benzoic acid	苯甲酸	3677.93	1.72
7	benzaldehyde propylene glycol acetal	苯甲醛丙二醇缩醛	161.46	0.08
8	chavicol	胡椒酚	240.42	0.11
9	1,2,3,4-tetrahydro-1,1,6-trimethyl-naphthalene	1,2,3,4-四氢-1,1,6-三甲基萘	77.07	0.04
10	p-hydroxybenzaldehyde	对羟基苯甲醛	113.63	0.05
11	cinnamic acid	肉桂酸	18745.33	8.77
12	4-(2,6,6-trimethyl-2-cyclohexen-1-ylidene)-2-butanone	4-(2,6,6-三甲基-2-环己烯-1-亚基)-2-丁酮	324.24	0.15
13	vanillin	香兰素	9049.01	4.23
14	1,1,6-trimethyl-1,2-dihydro-naphthalene	1,1,6-三甲基-1,2-二氢萘	242.68	0.11
15	α-ionone	α-紫罗兰酮	31813.99	14.89
16	1,2,3,1,2,3-hexamethyl-bicyclopentyl-2,2-diene	1,2,3,1,2,3-六甲基二环戊基-2,2-二烯	522.23	0.24
17	1,2,3,4-tetrahydro-2,5,8-trimethyl-naphthalene	1,2,3,4-四氢-2,5,8-三甲基萘	348.00	0.16
18	β-ionone	β-紫罗兰酮	11480.00	5.37
19	6-methyl-3-cyclohexene-1-methanol	6-甲基-3-环己烯-1-甲醇	805.79	0.38
20	1,2-dihydro-1,4,6-trimethyl-naphthalene	1,2-二氢-1,4,6-三甲基萘	616.75	0.29
21	α-bulnesene	α-布藜烯	386.96	0.18
22	irone	鸢尾酮	2848.74	1.33
23	homovanillyl alcohol	高香草醇	310.86	0.15
24	2,3,5-trimethylnaphthalene	2,3,5-三甲基萘	169.30	0.08
25	2-t-butyl-1,4-dimethoxybenzene	2-叔丁基-1,4-二甲氧基苯	1533.78	0.72
26	1,4-dimethoxy-2,3,5,6-tetramethyl-benzene	1,4-二甲氧基-2,3,5,6-四甲基苯	967.21	0.45
27	3,5-di-t-butylphenol	3,5-二叔丁基苯酚	173.64	0.08
28	2,5-dimethyl-benzoic acid methyl ester	2,5-二甲基苯甲酸甲基酯	82.26	0.04
29	guaiol	愈创木醇	4311.34	2.02
30	succinic acid pentyl tridec-2-ynyl ester	琥珀酸戊基十三碳-2-炔基酯	323.62	0.15
31	3,4-dimethylphenyl ester succinic acid butyl	3,4-二甲基苯基琥珀酸丁酯	573.48	0.27
32	8-γ-eudesmol	8-γ-桉叶醇	269.78	0.13
33	γ-eudesmol	γ-桉叶醇	664.59	0.31

序号	英文名称	中文名称	含量/(μg/g)	相对含量/%
34	o-s-butylphenol	邻仲丁基苯酚	967.40	0.45
35	aromandendrene	香橙烯	131.86	0.06
36	β-eudesmol	β-桉叶醇	463.74	0.22
37	α-eudesmol	α-桉叶醇	686.13	0.32
38	4-hydroxy-β-ionone	4-羟基-β-紫罗兰酮	114.69	0.05
39	bulnesol	布藜醇	5185.46	2.43
40	3,4-dimethoxyhydrocinnamic acid	3,4-二甲氧基苯丙酸	409.61	0.19
41	3,4-dimethoxyphenylacethydrazide	3,4-二甲氧基苯基乙酰肼	417.15	0.20
42	4-hydroxy-3-methoxy-benzeneacetic acid methyl ester	4-羟基-3-甲氧基-苯乙酸甲酯	63.64	0.03
43	methyl cinnamate	肉桂酸甲酯	425.02	0.20
44	benzyl benzoate	苯甲酸苄酯	387.76	0.18
45	1-indanol	1-茚酮醇	202.80	0.09
46	benzyl cinnamate	肉桂酸苄酯	982.29	0.46
47	cinnamyl cinnamate	肉桂酸桂酯	3276.72	1.53
48	3-hydroxy-benzaldehyde oxime	3-羟基苯甲醛肟	159.14	0.07

3.33　云烟浸膏

【基本信息】

名称

中文名称：云烟浸膏

英文名称：Yunyan tobacco concrete

性状描述

棕褐色半流状膏体。

感官特征

云南烟草特征香气。

物理性质

相对密度 d_4^{20}：1.3600～1.3800

溶解性：溶于乙醇、丙二醇和水。

制备提取方法

烟叶加水和酶进行酶解，乙醇提取、过滤和浓缩，通过美拉德反应得到烟草浸膏。

▶ 原料主要产地

　　我国云南。

▶ 作用描述

　　主要为烟用添加剂，用作云南省以外的卷烟加料，改善口感，增加香气的爆发及丰满，改进吸味，丰富烟香，赋予云南烤烟的特征香气和吃味。

【云烟浸膏主成分及含量】

　　取适量云烟浸膏进行气相色谱-质谱分析，记录谱图，按内标法以峰面积计算其含量。云烟浸膏中主要成分为：苯甲酸（24.34%）、烟碱（20.37%）、莨菪亭（14.17%）、巨豆三烯酮（2.15%）、4-叔丁基苯丙酮（1.99%），所有化学成分及含量详见表3-33。

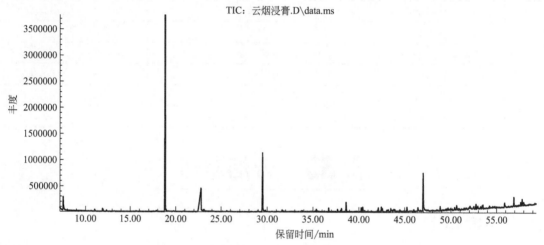

云烟浸膏 GC-MS 总离子流图

表 3-33　云烟浸膏化学成分含量表

序号	英文名称	中文名称	含量/(μg/g)	相对含量/%
1	furfuryl alcohol	糠醇	11.93	0.70
2	propylene glycol ester	丙烯乙二醇酯	15.17	0.89
3	1,2-propanediol-2-acetate	1,2-丙二醇-2-乙酸酯	9.36	0.55
4	butyrolactone	丁内酯	3.97	0.23
5	phenol	苯酚	5.94	0.35
6	3-methyl-1,2-cyclopentanedione	3-甲基-1,2-环戊二酮	2.58	0.15
7	pantolactone	泛酰内酯	5.51	0.32
8	strawberry furanone	草莓呋喃酮	5.48	0.32
9	maltol	麦芽酚	4.69	0.27
10	benzoic acid	苯甲酸	415.50	24.34
11	5,6-dihydro-2H-pyran-2-one	5,6-二氢-2H-吡喃-2-酮	10.60	0.62
12	nicotine	烟碱	347.68	20.37

序号	英文名称	中文名称	含量/(µg/g)	相对含量/%
13	cinnamic acid	肉桂酸	9.06	0.53
14	2,3-dipyridyl	2,3-联吡啶	15.37	0.90
15	megastigmatrienone	巨豆三烯酮	36.68	2.15
16	3-hydroxy-β-damascone	3-羟基-β-大马酮	8.62	0.51
17	3,5,5-trimethyl-4-(3-hydroxy-1-bute-nyl)-2-cyclohexen-1-one	3,5,5-三甲基-4-(3-羟基-1-丁烯基)-2-环己烯-1-酮	46.76	2.74
18	3,5,5-trimethyl-4-(3-hydroxybutyl)-2-cyclohexen-1-one	3,5,5-三甲基-4-(3-羟基丁基)-2-环己烯-1-酮	29.35	1.72
19	cotinine	可替宁	27.28	1.60
20	2-cyclohexyliden cyclohexanon	2-亚环己基环己酮	22.05	1.29
21	5,6,7,8-tetrahydro-2-naphtha-lenamine	5,6,7,8-四氢-2-萘胺	24.00	1.41
22	orcinol	苔黑酚	21.33	1.25
23	solanone	茄酮	9.45	0.55
24	N,N-dimethylpropanamide	N,N-二甲基丙酰胺	15.13	0.89
25	neophytadiene	新植二烯	12.05	0.71
26	iso-camphane	异莰烷	18.80	1.10
27	mayurone	麦由酮	10.40	0.61
28	4-amino-5-hydroxy-1,2-benzenedicar-bonitrile	4-氨基-5-羟基-1,2-苯二腈	9.50	0.56
29	3-cyclohexyl-phenol	3-环己基苯酚	20.11	1.18
30	1,2,3,4-tetrahydro-6,7-dimethyl-naph-thalene	1,2,3,4-四氢-6,7-二甲基-萘	10.27	0.60
31	hexadecanoic acid	棕榈酸	22.19	1.30
32	scopoletin	莨菪亭	241.91	14.17
33	spiro[2,4,5,6,7,7a-hexahydro-2-oxo-4,4,7a-trimethylbenzofuran]-7,2'-(oxirane)	螺[2,4,5,6,7,7a-六氢-2-氧代-4,4,7a-三甲基苯并呋喃]-7,2'-(环氧乙烷)	19.97	1.17
34	isoaromadendrene epoxide	异香橙烯环氧化物	9.91	0.58
35	1-propyl-2(1H)-pyridinone	1-丙基-2(1H)-吡啶酮	24.47	1.43
36	2,2,7,9-tetramethyl-3-oxatricyclo[6.3.1.0(4,9)]dodecane	2,2,7,9-四甲基-3-氧杂三环[6.3.1.0(4,9)]十二烷	16.19	0.95
37	5,5-dimethyl-4-(3-methyl-1,3-buta-dienyl)-1-oxaspiro[2.5]octane	5,5-二甲基-4-(3-甲基-1,3-丁二烯基)-1-氧杂螺[2.5]辛烷	20.30	1.19
38	7-oxabicyclo[4.3.0]nonane	7-氧杂二环[4.3.0]壬烷	26.42	1.55
39	2-methyl-5-(4-morpholinyl)-cyclo-hexa-2,5-diene-1,4-dione	2-甲基-5-(4-吗啉基)-环己-2,5-二烯-1,4-二酮	6.30	0.37
40	4-methyl-2(3H)-thiazolethione	4-甲基噻唑-2(3H)-硫酮	29.68	1.74
41	N-(4,5-dihydro-5-methyl-2-thia-zolyl)-3-methyl-2-pyridinamine	N-(4,5-二氢-5-甲基-2-噻唑基)-3-甲基-2-氨基吡啶	29.01	1.70
42	2,3,4-trimethoxyphenylacetonitrile	2,3,4-三甲氧基苯乙腈	16.59	0.97

续表

序号	英文名称	中文名称	含量/(μg/g)	相对含量/%
43	4-(5,5-dimethyl-1-oxaspiro[2.5]oct-4-yl)-3-buten-2-one	4-(5,5-二甲基-1-氧杂螺[2.5]辛-4-基)-3-丁烯-2-酮	15.22	0.89
44	4-hydroxy-β-ionone	4-羟基-β-紫罗兰酮	9.98	0.58
45	4-t-butyl propiophone	4-叔丁基苯丙酮	34.02	1.99

参 考 文 献

[1] 谢剑平.烟草香原料 [M].北京：化学工业出版社，2009.

[2] 范成有.香料及其应用 [M].北京：化学工业出版社，1990.

[3] 汪清如，张承曾.调香术 [M].北京：轻工业部香料工业科学研究所出版社，1985.

[4] 何坚，孙宝国.香料化学与工艺学 [M].北京：化学工业出版社，1995.

[5] Morton ID, Macleod A J. Food Flavours Part A, Introduction [M]. Amsterdam：Elsevier Scientific Publishing Company，1982.

[6] 张悠金，金闻博.烟用香料香精 [M].合肥：中国科学技术大学出版社，1996.

[7] 毛海舫，李琼.天然香料加工工艺学 [M].北京：中国轻工业出版社，2006.

[8] 欧阳文.实用烟用香精香料手册 [M].昆明：云南科技出版社，1996.

[9] 天然香料手册编委会.天然香料手册 [M].北京：轻工业出版社，1989.

[10] 何通海.烟用香精香料研究进展 [M].北京：中国轻工业出版社，1999.

[11] Henry B, Heath M B E, Pharm B. Flovr Technology：Profiles，Products，Applications [M].London：AVI Publishing Company Inc，1978.

[12] 林进能.天然食品香料生产与应用 [M].北京：轻工业出版社，1991.

[13] 邢有权.天然食用香料植物的栽培及应用 [M].哈尔滨：哈尔滨船舶工程学院出版社，1993.

[14] 谢剑平.烟草香料技术原理与应用 [M].北京：化学工业出版社，2009.

[15] Ashurst P R, et al. Food Flavorings. Second Edition. Blackie Academic and Professional，1995.

[16] 周学良.精细化学品大全：食品和饲料添加剂卷 [M].杭州：浙江科学技术出版社，2000.

[17] 中国香料植物栽培与加工编写组.中国香料植物栽培与加工 [M].北京：轻工业出版社，1985.

[18] ［英]Philip R Ashurst 著.食品香精的化学与工艺学 [M].第 3 版.汤鲁宏译.北京：中国轻工业出版社，2005.

[19] 中华人民共和国国家标准 GB 2760—2014.食品安全国家标准 食品添加剂使用标准.2017.

[20] Smith J. Food Additive User's Handbook [M]. New York：Blacie and son L T D, 1991.

[21] 张承曾，汪清如.日用调香术 [M].北京：轻工业出版社，1989.

[22] 孙宝国.食用调香术 [M].北京：化学工业出版社，2003.

[23] 王德峰.食用香味料制备与应用手册 [M].北京：中国轻工业出版社，2000.